270개의 핵심 개념으로 이해하는

기초 전기전자 에센스

모현선, 장성용, 홍익표 지음

Essentials of Electricity and Electronics

2판

한빛아카데미
Hanbit Academy, Inc.

소속

이름

지은이 모현선 tyche@kookmin.ac.kr

현재 국민대학교 전자공학부 교수로 재직 중이며, 아날로그 집적회로와 디지털 집적회로를 강의하고 있다. 국민대학교에서 박사 학위를 취득했고, 삼성전자 반도체 사업부에서 IC 설계를 했으며, 미국 ON Semiconductor 사에서 수석연구원으로 근무했다. 저서로는 『디지털 공학 : 논리회로의 설계 원리(2판)』(한빛아카데미, 2024)이 있다.

지은이 장성용 srchang@inhatc.ac.kr

현재 인하공업전문대학 전기공학과 교수로 재직 중이며, 마이크로프로세서와 임베디드 제어를 강의하고 있다. 단국대학교 전자공학과에서 학사 및 석사 학위를 취득했고, 전문연구요원으로 복무 후 인하대학교에서 이동로봇의 연속경로계획법에 대한 연구로 박사 학위를 취득했다. 관심분야는 이동로봇의 경로계획과 자율주행 분야이다. 저서로는 『예제로 쉽게 배우는 아두이노(2판)』(생능출판사, 2018), 『쉽게 배우는 AVR Atmega128』(생능출판사, 2024)이 있다.

지은이 홍익표 iphong@kongju.ac.kr

현재 국립공주대학교 정보통신공학부 교수로 재직 중이다. 연세대학교에서 박사 학위를 취득했고, 삼성전자 무선사업부에서 CDMA 단말기를 개발했다. 미국 Texas A&M 대학교와 Syracuse 대학교에서 방문연구원을 지냈다. 저서로는 『통신기초실험』(공주대학교 출판부, 2008), 『원리로 이해하는 무선공학』(한빛아카데미, 2022)이 있고, 역서로는 『EMC를 고려한 PCB 설계기술』(진한엠엔비, 2006), 『RF 및 초고주파 공학』(한빛아카데미, 2009), 『Ott의 EMC 공학(실무응용편)』(학산미디어, 2013), 『개념문제로 이해하는 전자기학』(홍릉과학출판사, 2022)이 있다.

집필 담당 부분 1장, 7~12장 : 모현선 / 2~4장, 13~16장 : 장성용 / 5~6장 : 홍익표

기초 전기전자 에센스 2판

초판발행 2025년 12월 29일

지은이 모현선, 장성용, 홍익표 / **펴낸이** 전태호
펴낸곳 한빛아카데미(주) / **주소** 서울시 서대문구 연희로2길 62 한빛아카데미(주) 2층
전화 02-336-7112 / **팩스** 02-336-7199
등록 2013년 1월 14일 제2017-000063호 / **ISBN** 979-11-7340-050-6 93560

총괄 박현진 / **책임편집** 김평화 / **기획 · 편집** 임여울 / **교정** 이정현
디자인 이아란 / **전산편집** 백지선 / **제작** 박성우, 김정우
영업 김성삼, 이정훈, 임현기, 이성훈, 김주성, 심지연

이 책에 대한 의견이나 오탈자 및 잘못된 내용은 출판사 홈페이지나 아래 이메일로 알려주십시오.
파본은 구매처에서 교환하실 수 있습니다. 책값은 뒤표지에 표시되어 있습니다.
홈페이지 www.hanbit.co.kr / 이메일 question@hanbit.co.kr

Published by HANBIT Academy, Inc. Printed in Korea

정보통신기술(ICT) 분야의 발전 속도는 왜 이리 빠른가?

전기·전자공학은 전기에너지, 반도체, 통신, 제어, 컴퓨터 분야를 포함하는 매우 넓은 분야이다. 최근에는 자동차, 사물인터넷(IoT), 인공지능, 바이오, 에너지 등의 미래형·지능형 영역에서, 정보통신기술(ICT)을 비롯한 여러 공학 분야와의 융합이 활발히 진행되고 있다. 이를 볼 때 전기·전자공학이 더 이상 전기·전자공학도만의 전유물이라고 보기는 힘들다.

그렇다면 이 넓은 분야를 어떻게 다룰 수 있을까?

지난 수십 년에 걸친 반도체 공정 기술의 눈부신 발전은 ICT 분야에 큰 변화를 몰고 왔다. 전기에너지 영역과 디스플레이를 제외한 대부분의 회로 및 시스템은 반도체 칩으로 집적되고 있으며, 이를 구동하는 소프트웨어 역시 중요해졌다. 또한 오픈 라이브러리의 활성화로 인해 비전공자들도 범용 마이크로컨트롤러 보드를 기반으로 한 오픈 소스 컴퓨팅 환경을 손쉽게 이용하여 자신의 아이디어를 구현해볼 수 있게 되었다.

필자는 반도체 칩으로 구현되는 아날로그 및 디지털 시스템을 염두에 두고 원자부터 시작한 물질의 개념, 반도체, 다이오드, 트랜지스터, 아날로그 기초, 디지털 기초, 연산증폭기 회로 등 회로 분야에 초점을 두고 집필했다. 특히, 실감 나는 회로 해석을 통해 소자부터 회로에 이르기까지 전체적인 통찰력을 주고자 노력했다. 이러한 목적으로 소자 영역 역시 회로 설계자의 관점에서 바라보았다.

이 책은 단순히 전기·전자공학 분야의 개념을 요약한 것이 아니다. 일반적인 전자회로 관련 교재는 매우 두껍지만 그중에서 우리가 숙지해야 할 개념은 사실 수십 가지에 지나지 않는다. 이 책은 입문자와 비전공자의 수준을 고려하여 전기·전자공학에서 기본이 되는 핵심 개념을 뽑고, 그 핵심 개념들이 하나하나 끊어지지 않고 연결되도록 구성하여, 최종적으로 회로 및 시스템의 해석에 필요한 입체적인 시각을 기를 수 있도록 했다. 특히 2판에서는 실제 회로에 대한 응용 예제를 추가하여 전기·전자공학에 대한 이해를 높였다.

이 책을 통해 반도체 및 회로 분야의 기초를 잡고, 집적회로(IC) 혹은 이를 구동하기 위한 임베디드 소프트웨어와 같은 상위 분야로 계속 정진하길 바란다.

이 책의 기획 단계부터 집필 및 마무리까지 함께해주신 장성용 교수님과 홍익표 교수님께 감사드리고, 좋은 책을 만들고자 함께 수고해주신 한빛아카데미의 관계자분들에게도 감사드린다.

지은이 **모현선**

기초를 탄탄히 쌓고 싶은 독자를 위한 책

전기·전자공학 분야는 일상생활에 쓰이지 않는 곳이 없을 정도로 매우 넓은 영역이다. 그런 만큼 각 대학에는 전기·전자공학과가 필수적으로 존재하고 있다. 또한 컴퓨터, 자동차, 반도체 관련 학과에서도 전기·전자공학의 기초 개념을 이해해야 상위 과정을 수강하는 데 어려움이 없다. 하지만 실제 강의실에서 만나본 학생 중 전기·전자공학의 기초 개념을 확실히 알고 있는 학생은 극소수에 불과했다. 이는 학생들이 기초 원리와 개념을 이해하지 못한 채, 단순 암기나 계산을 통한 학습에 익숙해진 탓이 아닌가 생각한다.

전압, 전류에 대한 물리적 의미를 이해해야 회로이론을 이해할 수 있고, 디지털 공학을 이해해야 컴퓨터 관련 강의를 충분히 이해할 수 있으며, 전기기기의 기초를 알아야 전기 자동차를 이해할 수 있다. 이처럼 전기·전자공학의 기초 개념들은 여러 과목에서 서로 거미줄처럼 얽혀 있어 어느 하나 소홀히 할 수 없는 것들이다.

시중에 출판된 많은 전기·전자공학 개론서는 번역서가 대부분인데, 그 내용은 우리나라의 현실과는 다소 거리가 있다. 국내 실정에 맞는 개론서의 필요성을 느끼는 중에 출판사의 집필 제의를 받았다. 이에 우리나라 학생들에게 적합한 책을 쓰겠다는 의지를 실현하며, 이렇게 2판까지 출간하게 되었다. 나의 부족한 부분을 채워주신 훌륭한 교수님들과 함께하게 되어 집필하는 동안 매우 즐거웠고, 원고를 한 장 한 장 써가면서, 그동안 당연하게 생각했었던 기초 개념들을 되짚어볼 수 있었던 기회였다. 이 책을 쓰는 동안 다시 대학교 1학년 학생이 된 기분을 느꼈다.

책을 쓰면서 가장 신경 쓴 것은 "어떻게 하면 어려운 개념을 쉽게 설명할 것인가?"였다. 물론 전기·전자공학은 어려운 내용들로 가득 차 있다. 이를 쉽게 설명한다는 것 자체가 모순일 수도 있지만, 과거 대학생 시절에 공부하면서 이해했던 것과 큰 그림을 볼 수 있는 현재의 필자가 이해하는 것을 잘 조합하여 설명하려고 노력했다. 특히 어떠한 법칙을 이용하여 문제를 풀어갈 때 이를 단계별로 설명하는 부분에 많은 노력을 기울였다.

긴 시간 동안 함께 집필해주신 모현선 교수님과 홍익표 교수님 그리고 이 책을 출간해주신 한빛아카데미 관계자분들에게 감사의 인사를 드린다. 그리고 학교생활에 항상 도움을 주시는 인하공업전문대학 전기공학과 교수님들과 긴 집필 기간 동안 이해해주고 성원해준 내 가족에게 이 책을 바친다.

지은이 **장성용**

미래 기술과의 융합을 위한 토대

1980년대 이후 최근까지 전기·전자공학은 반도체 산업, 통신 산업, 가전 산업 등의 주력 학문 분야로서 IT 기술 발전의 견인차 역할을 해왔다. 미래의 기술은 인공지능, 드론, 전기 자동차, 바이오 산업 등 전기·전자공학의 토대 위에 여러 학문 분야가 융합되어 발전할 것으로 전망되고 있다. 따라서 IT 전공자뿐 아니라 비전공자 역시 전기·전자공학의 기본 개념과 이론을 습득해야 할 필요성이 점점 더 높아지고 있다. 이 책은 전기·전자를 처음 접하는 학부생, 기업에서 전기·전자를 담당하는 기술 인력, 전기·전자공학을 전공하지 않은 비전공자를 위한 입문서로 유용하게 사용될 것이다.

엔지니어의 최종 목표는 '효율'이 좋은 시스템을 설계하고 제작하는 것이라 생각한다. 전기·전자공학에서 '효율'은 전력에 대한 효율을 의미하는데, 최대 전력을 전달하는 시스템을 설계하기 위해서는 임피던스의 정확한 개념을 이해하는 것이 시작이라고 볼 수 있다. 따라서 임피던스를 구성하는 저항, 커패시터의 커패시턴스, 인덕터의 인덕턴스를 이해하고, 이를 계산 및 응용하는 것이 매우 중요하다. 임피던스는 주파수에 관한 함수로 변하는 값을 가지게 된다. 전기·전자공학에서 주파수(Hz)를 갖는 신호, 즉 변하는 신호를 교류라고 하는데, 가정용 전원인 60Hz에서부터 시작하여, FM 라디오인 88~108MHz, RFID의 900MHz 대역, 무선 LAN의 2.4GHz 대역, X-band 레이더의 10GHz 대역 등 최근 들어 그 응용 범위는 상상을 초월하고 있다. 교류 응용 시스템의 기본을 이해하려면 가장 간단한 형태의 신호인 정현파에 대한 이해가 필수적이다. 이 책에서는 정현파, 페이저, 임피던스 등의 개념을 수학적인 기초 배경부터 설명하여 전기·전자공학을 이제 막 접하는 초보자들도 쉽게 이해할 수 있도록 했다.

초판 발간 이후 9년이 흐르며 5G 이동통신의 도입을 비롯해 인공지능, 로봇, 자율주행 등 여러 산업이 눈부시게 발전해왔다. 이러한 변화에 맞추어 2판에서는 예제와 연습문제를 보강하고, 과도응답 관련 내용을 새롭게 추가하여 시간 영역에서 커패시턴스와 인덕턴스의 동작을 보다 깊이 이해할 수 있도록 했다.

대학 때 은사님께서 "어머니가 이해하실 수 있도록 쉽게 설명할 수 있어야 진정한 지식인이다."라고 하신 말씀이 기억에 남는다. 원리를 중심으로 최대한 간결하게 설명하려고 노력했지만, 부족한 부분이 있을 것으로 생각한다. 이 책의 집필부터 마무리까지 함께해주신 장성용 교수님과 모현선 교수님께 깊은 감사를 드린다. 아울러 늘 좋은 책을 만들기 위해 열정으로 수고해주신 한빛아카데미의 편집자께도 감사드린다.

지은이 **홍익표**

미리보기

학습 목표

해당 장에서 학습할 내용을 소개합니다.

학습 목표

- 전기·전자공학의 기본 입자에 적용되는 법칙과 표현 방법을 이해한다.
- 원자 및 이온의 전기적인 모델을 이해한다.
- 전하, 전류, 전압, 전력, 저항의 개념을 이해한다.
- 회로·소자에서의 공급전력과 소비전력을 해석할 수 있다.
- 전기·전자공학에서 사용되는 단위를 물리법칙으로부터 유도할 수 있다.

들어가기 전에

해당 장의 내용을 왜 배우는지,
무엇을 배우는지 설명합니다.

들어가기 전에

전자·전기기기가 동작한다는 것은 일^{work}을 한다는 의미이고, 이는 곧 에너지^{energy}를 소비한다는 뜻이다. 따라서 전자 제품이 계속 동작하려면, 에너지를 소비하는 만큼 에너지를 공급받아야 한다. 즉 에너지 공급원으로부터 에너지를 소모하는 부하^{load} 쪽으로 에너지가 전달되어야 한다. 이러한 에너지 전달은 전기적 성질을 띤 알갱이(입자^{particle})가 움직이면서 이루어진다. 이 입자의 사전적 의미는 '짐'이며 전자공학적으로는 '에너지를 끌어다 사용하는 대상'을 의미한다. 이는 저항처럼 받은 에너지를 소비하기도 하고 커패시터처럼 저장하기도 한다. 즉 어떤 소자든 에너지 공급원으로부터 에너지를 받으면 모두 부하라고 할 수 있다. 또한 이 입자의 움직임을 **전류**^{current}라 하는데, **그렇다면 전자공학에서 사용되는 전기를 띤 알갱이(입자, 또는 캐리어**^{carrier}에는 어떤 것이 있을까? 이를 이해하려면 먼저 원자, 전자 및 이온의 개념을 알아야 한다.

전류는 전기적 위치에너지의 차이 혹은 캐리어 농도의 차이로 인한 힘에 의해 흐르게 된다. 이때 전기적 위치에너지의 차이를 전압(전위차)이라 한다. 이 장에서는 전압과 전류에 의한 에너지 이동과 전력 소모에 대한 기본적인 개념을 학습한다. 이와 함께 전기·전자공학에서 많이 사용되는 SI 단위계의 기본단위와 유도단위를 학습한다. 물리법칙으로부터 물리량의 단위를 유도할 수 있다면 단위만 보고도 그 의미를 이해할 수 있다. 또한 많이 사용되는 가중치의 접두어를 학습함으로써 매우 작은 값에서부터 큰 값에 이르는 물리량을 손쉽게 다룰 수 있다. 캐리어 및 캐리어 농도 차이는 7장에서 자세히 다룰 예정이다.

1.2 전기·전자의 기초 물리량

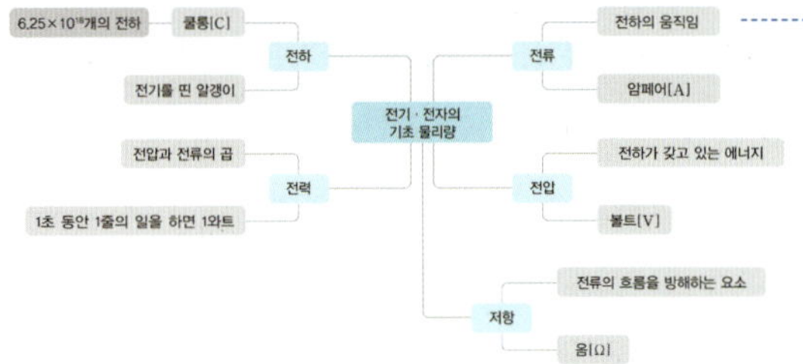

마인드맵

해당 절에서 학습해야 할 내용의 흐름을
한눈에 보여줍니다.

여기서 잠깐 **전압과 전류의 선형성**

[예제 2-4]의 풀이에서 전압과 전류의 그래프를 관찰해보면, 그래프가 전압과 전류에 대해 직선으로 증가함을 알 수 있다. 이러한 특징을 **전압과 전류의 선형성**이라고 하며, 저항이 **선형 저항**일 경우에 관찰된다. 일반적인 저항은 선형 저항으로서 저항값 R이 공급되는 전압이나 전류에 대해 변하지 않음을 의미한다. 이와는 반대로 저항값이 선형성을 갖지 않는 저항이 있는데 이를 **비선형 저항**이라고 한다. 대표적인 비선형 저항으로는 전구의 필라멘트^{filament}가 있다.

여기서 잠깐

본문을 이해하는 데 도움이 되는
참고 내용과 심화 내용을 제시합니다.

Quick Review

- $R\,[\Omega]$ 값을 갖는 저항에 전압 $V\,[\mathrm{V}]$를 인가했을 때 저항에 흐르는 전류는 (　　　)이다.
- 전압이 증가하면 전류도 (　　　)한다. 저항이 증가하면 전류는 (　　　)한다.

ANS $V/R\,[\mathrm{A}]$, 증가/감소

Quick Review

주요 개념을 익힐 수 있는
빈칸 채우기 문제를 제시합니다.

반대로 pnp 트랜지스터에서는 다수캐리어인 홀이 이미터 → 컬렉터로 이동하므로 전류 역시 이미터 → 컬렉터로 흐른다. 따라서 이미터가 가장 전압이 높고 컬렉터가 가장 전압이 낮아야 한다. 7장에서 학습한 바와 같이 실리콘에서 전자와 홀의 이동도(μ)mobility 차이로 인해 npn형을 기본으로 설계한다.

심화 내용
소자의 기본 동작

심화 내용(9장, 12장)

본문과 관련된 심화 내용을 QR 코드를 통해 제공합니다.

예제 5-11

페이저를 이용하여 다음 전류 $i(t)$에 대한 방정식을 풀어라.

$$4i(t)+8\int i(t)dt-3\frac{di(t)}{dt}=50\cos(2t+75°)$$

풀이

주어진 방정식을 [표 5-2]를 이용하여 다음과 같이 나타낼 수 있다.

$$4\boldsymbol{I}+8\frac{\boldsymbol{I}}{j\omega}-3j\omega\boldsymbol{I}=50\angle 75°$$

식 (5.6)에서 $v(t)=A\cos(\omega t+\theta)$이므로, 주어진 문제에서 $\omega=2$가 된다. 따라서 위 식에 ω 값을 대입하여 $\boldsymbol{I}$를 다음과 같이 구할 수 있다.

$$\boldsymbol{I}=\frac{50\angle 75°}{4-j10}=\frac{50\angle 75°}{10.77\angle -68.2°}=4.642\angle 143.2°$$

앞서 구한 페이저 $\boldsymbol{I}$를 다시 시간 영역 전류로 변환하면 페이저의 정의에 의해 다음과 같이 전류 $i(t)$를 구할 수 있다.

$$i(t)=4.642\cos(2t+143.2°)\,[\text{A}]$$

예제 / 풀이

본문에서 다룬 개념을 적용한 문제와 그에 대한 상세한 풀이를 제시합니다.

기본문제

해당 장에서 학습한 내용을 점검할 수 있는 객관식 문제를 제공합니다.

CHAPTER 05 **기본문제**

5.1 다음 중 정현파에 대한 설명으로 옳은 것은?

① 주기가 없는 임의의 파형이다.
② 진폭이 시간이 지남에 따라 증가하는 파형이다.
③ 사인 함수 또는 코사인 함수로 표현할 수 있는 주기함수이다.
④ 항상 DC 성분만을 포함한다.

5.2 정현파 $v(t)=V_{peak}\sin(\omega t)$의 rms 값은?

① V_{peak}　② $\frac{V_{peak}}{\sqrt{2}}$　③ $\frac{V_{peak}}{2}$　④ $\frac{V_{peak}^2}{2}$

연습문제

개념의 응용과 사고력 확장을 돕는 응용 문제를 제공합니다.

CHAPTER 05 **연습문제**

5.1 신호 $x(t)$가 코사인파 $f(t)=-5\cos(10t)$와 사인파 $g(t)=-3\sin(10t)$의 합으로 주어질 때, 신호 $x(t)$를 단일 정현파형인 $x(t)=A\cos(\omega t+\theta)$로 나타낼 수 있다. 이때 A, ω, θ를 각각 구하라.

5.2 어떤 부품의 양단에 걸리는 전압이 $v(t)=3\cos 3t$[V]이고 부품에 흐르는 전류가 $i(t)=-2\sin(3t+10°)$[A]일 때, 전압과 전류의 위상 관계를 설명하라.

5.3 [그림 5-30]과 같은 톱니파형의 평균전압과 유효전압은 얼마인가?

이 책의 사용설명서

■ 강의 보조 자료

한빛아카데미 홈페이지에서 '교수회원'으로 가입하신 분은 인증 후 교수용 강의 보조 자료를 제공받을 수 있습니다. 한빛아카데미 홈페이지 상단의 〈교수전용공간〉 메뉴를 클릭하세요.

http://www.hanbit.co.kr/academy

■ 연습문제 해답 안내

이 책의 〈연습문제 답안〉은 다음 경로에서 다운로드할 수 있습니다.

> 한빛아카데미 홈페이지 접속 → [도서명] 검색 → 도서 상세 페이지의 [부록/예제소스]

■ 추가 학습 자료 안내

QR 코드를 스캔하여 설문에 참여해주세요.
설문을 완료하신 분들께 추가 학습 자료를 제공합니다.

■ 참고 문헌

1. 이병효, 『기초전기전자』, 동일출판사, 1990
2. Thomas L. Floyd, 권갑현 역, 『전기전자공학개론』, ITC, 2005
3. 이상재, 『전기전자계측』, 카오스북, 2014
4. 노구치 쇼스케, 박한종 역, 『(그림으로 해설한) 전기기기 마스터북』, 성안당, 2012
5. 삼영서방 편집부, 『모터팬 EV 기초&HYBRID 재정의』, 골든벨, 2013
6. Stephen J. Chapman, 안진우 역, 『전기기기(4판)』, 한국맥그로힐, 2012
7. Behzad Razavi, 『Design of Analog CMOS Integrated Circuits』, McGrow-Hill, 2000
8. Behzad Razavi, 『Fundamentals of Microelectronics』, Wiley, 2008
9. David. Hodges. Horace Jackson. Resve Saleh, 『Analysis and Design of Digital Integrated Circuits』, McGrow-Hill, 2003
10. Donald A. Neaman, 『Microelectronic Circuit Analysis and Design(4th Ed.)』, McGrow-Hill, 2009
11. Robert L. Boylestad, 『Introductory Circuit Analysis(13th Ed.)』, Pearson, 2015
12. Irwin & Nelms, 『Basic Engineering Circuit Analysis(11th Ed.)』, Wiley, 2015
13. John Bird, 『Electrical Circuit Theory and Technology(5th Ed.)』, Routledge, 2013
14. Meizhong Wang, 『Understandable Electric Circuits』, IET, 2010
15. Charles K. Alexander&Matthew N.O. Sadiku, 『Fundamentals of Electric Circuits(6th Ed.)』, McGraw-Hill, 2016
16. Keith Brindley, 『Starting Electronics(4th Ed.)』, Newnes, 2011
17. Stan Gibilisco, Simon Monk, 백수황 외 2인 역, 『전기전자공학 개론(7판)』, 한빛아카데미, 2023
18. 김대정, 모현선, 『디지털 공학(2판)』, 한빛아카데미, 2024
19. 김동명, 『반도체 공학(3판)』, 한빛아카데미, 2024

목차

PART 02 직류와 교류

CHAPTER 03 직류회로

CHAPTER 04 직류회로 해석

CHAPTER 06 커패시터와 인덕터

PART 03 반도체

CHAPTER 07 반도체

CHAPTER 08 다이오드

CHAPTER 09 트랜지스터

PART 04 아날로그와 디지털

CHAPTER 10 아날로그 기초

CHAPTER 11 연산증폭기

CHAPTER 12 디지털 기초

PART 05 시스템과 응용

CHAPTER 13 전기기기

CHAPTER 14 전기 · 전자 계측

CHAPTER 15 센서

CHAPTER 16 전원장치

PART 01

전기 · 전자공학의 기초

CONTENTS

CHAPTER

01

전기 · 전자공학 입문

CONTENTS

학습 목표

- 전기·전자공학에서 기본 입자에 적용되는 법칙과 표현 방법을 이해한다.
- 원자 및 이온의 전기적인 모델을 이해한다.
- 전하, 전류, 전압, 전력, 저항의 개념을 이해한다.
- 회로·소자에서의 공급전력과 소비전력을 해석할 수 있다.
- 전기·전자공학에서 사용되는 단위를 물리법칙으로부터 유도할 수 있다.

들어가기 전에

전자·전기기기가 동작한다는 것은 일work을 한다는 의미이고, 이는 곧 에너지energy를 소비한다는 뜻이다. 따라서 전자 제품이 계속 동작하려면, 에너지를 소비하는 만큼 에너지를 공급받아야 한다. 즉 에너지 공급원으로부터 에너지를 소모하는 부하load 쪽으로 에너지가 전달되어야 한다. 이러한 에너지 전달은 전기적 성질을 띤 알갱이(입자particle)가 움직이면서 이루어진다. 이 입자의 사전적 의미는 '짐'이며 전자공학적으로는 '에너지를 끌어다 사용하는 대상'을 의미한다. 이는 저항처럼 받은 에너지를 소비하기도 하고 커패시터처럼 저장하기도 한다. 즉 어떤 소자든 에너지 공급원으로부터 에너지를 받으면 모두 부하라고 할 수 있다. 또한 이 입자의 움직임을 **전류**current라 하는데, **그렇다면 전자공학에서 사용되는 전기를 띤 알갱이(입자 또는 캐리어**carrier**)에는 어떤 것이 있을까?** 이를 이해하려면 먼저 원자, 전자 및 이온의 개념을 알아야 한다.

전류는 전기적 위치에너지의 차이 혹은 캐리어 농도의 차이로 인한 힘에 의해 흐르게 된다. 이때 전기적 위치에너지의 차이를 전압(전위차)이라 한다. 이 장에서는 전압과 전류에 의한 에너지 이동과 전력 소모에 대한 기본적인 개념을 학습한다. 이와 함께 전기·전자공학에서 많이 사용되는 SI 단위계의 기본단위와 유도단위를 학습한다. 물리법칙으로부터 물리량의 단위를 유도할 수 있다면 단위만 보고도 그 의미를 이해할 수 있다. 또한 많이 사용되는 가중치의 접두어를 학습함으로써 매우 작은 값에서부터 큰 값에 이르는 물리량을 손쉽게 다룰 수 있다. 캐리어 및 캐리어 농도 차이는 7장에서 자세히 다룰 예정이다.

1.1 전기·전자공학을 위한 기초 과학

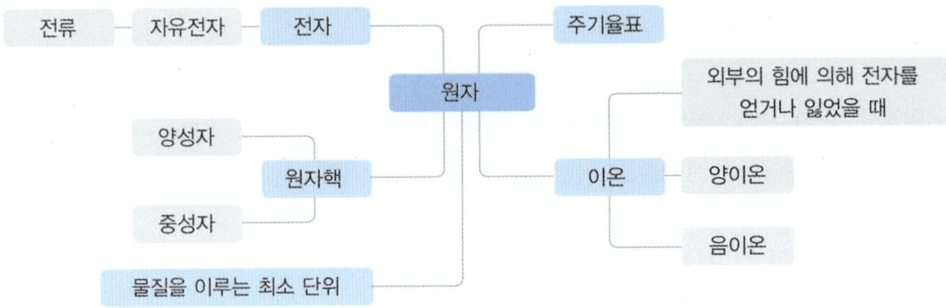

원자

물질을 쪼개는 과정을 반복하면 더 이상 쪼갤 수 없는 가장 작은 알갱이인 입자를 얻게 되는데 이 입자를 **원자**atom라 한다. 그러나 전자, 양성자, 중성자 등의 존재가 밝혀지면서 원자는 불가분한 입자가 아님이 드러났고, 오늘날에는 '소립자'라고 하는 한 무리의 입자를 물질의 궁극입자(물질을 이루는 가장 작은 단위의 입자)로 연구하고 있다.

물질을 구성하는 입자는 [그림 1-1]과 같다. 원자는 엄청난 밀도를 지닌 양성자 및 중성자로 구성되어 있는 **원자핵**과 그 주변을 돌고 있는 **전자**electron들로 구성된다.[1]

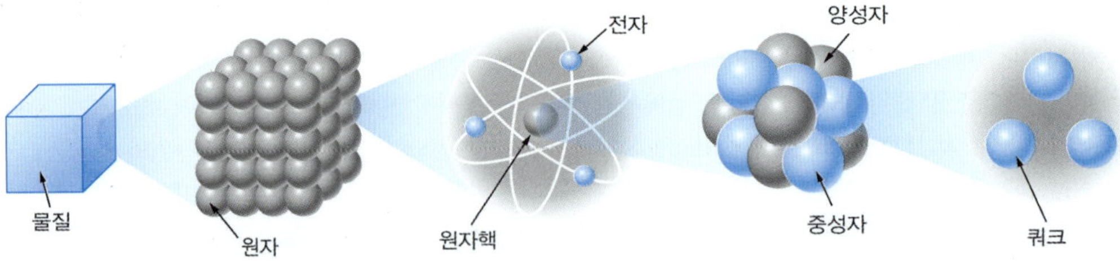

그림 1-1 물질을 구성하는 입자

양성자는 (+) 전기를 띠고, 전자는 (−) 전기를 띤다. 이때 양성자와 전자의 부호는 반대이지만 전하량은 같다. 따라서 전기적으로 중성인 원자에는 같은 수의 양성자와 전자가 존재한다. 중성자는 전기를 띠지 않으며 일반적으로 그 수는 양성자의 수와 동일하다. 그러나 몇몇 원소에는 중성자의 수가 다른 변이가 존재할 수 있는데, 이처럼 동일한 원소에서 중성자의 수에 따른 다양한 변이를 **동위원소**isotope라 한다. 동위원소는 전자의 배열과 양성자의 수는 같고 중성자의 수만 다르다. 따라서 화학적 성질은 거의 같고 원자의 질량만 다르다.

1 원자의 질량은 거의 원자핵에 의해 결정된다.

원소element**는 단일 원자로 이루어진 물질을 이루는 기본적인 구성 요소로 물질의 특성을 지닌 최소 입자이다.** 원자는 알갱이 하나하나를 나타내며 원소는 이러한 알갱이들의 모임을 말한다. 원소는 원자핵에 있는 양성자의 수를 기준으로 **원자번호**atomic number를 갖는다. 따라서 어떤 원소의 원자번호를 알면 전자, 양성자, 중성자의 수를 알 수 있다.

탄소(C)carbon를 예로 들어보자. 주기율표에 의하면 탄소의 원자번호는 6이고 질량수는 12.01이다. 이를 원소의 질량수와 원자번호 표기법으로 나타내면 [그림 1-2]와 같다.

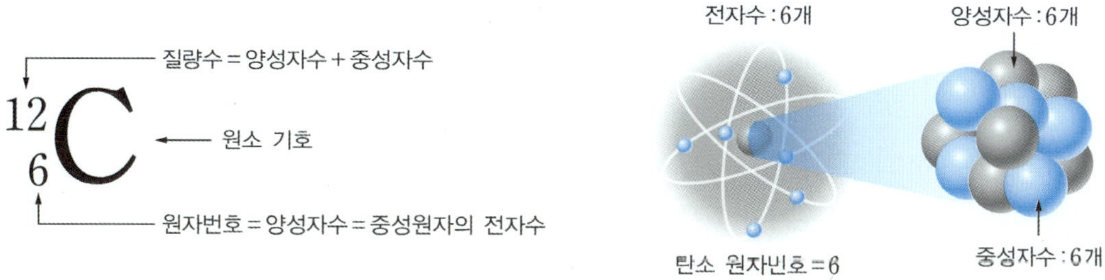

(a) 원소의 질량수, 원자번호 표기법　　(b) 탄소의 원자 구조

그림 1-2 원소의 질량수, 원자번호 표기법 및 탄소의 원자 구조

원자번호는 양성자수와 같고, 이는 중성원자의 전자수와 같다. 질량수는 양성자수와 중성자수의 합을 나타낸다. 즉 탄소는 6개의 양성자와 6개의 중성자로 이루어져 있음을 알 수 있다.

예제 1-1

원자번호가 14인 실리콘(Si, 규소) 원자의 양성자수, 중성자수, 전자수를 구하라.

풀이

원자번호가 14이므로 양성자수는 14개다. 중성자수는 양성자수와 같으므로 14개다. 또한 중성원자이므로 전자는 14개가 존재한다.

원자 안에는 여러 개의 전자가 존재한다. 원자는 기본적으로 중성 상태에 있으므로 원자 안의 양성자와 전자의 개수는 같다. 원자의 구조를 보면, [그림 1-3]과 같이 양성자와 중성자가 가운데에 뭉쳐서 원자핵을 이루고 있으며 전자는 원자핵 주위의 불연속적인 궤도에 묶여서 돌고 있다. 이러한 전자의 궤도를 전자껍질electron shell이라고 한다.

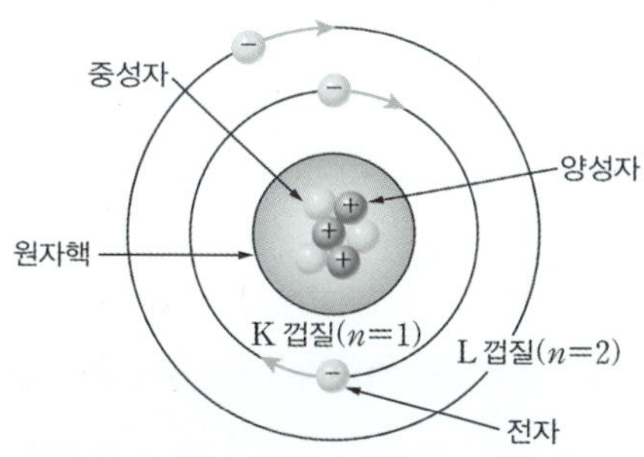

그림 1-3 원자의 구조

전자껍질은 [표 1-1]과 같이 주양자수principal quantum number[2]에 따라 구분된다. 주양자수는 원자핵에 가까운 순서대로 번호를 붙여 $n = 1, 2, 3, \cdots$ 으로 나타낸다.

표 1-1 주양자수에 따른 전자껍질

주양자수(n)	전자껍질
1	K 껍질
2	L 껍질
3	M 껍질
4	N 껍질

전자는 전자껍질에 묶인 채로 그 궤도만 돌고 있는 것이 아니라 에너지를 얻거나 잃으면 더 높은 준위로 올라가거나 내려갈 수도 있다. 각 전자껍질에 존재할 수 있는 전자의 수는 정해져 있다. 원자핵에서 멀어질수록 전자껍질의 면적이 넓어져 더 많은 전자를 수용할 수 있다.

전자의 배치

전자의 배치는 원소의 특성을 결정하는 데 큰 영향을 미친다. 특히 가장 바깥 껍질에 있는 최외각 전자(원자가 전자)는 다른 원자나 외부 세계와 접촉하므로 최외각 전자가 몇 개인지가 중요하다. 최외각 전자가 외부로부터 에너지를 받으면 원자와 연결이 끊겨 떨어져 나간다. 이렇게 원자로부터 떨어져 나간 전자는 자유전자free electron가 된다. 이 **자유전자의 움직임이 곧 전류이며, 이 자유전자는 전기를 띤 알갱이인 전하charge의 한 종류이다.**[3]

이제 물질에 따라 최외각 전자가 몇 개나 존재하는지 알아보자. 각 전자껍질에는 오비탈orbital이라고 부르는 궤도함수들이 있으며 그 모양에 따라 s, p, d, f의 문자를 붙인다. 이들은 각각 2, 6, 10, 14개의 전자를 채울 수 있다. 각 전자껍질에는 주양자수 n만큼의 궤도함수 종류가 존재한다. 예를 들어 L 껍질($n = 2$)에는 s, p 두 종류의 궤도함수가 있고, M 껍질($n = 3$)에는 s, p, d 세 종류의 궤도함수가 있다. 각 전자껍질을 채워가는 순서는 [그림 1-4]와 같이 대각선 방향이다.

원자번호가 증가함에 따라 전자껍질은 안쪽 궤도부터 바깥쪽으로 채워가는데, 꼭 안쪽 궤도를 모두 채워야 그다음 궤도를 채우는 것은 아니다. 예를 들어 4s가 3d보다 먼저 채워지며, 안쪽 궤도가 다 차지 않았는데도 바깥쪽 궤도부터 채워질 수도 있다. 마지막 원소인 118번 원소의 예를 들어보자. [그림 1-4]를 참조하여 원자번호에 따라 전자를 채워나가면 다음과 같이 $7p^6$을 마지막으로 채운다.

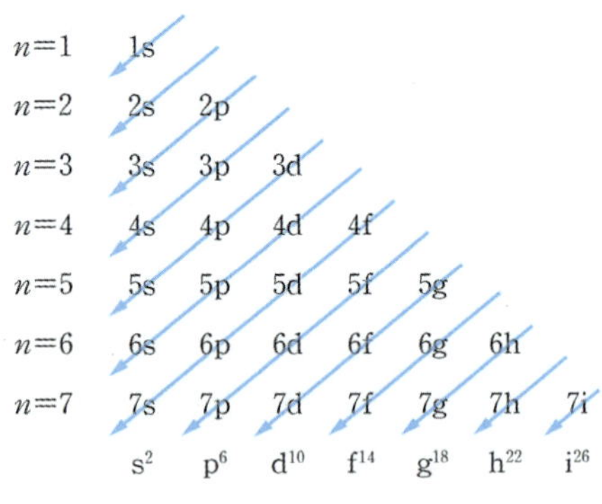

그림 1-4 궤도함수에 전자가 채워지는 순서

$$1s^2_2\ 2s^2_4\ 2p^6_{10}\ 3s^2_{12}\ 3p^6_{18}\ 4s^2_{20}\ 3d^{10}_{30}\ 4p^6_{36}\ 5s^2_{38}\ 4d^{10}_{48}\ 5p^6_{54}\ 6s^2_{56}\ 4f^{14}_{70}\ 5d^{10}_{80}\ 6p^6_{86}\ 7s^2_{88}\ 5f^{14}_{102}\ 6d^{10}_{112}\ 7p^6_{118} \qquad (1.1)$$

2 원자 내 전자 오비탈(전자의 분포를 나타내는 확률함수)과 원자의 대략적인 에너지 값을 결정하는 양자수.

3 전기를 띠는 전하의 종류에는 자유전자(free electron), 홀(hole, 정공), 이온(ion) 등이 있다.

식 (1.1)에서 궤도함수(s, p, d, …) 앞의 숫자는 전자껍질의 주양자수(n)를 나타내며, 위 첨자는 이 궤도함수에 채워져 있는 전자의 개수를, 아래 첨자는 그 궤도함수까지 누적된 전자의 수를 의미한다. 그리고 마지막 궤도함수의 아래 첨자는 원자번호와 같다. 예를 들어 $3s^2$는 주양자수 $n = 3$인 M 껍질의 s 궤도함수에 2개의 전자가 채워져 있음을 나타낸다. 최외각 전자의 주양자수는 주기율표상에서 주기에 해당한다.

원자번호가 26인 철(Fe)iron을 예로 들어보자. 철은 식 (1.1)의 규칙에 따라 $1s^2\ 2s^2\ 2p^6\ 3s^2\ 3p^6\ 4s^2\ 3d^6$의 순서로 전자를 채워나간다. $n = 2$ 껍질을 다 채운 다음 $n = 3$ 껍질을 채우기 시작하지만, 3번 껍질을 다 채우지 않고 3s와 3p를 채운 후에 4번 껍질로 넘어가서 4s 궤도함수를 채운 다음에 다시 3d 궤도함수를 채워나간다. 따라서 [그림 1-5]와 같이 최외각의 4s 궤도함수에 2개의 전자가 존재한다. 또한 최외각 전자가 존재하는 전자껍질의 주양자수는 $n = 4$이므로 철은 주기율표상에서 4주기 원소에 속한다. 이렇듯 원소의 주기는 전자가 들어 있는 전자껍질 수를 나타내므로 최외각 전자껍질의 주양자수와 일치한다.

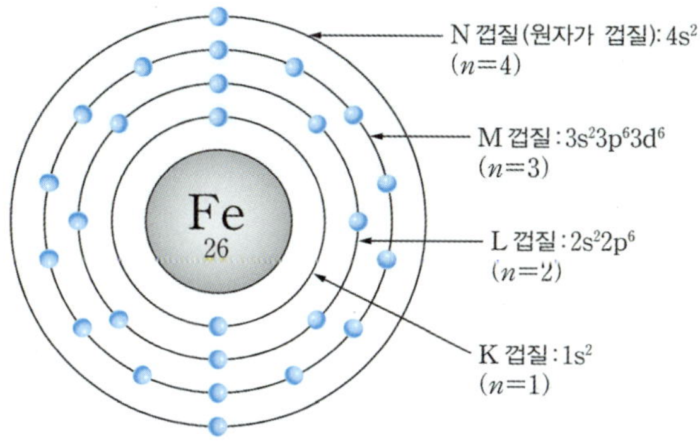

그림 1-5 철 원자의 궤도함수에 전자가 채워진 모델

최외각 전자가 중요한 이유는 원자의 제일 바깥에 존재하여 외부의 영향을 쉽게 받아 그 원자의 물리적·화학적 성질을 결정하는 데 크게 기여하기 때문이다. 양자수 혹은 전자의 개수에 바탕을 두고 주기성을 나타내는 원소를 원자번호 순으로 배열해 분류한 표를 **주기율표**periodic table [4]라고 하며, [그림 1-6]과 같다.

주기율표상에서 동일 주기에 배치된 원소들은 같은 수의 전자껍질을 가진다. 주기뿐만 아니라 최외각 전자수가 같으면 비슷한 전기적·화학적 특성을 보이는데, 이러한 원소들의 모임을 '족family' 이라고 하며 원소 주기율표상에서 같은 열에 배치된다. 동일 족에 있는 원소들은 전자껍질(n)의 수는 달라도 최외각 전자수가 주기적으로 같기 때문에 비슷한 물리적·화학적 성질을 나타낸다. 예를 들어, 게르마늄(Ge)germanium의 경우 N 껍질($n = 4$)에 4개의 전자를 가지므로, 최외각 전자는 4개로서 4족의 원소가 된다. 마찬가지로 실리콘(Si)silicon은 M 껍질($n = 3$)에 4개의 전자를 가지므로 4족 원소이다. 따라서 게르마늄과 실리콘은 물리적·화학적으로 비슷한 성질을 띠는 물질임을 알 수 있다.

4 주기율표는 원소의 특징을 쉽게 구분할 수 있도록 만든 표이다. 러시아 화학자인 드미트리 멘델레예프(1834~1907)가 처음 제안하고, 이후 영국 물리학자인 헨리 모즐리(1887~1915)가 원자번호 순으로 다시 만들었다.

그림 1-6 원소의 주기율표

여기서 잠깐 주기율표에 나타난 원소의 성질

주기율표에서 원자번호 95번부터는 합성에 의해 인공적으로 만들어진 원소이다. 현재까지 발견된 원소들은 주기율표상에서 2·8·8·18·18·32·32 간격으로 7주기로 분류되어 있다. 일반적으로 1족으로 갈수록 금속(도체)이며 8족으로 갈수록 비금속(부도체) 원소이다. 그러므로 중간쯤에 있는 4족 원소인 게르마늄과 규소는 반도체 특성을 지닌 원소임을 알 수 있다. 이러한 방식으로 모든 원소의 전자 배치를 주기율표상의 위치를 통해 알 수 있고, 전자 배치를 통해 그 원소의 성질을 설명할 수 있다.

예제 1-2

원자번호 15인 인(P)phosphorus은 몇 주기의 원소인지 밝히고, 최외각 전자수를 구하라.

풀이

식 (1.1)과 같은 규칙으로 오비탈을 13개의 전자로 채워나가면 $1s^2\ 2s^2\ 2p^6\ 3s^2\ 3p^3$이다. 이를 그려 보면 [그림 1-7]과 같다. 그림에서 보듯이 3번째 껍질의 궤도함수인 3s와 3p에 5개의 최외각 전자가 존재하므로 3주기의 5족 원소이다.

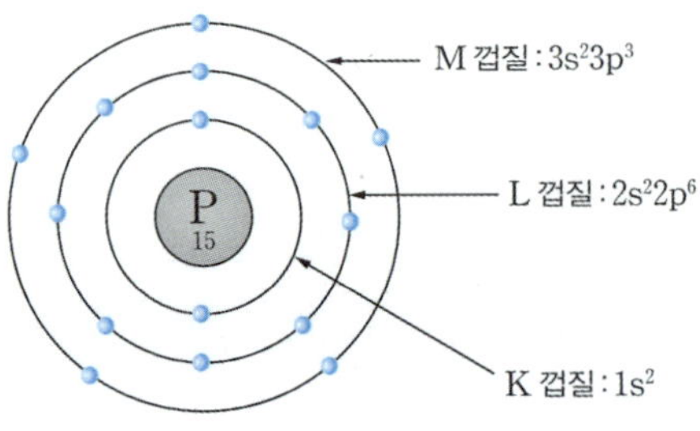

그림 1-7 인의 원자 모델

이온

마이클 패러데이
(1791~1867)

영국의 실험 물리학자 패러데이Michael Faraday는 전기분해를 연구하던 중 [그림 1-8]과 같이 전류에 의해 분해된 물질이 용액 속에서 각각 (+)극과 (−)극으로 이동한다는 사실을 밝혀냈다. 이렇게 전기를 띤 알갱이에 '간다'를 뜻하는 그리스어에 유래하여 이온ion이라는 이름을 붙였다.

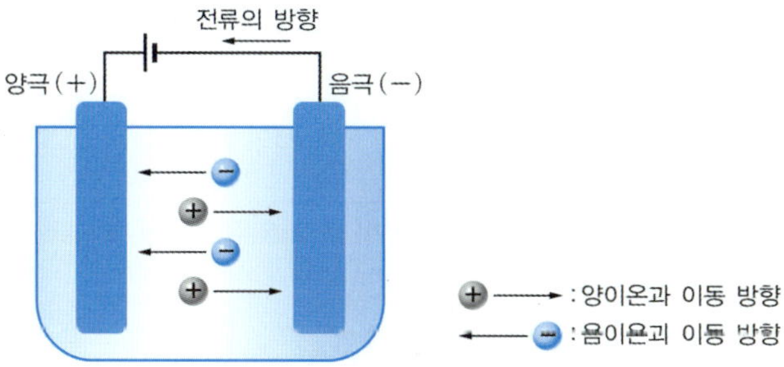

그림 1-8 이온이 움직이면서 전류가 흐르는 모델

기본적으로 원자는 중심에서 양전하를 띠는 **양성자의 개수**와 궤도를 돌면서 음전하를 띠는 **전자의 개수**가 같으므로 전기적으로 중성이다. 그러나 [그림 1-9]와 같이 만약 외부 힘에 의해 전자를 잃으면 원자는 양의 전기를 띠게 되고, 전자를 얻으면 음의 전기를 띠게 된다. 이처럼 전기를 띠는 원자를 '이온 상태에 있다'라고 표현하는데, 양의 전기를 띠는 이온을 양이온, 음의 전기를 띠는 이온을 음이온이라 한다.

(a) 양이온의 형성($Na \longrightarrow Na^{+} + e^{-}$)　(b) 음이온의 형성($Cl + e^{-} \longrightarrow Cl^{-}$)

그림 1-9 원자가 이온이 되는 모델

이온은 고체 안에 있을 때 고체가 대부분 격자 구조를 갖기 때문에 외부 힘(㉧ 전기장)을 가해도 움직이지 못하지만, 액체 안에서는 비교적 자유로이 외부 힘에 의해 움직이므로 전류가 흐르게 된다. 금속 원소인 소듐(Na), 마그네슘(Mg)은 전자를 쉽게 잃어 양이온이 되며, 비금속 원소인 염소(Cl), 산소(O)는 전자를 얻어 음이온이 되려는 경향이 있다.

이온이 가장 많이 사용되는 예로 배터리를 들 수 있다. 스마트폰의 배터리는 리튬이온폴리머 배터리로서 양이온과 음이온을 이용하여 전기를 저장했다가 내보낸다.

여기서 잠깐 **마그네슘의 금속성**

주기율표에서 마그네슘(Mg)은 3주기 2족으로 3개의 전자껍질과 2개의 최외각 전자를 지닌다. 마그네슘이 금속성을 나타내는 것은 마지막 껍질의 전자 2개를 잃어 +2가[5]의 양이온으로 되려는 경향 때문이다. 떨어져 나간 2개의 자유전자는 전류에 기여하여 도체의 속성을 보이나, 고체 내에서는 마그네슘 이온이 움직이기 어려우므로 전류에 기여하지 않는다.

예제 1-3

원자번호 15인 인(P) 원자가 전자 하나를 잃으면 어떤 이온이 되는가?

풀이

[예제 1-2]의 [그림 1-7]에서 보듯이, 인 원자는 최외각 전자가 5개이다. 최외각에서 1개의 전자를 잃으면 전체적으로 +1의 양의 전기를 띠므로 1가의 P^+ 양이온이 된다.

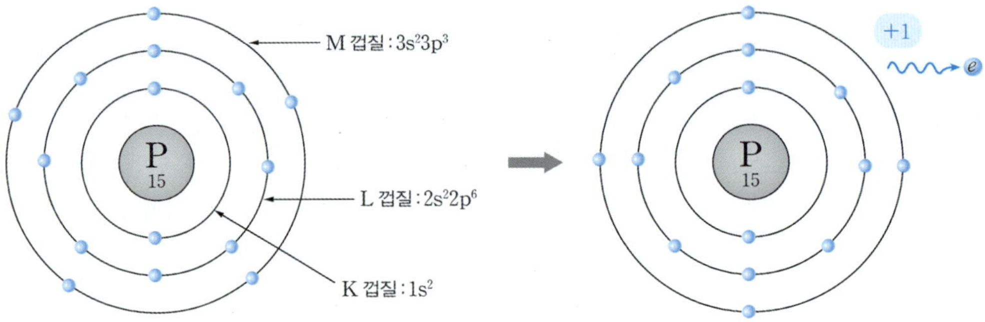

그림 1-10 인의 이온화 모델

Quick Review

- (　　　)는 물질을 이루는 최소 단위로, 양성자 및 중성자로 구성되는 (　　　　)과 (　　　)로 이루어진다.
- (　　　)는 원자핵 주위의 불연속적인 궤도에 묶여서 돌며, 에너지를 얻거나 잃으면 더 높은 준위로 올라가거나 내려갈 수도 있다.
- (　　　　　)를 보면 원소의 화학적·물리적 특성을 알 수 있다.
- 원자가 외부의 힘에 의해 전자를 얻거나 잃으면 전기를 띠는 (　　　)이 된다.

ANS 원자/원자핵/전자, 전자, 주기율표, 이온

5 가(value)는 전자의 전하량의 단위이다. 1가는 전자 1개의 전하량에 해당한다.

1.2 전기·전자의 기초 물리량

❙ 전하

전기를 띤 알갱이를 전하charge라 한다. (+) 전기를 띠는 양전하에는 반도체 속의 홀(정공)hole[6]과 양이온이 있으며, (−) 전기를 띠는 음전하에는 전자와 음이온이 있다. **전하가 띠고 있는 전기의 양을 전하량이라 하며, 단위는 쿨롱coulomb [C][7]이다.** [예제 1-4]를 보면, 실제 전기를 띤 입자들은 전자의 전하량 단위(6.25×10^{18}개), 즉 1[C]으로 이루어졌음을 알 수 있다. 그렇다면 왜 처음부터 전자의 전하량을 쿨롱([C]) 단위로 정의하지 않았을까? 쿨롱 단위를 정의할 당시에는 전자의 전하량을 잴 수 있는 기술이 없었다. 그리고 만약 전자 1개의 전하량이 1[C]이었다면, 전기·전자공학에서 의미 있는 전류가 흐를 때는 엄청난 개수의 전자가 움직이므로 다루어야 하는 숫자 또한 엄청나게 커졌을 것이다.

예제 1-4

[예제 1-3]에서 구한 인 이온이 몇 개가 모여야 1[C]의 전하량이 되는가? 단, 전자 1개의 전하량은 1.6×10^{-19}[C]이다.

풀이

1[C]의 전하량을 가지기 위해 필요한 인 이온의 개수는 다음과 같이 계산할 수 있다.

$$n=\frac{1[\text{개}\cdot\text{C}]}{\text{전자 1개의 전하량}[\text{C}]}=\frac{1}{1.6\times10^{-19}}[\text{개}]=6.25\times10^{18}[\text{개}]$$

6 홀은 양전하의 한 종류로서 p형 반도체 내에 다수캐리어로 존재한다. 이에 대해서는 7장에서 자세히 다룬다.

7 [C]은 국제단위계에서 정한 전하의 단위로, ‘쿨롱의 법칙’을 제안한 프랑스의 물리학자 샤를 드 쿨롱의 이름을 땄다.

여기서 잠깐 **전하량의 표기**

일반적으로 전하량은 문자 Q를 사용한다. 전기적인 물리량을 나타내는 변수는 대문자 혹은 소문자로 표현한다. 일반적으로 시간에 따라 일정한 값을 가지는 양은 대문자로, 시간에 따라 변하는 양은 소문자로 표현하는 경우가 많다. 따라서 시간에 따라 변하는 경우의 전하량은 q 혹은 $q(t)$로 나타낸다.

전류

전류current**는 전하의 흐름이다.** 전하가 이동하기만 하면 전류는 흐르지만 전류의 양을 표현하려면 시간의 개념이 필요하다. 즉 전류란 일정 시간 동안에 얼마나 많은 전하들이 이동했는지를 말하는 것이므로 **시간에 대한 전하량의 변화율**이라 할 수 있다. 이를 수학적으로 표현하면 다음과 같다.[8]

$$i(t) = \frac{dq(t)}{dt} \quad [\mathrm{C/sec,\ A}] \tag{1.2}$$

만약 $i(t)$와 $q(t)$가 일정한 값이라면 $I = \frac{Q}{t}$가 된다. 특정 시점에서 전하량 $q(t)$의 시간 변화율은 시간에 대한 미분으로 표현된다. 즉 dq는 전하의 변화량을 나타내고 dt는 시간의 변화량을 나타내므로 dq/dt는 시간에 대한 순간 변화율을 의미한다. 그러므로 많은 양의 전하가 빠른 속도로 움직일수록 큰 전류가 흐른다.

전류의 단위는 식 (1.2)에 따라 전하량의 단위인 [C]을 분자로, 시간의 단위인 [sec]를 분모로 하여 [C/sec]가 되며, 이를 간단히 암페어[A]ampere[9]라고 한다.

도선의 한 단면을 1[sec] 동안 1[C]의 전하량이 통과하면 1[A]의 전류가 된다. 이를 달리 말하면, 특정 시점 t에서의 전하량 $q(t)$는 t 시점까지 흐른 전류를 모두 축적한(모은) 것이다. 수학적으로 나타내면, 축적은 식 (1.3)과 같이 적분으로 표현된다. **만약 $q(t)$와 $i(t)$가 일정한 값이라면 $Q = I \cdot t$가 된다.**

$$q(t) = \int_{-\infty}^{t} i(t)\,dt \tag{1.3}$$

8 미분 기호 dx는 x의 미소(매우 작은) 변화량을 의미한다.

9 [A]는 국제단위계에서 정한 전류의 단위로, 프랑스의 물리학자 앙드레마리 앙페르(1775~1836)의 이름을 땄다.

[그림 1-11(a)]와 같이 지속적으로 한 방향으로만 흐르면서 세기가 일정한 전류를 직류(DC)Direct Current라 한다. 이때 자유전자는 일정한 속도로 한 방향으로만 이동한다. 이에 반해 [그림 1-11(b)]와 같이 방향이 주기적으로 바뀌면서 세기가 연속적으로 변화하는 전류를 교류(AC)Alternating Current라 한다. 이때 자유전자는 동일한 진폭amplitude으로 왕복하면서 진동한다.

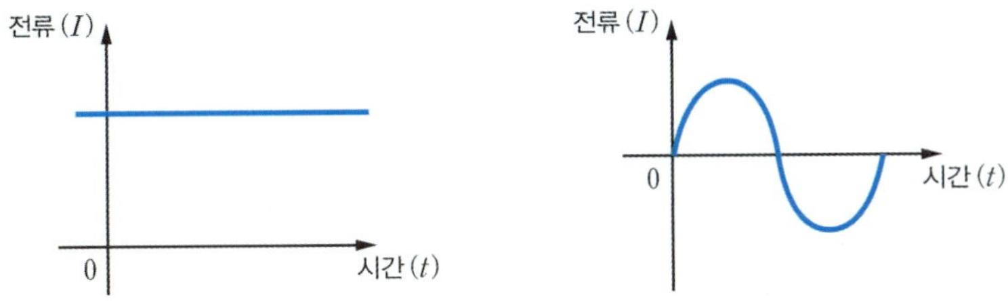

(a) 직류(DC) (b) 교류(AC)

그림 1-11 전류의 직류와 교류[10]

예제 1-5

[그림 1-12]에서 $I_1 = 2$[A], $I_2 = -3$[A]일 때, 각 도선을 따라 1초 동안 이동한 전하량[C]을 각각 구하라.

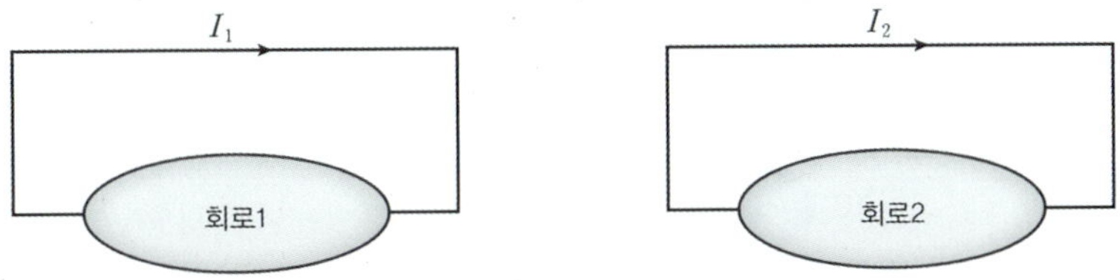

(a) (b)

그림 1-12 전류의 방향과 표현

풀이

전류는 단위시간당 이동하는 전하량으로 정의되며 $I = \frac{dq}{dt}$이다.

(a) 전류 $I_1 = 2$[A], 시간 간격 $dt = 1$[s]이므로 이동한 전하량은 $dq = I_1 \cdot dt = 2 \cdot 1 = 2$[C]이다. 따라서 1초 동안 회로1의 왼쪽에서 오른쪽으로 2[C]의 전하가 이동한 것이다.

(b) 전류 $I_2 = -3$[A], 시간 간격 $dt = 1$[s]이므로 $dq = I_2 \cdot dt = -3 \cdot 1 = -3$[C]이다. 전하량의 부호가 음수인 것은 전류의 방향이 기준 방향(왼쪽에서 오른쪽)과 반대임을 의미한다. 따라서 회로2의 오른쪽에서 왼쪽으로 3[C]의 전하가 이동한 것이다.

---

10 직류와 교류의 어원은 전류(current)로부터 유래했지만, 전압과 전력 등 다른 전기적 물리량에도 사용된다.

▌전압

전압voltage**은 전하의 위치에 의한 차이, 즉 어느 특정 지점에서 단위전하**unit charge**(1[C]의 전하)**[11] **의 전기적 위치에너지를 의미하며 단위는 볼트**Volt [V][12]**이다.** 우리는 이미 중력에 의한 위치에너지에 익숙하다. 그렇기 때문에 [그림 1-13(a)]처럼 지표면에서 높은 지점에 있는 공은 낮은 위치에 있는 공보다 더 큰 위치에너지를 갖고 있음을 알고 있다. 전하도 그 위치에 따라 에너지를 갖게 되는데, 위치는 상대적인 것이므로 기준위치를 정해놓고 사용하고 있다. 일반적으로 0[V]에 해당하는 전위를 기준점으로 잡으며, 이를 특별히 접지(GND)ground라 표현한다.

한 지점의 전압은 단위전하가 갖는 위치에너지로, 전하가 갖는 위치에너지가 높으면 그 지점의 전압이 높은 것이다. [그림 1-13(b)]의 A 지점에서 1[C]의 전하가 갖고 있는 전기적 위치에너지가 A 지점의 전압이며, 이는 V_A($V_A - 0$[V])로 나타낸다. 마찬가지로 B 지점에서 1[C]의 전하가 가지고 있는 위치에너지는 B 지점의 전압이며, V_B($V_B - 0$[V])로 나타낸다. 두 지점 A와 B 사이의 전압은 그 두 지점에서 단위전하가 갖는 위치에너지의 차이라고 할 수 있으며, $V_{AB} = V_A - V_B$로 나타낼 수 있다.

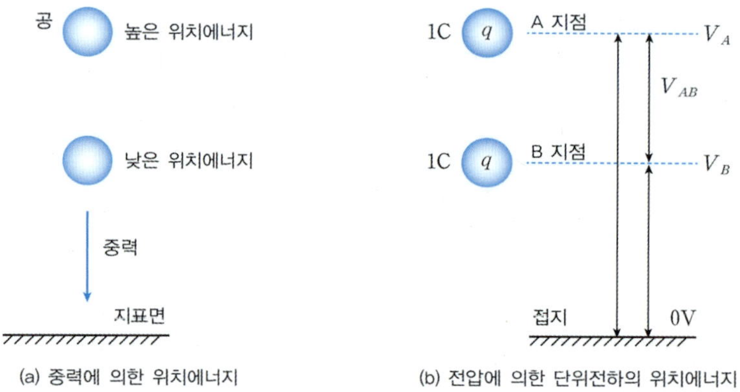

그림 1-13 위치에너지 모델

어느 지점에서 전하가 갖는 (위치)에너지 Wwork[13]는 전하량 Q와 그 지점의 전압 V의 곱이다.

$$W = Q \cdot V \tag{1.4}$$

에너지는 줄([Ω]) 단위로 측정된다. 어떤 지점의 전하량이 크거나 그 지점의 전압이 높을수록 해당 전하가 갖는 (위치)에너지가 높아진다. **1[C]의 전하가 어느 지점에서 1[J]의 위치에너지를 가지면 그 지점의 전압은 1[V]이다.** 즉 1[C] · 1[V] = 1[J]이다. 따라서 전압의 단위는 [V]=[J/C]이다.

---

11 실제로 1[C]의 전하량을 갖는 알갱이는 존재하지 않는다. 전자나 홀, 이온들이 모여 있는 것을 단일 알갱이처럼 생각하는 것이다.

12 볼트[V]는 금속전지인 볼타전지를 발명한 이탈리아 과학자 알렉산드로 볼타(1745~1827)의 이름을 따왔다.

13 에너지와 같은 개념인 일(work)에서 따온 것이다.

예제 1-6

전위가 1[V]인 지점에 놓인 10[C]의 전하를, 전위가 5[V]인 지점으로 이동시키는 데 필요한 에너지를 구하라.

풀이

각 지점에서 전하가 갖는 위치에너지는 식 (1.4)를 사용하여 계산한다. 전하 $q=10[\mathrm{C}]$이 전위가 1[V]인 지점에서 갖는 전기적 위치에너지는 $W_1=10[\mathrm{C}]\times 1[\mathrm{V}]=10[\mathrm{J}]$, 전위가 5[V]인 지점에서의 전기적 위치에너지는 $W_2=10[\mathrm{C}]\times 5[\mathrm{V}]=50[\mathrm{J}]$이다.

따라서 전하를 1[V] 지점에서 5[V] 지점으로 이동시키기 위해 필요한 에너지는 다음과 같다.

$$\Delta W = W_2 - W_1 = 50[\mathrm{J}]-10[\mathrm{J}]=40[\mathrm{J}]$$

예제 1-7

[그림 1-14]와 같이 어떤 물질 내에서 전류 1[A]가 A 지점에서 B 지점으로 흐르고 있다. 이 물질 내의 전위는 위치 x에 따라 $V(x)=10-x[\mathrm{V}](1\le x\le 5)$라고 할 때, 2[sec] 동안 이 물질에 전달된 에너지는 얼마인가?

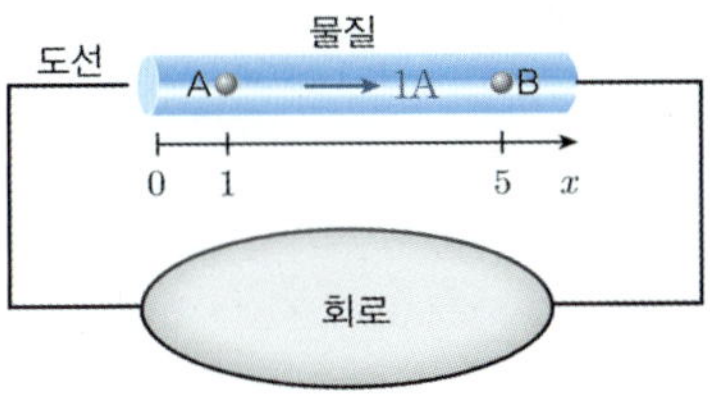

그림 1-14 물질 내 A 지점과 B 지점의 전하 에너지

풀이

2초 동안 A 지점에서 B 지점으로 흐른 전하량은 $dq=I\cdot dt=1[\mathrm{A}]\times 2[\mathrm{s}]=2[\mathrm{C}]$이다. 주어진 식을 이용하면 A 지점($x=1$)과 B 지점($x=5$)의 전위는 $V_A=V(1)=10-1=9[\mathrm{V}]$, $V_B=V(5)=10-5=5[\mathrm{V}]$이다. 따라서 A와 B 지점에서의 2[C]의 전기적 위치에너지는 각각 다음과 같다.

$$W_A=Q\cdot V_A=2[\mathrm{C}]\cdot 9[\mathrm{V}]=18[\mathrm{J}]$$
$$W_B=Q\cdot V_B=2[\mathrm{C}]\cdot 5[\mathrm{V}]=10[\mathrm{J}]$$

즉 전하가 A 지점에서 B 지점으로 이동하면서 $18[\mathrm{J}]-10[\mathrm{J}]=8[\mathrm{J}]$의 에너지를 물질에 전달했다. 이는 전류가 흐름에 따라 에너지가 전달된다는 사실을 보여주는 예이다.

전력

전력power**은 시간에 대한 에너지의 변화율이다.** 즉 일정 시간 동안 에너지의 소멸 또는 생성의 변화를 의미하며 그 변화가 빠르면 전력이 큰 것이다. 이를 수학적으로 표현하면 다음과 같다.

$$p(t) = \frac{dw(t)}{dt} \quad [\mathrm{J/sec},\ \mathrm{W}] \tag{1.5}$$

전력 단위는 와트Watt [W]이며 **1[sec] 동안 1[J]의 일을 하면 1[W]의 전력이 된다.**

예제 1-8

어떤 회로 내의 장치가 10[W]의 전력을 소모하고 있다. 이때, 회로의 나머지 부분이 10[sec] 동안 이 장치에 공급한 에너지는 얼마인가?

풀이

전력량은 단위시간당 에너지 변화량으로 정의되며 $p = dw/dt$이다. 에너지 변화량은 $dw = p \cdot dt = 10[\mathrm{W}] \cdot 10[\mathrm{s}] = 100[\mathrm{J}]$이므로, 장치가 10[sec] 동안 소모한 에너지는 100[J]이며, 이 에너지는 회로의 나머지 부분에서 공급된 것이다.

이제 전류와 전압으로 전력을 표현해보자. 전압이 v인 어느 지점에 전류 i가 흐르는 경우 식 (1.4)를 식 (1.5)에 대입하여 전력에 대한 식으로 다시 풀어보면 식 (1.6)과 같이 된다.

$$p(t) = \frac{dw(t)}{dt} = \frac{d(qv)(t)}{dt} = v \cdot \frac{dq(t)}{dt} = v \cdot i \tag{1.6}$$

이때 전압 v는 시간에 대한 변화가 아니기 때문에 상수가 되므로 전력은 전압과 전류의 곱인 1[V] · 1[A] = 1[W]가 된다.[14] 이는 전압의 단위가 [J/C], 전류의 단위가 [C/sec]이므로 전력의 단위 1[W] = [J/C] · [C/sec] = [J/sec]임을 쉽게 알 수 있다.

전압 차이가 v인 두 지점에 전류 i가 흐르면 t_1과 t_2 시간 동안 일어나는 에너지의 변화량은 다음과 같다.

$$\Delta w = \int_{t_1}^{t_2} p\, dt = \int_{t_1}^{t_2} v \cdot i\, dt \tag{1.7}$$

14 와트의 법칙에 관한 내용은 2장에서 자세히 다룬다.

[그림 1-15]와 같이 어떤 회로의 소자element에 전류 i가 흐르면서 전압 v의 강하drop가 있다고 하자. 전하량 q의 전하가 ①번 위치에 있을 때의 에너지는 $v_1 \cdot q$이고, 소자를 통과한 후 ②번 위치에 있을 때의 에너지는 $v_2 \cdot q$이므로 소자를 통과하면서 $(v_1 - v_2) \cdot q = v \cdot q$의 에너지를 잃었다. 즉 이 소자가 $v \cdot q$의 에너지를 회로로부터 흡수absorbed(소비)했다. 이를 전력으로 환산하면 $p = (v \cdot q)/t = v \cdot (q/t) = v \cdot i$의 전력을 흡수(소비)한 것으로 볼 수 있다.

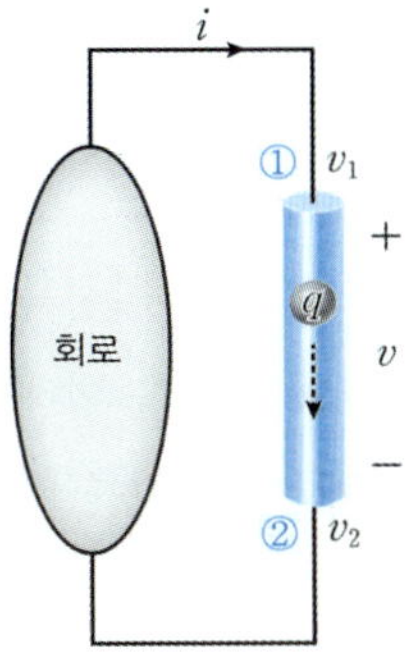

그림 1-16 소자가 흡수(소비)하는 전력

따라서 어떤 회로 소자에 i의 전류가 흐르면서 v의 전압 강하가 생긴다면 이 소자에서 흡수(소비)하는 전력량은 $v \cdot i$가 된다.

> 소자에서 흡수(소비)하는 전력 = (소자 양단의 전압 강하) × (소자에 흐르는 전류)

예제 1-9

[그림 1-16]에 나타낸 회로에서 각 소자가 소모하거나 공급하는 전력을 각각 구하라.

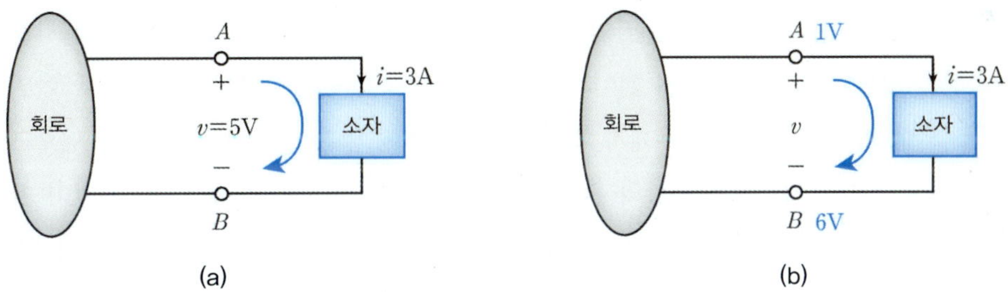

그림 1-16 전력의 흡수(소비)와 공급

풀이

전류 i를 소자 양단 간의 전압 v의 (+) 단자에서 (−) 단자로 흐르는 방향으로 정의하면 소자가 소모하는 전력은 $p = v \cdot i$이다. 이 기준에 따라 각 경우를 살펴본다. 이때 전력의 부호는 소자가 에너지를 소모하는지 또는 공급하는지를 나타낸다.

(a) 전압 $v=5[\mathrm{V}]$, 전류 $i=3[\mathrm{A}]$(전압의 (+) 단자에서 (−) 단자로 흐름)이므로, 이 소자는 $p=v \cdot i=5[\mathrm{V}] \cdot 3[\mathrm{A}]=15[\mathrm{W}]$의 전력을 소모하고 있다.

(b) 소자의 양단 간의 전위차(전압)는 $v=1-6=-5[\mathrm{V}]$이고, 전류 $i=3[\mathrm{A}]$이므로 소자가 소모하는 전력은 $p=v \cdot i=-5[\mathrm{V}] \cdot 3[\mathrm{A}]=-15[\mathrm{W}]$이다. 이 소자는 음의 전력을 소모하므로 15[W]의 전력을 회로에 공급하고 있다.

저항

저항resistor은 어떤 물질에 흐르는 전류의 흐름을 방해하는 성분을 말하며, 그 정도를 나타내는 물리량은 **저항값**resistance이다. 그러므로 저항값이 크면 전류가 잘 흐를 수 없다. 전류의 흐름을 방해하는 성분은 물질에 따라 다르기 때문에 크기나 모양에 상관없이 물질의 고유한 성분인 **저항률(비저항)**resistivity**로 정의한다. 이는 기호 ρ로 나타내며 '로우'라고 읽는다.** 저항률은 단위체적당 물질의 재료와 종류, 온도 등에 따라 결정되며, 단위는 [Ω · m] 혹은 [μΩ · cm]를 사용한다.

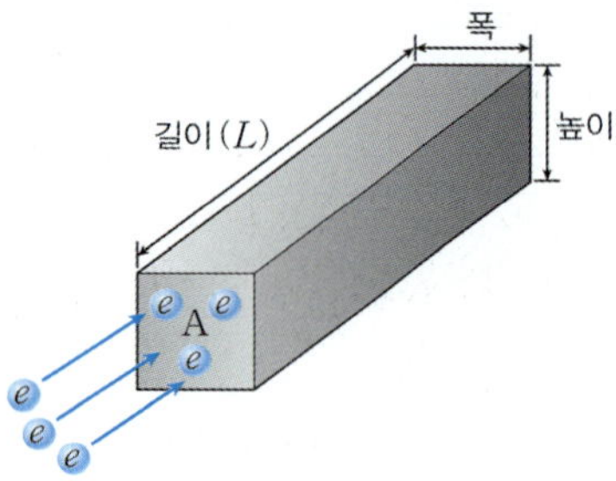

그림 1-17 전류의 흐름에 대한 저항 모델

그렇다면 우리가 알고 싶은 저항값은 어떻게 결정될까? [그림 1-17]과 같이 물질 내에 저항 성분이 있으므로 전하가 물질을 통과할 때 그 물질의 길이, 단면적 등에 영향을 받게 된다. 단위시간에 움직이는 전하량을 전류라 할 때, 물질의 길이가 길면 전하가 통과하는 시간이 길어지므로 단위시간당 전하량은 줄어들게 되고, 물질의 두께가 커질수록 한꺼번에 많은 전하가 통과할 수 있으므로 단위시간당 전하량은 많아진다. 이를 저항의 관점에서 수학적으로 살펴보면, 식 (1.8)과 같이 **저항 R은 길이에 비례하고 폭×높이인 단면적 A에는 반비례한다. 여기서 비례상수는 저항률 ρ가 된다.**

$$R=\rho\frac{L}{A}[\Omega] \tag{1.8}$$

전류에 영향을 미치는 성분으로 전압뿐 아니라 저항이 있다는 것을 알아낸 옴Ohm[15]의 이름을 따서 저항 기호는 옴([Ω])이다. 이는 **저항 양단의 전압이 1[V]일 때 1[A]의 전류가 흐르는 것을 의미한다.**

15 게오르크 시몬 옴(1789~1854)은 전류와 전압과 저항의 관계를 알아내 '옴의 법칙'을 만든 독일 물리학자이다.

예제 1-10

[그림 1-18]과 같은 직육면체 모양의 반도체에 전류를 흘릴 때 30[Ω]의 저항이 측정되었다. 이 반도체의 저항률[Ω·cm]은 얼마인가?

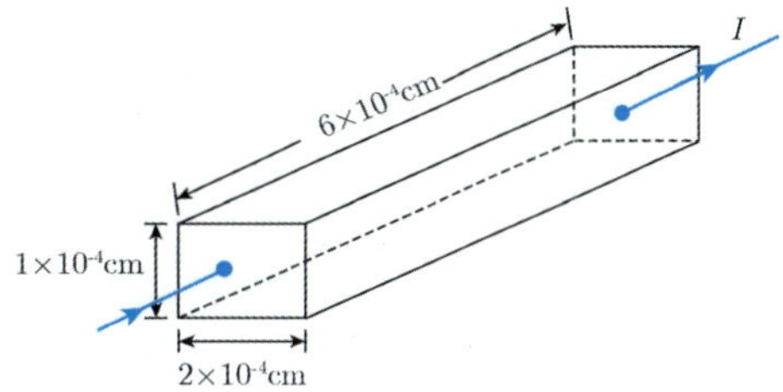

그림 1-18 직육면체 모양의 반도체

풀이

반도체의 저항률은 식 (1.8)을 이용하여 구하면 다음과 같다.

$$\rho = R\frac{L}{A} = 30 \times \frac{6 \times 10^{-4}}{(2 \times 10^{-4})(1 \times 10^{-4})} = 9 \times 10^{5}[\Omega \cdot \text{cm}]$$

Quick Review

- 전기를 띤 알갱이를 (   )라 한다.
- (   )는 전하의 흐름으로 일정 시간 동안 움직이는 전하의 양이다.
- 1[C]의 전하가 1[sec] 동안 움직이면 '(   )의 전류가 흐른다'라고 표현한다.
- 1[C]의 전하가 어느 지점에서 1[J]의 위치에너지를 가지면 그 지점의 전위는 (   )이다.
- 1[sec] 동안 1[J]의 일을 하면 (   )의 전력이 된다.
- 소자에서 흡수(소비)하는 전력은 소자 양단의 전압 강하와 소자에 흐르는 전류의 (   )이다.
- (   )은 전류의 흐름을 방해하는 성분이다.

ANS 전하, 전류, 1[A], 1[V], 1[W], 곱, 저항

1.3 SI 단위계

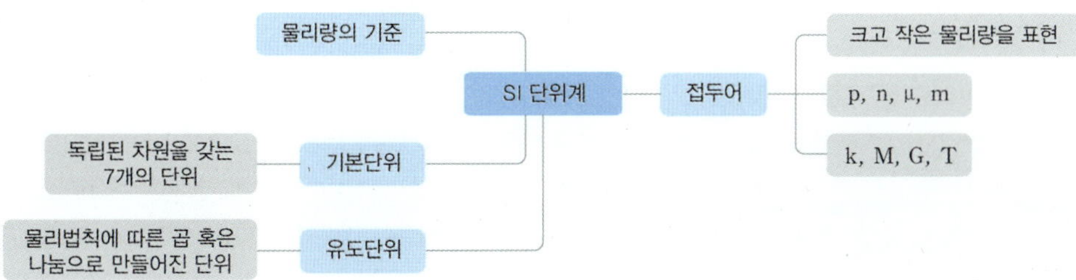

국제단위계(SI 단위계)

전기·전자공학에서 사용되는 물리량을 측정할 때 일정량을 기준으로 하여 주어진 양이 그 일정량의 몇 배가 되는가를 측정하게 되는데, 그 기준이 되는 일정량을 **단위**unit라고 한다. 단위는 어떤 양에 대해서도 임의의 크기로 약속할 수 있지만, 여러 양에 대해 하나하나 개별적으로 규정하면 이것을 다룰 때 대단히 불편하다. 따라서 기본이 되는 몇 개의 단위만 기본단위로 정하고, 다른 양의 단위는 물리법칙이나 그 정의에 따라 이 기본단위를 조합해서 유도하여 만들 수 있다.

현재 국제적으로 사용되고 있는 측정 단위계를 국제단위계(SI 단위계)라 한다. 국제단위계는 기본단위와 유도단위 2가지로 분류된다.

기본단위는 독립된 차원을 가지는 명확하게 정의된 7개의 단위로, [표 1-2]와 같다. 유도단위는 물리법칙에 따라 기본단위의 곱셈 또는 나눗셈으로 만들어진 단위이다. 유도단위를 기본단위로 표현하면 어떤 물리량이 조합되어 있는지를 알 수가 있다. 예를 들어 힘의 국제단위는 [kg·m/s^2]인데 유도단위인 뉴턴([N])으로 불린다. 이 단위를 살펴보면 질량의 단위인 [kg]과 가속도의 단위인 [m/s^2]의 곱이므로 $F = m \cdot a$라고 하는 뉴턴의 힘의 법칙을 따름을 알 수 있다. 이 유도단위 중에서 몇 개에는 편의상 특별한 명칭과 기호가 붙는다. 경우에 따라 많은 유도단위가 만들어질 수 있지만 전기·전자공학에서 많이 사용되는 유도단위는 [표 1-3]과 같다.

표 1-2 SI 표준계의 7가지 기본단위

물리량	명칭	단위
길이	미터(meter)	m
질량	킬로그램(kilogram)	kg
시간	초(second)	s
전류	암페어(ampere)	A
온도	켈빈(kelvin)	K
몰 질량	몰(mol)	mol
(빛의) 광도	칸델라(candela)	cd

표 1-3 SI 표준계의 전기·전자공학 관련 유도단위

물리량	명칭	단위
힘	뉴턴(newton)	N
일, 에너지	줄(joule)	J
전력, 일률	와트(watt)	W
진동수, 주파수	헤르츠(hertz)	Hz
전하량	쿨롱(coulomb)	C
전압, 전위, 포텐셜	볼트(volt)	V
저항	옴(ohm)	Ω
정전용량, 커패시턴스	패럿(farad)	F
자속밀도	테슬라(tesla)	T
자속	웨버(weber)	Wb
유도용량, 인덕턴스	헨리(henry)	H

여기서 잠깐 **SI 단위의 유래**

SI는 국제단위계The International System of Units의 프랑스어 'Le Système International d'Unités'에서 따온 말이다. SI 단위계는 1960년 제11차 국제도량형총회(CGPM)에서 채택되었으며, 국가측정표준을 정하는 단위의 체계로서 세계 대부분의 나라에서 법제화를 통해 이를 공식적으로 채택하고 있다. 우리나라에서도 국가표준기본법 제10조~제12조 규정에 의거하여 SI 단위를 법정단위로 채택하고 있다.

예제 1-11

에너지의 단위 $[J]=[kg \cdot m^2/s^2]$과 전하의 (위치)에너지에 관한 식 (1.4)의 $W=Q \cdot V$를 이용해 저항의 단위 $[\Omega]$을 SI 기본단위로 나타내라.

풀이

$V=\dfrac{W}{C}$ 로부터 전압의 단위 [V]를 기본단위로 나타내면 다음과 같다.

$$[V]=\frac{[J]}{[C]}=\left[\frac{kg \cdot m^2}{s^2}\right] \cdot \left[\frac{1}{A \cdot s}\right]=\left[\frac{kg \cdot m^2}{A \cdot s^3}\right]$$

또한 $R=\dfrac{V}{I}$ 로부터 저항의 단위 $[\Omega]$을 SI 기본단위로 변환하면 다음과 같다.

$$[\Omega]=\frac{[V]}{[A]}=\left[\frac{kg \cdot m^2}{A \cdot s^3}\right]\left[\frac{1}{A}\right]=\left[\frac{kg \cdot m^2}{A^2 \cdot s^3}\right]$$

예제 1-12

전압 V는 단위전하당 전기에너지로 정의되므로 $v=\dfrac{dw}{dq}$ 의 관계식이 성립한다. 전압과 에너지, 전하량의 관계로부터 [J]을 [V], [A], [s] 단위로 나타내라.

풀이

주어진 식을 에너지 dw에 관한 식으로 정리하면 $dw=v \cdot dq$이다. 따라서 에너지의 단위는 $[J]=[V] \cdot [C]=[V \cdot A \cdot s]$로 나타낼 수 있다.

가중치 접두어

전자공학을 공부하다 보면 매우 크거나 작은 값을 표현할 때 간단한 문자를 접두어로 사용하여 간략하게 표현하는 경우가 많다. 따라서 [그림 1-19]와 같은 표준 가중치 접두어prefix를 알아둘 필요가 있다.

심볼	a	f	p	n	μ	m		k	M	G	T
접두어	atto	femto	pico	nano	micro	milli		kilo	mega	giga	tera
가중치	$\times 10^{-18}$	$\times 10^{-15}$	$\times 10^{-12}$	$\times 10^{-9}$	$\times 10^{-6}$	$\times 10^{-3}$	$\times 1$	$\times 10^{3}$	$\times 10^{6}$	$\times 10^{9}$	$\times 10^{12}$

그림 1-19 표준 SI 접두어

예를 들어 1[ns]는 1×10^{-9}[sec]이고, 2[MΩ]은 2×10^{6}[Ω]을 의미한다. 여기서의 단위는 각각 [sec]와 [Ω]이고, 접두어는 단위가 아닌 기수 10의 가중치를 나타내는 문자 표현이다. 접두어에서 메가mega, 기가giga, 테라tera 등은 밀리milli와 같은 다른 접두어와 혼동을 피하기 위해 대문자 기호를 사용한다는 점에 유의한다.

예제 1-13

어떤 소자 양단에 2[mV]의 전압이 걸릴 때 5[μA]의 전류가 흐르고 있다. 이 소자가 소모하는 전력은 몇 [nW]인가? 또한 2[ms] 동안 소모한 에너지는 몇 [pJ]인가?

풀이

식 (1.6)으로부터 소자가 소모하는 전력을 구하면 다음과 같다.

$$p = v \cdot i = (2 \times 10^{-3}) \cdot (5 \times 10^{-6}) = 10 \times 10^{-9} = 10[\mathrm{nW}]$$

또한 식 (1.7)로부터 Δt 동안 소자가 소모하는 에너지를 다음과 같이 구할 수 있다.

$$\Delta w = p \cdot \Delta t = (10 \times 10^{-9}) \cdot (2 \times 10^{-3}) = 20 \times 10^{-12} = 20\ [\mathrm{pJ}]$$

Quick Review

- 전기·전자공학에서 사용되는 물리량의 기준을 (   )라 하며, 국제적으로 약속하여 사용하는 단위를 (   )라 한다.
- 크고 작은 물리량에 대해 (   )를 사용하여 간단히 표현할 수 있다.

ANS 단위/SI 단위계, 접두어

CHAPTER 01

기본문제

1.1 실리콘(Si) 원자의 궤도함수별 전자 배치는 $1s^2\ 2s^2\ 2p^6\ 3s^2\ 3p^2$이다. 다음 중 이와 관련된 설명으로 옳지 않은 것은?

① 최외각 궤도에 존재하는 최외각 전자의 수는 4개이다.
② 두 번째 에너지 준위에 해당하는 오비탈에는 총 8개의 전자가 존재한다.
③ 가장 안쪽에 위치한 핵심 오비탈에는 2개의 전자가 존재한다.
④ 화학 결합에서 중요한 역할을 하는 전자는 가장 안쪽의 핵심 오비탈에 존재한다.

1.2 붕소(B)의 궤도함수별 전자 배치는 $1s^2\ 2s^2\ 2p^1$이다. 이온화 과정에서 최외각 전자를 하나 잃을 때의 이온화 반응식은 $B \rightarrow B^+ + e^-$이다. 다음 중 이와 관련된 설명으로 옳지 않은 것은?

① 붕소 원자는 총 3개의 최외각 전자를 가지고 있다.
② 붕소 이온(B^+)은 총 4개의 전자를 가지고 있다.
③ 붕소 이온(B^+)이 보유한 중성자의 수는 5개이다.
④ 붕소 이온이 다시 중성 원자가 되기 위해서는 최외각 전자가 에너지를 얻어 자유전자가 되어야 한다.

1.3 DRAM 셀의 커패시터 양단에 1[V]의 전압이 저장되어 있다. 셀의 정전용량capacitance이 32[F]일 때, 이 셀에 저장된 전자의 개수는 얼마인가? 단, 전자의 전하량은 1.6×10^{-19}[C]이다.

① 50,000개　　② 200,000개
③ 500,000개　　④ 2,000,000개

1.4 어떤 원소가 식 (1.1)의 규칙에 따라 K 껍질, L 껍질, M 껍질이 차 있으며, N 껍질에 4개의 전자가 존재한다. 이 원소에 대한 설명으로 옳은 것은?

① 원자번호는 32이다.
② 5족 원소이다.
③ 궤도함수별 전자 배치는 $1s^2\ 2s^2\ 2p^6\ 3s^2\ 3p^6\ 3d^{10}\ 4p^4$이다.
④ M 껍질이 모두 다 채워지고 나서 N 껍질이 채워진다.

1.5 [그림 1-20]과 같이 공유결합으로 고체 상태로 고정되어 있는 원자번호 14인 실리콘(Si) 원자가 에너지를 받아서, 최외각 전자가 떨어져 나가 자유전자가 되었다. 다음 중 이 상태에 대한 설명으로 옳지 않은 것은?

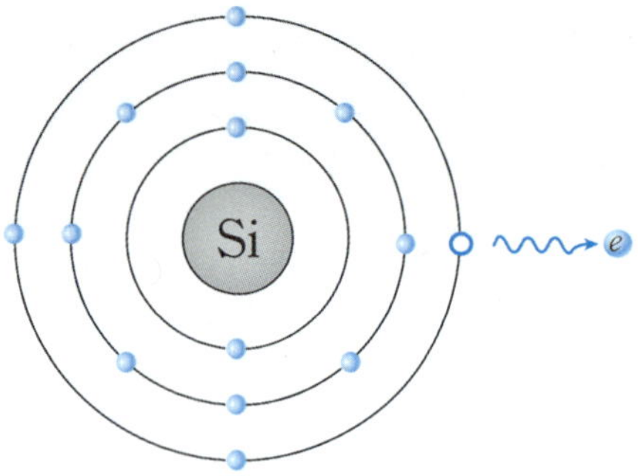

그림 1-20

① 자유전자는 M 껍질에 있는 전자보다 에너지가 높다.
② 실리콘 원자는 +1의 전하를 띠는 양이온이다
③ 외부에서 전압이 인가될 때 자유전자는 움직일 수 있다.
④ L 껍질에 있는 전자는 외부와 활발하게 반응할 수 있다.

1.6 [그림 1-21(a)]와 같이 길이 L[cm], 단면적 A[cm²]인 반도체에 [그림 1-21(b)]와 같은 시간에 따라 변하는 전류 $i(t)$를 인가하였다. 다음 중 이 상황에 대한 설명으로 옳은 것은?

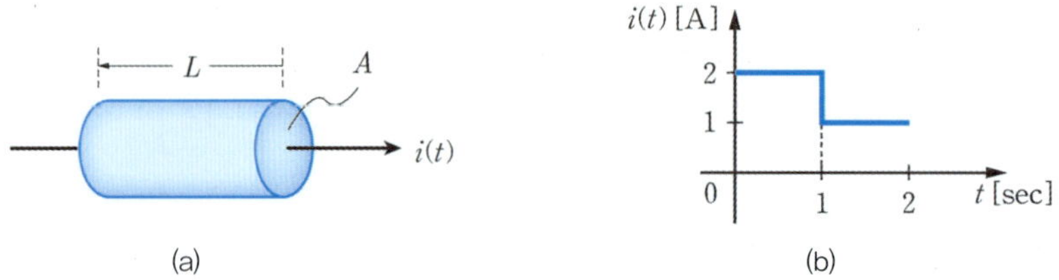

그림 1-21

① $0 < t < 2$ 사이에 반도체 양단에 걸리는 전압은 일정하다.
② $0 < t < 1$ 사이에 통과한 전하량은 $1 < t < 2$ 사이에 통과한 전하량과 같다.
③ A를 2배로 한다면 반도체 양단 간의 전압은 1/2배가 된다.
④ 반도체의 물질을 바꾸어도 반도체 양단 간의 전압은 변화가 없다.

1.7 [그림 1-22]와 같이 A 지점, B 지점, C 지점의 전위는 각각 4[V], 0[V], 2[V]이다. 2[C]의 전하가 소자 1과 소자 2를 통과한다고 할 때, 다음 중 옳지 않은 것은?

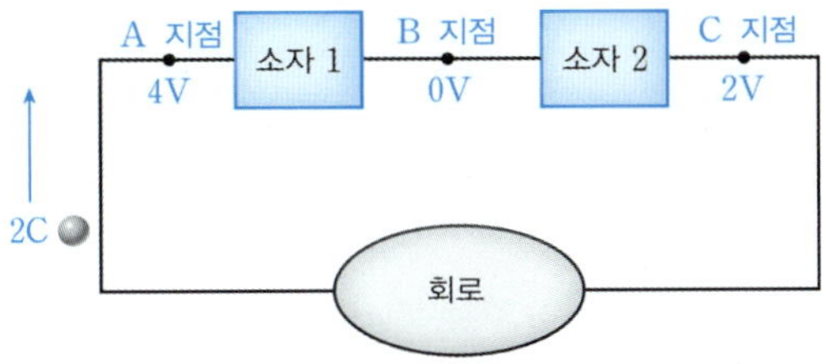

그림 1-22

① 소자 1은 에너지를 공급하고 소자 2는 에너지를 소모한다.
② B 지점에서 전하가 가지고 있는 전기적 위치에너지는 0[J]이다.
③ 소자 1과 소자 2를 관통하여 흐른 전류는 같다.
④ C 지점에서 전하가 가지고 있는 전기적 위치에너지는 4[J]이다.

1.8 [그림 1-23]에서 소자 양단의 전압 v는 소자의 아래쪽 전위에서 위쪽 전위를 뺀 값이다. 또한 전류 i는 위에서 아래로 흐를 때 양(+)으로 본다. 이때 다음 중 옳지 않은 것은?

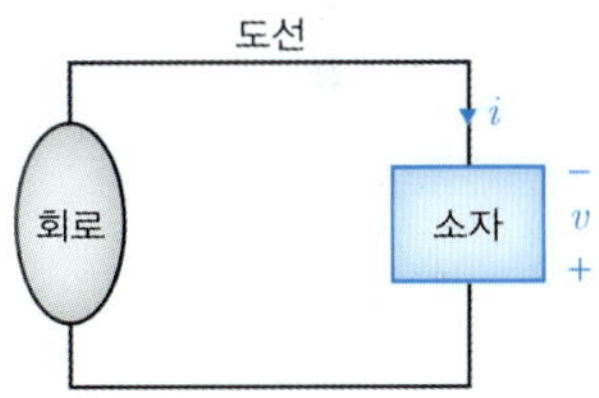

그림 1-23

① 소자가 소모하는 전력은 $v \cdot i$[W]이다.
② 전력을 소모하는 소자라면, $v > 0$[V]에서 전류는 아래에서 위로 흐른다.
③ $v = 1$[V], $i = 2$[A]라면 이 소자는 2[W]를 공급하고 있다.
④ $v < 0$, $i > 0$이라면 이 소자는 에너지를 소모하고 있다.

1.9 [그림 1-24]에서 전압이 V_A인 A 지점에 3[C]의 전하를 놓았을 때, 이 전하가 가지는 위치에너지는 9[J]이다. 또한 전압이 V_B인 B 지점에 2[C]의 전하를 놓았을 때, 이 전하가 가지는 위치에너지는 −4[J]이다. 전위차 V_{AB}는 얼마인가?

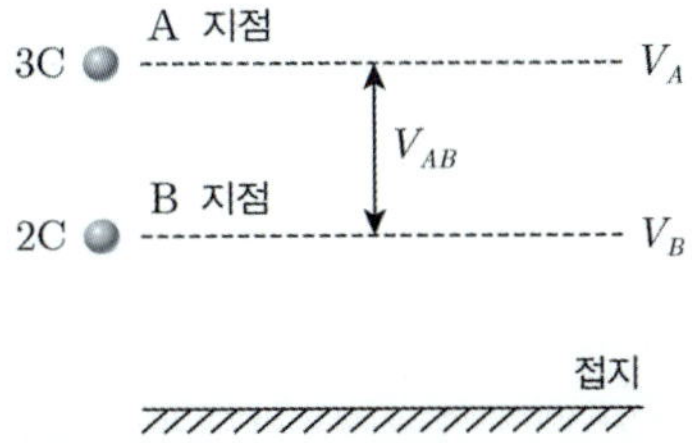

그림 1-24

① 0[V]
② 1[V]
③ 5[V]
④ 13[V]

1.10 [그림 1-25]에서 A 지점, B 지점, C 지점의 전압은 각각 +1[V], 0[V], −1[V]이다. 다음 중 각 지점에 놓여 있는 전자에 대한 설명으로 옳지 않은 것은?

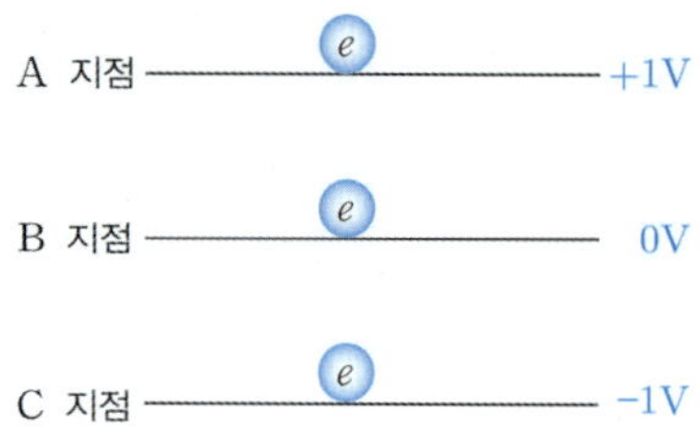

그림 1-25

① C 지점의 전자의 에너지가 가장 높다.
② B 지점의 전자를 A 지점으로 옮기기 위해서는 에너지를 가해주어야 한다.
③ B 지점의 전자의 에너지는 0[J]이다.
④ A 지점에서 C 지점으로 옮기기 위해 가해주어야 하는 에너지가 가장 크다.

1.11 [그림 1-26]과 같은 정전용량 C인 캐패시터에서 양단의 전압 V와 축적되는 전하량 Q 사이에는 $Q \propto V$의 관계가 성립한다. 다음 중 이와 관련된 설명으로 옳지 않은 것은?

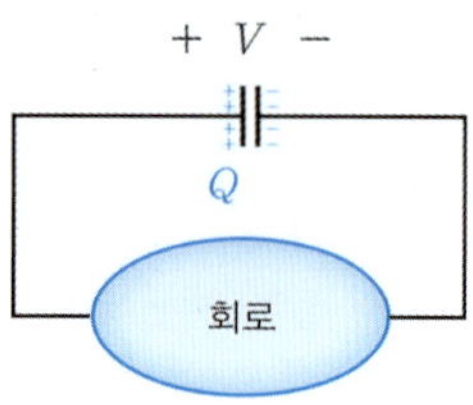

그림 1-26

① 캐패시터 평판 사이의 유전체 물질을 바꾸어도 Q/V가 바뀌지 않는다.
② 정전용량 C를 키운다면 같은 전압 V에 대해서 쌓이는 전하량 Q가 증가한다.
③ V가 일정하다면 전하가 움직이지 않는다.
④ 캐패시터의 왼쪽 평판에 $+Q$의 전하가 쌓인다면 오른쪽 평판에는 $-Q$의 전하가 쌓인다.

CHAPTER 01

연습문제

1.1 어떤 원소가 식 (1.1)의 규칙에 따라 K 껍질과 L 껍질이 차 있으며, M 껍질에 4개의 전자가 존재한다. 이 원소의 오비탈의 궤도함수를 식 (1.1)로 나타내라. 또 이 원소는 무엇인가?

1.2 [그림 1-27]과 같이 가로 1[μm], 세로 1[μm], 길이 10[μm]인 어떤 반도체에 비소(As)를 10^{18}[개/cm^3]의 농도로 주입하였다. 반도체 내에서 비소 원자는 90%가 이온화되어 As → As^+ + e의 반응을 통해 원자 1개당 1개의 자유전자를 발생시켰다. 이 반도체 내에 존재하는 자유전자의 개수를 구하라.

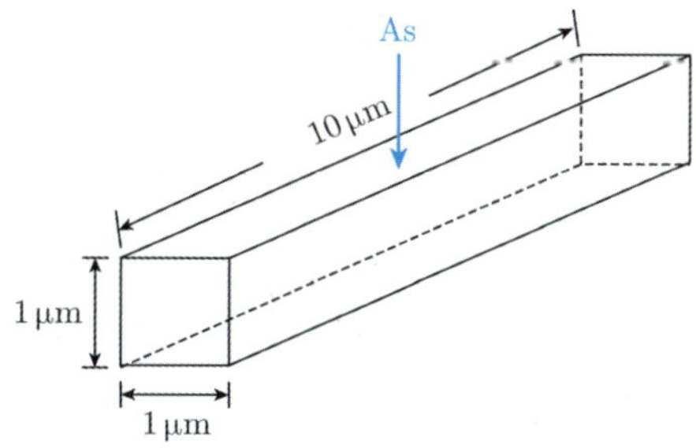

그림 1-27

1.3 [그림 1-28(a)]와 같이 단면적 $A=1[\text{cm}^2]$, 길이 $L=10[\text{cm}]$, 비저항 $\rho=10[\Omega\cdot\text{cm}]$인 어떤 물체의 양단에 [그림 1-28(b)]와 같이 시간에 따라 변하는 전압 $v(t)$가 인가되었다. $0 \le t \le 3$의 구간에서 이 물체를 통과한 총 전하량 $q(t)$를 구하라.

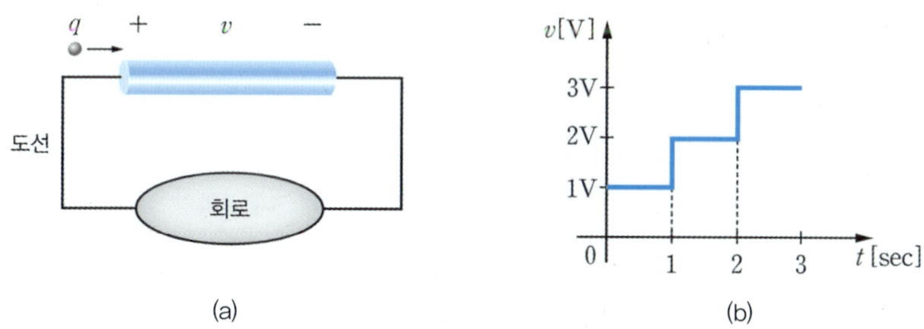

그림 1-28

1.4 [그림 1−29]와 같이 면적 $A=1\times10^{-8}$[cm^2], 깊이 $d=1\times10^{-4}$[cm]인 Si 반도체에 인(P) 원자를1×10^{16}[개/cm^3]의 농도로 도핑했다. 이 온도에서 모든 인 원자가 이온화된다고 할 때, 이 반도체에 존재하는 자유전자의 개수는 몇 개인가? 단, Si 반도체에 원래 존재하는 자유전자는 무시한다.

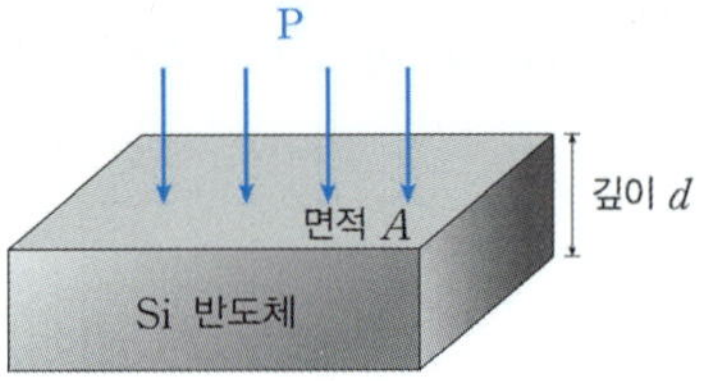

그림 1-29

1.5 어떤 Si 반도체에 인(P)을 도핑하여 저항률이 $\rho=0.1[\Omega\cdot\text{cm}]$가 되도록 제작하고자 한다. 모든 인 원자가 이온화된다고 가정할 때, 이 반도체의 도핑 농도 n[cm^{-3}]은 얼마인가? 단, 반도체의 전기전도도는 $e\mu_n n$이다. 단, 전자 이동도 $\mu_n=1350$[cm^2/V·s]이고, 전자의 전하량 $e=1.6\times10^{-19}$[C]이다.

1.6 전하 q가 전위 Φ[V]인 지점에 놓여 있을 때, 전기적 위치에너지 $U=q\Phi$[J]로 주어진다. [그림 1−30]과 같이 전위가 1[V]인 A 지점과 전위가 3[V]인 B 지점에 전자가 각각 놓여 있다. 이때 A 지점과 B 지점에서의 전자의 전기적 위치에너지 차이는 얼마인가?

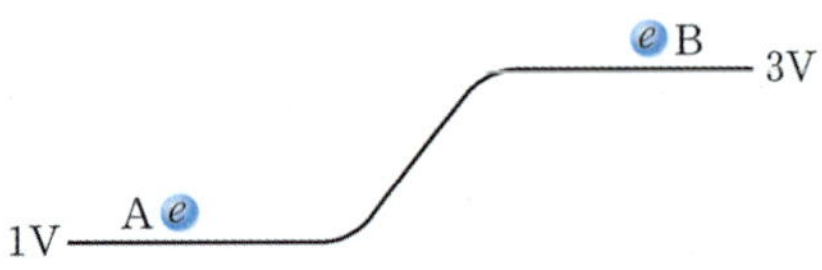

그림 1-30

1.7 [그림 1−31]과 같이 10,000개의 전자가 전위가 2[V]인 지점에서 전위가 5[V]인 지점으로 저항을 거쳐 이동했다. 이때 저항이 흡수한 에너지는 얼마인가? 단, 전자 1개의 전하량은 $e=1.6\times10^{-19}$[C]이며, 전기에너지는 $e=q\Delta V$로 계산한다.

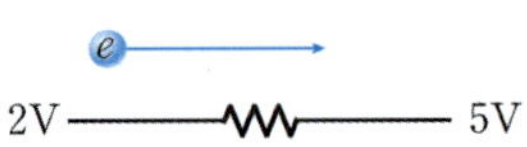

그림 1-31

1.8 3족 원소인 붕소(B)를 $1\times10^{16}[\text{cm}^{-3}]$의 농도로 실리콘(Si) 반도체에 도핑했다. 붕소는 실리콘에 도핑되면 정공을 생성한다. 각 붕소 원자는 실리콘의 4가 원자와 결합하면서 전자 하나가 부족해 1개의 정공을 형성한다. 이 반도체의 저항률(ρ)을 구하라. p형 반도체의 전기 전도도 $\sigma=e\mu_p p$ (p는 정공의 농도)이고 저항률 $\rho=1/\sigma$이다. 단, 정공의 이동도 $\mu_p=480[\text{cm}^2/\text{V}\cdot\text{s}]$, 전자의 전하량 $e=1.6\times10^{-19}[\text{C}]$이며, 모든 붕소 원자가 이온화되어 정공을 제공한다고 가정한다.

1.9 [그림 1-32(a)]와 같이 정전용량이 $C=0.5[\text{F}]$인 캐패시터가 [그림 1-32(b)]와 같이 충전되고 있다고 할 때 다음 물음에 답하라.

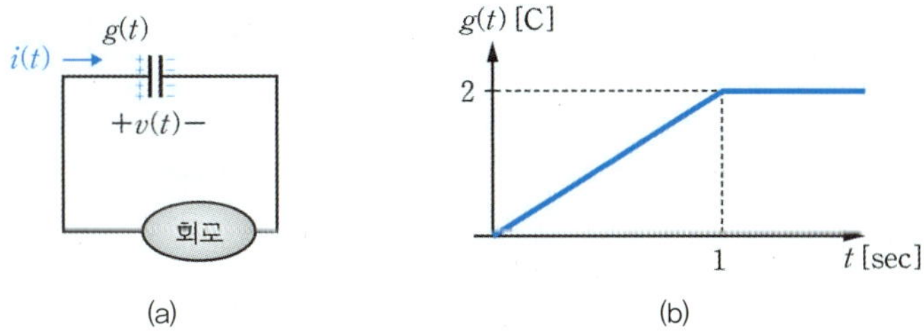

그림 1-32

(a) 시간에 따른 충전 전류 $i(t)[\text{A}]$를 구하라.
(b) 시간에 따른 캐패시터 양단의 전압 $v(t)[\text{V}]$를 구하라.
(c) 시간에 따른 캐패시터가 흡수하는 전력 $p(t)[\text{W}]$를 구하라.
(d) 시간에 따른 캐패시터에 저장되는 에너지 $w(t)[\text{J}]$를 구하라

1.10 8[V]의 전압원이 [그림 1-33]의 회로에서 소자 1, 2, 3에 총 24[W]의 전력을 공급하고 있다. 이때 $I_1=2I_{23}$, $V_2=3V_3$일 때, 각 소자(1, 2, 3)가 소비하는 전력을 구하라.

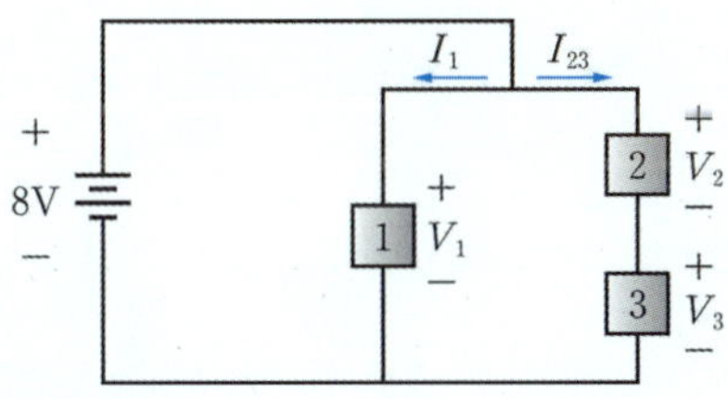

그림 1-33

CHAPTER

02

전기회로의 기초

CONTENTS

학습 목표

- 옴의 법칙을 이용하여 전압, 전류, 저항 간의 관계를 이해한다.
- 옴의 법칙을 이용하여 간단한 회로를 해석할 수 있다.
- 와트의 법칙을 이용하여 전력의 개념을 이해한다.
- 와트의 법칙을 이용하여 전압, 전류, 저항, 전력 간의 관계를 이해한다.
- 전력과 전력량의 개념을 실생활에 적용하여 이해한다.

들어가기 전에

1827년 독일의 물리학자이자 수학자인 게오르크 옴Georg Simon Ohm은 다양한 재질로 된 도선의 전류를 측정하는 실험을 통해 전류는 전압에 정비례하고 저항에는 반비례한다는 결론을 얻었다. 이를 수식으로 나타내면 $I = V/R$라는 관계식으로 표현된다. 이를 옴의 법칙이라 한다. 전기를 에너지 관점에서 바라볼 때, 전압과 전류, 전력 간의 관계는 옴의 법칙과 더불어 와트의 법칙Watt's law으로 정리된다.

게오르크 시몬 옴
(1789~1854)

옴의 법칙과 와트의 법칙은 전기·전자회로를 이해하는 데 가장 기초가 되는 개념이며 모든 전기·전자회로의 해석과 설계에서 매우 중요한 법칙이다.

이 장에서는 이 두 법칙에 대한 이해를 바탕으로 전압과 전류가 저항을 만났을 때 어떻게 변화하는지, 전압과 전류는 전력과 어떠한 관계인지에 대하여 학습할 것이다.

2.1 옴의 법칙

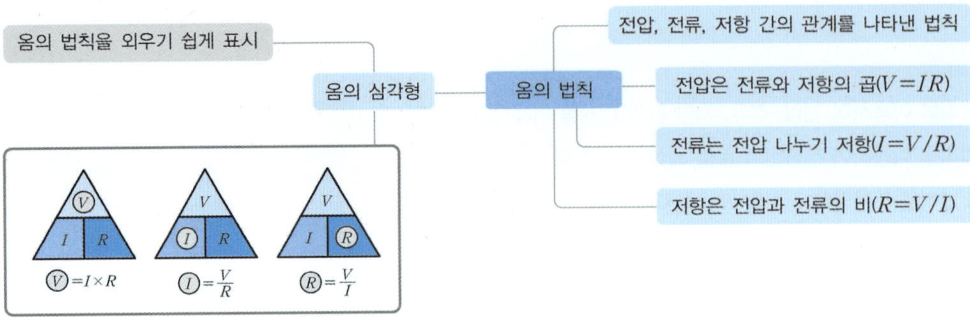

전압, 전류, 저항의 정의

옴의 법칙에 따른 전압, 전류, 저항은 [그림 2-1]의 회로를 이용하여 설명할 수 있다. 그림에서 보듯이, R 값을 갖는 저항에 전위차 V가 발생했을 때 저항에는 I만큼의 전류가 흐르게 된다. 즉 전류 I[A]는 $R[\Omega]$의 저항에 전위차가 V[V]만큼 발생했을 때 흐르는 전하의 양을 의미한다.

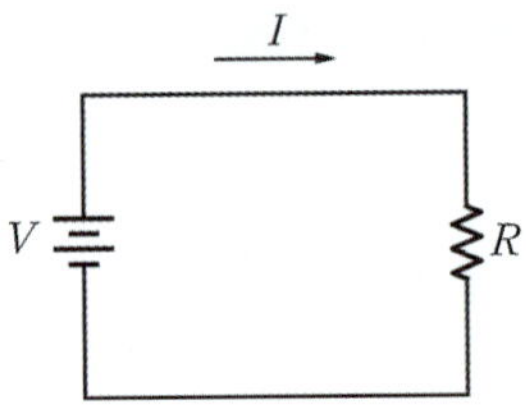

그림 2-1 옴의 법칙에 따른 전압(V), 전류(I), 저항(R)

전압과 전류는 전하에 대해 물리적으로 정의할 수 있다. 전압은 **단위전하당 에너지인** [J/C][1]로 정의되고, 전류는 **단위시간당 흐르는 전하의 양인** [C/sec][2]으로 정의된다. 저항은 전압, 전류와는 다르게 전하에 대해 물리적으로 표현되지는 않는다.

저항은 **전류의 흐름을 방해하는 요소로 정의**된다. 전류는 자유전자가 많을수록 잘 흐르는데, 구리의 경우 자유전자를 많이 가지고 있으므로 전압이 인가되면 쉽게 이동한다. 하지만 탄소의 경우 구리에 비해 자유전자가 적기 때문에 전압을 인가하더라도 전류가 적게 흐른다. 즉 탄소의 저항이 구리보다 크다. 결국 저항은 어떠한 전압(에너지)을 회로에 인가했을 때 흐르는 전류의 정도로 말할 수도 있다. 옴의 법칙은 1[V]의 전압이 인가되었을 때 1[A]의 전류가 흐른다면 이를 $1[\Omega]$으로 정의하고 있다. 즉 저항의 단위는 전압과 전류의 비인 것이다.

1 단위전하는 쿨롱(6.25×10^{18}개의 전자)을 의미한다. 전압은 1쿨롱의 전하가 갖고 있는 에너지이다.

2 단위시간은 초(sec)를 의미한다. 초당 이동한 쿨롱 단위의 전자수가 전류이다.

[그림 2-2]의 회로에서 전하는 물이라고 가정하면 전류는 초당 흐르는 물의 양, 전압은 수압에 비유할 수 있다. 즉 전압(=수압)은 물을 배관에 밀어 넣어 물이 이동할 수 있도록 만드는 에너지인 것이다. 물의 흐름을 방해하는 요소의 크기는 얼마만큼의 수압으로 배관에 물을 밀어 넣었을 때 토출되는 물의 양과의 비율로 정의할 수 있다.

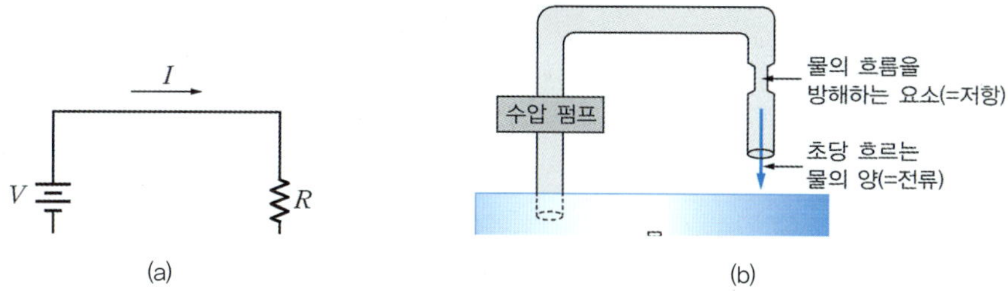

그림 2-2 전기회로와 배관 장치의 비교

전압, 전류, 저항의 관계

저항은 전하의 흐름을 방해하는 요소이다. 전하가 저항을 지날 때, 저항이 클수록 지나가기가 힘들어진다. 그러므로 동일한 에너지를 가진 전하가 저항을 지나가면, 이때 지나가는 전하의 양, 즉 전류는 감소하게 된다. 저항이 클수록 전하가 지나가기 위해 에너지를 더 필요로 하는데, 이는 저항이 높을수록 필요로 하는 전압이 증가하는 이유이다. 앞서 [그림 2-1]은 회로에서 전압, 전류, 저항을 정의한 것이다. 이들 사이에 어떠한 관계가 있는지 살펴보자.

전압에 따른 전류의 변화

전압에 따른 전류의 변화를 알아보기 위해 [그림 2-1]을 [그림 2-3]과 같은 회로로 변경하여 실험했다.

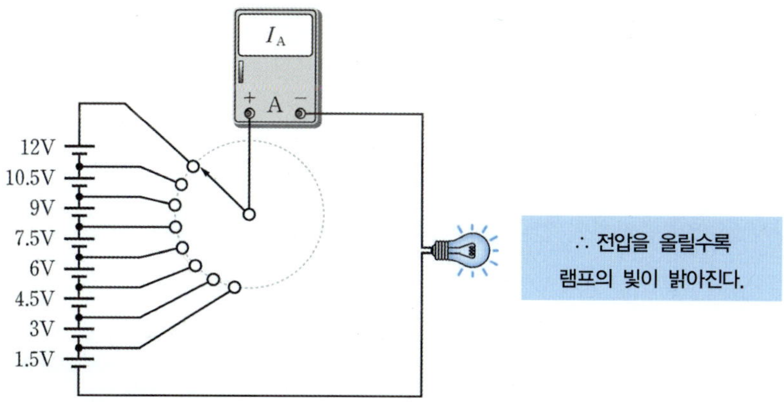

그림 2-3 옴의 법칙 실험 회로 (1)

회로 왼쪽의 단자를 이용하여 램프에 전압을 1.5[V]부터 1.5[V]씩 12[V]까지 변화하며 인가했다. 여기서 램프는 저항 역할을 한다.[3] 램프는 전압이 증가할수록 밝아지고, 전압이 감소할수록 어두워진다. **전압을 증가시키는 것은 곧 전하를 밀어내는 에너지를 증가시킨 것**이며, 그 결과 **램프에 공급되는 단위시간당 전하의 양이 증가하게 된다.** 이는 바로 **단위시간당 흐르는 전하의 양**인 전류가 증가함을 의미한다. 램프가 어두워졌다는 것은 램프에 공급되는 전하의 양이 감소했다는 것으로, 전하를 밀어내는 에너지인 전압이 감소함에 따라 전류가 감소했음을 의미한다. 실제로 전류계를 이용해 회로의 전류를 측정하면 전압의 증감에 따라 전류계의 값도 증감하는 것을 관찰할 수 있다.

저항에 따른 전류의 변화

이번에는 전압을 고정한 상태에서 저항을 변화시켜 보자. 이를 위해 [그림 2-1]의 회로를 [그림 2-4]와 같이 변경하여 실험했다. [그림 2-4]에서 왼쪽 단자는 12[V]로 고정하고 오른쪽 단자를 조절하여 회로에 연결된 램프의 개수를 조절했다. 이때 회로에 연결된 램프 수를 늘릴 때마다 램프의 밝기는 점점 어두워진다. **램프 수를 늘리는 것은 곧 저항을 증가시키는 것으로, 회로에서 전하를 밀어내는 에너지는 그대로인 채 전하를 흐르지 못하게 방해하는 것과 같다.** 전하의 흐름을 방해하므로 **단위시간당 흐르는 전하의 양**인 전류는 저항에 의해 감소하게 된다.

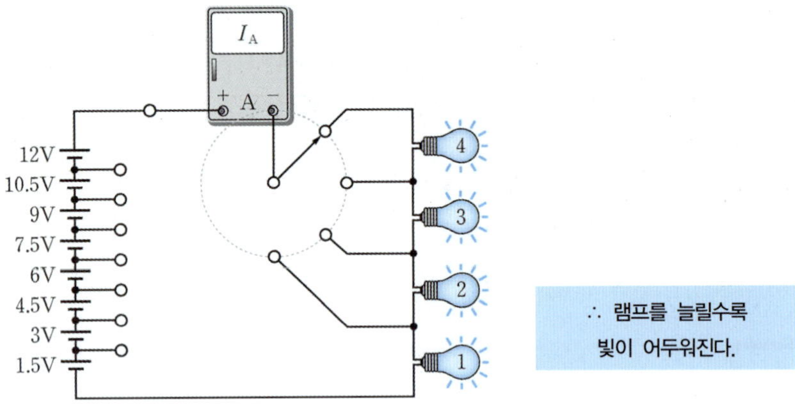

그림 2-4 옴의 법칙 실험 회로 (2)

[그림 2-3]~[그림 2-4]의 실험을 통해, 저항이 고정된 상태에서 전압이 증가하면 전류도 증가하고, 전압이 고정된 상태에서 저항이 증가하면 전류는 감소함을 알 수 있었다. 이를 수식으로 나타내면 식 (2.1)과 같다.

$$I = \frac{V}{R} \tag{2.1}$$

3 직렬회로에서 모든 전기장치는 저항으로 단순화할 수 있다.

식 (2.1)에서 **전류는 전압에 정비례하고 저항에 반비례함**을 알 수 있다. 이 식을 전압 혹은 저항을 기준으로 다음과 같이 변경할 수 있다.

$$V = IR \tag{2.2}$$

$$R = \frac{V}{I} \tag{2.3}$$

여기서 잠깐 **옴의 삼각형**

식 (2.1)을 이용하면 전압과 저항값을 알고 있을 때 전류값을 구할 수 있고, 식 (2.2)를 이용하면 전류와 저항값을 알고 있을 때 전압값을, 식 (2.3)을 이용하면 전압과 전류값을 알고 있을 때 저항값을 구할 수 있다. **즉 전압, 전류, 저항 중 2가지 요소를 알면 나머지 하나를 구할 수 있다.** 이러한 관계는 **옴의 삼각형**Ohm's triangle을 이용하여 쉽게 유도할 수 있다.

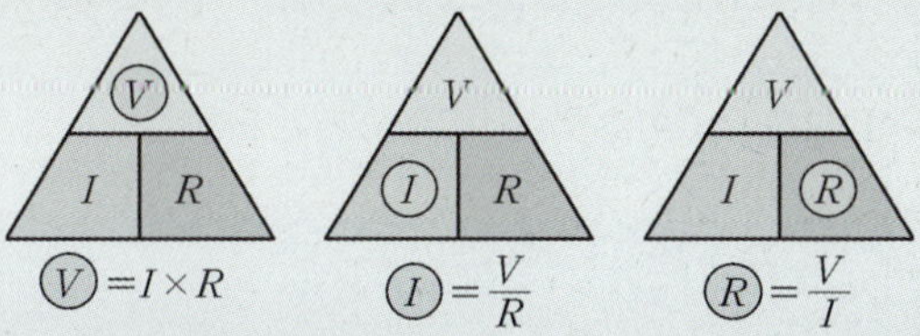

그림 2-5 옴의 삼각형

예제 2-1

[그림 2-6]의 회로에서 전류 I를 구하라.

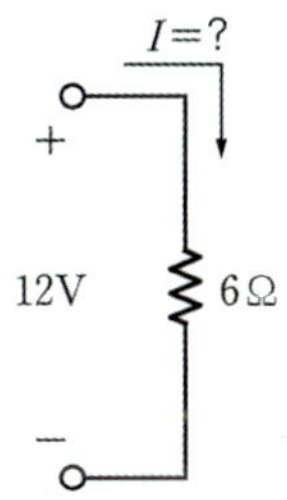

그림 2-6 저항에 인가되는 전압과 흐르는 전류

풀이

옴의 법칙 중 전류를 구하는 식 (2.1)을 이용하여 구할 수 있다.

$$I = \frac{V}{R} = \frac{12}{6} = 2 \qquad \therefore I = 2\,[\mathrm{A}]$$

예제 2-2

[그림 2-7]의 회로와 같이 4개의 1.5[V] 배터리에 램프를 연결했더니 전류계가 0.5[A]를 표시했다. 램프의 저항값은 몇 옴[Ω]인가?

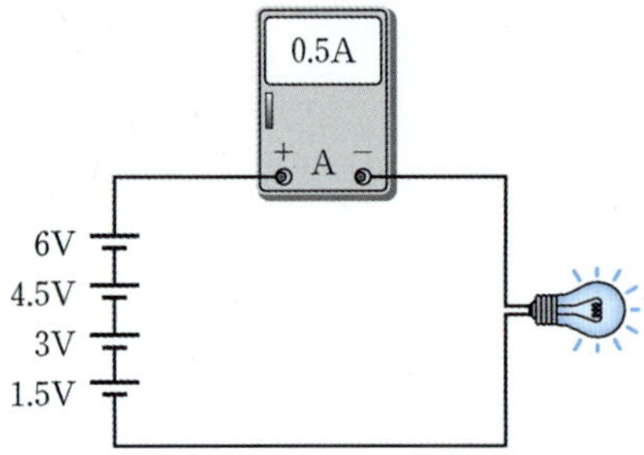

그림 2-7 램프에 6[V]를 인가했을 때 램프에 흐르는 전류

풀이

옴의 법칙 중 저항값을 구하는 식 (2.3)을 이용하여 구할 수 있다.

$$R = \frac{V}{I} = \frac{6}{0.5} = 12 \quad \therefore\ R = 12\,[\Omega]$$

예제 2-3

정상적인 승용차 배터리의 전압은 약 12[V]이며, 전압이 5% 이하일 때 배터리를 교체하려고 한다. 배터리 상태가 궁금하여 배터리의 전압을 측정하려고 했으나 멀티 테스터[4]가 고장 나 전압계를 사용하지 못하고 전류계와 저항계만 사용할 수 있다. 승용차 배터리에 100[Ω]의 저항값을 갖는 램프를 연결하고 전류를 측정했더니 0.1[A]가 측정되었다. 이 배터리는 정상인가?

풀이

먼저 정상 전압인 12[V]에서 5% 이하의 값을 계산하여 기준전압을 정한다.

$$V_{\text{기준전압}} = 12 \cdot 0.95 = 11.4 \qquad \therefore\ V_{\text{기준전압}} = 11.4\,[\mathrm{V}]$$

따라서 배터리 전압이 11.4[V]일 때 배터리를 교체해야 한다. 배터리의 전압은 옴의 법칙 중 전압을 구하는 식 (2.2)를 이용하여 구할 수 있다.

$$V_{\text{배터리 전압}} = IR = 0.1 \cdot 100 = 10 \qquad \therefore\ V_{\text{배터리 전압}} = 10\,[\mathrm{V}]$$

기준전압은 11.4[V]이나, 배터리 전압은 10[V]이므로 배터리를 교체해야 한다.

4 전압, 전류, 저항값을 하나의 장치로 측정할 수 있게 만든 계기를 말한다.

예제 2-4

[그림 2-8]의 회로에서 전압을 0, 2, 4, 6, 8, 10[V]로 바꾸면서 전류계의 값을 관찰했다. 다음 표의 빈칸을 채우고, 전압을 x축, 전류를 y축으로 하는 그래프를 그려라.

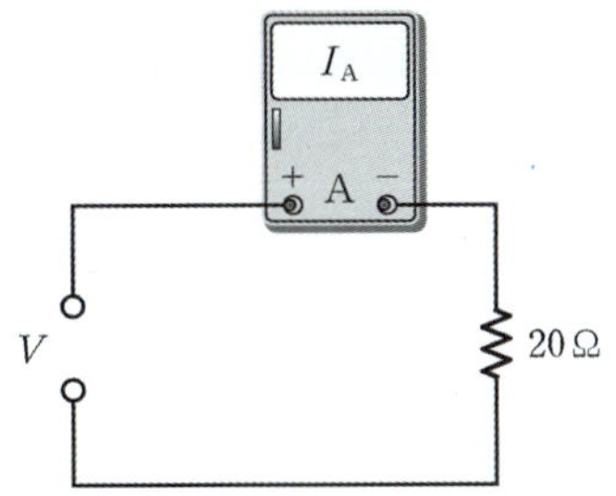

그림 2-8 20[Ω]의 저항에 전압을 변화시켰을 때 흐르는 전류

표 2-1

전압[V]	저항[Ω]	전류[A]
0	20	
2	20	
4	20	
6	20	
8	20	
10	20	

풀이

옴의 법칙 중 전류를 구하는 식 (2.1)을 응용한다.

$$I_{0V} = \frac{0}{20} = 0, \quad I_{2V} = \frac{2}{20} = 0.1, \quad I_{4V} = \frac{4}{20} = 0.2,$$

$$I_{6V} = \frac{6}{20} = 0.3, \quad I_{8V} = \frac{8}{20} = 0.4, \quad I_{10V} = \frac{10}{20} = 0.5$$

$$\therefore I_{0V} = 0[V], \quad I_{2V} = 0.1[V], \quad I_{4V} = 0.2[V],$$

$$I_{6V} = 0.3[V], \quad I_{8V} = 0.4[V], \quad I_{10V} = 0.5[V]$$

이를 이용해 표의 빈칸을 채우고 그래프를 완성하면 다음과 같다.

표 2-2

전압[V]	저항[Ω]	전류[A]
0	20	0
2	20	0.1
4	20	0.2
6	20	0.3
8	20	0.4
10	20	0.5

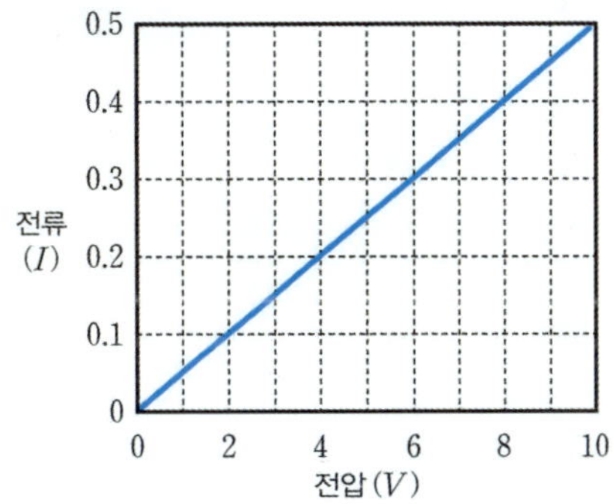

그림 2-9

여기서 잠깐 **전압과 전류의 선형성**

[예제 2-4]의 풀이에서 전압과 전류의 그래프를 관찰해보면, 그래프가 전압과 전류에 대해 직선으로 증가함을 알 수 있다. 이러한 특징을 **전압과 전류의 선형성**이라고 하며, 저항이 **선형 저항**일 경우에 관찰된다. 일반적인 저항은 선형 저항으로서 저항값 R이 공급되는 전압이나 전류에 대해 변하지 않음을 의미한다. 이와는 반대로 저항값이 선형성을 갖지 않는 저항이 있는데 이를 **비선형 저항**이라고 한다. 대표적인 비선형 저항으로는 전구의 필라멘트filament[5]가 있다.

Quick Review

- R [Ω] 값을 갖는 저항에 전압 V [V]를 인가했을 때 저항에 흐르는 전류는 (   )이다.
- 전압이 증가하면 전류도 (   )한다. 저항이 증가하면 전류는 (   )한다.

ANS I [A], 증가/감소

2.2 와트의 법칙

5 필라멘트는 전구 내의 실처럼 가는 저항체로서 전류가 흐르면 빛을 낸다.

전력과 에너지

제임스 와트
(1736~1819)

전력의 단위는 증기기관을 개량한 제임스 와트James Watt의 이름을 따서 **와트**([W])를 사용한다. **1[W]의 전력은 1초 동안 1[V]의 전위차에 의해 1[C]의 전하를 옮기는 데 필요한 에너지의 양**으로 정의된다. 기호로는 파워Power의 첫 글자인 P를 사용한다. 부하에서 소비된 전력이라는 의미로 **소비전력**이라고도 한다. **와트**는 전력의 단위 외에 일의 단위로 사용된다. 일과 에너지는 근본적으로는 동일한 의미이다. 전력은 일을 할 수 있는 힘 혹은 양으로 나타내는데, 힘이나 양에는 시간의 개념이 들어 있다.

제임스 프레스콧 줄
(1818~1889)

에너지의 단위는 영국의 물리학자 제임스 줄James Prescott Joule의 이름을 따서 **줄([J])**로 표현하며, 줄은 **1[N]의 힘으로 물체를 1[m] 이동시켰을 때 한 일**로 정의된다. 1[J]의 일을 1초에 하든 10초에 하든 에너지의 개념에서는 동일하게 1[J]이나. 하시만 힘이나 양의 개념으로 보면 1[W]는 초당 에너지의 양을 나타낸다. 즉 1[W]=1[J/sec]인 것이다.

이는 다음과 같이 수식으로 표현할 수 있다.

$$\text{전력} = \frac{\text{일}}{\text{시간}} \tag{2.4}$$

전압과 전류와 전력

1장에서 학습한 전압과 전류의 정의를 다시 생각해보자. 전압은 **단위전하당 에너지**, 즉 1[C]의 전하가 갖고 있는 에너지를 의미한다. 이것이 1[V]=1[J/C][6]으로 정의되는 이유이다. 전류는 단위시간당 흐르는 전하의 양이므로, 1[A]=1[C/sec][7]로 정의된다.

앞서 전력을 정의했을 때, 1[W]는 **1초 동안 1[V]의 전위차로 1[C]의 전하를 옮기는 데 필요한 에너지의 양**이라고 했다. 전압과 전류의 정의를 생각해볼 때 전력 [W]=[J/sec]는 전압의 [V]=[J/C]과 전류의 [A]=[C/sec]의 곱으로 나타낼 수 있다.

$$[\text{V}] \cdot [\text{A}] = \left[\frac{\text{J}}{\text{C}}\right] \cdot \left[\frac{\text{C}}{\text{sec}}\right] = \left[\frac{\text{J}}{\text{sec}}\right] = [\text{W}] \tag{2.5}$$

---

6 일의 단위인 줄을 쿨롱으로 나누면 1[C]당 몇 줄의 에너지를 갖고 있는지를 계산할 수 있다.

7 쿨롱을 초로 나누면 1초에 몇 [C]의 전하가 이동했는지를 나타낸다.

식 (2.5)와 같이 전압과 전류의 곱은 결국 [J/sec]의 단위를 갖는데, 이는 **1초 동안 1[V]의 전위차로 1[C]의 전하를 옮기는 데 소요한 에너지의 양**을 나타내며, 이 단위를 간단히 [W]로 나타낼 수 있다. 이를 수식으로 표현하면 식 (2.6)과 같다.

$$P = V \cdot I \tag{2.6}$$

전력의 단위는 기본적으로 [W]를 사용하지만, 전기공학에서는 전압과 전류의 곱을 의미하므로 [VA]라는 단위를 사용하기도 한다.

예제 2-5

[그림 2-10]의 회로에서 전류계를 이용하여 회로 내에 흐르는 전류를 측정했다. 저항에 공급되는 전력을 계산하라.

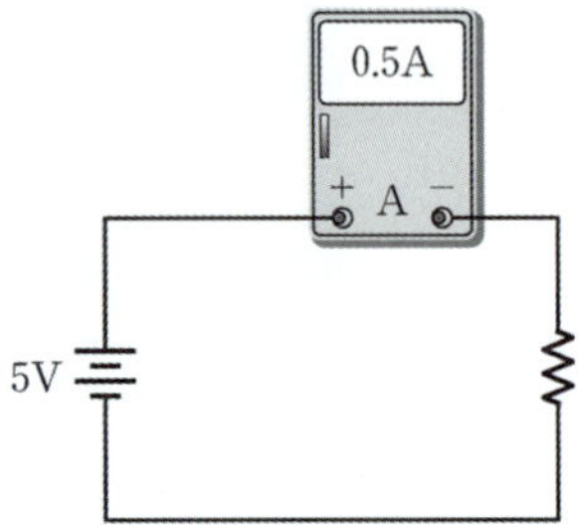

그림 2-10 5[V]를 6[Ω]의 저항에 인가한 회로

풀이

저항값이 주어지지 않았지만 인가전압과 회로에 흐르는 전류를 알고 있으므로, 식 (2.6)을 이용하여 저항에 공급되는 전력을 구할 수 있다.

$$P = V \cdot I = 5 \cdot 0.5 = 2.5 \qquad \therefore P = 2.5\,[\mathrm{W}]$$

옴의 법칙과 전력

전력을 구하는 식 (2.6)은 옴의 법칙의 식 (2.1)~식 (2.3)을 이용하면 전압과 전류의 식에서 전류와 저항의 식, 전압과 저항의 식으로 나타낼 수 있다.

$$P = V \cdot I = (I \cdot R) \cdot I = I^2 \cdot R \tag{2.7}$$

$$P = V \cdot I = V \cdot \frac{V}{R} = \frac{V^2}{R} \tag{2.8}$$

식 (2.7)은 식 (2.2)를 이용하여 전력을 전류와 저항의 식으로 변경한 것이고, 식 (2.8)은 식 (2.1)을 이용하여 전력을 전압과 저항의 식으로 변경한 것이다. 이들 식을 이용하면 전압, 전류, 저항 중 2가지 요소만 알아도 전력을 구할 수 있다.

[그림 2-11]을 보면 6[V]의 전압이 3[Ω]의 저항에 인가될 때 회로에 흐르는 전류는 2[A]이다. 식 (2.6)~식 (2.8)을 이용하여 각각 전력을 구하면 모두 12[W]로 동일한 값이 나옴을 알 수 있다.

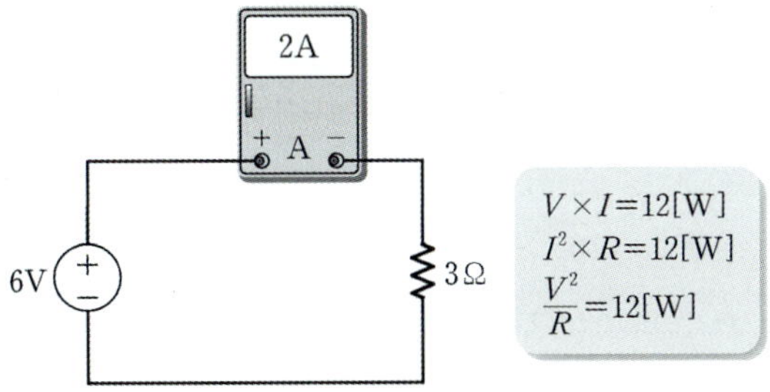

그림 2-11 전압, 전류, 저항을 이용하여 전력 구하기

예제 2-6

[그림 2-12]의 회로에서 저항에 공급되는 전력을 구하라.

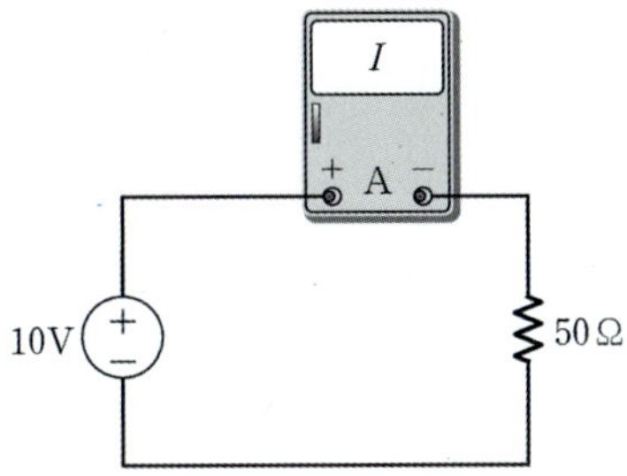

그림 2-12 50[Ω]의 저항에 10[V]를 인가한 회로

풀이

여기에는 2가지 해법이 있다. 첫 번째는 옴의 법칙을 이용하여 전류 I를 구한 다음 식 (2.6)의 $P = V \cdot I$를 이용하여 전력을 구하는 방법이고, 두 번째는 식 (2.8)을 이용하여 전압과 저항의 식으로 전력을 직접 구하는 방법이다. 여기서는 한 번의 계산으로 전력을 구할 수 있는 식 (2.8)을 사용한다.

$$P = \frac{V^2}{R} = \frac{10^2}{50} = \frac{100}{50} = 2 \qquad \therefore P = 2[\mathrm{W}]$$

예제 2-7

컴퓨터의 USB 포트 전원을 이용하여 컵에 담긴 물을 따뜻하게 유지할 수 있는 컵 받침대를 제작하려 한다. 컵 받침대에 삽입할 히터로는 8, 10, 12.5, 16[Ω]의 4가지 종류가 있다. 컵에 담긴 물을 최대한 따뜻하게 유지하려면 어떤 히터를 사용해야 하는가? 단, 컴퓨터의 USB 포트 전원은 5[V]의 전압과 최대 500[mA]의 전류를 공급할 수 있다.

풀이

USB 포트 전원이 공급할 수 있는 전력은 다음과 같이 계산할 수 있다.

$$P_{USB} = V \cdot I = 5 \cdot 0.5 = 2.5 \qquad \therefore P_{USB} = 2.5\,[\mathrm{W}]$$

식 (2.8) $P = \dfrac{V^2}{R}$을 이용하여 각 히터를 사용했을 때 예상되는 전력을 계산하면 다음과 같다.

$$P_{8\Omega} = \frac{5^2}{8} = 3.125, \quad P_{10\Omega} = \frac{5^2}{10} = 2.5,$$

$$P_{12.5\Omega} = \frac{5^2}{12.5} = 2, \quad P_{16\Omega} = \frac{5^2}{16} = 1.5625$$

$$\therefore P_{8\Omega} = 3.125\,[\mathrm{W}],\ P_{10\Omega} = 2.5\,[\mathrm{W}],\ P_{12.5\Omega} = 2\,[\mathrm{W}],\ P_{16\Omega} = 1.5625\,[\mathrm{W}]$$

USB 포트가 공급할 수 있는 최대 전력은 2.5[W]이다. 10[Ω]의 히터를 사용하면 2.5[W]를 모두 사용할 수 있으나, 안전을 위해 최대로 공급할 수 있는 전력보다 낮게 설계해야 한다. 따라서 4개의 히터 중 12.5[Ω]의 히터를 사용하는 것이 적절하다.

예제 2-8

24[Ω]의 저항에 600[W]의 전력이 공급되면 몇 [A]의 전류가 흐르는가?

풀이

식 (2.7)의 전력, 전류, 저항에 관한 식을 이용하여 계산할 수 있다. $P = I^2 \cdot R$이므로 전류 I는 다음과 같이 계산할 수 있다.

$$I = \sqrt{\frac{P}{R}} = \sqrt{\frac{600}{24}} = 5 \qquad \therefore I = 5\,[\mathrm{A}]$$

앞의 예제에서 볼 수 있듯이 식 (2.6)~식 (2.8)은 [표 2-3]과 같이 다양한 형태로 변경할 수 있다.

표 2-3 전력, 전압, 전류, 저항의 식

전력	전압	전류	저항
$P = V \cdot I$	$V = \dfrac{P}{I}$	$I = \dfrac{P}{V}$	–
$P = I^2 \cdot R$	–	$I = \sqrt{\dfrac{P}{R}}$	$R = \dfrac{P}{I^2}$
$P = \dfrac{V^2}{R}$	$V = \sqrt{P \cdot R}$	–	$R = \dfrac{V^2}{P}$

전력량

전력량은 일정 시간에 대한 전기에너지를 의미한다. 즉 **전기에너지를 얼마만큼 사용했느냐**를 의미한다. 부하에서 **소비된 전력량**이라는 의미에서 소비전력량이라고도 한다. 우리가 내는 전기 요금은 바로 이 **전력량을 기준**으로 부과된다. 왜냐하면 전력량 혹은 **소비전력량**은 사용한 에너지의 양을 의미하기 때문이다.

식 (2.4)에서 전력은 시간에 대한 일의 비율임을 알 수 있었다. 시간에 대한 전기에너지는 결국 일정 시간 동안 전기에너지로 한 일 혹은 일정 시간 동안 소비된 전력으로 생각할 수 있다. 식 (2.4)를 일에 대해 정리하면 다음과 같다.

$$\text{일} = \text{전력} \cdot \text{시간} \tag{2.9}$$

식 (2.9)의 의미를 생각하면 일은 **전력을 일정 시간 동안 사용했을 때의 에너지**가 된다. 이 **에너지의 누적 값은 결국 전력이 소비된 양**을 뜻한다. 이러한 이유로 전기에너지의 양은 전력량이라는 단위를 사용하는 것이다. **전력량**은 와트시[Wh]Watt-hour라는 단위를 사용하는데, 단위에서 알 수 있듯이 소비전력은 전력 P에 전력이 공급된 시간을 곱하여 구할 수 있다.

실제 전력량을 표시할 때는 1000[Wh]인 킬로와트시kilowatt-hour [kWh]를 주로 사용하며, 이는 전기 요금의 기준이 되기도 한다.

$$\text{전력량}[\mathrm{Wh}] = \text{전력}[\mathrm{W}] \cdot \text{시간}[\mathrm{h}] \tag{2.10}$$

전력의 단위인 와트Watt [W]는 식 (2.4)에서 초당 할 수 있는 일(에너지)로서 [J/s]이다. [Wh]를 에너지의 단위인 줄[J]로 나타내면 다음과 같다.

$$\begin{aligned} 1[\mathrm{Wh}] &= 1[\mathrm{W}] \cdot 1[\mathrm{h}] = 1[\mathrm{W}] \cdot 3600[\mathrm{sec}] \\ &= 1[\mathrm{J/sec}] \cdot 3600[\mathrm{s}] = 3600[\mathrm{J}] \end{aligned} \tag{2.11}$$

줄 단위는 일상생활에서 흔히 접할 수 없는 단위이다. 에너지를 나타내는 단위는 칼로리calorie [cal]로 환산할 수 있다. 참고로 1[cal] = 4.184[J]이므로 3600[J]은 약 860[cal]가 된다.

여기서 잠깐 **소비전력과 소비전력량의 차이**

가전제품 뒷면에는 제품의 **소비전력**이 [W] 단위로 표시되어 있다. 앞서 언급했듯이 전력은 식 (2.4)와 같이 일과 시간의 비로 나타낸다. 즉 가전제품에 표시된 소비전력은 순간적으로 소비되는 전력을 의미하므로 얼마만큼의 **전력량**, 즉 양의 개념으로 표기된 것이 아니다. 소비되는 에너지의 양을 계산하려면 순간적으로 소비되는 일의 값인 전력에 시간을 곱해주어야 한다. 예를 들어 300[W]의 전구가 있다고 할 때, 이 전구를 1시간 동안 켜놓으면 300[Wh]의 전력량을 소비한 것이 된다. 하지만 30분만 켜놓았다면 이는 150[Wh]의 전력량을 소비한 것이 된다. 소비전력과 소비전력량을 혼동하는 경우가 많이 있으니 반드시 이 둘의 개념을 구분하여 생각해야 한다.

예제 2-9

냉장고의 소비전력은 800[W]이다. 이를 24시간 동안 가동시켰을 때의 전기 요금을 계산하라. 단, 전기 요금은 1[kWh]당 100원이다.

풀이

전기 요금을 계산하기 위해 전력량을 먼저 계산한다.

$$\text{전력량}[\text{Wh}] = \text{전력}[\text{W}] \cdot \text{시간}[\text{h}] = 800[\text{W}] \cdot 24[\text{h}] = 19200[\text{Wh}] = 19.2[\text{kWh}]$$

전기 요금은 1[kWh]당 100원이므로, 전력량에 100원을 곱하여 구할 수 있다.

$$\text{전기 요금} = 19.2[\text{kWh}] \cdot 100[\text{원}/\text{kWh}] = 1{,}920[\text{원}]$$

예제 2-10

세탁기의 소비전력은 300[W], 컴퓨터의 소비전력은 350[W], 에어컨의 소비전력은 1200[W]이다. 연주는 오늘 세탁기를 40분 동안 사용하고, 컴퓨터를 4시간 반, 에어컨을 6시간 20분 사용했다. 오늘 연주가 소비한 소비전력량을 계산하라.

풀이

소비전력량은 각 가전제품의 소비전력량을 모두 더하여 구할 수 있다.

$$\text{소비전력량}_{\text{세탁기}} = 300[\text{W}] \cdot \frac{40}{60}[\text{h}] = 200[\text{Wh}]$$

$$\text{소비전력량}_{\text{컴퓨터}} = 350[\text{W}] \cdot 4.5[\text{h}] = 1575[\text{Wh}]$$

$$\text{소비전력량}_{\text{에어컨}} = 1200[\text{W}] \cdot 6\frac{20}{60}[\text{h}] = 7600[\text{Wh}]$$

$$\text{소비전력량} = 200 + 1575 + 7600 = 9375[\text{Wh}] \qquad \therefore \text{소비전력량} = 9.375[\text{kWh}]$$ [8]

Quick Review

- (   )의 전력은 1초 동안 1[V]의 전위차에 의하여 1[C]의 전하를 옮기는 데 소요되는 에너지의 양이다.
- 전력은 (   )과 (   )의 곱으로 구할 수 있다.
- 옴의 법칙을 이용하면 전압, 전류, 저항 중 2가지 요소만 알아도 (   )을 구할 수 있다.
- 전력량은 일정 시간에 소비한 에너지로서 (   )과 (   )의 곱으로 구할 수 있다.

ANS 1[W], 전압/전류, 전력, 전력/시간

8 실제 소비전력량을 표기할 때는 [kWh]를 주로 사용한다.

CHAPTER 02

기본문제

2.1 (　　　)은(는) 전하가 갖고 있는 에너지, (　　　)은(는) 전하의 양이다. 빈칸에 알맞은 말은 무엇인가?

① 전압, 전력　　② 저항, 전류　　③ 전압, 전류　　④ 전류, 전압

2.2 저항은 (　　　)을(를) 방해하는 요소이다. 빈칸에 알맞은 말은 무엇인가?

① 전압의 발생　　② 전압의 감소
③ 전류의 흐름　　④ 전류의 발생

2.3 전력은 단위전하가 갖고 있는 에너지의 총합이다. 그러므로 (　　　)와(과) (　　　)을(를) 곱하여 구할 수 있다. 빈칸에 알맞은 말은 무엇인가?

① 전압, 저항　　② 전류, 저항
③ 저항, 전압　　④ 전압, 전류

2.4 가정에서 전자제품을 사용할 때 전기요금이 부과되는 기준은 무엇인가?

① 220[V] 전압　　② 제품 뒷면의 소비전력
③ 제품 소비전력 등급　　④ 소비전력과 사용 시간의 곱

CHAPTER 02

연습문제

2.1 10[Ω]의 저항에 10[V]의 전압을 인가하면 저항에 흐르는 전류는 몇 [A]인가?

2.2 값을 알지 못하는 저항에 10[V]의 전압을 인가했더니 0.1[A]의 전류가 흐르는 것이 측정되었다. 저항은 몇 [Ω]인가?

2.3 4[Ω]의 저항에 흐르는 전류를 측정했더니 0.5[A]가 나왔다. 공급된 전압은 몇 [V]인가?

2.4 다음 2가지 질문에 대하여 옴의 법칙을 이용하여 답하라.

(a) 저항을 일정하게 놓고 전압을 높일수록 전류가 증가하는 이유를 설명하라.
(b) 전압을 일정하게 놓고 저항을 높일수록 전류가 감소하는 이유를 설명하라.

2.5 4[A]가 흐르는 회로에서 저항을 고정한 채 전압을 2배로 조정했다. 전류는 어떻게 변화하는가?

2.6 3[Ω]의 저항에 12[V]의 전압을 인가했을 때 소비되는 전력은 몇 [W]인가?

2.7 TV의 소비전력이 100[W]로 표시되어 있다. 220[V]를 사용할 경우 TV에 공급되는 전류는 몇 [A]인가?

2.8 [연습문제 2.7]에서 120[V]를 사용할 경우 공급되는 전류는 몇 [A]인가?

2.9 20[kΩ]의 저항 양단에 60[V]의 전원이 접속되어 있다. 다음 물음에 답하라.

(a) 저항을 통하여 몇 암페어의 전류가 흐르는가?
(b) 소비전력은 몇 [W]인가?
(c) 저항값이 2배로 변경되었다. 소비전력은 어떻게 변하는가?

2.10 $1\,[\mathrm{kWh}] = 3.6 \times 10^6\,[\mathrm{J}]$임을 증명하라.

2.11 컴퓨터 모니터의 소비전력은 60[W], 컴퓨터 본체의 소비전력은 350[W], 프린터의 소비전력은 20[W]이다. 영철이는 10분 동안 프린터 출력 작업을 하고 2시간 10분 동안 게임을 즐겼다. 전기 요금이 1[kWh]당 100원이라면, 영철이가 오늘 사용한 전기 요금은 얼마인가?

2.12 선풍기의 소비전력은 50[W]이고 에어컨의 소비전력은 1500[W]이다. 선풍기와 에어컨을 같은 시간 동안 동작시켰다면 이 둘의 전기 요금은 어떻게 차이가 나겠는가? 단, [kWh]당 전기 요금은 100원이다.

2.13 냉장고를 하나 더 구입하여 집에 전기 배선을 추가하게 되었다. 냉장고의 소비전력은 600[W]이다. 220[V]인 가정용 전원을 사용한다면 전선은 최소 몇 암페어[A]를 견딜 수 있는 것을 사용해야 하는가? 단, 안전을 위해 설계 마진은 10%로 한다.

2.14 전기 요금 누진제에 의해 100[kWh]마다 전기 요금의 인상폭이 다르게 부과된다. 전기 요금의 부담을 줄이기 위해 월 100[kWh] 이하만 사용하려고 한다. 하루에 사용할 수 있는 전력량은 얼마가 되어야 하는가?

2.15 가전제품을 사용하지 않고 전원 플러그만 꽂아놓아도 대기전력 때문에 전기에너지를 소모한다. TV를 켰을 때 70[W]로 측정되었고, 껐을 때 5[W]가 측정되었다. 다음 물음에 답하라.

(a) 한 달 동안 하루 2시간씩 TV를 시청했을 경우 TV 시청을 하지 않은 상태에서 전원 플러그를 꽂았을 때와 뺐을 때의 전력량에는 어떤 차이가 있는가?

(b) 전기 요금은 1[kWh]당 100원이다. 각각의 전기 요금을 계산하라.

2.16 쿼드콥터에 사용할 리튬폴리머 배터리를 구입했더니 겉면에 2100[mAh]라고 적혀 있었다. 리튬폴리머 배터리는 하나의 셀cell이 약 3.7[V]의 전압을 출력하는데, 구입한 배터리는 3개의 셀이 직렬로 연결되어 약 11.1[V]의 전압이 측정되었다. 쿼드콥터에 연결된 4개의 모터는 각각 시간당 1[A]의 전류를 필요로 한다. 2100[mAh]의 배터리로 쿼드콥터를 구동 가능한 시간은 몇 시간인가?

PART

02

직류와 교류

CONTENTS

CHAPTER

03

직류회로

CONTENTS

학습 목표

- 직렬회로의 합성저항과 전압, 전류, 전력의 특성을 이해한다.
- 병렬회로의 합성저항과 전압, 전류, 전력의 특성을 이해한다.
- 직병렬회로의 합성저항을 구하고 회로를 해석할 수 있다.
- 직류회로의 응용에 대해 이해한다.

들어가기 전에

직류(DC) Direct Current**는 일정한 방향으로 연속적으로 흐르는 전류를 의미한다. 다시 말해 전류의 방향이 변하지 않는 전류를 의미한다.** 반면에 **교류(AC)**Alternating Current**는 전류의 방향이 주기적으로 변화하는 전류**를 의미한다. 직류가 사용된 대표적인 예로 여러 가지 신호를 처리하고 저장하는 스마트폰 배터리와 같은 디지털 기기를 들 수 있다.

이 장에서 학습할 직류회로는 직류전원과 저항으로 이루어진 회로이다. 직류회로에서 각 저항에 흐르는 전류, 각 저항에 인가되는 전압 등은 저항의 연결 방법에 따라 분배되기도 하고, 변화가 없기도 하다. 복잡하게 연결된 저항을 간략화한 합성저항도 저항의 연결 방법에 따라 그 크기가 결정된다. 이러한 **직류회로에서 전류, 전압, 저항의 특성은 전기·전자회로의 설계와 해석에 매우 중요한 기초 개념**이 된다.

직류회로에서 저항이 직렬, 병렬, 그리고 직병렬로 연결되었을 때 저항의 합성저항을 구하는 방법과 각각의 경우에 따라서 전압, 전류, 전력이 어떠한 특성을 갖는지 학습할 것이다. 앞으로 학습하게 될 내용을 2장에서 학습한 전류, 전압, 저항의 물리적 개념과 묶어 생각하면 좀 더 쉽게 이해할 수 있을 것이다.

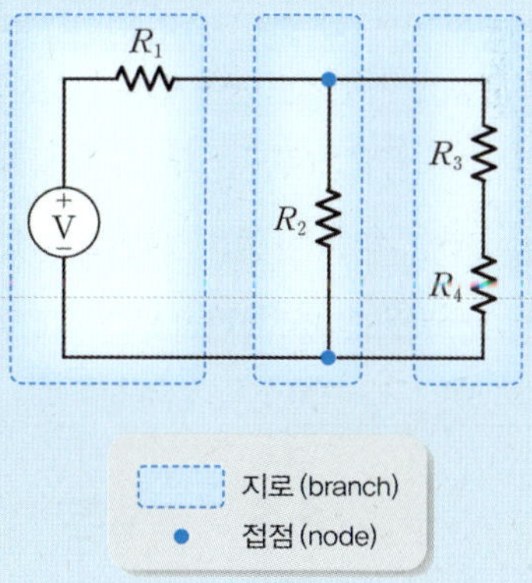

회로를 접하기 전에 **지로**(지선, 분기, 브랜치 등)와 접점(분기점, 마디, 노드 등)에 대해 알아야 한다. 지로는 두 단자를 갖는 회로의 일부분을 의미한다. 이 두 단자 사이에는 하나 혹은 그 이상의 회로 부품이 존재할 수 있다. 접점은 하나 혹은 그 이상의 지로가 만나는 점을 의미한다. 전기·전자회로 해석은 지로와 접점을 구분하는 것부터 시작된다. 위의 그림의 회로에서는 하나의 부품 혹은 그 이상의 부품을 포함하고 있는 것을 알 수 있다. 이 회로에서 접점은 점으로 표시된 두 곳이다. 지로와 접점은 회로를 해석하는 첫 번째 단계이다. 회로를 많이 접하다 보면 자연스럽게 지로와 접점을 구분할 수 있을 것이다.

3.1 직렬회로

직렬회로

직렬회로는 모든 소자가 하나의 지로로 연결된 회로를 말한다. 실제 전기·전자회로에서는 대개 소자의 배치가 복잡하다. 회로를 해석하려면 부품의 배치를 보고 이 소자들의 연결이 직렬회로인지, 병렬회로인지 파악할 수 있어야 한다. [그림 3-1]은 3개의 저항이 직렬로 연결된 직렬회로이다. 3개의 저항이 하나의 지로로만 연결되어 있다.

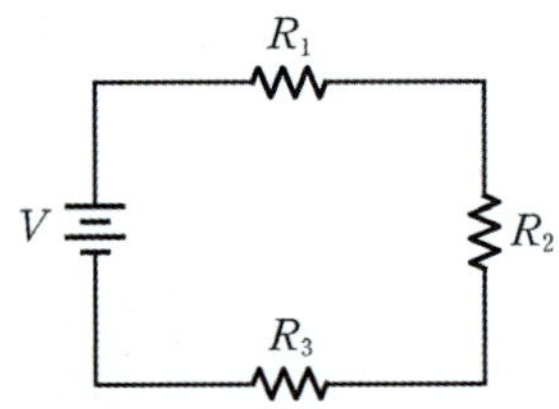

그림 3-1 3개의 저항이 직렬로 연결된 직렬회로

직렬회로 여부를 간단하게 판별하려면 하나의 지로로만 구성되어 있는지 혹은 3개 이상의 지로가 모이는 접점이 있는지 확인하면 된다. **직렬회로에서는 3개 이상의 지로가 연결된 접점이 존재하지 않는다.**

예제 3-1

[그림 3-2]의 회로 중 직렬회로는 어떤 것인가?

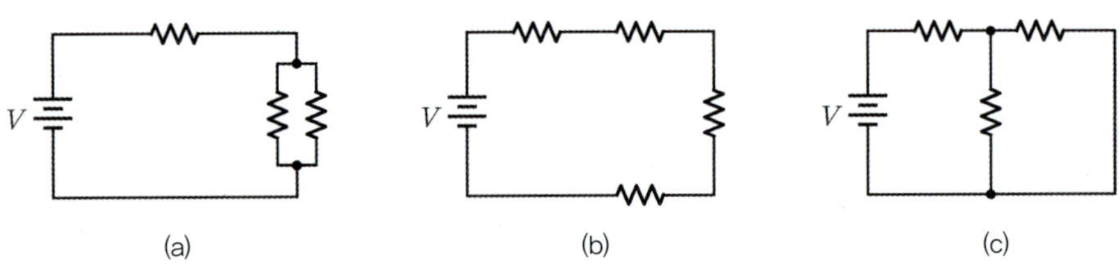

그림 3-2 여러 가지 회로

풀이

(a)의 회로는 오른쪽 2개의 저항으로 인해 지로가 나뉘므로 직렬회로가 아니다.
(b)의 회로는 4개의 저항이 하나의 지로로 연결되어 있으므로 직렬회로이다.
(c)의 회로는 가운데 접점에 3개의 지로가 만나므로 직렬회로가 아니다.

따라서 [그림 3-2]의 회로 중 직렬회로는 (b)이다.

직렬회로의 합성저항

여러 개의 저항이 하나의 지로로 연결된 직렬회로에서, 여러 개의 저항을 하나의 저항으로 나타낼 수 있다. 이렇게 여러 개의 저항을 하나의 저항으로 단순화한 것을 합성저항이라고 한다. 저항이 여러 개일 때에는 일반적으로 각 저항에 R_1, R_2와 같이 번호를 붙여 구분한다. 이때 합성저항은 전체 저항이라는 의미에서 R_T로 표현한다. 직렬회로에서 합성저항은 모든 저항값을 더한 값이다.

[그림 3-3]은 3개의 저항이 직렬로 연결된 직렬회로에서 합성저항을 나타낸 것이다. 합성저항을 측정하려면 전원을 제거한 상태로 측정해야 한다.

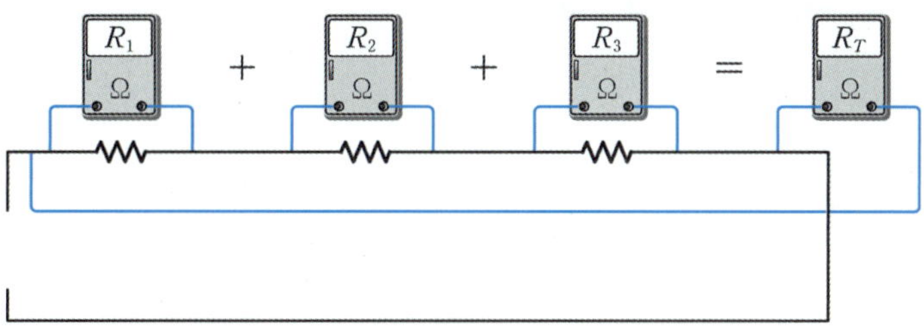

그림 3-3 직렬회로의 합성저항 R_T

각 저항이 R_1, R_2, R_3라면 전체 저항 R_T는 [그림 3-3]과 같이 3개의 저항 양단에서 측정한 저항값이 된다. 이를 식으로 나타내면 식 (3.1)과 같다.

$$R_T = R_1 + R_2 + R_3 \tag{3.1}$$

만약 저항이 n개라면 식 (3.1)은 다음과 같이 확장할 수 있다.

$$R_T = R_1 + R_2 + R_3 + \cdots + R_n \tag{3.2}$$

직렬회로에서 합성저항이 왜 식 (3.2)와 같이 각 저항의 단순 합이 되는지 생각해보자. 저항은 전류를 흐르지 못하게 하는 성질을 의미한다. 즉 직렬회로에서는 지로가 하나밖에 없으므로 모든 전하는 하나의 지로로만 흐르게 된다.

[그림 3-4]와 같이 전하가 하나의 지로를 통해 흐를 때 첫 번째 저항이라는 산을 만나서 R_1 높이의 산을 넘었다. 두 번째 저항이라는 산을 만나서 이번에는 R_2 높이의 산을 넘었다. 이어서 세 번째 R_3 높이의 산을 넘었다. 이렇게 넘어온 산의 높이는 결국 세 산의 높이를 모두 더한 높이의 산을 넘는 것과 동일하다.

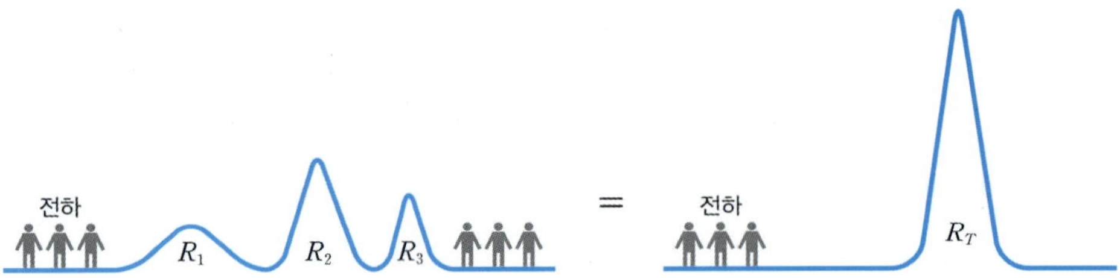

그림 3-4 직렬회로의 합성저항($R_1 + R_2 + R_3 = R_T$)

예제 3-2

[그림 3-5]의 회로의 합성저항 R_T를 구하라.

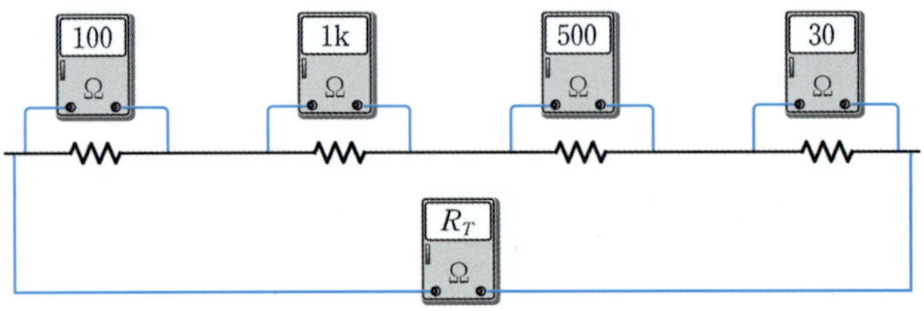

그림 3-5 직렬저항회로와 합성저항

풀이

식렬회로에서 합성저항은 모든 저항값을 더하여 구할 수 있다. $R_T = R_1 + R_2 + \cdots + R_n$이므로, 합성저항 R_T를 구하면 다음과 같다.

$$R_T = 100 + 1000 + 500 + 30 = 1630 \qquad \therefore R_T = 1630[\Omega]$$

직렬회로의 전류

하나의 지로로 연결된 직렬회로에서, 전하는 저항이라는 장애물을 만나더라도 회로가 단선[1]되지 않는 한 모두 통과할 수 있다. 전하들은 각 저항을 만날 때마다 모두 넘어가는 현상을 반복하면서 그 양이 변하지 않는다. 즉 전류는 변하지 않는다. 그러므로 직렬회로에서 전류는 모두 같게 된다. [그림 3-6]에서 전체 전류, 즉 배터리에서 출력된 전류 I_T는 직렬로 연결된 R_1, R_2, R_3를 각각 통과해도 모두 같은 전류값을 갖는다. 전하는 저항이란 장애물을 순서대로 만날 뿐 저항을 넘어갈

1 단선은 회로가 끊겼다는 의미로, 단선된 구간의 저항은 무한대 값을 갖게 되어 전류가 흐를 수 없다.

때마다 줄어들거나 늘어나지 않는다. [그림 3-6]은 3개의 저항으로 이루어진 회로에서 측정되는 전류값을 나타낸 것이다. 각 전류계의 값이 모두 동일함을 알 수 있다.

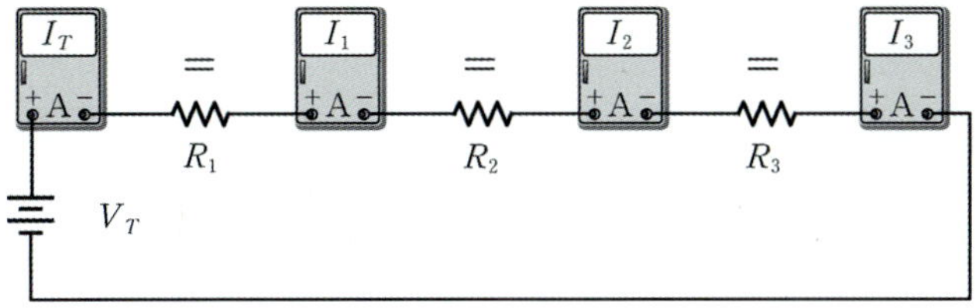

그림 3-6 직렬회로의 전류

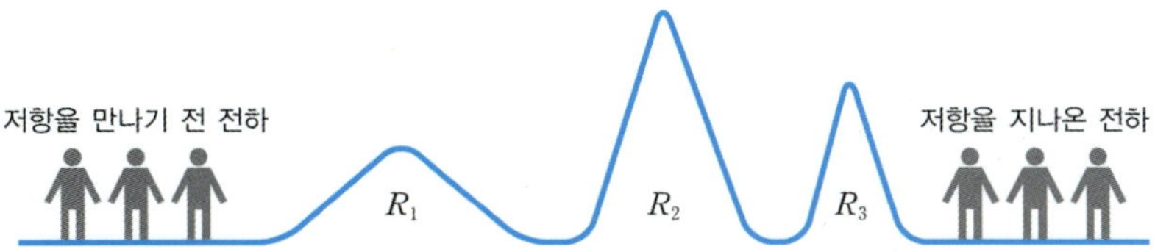

그림 3-7 [그림 3-6]의 회로에서 전하량의 변화

직렬회로에서 각 저항에 흐르는 전류값을 식으로 나타내면 식 (3.3)과 같다. 만약 저항이 n개라면 식 (3.3)은 식 (3.4)와 같이 확장할 수 있다.

$$I_T = I_1 = I_2 = I_3 \tag{3.3}$$

$$I_T = I_1 = I_2 = I_3 = \cdots = I_n \tag{3.4}$$

저항은 단순히 전하의 흐름을 방해하는 요소일 뿐 전하를 사라지게 하지는 않는다. 따라서 직렬회로에 흐르는 전하의 양, 즉 전류는 동일하다는 것을 기억하자.

예제 3-3

[그림 3-8]의 회로에는 서로 다른 값을 갖는 저항 12개가 직렬로 연결되어 있다. 전류계를 사용하여 전류를 측정했더니 550[mA]가 측정되었다. 120[Ω]의 저항과 330[Ω]의 저항에 흐르는 전류를 계산하라.

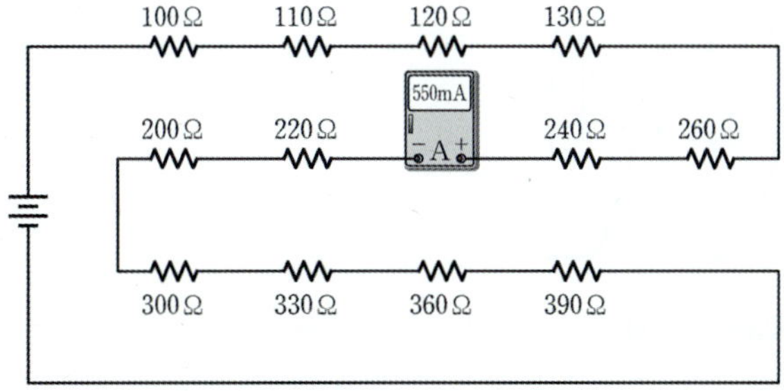

그림 3-8 직렬저항회로에 흐르는 전류

풀이

주어진 회로는 12개의 저항이 직렬로 연결된 회로이다. 직렬회로에서는 모든 저항에 흐르는 전류가 동일하다. 그러므로 모든 저항에 흐르는 전류는 550[mA]이다.

$$\therefore\ I_{120\Omega} = 550\ [\text{mA}],\ I_{330\Omega} = 550\ [\text{mA}]$$

직렬회로의 전압

3개의 저항이 직렬연결된 회로([그림 3-1] 참고)에서 전압을 측정하기 위해 [그림 3-9]와 같이 전압계를 설치했다. 이때 회로 전체의 인가전압applied voltage[2]은 각 저항에서 강하전압voltage drop[3]의 합과 같다.

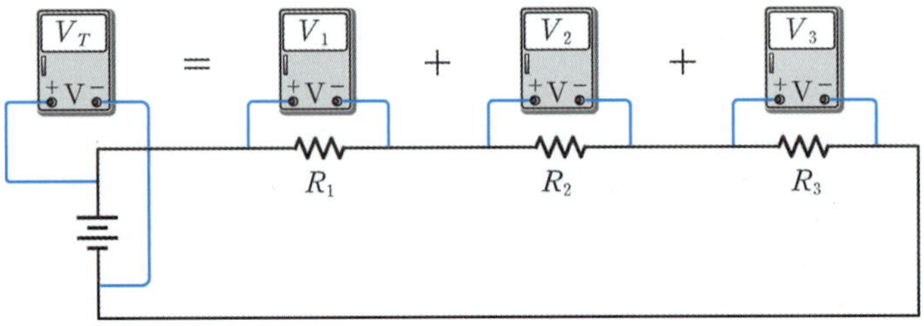

그림 3-9 직렬회로의 인가전압과 각 저항에서 강하전압과의 관계

회로 전체에 인가된 전압 V_T에 대해 각 저항에서는 전압 강하가 발생한다. 저항이 클수록 전하가 흐르는 데 소비되는 에너지도 많기 때문에 강하되는 전압의 크기 또한 커지게 된다. 이때 각 저항에서 강하된 전압의 합은 인가전압의 합과 같다.

[그림 3-10]은 전하가 각 저항을 넘어갈 때 전압의 변화를 나타낸 것이다. 전하가 갖고 있는 에너지, 즉 전압은 저항을 만나면서 소비된다. 폐회로에서 전하가 회로를 한 바퀴 돌고나면 전하의 에너지는 모두 소비되고 전원을 만나면 다시 에너지를 얻게 된다.

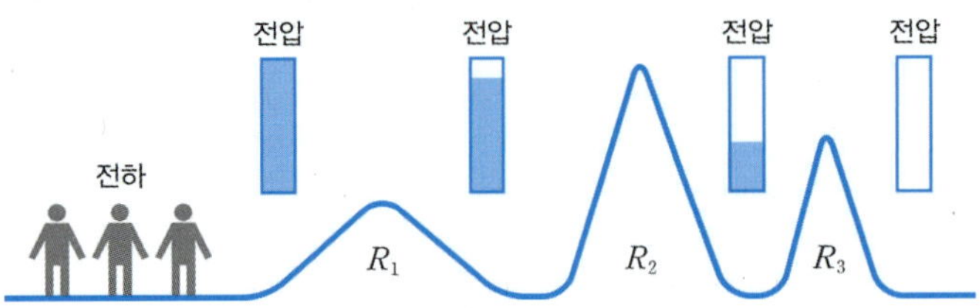

그림 3-10 직렬회로에서 저항을 통과한 전압(전하의 에너지)의 변화

2 인가전압은 회로에 공급되는 전압을 의미한다.

3 강하전압은 저항으로 인해 전하의 에너지가 소비되어 낮아진 전압을 의미한다.

[그림 3-9]에서 인가전압 V_T와 각 저항에서 강하되는 전압 V_1, V_2, V_3는 다음과 같이 나타낼 수 있다.

$$V_T = V_1 + V_2 + V_3 \tag{3.5}$$

n개의 저항에 대해 식 (3.5)는 다음과 같이 확장할 수 있다.

$$V_T = V_1 + V_2 + V_3 + \cdots + V_n \tag{3.6}$$

예제 3-4

[그림 3-11]의 회로에 5[V]의 전압을 인가했다. 각 저항에서 전압을 측정해나가다가 세 번째 저항의 전압을 측정한 뒤 전압계가 고장이 났다. 앞에서 측정한 전압만 이용하여 4번째 저항에서 강하되는 전압을 알 수 있는가? 알 수 있다면 그 과정을 설명하라.

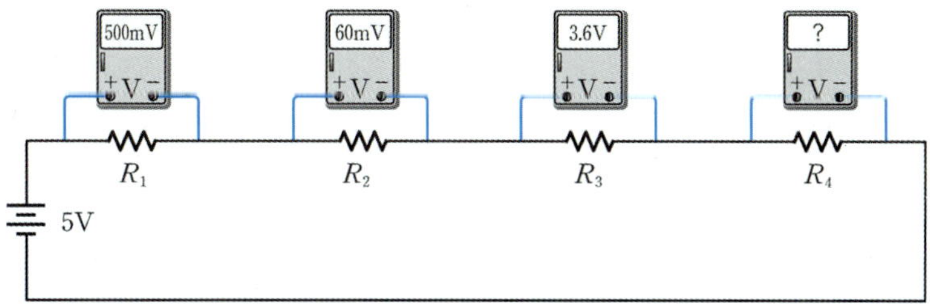

그림 3-11 4개의 저항으로 구성된 직렬저항회로의 전압

풀이

직렬회로에서 각 저항에 의해 강하되는 전압의 합은 인가전압과 같다. 주어진 회로에 5[V]의 전압이 인가되었다면 이는 각 저항에서 강하된 전압 V_1, V_2, V_3, V_4의 합과 같다.

$$V_T = V_1 + V_2 + V_3 + V_4 = 5\,[\mathrm{V}]$$

V_4를 제외한 모든 값을 알고 있으므로 다음과 같은 과정으로 V_4를 구할 수 있다.

$$500\,[\mathrm{mV}] + 60\,[\mathrm{mV}] + 3.6\,[\mathrm{V}] + V_4 = 5\,[\mathrm{V}]$$

$$V_4 = 5 - 0.5 - 0.06 - 3.6 = 0.84$$

$$\therefore\ V_4 = 0.84\,[\mathrm{V}]$$

따라서 4번째 저항에서 강하되는 전압은 0.84[V]이다.

저항에 대한 식 $R_T = R_1 + R_2 + R_3 + \cdots + R_n$과 전압에 대한 식 $V_T = V_1 + V_2 + V_3 + \cdots + V_n$은 동일한 형태이다. 옴의 법칙에 의해 전압은 전류와 저항의 곱($V = IR$)으로 구할 수 있으며, 직렬회로에서 전류는 모든 저항을 넘어 동일하게 유지됨을 알고 있다.

또한 저항과 전압의 관계는 비례 관계이며, [그림 3-3], [그림 3-6] 및 [그림 3-9]를 종합하여 [그림 3-12]와 같이 나타낼 수 있다.

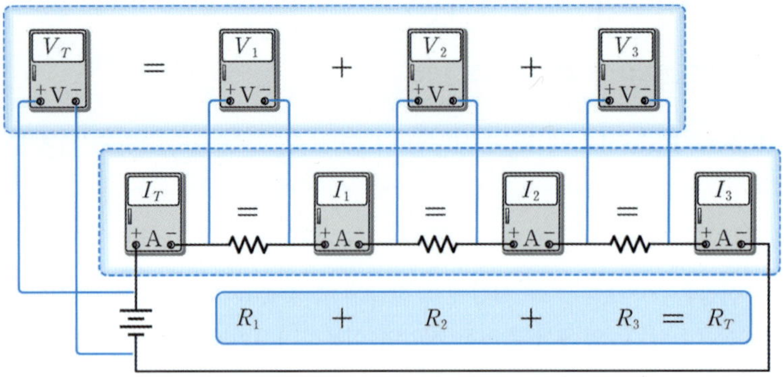

그림 3-12 3개의 저항으로 구성된 직렬회로에서의 저항, 전류, 전압

옴의 법칙과 직렬회로

3개의 저항으로 구성된 직렬회로에서 옴의 법칙을 이용하여 각 저항에 흐르는 전류를 표현하면 식 (3.7)과 같다.

$$I_1 = \frac{V_1}{R_1},\ I_2 = \frac{V_2}{R_2},\ I_3 = \frac{V_3}{R_3} \tag{3.7}$$

식 (3.7)을 직렬회로의 성질을 이용하여 정리해보자. 전류는 모두 같으므로 식 (3.7)에 식 (3.4) $I_T = I_1 = I_2 = I_3 = \cdots = I_n$을 적용하면 식 (3.8)과 같이 나타낼 수 있다.

$$I_1 = \frac{V_1}{R_1} = I_2 = \frac{V_2}{R_2} = I_3 = \frac{V_3}{R_3} = I_n = \frac{V_n}{R_n} = I_T = \frac{V_T}{R_T} \tag{3.8}$$

이 식을 통해 직렬회로에서의 전류는 하나의 저항에 대한 강하전압과 저항값만으로 구할 수 있고, 전체 회로에 인가되는 전압 V_T와 합성저항 R_T로도 구할 수 있다.

이번에는 직렬회로의 전압을 옴의 법칙과 함께 생각해보자. 직렬회로에서 전압에 관한 식 (3.6) $V_T = V_1 + V_2 + V_3 + \cdots + V_n$을 전류와 저항으로 표현하면 다음과 같다.

$$I_T \cdot R_T = I_1 \cdot R_1 + I_2 \cdot R_2 + I_3 \cdot R_3 + \cdots + I_n \cdot R_n \tag{3.9}$$

직렬회로에서 모든 전류는 같으므로 식 (3.9)에서 '$I_1 = I_2 = I_3 = \cdots = I_n = I_T$'이다. 이를 정리하면 식 (3.10)과 같다. '$R_1 + R_2 + R_3 + \cdots + R_n = R_T$'라는 것은 직렬회로에서 합성저항을 구하는 식인 식 (3.2)에서 알 수 있었다.

$$I_T \cdot R_T = I_T \cdot (R_1 + R_2 + R_3 + \cdots + R_n) \tag{3.10}$$

직렬저항회로에서 저항값을 모르는 회로가 있다고 가정해보자. 이때 각 저항에서 전압과 전류를 알고 있다면 옴의 법칙을 이용하여 각 저항값과 합성저항을 구할 수 있다.

$$R_1 = \frac{V_1}{I_1},\ R_2 = \frac{V_2}{I_2},\ R_3 = \frac{V_3}{I_3},\ R_n = \frac{V_n}{I_n},\ R_T = \frac{V_T}{I_T} \tag{3.11}$$

이때 합성저항 R_T는 모든 저항값을 더해서 구할 수 있으므로 다음과 같다.

$$R_T = \frac{V_T}{I_T} = \frac{V_1}{I_1} + \frac{V_2}{I_2} + \frac{V_3}{I_3} + \cdots + \frac{V_n}{I_n} \tag{3.12}$$

직렬회로에서 모든 전류는 동일하므로 식 (3.12)는 다음과 같이 나타낼 수 있다.

$$R_T = \frac{V_T}{I_T} = \frac{1}{I_T}(V_1 + V_2 + V_3 + \cdots + V_n) \tag{3.13}$$

이와 같이 옴의 법칙을 이용하면 전압, 전류, 저항을 다양한 형태로 나타낼 수 있다. 수식을 외우려 하지 말고 각 단계별로 옴의 법칙을 적용하여 표현을 달리하는 과정을 이해하도록 하자. 특히 직렬회로의 모든 부분에서 전류가 동일하다는 것은 회로를 해석하고 설계하는 데 매우 중요한 개념이니 잘 기억해야 한다.

예제 3-5

[그림 3-13]과 같이 4개의 저항이 직렬연결된 회로가 있다. 인가전압을 측정했더니 20[V]로 측정되었다. 각 저항값이 그림과 같을 때, 각 저항에서 강하되는 전압을 계산하라.

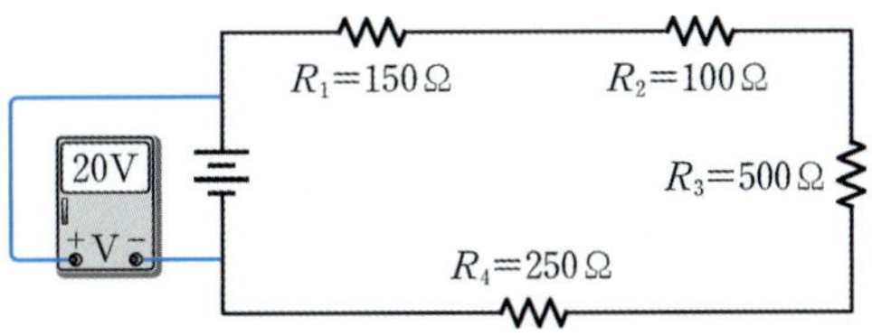

그림 3-13 4개의 저항으로 이루어진 직렬저항회로

풀이

직렬저항회로에서는 각 저항에 흐르는 전류가 동일하다. 따라서 회로에 흐르는 전류 I_T를 구하면 옴의 법칙을 이용하여 각 저항에 의해 강하되는 전압을 구할 수 있다. I_T를 구하려면 우선 합성저항 R_T를 구하고, 회로에 인가되는 전압 V_T와 R_T를 이용하여 I_T를 구한다. 이렇게 구한 I_T와 각 저항값을 이용하여 각 저항에서의 강하전압을 구한다.

$$R_T = R_1 + R_2 + R_3 + R_4 = 150 + 100 + 500 + 250 = 1000[\Omega]$$

$$\frac{V_T}{R_T} = I_T = \frac{20}{1000} = 0.02 = 20[\text{mA}]$$

$$V_1 = I_1 \cdot R_1 = 0.02 \cdot 150 = 3,\quad V_2 = I_2 \cdot R_2 = 0.02 \cdot 100 = 2$$

$$V_3 = I_3 \cdot R_3 = 0.02 \cdot 500 = 10,\quad V_4 = I_4 \cdot R_4 = 0.02 \cdot 250 = 5$$

$$\therefore V_1 = 3[\text{V}],\ V_2 = 2[\text{V}],\ V_3 = 10[\text{V}],\ V_4 = 5[\text{V}]$$

예제 3-6

[그림 3-14]의 회로에 인가전압은 20[V], $R_1 = 100[\Omega]$, $I_2 = 100[mA]$, $V_3 = 5[V]$이다. 이때 합성 저항 R_T, 회로 전체에 흐르는 전류는 I_T라고 할 때, 주어진 표의 빈칸을 채워라.

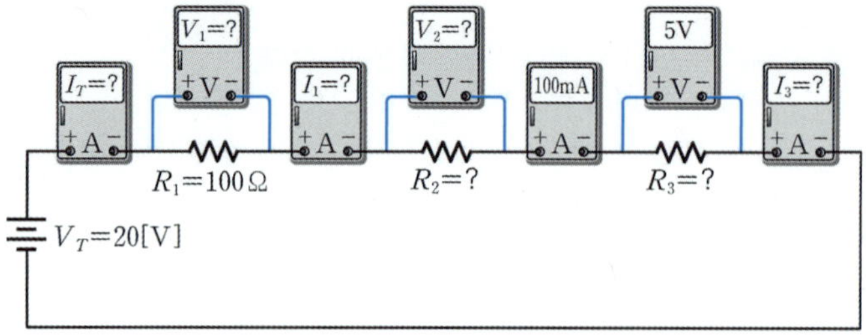

그림 3-14 3개의 저항으로 이루어진 직렬저항회로

표 3-1

저항값		전류값		전압값	
R_1	100[Ω]	I_1		V_1	
R_2		I_2	100[mA]	V_2	
R_3		I_3		V_3	5[V]
R_T		I_T		V_T	20[V]

풀이

I_T, I_1, I_2, I_3는 모두 같으므로, R_1에 의해 강하되는 전압은 옴의 법칙 $V = I \cdot R$을 이용해 구한다.

$$I_T = I_1 = I_2 = I_3 = 100[mA] = 100 \times 10^{-3}[A]$$
$$\therefore\ I_1 = 100[mA],\ I_2 = 100[mA],\ I_3 = 100[mA]$$

회로에 인가되는 전압 V_T가 20[V]임을 알고 있으므로 V_2는 앞서 구한 V_1과 주어진 V_3를 이용하여 구할 수 있다.

$$V_1 = I_1 \cdot R_1 = 100 \times 10^{-3} \cdot 100 = 10$$
$$V_2 = V_T - V_1 - V_3 = 20 - 10 - 5 = 5$$
$$\therefore\ V_1 = 10[V],\ V_2 = 5[V]$$

R_2와 R_3는 옴의 법칙 $R = \dfrac{V}{I}$를 이용해 구할 수 있다.

$$R_2 = \frac{V_2}{I_2} = \frac{5}{100 \times 10^{-3}} = 50[\Omega]$$
$$R_3 = \frac{V_3}{I_3} = \frac{5}{100 \times 10^{-3}} = 50[\Omega]$$
$$R_T = R_1 + R_2 + R_3 = 100 + 50 + 50 = 200[\Omega]$$
$$\therefore\ R_2 = 50[\Omega],\ R_3 = 50[\Omega],\ R_T = 200[\Omega]$$

따라서 표의 빈칸을 [표 3-2]와 같이 채울 수 있다.

표 3-2

저항값		전류값		전압값	
R_1	100[Ω]	I_1	100[mA]	V_1	10[V]
R_2	50[Ω]	I_2	100[mA]	V_2	5[V]
R_3	50[Ω]	I_3	100[mA]	V_3	5[V]
R_T	200[Ω]	I_T	100[mA]	V_T	20[V]

예제 3-7

5[V]의 직류전원에 5개의 LED를 사용하여 조명장치를 만들려고 한다. 각 LED에 각 20[mA]의 전류가 공급되어야 하고, 저항은 1개만 사용해야 한다. 주어진 조건에 적합한 회로도를 완성하고, 적절한 저항값을 계산하라. 단 LED의 선압 강하는 0이다.

풀이

5개의 LED에 모두 동일하게 20[mA]의 전류가 공급되어야 하므로 모두 직렬회로로 연결해야 하고, 저항도 직렬로 연결해야 한다. 이때 저항값은 인가전압인 5[V]와 회로에 흐르게 할 전류값인 20[mA]로 계산해야 한다.

$$R = \frac{V}{I} = \frac{5}{0.02} = 250 \qquad \therefore R = 250\,[\Omega]$$

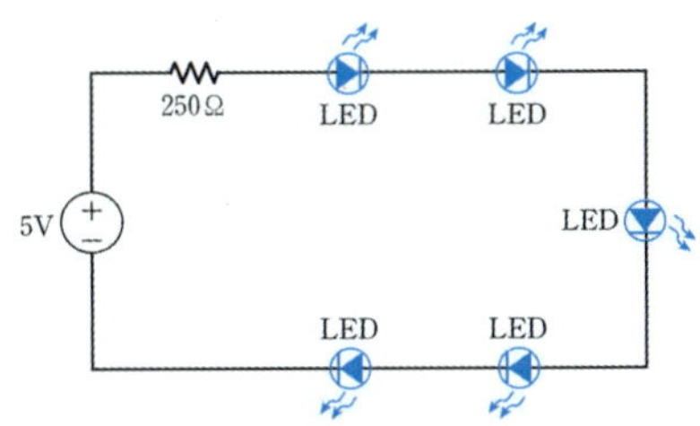

그림 3-15 5개의 LED 점등 회로

직렬회로의 전압 분배

직렬회로에 연결된 저항에 흐르는 전류는 모두 동일하고, 전압 강하는 저항의 크기에 따라 다르게 발생함을 알고 있다. 옴의 법칙에서 전압에 관한 식($V = I \cdot R$)을 생각해볼 때 강하전압은 저항의 크기에 따라 증가함을 알 수 있다. 즉 **강하전압과 저항값은 정비례 관계**이다. 이러한 성질을 이용하여 직렬회로는 전압을 조절하거나 원하는 전압을 만들기 위해 사용된다. 특히 저항의 비율만으로도 각 저항에서 강하되는 전압은 비례식을 이용하여 간단히 구할 수 있다.

n개의 저항이 직렬로 연결된 직렬저항회로에서 각 저항과 전압은 식 (3.14)와 같은 비례식으로 나타낼 수 있다.

$$R_1 : R_2 : \cdots : R_n = V_1 : V_2 : \cdots : V_n \tag{3.14}$$

예제 3-8

[그림 3-16]의 회로에서 R_1에서 강하되는 전압이 5[V]로 측정되었다. R_1, R_2, R_3의 저항값의 비율이 1 : 2 : 3이라 할 때, V_2, V_3, V_T를 구하라.

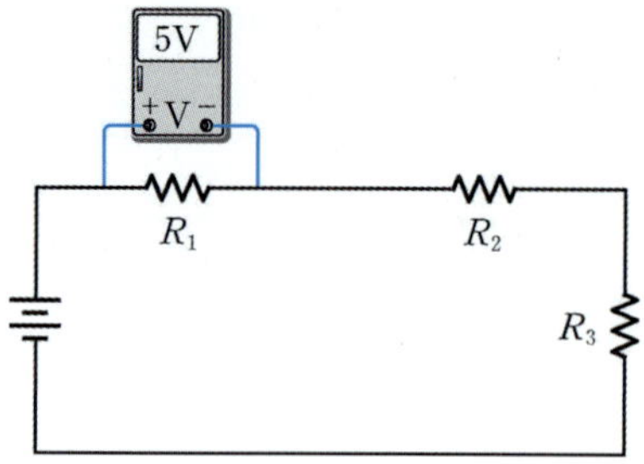

그림 3-16 3개의 저항으로 구성된 직렬저항회로의 전압과 저항의 비

풀이

식 (3.14)를 이용한다. 저항의 비가 1 : 2 : 3이므로 전압의 비도 동일하다.

$$1 : 2 : 3 = 5 : V_2 : V_3$$
$$\therefore\ V_2 = 10\,[\mathrm{V}],\ V_3 = 15\,[\mathrm{V}]$$

전체 전압 V_T는 각 저항에서 강하되는 전압의 합과 같다.

$$V_T = V_1 + V_2 + V_3 = 5 + 10 + 15 = 30$$
$$\therefore\ V_T = 30\,[\mathrm{V}]$$

직렬회로의 소비전력

직렬회로의 전체 소비전력은 각 저항의 소비전력을 합한 것과 같다. 이를 식으로 표현하면 다음과 같다.

$$P_T = P_1 + P_2 + \cdots + P_n \tag{3.15}$$

전류 I와 저항 R의 소비전력 식인 식 (2.7) $P = I^2 \cdot R$을 이용하여 식 (3.15)를 정리하면 식 (3.16)과 같다.

$$\begin{aligned} P_T &= P_1 + P_2 + \cdots + P_n \\ &= I_1^{\,2} \cdot R_1 + I_2^{\,2} \cdot R_2 + \cdots + I_n^{\,2} \cdot R_n \\ &= I_T^{\,2} \cdot (R_1 + R_2 + \cdots + R_n) \\ &= I_T^{\,2} \cdot R_T \end{aligned} \tag{3.16}$$

직렬회로에서 각 저항에 흐르는 전류는 모두 같고 이는 회로 전체의 전류와 같으므로 이러한 성질을 이용하여 식을 정리했다. 직렬회로에서 소비전력을 계산할 때는 전류와 저항의 식을 이용하는 것이 편리하다.

예제 3-9

[그림 3-17]과 같은 회로가 있다. 이 회로에서 P_1, P_3, P_4와 저항 R_2 값을 구하고, 전체 소비전력 P_T를 구하라.

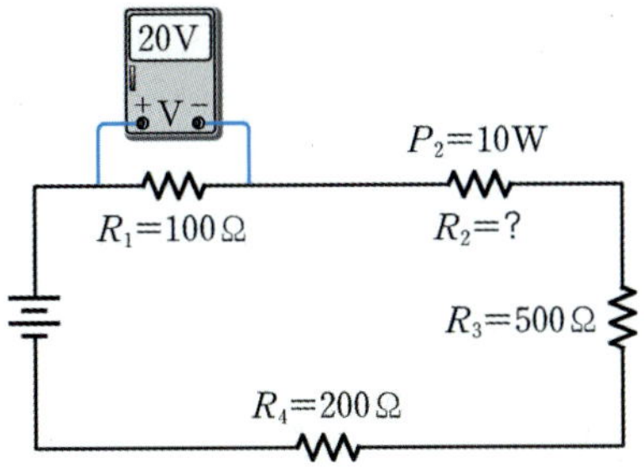

그림 3-17 4개의 저항으로 구성된 직렬저항회로의 전력

풀이

[그림 3-17]에서 $V_1 = 20\,[\text{V}]$로 측정된 것을 볼 수 있다. R_1과 V_1을 이용하여 I_1을 계산할 수 있다. 직렬회로에 흐르는 전류는 어느 부분에서나 같으므로 I_1, I_2, I_3, I_4는 모두 같다. P_2와 I_2를 이용하여 R_2를 구할 수 있고, 저항값과 각 저항에 흐르는 전류값을 알고 있으므로 소비전력을 계산할 수 있다.

$$I_1 = \frac{V_1}{R_1} = \frac{20}{100} = 0.2\,[\text{A}]$$

$$I_1 = I_2 = I_3 = I_4 = 0.2\,[\text{A}] \quad (\because \text{직렬회로})$$

와트의 법칙 $P = I^2 \cdot R$을 정리하면 $R = \dfrac{P}{I^2}$이므로, R_2를 계산하면 다음과 같다.

$$R_2 = \frac{P_2}{{I_2}^2} = \frac{10}{(0.2)^2} = 250\,[\Omega]$$

와트의 법칙을 이용하여 나머지 저항의 소비전력도 계산할 수 있다.

$$P_1 = {I_1}^2 \cdot R_1 = (0.2)^2 \cdot 100 = 4\,[\text{W}]$$

$$P_3 = {I_3}^2 \cdot R_3 = (0.2)^2 \cdot 500 = 20\,[\text{W}]$$

$$P_4 = {I_4}^2 \cdot R_4 = (0.2)^2 \cdot 200 = 8\,[\text{W}]$$

전체 소비전력 P_T는 각 저항의 소비전력을 모두 더하여 계산할 수 있다.

$$P_T = P_1 + P_2 + P_3 + P_4 = 4 + 10 + 20 + 8 = 42\,[\text{W}]$$

혹은 식 (3.16)을 이용하여 계산할 수도 있다.

$$P_T = {I_T}^2 \cdot R_T = (0.2)^2 \cdot (100 + 250 + 500 + 200) = 42\,[\text{W}]$$

$$\therefore R_2 = 250\,[\Omega],\ P_1 = 4\,[\text{W}],\ P_3 = 20\,[\text{W}],\ P_4 = 8\,[\text{W}],\ P_T = 42\,[\text{W}]$$

Quick Review

- 직렬회로는 지로가 (   )개이다.
- 직렬회로의 합성저항은 모든 저항의 (   )으로 구할 수 있다.
- 직렬회로 전체에 인가되는 전압은 각 저항에 의한 전압 강하의 (   )과 같다.
- 직렬회로에서는 각 저항의 비와 전압의 비가 (   ).
- 직렬회로의 전체 소비전력은 각 (   )의 소비전력을 합한 것과 같다.

ANS 1, 합, 합, 같다, 저항

3.2 병렬회로

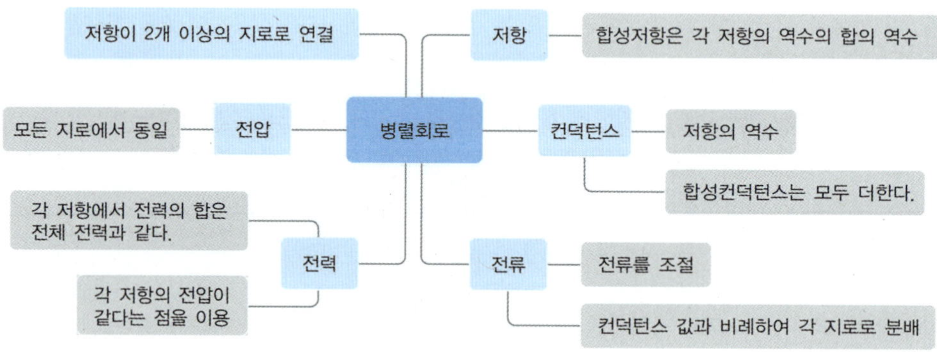

▍병렬회로

직렬회로가 하나의 지로로만 연결된 회로라면, **병렬회로**는 2개 이상의 지로로 연결된 회로를 의미한다. 즉 병렬회로는 반드시 2개 이상의 지로를 갖게 된다. [그림 3-18]은 3개의 저항을 병렬로 연결한 병렬회로이다. 3개의 저항이 각각의 지로를 갖고 이들 양단의 접점으로 연결된 형태이다.

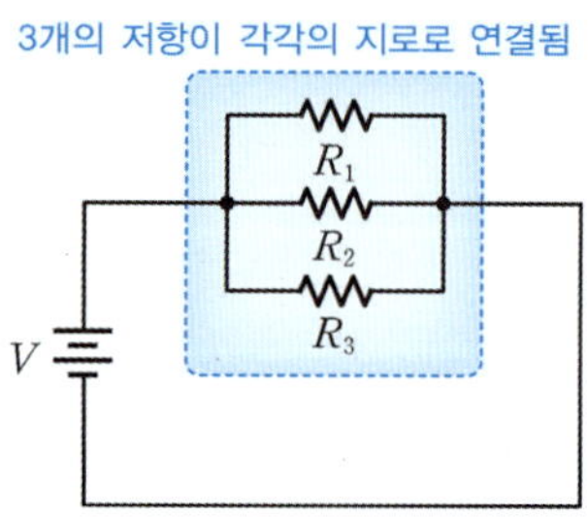

그림 3-18 3개의 저항이 병렬로 연결된 병렬회로

앞서 지로와 접점의 구분에 대해 설명했는데, 특히 병렬회로에서는 이를 잘 구분해야만 회로를 정확히 해석할 수 있다. 직렬회로는 단순히 하나의 지로로 연결되어 있어 비교적 구분이 잘 되지만, 병렬회로는 소자의 배치가 복잡하게 얽혀 있을 때 구분이 어렵기 때문에, 이를 잘 풀어서 해석하기가 어려울 수 있다. 하지만 지로와 접점을 잘 찾는다면 회로의 어느 부분이 직렬회로인지, 어느 부분이 병렬회로인지 직관적으로 구분할 수 있다.

예제 3-10

[그림 3-19]의 회로 중 병렬회로가 포함되어 있는 회로를 골라라.

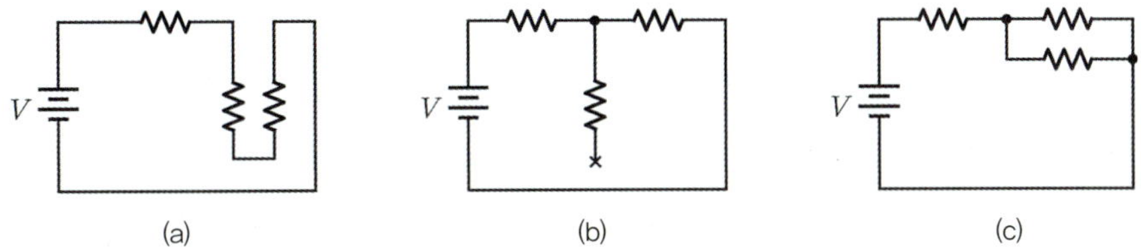

그림 3-19 다양한 형태의 회로

풀이

(a)는 3개의 저항이 하나의 지로로만 연결되어 있으므로 직렬회로이다. (b)는 3개의 저항이 존재하고 가운데 분기점에는 3개의 지로가 연결되어 있지만, 가운데 저항은 회로에 연결되지 않아 지로로 볼 수 없다. 결국 위의 두 저항만 하나의 지로로 연결되어 있는 직렬회로이다. (c)는 오른쪽에 있는 2개의 저항이 2개의 지로로 병렬연결되어 있고 이들이 왼쪽에 있는 하나의 저항과 직렬로 연결되어 있다. 그러므로 (c)만 병렬회로를 포함하고 있다.

병렬회로의 합성저항

여러 개의 저항이 여러 개의 지로로 연결된 병렬회로에서 이들을 하나의 저항으로 단순화할 수 있다. 이를 병렬회로의 **합성저항**이라고 한다. 병렬회로의 합성저항은 직렬회로에서처럼 R_T로 나타내며 **직렬회로**에서는 저항값을 모두 더하여 합성저항을 구했지만, 병렬회로에서는 저항을 **컨덕턴스**conductance로 변환한 뒤 모두 더하여 계산하는 개념을 갖고 있다. 저항 개념에서 생각하면 컨덕턴스는 저항의 역수가 되는데, 이로 인해 계산이 다소 복잡해질 수 있다.

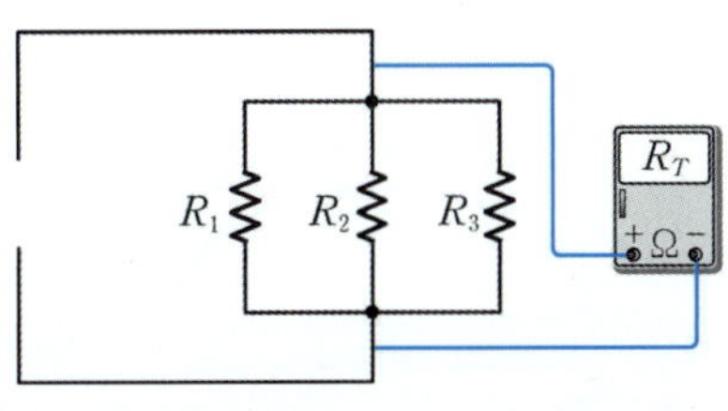

그림 3-20 병렬회로의 합성저항 R_T

우선 저항의 개념에서 합성저항을 구하기 위해 3개의 저항으로 구성된 병렬회로인 [그림 3-20]을 예로 들어 살펴보자.

R_1, R_2, R_3와 같은 3개의 저항으로 이루어진 병렬회로의 합성저항 R_T는 각 **저항의 역수의 합의 역수**로 구할 수 있다. 이를 식으로 표현하면 식 (3.17)과 같다.

$$\frac{1}{R_T} = \frac{1}{R_1} + \frac{1}{R_2} + \frac{1}{R_3} \tag{3.17}$$

만약 저항이 n개라면 식 (3.17)은 식 (3.18)과 같이 확장할 수 있다.

$$\frac{1}{R_T} = \frac{1}{R_1} + \frac{1}{R_2} + \frac{1}{R_3} + \cdots + \frac{1}{R_n} \tag{3.18}$$

병렬저항에서의 합성저항 계산은 컨덕턴스 개념에서 시작된 것이다. 컨덕턴스는 저항의 역수로 나타내는데, 저항값이 전류의 흐름을 방해하는 것에 대한 값이라면 컨덕턴스는 전류를 얼마나 잘 흐르게 하는가에 대한 값을 의미한다. 저항을 R로 표시하는 것과는 달리 컨덕턴스는 G로 표시하며, 단위는 지멘스siemens [S]를 사용한다. 식 (3.19)는 컨덕턴스와 저항의 관계를 나타낸 식이다. 이를 이용하여 식 (3.18)을 컨덕턴스로 나타내면 식 (3.20)과 같다.

$$G = \frac{1}{R}[\mathrm{S}], \quad R = \frac{1}{G}[\Omega] \tag{3.19}$$

$$G_T = G_1 + G_2 + G_3 + \cdots + G_n \tag{3.20}$$

식 (3.19)와 식 (3.20)을 연상하면 식 (3.18)을 이해하는 데 도움이 된다.

간단한 회로를 해석하기 위하여 저항을 2개씩 묶어서 계산하기도 하는데 이때는 식 (3.18)을 2개의 저항에 대해 식 (3.21)과 같이 간략화하여 계산하기도 한다.

$$R_T = \frac{R_1 \times R_2}{R_1 + R_2} \tag{3.21}$$

그렇다면 왜 병렬회로에서 합성저항은 식 (3.18)과 같은 형태일까? 이는 전류의 흐름을 생각하면 이해할 수 있다. 전류는 **단위시간당 흐르는 전하의 양**으로, 전하의 양이 지로에 의해 나뉜다. 옴의 법칙에서 전류에 대한 식($I = \dfrac{V}{R}$)에 따르면 전류는 저항값에 반비례하여 각 지로에 흐른다. 그러나 전류를 저항 대신 컨덕턴스의 개념으로 보면 식 (3.19)에 의해 $I = V \cdot G$로 생각할 수 있다. 즉 컨덕턴스와 전류는 정비례 관계이다. [그림 3-21]과 같이 회로를 자동차가 다니는 도로라고 가정해보자.

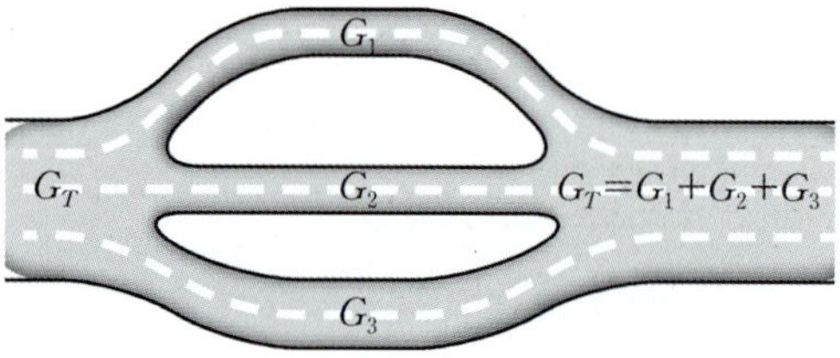

그림 3-21 컨덕턴스의 개념

컨덕턴스[4] 값은 도로의 폭이고 전류 I는 단위시간당 도로를 지나는 자동차의 대수라고 할 수 있다. 자동차는 폭이 넓어 운송 능력이 좋은 도로로 몰리게 되고, 이때 전체 도로의 운송 능력은 각 도로의 운송 능력을 합한 것이 된다. 즉 합성컨덕턴스는 각 저항의 컨덕턴스값의 합이 된다.

병렬회로는 다수의 지로로 구성되어 있기 때문에 저항보다는 컨덕턴스의 개념으로 이해하는 것이 더 쉽다. 다음 예제를 풀면서 병렬회로의 합성저항을 이해해보자.

예제 3-11

[그림 3-22]와 같은 병렬회로가 있다. 각 저항값이 $R[\Omega]$으로 모두 동일하다고 할 때, 합성저항 R_T를 구하라.

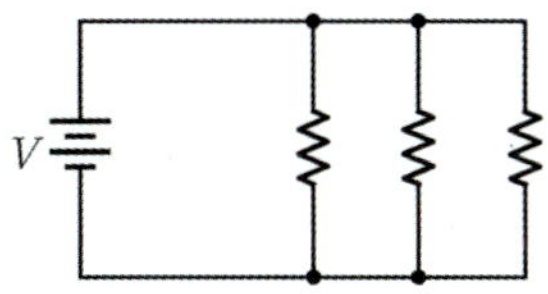

그림 3-22 3개의 저항으로 구성된 병렬회로

풀이

모든 저항값은 $R[\Omega]$인 점을 이용하여 R_T를 R로 나타낸다. 식 (3.17)을 이용하여 다음과 같이 R_T를 구할 수 있다.

$$\frac{1}{R_T} = \frac{1}{R} + \frac{1}{R} + \frac{1}{R} = \frac{3}{R} \qquad \therefore R_T = \frac{R}{3}$$

[예제 3-11]에서 동일한 저항 3개가 병렬회로를 이루고 있을 때 합성저항은 하나의 저항의 $\frac{1}{3}$로 줄어든다는 점을 알 수 있다. $R[\Omega]$의 길이 3개가 나란히 생기면서 전류가 흐를 수 있는 길이 넓어져 결국 전류가 더 잘 흐르게 된 것이다.

예제 3-12

[그림 3-23]은 4개의 저항이 병렬로 연결된 병렬회로이다. 이때 다음 물음에 답하라.

(a) 다음 회로의 합성저항 R_T를 구하라.

(b) 다음 회로의 합성저항 G_T를 구하라.

(c) (a)의 결과와 (b)의 결과를 비교하라.

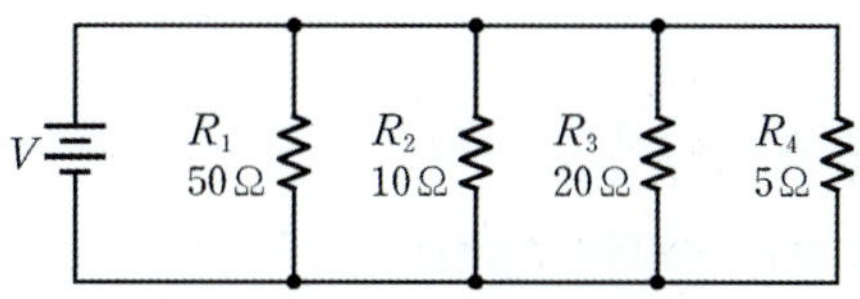

그림 3-23 4개의 저항으로 구성된 병렬회로

4 전하를 얼마나 잘 흐르게 하는지를 나타낸다.

풀이

(a) 식 (3.18)을 이용하여 합성저항 R_T를 구한다.

$$\frac{1}{R_T}=\frac{1}{50}+\frac{1}{10}+\frac{1}{20}+\frac{1}{5}=\frac{2}{100}+\frac{10}{100}+\frac{5}{100}+\frac{20}{100}=\frac{37}{100}$$

$$\therefore\ R_T=\frac{100}{37}\fallingdotseq 2.703[\Omega]$$

(b) 각 저항을 컨덕턴스로 바꾼 후, 식 (3.20)을 이용해 합성저항 G_T를 구한다.

$$G_1=\frac{1}{50}=0.02,\ G_2=\frac{1}{10}=0.1,\ G_3=\frac{1}{20}=0.05,\ G_4=\frac{1}{5}=0.2$$

$$G_T=G_1+G_2+G_3+G_4=0.02+0.1+0.05+0.2=0.37$$

$$\therefore\ G_T=0.37\,[\mathrm{S}]$$

(c) (b)에서 계산한 컨덕턴스 G_T를 저항으로 변환하면 다음과 같다.

$$\frac{1}{G_T}=\frac{1}{0.37}\fallingdotseq 2.703[\Omega]$$

이는 (a)에서 구한 R_T와 같은 값이다. 따라서 어느 방법을 사용하든 결과는 같다.

병렬회로의 전류

전류는 전하의 흐름을 나타내며, 여러 갈래의 지로를 만나면 지로의 개수만큼 나뉜다. 전하의 흐름을 물의 흐름이라고 생각하면, 흐르던 물이 여러 개로 갈라진 수로를 만났을 때 여러 갈래로 나뉘는 것과 같다. [그림 3-24]의 전압원에서 회로에 공급되는 전체 전류는 각 지로로 나뉘는데, 이 때문에 각 지로에 흐르는 전류를 모두 더하면 회로에 공급된 전류와 같다. 즉 **병렬회로에서 회로에 공급되는 전체 전류는 각 지로에 흐르는 전류의 합과 같다**.

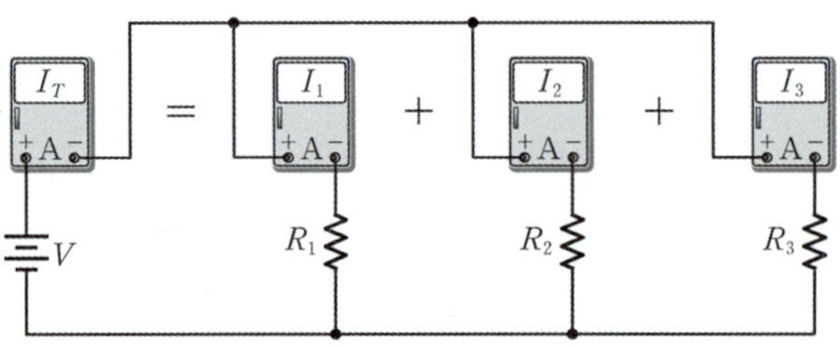

그림 3-24 병렬회로의 전류($I_1+I_2+I_3=I_T$)

그렇다면 전하는 여러 지로 중 어느 지로로 더 잘 흘러가게 될까? [그림 3-25]와 같이 여러 대의 자동차가 여러 갈래의 도로를 나누어 주행한다고 하면, 넓은 도로로 더 많은 차가 달리게 된다. 이 자동차를 전하라고 하면 넓은 도로는 컨덕턴스가 높은 지로라고 할 수 있다.

마치 주행이 편한 넓은 도로로 차가 몰리듯, 저항이 낮아 전하가 잘 흐르는 지로(컨덕턴스가 높은 경로, 저항이 낮은 경로)로 전하가 몰리게 된다.

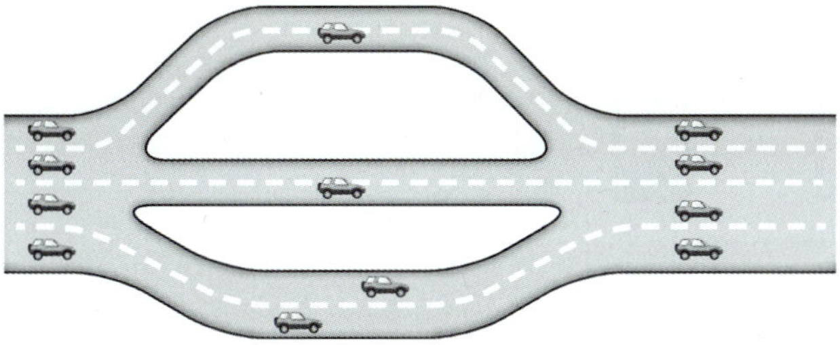

그림 3-25 자동차(전하)와 도로(컨덕턴스)

이러한 병렬회로에서 전류의 흐름을 수식으로 나타내보자. [그림 3-24]에서 전체 전류 I_T는 다음과 같이 구할 수 있다.

$$I_T = I_1 + I_2 + I_3 \tag{3.22}$$

식 (3.22)를 n개의 저항에 대해 확장하면 식 (3.23)과 같이 나타낼 수 있다.

$$I_T = I_1 + I_2 + I_3 + \cdots + I_n \tag{3.23}$$

예제 3-13

[그림 3-26]의 회로에서 I_2의 값을 구하라.

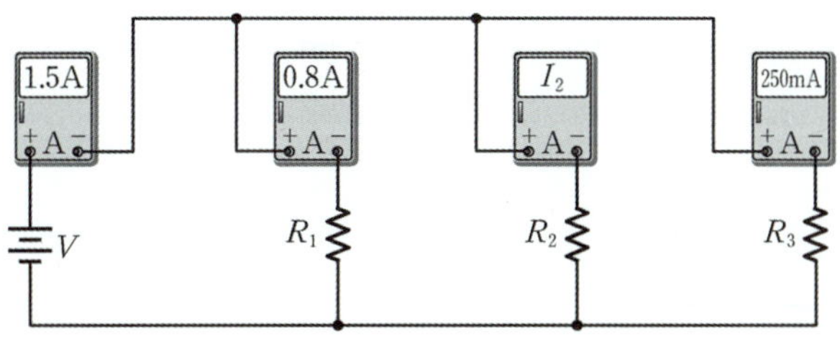

그림 3-26 3개의 저항으로 구성된 병렬회로

풀이

주어진 회로에 공급되는 전류 I_T는 1.5[A]이다. I_1, I_3는 각각 0.8[A], 250[mA]로 측정되었다. 따라서 식 (3.22)를 이용하면 I_2를 계산할 수 있다. 이때 [A]와 [mA] 단위가 함께 있으므로 단위 변환에 주의한다.

$$1.5 = 0.8 + I_2 + 0.25$$
$$I_2 = 1.5 - 0.8 - 0.25 = 0.45$$
$$\therefore I_2 = 0.45\,[\mathrm{A}]$$

병렬회로의 전압

[그림 3-24]의 회로에 [그림 3-27]과 같이 전압계를 설치했다. 이때 인가전압 V_T와 각 저항의 전압 강하는 모두 같은 값으로 측정되었다.

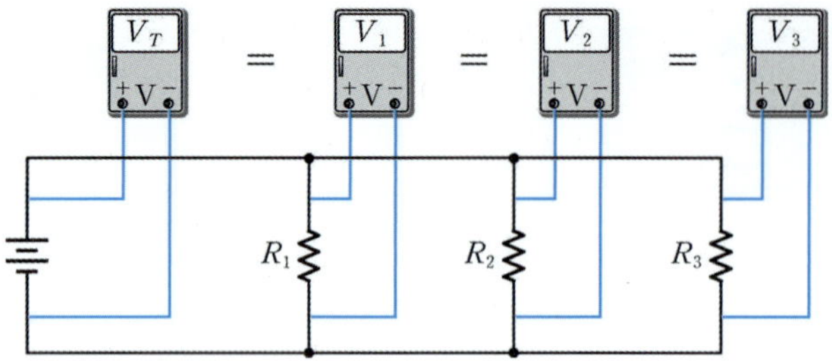

그림 3-27 병렬회로의 인가전압과 강하전압 측정

단위전하당 에너지인 전압은 지로가 갈라져서 전하가 서로 다른 길로 가더라도 단위전하가 갖고 있는 에너지는 변하지 않는다. 즉 [그림 3-25]에서 자동차가 여러 길로 나뉘어 주행하더라도 각 자동차의 에너지는 자동차가 갖고 있을 뿐 도로에 따라 분산되지 않는다. 결국 병렬회로에서서는 각 저항에 의해 강하되는 전압(=각 저항에 인가되는 전압)이 모두 같게 된다. 이를 식으로 나타내면 식 (3.24)와 같다.

$$V_T = V_1 = V_2 = V_3 = \cdots = V_n \tag{3.24}$$

예제 3-14

[그림 3-28]의 회로에서 R_2의 전압이 3.3[V]로 측정되었다. R_4의 전압 강하는 몇 [V]인가?

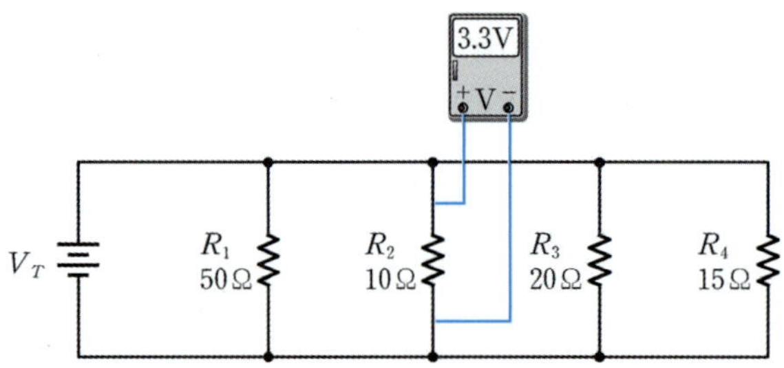

그림 3-28 4개의 저항으로 구성된 병렬회로의 전압

풀이

병렬회로에서 각 저항의 전압 강하는 모두 같으며, 이는 인가전압과 같다. 그러므로 $V_T = V_1 = V_2 = V_3 = V_4$이다.

$$V_4 = V_2 = 3.3$$

$$\therefore V_4 = 3.3[\text{V}]$$

병렬회로에서 저항은 **컨덕턴스의 합으로 구할 수 있고, 전류는 분배가 되며, 전압은 모두 같음**을 알 수 있었다. 이를 종합해보면 3개의 저항으로 이루어진 병렬회로에서 저항, 전압, 전류는 [그림 3-29]와 같은 특성을 갖는다.

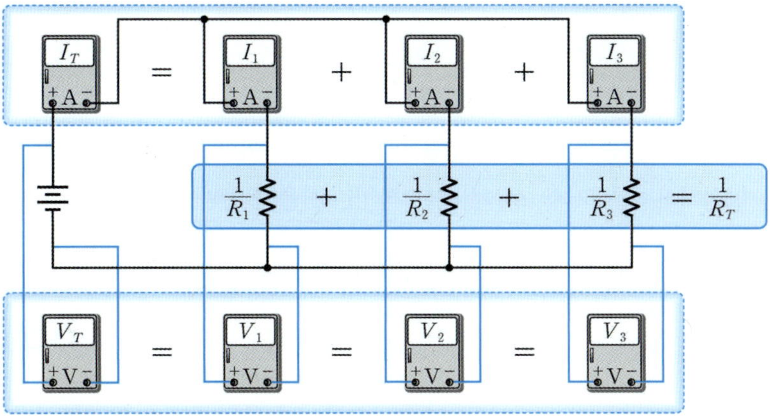

그림 3-29 3개의 저항으로 구성된 병렬회로의 전류, 저항, 전압

옴의 법칙과 병렬회로

[그림 3-29]와 같이 3개의 저항으로 구성된 병렬회로에서 옴의 법칙을 이용하여 각 저항에 흐르는 전압을 표현하면 다음과 같다.

$$V_1 = I_1 \cdot R_1,\ V_2 = I_2 \cdot R_2,\ V_3 = I_3 \cdot R_3 \tag{3.25}$$

병렬회로에서는 인가전압과 각 저항의 강하전압이 동일하므로 식 (3.25)는 다음과 같이 변경할 수 있다.

$$\begin{aligned} V_1 &= I_1 \cdot R_1 = V_2 = I_2 \cdot R_2 = V_3 = I_3 \cdot R_3 \\ &= V_n = I_n \cdot R_n = V_T = I_T \cdot R_T \end{aligned} \tag{3.26}$$

병렬회로에서 각 저항의 전압 강하는 인가전압과 동일하므로 이를 전류와 저항의 식으로 변경한 것이다. 결국 저항 하나의 전류값과 저항값으로 전체 인가전압 V_T를 구할 수 있다.

이와 같이 병렬회로에서 전압은 모두 동일하지만 전류는 분배된다. 전류에 대한 식 (3.23)을 옴의 법칙을 이용하여 전압과 저항의 식으로 표현하면 다음과 같다.

$$\frac{V_T}{R_T} = \frac{V_1}{R_1} + \frac{V_2}{R_2} + \frac{V_3}{R_3} + \cdots + \frac{V_n}{R_n} \tag{3.27}$$

모든 전압은 동일하므로, 식 (3.18)인 $\frac{1}{R_T} = \frac{1}{R_1} + \frac{1}{R_2} + \cdots + \frac{1}{R_n}$을 이용해 식 (3.27)을 다음과 같이 표현할 수 있다.

$$\frac{V_T}{R_T} = V_T\left(\frac{1}{R_1} + \frac{1}{R_2} + \frac{1}{R_3} + \cdots + \frac{1}{R_n}\right) = V_T \cdot G_T \tag{3.28}$$

식 (3.28)에서 $\frac{1}{R_T} = G_T$라는 저항과 컨덕턴스의 관계를 생각해보자. 대부분의 수식이 저항을 기준으로 표기하고 있지만 **병렬회로에서는 컨덕턴스 개념을 반드시 이해야야만 전압이나 전류의 흐름을 이해할 수 있다**는 점을 명심하자. 합성저항 R_T에 대한 식 (3.18)을 전압과 전류에 대해 정리해보면 다음과 같다.

$$\frac{1}{R_T} = G_T = \frac{I_T}{V_T} = \frac{1}{V_T}(I_1 + I_2 + I_3 + \cdots + I_n) \tag{3.29}$$

병렬회로에서 합성저항은 컨덕턴스 개념을 사용한다. 그러므로 식 (3.29)는 컨덕턴스에 대한 식으로도 변환이 가능하며, 옴의 법칙에 컨덕턴스 개념을 적용하면 $R = \frac{V}{I}$의 식이 $\frac{1}{R} = \frac{I}{V}$로 변환됨을 알 수 있다.

예제 3-15

[그림 3-30]은 4개의 저항이 병렬로 연결된 회로이다. $R_1 \sim R_4$의 저항값은 주어져 있고, 그림에서 오른쪽의 전류계에는 0.5[A]가 측정되었다. 합성저항과 회로에 인가되는 전압, 전류를 다음과 같은 표로 정리하려고 한다. 표의 빈칸을 채워라.

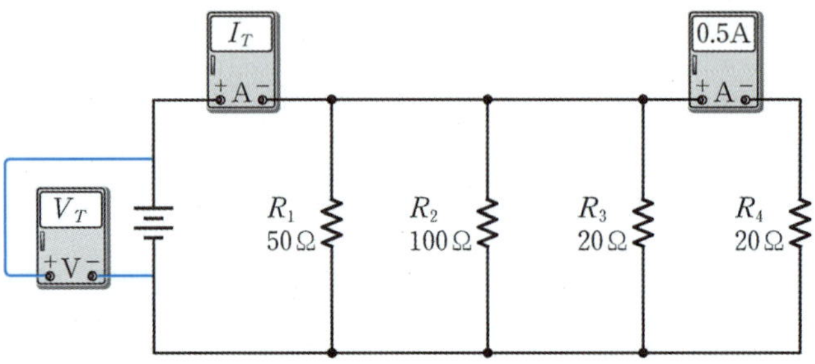

그림 3-30 4개의 저항으로 구성된 병렬회로의 전압과 전류

표 3-3

저항값		전류값		전압값	
$R_1 =$	50[Ω]	$I_1 =$		$V_1 =$	
$R_2 =$	100[Ω]	$I_2 =$		$V_2 =$	
$R_3 =$	20[Ω]	$I_3 =$		$V_3 =$	
$R_4 =$	20[Ω]	$I_4 =$	0.5[A]	$V_4 =$	
$R_T =$		$I_T =$		$V_T =$	

풀이

병렬회로의 합성저항 R_T는 식 (3.18)을 이용하여 계산할 수 있다.

$$R_T = \frac{1}{\frac{1}{R_1}+\frac{1}{R_2}+\frac{1}{R_3}+\frac{1}{R_4}} = \frac{1}{\frac{1}{50}+\frac{1}{100}+\frac{1}{20}+\frac{1}{20}} \fallingdotseq 7.69 \qquad \therefore R_T \fallingdotseq 7.69\,[\Omega]$$

R_4와 I_4를 알고 있으므로 옴의 법칙에 의해 V_4를 계산할 수 있다.

$$V_4 = I_4 \cdot R_4 = 0.5 \cdot 20 = 10 \qquad \therefore V_4 = 10\,[\mathrm{V}]$$

병렬회로이므로 인가전압 V_T와 각 저항의 강하전압 $V_1 \sim V_4$는 모두 같다. 따라서 나머지 전압들은 모두 V_4와 동일하므로 다음과 같다.

$$\therefore V_1 = V_2 = V_3 = V_4 = V_T = 10\,[\mathrm{V}]$$

각 저항에 흐르는 전류는 전압과 저항을 알고 있으므로, 전류값은 옴의 법칙으로 계산할 수 있다.

$$I_1 = \frac{V_1}{R_1} = \frac{10}{50} = 0.2$$
$$I_2 = \frac{V_2}{R_2} = \frac{10}{100} = 0.1$$
$$I_3 = \frac{V_3}{R_3} = \frac{10}{20} = 0.5$$

따라서 전체 전류 I_T는 다음과 같이 구할 수 있다.

$$I_T = I_1 + I_2 + I_3 + I_4 = 0.2 + 0.1 + 0.5 + 0.5 = 1.3$$
$$\therefore I_1 = 0.2\,[\mathrm{A}],\ I_2 = 0.1\,[\mathrm{A}],\ I_3 = 0.5\,[\mathrm{A}],\ I_T = 1.3\,[\mathrm{A}]$$

표 3-4

저항값		전류값		전압값	
$R_1 =$	50[Ω]	$I_1 =$	0.2[A]	$V_1 =$	10[V]
$R_2 =$	100[Ω]	$I_2 =$	0.1[A]	$V_2 =$	10[V]
$R_3 =$	20[Ω]	$I_3 =$	0.5[A]	$V_3 =$	10[V]
$R_4 =$	20[Ω]	$I_4 =$	0.5[A]	$V_4 =$	10[V]
$R_T =$	7.69[Ω]	$I_T =$	1.3[A]	$V_T =$	10[V]

병렬회로의 전류 분배

병렬회로에서 전류는 지로에 따라 분배된다. 이때 어느 지로로 전류가 더 많이 흐를지 결정하는 것은 **컨덕턴스**이다. 직렬회로에서 전압의 비는 각 저항의 비와 같다. 마찬가지로 전류는 각 저항의 역수인 컨덕턴스의 비와 같게 된다.

$$\frac{1}{R_1} : \frac{1}{R_2} : \cdots : \frac{1}{R_n} = G_1 : G_2 : \cdots : G_n = I_1 : I_2 : \cdots : I_n \tag{3.30}$$

예제 3-16

[그림 3-31]의 회로에서 R_3에 흐르는 전류가 0.5[A]로 측정되었다. R_1, R_2, R_3의 컨덕턴스의 비율이 1 : 2 : 5라고 할 때, I_1, I_2를 구하라.

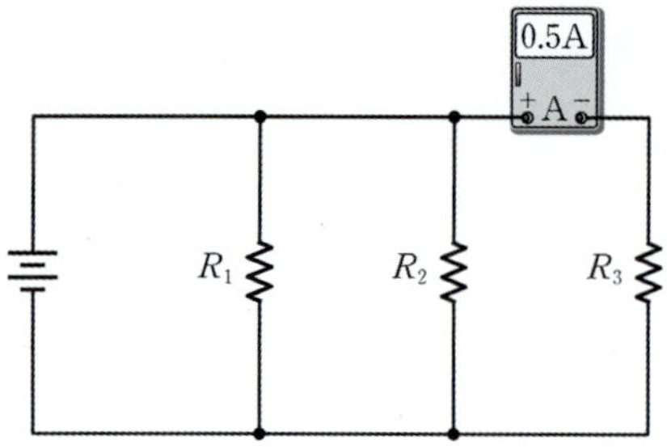

그림 3-31 3개의 저항으로 구성된 병렬회로의 전류

풀이

병렬회로에서 컨덕턴스의 비와 전류의 비는 동일하다. 그러므로 식 (3.30)의 비례식을 이용하여 계산할 수 있다.

$$1 : 2 : 5 = I_1 : I_2 : 0.5$$

$$\therefore\ I_1 = 0.1\,[\mathrm{A}],\ \ I_2 = 0.2\,[\mathrm{A}]$$

병렬회로의 소비전력

병렬회로에서 전체 전력은 직렬회로에서처럼 각 저항에서의 전력의 합이 같고, 각 저항의 전압강하가 모두 같다. 이러한 특징을 적용하여 전력을 전압과 저항의 식으로 표현해보자.

전체 전력 P_T는 각 저항에서의 전력 P_n의 합으로 나타내었을 때 전압이 각 저항에서 동일하다는 성질을 이용하여 다음과 같이 정리할 수 있다.

$$\begin{aligned} P_T &= P_1 + P_2 + P_3 + \cdots + P_n \\ &= \frac{V_1^2}{R_1} + \frac{V_2^2}{R_2} + \frac{V_3^2}{R_3} + \cdots + \frac{V_n^2}{R_n} \\ &= V_T^2 \cdot \left(\frac{1}{R_1} + \frac{1}{R_1} + \frac{1}{R_1} + \cdots + \frac{1}{R_1} \right) = \frac{{V_T}^2}{R_T} \end{aligned} \tag{3.31}$$

이처럼 병렬회로에서 전압이 동일하다는 특징을 이용하면 전력을 좀 더 간단히 계산할 수 있으며, $P = \dfrac{V^2}{R}$을 이용하면 전류값을 알지 못해도 인가전압과 저항으로만 전력을 구할 수 있다.

전체 소비전력 P_T를 구할 때 R_T 를 먼저 계산한 뒤 V_T와의 계산으로 구할 수도 있지만, 병렬회로에서는 직렬회로에 비해 R_T를 계산하기가 더 복잡하므로, 저항의 소비전력을 먼저 구한 후 더하는 방법이 더 간단할 수 있다.

예제 3-17

[그림 3-32]와 같이 3개의 저항이 병렬로 연결된 회로가 있다. 소비전력 P_1, P_2, P_3, P_T를 구하라.

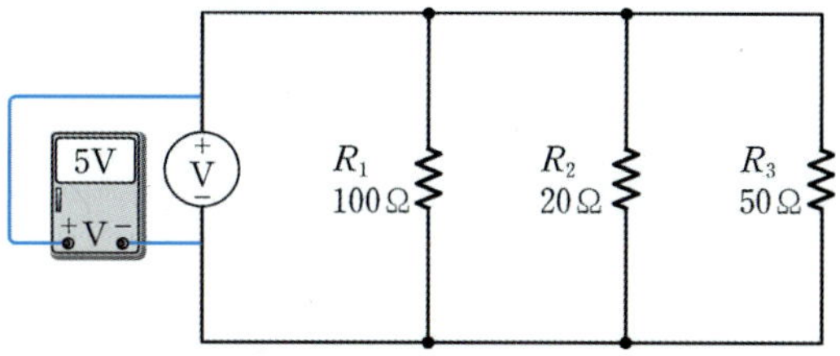

그림 3-32 3개의 저항으로 구성된 병렬회로의 전력

풀이

병렬회로에서 인가전압과 각 저항의 강하전압은 같으므로, $V_T = V_1 = V_2 = V_3 = 5\,[\mathrm{V}]$이다. 각 저항의 강하전압과 저항값을 알고 있으므로 저항과 전압에 관한 전력식인 $P = \dfrac{V^2}{R}$을 이용하여 각 저항의 소비전력을 구할 수 있다. 전체 소비전력은 이를 모두 합하여 구해준다.

$$P_1 = \frac{V_1^2}{R_1} = \frac{5^2}{100} = 0.25$$

$$P_2 = \frac{V_2^2}{R_2} = \frac{5^2}{20} = 1.25$$

$$P_3 = \frac{V_3^2}{R_3} = \frac{5^2}{50} = 0.5$$

$$P_T = P_1 + P_2 + P_3 = 2\,[\mathrm{W}]$$

$$\therefore\ P_1 = 0.25\,[\mathrm{W}],\ P_2 = 1.25\,[\mathrm{W}],\ P_3 = 0.5\,[\mathrm{W}],\ P_T = 2\,[\mathrm{W}]$$

Quick Review

- 어떤 소자가 여러 지로로 연결된 회로를 (   )라고 한다.
- 병렬회로의 합성저항은 각 저항의 역수의 합의 (   )로 구할 수 있다.
- 병렬회로 전체에 흐르는 전류는 각 저항에 흐르는 전류의 (   )과 같다.
- 각 저항의 전압과 전류는 (   )에 의해 다양한 형태로 변환된다.
- 병렬회로에서는 각 저항에 흐르는 전류의 비와 (   )의 비가 같다.
- 병렬회로의 전체 소비전력은 각 (   )의 소비전력을 합한 것과 같다.

ANS 병렬회로, 역수, 합, 옴의 법칙($V = IR$), 컨덕턴스, 저항

3.3 직병렬회로

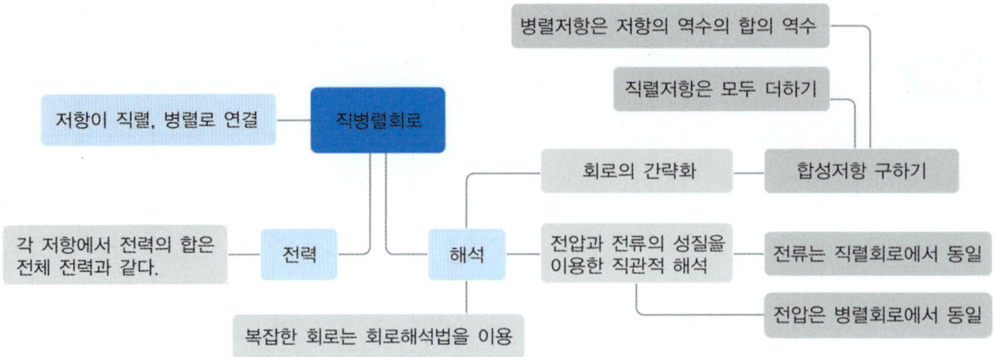

직병렬회로

직렬회로에서는 동일한 전류가 흐르면서 전압의 분배가 이루어졌다면, 병렬회로에서는 동일한 전압에 전류가 분배된다. 실제 사용되는 회로는 대부분 직렬회로와 병렬회로가 함께 연결된 복잡한 형태를 띤다. 이러한 회로에서 어느 부분은 전류를 동일하게 흐르게 하거나 배분하는 데 사용되고, 또 다른 부분은 전압에 대해 같은 역할로 사용된다.

[그림 3-33]과 같이 4개의 저항이 연결된 회로가 있다. 이 회로에서 R_1과 R_2는 직렬로 연결되어 있고, R_3와 R_4는 병렬로 연결되어 있다. 이와 같이 하나의 회로에 직렬회로와 병렬회로가 함께 존재할 경우 이를 **직병렬회로**라고 한다.

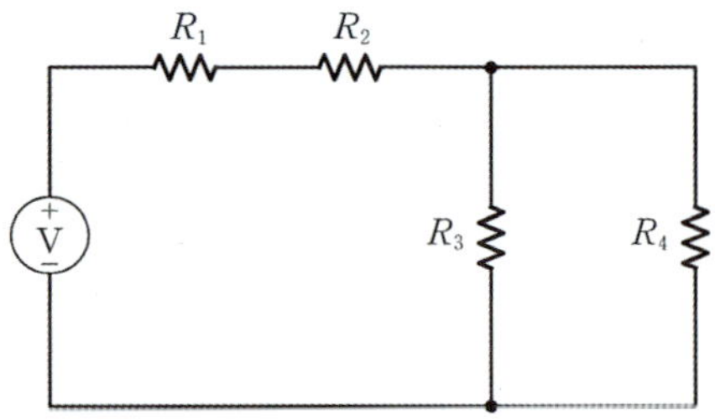

그림 3-33 4개의 저항으로 구성된 직병렬회로

직병렬회로의 해석

직병렬회로의 해석에서 가장 중요한 것은, 어느 요소가 서로 직렬로 연결되어 있고 어느 요소가 서로 병렬로 연결되어 있는지를 파악하는 것이다. [그림 3-33]의 회로에서 R_1과 R_2는 직렬연결이고, R_3와 R_4는 병렬연결이다. 하지만 R_1이나 R_2가 R_3, R_4에 직렬연결 혹은 병렬연결되었다고 할 수는 없다. 이와 같은 회로를 해석하려면 직렬회로와 병렬회로의 전압과 전류의 성질을 이용하여 해석해야 한다. 합성저항을 구하여 회로를 해석하는 방법은 전류의 흐름이나 전압 강하를 파악하여 해석하는 방법이다. 결국 회로에 공급되는 전류 I_T를 구한다는 것은 합성저항 R_T를 구한 뒤 인가전압 V_T와 옴의 법칙을 이용하여 회로를 해석하는 것이다.

합성저항 R_T를 구할 때는 각 저항이 직렬연결인지 병렬연결인지 파악한 뒤, 전원으로부터 먼 쪽부터 하나씩 합쳐간다. [그림 3-33]에서 R_T는 다음과 같은 순서로 구한다.

❶ R_3와 R_4의 병렬연결에 대한 합성저항 $R_{3\text{-}4}$를 구한다.

❷ R_1, R_2와 앞서 구한 $R_{3\text{-}4}$의 직렬연결에 대한 합성저항 R_T를 구한다.

❸ 인가전압 V_T와 합성저항 R_T를 이용하여 회로에 인가되는 전류 I_T를 구한다.

❹ 회로의 형태에 따라 직렬연결이 주가 될 경우에는 동일한 전류가 흐른다는 점을 이용하고, 병렬연결이 주가 될 경우 동일한 전압 강하가 발생한다는 점을 이용하여 회로를 해석한다.

다음 예제에서 주어진 회로를 주어진 방법으로 해석해보자.

예제 3-18

[그림 3-34]는 4개의 저항이 직병렬로 연결된 회로이다. 이 회로에서 각 저항에 흐르는 전류와 강하전압을 구하라.

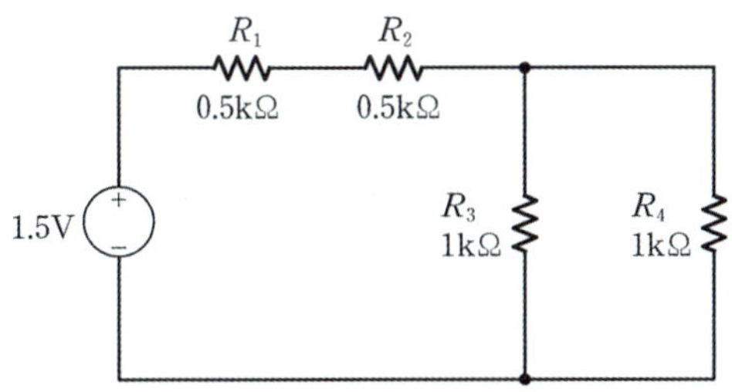

그림 3-34 4개의 저항으로 구성된 직병렬회로

풀이

R_3, R_4가 병렬연결이므로 이 저항의 병렬 합성저항을 구한 뒤 R_1, R_2와의 직렬연결에 대한 합성저항을 구한다. 인가전압이 1.5[V]이므로 옴의 법칙으로 전체 회로에 공급되는 전류 I_T를 구할 수 있다. I_T는 R_1, R_2와 R_3, R_4의 병렬 합성저항에 동일하게 흐르게 된다. R_3, R_4에는 전류가 저항값에 따라 분배되므로 각 저항에 흐르는 전류를 구할 수 있다. 모든 저항에서 전류를 구했으므로 각 저항의 전압은 옴의 법칙을 이용하여 구한다.

$$R_{3\text{-}4} = \frac{R_3 \times R_4}{R_3 + R_4} = \frac{1[\text{k}\Omega] \times 1[\text{k}\Omega]}{1[\text{k}\Omega] + 1[\text{k}\Omega]} = 500[\Omega]$$

$$R_T = R_1 + R_2 + R_{3\text{-}4} = 0.5[\text{k}\Omega] + 0.5[\text{k}\Omega] + 500 = 1500[\Omega]$$

인가전압과 전체 합성저항을 이용하여 I_T를 구한다.

$$I_T = \frac{V_T}{R_T} = \frac{1.5}{1500} = 0.001[\text{A}] = 1[\text{mA}]$$

[그림 3-35]를 참고하여 각 저항에 흐르는 전류를 계산한다.

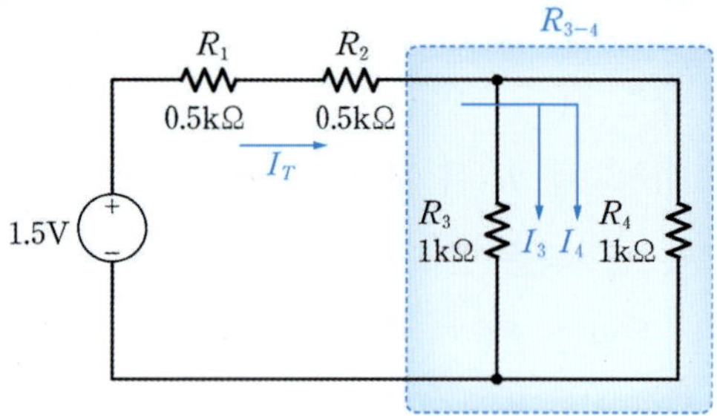

그림 3-35 [그림 3-34]의 전류의 흐름

전류는 R_3, R_4의 저항값에 반비례하여 분배되고, 이때 R_3와 R_4가 동일하므로 I_3와 I_4는 1 : 1로 분배된다.

$$I_3 = I_4 = \frac{0.001}{2} = 0.0005 = 0.5\,[\text{mA}]$$

모든 저항에서의 전류를 구했으므로 각 저항에서의 전압은 옴의 법칙을 이용하여 구한다.

$$V_1 = I_1 \cdot R_1 = 500 \cdot 0.001 = 0.5\,[\text{V}]$$
$$V_2 = I_2 \cdot R_2 = 500 \cdot 0.001 = 0.5\,[\text{V}]$$
$$V_3 = I_3 \cdot R_3 = 1000 \cdot 0.0005 = 0.5\,[\text{V}]$$
$$V_4 = I_4 \cdot R_4 = 1000 \cdot 0.0005 = 0.5\,[\text{V}]$$

$$\therefore I_1 = 1\,[\text{mA}],\ I_2 = 1\,[\text{mA}],\ I_3 = 0.5\,[\text{mA}],\ I_4 = 0.5\,[\text{mA}],$$
$$V_1 = 0.5\,[\text{V}],\ V_2 = 0.5\,[\text{V}],\ V_3 = 0.5\,[\text{V}],\ V_4 = 0.5\,[\text{V}]$$

회로가 직병렬연결로 복잡하게 얽혀 있을 경우에는 합성저항을 구한 후 전류의 흐름을 생각하여 해석했다. 하지만 병렬연결이 주가 될 경우에는 병렬로 연결된 지로에 전압이 동일하다는 점을 이용하면 보다 간단히 회로를 해석할 수 있다. 자동차의 배선이나 집 안의 전기 배선은 각 부하가 동일한 전압을 사용하므로 병렬연결이 주로 사용되는데 이는 병렬로 연결된 지로 내에서 직병렬회로가 연결된 형태이다.

[그림 3-36]은 배터리에 램프와 모터를 연결한 회로이다.

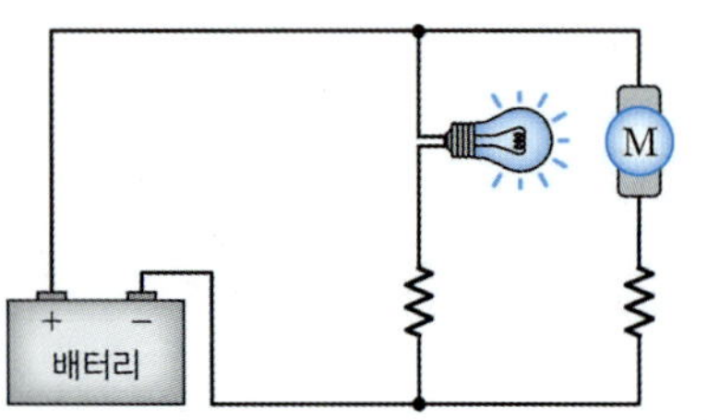

그림 3-36 배터리에 램프와 모터를 연결한 회로. 램프와 모터에 직렬로 연결된 저항은 각 지로에서 과전류의 흐름을 방지한다.

이와 같이 동일한 전압을 인가해야 할 장치가 여러 개일 경우에는 전원으로부터 병렬로 연결한다. 이때 각 장치에는 직렬로 저항을 연결하여 전류를 단속하기도 하는데, 이는 해당 지로의 전류를 제한하여 함께 직렬로 연결되어 있는 부하장치를 과전류로부터 보호하기 위함이다. 만일 직렬로 연결된 저항이 없다면 부하에 이상이 생겼을 경우 회로 전체에 문제가 생길 수도 있다.

직병렬회로의 소비전력

직병렬회로에서도 직렬회로나 병렬회로와 마찬가지로, 각 저항의 소비전력을 더한 것이 전체 전력과 같다. 즉 전체 소비전력은 항상 각 부하의 소비전력의 합이 된다.

예제 3-19

[그림 3-37]과 같이 3개의 저항으로 구성된 직병렬회로가 있다. 각 저항의 강하전압 V_1, V_2, V_3와 각 저항에 흐르는 전류 I_1, I_2, I_3와 각 저항의 소비전력 P_1, P_2, P_3를 구하라.

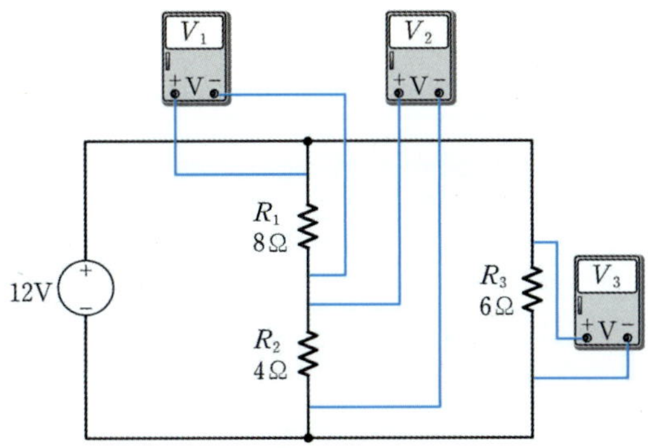

그림 3-37 3개의 저항으로 구성된 직병렬회로

풀이

12[V]의 전원에 R_1, R_2는 직렬로, R_3는 병렬로 연결된 회로이다. R_1, R_2가 연결된 지로의 전압과 R_3 양단의 전압은 모두 12[V]로 동일하다. R_1과 R_2가 연결된 지로에는 12[V]의 전압이 R_1, R_2의 값에 의해 분배된다. 모든 저항의 전압 강하를 알았으므로 옴의 법칙을 이용해 흐르는 전류값도 계산할 수 있다. 이들을 이용하여 각 저항의 소비전력을 계산할 수 있다.

$$V_1 + V_2 = V_3 = 12[\text{V}]$$

여기서 R_1과 R_2가 연결된 지로에는 12[V]의 전압이 R_1, R_2의 값에 의해 분배된다. $V_1 : V_2 = R_1 : R_2$이므로 V_1, V_2는 다음과 같이 구할 수 있다.

$$V_1 : (12 - V_1) = 8 : 4$$
$$8(12 - V_1) = 4V_1$$
$$V_1 = 8[\text{V}], \quad V_2 = 4[\text{V}]$$

모든 저항의 전압 강하를 알았으므로 옴의 법칙을 이용해 흐르는 전류값을 계산한다.

$$I_1 = \frac{V_1}{R_1} = \frac{8}{8} = 1\,[\mathrm{A}],\quad I_2 = \frac{V_2}{R_2} = \frac{4}{4} = 1\,[\mathrm{A}],\quad I_3 = \frac{V_3}{R_3} = \frac{12}{6} = 2\,[\mathrm{A}]$$

앞에서 구한 전압과 전류를 이용하여 소비전력을 계산한다.

$$P_1 = I_1 \cdot V_1 = 1 \cdot 8 = 8$$
$$P_2 = I_2 \cdot V_2 = 1 \cdot 4 = 4$$
$$P_3 = I_3 \cdot V_3 = 2 \cdot 12 = 24$$

$$\therefore\ V_1 = 8\,[\mathrm{V}],\quad V_2 = 4\,[\mathrm{V}],\quad V_3 = 12\,[\mathrm{V}]$$
$$I_1 = 1\,[\mathrm{A}],\quad I_2 = 1\,[\mathrm{A}],\quad I_3 = 2\,[\mathrm{A}]$$
$$P_1 = 8\,[\mathrm{W}],\ P_2 = 4\,[\mathrm{W}],\ P_3 = 24\,[\mathrm{W}]$$

직병렬회로는 전류의 흐림이나 전압 강하의 특성을 이용하여 해석할 수 있다. 간단한 회로는 직관적으로 해석할 수 있으나 부하의 개수가 증가하면 점점 어려워진다. 이를 위해 다양한 회로 해석법이 연구되어 왔으며, 여기에 대해서는 다음 장에서 소개할 것이다.

Quick Review

- 직렬회로와 병렬회로가 함께 있는 회로를 (   )라고 한다.
- 직병렬회로를 해석하려면 (   )을 구하여 회로를 간략화한 후 해석한다.
- 직렬연결에서는 동일한 (   )가 흐르고, 병렬연결에서는 동일한 (   )가 발생한다는 점을 이용하여 회로를 해석한다.

ANS 직병렬회로, 합성저항, 전류/전압 강하

CHAPTER 03

기본문제

3.1 다음 중 직렬회로에 대한 설명으로 옳지 않은 것은?

① 직렬회로에 연결된 합성저항은 모든 저항의 값을 더한다.
② 직렬회로에서의 전류는 모든 지류에서 동일하다.
③ 직렬회로에서 전압은 저항값에 반비례하여 강하된다.
④ 각 저항에서의 전력의 합은 전체 전력과 동일하다.

3.2 100개의 저항이 연결된 직렬회로에 10[A]의 전류가 흐른다면 각 저항에는 몇 암페어[A]의 전류가 흐르는가?

① 10[A]　② 1/10[A]　③ 1/50[A]　④ 1/100[A]

3.3 병렬회로에서 합성저항은 각 저항의 역수의 합의 역수로 구할 수 있다. 이는 저항의 어떠한 값을 응용한 것인가?

① 캐패시턴스　② 인덕턴스　③ 비저항　④ 컨덕턴스

3.4 1[Ω]의 저항 10개가 병렬로 연결되어 있다. 합성저항은 (　　　)이다.

① 1[Ω]　② 0.1[Ω]　③ 10[Ω]　④ 0.01[Ω]

3.5 다음 표를 완성하라.

표 3-5

구분	전압	전류	저항
직렬회로	저항값에 비례		저항값의 합
병렬회로		저항값에 반비례	

3.6 직병렬회로에서 각 저항에서의 (　)의 합이 전체 (　　)이 된다. 빈칸에 알맞은 말은 무엇인가?

① 전력　② 전압　③ 컨덕턴스　④ 전류

CHAPTER 03

연습문제

3.1 전원 양단에 3개의 저항이 직렬로 연결된 회로를 그려라.

3.2 2[MΩ], 0.5[MΩ], 37[kΩ], 470[Ω]의 저항이 직렬로 연결되었을 때 합성저항 R_T를 구하라.

3.3 2개의 저항에 전류가 흐를 때 저항값이 큰 저항에 큰 전압 강하가 발생한다. 그 이유를 설명하라.

3.4 직렬연결된 3개의 저항과 하나의 전압원으로 구성된 직렬회로에서 $V_T = V_1 + V_2 + V_3$라면 $R_T = R_1 + R_2 + R_3$임을 증명하라.

3.5 10[Ω]의 저항 양단에 10[V]의 전원을 인가하였다. 회로에 흐르는 전류는 얼마인가? 전류의 값을 반으로 줄이기 위해서는 회로를 어떻게 수정해야 하는가?

3.6 같은 값의 저항 3개를 직렬로 연결한 후 양단에 9[V]의 전원을 인가하였다. 이때 회로의 전류는 2[mA]로 측정되었다. 하나의 저항값은 몇 옴[Ω]인가?

3.7 [그림 3-38]의 회로를 보고, 다음 물음에 답하라.

(a) 직렬로 연결된 저항의 합성저항을 구하라.
(b) V_T를 구하라.
(c) 각 저항에서 강하되는 전압을 구하라.
(d) 각 저항에서 소비되는 전력을 구하라.
(e) (b)에서 구한 V_T와 측정한 전류를 이용하여 회로에서 소비되는 전력을 계산하라.
(f) (d)에서 구한 값과 (e)에서 구한 값을 비교하여 동일한지 확인하라.

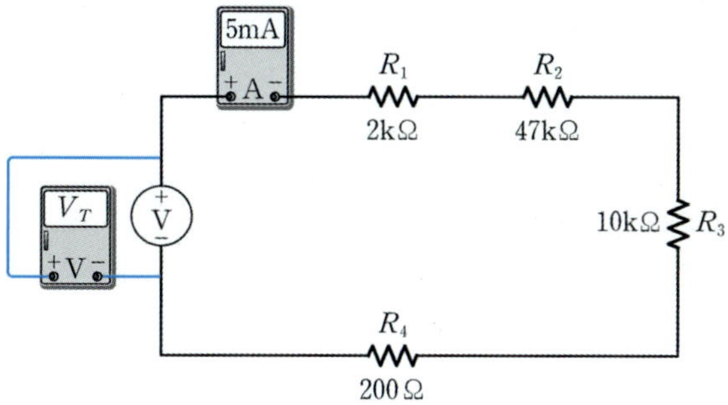

그림 3-38

3.8 1[kΩ]의 저항 3개가 병렬로 연결되어 있다. 이 회로의 합성컨덕턴스와 합성저항을 계산하라.

3.9 50[Ω]의 저항 10개가 병렬로 연결된 회로 양단에 10[V]의 전압을 인가하였다. 회로에 흐르는 전류를 계산하라.

3.10 2개의 저항으로 구성된 병렬회로가 있다. 회로의 각 저항에서 소비되는 전력이 5[W]일 때, 전원에서 공급한 전력은 몇 [W]인가?

3.11 전체 전류 5[A]가 흐르는 2개의 지로를 가진 병렬회로의 양단에 20[A]의 전압을 인가했다. 하나의 저항값이 5[Ω]일 때 다른 하나의 저항값은 얼마인가?

3.12 10[Ω], 20[Ω], 30[Ω]의 저항 3개가 직렬로 연결되어 있고, 이 회로에 10[V]의 전원을 인가하였다. 다음 물음에 답하라.

(a) 회로도를 그려라.
(b) 합성저항을 구하라.
(c) 각 저항에 흐르는 전류를 계산하라.
(d) 각 저항에서 소비되는 전력을 계산하라.
(e) 각 저항에서 소비되는 전력의 합이 인가전압과 (d)에서 구한 전류로 계산한 전력값과 동일함을 보여라.

3.13 병렬회로의 각 지로의 컨덕턴스 값이 다음과 같다. 다음 물음에 답하라.

$$G_1 = 8000\,[\mu S],\ \ G_2 = 7000\,[\mu S],\ \ G_3 = 20000\,[\mu S]$$

(a) 합성 컨덕턴스를 구하라.
(b) 합성저항을 구하라.

3.14 직병렬회로에서 어느 저항이 직렬로 연결되어 있으며 어느 저항이 병렬로 연결되어 있다고 할 수 있는가?

3.15 같은 값의 저항 3개를 이용하여 합성저항의 값이 원래 저항값의 1.5배가 되도록 회로를 설계하라.

3.16 10[Ω]의 저항 5개를 이용하여 20[Ω]의 저항을 만들어라.

3.17 [그림 3-39]의 회로에서 합성저항 R_T를 구하라.

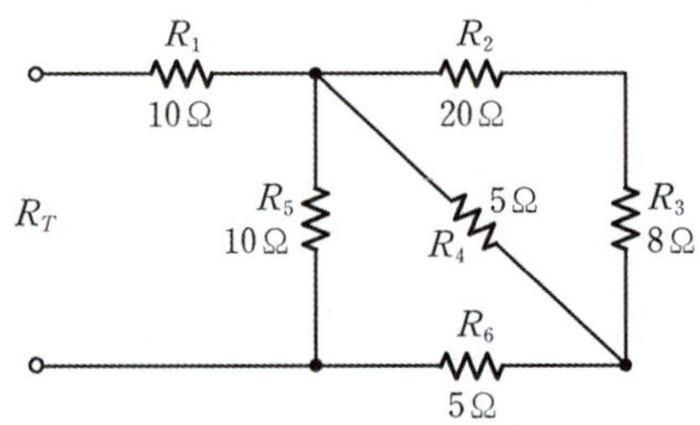

그림 3-39

3.18 [그림 3-40]의 회로에서 합성저항 R_T를 구하라.

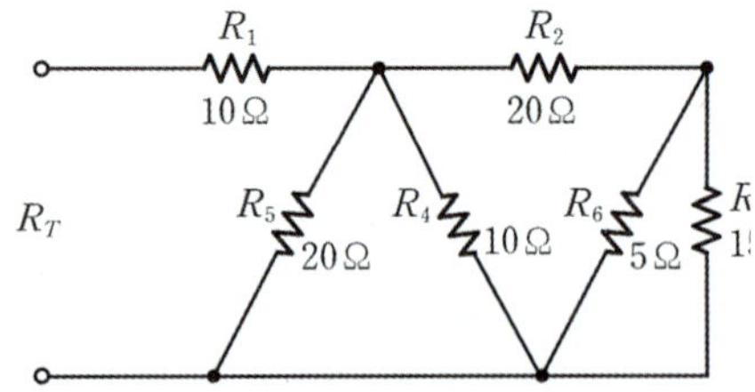

그림 3-40

3.19 [그림 3-41]의 회로에서 합성저항 R_T를 구하라.

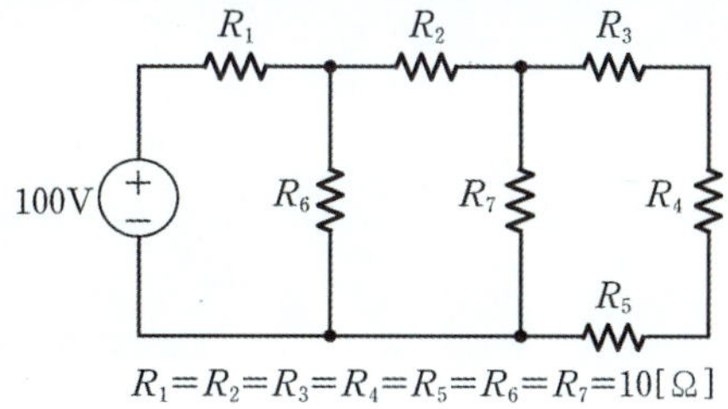

그림 3-41

3.20 [그림 3-42]의 회로를 보고, 다음 물음에 답하라.

(a) 합성저항 R_T를 구하라.

(b) 각 저항에 흐르는 전류를 구하라.

(c) 각 저항에 흐르는 전압을 구하라.

(d) 각 저항에서 소비되는 전력을 구하라.

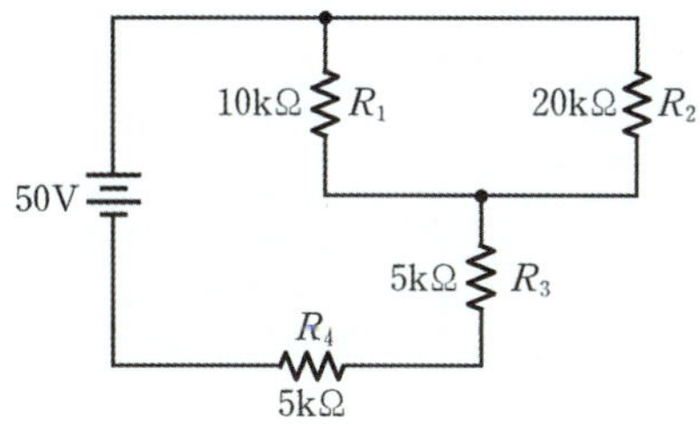

그림 3-42

3.21 [그림 3-43]의 회로를 보고, 다음 물음에 답하라.

(a) 합성저항 R_T를 구하라.

(b) 각 저항에 흐르는 전류를 구하라.

(c) 각 저항의 전압을 구하라.

(d) 인가전압을 구하라.

(e) 각 저항에서 소비되는 전력을 구하라.

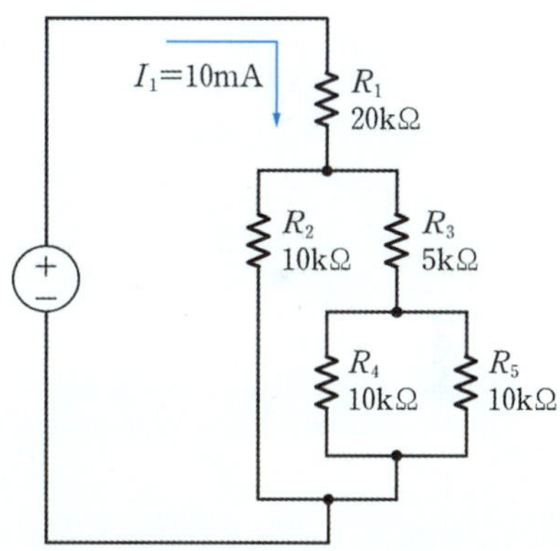

그림 3-43

CHAPTER

04

직류회로 해석

CONTENTS

학습 목표

- 키르히호프 법칙을 이해하고 이를 이용하여 직류회로를 해석한다.
- 중첩의 원리를 이용하여 직류회로를 해석한다.
- 테브난 등가회로와 노턴 등가회로를 이해한다.
- 휘트스톤 브리지를 이해하고 응용한다.

들어가기 전에

실제 사용되는 전기·전자회로는 직렬회로나 병렬회로처럼 간단한 형태도 있으나 대부분 직렬과 병렬이 혼합된 직병렬회로의 형태를 띤다. 3장에서 직병렬회로를 해석할 때 전압과 전류의 특징과 합성저항 등을 이용하여 해석하는 방법을 설명했다. 하지만 대부분의 회로는 앞서 배운 방법으로는 해석하기 어렵다. 예를 들어 복수의 전원을 사용하는 회로(좌측 그림)와, 휘트스톤 브리지 회로(우측 그림)는 이 장에서 설명할 회로 해석법들을 이용해야 빠르고 정확하게 회로를 해석할 수 있다. 이러한 회로 해석법들은 물리학에 기초를 두고 있으며 대표적으로 **키르히호프의 법칙, 중첩의 원리, 등가회로**를 이용한 방법 등이 있다.

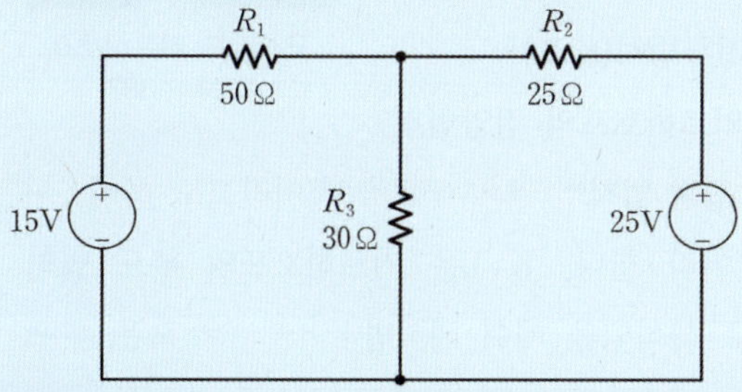

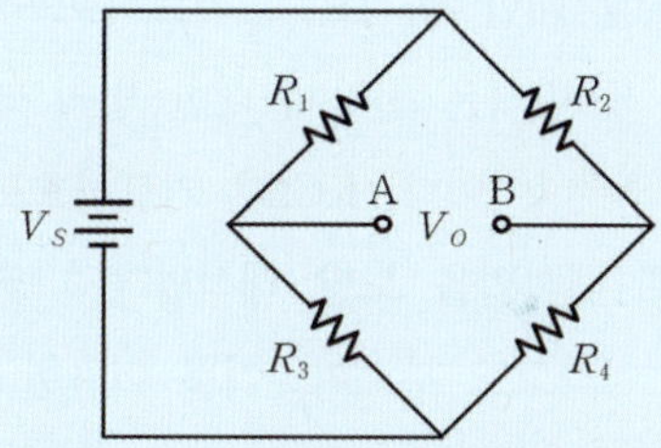

이 장에서는 다양한 회로 해석법의 물리적인 의미와 실제 회로에서 적용되는 예를 알아보고, 이를 통해 복잡한 회로를 해석할 수 있는 능력을 길러보도록 한다. 각각의 방법은 해석하려는 회로에 따라 장단점이 있다. 무엇보다도 **각 회로 해석법의 물리적인 의미를 이해하며 접근해야 한다**는 점을 명심하자.

4.1 키르히호프의 법칙

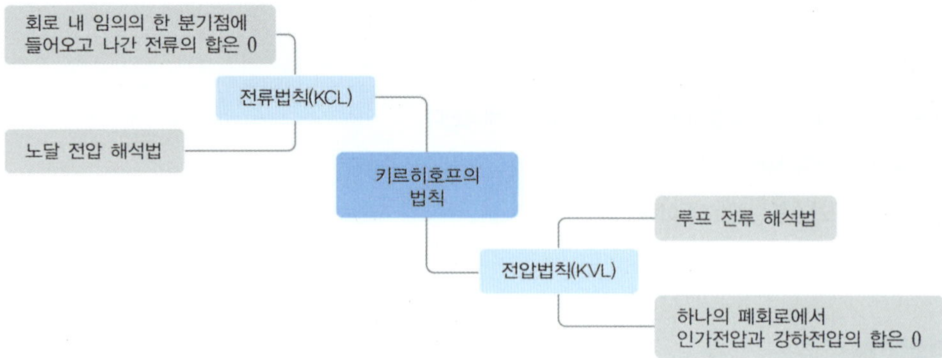

구스타프 키르히호프
(1824~1887)

키르히호프의 법칙 Kirchhoff's laws은 1945년 독일의 물리학자 구스타프 키르히호프Gustav Robert Kirchhoff에 의해 정리된 전기회로에서의 전하량과 에너지 보존에 대한 법칙이다. 키르히호프의 법칙은 단순한 직렬회로, 병렬회로뿐 아니라 복잡한 형태의 직병렬회로를 해석할 때도 적용할 수 있어 회로를 해석하는 데 매우 중요하게 적용된다.

제1법칙은 전류에 대한 법칙으로 **키르히호프의 전류법칙(KCL)**Kirchhoff's Current Law이고, 제2법칙은 전압에 대한 법칙으로 **키르히호프의 전압법칙(KVL)**Kirchhoff's Voltage Law이다. KCL은 **키르히호프의 접점 법칙**Kirchhoff's junction rule이라고도 하며, 이를 이용한 회로 해석법을 **노달 해석법**nodal analysis이라 한다. KVL은 **키르히호프의 루프 법칙**Kirchhoff's loop rule이라고도 부르며, 이를 이용한 회로 해석법을 **메쉬 해석법**mesh analysis 혹은 **루프 해석법**loop analysis이라고 한다.

▌키르히호프의 전류법칙(KCL)

키르히호프의 전류법칙은 **'회로 내 임의의 한 접점에 들어오고 나간 전류의 합은 0이다'**라고 정의된다. 전류는 전하의 흐름이다. 회로 내 임의의 한 점에서 전류의 흐름을 생각한다면 이 점으로 들어온 전류의 양과 나간 전류의 양은 항상 같다. [그림 4-1(a)]는 전기회로에서 전류의 흐름을 나타낸 것이다. 전류 I_A와 I_B가 흘러 접점 P를 지나 I_C로 흐른다면, 접점 P로 들어온 전류는 접점 P에서 나가는 전류와 같게 된다. [그림 4-1(b)]처럼 전류를 파이프에 흐르는 물이라고 가정하면, 점 P로 들어온 물의 양은 점 P에서 나가는 물의 양과 같게 된다.

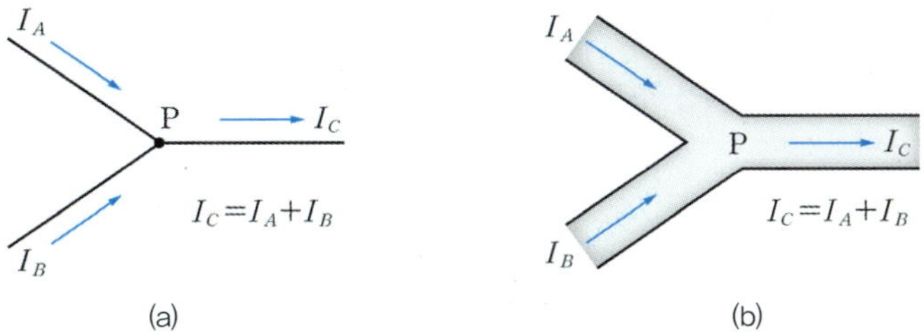

그림 4-1 (a) 세 지로가 만나는 접점 P에서의 전류의 흐름, (b) 전류의 흐름을 물의 흐름으로 가정했을 경우

[그림 4-1]의 전류의 흐름을 식으로 나타내면 다음과 같다.

$$I_A + I_B = I_C$$
$$I_A + I_B - I_C = 0 \tag{4.1}$$

식 (4.1)에서 회로 내 임의의 점인 P로 들어온 전류 I_A와 I_B의 합과 나가는 전류 I_C는 같다. I_C를 좌변으로 옮기면 '회로 내 임의의 점인 P로 들어온 전류의 총 합은 0'임을 알 수 있다. 이는 다음 식으로 표현할 수 있다.

$$I_{IN1} + I_{IN2} + \cdots + I_{INn} = I_{OUT1} + I_{OUT2} + \cdots + I_{OUTm} \tag{4.2}$$
(n : 입력지로의 수, m : 출력지로의 수)

이제 키르히호프의 전류법칙을 이용하여 회로를 해석해보자. 회로 해석은 접점을 찾는 것부터 시작한다. 이때 3개 이상의 지로가 연결된 접점을 찾아야 하는데, 이는 2개의 지로만 연결된 접점만으로는 회로 해석에 필요한 식을 만들 수 없기 때문이다.

[그림 4-2]의 회로에서 접점은 a에서 f까지 모두 6개이다. 이 중 a, b, e, f는 2개의 지로만 연결되어 키르히호프의 전류법칙을 이용해 수식을 세울 수 없다. 즉 키르히호프의 전류법칙을 적용하기에 적합한 접점은 3개의 지로가 연결된 c와 d이다.

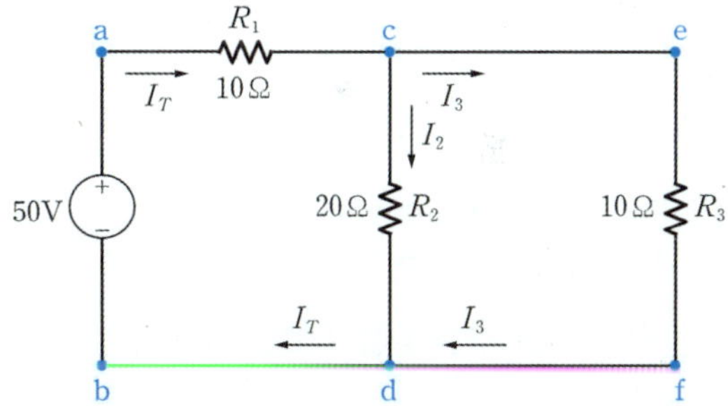

그림 4-2 3개의 저항으로 구성된 회로

3개 이상의 지로가 연결된 접점을 찾았으면 이제 그 접점들을 기준으로 입력된 전류와 출력된 전류에 대한 식을 만든다. **각 접점별로 식을 세운 후, 연립방정식을 만들어 회로를 해석하는 것이 키르히호프의 전류법칙을 이용한 회로 해석법의 핵심이다.** 접점 c를 기준으로 키르히호프의 전류법칙을 적용하면 다음 식과 같이 정리할 수 있다. 접점 d를 기준으로 하더라도 식 (4.3)과 동일하게 표현할 수 있다.

$$I_T = I_1 = I_2 + I_3 \tag{4.3}$$

우리가 알고 있는 정보는 인가전압과 각 저항의 값들이다. 그러므로 식 (4.3)을 전압과 저항 식으로 바꾸어 방정식을 세워야 한다. 옴의 법칙을 이용하여 식 (4.3)을 변경하면 다음과 같다.

$$\frac{V_1}{R_1} = \frac{V_2}{R_2} + \frac{V_3}{R_3}$$

❶ 식 (4.3)에 옴의 법칙을 적용

$$\frac{V_1}{10} = \frac{V_2}{20} + \frac{V_3}{10} = \frac{V_2}{20} + \frac{V_2}{10} \quad (\because V_2 = V_3)$$

❷ 주어진 저항값들을 대입

$$2V_1 = 3V_2$$

$$2V_1 = 3(50 - V_1) \quad (\because V_1 + V_2 = 50)$$

❸ 전압의 특성을 이용하여 식 세우기

$$\therefore V_1 = 30[\text{V}],\ V_2 = 20[\text{V}],\ V_3 = 20[\text{V}]$$

$$I_1 = \frac{30}{10} = 3[\text{A}],\ I_2 = \frac{20}{20} = 1[\text{A}],\ I_3 = \frac{20}{10} = 2[\text{A}]$$

❹ 전압과 저항값을 이용하여 전류 계산

$$\therefore I_1 = 3[\text{A}],\ I_2 = 1[\text{A}],\ I_3 = 2[\text{A}] \qquad (4.4)$$

식 (4.4)는 접점 c에서 구한 식 (4.3)을 ❶ 옴의 법칙을 이용하여 전압과 저항의 식으로 바꾸는 것부터 시작했다. 저항값은 [그림 4-2]의 회로도에서 주어졌고, 인가전압을 알고 있는 상태에서 각 저항의 강하전압은 저항의 직병렬연결에 대하여 방정식 형태로 관계식을 구할 수 있다. ❷ 저항값을 대입하여 정리하면 식 (4.3)은 V_1, V_2, V_3로만 구성된 식이 된다. 이때 ❸ 전압이 병렬연결에서는 동일하다는 점을 이용하여 $V_2 = V_3$임을 알 수 있고, 인가전압 V_T는 50[V]로 주어졌기 때문에 $V_1 + V_2 = V_T$라는 식을 세울 수 있다. 결국 전체 방정식은 V_1에 대한 식으로 정리되어 V_1을 구할 수 있다. 이후 ❹ 다른 식에 V_1을 대입하여 나머지 전압과 전류를 구할 수 있다.

이와 같이 키르히호프의 전류법칙을 이용하여 회로를 해석하는 방법을 **노달 해석법**이라고 한다. 이 과정을 정리하면 다음과 같다.

키르히호프의 전류법칙을 이용한 회로 해석법

[1단계] 3개 이상의 접점에서 키르히호프의 전류법칙을 이용하여 전류의 흐름에 대한 식을 만든다.

[2단계] 전류에 대한 식을 옴의 법칙을 이용하여 전압과 저항의 식으로 변경한다. 이때 저항값은 알고 있으므로 식은 전압에 대한 식으로 정리된다.

[3단계] 전압과 전류의 직병렬회로에서의 특징과 인가전압과의 관계를 이용하여 앞서 만든 식을 정리해서 회로 내의 전압을 구한다.

[4단계] 인가전압과 앞서 구한 전압과 각 전압과의 관계식을 정리하여 나머지 전압을 구한다.

[5단계] 모든 저항에서 전압을 구했으면 옴의 법칙을 이용하여 전류를 구한다.

다음 예제를 키르히호프의 전류법칙을 이용하여 풀어보자.

예제 4-1

[그림 4-3]은 [예제 3-18]의 회로도이다. 3장에서는 합성저항을 구하여 회로를 간단히 한 후 각 저항에서 전압과 전류를 구했다. 키르히호프의 전류법칙을 이용하여 이 회로를 해석하려 한다. 각 저항의 전압과 전류를 구하라.

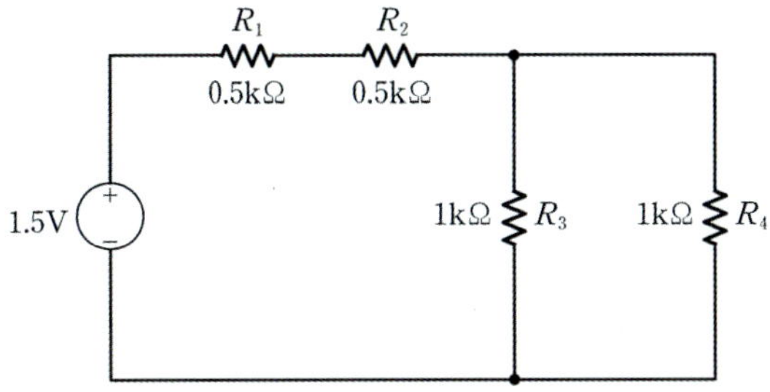

그림 4-3 [예제 3-18]의 4개의 저항으로 구성된 직병렬회로

풀이

키르히호프의 전류법칙을 이용한 회로 해석법의 순서대로 해석해보자.

[1단계] 주어진 회로에서 3개 이상의 지로가 연결되는 접점은 R_3의 위아래에 연결된 접점이다. 이 중 위의 접점에서 전류의 식을 만들면 다음과 같다.

$$I_{1-2} = I_3 + I_4$$

[2단계] [1단계]에서 구한 전압과 전류에 대한 식으로 변경하면 다음과 같다.

$$\frac{V_{1-2}}{0.5[\mathrm{k}\Omega]+0.5[\mathrm{k}\Omega]} = \frac{V_3}{1[\mathrm{k}\Omega]} + \frac{V_4}{1[\mathrm{k}\Omega]}$$

[3단계] 회로에서 V_3와 V_4는 병렬연결이므로 동일한 값을 갖는다. 그러므로 다음과 같이 정리할 수 있다.

$$\frac{V_{1-2}}{1[\mathrm{k}\Omega]} = \frac{2V_3}{1[\mathrm{k}\Omega]} \qquad (\because V_3 = V_4)$$

[4단계] [3단계]에서 $V_{1-2} = 2V_3$임을 알 수 있다. 인가전압과 각 지로의 강하전압과의 관계를 직병렬 회로에서의 전압의 특성을 이용하여 구하면 다음과 같다.

$$V_T = V_{1-2} + V_{3-4} = V_{1-2} + V_3$$
$$1.5 = V_{1-2} + 0.5V_{1-2}$$
$$V_{1-2} = 1,\ V_3 = 0.5,\ V_4 = 0.5$$

V_1과 V_2는 R_1과 R_2의 값에 따라 V_{1-2}가 분배되므로 각 전압은 다음과 같이 구할 수 있다.

$$V_1 = 0.5,\ V_2 = 0.5$$
$$\therefore V_1 = 0.5\,[\mathrm{V}],\quad V_2 = 0.5\,[\mathrm{V}],\quad V_3 = 0.5\,[\mathrm{V}],\quad V_4 = 0.5\,[\mathrm{V}]$$

[5단계] 모든 저항에서 전압을 구했으면 옴의 법칙을 이용하여 전류를 구한다.

$$I_1 = \frac{V_1}{R_1} = \frac{0.5}{0.5[\text{k}\Omega]} = 0.001, \qquad I_2 = \frac{V_2}{R_2} = \frac{0.5}{0.5[\text{k}\Omega]} = 0.001$$

$$I_3 = \frac{V_3}{R_3} = \frac{0.5}{1[\text{k}\Omega]} = 0.0005, \qquad I_4 = \frac{V_4}{R_4} = \frac{0.5}{1[\text{k}\Omega]} = 0.0005$$

$$\therefore\ I_1 = 1\,[\text{mA}],\ I_2 = 1\,[\text{mA}],\ I_3 = 0.5\,[\text{mA}],\ I_4 = 0.5\,[\text{mA}]$$

다음 예제는 다른 형태의 직병렬회로이다. 키르히호프의 전류법칙을 이용하여 회로를 해석해보자.

예제 4-2

[그림 4-4]의 회로도에서 각 저항의 전압과 전류, 그리고 전체 회로의 합성저항 R_T를 구하라.

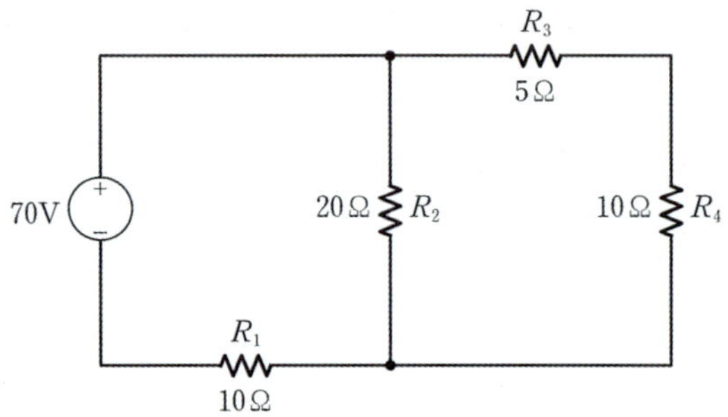

그림 4-4 4개의 저항으로 구성된 회로

풀이

키르히호프의 전류법칙을 이용하여 R_2 아래의 접점에서 전류의 식을 구한 뒤 이를 전압과 저항의 식으로 변경한다. 이때 R_3와 R_4는 직렬연결이므로 두 값을 더해 하나의 저항으로 생각한다. 전압원으로부터 R_1은 직렬로 연결되어 있지만 R_2와 R_{3-4}는 병렬로 연결되어 있고, $V_2 = V_{3-4}$라는 점과 $V_T = V_1 + V_2$라는 점을 이용하여 계산하면 각 저항의 전압을 구할 수 있다. 이후 옴의 법칙을 이용하여 각 저항의 전류도 구할 수 있다. 전체 회로의 합성저항은 별도로 계산하지 말고 I_1이 I_T와 동일하다는 점을 이용하여 $R_T = \frac{V_T}{I_1}$의 식으로 구하도록 하자.

R_2 저항 아래의 접점에서 키르히호프의 전류법칙을 적용하면 다음과 같다.

$$I_1 = I_2 + I_{3-4}$$

이를 옴의 법칙을 이용하여 변환하면 다음과 같이 전압과 저항의 식으로 변환할 수 있다.

$$\frac{V_1}{R_1} = \frac{V_2}{R_2} + \frac{V_{3-4}}{R_{3-4}}$$

직병렬회로에서 전압의 특성에 의해 $V_2 = V_{3-4}$, $V_T = V_1 + V_2$라는 관계를 알 수 있다.

이를 이용하여 전압과 저항의 식을 변경하고 전압을 계산하면 다음과 같이 구할 수 있다.

$$\frac{V_1}{10} = \frac{V_2}{20} + \frac{V_{3-4}}{5+10} = \frac{V_2}{20} + \frac{V_2}{15} \qquad (\because V_2 = V_{3-4})$$

$$6V_1 = 3V_2 + 4V_2 = 7V_2$$

$$V_1 = \frac{7}{6}(70 - V_1) \qquad (\because V_1 + V_2 = 70)$$

$$\therefore V_1 = 37.69,\ V_2 = 32.31,\ V_{3-4} = 32.31$$

각 저항의 전류를 옴의 법칙을 이용하여 계산한다. $I_T = I_1$이므로 $R_T = \frac{V_T}{I_1}$임을 이용한다.

$$I_1 = \frac{37.69}{10} = 3.769,\quad I_2 = \frac{32.31}{20} = 1.6155,\quad I_{3-4} = \frac{32.31}{15} = 2.154$$

$$V_3 = I_{3-4} \cdot R_3 = 2.154 \cdot 5 = 10.77,\quad V_4 = I_{3-4} \cdot R_4 = 2.154 \cdot 10 = 21.54$$

$$\therefore V_1 = 37.69\,[\mathrm{V}],\ V_2 = 32.31\,[\mathrm{V}],\ V_3 = 10.77\,[\mathrm{V}],\ V_4 = 21.54\,[\mathrm{V}],$$
$$I_1 = 3.769\,[\mathrm{A}],\ I_2 = 1.6155\,[\mathrm{A}],\ I_3 = 2.154\,[\mathrm{A}],\ I_4 = 2.154\,[\mathrm{A}]$$

$$R_T = \frac{V_T}{I_T} = \frac{70}{3.769} = 18.57 \qquad \therefore R_T = 18.57\,[\Omega]$$

키르히호프의 전압법칙(KVL)

키르히호프의 전압법칙은 '**하나의 폐회로**closed circuit[1]**에서 인가전압과 강하전압의 합은 0이다**'라고 정의된다. 전압은 **단위전하가 갖고 있는 에너지**이다. 즉 회로에 전압이 인가되었다는 것은 에너지가 가해졌다는 의미이다. 이 에너지는 회로 내에서 강하되는데, 이들의 합이 0이라는 것은 결국 인가전압과 강하전압이 같다는 의미이다.

[그림 4-5]는 폐회로 하나로 구성된 회로로, 이러한 폐회로를 **망**mesh이라고 한다. 망은 가장 단순한 폐회로를 의미하며 이를 기준으로 회로를 해석하는 방법을 **메쉬 해석법**이라고 한다.

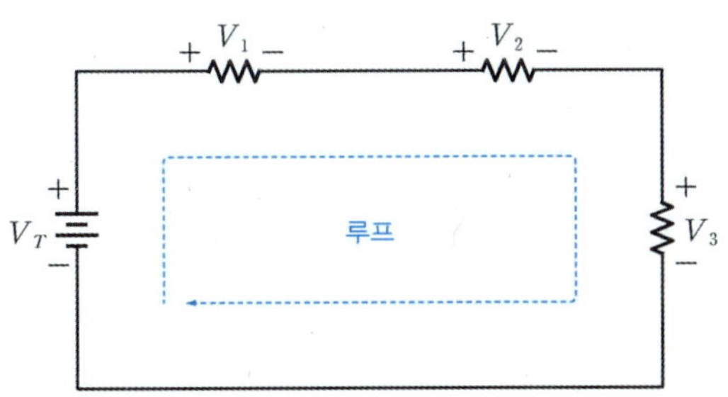

그림 4-5 폐회로 하나로 구성된 회로

1 폐회로는 전압이 공급되는 회로에서 전류가 흐를 수 있도록 단선된 부분이 없는 회로를 말한다.

[그림 4-5]의 폐회로망에 표시된 **루프**loop는 폐회로에서 전압의 방정식을 구하기 위해 방향성을 갖도록 설정한 것이다. 일반적으로 전원을 기준으로 전류의 흐름에 맞춰 음극에서 양극으로 루프를 설정하지만 여러 개의 전원이 존재할 경우 해석하기 편한 방향으로 설정해도 된다. 설정된 루프에 맞춰 식 (4.5)와 같이 수식으로 나타내면 좌변은 인가전압이고, 우변은 각 저항에서의 강하전압의 합이다.

$$V_T = V_1 + V_2 + V_3 \tag{4.5}$$

이와 같이 루프를 설정하여 방정식을 세울 때 각 인가전압의 극성과 강하전압의 극성에 주의해야 한다. 우선 전원과 각 저항에 극성을 표시한다. 이어서 루프를 그린 후 루프의 방향대로 각 전압의 극성에 따라 인가전압과 강하전압을 수식화한다. 예를 들어 전압원의 양극 중 루프의 방향에서 전압원과 처음 만나는 극은 '−' 극이므로 '$-\ V_T$'를 우선 써준다. R_1을 만났을 때 처음 만나게 되는 극은 '+' 극이다. 그러므로 '$+\ V_1$'을 쓴다. 같은 방법으로 두세 번째 저항에서 강하되는 전압까지 써준다. 이들의 합을 식 (4.6)과 같이 나타낼 수 있는데, 키르히호프의 전압법칙에 따르면 이들의 합은 0이 되어야 하므로 모두 합한 식은 0이 된다.

$$-\ V_T + V_1 + V_2 + V_3 = 0 \tag{4.6}$$

결국 식 (4.6)은 식 (4.5)와 같은 식이 된다. 이는 루프를 따라가며 인가전압과 강하전압의 극성을 고려하여 수식화했을 때 인가전압이 강하전압의 총합과 같다는 식과 동일함을 나타낸다.

만일 여러 개의 망이 존재하는 회로의 경우에는 [그림 4-6]과 같이 각각의 망에 루프를 그리고, 각각의 방정식을 세운다. [그림 4-6]은 [그림 4-2]의 회로를 키르히호프의 전압법칙으로 해석하기 위해 2개의 루프를 표시한 것이다.

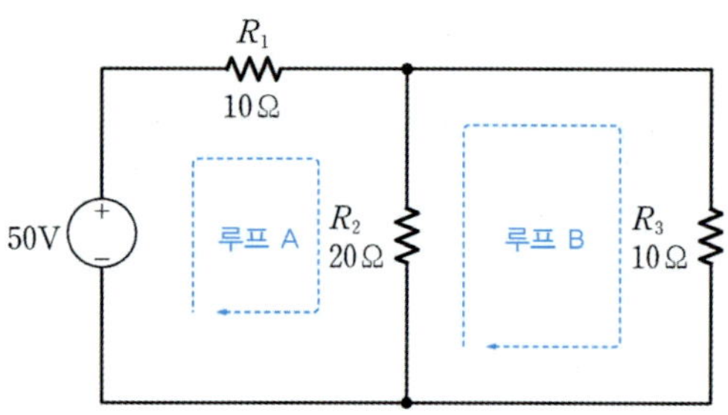

그림 4-6 [그림 4-2]의 회로에 2개의 루프를 설정한 회로도

[그림 4-6]의 각 루프는 전류의 흐름을 나타낸다. 루프 A의 방향으로 흐르는 전류를 I_A, 루프 B의 방향으로 흐르는 전류를 I_B로 생각한다.

루프 A에 대한 방정식을 키르히호프의 전압법칙을 이용해 다음과 같이 만들 수 있다.

$$V_T = V_1 + V_2$$

$$-V_T + R_1 I_A + R_2(I_A - I_B) = 0$$ ⋯⋯ 루프 A 기준이므로 $I_A - I_B$가 된다.

$$10I_A + 20(I_A - I_B) = 50 \tag{4.7}$$

두 루프가 겹치는 부분에서는 루프의 방향에 따라 전류의 극성에 주의해야 한다. 식 (4.7)에서 R_2에 흐르는 전류는 루프 A와 루프 B가 모두 포함되므로 두 전류의 값을 더하되, 방향이 서로 반대이므로 루프 A 기준으로 I_A에서 I_B를 빼준다.

이제 루프 B에 대해 방정식을 만들면 다음과 같다.

$$V_2 + V_3 = 0$$

$$R_2(I_B - I_A) + R_3 I_B = 0$$ ⋯⋯ 루프 B 기준이므로 $I_B - I_A$가 된다.

$$20(I_B - I_A) + 10I_B = 0 \tag{4.8}$$

식 (4.7)과 식 (4.8)을 정리하면 다음과 같은 연립방정식[2] 형태로 나타낼 수 있고, 이를 풀면 루프 A에 대한 전류 I_A와 루프 B에 대한 전류 I_B를 구할 수 있다.

$$\begin{gathered} 30I_A - 20I_B = 50 \\ -20I_A + 30I_B = 0 \\ \therefore\ I_A = 3\,[\mathrm{A}],\quad I_B = 2\,[\mathrm{A}] \end{gathered} \tag{4.9}$$

이제 각 저항에 흐르는 전류를 계산해보자. R_2에 흐르는 전류를 계산할 때는 I_A와 I_B의 방향에 주의해야 한다.

$$\begin{gathered} I_1 = I_A = 3 \\ I_2 = I_A - I_B = 3 - 2 = 1 \\ I_3 = I_B = 2 \\ \therefore\ I_1 = 3\,[\mathrm{A}],\quad I_2 = 1\,[\mathrm{A}],\quad I_3 = 2\,[\mathrm{A}] \end{gathered} \tag{4.10}$$

각 저항에 흐르는 전류와 저항값을 이용하여 전압을 계산해보면 다음과 같다.

$$\begin{gathered} V_1 = I_1 \cdot R_1 = 3 \cdot 10 = 30 \\ V_2 = I_2 \cdot R_2 = 1 \cdot 20 = 20 \\ V_3 = I_3 \cdot R_3 = 2 \cdot 10 = 20 \\ \therefore\ V_1 = 30\,[\mathrm{V}],\ V_2 = 20\,[\mathrm{V}],\ V_3 = 20\,[\mathrm{V}] \end{gathered} \tag{4.11}$$

2 행렬을 이용하여 연립방정식을 풀면 $\begin{pmatrix} I_A \\ I_B \end{pmatrix} = \begin{pmatrix} 30 & -20 \\ -20 & 30 \end{pmatrix}^{-1} \begin{pmatrix} 50 \\ 0 \end{pmatrix}$과 같다.

식 (4.11)과 식 (4.4)를 비교해보면 **키르히호프의 전압법칙으로 해석한 결과와 키르히호프의 전류법칙으로 해석한 결과가 동일함**을 알 수 있다. 이와 같이 키르히호프의 전압법칙을 이용한 회로 해석법을 **메쉬 해석법** 혹은 **루프 해석법**이라 한다. 메쉬 해석법과 루프 해석법은 키르히호프의 전압법칙을 이용한다는 점에서 동일하지만, 루프를 설정할 때 차이가 있다. 메쉬 해석법은 폐회로의 가장 단순한 형태인 **망**을 단위로 회로를 해석하는 방법이고, 루프 해석법은 회로의 형태에 따라 망뿐 아니라 복수의 망을 포함하는 루프를 참고하여 해석한다. 하지만 기본 개념은 메쉬 해석법이나 루프 해석법 모두 동일하다.

키르히호프의 전압법칙을 이용한 회로 해석법을 정리하면 다음과 같다.

키르히호프의 전압법칙을 이용한 회로 해석법

[1단계] 회로 내 루프를 찾는다. 메쉬 해석법을 사용할 경우 망 단위로 루프를 설정하고, 루프 해석법을 사용할 경우 회로 해석이 용이하도록 루프를 설정한다. 루프는 전원과 모든 부품을 포함해야 한다.

[2단계] 각 루프를 전류의 흐름으로 생각하고, 루프 내의 전압은 0이라는 식을 만든다.

[3단계] 루프가 겹치는 부분에서는 루프의 방향에 따라 각 전류의 부호를 생각하여 방정식을 세운다.

[4단계] 각 루프에서 만들어진 방정식은 각 루프에 흐르는 전류에 대한 식이다. 연립방정식을 풀어 각 루프에 흐르는 전류를 계산한다. 루프가 겹치는 부분에서는 각 루프 전류를 연산하여 계산한다.

[5단계] 전류를 구했으면 옴의 법칙을 이용하여 전압을 구한다.

다음 예제를 통해 루프 해석법을 익혀보자.

예제 4-3

[그림 4-7]은 [예제 4-1]의 회로도이다. [예제 4-1]에서는 키르히호프의 전류법칙을 이용한 노달 해석법으로 회로를 해석했다. 키르히호프의 전압법칙을 응용한 루프 해석법을 이용하여 이 회로를 해석하라.

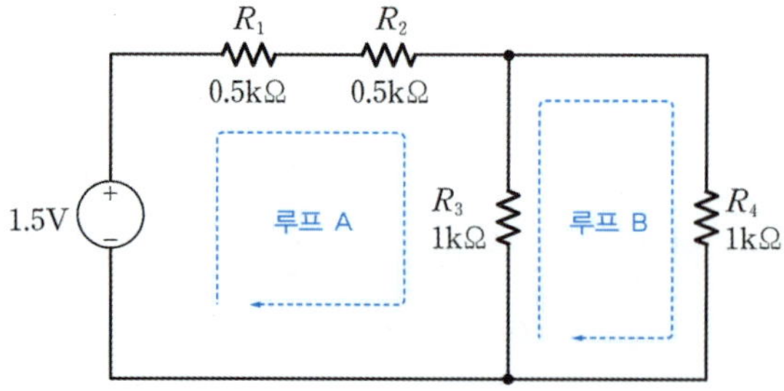

그림 4-7 [예제 4-1]의 회로도에 2개의 루프 설정

풀이

키르히호프의 전압법칙을 이용한 회로 해석법의 과정대로 주어진 회로를 해석해보자.

[1단계] 루프 A는 전압원과 저항 R_1, R_2, R_3를 포함하고, 루프 B는 저항 R_3, R_4를 포함한다. 각 루프는 모두 최소 단위의 폐회로인 망이므로 메쉬 해석법을 이용한 풀이가 된다.

[2단계] 루프 A의 전류의 흐름을 I_A, 루프 B의 전류의 흐름을 I_B라고 하고, 각 루프에 대하여 키르히호프의 전압법칙을 적용한다. 루프 A에서는 식 (4.12)와 같이, 루프 B에서는 식 (4.13)과 같이 식을 만들 수 있다.

$$-1.5 + R_1 I_A + R_2 I_A + R_3(I_A - I_B) = 0 \tag{4.12}$$

$$2000 I_A - 1000 I_B = 1.5$$

$$R_3(I_B - I_A) + R_4 I_B = 0 \tag{4.13}$$

$$-1000 I_A + 2000 I_B = 0$$

[3단계] 루프 A에 대해 식을 세울 때, 전류의 방향은 루프 A를 기준으로 I_A는 양(+)의 값이지만, I_B는 I_A와 반대 방향이므로 음(−)의 값을 갖는다. 반면 루프 B에 대해 식을 세울 때, 전류의 방향은 루프 B를 기준으로 I_B는 양(+)의 방향이지만, I_A는 I_B와 반대되는 방향이므로 음(−)의 값을 갖게 된다.

[4단계] 식 (4.12)와 (4.13)을 이용하여 연립방정식을 풀면 다음과 같다.

$$2000 I_A - 1000 I_B = 1.5$$

$$-1000 I_A + 2000 I_B = 0$$ [3]

$$I_A = 0.001, \quad I_B = 0.0005$$

$$I_1 = I_2 = I_A = 0.001$$

$$I_3 = I_A - I_B = 0.0005$$

$$I_4 = I_B = 0.0005$$

$$\therefore\ I_1 = 1\,[\text{mA}],\quad I_2 = 1\,[\text{mA}],\quad I_3 = 0.5\,[\text{mA}],\quad I_4 = 0.5\,[\text{mA}]$$

[5단계] 모든 저항에서 전류를 구했으면 옴의 법칙을 이용하여 전압을 구한다.

$$V_1 = I_1 \cdot R_1 = 0.001 \cdot 500 = 0.5$$

$$V_2 = I_2 \cdot R_2 = 0.001 \cdot 500 = 0.5$$

$$V_3 = I_3 \cdot R_3 = 0.0005 \cdot 1000 = 0.5$$

$$V_4 = I_4 \cdot R_4 = 0.0005 \cdot 1000 = 0.5$$

$$R_T = \frac{V_T}{I_T} = \frac{V_T}{I_A} = \frac{1.5}{0.001} = 1500$$

$$\therefore\ V_1 = 0.5\,[\text{V}],\quad V_2 = 0.5\,[\text{V}],\quad V_3 = 0.5\,[\text{V}],\quad V_4 = 0.5\,[\text{V}],\quad R_T = 1.5\,[\text{k}\Omega]$$

---

3 행렬을 이용하여 연립방정식을 풀면 $\begin{pmatrix} I_A \\ I_B \end{pmatrix} = \begin{pmatrix} 2000 & -1000 \\ -1000 & 2000 \end{pmatrix}^{-1} \begin{pmatrix} 1.5 \\ 0 \end{pmatrix}$와 같다.

다음 예제를 [예제 4-3]과 비교하며 풀어보자.

예제 4-4

[그림 4-8]은 2개의 전압원을 포함하는 회로이다. 각 저항에 흐르는 전압과 전류를 구하라.

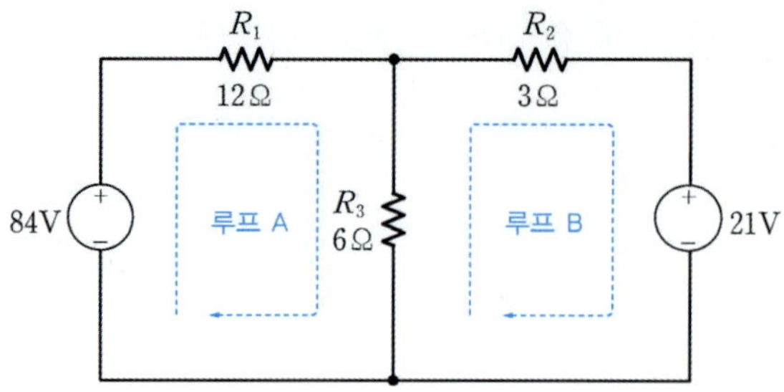

그림 4-8 2개의 전압원으로 구성된 회로

풀이

그림에 표시된 2개의 루프에 대해 루프 해석법을 이용하여 회로를 해석한다. R_3에 흐르는 전류는 I_A와 I_B가 교차되므로 루프의 방향에 따라 I_A와 I_B의 극성에 주의하자.

루프 A에서는 식 (4.14)와 같이, 루프 B에서는 식 (4.15)와 같이 식을 만들 수 있다.

$$-84+12I_A+6(I_A-I_B)=0 \tag{4.14}$$

$$6(I_B-I_A)+3I_B+21=0 \tag{4.15}$$

이를 연립방정식을 이용하여 풀면 다음과 같다.

$$\begin{aligned} 18I_A-6I_B&=84^{4} \\ -6I_A+9I_B&=-21 \\ \therefore\ I_A=5\,[\mathrm{A}],&\ \ I_B=1\,[\mathrm{A}] \end{aligned} \tag{4.16}$$

이를 이용하여 각 저항에 흐르는 전류를 계산한다.

$$I_1=I_A=5\,[\mathrm{A}]$$
$$I_2=I_B=1\,[\mathrm{A}]$$
$$I_3=I_A-I_B=5-1=4\,[\mathrm{A}]$$

저항과 전류를 이용하여 각 저항의 전압을 계산한다.

$$V_1=I_1\cdot R_1=5\cdot 12=60$$
$$V_2=I_2\cdot R_2=1\cdot 3=3$$
$$V_3=I_3\cdot R_3=4\cdot 6=24$$
$$\therefore\ I_1=5\,[\mathrm{A}],\ \ I_2=1\,[\mathrm{A}],\ \ I_3=4\,[\mathrm{A}],\ \ V_1=60\,[\mathrm{V}],\ \ V_2=3\,[\mathrm{V}],\ \ V_3=24\,[\mathrm{V}]$$

4 행렬을 이용하여 연립방정식을 풀면 $\begin{pmatrix} I_A \\ I_B \end{pmatrix}=\begin{pmatrix} 18 & -6 \\ -6 & 9 \end{pmatrix}\begin{pmatrix} 84 \\ -21 \end{pmatrix}$과 같다.

제시된 예제에서와 같이 **노달 해석법은 키르히호프의 전류법칙에서 시작하여 전압에 대한 식으로 정리가 되고, 루프 해석법은 키르히호프의 전압법칙에서 시작하여 전류에 대한 식으로 정리된다.** 어느 방법을 사용하든 결과는 동일하지만, 2가지 방법을 모두 알고 해석하고자 하는 회로에 따라 적절하게 적용하는 게 중요하다.

2가지 방법을 모두 모른다면 전류나 전압에 대하여 연립방정식 형태로 수식을 정리한다. 행렬을 알고 있다면 역행렬을 이용해 연립방정식을 간단히 풀 수 있다. 물론 역행렬을 구할 때 행렬의 크기가 커진다면 계산기의 도움을 받아야 하지만, 연립방정식을 행렬로 푸는 방법은 다른 과목에서도 사용되니 반드시 참고하도록 하자. [예제 4-4]에서 식 (4.16)의 연립방정식을 행렬을 이용하여 정리하면 식 (4.17)과 같이 나타낼 수 있다.

$$\begin{pmatrix} 18 & -6 \\ -6 & 9 \end{pmatrix}\begin{pmatrix} I_A \\ I_B \end{pmatrix} = \begin{pmatrix} 84 \\ -21 \end{pmatrix}$$

$$\begin{pmatrix} I_A \\ I_B \end{pmatrix} = \begin{pmatrix} 18 & -6 \\ -6 & 9 \end{pmatrix}^{-1}\begin{pmatrix} 84 \\ -21 \end{pmatrix} = \begin{pmatrix} 0.0714 & 0.0476 \\ 0.0476 & 0.1429 \end{pmatrix}\begin{pmatrix} 84 \\ -21 \end{pmatrix} = \begin{pmatrix} 5 \\ 1 \end{pmatrix} \tag{4.17}$$

Quick Review

- 키르히호프의 (   )법칙에 따르면 회로 내 임의의 한 접점에 들어오고 나간 전류의 합은 0이다.
- 키르히호프의 (   )법칙에 따르면 하나의 폐회로에서 인가전압과 강하전압의 합은 0이다.

ANS 전류, 전압

4.2 중첩의 원리

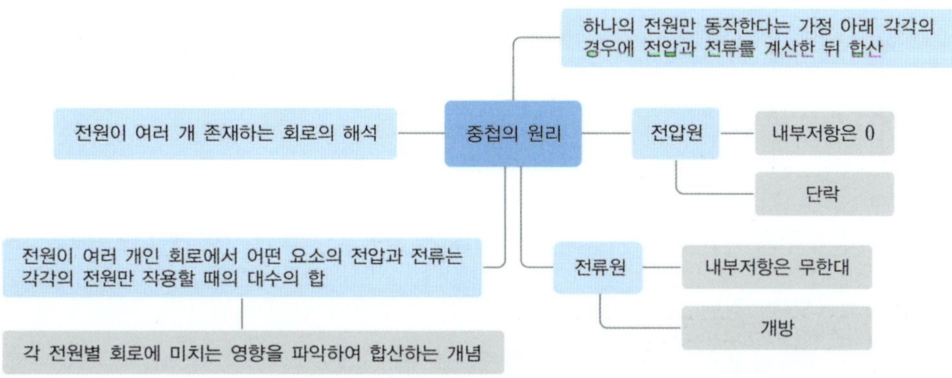

가정이나 산업 현장에서 사용되는 전기·전자회로는 여러 가지 부품이 복잡하게 연결되어 있다. 이러한 회로를 해석하려면 직병렬회로의 전압, 전류 특성과 키르히호프의 법칙 등과 같은 물리적 개념과 해석법을 적용해야 한다. 4.1절의 예제에서 키르히호프의 법칙을 이용해 회로를 해석할 때 전원이 여러 개인 회로를 볼 수 있었다. 단순한 회로의 경우 **노달 해석법**이나 **루프 해석법**을 이용해 해석할 수 있지만, 복수의 전원이 있을 경우에는 수식이 복잡하게 전개되어 회로 해석이 복잡해질 수 있다. **중첩의 원리**principle of superposition를 이용한 회로 해석법은 복수의 전원이 존재할 때 각 전원의 영향을 각각 고려하여 회로를 해석한 뒤, 이를 종합하여 전체 회로를 해석하는 방법이다.

중첩의 원리를 적용하려면 회로가 선형성과 양방향성을 가져야 한다. **선형성**linearity이란 전류가 인가전압에 대해 비례하는 것으로, 만일 선형성을 갖지 않으면 중첩의 원리를 적용할 수 없다. **양방향성**bilateralness이란 전류가 전압의 극성이 바뀌더라도 총량은 동일하다는 것을 의미한다. 일반적인 **수동소자**(예 저항, 커패시터, 인덕터)는 선형성과 양방향성을 모두 지니지만, **능동소자**(예 트랜지스터, 다이오드)는 양방향성이 없고 선형성을 갖지 않는 경우도 있다.

중첩의 원리의 개념

중첩의 원리를 이용한 회로 해석법은 다음과 같다. 먼저 복수의 전원이 존재하는 회로에서 하나의 전원만 남겨놓고 다른 전원을 제거한 상태에서 해석한다. 그리고 이 과정을 모든 전원에 대해 반복한 뒤 각 요소의 전압과 전류를 대수적으로 합하여 회로를 해석한다. 즉 **각 요소에서 강하되는 전압이나 흐르는 전류는 각 전원이 회로에 주는 영향의 합이 된다는 점을 이용하여 해석한다.**

[그림 4-9]에서 저항에 2개의 전원 A, B에 의해서 전류가 공급된다고 했을 때, 전원 A에만 공급되는 전류는 I_A이고 전원 B에만 공급되는 전류는 I_B가 된다. 이 2개의 전원이 동시에 공급될 때 저항에 흐르는 전류는 두 전원이 공급하는 전류의 합이 된다.

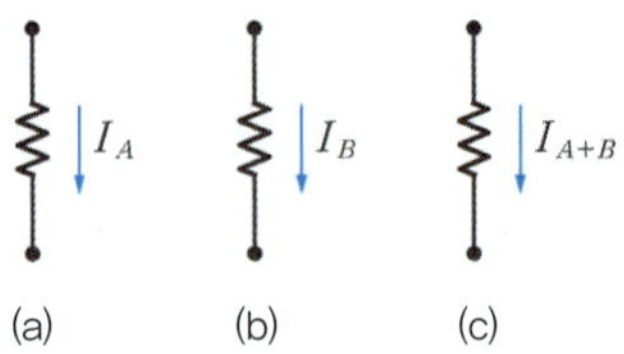

그림 4-9 (a) 전원 A로부터 공급된 전류, (b) 전원 B로부터 공급된 전류, (c) 전원 A, B로부터 함께 공급된 전류

만일 전원 B의 극성이 전원 A와 반대여서 전류 I_B의 방향이 반대가 된다면, 이들의 대수합은 $I_A - I_B$가 된다. 여기서 전원 B가 전원 A보다 클 경우 이 값은 음수를 갖게 되는데, 이는 전류의 방향이 바뀜을 의미한다.

전압원과 전류원의 내부저항

복수의 전원 중 하나의 전원만 회로에 미치는 영향을 해석하려면 나머지 전원은 출력이 없는 상태라고 생각해야 한다. 전원에는 전압을 공급하는 **전압원**과 전류를 공급하는 **전류원**이 있다.

전압원

전압원이란 일정 전압을 회로에 인가하는 전원으로, 우리가 실제 사용하는 전원은 모두 전압원이다. 전압원이 회로 내에는 존재하지만, 전압을 출력하지 않는 상태일 때 전압원은 단락회로short circuit로 생각할 수 있다. 그 이유는 이상적인 전압원의 내부저항에서 찾을 수 있다.

[그림 4-10(a)]와 같이 전압원과 하나의 저항이 연결된 회로를 생각해보자. 저항은 전압원에 직렬로 연결되어 있다. 전압원의 역할은 저항에 전압을 인가하는 것인데, 만일 이 회로에서 전압원 내부에 저항이 존재한다면 회로에 인가되는 전압의 일부는 전압원 내부에 인가된다. 즉 공급하고자 하는 전압이 모두 저항에 인가되지 않게 되는 것이다. 이상적인 전압원이라고 가정할 때 전압원의 내부저항은 0[Ω]이 되어야 모든 전압을 부하에 인가할 수 있다. 옴의 법칙에서 전압과 저항은 비례하는데, 전압이 0이라면 결국 저항이 0인 상태가 되는 것이다. 만일 이 회로에서 전압원을 내부저항만으로 나타내면 [그림 4-10(b)]와 같이 변경할 수 있다. 즉 전압원이 회로에 전압을 인가하지 않는다고 가정할 때 전압원은 단락된 회로로 가정해야 하는 것이다.

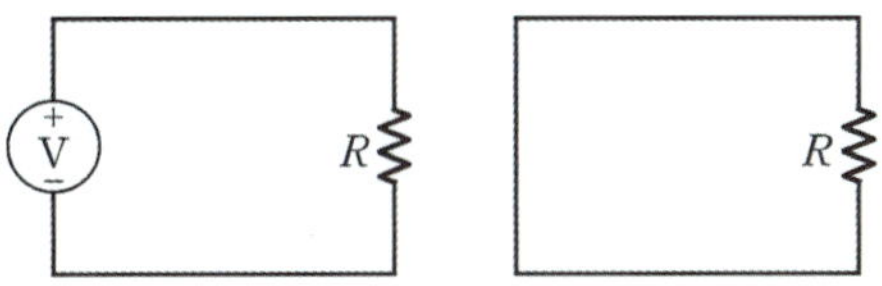

그림 4-10 (a) 전압원과 저항회로, (b) 전압원을 제거한 회로

전류원

전압원은 실제 우리가 사용하는 전원이지만, 회로 해석을 위해 전류원이라는 가상의 전원을 고려하기도 한다. 다시 말해 **전류원이란 회로에 일정 전류가 흐르도록 전압과는 무관하게 설정된 가상의 전원**을 말한다. 만일 전류원이 전원을 공급하지 않는다면 전류원은 개방회로open circuit로 생각해야 한다. 전류원은 전류를 회로에 공급해야 하는데 공급하는 전류가 모두 저항에 전달되려면 내부저항이 ∞[Ω]이어야 한다. 만일 전류원의 내부저항이 ∞[Ω]이 아닐 경우 옴의 법칙에 의해 전류는 저항에 모두 공급되지 않고 전류원 내부에 남아 있게 된다. 즉 전류와 저항은 반비례 관계이므로 전류원 내의 전류가 0[A]가 되려면 내부저항은 ∞[Ω], 개방회로가 되어야 한다. 그러므로 [그림 4-11]의 회로에서 전류원이 회로에 존재하나 전류를 공급하지 않는다면 전류원은 개방회로로 생각할 수 있다.

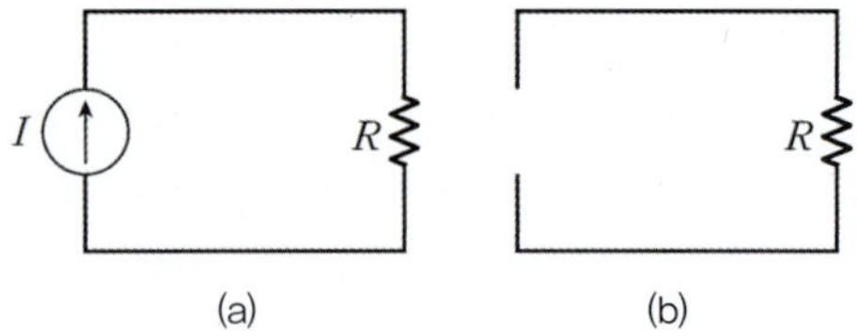

그림 4-11 (a) 전류원과 저항회로, (b) 전류원을 제거한 회로

이와 같이 **전압원은 단락회로로, 전류원은 개방회로로 변경하여 생각한다**는 점을 명심하자. 이는 중첩의 원리를 이용하여 회로를 해석할 때 매우 중요한 개념이다.

중첩의 원리를 이용한 회로 해석

중첩의 원리를 이용하여 실제 회로를 해석해보자. [그림 4-12(a)]의 회로에는 전압원과 전류원이 하나씩 존재한다. 이 회로에 중첩의 원리를 적용하여, 전압원과 전류원이 각각 회로에 영향을 미칠 때 각 저항에 흐르는 전류를 구해보자.

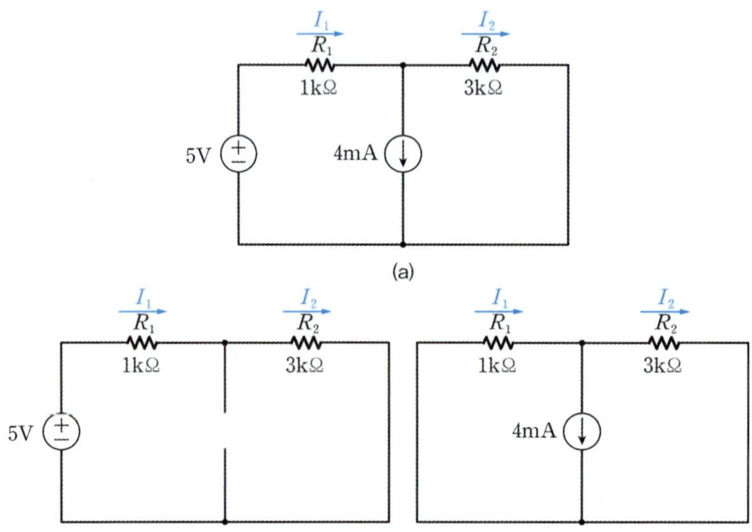

그림 4-12 (a) 전압원과 전류원이 함께 존재하는 회로, (b) 전류원의 영향이 없는 회로, (c) 전압원의 영향이 없는 회로

우선 전압원의 영향만 계산하기 위해 전류원을 개방회로로 바꾸면 [그림 4-12(b)]와 같다. 이 회로는 하나의 전압원에 2개의 저항이 연결된 직렬회로이므로 I_1과 I_2는 식 (4.18)과 같이 계산할 수 있다. 전류의 흐름은 그림에 표시된 방향과 동일하므로 모두 양의 값을 갖는다.

$$I_{1전압원} = I_{2전압원} = \frac{V_T}{R_1 + R_2} = \frac{5}{4000} = 0.00125\,[\mathrm{A}]$$
$$\therefore\ I_{1전압원} = 1.25\,[\mathrm{mA}],\quad I_{2전압원} = 1.25\,[\mathrm{mA}] \tag{4.18}$$

이번에는 전류원이 회로에 미치는 영향을 보기 위해 전압원을 단락하면 [그림 4-12(c)]와 같이 나타낼 수 있다. 전류원이 회로에 미치는 영향을 해석할 때는 전류와 저항의 관계를 생각하면 된다. 아래로 흐르는 전류는 R_1에서는 회로도에 표시된 I_1 방향으로 흐르지만 R_2에서는 회로에 표시된 I_2 방향과 반대로 흐른다. 전류와 컨덕턴스는 비례 관계이므로 흐르는 전류의 크기는 다음과 같이 계산할 수 있다. 식 (4.19)에서는 I_2에 흐르는 전류를 방향과 무관하게 계산했으나 회로도에 표시된 전류의 방향과는 다르므로 음수의 값을 갖는다.

$$\begin{gathered} I_1 : I_2 = \frac{1}{R_1} : \frac{1}{R_2} \\ I_1 : 0.004 - I_1 = \frac{1}{1000} : \frac{1}{3000} \\ \therefore\ I_{1전류원} = 3\,[\mathrm{mA}],\quad I_{2전류원} = -1\,[\mathrm{mA}] \end{gathered} \tag{4.19}$$

이제 식 (4.18)과 식 (4.19)에서 구한 각 전류를 더하여 값을 계산한다.

$$\begin{gathered} I_1 = I_{1전압원} + I_{1전류원} = 1.25\times10^{-3} + 3\times10^{-3} = 4.25\times10^{-3} \\ I_2 = I_{2전압원} + I_{2전류원} = 1.25\times10^{-3} + (-1\times10^{-3}) = 0.25\times10^{-3} \\ \therefore\ I_1 = 4.25\,[\mathrm{mA}],\quad I_2 = 0.25\,[\mathrm{mA}] \end{gathered} \tag{4.20}$$

이와 같이 각 전원이 회로에 미치는 영향을 각각 계산하여 대수의 합으로 회로를 해석할 수 있다.

예제 4-5

[그림 4-13]은 [예제 4-4]의 회로도이다. 이 회로를 중첩의 원리를 이용하여 해석하라.

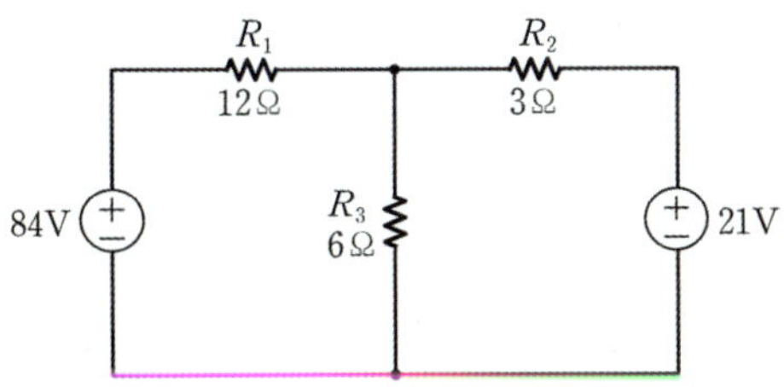

그림 4-13 [예제 4-4]의 2개의 전압원으로 구성된 회로

풀이

왼쪽 전압원과 오른쪽 전압원에 대해 차례로 해석을 진행한다. 생략된 전압원은 단락회로로 대치한다는 점을 명심하자.

왼쪽의 84[V] 전압원에서 회로에 인가되는 전압을 V_A, 오른쪽의 21[V] 전압원에서 회로에 공급되는 전압을 V_B라 하고, 우선 왼쪽의 84[V] 전압원만 회로에 영향을 준다고 가정한다. 이때 각 저항에서 전압의 극성에 유의한다.

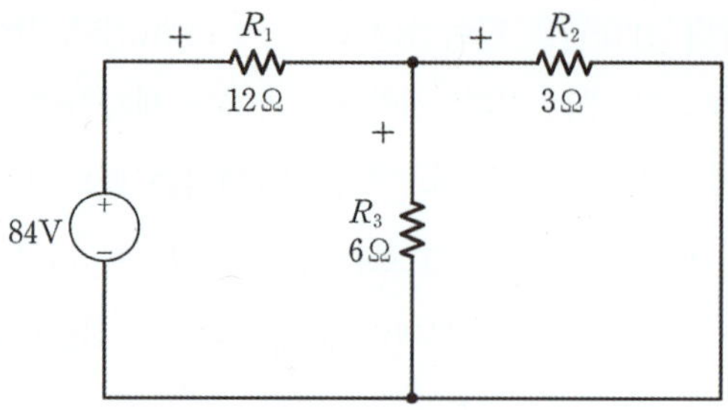

그림 4-14 84[V] 전압원만 영향을 미치는 회로

$$R_{23} = \frac{R_2 \cdot R_3}{R_2 + R_3} = \frac{3 \cdot 6}{3+6} = 2[\Omega]$$

$$V_{1A} : V_{2A} = R_1 : R_{23}$$

$$V_{1A} : 84 - V_{1A} = 12 : 2$$

$$\therefore\ V_{1A} = 72\,[\mathrm{V}],\quad V_{2A} = 12\,[\mathrm{V}],\quad V_{3A} = 12\,[\mathrm{V}]$$

이제 21[V] 전압원만 회로에 영향을 준다고 가정하면 다음과 같다. 이때 R_1과 R_2에서는 전압의 극성이 바뀐다.

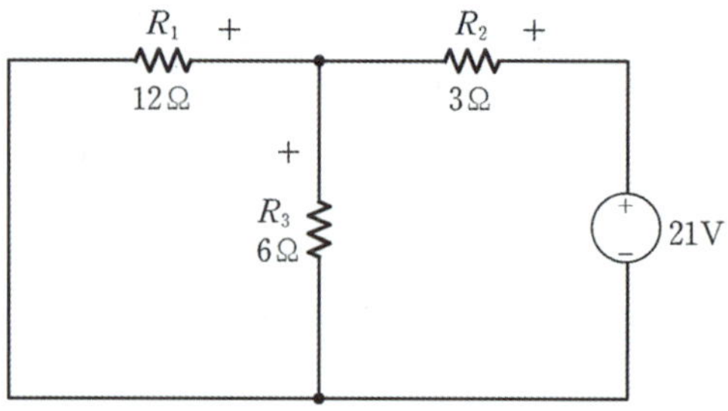

그림 4-15 21[V] 전압원만 영향을 미치는 회로

$$R_{13} = \frac{R_1 \cdot R_3}{R_1 + R_3} = \frac{12 \cdot 6}{12+6} = 4[\Omega]$$

$$V_{2B} : V_{3B} = R_2 : R_{13}$$

$$V_{2B} : 21 - V_{2B} = 3 : 4$$

$$\therefore\ V_{1B} = 12\,[\mathrm{V}],\quad V_{2B} = 9\,[\mathrm{V}],\quad V_{3B} = 12\,[\mathrm{V}]$$

각 저항에서 강하되는 전압을 [그림 4-14]의 극성에 맞춰 계산하면 R_1과 R_2에서는 전압의 극성이 바뀌므로, 이를 고려하여 다음과 같이 계산해야 한다.

$$V_1 = V_{1A} - V_{1B} = 72 - 12 = 60$$

$$V_2 = V_{2A} - V_{2B} = 12 - 9 = 3$$

$$V_3 = V_{3A} + V_{3B} = 12 + 12 = 24$$

$$\therefore\ V_1 = 60\,[\mathrm{V}],\quad V_2 = 3\,[\mathrm{V}],\quad V_3 = 24\,[\mathrm{V}]$$

각 저항에 흐르는 전류는 다음과 같다.

$$I_1 = \frac{V_1}{R_1} = \frac{60}{12} = 5,\quad I_2 = \frac{V_2}{R_2} = \frac{3}{3} = 1,$$

$$I_3 = \frac{V_3}{R_3} = \frac{24}{6} = 4$$

$$\therefore\ I_1 = 5\,[\mathrm{V}],\quad I_2 = 1\,[\mathrm{V}],\quad I_3 = 4\,[\mathrm{V}]$$

이를 종합하여 회로에 나타내면 [그림 4-16]과 같이 나타낼 수 있다. 여기서 전류 흐름의 방향에 주의하자.

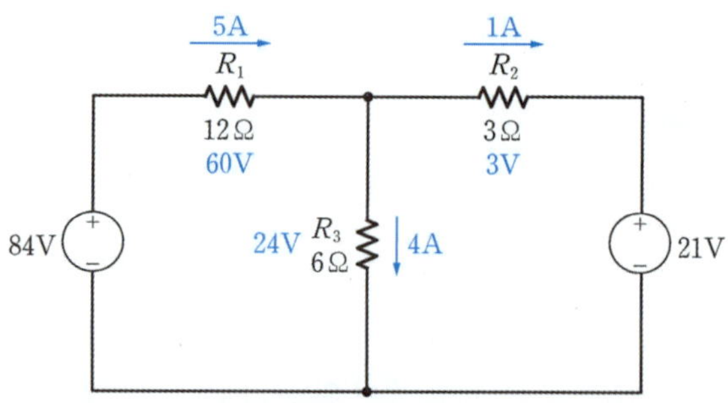

그림 4-16 [예제 4-5] 회로의 해석

중첩의 원리를 이용하여 회로를 해석하는 것은 **노달 해석법**이나 **루프 해석법**에 비해 복잡해질 수도 있다. 하지만 전압원과 전류원이 함께 존재하는 회로에서는 **중첩의 원리**를 이용하여 해석하는 것이 더 편리한 경우가 있다. [예제 4-5]에서는 옴의 법칙만으로 회로를 해석한 후에 중첩의 원리를 이용했지만, 노달법 해석법이나 루프 해석법을 함께 이용하여 각 전원에 대해 해석한 뒤 중첩의 원리를 이용하기도 한다. **중요한 것은 중첩의 원리의 물리적인 의미를 이해하는 것**임을 명심하자.

Quick Review

- (　　　)의 원리에 따르면, 여러 개의 전원이 포함된 회로에서 어떤 요소의 전압과 전류는 각각의 전원만 작용할 때의 대수의 합이다.
- 특정 전원을 생략하려면 내부저항으로 변환해준다. 즉 전압원은 (　　)하고, 전류원은 (　　)한다.

ANS 중첩, 단락/개방

4.3 등가회로

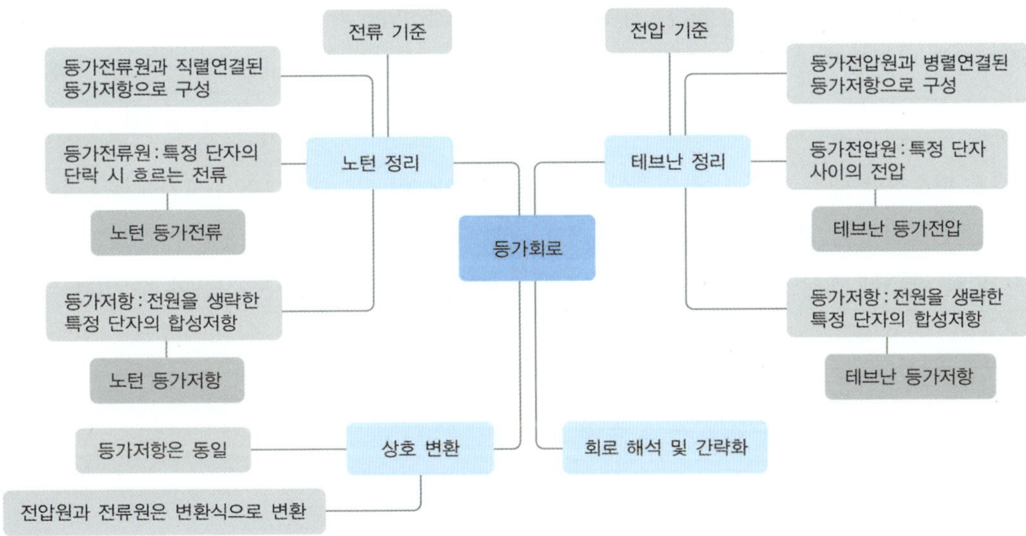

등가회로equivalent circuit란 역할은 동일하지만 구성이 다른 회로를 의미한다. 그러나 일반적으로 회로 해석이나 구성을 쉽게 하기 위해 단순화한 회로를 뜻한다. 복잡한 회로를 단순화하면 결국 하나의 전원과 하나의 저항으로 나타낼 수 있는데 이러한 과정을 **테브난 정리**Thevenin's theorem라 하고 단순화된 회로를 **테브난 등가회로**Thevenin's equivalent circuit라 한다.

또한 복잡한 회로를 단순화할 때 전압원이 아닌 전류원 기준으로 단순화할 수 있는데 이러한 과정을 **노턴 정리**Norton's theorem라 하고 이렇게 단순화된 회로를 **노턴 등가회로**Norton's equivalent circuit라 한다. 테브난 정리는 독일의 과학자 헬름홀츠Hermann von Helmholtz가 1853년에 발견했으나, 1883년 프랑스의 통신공학자인 테브난Léon Charles Thévenin이 재정리하여, 테브난의 이름을 사용하게 되었다. 노턴 정리는 테브난 정리를 전류원으로 확장한 것인데 1926년 독일 지멘스 할스케 사의 연구원 마이어Hans Ferdinand Mayer와 미국 벨 연구소의 노턴Edward Lawry Norton이 발표했다. 이들의 이름을 따서 **마이어 노턴 정리**Mayer-Norton's theorem라고 부르기도 하지만 일반적으로 노턴 정리라고 한다.

헬름홀츠 (1821~1894)

테브난 (1857~1926)

테브난 등가회로

테브난 정리를 이용하면 복잡한 회로를 하나의 **등가전압원**과 이와 직렬로 연결된 **등가저항**으로 단순화할 수 있다. 이렇게 만들어진 회로를 **테브난 등가회로**라 하며, 여기서 등가전압원을 테브난 등가전압, 등가저항을 테브난 등가저항이라고 한다. 등가전압원과 등가저항으로 단순화되기 때문에 전압을 단순화하는 결과를 가져온다. 예를 들어 전원회로의 경우 내부에는 여러 가지 소자와 부품이 연결되어 있으나 이를 하나의 전압원과 저항으로 이루어진 회로로 단순화할 수 있다.

회로를 단순화할 때는 회로 안에 기준이 되는 부분이 있어야 하는데 [그림 4-17]에서 a, b 단이 해당된다. 회로망이 전원을 공급하는 회로라면 a, b 단은 공급된 전력을 소비하는 부하단이 된다. 부하단을 제외한 전원단을 단순화하면 회로를 해석할 때 매우 유용하게 사용할 수 있다.

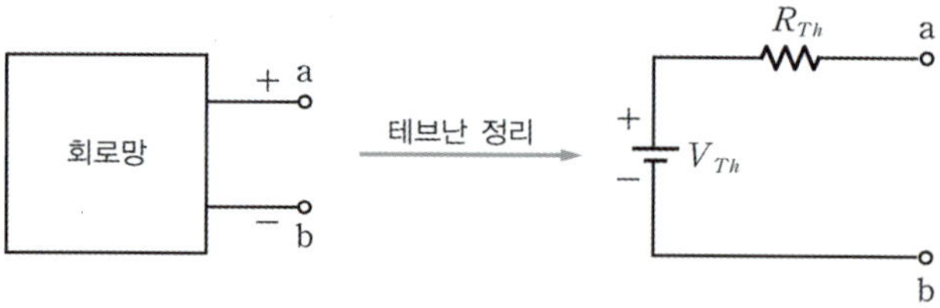

그림 4-17 테브난 정리를 이용하여 단순화한 회로망

테브난 정리를 이용하여 **테브난 등가전압**과 **테브난 등가저항**을 구해보자. [그림 4-17]에서 왼쪽 상자 안에 많은 전원과 소자들이 복잡하게 구성된 회로가 존재한다고 가정하면 임의의 두 단자 a, b에 대한 등가회로를 오른쪽과 같이 나타낼 수 있다. 이때 **테브난 등가전압** V_{Th}는 a, b 단자에서 바라본 **개방회로 전압**이다. 즉 a, b 단자를 개방한 채 측정한 a, b 단자의 전압을 의미한다.

테브난 등가저항 R_{th}는 모든 전원을 내부저항으로만 나타낸 후(전압원은 단락, 전류원은 개방) a, b 단자에서 측정되는 **개방회로 저항**이다. 즉 전원이 동작하지 않는 상태에서 a, b 단자에서 바라본 저항이다. 모든 전원을 내부저항으로만 나타내는 방법은 중첩의 원리로 회로를 해석할 때 사용했던 방법이므로 다시 상기해보자.

테브난 등가전압과 테브난 등가저항을 구하여 테브난 등가회로를 구성하는 방법은 다음과 같이 정리할 수 있다.

테브난 등가회로 변환 순서

❶ 회로에 연결된 부하를 제거한다.
❷ 제거된 부하 양단의 전압을 측정(계산)한다. 이 값이 테브난 등가전압이다.
❸ 전원을 모두 이상적인 내부저항으로 설정한다. 즉 전압원을 단락회로로 변경하고, 전류원을 개방회로로 변경한다.
❹ 제거된 부하 양단의 저항값을 측정(계산)한다. 이 값이 테브난 등가저항이다.
❺ 테브난 등가전압을 출력하는 테브난 등가전압원과 테브난 등가저항을 직렬로 연결하여 테브난 등가회로를 완성하고, 제거했던 부하를 연결한다.

다음 예제를 통해 테브난 등가회로를 이해해보자.

예제 4-6

[그림 4-18]의 회로를 테브난 등가회로로 변환하여 R_L에 인가되는 전압을 구하라.

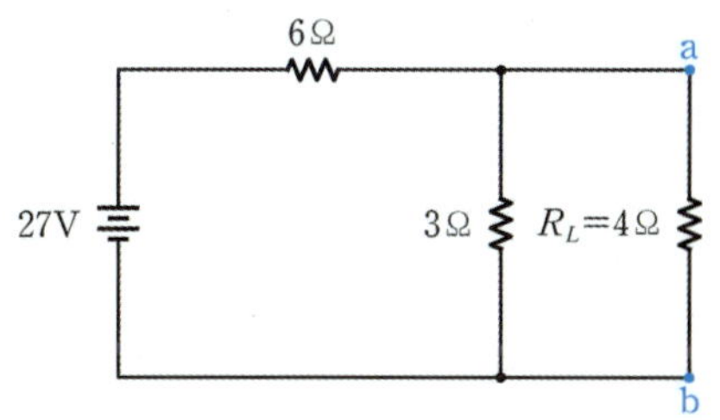

그림 4-18 [예제 4-6]의 회로도

풀이

테브난 등가회로 변환 순서에 따라 부하 제거, 테브난 등가전압 측정(계산), 테브난 등가저항 측정(계산)의 과정을 통해 테브난 등가회로를 구한다.

❶ 회로에 연결된 부하 R_L을 제거한다.

❷ [그림 4-19]와 같이 a, b 단의 전압을 계산한다. 이 전압이 테브난 등가전압이 된다.

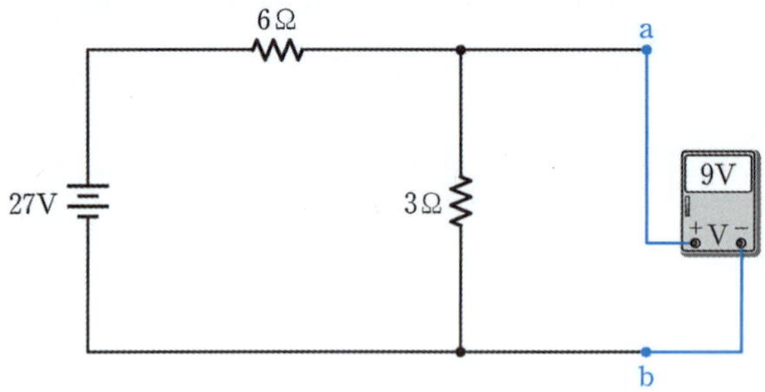

$$V_{Th} = V_{ab} = V_{3\Omega} = \frac{3}{6+3} \times 27 = 9$$

$$\therefore\ V_{Th} = 9\,[\mathrm{V}]$$

그림 4-19 테브난 등가전압

❸ 전원을 모두 이상적인 내부저항으로 설정한다.

❹ [그림 4-20]과 같이 a, b 단의 저항을 계산한다. 이 값이 테브난 등가저항이 된다.

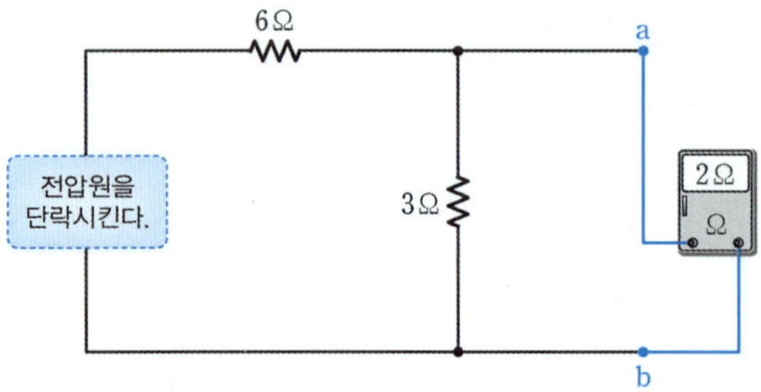

$$R_{Th} = R_{ab} = 6 \parallel 3 = \frac{6 \times 3}{6+3} = 2$$

$$\therefore\ R_{Th} = 2\,[\Omega]$$

그림 4-20 테브난 등가저항

❺ [그림 4-21]과 같이 테브난 등가전압을 출력하는 등가전압원과 테브난 등가저항을 직렬로 연결하여 테브난 등가회로를 완성하고 앞서 제거했던 부하저항 R_L을 추가한 뒤 단순화된 회로를 통해 R_L에 인가되는 전압을 계산한다.

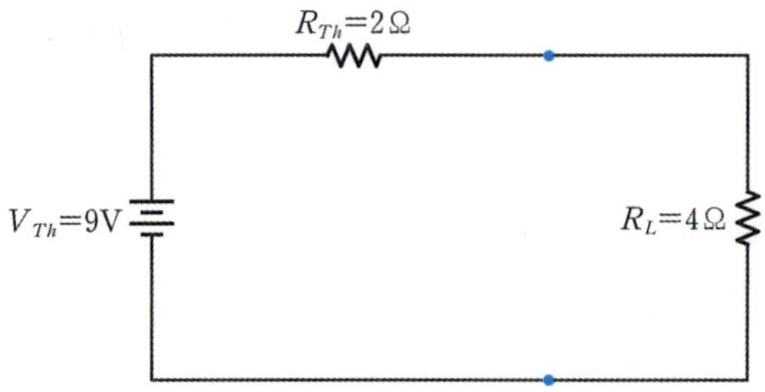

$$V_{R_L} = 9 \times \frac{4}{2+4} = 6$$

$$\therefore\ V_{R_L} = 6\,[\mathrm{V}]$$

그림 4-21 완성된 테브난 등가회로

[예제 4-6]에서는 테브난 등가회로를 이용해 임의의 저항에 인가되는 전압을 계산했다. 만일 이 예제를 4.1절에서 학습한 키르히호프의 법칙과 같은 해석법을 이용하여 해석했을 경우에도 그 결과는 동일하다. [예제 4-6]에서 R_L에 대하여 인가전압을 계산했지만, 만약 6[Ω]이나 3[Ω]의 저항을 R_L과 같이 생각하고 테브난 등가회로로 변환하여 계산하면 각각의 저항에 인가되는 전압도 구할 수 있다.

노턴 등가회로

노턴 정리는 전압이 아닌 전류를 기준으로 회로를 단순화하는 방법이다. 테브난 등가회로가 하나의 테브난 등가전압원과 하나의 테브난 등가저항이 직렬로 연결된 형태라면, **노턴 등가회로**는 하나의 **노턴 전류원**과 하나의 **노턴 등가저항**이 병렬로 연결된 형태이다. 전류원은 회로 내에 전류를 공급해 병렬로 연결된 지로에 분배되도록 한다. 이는 회로에 전압을 공급하여 직렬소자에 분배되도록 하는 전압원과 동일한 개념이다.

[그림 4-22(a)]는 전압원과 직렬저항으로 부하저항 R_L에 전기에너지를 공급하는 회로이다. 이러한 회로는 일반적으로 전압원과 부하를 나타내는 회로로 R은 전압원 회로의 내부저항을 나타낸다. 예를 들면 전지를 사용하여 램프를 켰을 때 램프는 부하저항 R_L이 되고 전압원은 전지, 전압원과 직렬로 연결된 저항은 전지의 내부저항이 된다.

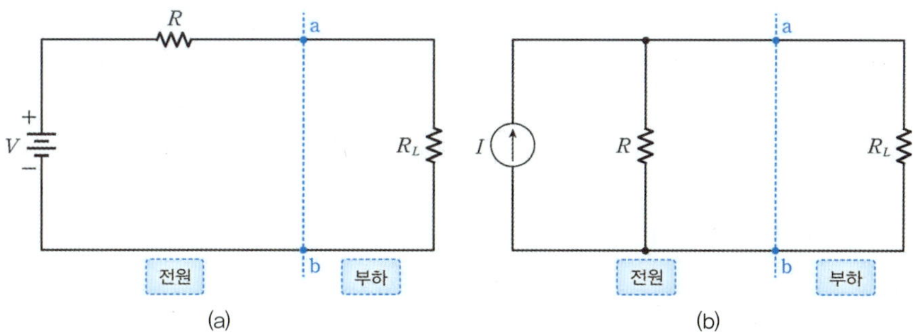

그림 4-22 (a) 전압원과 직렬저항으로 이루어진 전원, (b) 전류원과 병렬저항으로 이루어진 전원

[그림 4-22(a)]의 전원은 [그림 4-22(b)]와 같이 전류원과 병렬로 연결된 저항으로 나타낼 수 있다. 이때 부하에 공급되는 전류는 저항 R과 부하저항 R_L에 의해 분배된다. 전류원으로 나타낸 회로는 부하에 공급하는 전류를 기준으로 회로를 나타내거나 해석할 때 편리하다. 이 때문에 전원을 전류원으로 나타내기도 한다.

저항에 의한 전류의 분배는 컨덕턴스 개념으로 생각하는 것이 편리하다는 것을 3장에서 학습했다. [그림 4-23]은 복잡한 회로망을 노턴 등가회로로 변환했을 때와 이 노턴 등가회로를 컨덕턴스 개념으로 변경했을 때를 나타낸다.

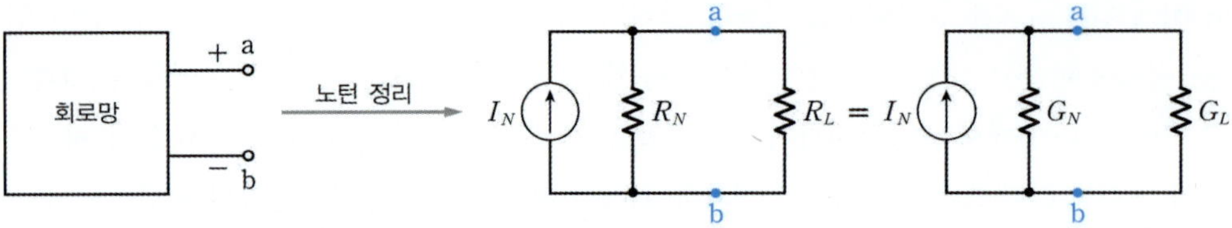

그림 4-23 노턴 등가회로와 컨덕턴스

노턴 정리를 이용해 노턴 등가회로로 변환하기 위해서는 **노턴 등가전류**와 **노턴 등가저항**을 구해야 한다. 노턴 등가저항을 구하는 방법은 테브난 등가저항을 구할 때와 동일하지만, 노턴 등가전류를 구하려면 테브난 정리와는 다르게, 제거했던 부하의 양단을 단락한 후 이 지로에 흐르는 전류를 구해야 한다. 노턴 등가회로를 구하는 방법은 다음과 같다. 테브난 등가회로를 구하는 방법과 비교하여 살펴보자.

노턴 등가회로 변환 순서

1. 회로에 연결된 부하를 제거한다.
2. 제거된 부하의 양단을 단락하고, 이 지로에 흐르는 전류를 측정(계산)한다. 이 값이 노턴 등가전류이다.
3. 전원을 모두 이상적인 내부저항으로 설정한다. 즉 전압원을 단락회로로 변경하고, 전류원을 개방회로로 변경한다.
4. 제거된 부하 양단의 저항값을 측정(계산)한다. 이 값이 노턴 등가저항이다.
5. 노턴 등가전류를 출력하는 전류원과 노턴 등가저항을 병렬로 연결하여 노턴 등가회로를 완성하고, 제거했던 부하를 연결한다.

예제 4-7

[그림 4-24]는 [예제 4-6]의 회로도이다. 이 회로를 노턴 등가회로로 변환하여 R_L에 흐르는 전류를 구하라.

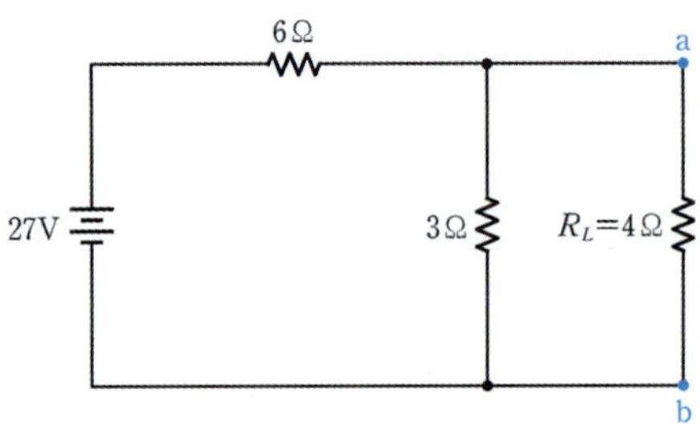

그림 4-24 [예제 4-6]의 회로도

풀이

노턴 등가회로 변환 순서에 따라 부하 제거, 노턴 등가전류 측정(계산), 노턴 등가저항 측정(계산)의 과정을 통해 노턴 등가회로를 구한다.

❶ 회로에 연결된 부하를 제거한다.

❷ [그림 4-25]와 같이 제거된 부하의 양단을 단락하고, 이 지로에 흐르는 전류를 측정(계산)한다. 이는 3[Ω] 저항 양단이 단락되는 것과 같으므로 전류는 6[Ω] 저항에만 흐르고 3[Ω] 저항에는 흐르지 않게 된다. 이때 a, b 단 사이의 지로에 흐르는 전류가 노턴 등가전류이다.

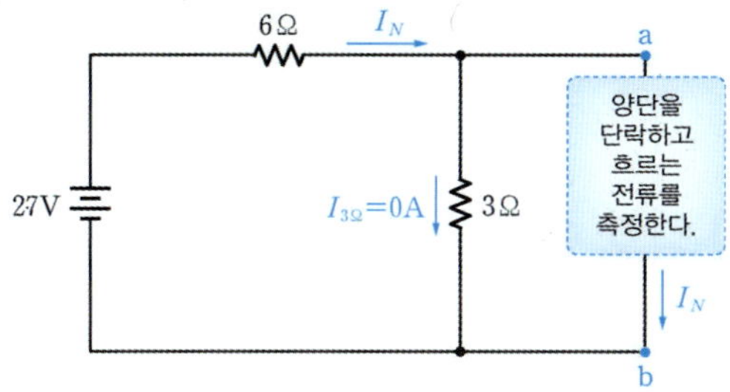

$$I_N = I_{ab} = \frac{27}{6} = 4.5[\mathrm{A}]$$

그림 4-25 **노턴 등가전류를 구하기 위한 회로**

❸ [그림 4-26]과 같이 전원을 모두 이상적인 내부저항으로 설정한다.

❹ 제거된 부하 양단의 저항값을 측정(계산)한다. 3[Ω]과 6[Ω]의 병렬 합성저항이 노턴 등가저항이 된다.

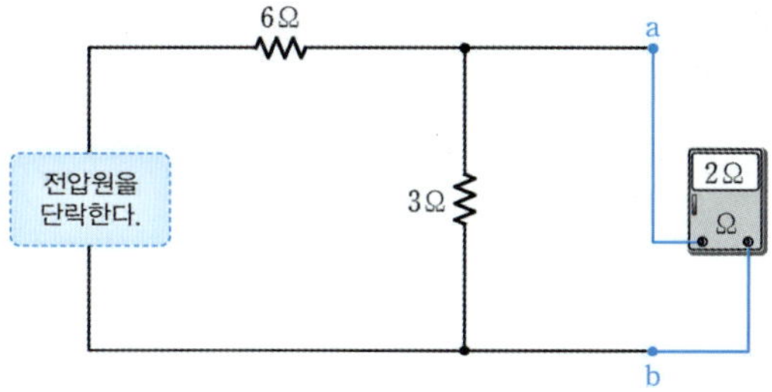

$$R_N = R_N = 6 \parallel 3 = \frac{6 \times 3}{6+3} = 2[\Omega]$$

그림 4-26 **노턴 등가저항**

❺ [그림 4-27]과 같이 노턴 등가전류를 출력하는 전류원과 노턴 등가저항을 병렬로 연결하여 노턴 등가회로를 완성하고, 제거했던 부하저항 R_L을 연결한 후에 R_L에 흐르는 전류를 계산한다. 저항의 병렬연결이므로 컨덕턴스 개념을 이용하여 전류를 계산한다.

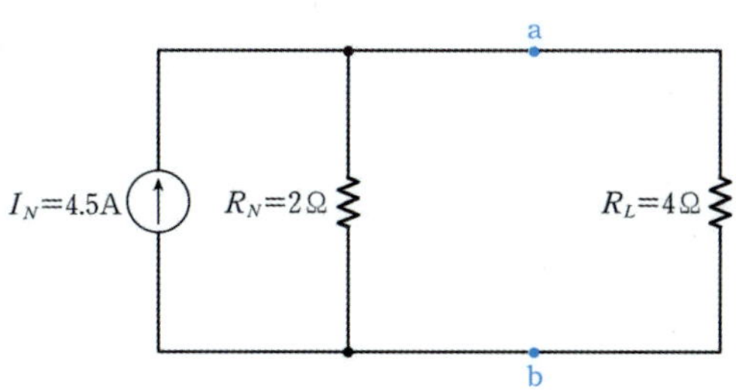

$$\begin{aligned} I_{R_L} &= \frac{G_{4\Omega}}{G_{2\Omega} + G_{4\Omega}} \times I_N \\ &= \frac{\frac{1}{4}}{\frac{1}{2} + \frac{1}{4}} \times I_N \\ &= \frac{0.25}{0.5 + 0.75} \times 4.5 = 1.5[\mathrm{A}] \end{aligned}$$

그림 4-27 **완성된 노턴 등가회로**

[예제 4-7]에서는 노턴 정리를 이용하여 임의의 저항 R_L에 흐르는 전류를 구했다. [예제 4-6]에서 구한 V_{R_L}과 [예제 4-7]에서 구한 I_{R_L}과 R_L을 옴의 법칙에 적용하여 검증하면 다음과 같다.

$$V_{R_L} = I_{R_L} \cdot R_L = 1.5 \cdot 4 = 6 \tag{4.21}$$
$$V_{R_L} = 6\,[\mathrm{V}]$$

식 (4.21)을 통해 **테브난 정리**와 **노턴 정리**를 적용한 결과는 동일함을 알 수 있다.

테브난 등가회로와 노턴 등가회로의 상호 변환

노턴 정리는 테브난 정리를 전류에 대한 개념으로 확장한 것이다. [예제 4-6], [예제 4-7]을 통해 어느 정리을 이용하든 회로 해석 결과는 동일하다는 것을 알 수 있다. 등가회로로 변환하는 과정에서 테브난 등가저항과 노턴 등가저항은 구하는 방법이 동일했지만, 테브난 등가전압은 부하단 양단의 전압이고, 노턴 등가전류는 부하단 양단을 단락한 뒤 이 지로에 흐르는 전류라는 점에서 차이가 있었다.

테브난 등가회로와 노턴 등가회로는 서로 변환할 수 있다. 두 회로 모두 등가저항을 구하는 방법은 동일하며, 단지 등가회로가 전압, 전류 중 어떤 것을 공급하는지만 다르다. 따라서 테브난 등가전압을 노턴 등가전류로, 혹은 그 반대로 변환하는 것은 간단한 계산을 통해 가능하다. [그림 4-28]은 테브난 등가회로와 노턴 등가회로가 상호 변환됨을 보여준다.

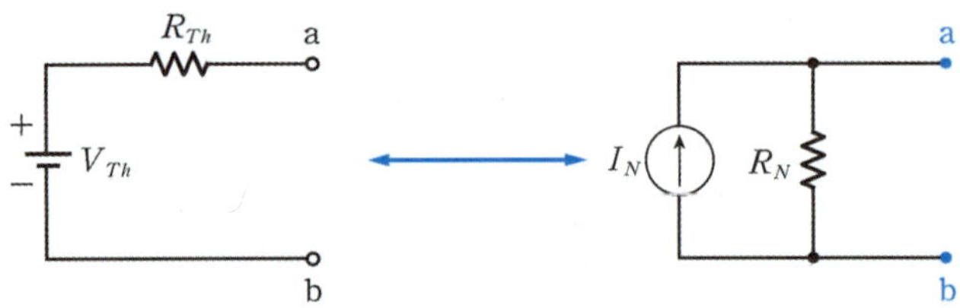

그림 4-28 테브난 등가회로와 노턴 등가회로의 상호 변환

테브난 등가전압 V_{Th}, 테브난 등가저항 R_{Th}, 노턴 등가전류 I_N, 노턴 등가저항 R_N은 다음과 같은 관계를 갖는다.

$$R_{Th} = R_N \tag{4.22}$$
$$V_{Th} = I_N \cdot R_N \tag{4.23}$$
$$I_N = \frac{V_{Th}}{R_{Th}} \tag{4.24}$$

노턴 정리는 테브난 정리를 전류 기준으로 확장한 개념이므로, 이와 같은 식이 성립된다.

즉 노턴 등가전류는 테브난 등가전압을 전류 기준으로 변환시킨 것으로 이해하면 된다. 두 정리의 물리적 의미가 동일하다는 것을 이해하면 변환식이 의미하는 바도 쉽게 이해할 수 있을 것이다. 다음 예제를 통해 테브난 등가회로와 노턴 등가회로의 상호 변환 방법을 익혀보자.

예제 4-8

[그림 4-29]는 [예제 4-7]에서 구한 노턴 등가회로이다. 이 회로를 테브난 등가회로로 변환하고 [예제 4-6]의 결과와 비교하라.

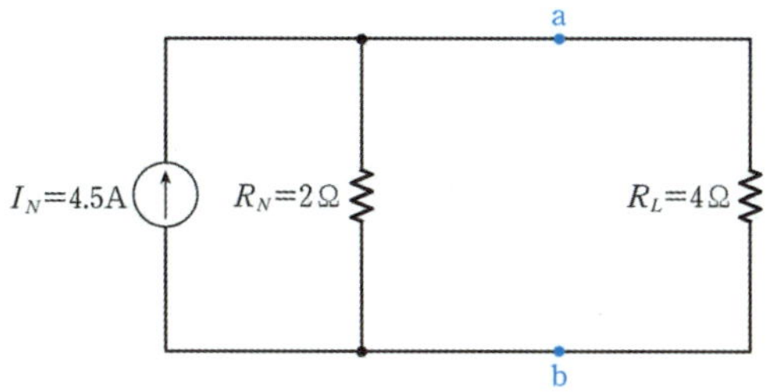

그림 4-29 [그림 4-27]의 노턴 등가회로

풀이

식 (4.22)에서 노턴 등가저항과 테브난 등가저항은 같으므로 테브난 등가저항은 다음과 같다.

$$R_{Th} = R_N = 2 \qquad \therefore\ R_{Th} = 2\,[\Omega]$$

테브난 등가전압은 식 (4.23)을 이용하여 계산할 수 있다.

$$V_{Th} = I_N \cdot R_N = 4.5 \cdot 2 = 9 \qquad \therefore\ V_{Th} = 9\,[\mathrm{V}]$$

테브난 등가전압원과 테브난 등가저항을 직렬로 연결해 테브난 등가회로를 완성하면 다음과 같다.

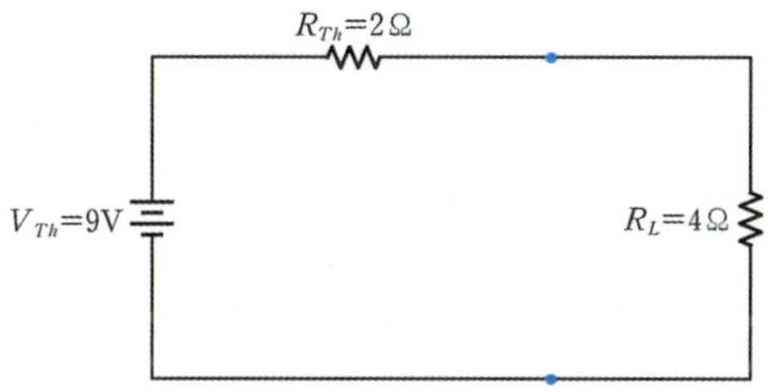

그림 4-30 변환식을 통해 [그림 4-29]의 노턴 등가회로를 테브난 등가회로로 변환한 회로

변환식을 통해 구한 [그림 4-30]의 테브난 등가회로는 [예제 4-6]에서 구한 테브난 등가회로와 같음을 확인할 수 있다.

이러한 테브난 등가회로와 노턴 등가회로의 상호 변환은 전압원과 전류원을 상호 변환할 때 사용된다. [그림 4-31]과 같이 앞서 구한 테브난 등가회로와 노턴 등가회로만 놓고 본다면 [그림 4-31(a)]의 전압원이 [그림 4-31(b)]의 전류원으로 대응됨을 알 수 있다. 전압원과 전류원의 상호 변환은 회로를 해석하기 쉽게 단순화하는 데 사용하기도 한다.

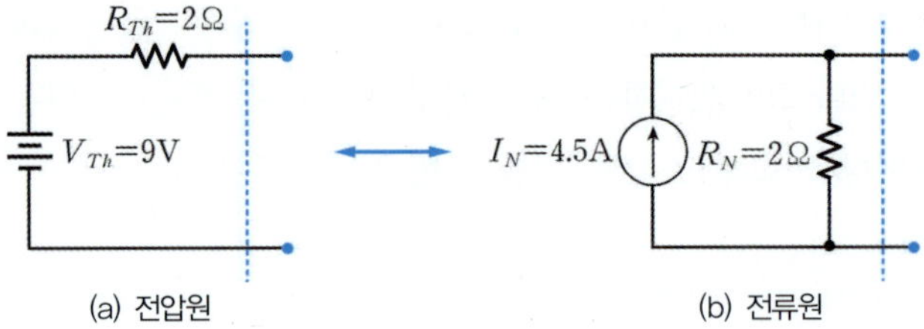

그림 4-31 전압원과 전류원의 상호 변환

[그림 4-32(a)]는 전압원이 2개인 회로이다. 이때 R_3를 부하저항이라 가정하고 양단의 전압원을 전류원으로 변환하면 [그림 4-32(b)]와 같이 부하저항 양쪽으로 병렬저항과 전류원으로 이루어진 회로로 변환된다. 그 다음에는 전류원을 모두 왼쪽으로 이동하면 [그림 4-32(c)]와 같은 회로로 변환되며, 부하저항을 오른쪽으로 이동하면 [그림 4-32(d)]와 같은 회로로 변환되어 하나의 전류원과 하나의 병렬저항으로 나타낼 수 있다. [그림 4-32(d)]는 노턴 등가회로 형태이므로 이를 다시 테브난 등가회로로 변환하면 [그림 4-32(e)]의 회로로 나타낼 수 있다. 결과적으로 [그림 4-32(a)]의 2개의 전압원으로 구성된 회로는 [그림 4-32(e)]와 같이 하나의 전압원으로 이루어진 회로로 변환된다.

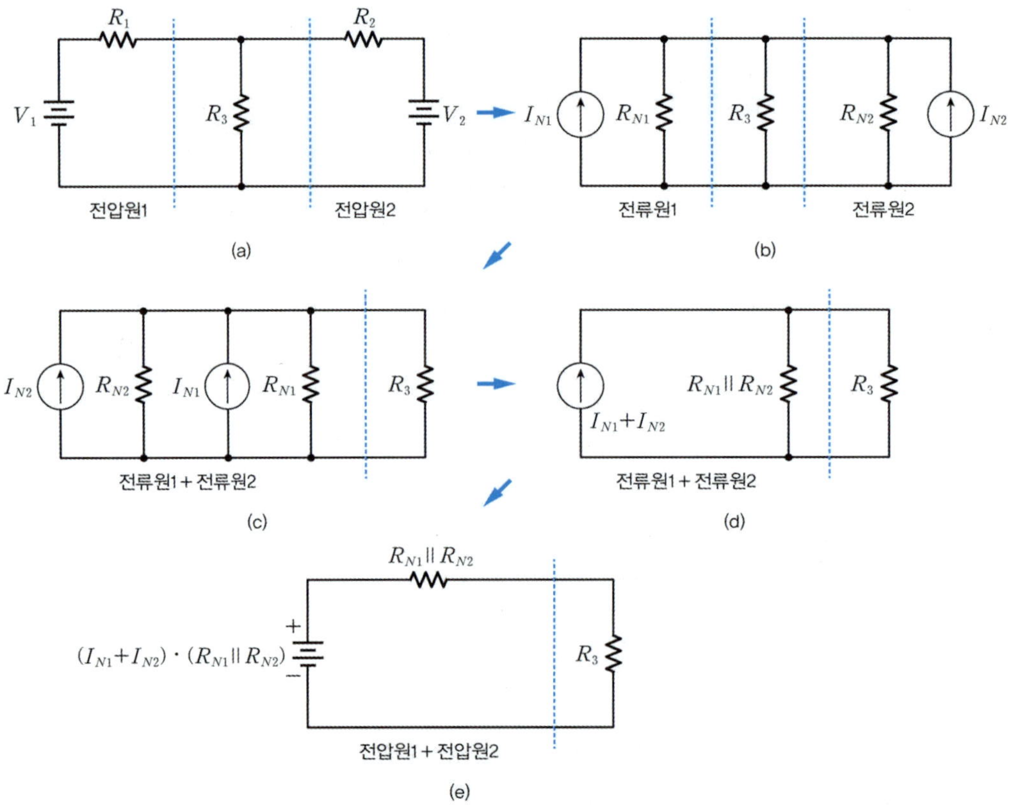

그림 4-32 테브난 정리와 노턴 정리를 이용해 회로를 단순화하는 과정

키르히호프의 법칙과 **중첩의 원리**를 이용한 회로 해석이 회로를 변환하지 않고 전체적인 전압과 전류의 상태를 구하는 방법이라면, **테브난 정리**와 **노턴 정리**는 회로를 단순화하고 회로 내 해석이 필요한 특정 부분을 기준으로 해석할 때 유용하게 사용된다.

Quick Review

- 복잡한 회로는 하나의 등가전압원과 하나의 등가저항이 직렬로 연결된 회로로 단순화할 수 있다. 이를 (   ) 등가회로라고 한다.
- 복잡한 회로는 하나의 등가전류원과 하나의 등가저항이 병렬로 연결된 회로로 단순화할 수 있다. 이를 (   ) 등가회로라고 한다.

ANS 테브난, 노턴

4.4 휘트스톤 브리지

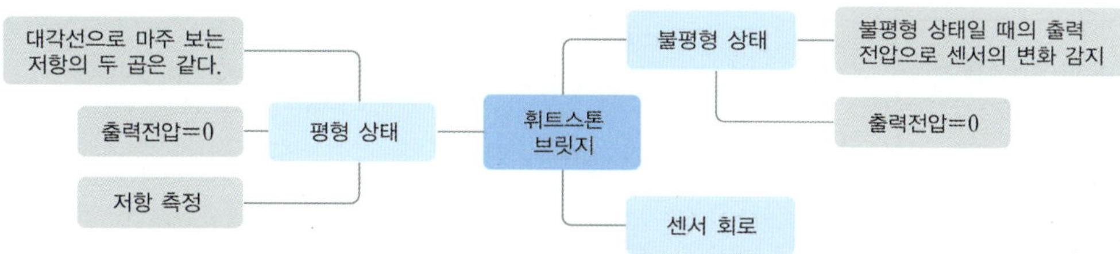

휘트스톤 브리지wheatstone bridge는 1833년 영국의 과학자이자 수학자인 사무엘 헌터 크리스티Samuel Hunter Christie, 1784~1865가 처음 발명했다. 그 후 1843년에 영국의 과학자이자 발명가인 찰스 휘트스톤Charles Wheatstone이 널리 사용하면서 이러한 이름이 붙게 되었다.

찰스 휘트스톤
(1802~1875)

근래 전기·전자 제품 및 산업 전반에서 다양한 종류의 센서가 사용되고 있다. 이러한 센서를 이용하여 무게, 힘, 토크 같은 물리량을 측정할 때, 센서의 변위는 주로 저항값의 변화로 나타난다.[5] 저항값의 변화를 컴퓨터나 마이크로프로세서 등에서 처리하려면 전압의 변화로 변경해야 하며, ADCAnalog to Digital Convertor[6]를 이용해 디지털 신호로 변환해 처리한다.

5 컨덕턴스, 전압 등이 출력되는 센서도 있지만 일반적인 수동형 센서의 경우 저항값의 변화로 측정되는 센서가 대부분이다.

6 ADC는 연속적인 아날로그 신호(analog signal)를 이산적인 디지털 신호(digital signal)로 변환하는 장치이다. 디지털 시스템에서는 반드시 필요하다.

이러한 저항값의 변화는 센서의 특성에 따라 결정되는데, 변화량이 매우 적기 때문에 정밀한 측정이 필요하다. 따라서 정밀 측정이 요구되거나 센서의 종류에 따라 휘트스톤 브리지가 필수적으로 사용된다. 이 절에서는 휘트스톤 브리지의 개념을 이해하고, 센서와 결합했을 때 어떻게 센서의 변위를 감지하는지에 대해 학습할 것이다.

휘트스톤 브리지의 평형 상태

[그림 4-33]과 같이 휘트스톤 브리지는 4개의 저항이 두 쌍씩 서로 마주 보는 형태로 구성되어 있다. 4개의 저항을 **저항성 암**resistive arms이라고도 하는데, 이 4가지 저항값에 따라 A, B 단으로 전류가 흐르지 않는 상태가 된다. 즉 V_O가 0이 되는 상태가 되는데, 이를 **평형 상태**라고 한다.

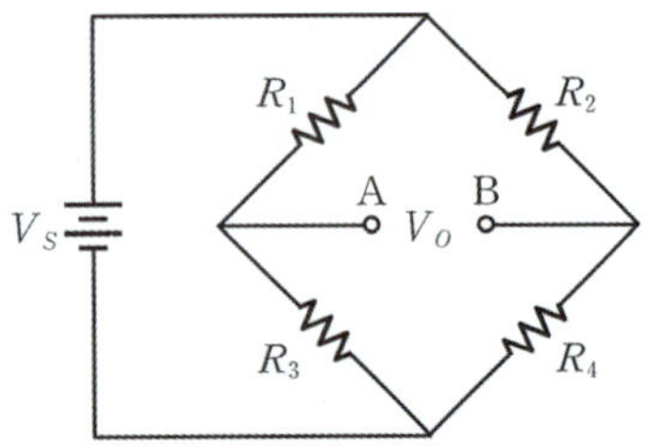

그림 4-33 휘트스톤 브리지

평형 상태일 때의 전압 비율은 식 (4.25)와 같아야 한다.

$$\frac{V_1}{V_3} = \frac{V_2}{V_4} \tag{4.25}$$

옴의 법칙을 적용하면 식 (4.25)를 다음과 같이 나타낼 수 있다.

$$\frac{I_1 R_1}{I_3 R_3} = \frac{I_2 R_2}{I_4 R_4} \tag{4.26}$$

평형 상태일 때 A, B 단으로는 전류가 흐르지 않으므로 $I_1 = I_3$이고 $I_2 = I_4$가 된다. 그러므로 식 (4.26)에서 전류는 모두 소거되고 식 (4.27)과 같이 저항의 비로 나타낼 수 있다.

$$\frac{R_1}{R_3} = \frac{R_2}{R_4} \tag{4.27}$$

식 (4.27)을 정리하면 식 (4.28)과 같이 서로 대각선으로 마주 보는 저항의 곱이 같음을 알 수 있다.

$$R_1 R_4 = R_2 R_3 \tag{4.28}$$

평형 상태의 개념은 휘트스톤 브리지를 이해하는 데 매우 중요하다. [그림 4-34]에서 R_3가 포텐쇼미터potentiometer[7]라고 가정해보자. R_1과 R_2 값을 알고 있고 R_4가 미지의 저항이라고 한다면, R_3를 조절하여 평형 상태로 만든 뒤에 식 (4.28)을 이용하여 미지의 저항 R_4의 값을 측정할 수 있다. 실제로 이러한 방법은 저항을 정밀하게 측정하는 데 사용되기도 한다.

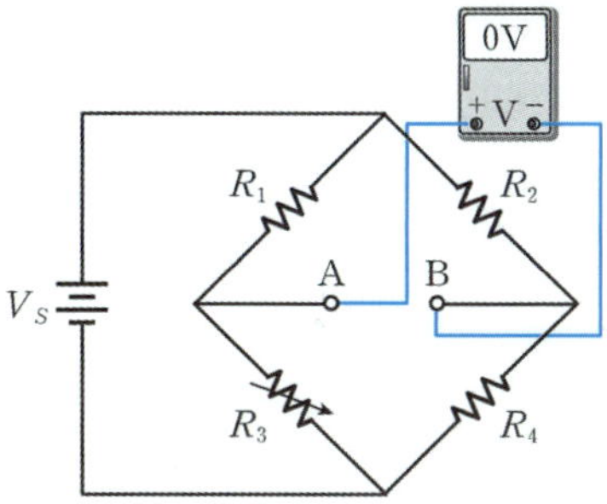

그림 4-34 R_3를 포텐쇼미터로 대치하여 R_4를 측정하는 휘트스톤 브리지 회로

예제 4-9

[그림 4-35]의 회로에서 전압계에 측정된 전압이 0[V]이다. 이때 R_4의 저항값을 구하라.

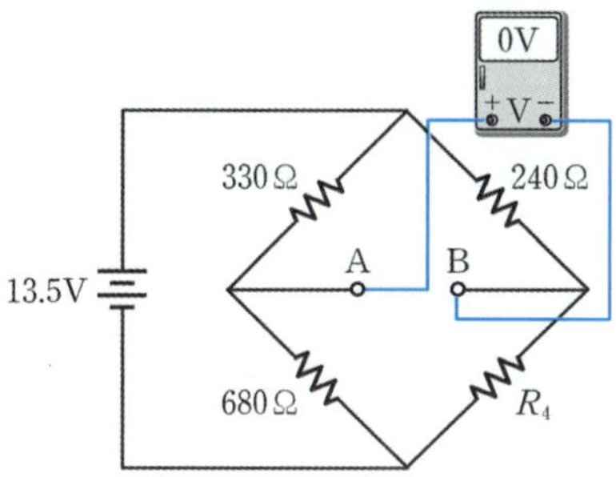

그림 4-35 휘트스톤 브리지 회로

풀이

A, B 단의 전압이 0[V]이므로 주어진 휘트스톤 브리지 회로는 평형 상태이다. 따라서 서로 대각선으로 마주 보는 저항의 두 곱이 같으므로 식 (4.28)을 이용하여 R_4를 계산한다.

$$R_1R_4 = R_2R_3$$

$$330 \cdot R_4 = 240 \cdot 680$$

$$R_4 = \frac{240 \cdot 680}{330} = 494.545[\Omega]$$

7 포텐쇼미터는 회전, 직선 등의 변화에 따라 저항값이 변화하는 센서(가변저항)를 말한다.

휘트스톤 브리지의 불평형 상태

변화하는 물리량에 대해 저항값이 변하는 센서의 경우 저항값의 미세한 변화를 정밀하게 측정해야 한다. 앞서 휘트스톤 브리지의 평형 상태를 이용하여 저항값을 측정했는데, 이번에는 불평형 상태일 때의 V_O을 측정하여 저항의 변화를 측정해보자. [그림 4-36]은 [그림 4-33]에서 R_1, R_2, R_3의 저항값을 R로 설정하고, R_4의 위치에 센서를 연결했다. 센서 입력이 없을 경우에는 R_4의 저항값을 나머지 저항과 동일하게 R로 설정하고, 센서 입력으로 저항값이 변화할 때는 그 변화량을 ΔR로 설정했다.

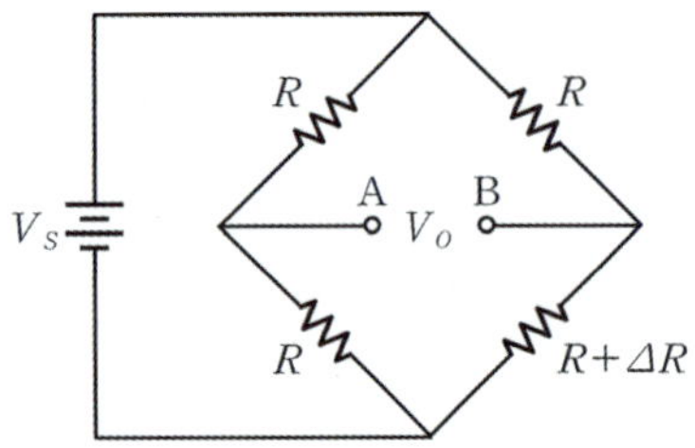

그림 4-36 불평형 상태를 응용한 휘트스톤 브리지 센서 회로

센서 입력이 없는 평형 상태일 경우 ΔR은 0이 되어 V_O에 전압이 측정되지 않을 것이다. 하지만 센서 입력이 발생하여 ΔR이 0이 아닌 값일 경우 평형 상태가 깨지고, V_O에 전압이 측정된다. 이때 ΔR과 V_O의 관계를 살펴보면 센서의 저항값 변화와 출력되는 전압 V_O와의 관계를 알 수 있다.

[그림 4-36]에서 A 단자의 전압을 V_A, B 단자의 전압을 V_B라고 하면, 이를 통해 V_O는 다음과 같이 구할 수 있다.

$$
\begin{aligned}
V_A &= \frac{V_S R}{R+R} = \frac{V_S}{2} \\
V_B &= \frac{V_S(R+\Delta R)}{R+(R+\Delta R)} = \frac{V_S(R+\Delta R)}{2R+\Delta R} \\
V_O &= V_B - V_A = \frac{V_S(R+\Delta R)}{2R+\Delta R} - \frac{V_S}{2} \\
&= \frac{2V_S(R+\Delta R) - V_S(2R+\Delta R)}{2(2R+\Delta R)} \\
&= \frac{V_S \Delta R}{4R+2\Delta R}
\end{aligned} \tag{4.29}
$$

센서의 ΔR은 실제로는 R에 비해 아주 작은 값이다. 그러므로 다음 조건이 성립한다.

$$
\frac{\Delta R}{R} \ll 1 \qquad (\because \Delta R \ll R) \tag{4.30}
$$

식 (4.30)을 이용해 식 (4.29)를 다시 정리하면 식 (4.31)과 같다.

$$\frac{V_S \Delta R}{4R+2\Delta R} = \frac{V_S \Delta R}{4R\left(1+\frac{\Delta R}{2R}\right)} \simeq \frac{V_S}{4}\left(\frac{\Delta R}{R}\right)$$

$$\therefore\ V_O \simeq \frac{V_S}{4}\left(\frac{\Delta R}{R}\right) \tag{4.31}$$

다음 예제를 통해 센서의 저항값 변화에 대한 출력전압을 계산해보자.

예제 4-10

인천대교는 제2경인고속도로에서 인천공항이 있는 영종도까지 연결된, 길이 21.38[km]의 긴 다리이다. 바다 위에 위치한 다리이므로 바람이나 차량의 통행에 따라 다리 하부에는 다양한 힘이 가해진다. 이 부분에 스트레인 게이지strain gauge[8]를 부착하여 다리 하부의 변형을 감지하고자 한다. 이를 위해 [그림 4-37]과 같은 회로에 스트레인 게이지를 연결했다. 다리 하부의 변형이 없을 때의 스트레인 게이지의 저항값은 1000[Ω]이며 최대 1050[Ω]까지 변화한다. 이 회로에서 출력되는 전압의 범위를 계산하라.

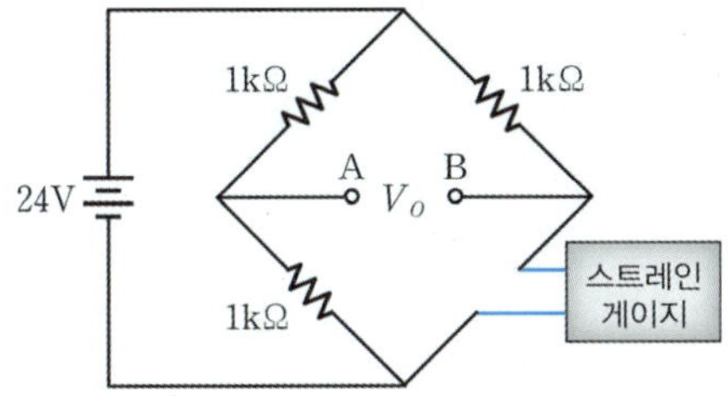

그림 4-37 휘트스톤 브리지와 스트레인 게이지

풀이

스트레인 게이지 저항값의 범위는 1000 ~ 1050[Ω]이다. 최대로 변화하는 저항값은 +50[Ω]이므로 ΔR은 50[Ω]이 된다. 식 (4.31)에 대입하여 계산하면 V_O의 최댓값을 구할 수 있다. 최솟값은 1[kΩ]일 때 ΔR이 0[Ω]이므로 0[V]가 된다. ΔR이 최솟값일 때와 최댓값일 때의 폭이 V_O의 범위가 된다.

스트레인 게이지에 변형이 없을 경우에는 다음과 같이 최솟값을 구할 수 있다.

$$V_{O\min} = \frac{24}{4}\left(\frac{0}{1000}\right) = 0$$

$$\therefore\ V_{O\min} = 0\,[\mathrm{V}]$$

8 스트레인 게이지는 물체에 부착하면 외력에 의한 변화를 감지하는 센서이다. 외력에 의해 물체의 형태가 변화될 때 단면적의 변화로 인한 저항값의 변화를 감지한다.

스트레인 게이지에 최대 변형이 가해졌을 경우에는 다음과 같이 최댓값을 구할 수 있다.

$$V_{O\max} = \frac{24}{4}\left(\frac{50}{1000}\right) = 0.3$$

$$\therefore\ V_{O\max} = 0.3\,[\mathrm{V}]$$

따라서 V_O는 $0 \sim 0.3[\mathrm{V}]$의 범위를 갖는다.

여기서 잠깐 **하프 브리지와 풀 브리지**

[그림 4-37]의 회로는 휘트스톤 브리지의 저항성 암 중에서 암 하나의 저항값이 변화할 때 이를 센서 회로로 응용한 회로이다. 보다 정밀히 측정하기 위해서 [그림 4-38]과 같이 온도에 따른 센서의 오차를 보상하기 위한 하프 브리지half bridge와 회로의 민감도를 최대로 사용할 수 있는 풀 브리지full bridge 등의 회로를 사용한다.

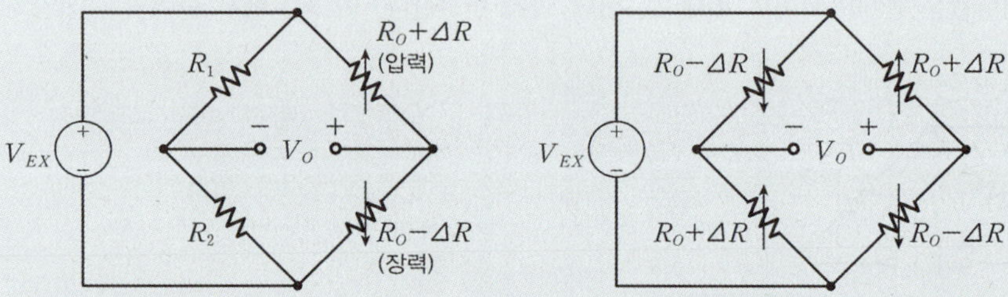

(a) 하프 브리지 (b) 풀 브리지

그림 4-38 **휘트스톤 브리지**

[예제 4-10]에서 센서의 저항값이 변함에 따라 V_O의 값도 변하는 것을 볼 수 있다. 이 값의 범위는 회로 구성에 따라 차이는 있지만 변화폭이 크지는 않다. 이러한 미세한 전압을 처리해 주기 위해서는 **연산증폭기(OP Amp)**Operational Amplifier 등을 이용한 회로가 더 필요하다. 이에 대해서는 11장을 참고하자.

Quick Review

- 휘트스톤 브리지가 (   ) 상태일 때 내부에 흐르는 전압을 측정하여 센서의 변위를 감지할 수 있다.
- 휘트스톤 브리지가 (   ) 상태일 때 대각선으로 마주 보는 저항의 두 곱은 같다.

ANS 불평형, 평형

CHAPTER 04 기본문제

4.1 다음 중 [그림 4-39]의 회로에 대하여 올바른 식을 골라라.

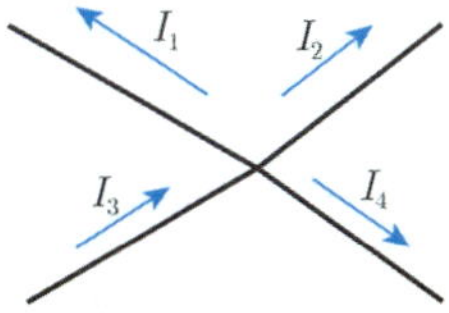

그림 4-39

① $I_1 = I_2 = I_3 = I_4$

② $I_1 + I_3 = I_2 + I_4$

③ $I_3 = I_1 + I_2 + I_4$

④ $I_4 = I_1 + I_2 + I_3$

4.2 하나의 폐회로에서 (　　　)과(와) (　　　)의 합은 0이다. 빈칸에 알맞은 말은 무엇인가?

① 직렬저항, 병렬저항　　② 인가전압, 강하전압

③ 전류, 전압　　④ 전압, 저항

4.3 중첩의 원리를 이용하여 회로를 해석할 때 전압원은 (　　)(으)로, 전류원은 (　　)(으)로 가정하여 해석한다. 빈칸에 알맞은 말은 무엇인가?

① 단락회로, 개방회로　　② 직렬저항, 병렬저항

③ 병렬저항, 직렬저항　　④ 에너지, 전하

4.4 테브난 등가회로는 등가전압원과 (　　)로 연결된 등가저항, 노튼 등가회로는 등가전류원과 (　　)로 연결된 등가저항으로 구성되어 있다. 빈칸에 알맞은 말은 무엇인가?

① 병렬, 직렬　　② 직렬, 병렬

③ 병렬, 병렬　　④ 직렬, 직렬

CHAPTER 04

연습문제

4.1 키르히호프의 전류법칙(KCL)과 키르히호프의 전압법칙(KVL)에 대해 설명하라.

4.2 중첩의 원리를 이용하여 회로를 해석할 때 전압원은 단락회로로, 전류원은 개방회로로 가정하여 해석한다. 그 이유를 설명하라.

4.3 휘트스톤 브리지의 평형 상태와 불평형 상태에 대하여 설명하라.

4.4 [그림 4-40]의 회로는 하나의 전압원과 3개의 저항으로 구성된 회로이다. 다음 물음에 답하라.

(a) 각 저항에 흐르는 전류와 강하전압을 KCL을 이용하여 계산하라.
(b) 각 저항에 흐르는 전류와 강하전압을 KVL을 이용하여 계산하라.

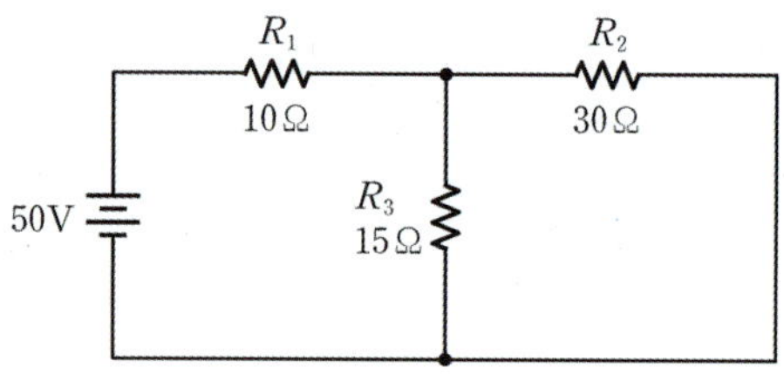

그림 4-40

4.5 [그림 4-41]의 회로도는 2개의 전압원과 3개의 저항으로 구성된 회로이다. 다음 물음에 답하라.

(a) 각 저항에 흐르는 전류와 강하전압을 KCL을 이용하여 계산하라.
(b) 각 저항에 흐르는 전류와 강하전압을 KVL을 이용하여 계산하라.

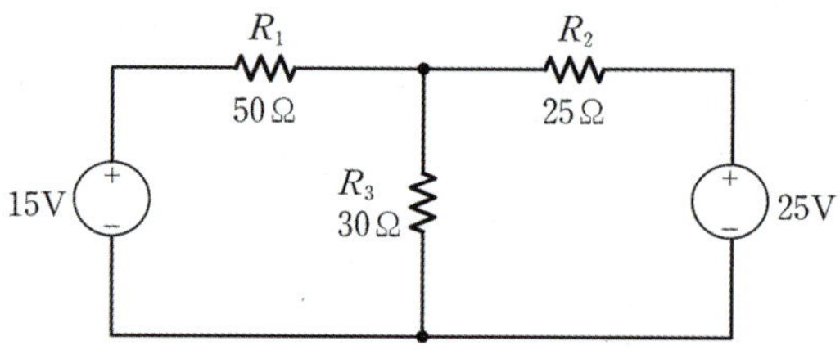

그림 4-41

4.6 다음의 빈칸에 알맞은 말을 써넣어라.

> 중첩의 원리를 이용하여 회로를 해석하려고 한다. 이때 다수의 전원이 존재할 때는 회로에서 하나의 전원만 존재할 경우를 가정하기 위해 전원을 생략하는 과정을 거친다. 전원을 생략할 때 전압원은 (   )회로로 가정하고, 전류원은 (   )회로로 가정하는데, 이는 이상적인 전압원의 내부저항이 (   )이기 때문이고, 이상적인 전류원의 내부저항이 (   )이기 때문이다.

4.7 [그림 4-42]는 전류원과 전압원, 그리고 2개의 저항으로 구성된 회로이다. 다음 물음에 답하라.

(a) 각 저항에 흐르는 전류와 강하전압을 KCL을 이용하여 계산하라.
(b) 각 저항에 흐르는 전류와 강하전압을 KVL을 이용하여 계산하라.

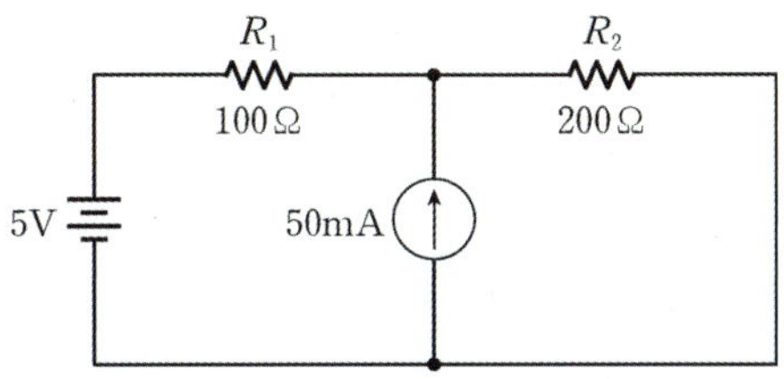

그림 4-42

4.8 [그림 4-43]은 전압원과 전류원을 각각 하나씩 포함하고, 2개의 저항으로 구성된 회로이다. 다음 물음에 답하라.

(a) 중첩의 원리를 이용하여 R_1에 흐르는 전류와 강하전압을 구하라.
(b) 중첩의 원리를 이용하여 R_2에 흐르는 전류와 강하전압을 구하라.

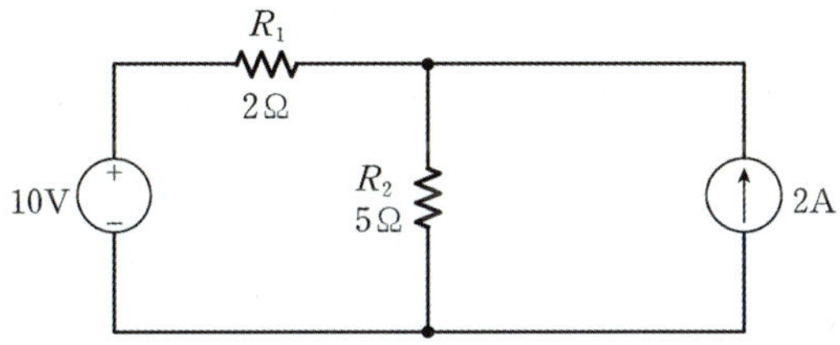

그림 4-43

4.9 [그림 4-44]의 회로는 2개의 전압원과 5개의 저항으로 구성된 회로이다. 중첩의 원리를 이용하여 각 저항에 흐르는 전류와 강하전압을 구하라.

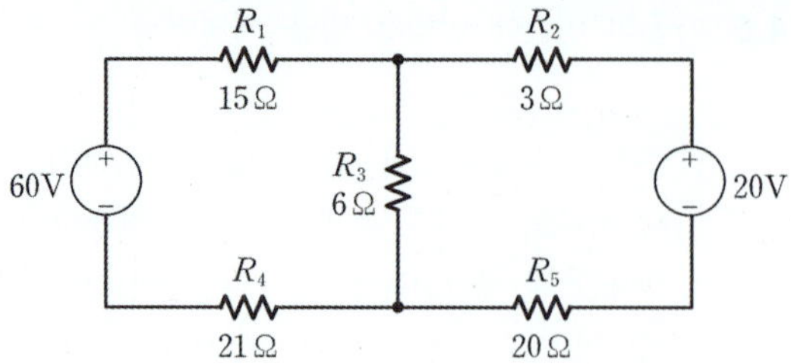

그림 4-44

4.10 [그림 4-45]의 회로는 3개의 전압원과 4개의 저항으로 구성된 회로이다. 중첩의 원리를 이용하여 각 저항에 흐르는 전류와 강하전압을 구하라.

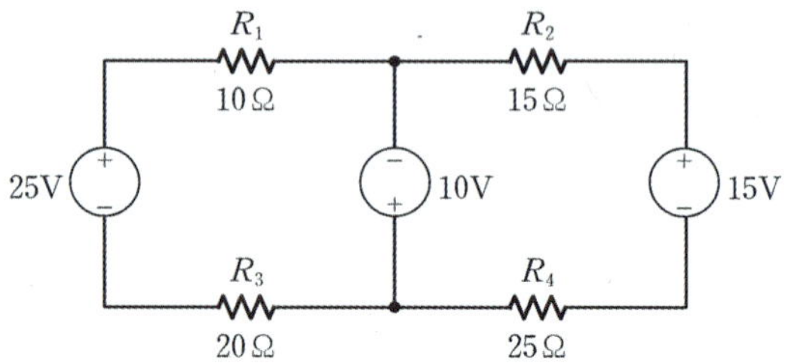

그림 4-45

4.11 [그림 4-46]과 같이 하나의 전압원에 3개의 저항이 연결되어 있고, a, b 단에 부하저항 R_L이 연결되어 있다. 다음 물음에 답하라.

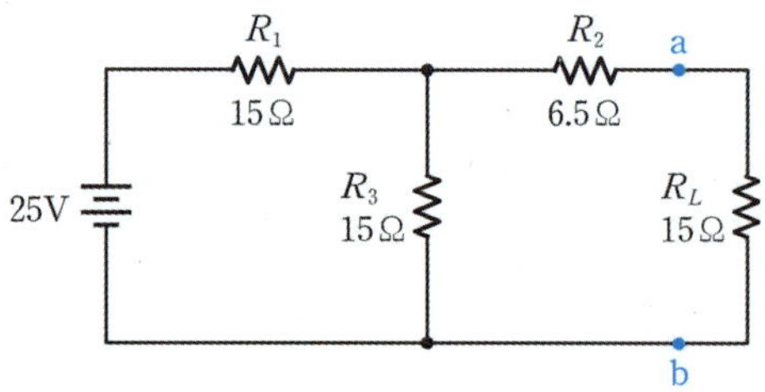

그림 4-46

(a) a, b 단의 테브난 등가회로를 구하고 V_L을 구하라.

(b) a, b 단의 노턴 등가회로를 구하고 I_L을 구하라.

(c) R_2를 기준으로 한 테브난 등가회로를 구하고 V_2를 구하라.

(d) R_1을 기준으로 한 노턴 등가회로를 구하고 I_2를 구하라.

4.12 [그림 4-47]은 휘트스톤 브리지 회로이다. $V_s = 30\,[\text{V}]$, $R_1 = 3\,[\Omega]$, $R_2 = 6\,[\Omega]$, $R_3 = 6\,[\Omega]$, $R_4 = 4\,[\Omega]$이고, A, B 단에 $R_L = 2\,[\Omega]$이 연결되어 있다. 다음 물음에 답하라.

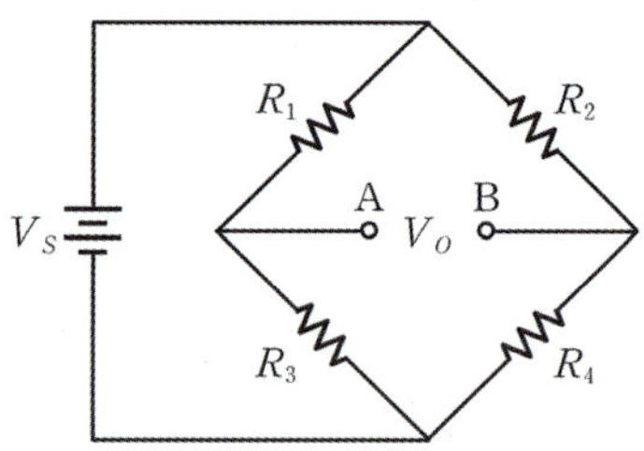

그림 4-47

(a) 테브난 등가회로를 구하고 V_L을 구하라.

(b) 테브난 등가회로와 노턴 등가회로의 변환식을 이용하여 노턴 등가회로를 구하고 I_L을 구하라.

4.13 다음의 빈칸에 알맞은 말을 써넣어라.

> 테브난 등가회로는 하나의 (　　　　)와(과) (　　　　)(으)로 연결된 (　　　　)(으)로 구성되며, 노턴 등가회로는 하나의 (　　　　)와(과) (　　　　)(으)로 연결된 (　　　　)(으)로 구성된다.

4.14 [그림 4-48]은 2개의 전류원으로 구성된 회로를 테브난 정리와 노턴 정리를 이용하여 단순화하는 과정이다. 그림의 빈칸을 완성하라.

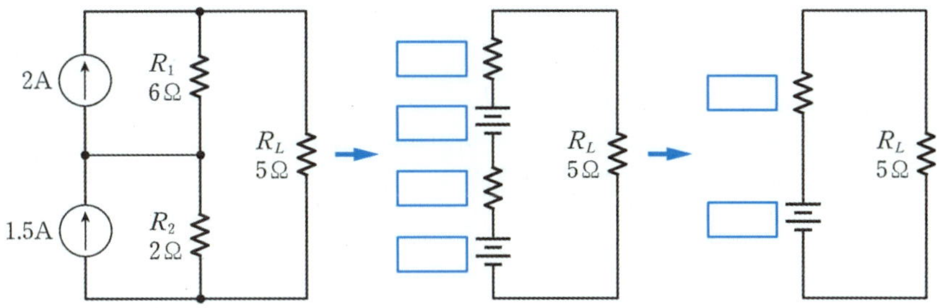

그림 4-48

4.15 [그림 4-49]는 휘트스톤 브리지 회로이다. A, B 단의 전압 V_O를 측정했더니 0[V]였다. $R_1 = 2[\mathrm{k}\Omega]$, $R_3 = 1.5[\mathrm{k}\Omega]$, $R_4 = 1[\mathrm{k}\Omega]$이라고 할 때, R_2를 구하라.

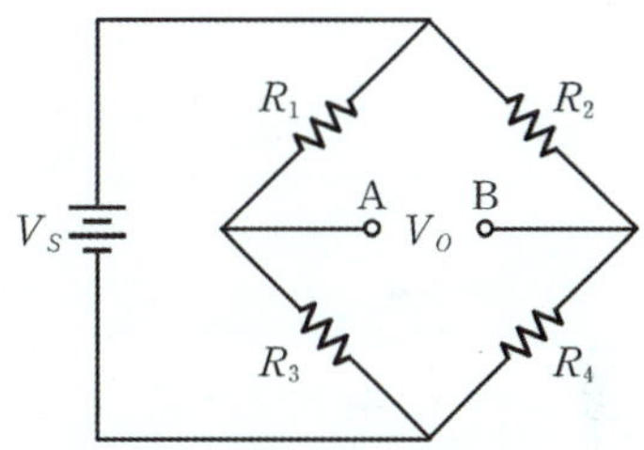

그림 4-49

4.16 수원과 인천을 연결하는 수인선 전철역 중 인하대역은 지하에 위치하고 있다. 지하철 내부 터널이 온도나 습도 혹은 외부 요인에 의해 변형을 일으킬 경우를 대비하여 역 내 터널 곳곳에 스트레인 게이지를 설치했다. 이 스트레인 게이지의 저항값은 5[kΩ]이며, 변형이 감지되면 최대 100[Ω]이 증가한다. [그림 4-50]과 같은 휘트스톤 브리지를 이용하여 센서 감지 회로를 구성했을 때, V_O의 출력 범위를 계산하라.

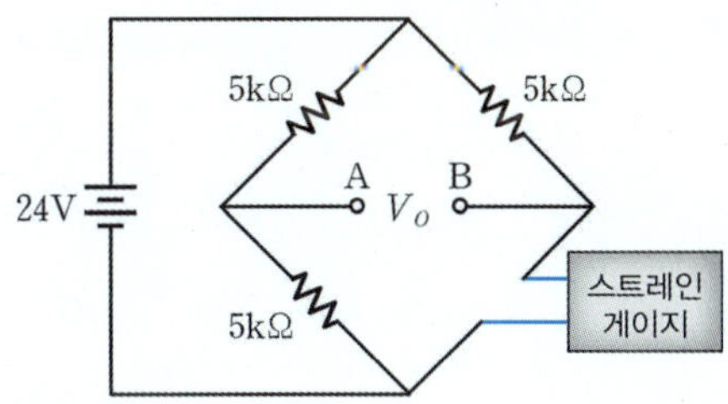

그림 4-50

CHAPTER

05

교류회로

CONTENTS

학습 목표

- 원운동으로부터 유도된 삼각함수의 특성을 이해하고, 삼각함수로부터 주파수와 주기의 개념을 익힌다.
- 삼각함수를 신호의 관점에서 정현파로 정의하여 교류회로를 이해하고, 정현파 회로 해석을 대수적인 관점에서 쉽게 접근할 수 있는 페이저에 대해 익힌다.
- 실생활에서 교류전원으로 사용되는 다상회로 중 대표적인 3상 회로를 이해한다.

들어가기 전에

전류는 크기와 방향의 변화에 따라 직류(DC), 교류(AC), 맥류(PC)Pulsating DC로 나뉜다.

- **직류** : 시간에 따라 크기와 방향이 변하지 않는 전류
- **교류** : 시간에 따라 크기와 방향이 변하는 전류
- **맥류** : 시간에 따라 크기는 변하지만, 방향은 변하지 않는 전류

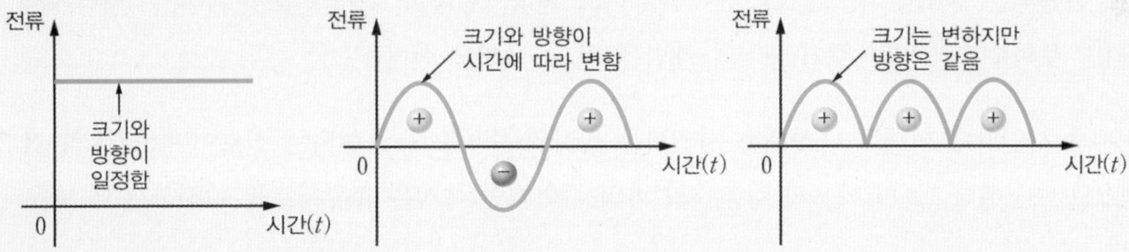

(a) 직류 (b) 교류 (c) 맥류

맥류는 교류를 다이오드가 포함된 정류회로를 통해 한 방향으로 흐르게 바꾼 것으로, 교류의 개념을 먼저 이해해야 한다. 대표적인 교류로는 가정용 전원을 들 수 있다. 발전소에서 생산된 전기는 송전, 배전, 변압의 과정을 거쳐 가정에 들어오는데, 이 과정에서 전력손실 방지와 편의성을 위해 교류를 사용한다. 교류는 직류에 비해 다음과 같은 장점이 있어 전력 전송 등에 널리 사용된다.

- 트랜스포머를 이용하면 전압을 쉽게 올리거나(승압) 내릴(감압) 수 있다. 예를 들어 $11[\mathrm{kV}]$의 고전압을 발전시켜 전송하기 위해 $220[\mathrm{kV}]$로 승압 후 수신단에서 $400[\mathrm{V}]$로 감압이 가능하다.
- 전압을 올리면 전송 선로를 통해 흐르는 전류를 줄일 수 있으므로 전송 효율성이 우수하다. 또한 전기 전송을 위한 도체(주로 전선) 손실이 적어 더 먼 거리까지 전력을 보낼 수 있어 경제성이 뛰어나다.
- 교류전원은 쉽게 직류전원으로 변환할 수 있으므로 다양한 가전기기에 사용할 수 있다.

노트북 PC의 어댑터는 교류를 직류로 변환하는 전자기기이다. AC 어댑터에는 입력 교류전압의 범위를 나타내는 '$100 \sim 240[\mathrm{V}]$'와 주파수를 나타내는 '$50 \sim 60[\mathrm{Hz}]$'가 표시되어 있다. 이 장에서는 교류를 나타내기 위한 기본단위인 주파수와 주기에 대해 알아보고자 한다.

5.1 주파수와 주기

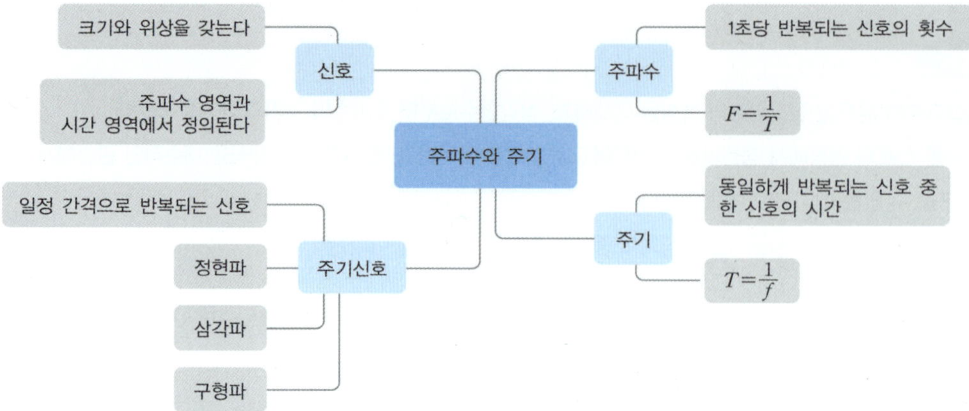

전기·전자공학에서 다루는 신호signal는 시간 영역time domain과 주파수 영역frequency domain에서 나타낼 수 있다. 특히 삼각파triangular wave, 구형파rectangular wave, 사인파sine wave 등과 같이 일정한 시간 간격으로 반복되는 신호를 주기신호periodic signal라고 한다. 이러한 주기 신호를 주파수 영역에서 나타내려면 **주파수**frequency와 **주기**period의 개념을 잘 이해해야 한다.

삼각함수 중 사인함수 형태로 나타내는 사인파는 하나의 주파수로 표현되는 신호이며, 교류의 기본 파형으로 사용된다. 특히 다음과 같은 사인파의 수학적인 특징은 교류회로를 이해하는 데 매우 중요하다.

사인파의 수학적 특징

구분	사인파의 특징	교류회로 해석
주기함수	사인파가 아닌 임의의 주기함수는 서로 다른 주파수를 갖는 사인파의 합으로 나타낼 수 있다.	교류회로에 사각파, 삼각파 등의 주기함수가 입력되더라도 모두 사인파 입력으로 해석이 가능하다.
단순성	수학적 표현이 매우 간단하다.	교류회로 해석이 매우 간단하다.
주파수	같은 주파수를 갖는, 서로 다른 크기의 사인파는 같은 주파수를 갖는 하나의 사인파로 나타낼 수 있다.	주파수가 일정하면 신호의 크기와 각도를 이용하여 교류회로 해석이 가능하다.

이 절에서는 먼저 사인함수의 정의를 이해하고, 이로부터 주파수와 주기의 개념을 설명하고자 한다.

사인함수의 정의

[그림 5-1]과 같이, $x-y$ 평면 위에 중심이 원점이고 반지름이 1인 원 $x^2+y^2=1$이 있다. $x-y$ 평면 위에 있는 한 점 P가 원 위를 움직인다고 할 때, 원점으로부터 x축의 좌표가 움직이는 거리를 코사인cosine, y축의 좌표가 움직이는 거리를 사인sine으로 정의한다. 따라서 x축으로부터 점 P까지의 각도를 θ라고 할 때, 점 P의 좌표는 $(x, y)=(\cos\theta, \sin\theta)$로 쓸 수 있다. 반지름이 r인 원주(원의 둘레)의 길이는 $2\pi r$이고, 각도가 θ일 때 호의 길이는 $2\pi r\times\frac{\theta}{360°}$이다. 따라서 [그림 5-1]과 같이 반지름이 1인 원의 둘레는 2π, 호의 길이는 $2\pi\times\frac{\theta}{360°}$가 된다. 각도 θ의 변화(x축)에 따른 y값의 변화를 좌표축에 나타내보면 [그림 5-1]의 오른쪽과 같은 곡선 모양으로 표현되는데, 이 곡선이 함수 $f(\theta)=\sin\theta$의 그래프이다. 여기서 각도 θ 대신 호의 길이를 x축의 좌표로도 나타낼 수 있다. 이때 각도 θ에 대응하는 호의 길이를 $2\pi\times\frac{\theta}{360°}$라고 계산하며, 이 값을 **라디안**radian으로 정의한다.

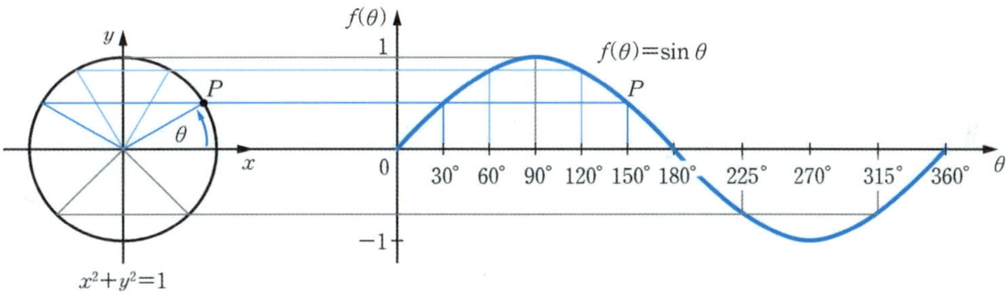

그림 5-1 원운동을 이용한 $f(\theta)=\sin\theta$의 유도

신호의 주파수

[그림 5-1]에서 신호(점 P)가 1초 동안 원운동[1]하는 횟수를 진동수 또는 주파수 f로 정의하며, 단위는 [Hz]이다. 일반적으로 국내 가정용 전원으로 60[Hz]를 사용하는데, 이는 1초에 60회의 원운동을 한다는 의미한다. 이때 원운동을 한 번 하는 데 소요되는 시간을 주기 T라고 하는데, 주기는 주파수의 역수 관계를 갖는다. 따라서 60[Hz]의 신호는 $\frac{1}{60}$[sec]의 주기를 갖는다.

1초에 일어나는 원운동을 각도(또는 원주의 길이)로 나타낸 것, 즉 단위시간 동안 원 위를 움직인 거리를 각주파수angular frequency 또는 각속도angular velocity ω로 정의한다. 각속도는 $\omega=2\pi f=\frac{2\pi}{T}$로, 단위는 [rad · Hz] = [rad/sec]이다. 예를 들어 60[Hz]의 신호는 1초 동안 60회의 원운동을 하므로, 움직인 거리는 $2\pi\times 60=120\pi$가 된다. 이 값을 각주파수라고도 한다. 초기 각도가 θ라면 시간 t 동안 움직인 각도 또는 호의 길이를 $\omega t+\theta$로 나타낼 수 있다.

1 x 또는 y 값의 움직임만 보면 x축, y축과 평행한 직선 위를 움직이기 때문에 단진자 운동이라고도 한다.

만약 [그림 5-2]에서 점 P가 반지름이 A인 원 위를 움직인다면, 각도 θ의 변화(x축)에 따른 y 값의 변화는 $F = A\sin\theta$이다. 이때의 A를 진폭amplitude이라고 한다. 따라서 임의의 시간 t에서 진폭 A를 갖는 신호 $f(t)$가 각주파수 ω를 가지며, $t=0$일 때 초깃값 θ를 갖는다면 다음과 같이 나타낼 수 있다.

$$f(t) = A\sin(\omega t + \theta) \tag{5.1}$$

[그림 5-2]와 같이 반지름이 A[m]인 자전거 바퀴를 가정해보자. $t=0$인 위치($\theta=0$)부터 점 P가 움직이기 시작할 때, 시간에 따른 점 P의 높이의 변화를 수식으로 표현하면 $f(t) = A\sin(2\pi ft)$로 나타낼 수 있다.

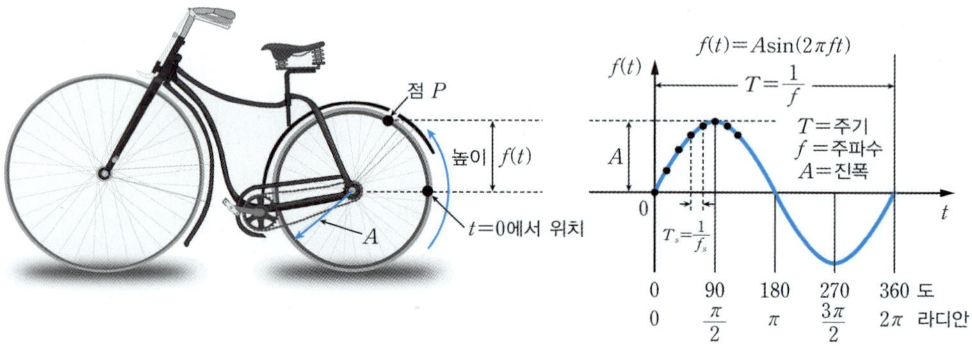

그림 5-2 원운동을 이용한 $f(t) = A\sin(2\pi ft)$의 유도

식 (5.1)의 $f(t) = A\sin(\omega t + \theta)$에서 위상 이동의 개념을 이해할 필요가 있다. 위상 이동이란 [그림 5-3]과 같이 $f(t)$ 함수가 위상각 θ에 따라 시간축에서 이동을 한다는 개념으로, 이는 시간 이동과 동일한 형태를 띤다. 식 (5.1)에서 각주파수 ω 값이 일정하고 시간 t만 변화할 때, ωt로 나타내는 각도(위상phase) 또한 함께 변화한다.

따라서 시간 이동과 위상 이동은 동일하게 발생한다. 반면 각주파수 ω는 변하지 않기 때문에 주파수 이동은 발생하지 않는다는 사실에 주의해야 한다.

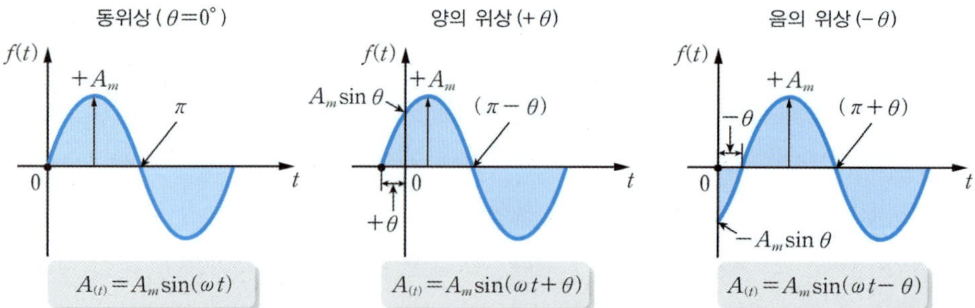

그림 5-3 사인파(정현파)의 위상 이동

신호의 주기

[그림 5-1]과 [그림 5-2]로부터 사인함수를 [그림 5-4]와 같이 거리(θ 또는 x) 또는 시간(t)에 대해 나타낼 수 있음을 알 수 있다. 거리에 관해 나타낼 때 사인함수의 한 주기 동안의 거리를 파장^wavelength^이라 하고, 시간에 대해 나타낼 때 한 주기 동안의 시간을 주기라고 한다.

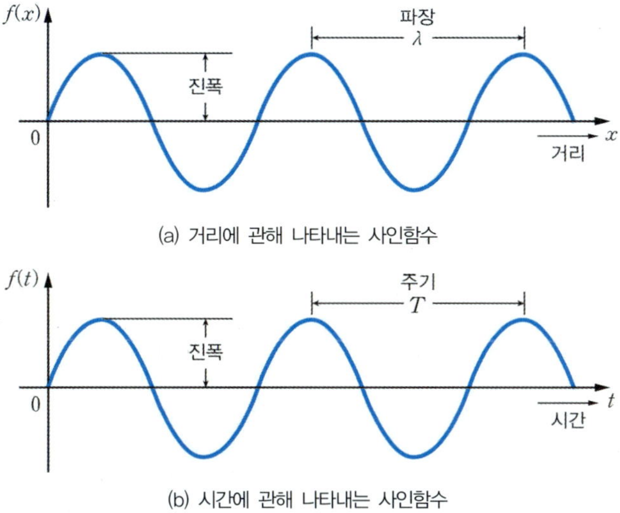

그림 5-4 거리와 시간에 따른 사인함수

예를 들어 [그림 5-2]에서 점 P가 움직이는 속도를 빛의 속도 c[2]로 가정할 때, 한 주기 동안 움직인 거리를 파장 λ로 정의한다. 이때 $c = \dfrac{\lambda}{T} = f\lambda$의 관계를 갖는다. 따라서 $\lambda = \dfrac{c}{f}$이다. 만약 주파수가 60[Hz]의 신호라면 파장은 5000[km]이고, 무선 LAN(Wi-Fi)에서 사용하는 2.4[GHz] 신호의 경우 파장은 0.125[m]로 주어진다. 신호의 주파수가 높다는 것은 [그림 5-5]와 같이 동일한 시간 동안 신호가 더 빠르게 변한다는 것을 의미한다.

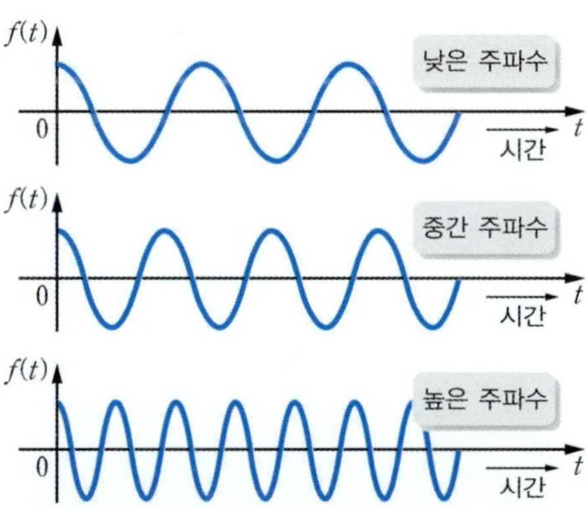

그림 5-5 주파수에 따른 파형의 변화

---

2 $c = 3 \times 10^8$ [m/sec]이다.

예제 5-1

신호원 전압이 $V = 10\sin(3\times10^8 t + 20°)$[V]로 주어졌다. 이 신호원 전압의 크기와 각속도, 주파수를 구하라.

풀이

식 (5.1)의 $f(t) = A\sin(\omega t + \theta)$에 의해 임의의 시간 t에서 진폭 A, 각속도 ω를 갖는 신호는 $f(t) = A\sin(\omega t + \theta)$이다. 따라서 문제에 주어진 식과 비교해보면 신호원 전압의 크기는 10[V]이며, 각속도는 $\omega = 3\times10^8$ [rad/sec]로 주어진다. 각속도로부터 주파수 $f = \dfrac{\omega}{2\pi} = \dfrac{3}{2\pi}\times10^8$ [Hz]이다.

예제 5-2

식 (5.1)에서 $\omega = 200$[rad/sec]일 때, $\theta = 0°$이면 90°가 되는 데 걸리는 시간은 얼마인가?

풀이

$\omega = 2\pi f = \dfrac{2\pi}{T} = 200$으로부터 주기 $T = \dfrac{\pi}{100}$로 주어진다. 한 주기에 해당하는 각도는 [그림 5-1]에서 360°임을 알 수 있으며, 따라서 90°가 되는 데 걸리는 시간은 $\dfrac{T}{4} = \dfrac{\pi}{100}\times\dfrac{1}{4} = \dfrac{\pi}{400}$ [sec]이다.

예제 5-3

[그림 5-6]을 나타내는 신호 $f(t)$를 구하라.

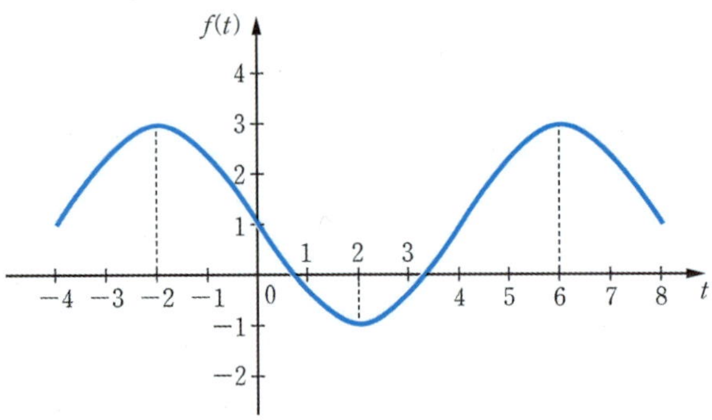

그림 5-6 [예제 5-3]에 주어진 신호 $f(t)$

풀이

[그림 5-6]에서 주기 $T = 8$이므로 각주파수 $\omega = \dfrac{2\pi}{T} = \dfrac{2\pi}{8} = \dfrac{\pi}{4}$로 주어진다. 또한 파형은 사인함수의 반대 파형이므로 $2\sin\left(\dfrac{\pi}{4}t\right) \to -2\sin\left(\dfrac{\pi}{4}t\right)$로 나타낼 수 있고, 이 그래프가 y축 방향으로

$+1$만큼 이동했으므로 신호 $f(t)$는 다음과 같이 나타낼 수 있다.

$$f(t) = -2\sin\left(\frac{\pi}{4}t\right) + 1$$

예제 5-4

신호 $f(t) = 3\sin\left(\frac{\pi}{4}t - \frac{\pi}{4}\right)$의 파형을 그려라.

풀이

주어진 신호는 다음과 같이 나타낼 수 있다.

$$f(t) = 3\sin\left(\frac{\pi}{4}t - \frac{\pi}{4}\right) = 3\sin\left\{\frac{\pi}{4}(t-1)\right\}$$

이 신호에서 각속도 $\omega = \frac{\pi}{4}$이므로, 주기 $T = \frac{2\pi}{\omega} = \frac{2\pi}{\frac{\pi}{4}} = 8$이다. 따라서 다음과 같이 신호의 파형을 그릴 수 있다.

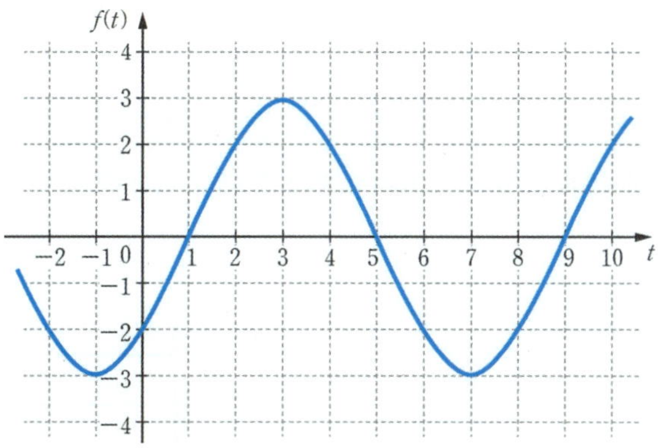

그림 5-7 $f(t) = 3\sin\left(\frac{\pi}{4}t - \frac{\pi}{4}\right)$의 파형

Quick Review

- 신호는 (　　　　) 영역과 (　　　　) 영역에서 나타낼 수 있다.
- 일정한 시간 간격(주기적)으로 반복되는 신호를 (　　　　　)라고 한다.
- 1초 동안 반복되는 횟수를 (　　　　)라고 한다.

ANS 시간/주파수, 주기신호, 주파수

5.2 정현파

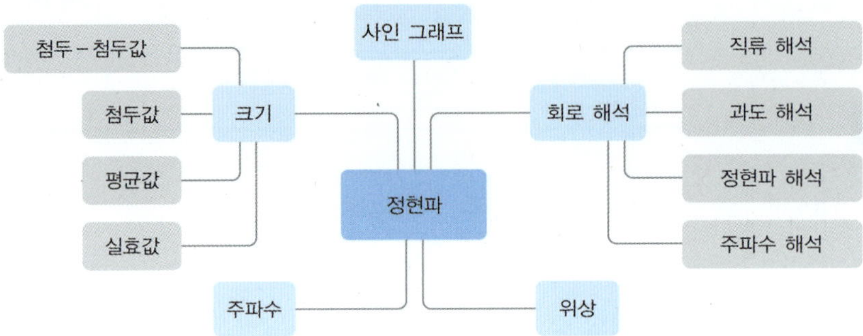

정현파는 시간에 따라 주기적으로 변하는 사인 형태의 교류신호로, 전기회로 해석에서 중심적인 역할을 한다. 이 절에서는 먼저 회로 해석 방법에 살펴보고, 이로부터 정현파의 원리와 크기 값에 대해 설명하고자 한다.

회로 해석 방법

전기·전자회로의 특성을 해석하는 방법은 전압이나 전류가 변하는 형태에 따라 다음과 같이 크게 4가지로 나눌 수 있다.

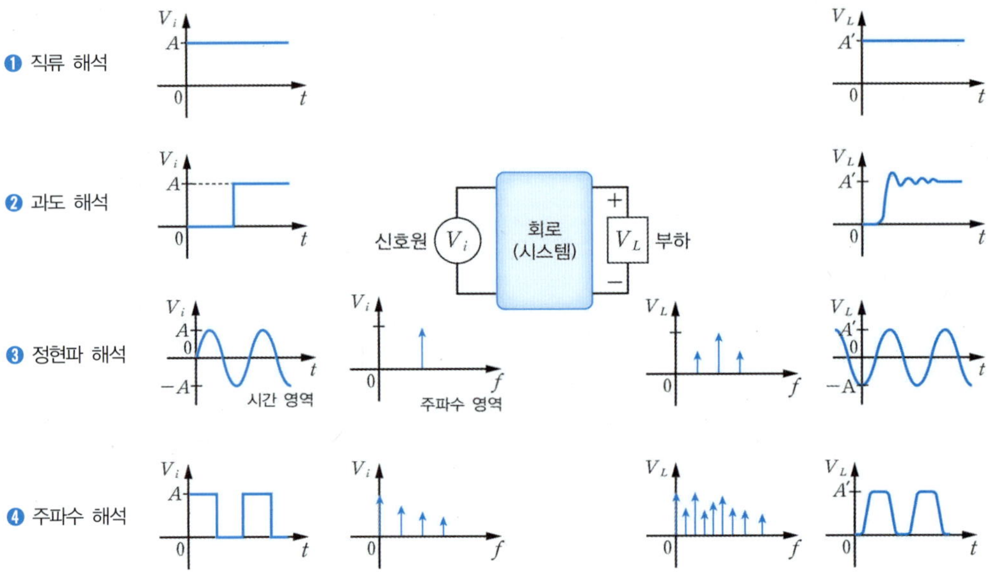

그림 5-8 전압 특성에 따른 응답

❶ **직류 해석**DC analysis : 전압이나 전류가 시간에 따라 변하지 않는 경우. 즉 직류신호인 경우

❷ **과도 해석**transient analysis : 전압이나 전류가 시간에 따라 매우 빠르게 변하는 경우. 주로 스위치가 포함된 회로에 적합한 해석 방법

❸ **정현파 해석**sinusoidal analysis : 과도현상이 소멸된 후 정상 상태의 단일 주파수를 갖는 교류전력 및 신호에 대한 해석 방법

❹ **주파수 해석**frequency analysis : 시간에 따라 불규칙적으로 변하는 회로의 해석을 위해 주파수 영역에서 해석하는 방법

직류 해석은 주로 저항이 포함된 회로를 해석할 때 적용한다. 커패시터나 인덕터가 포함된 회로의 경우 미분이나 적분항이 포함되기 때문에 주파수 영역에서 회로를 해석할 때 유용하게 적용된다.

교류신호와 정현파

직류(DC)는 일정한 방향(단일 방향)으로만 흐르는 전류(전하의 움직임)인 반면 **교류**(AC)는 전하가 양(+)의 방향과 음(−)의 방향으로 주기적으로 번갈아 이동하는, 즉 방향이 바뀌는 전류를 의미한다.

대개 신호원으로 사용되는 교류는 [그림 5-9]와 같이 사인파, 삼각파(또는 톱니파), 구형파(사각펄스)의 형태를 띠며, 이 중 [그림 5-9(a)]와 같이 사인 형태를 띠는 교류를 정현파sinusoidal wave라고 정의한다. 정현파는 일정한 주파수, 즉 하나의 주파수를 갖는 신호를 의미한다.

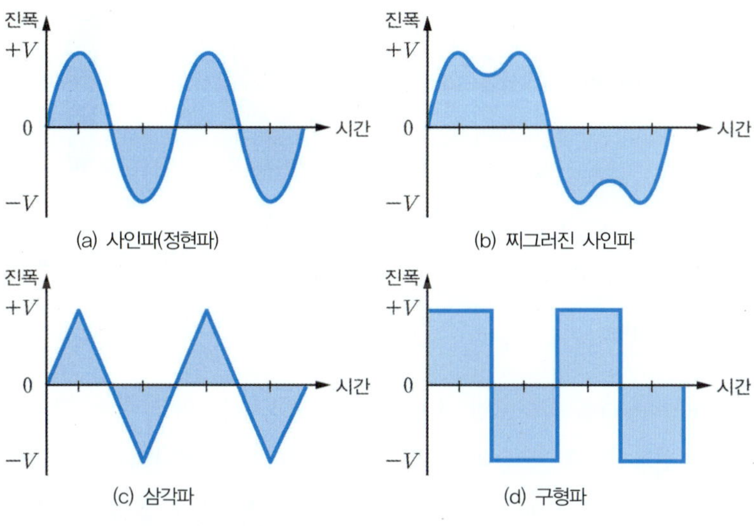

그림 5-9 주기를 갖는 여러 교류 파형

정현파는 사인 또는 코사인의 삼각함수 형태, 즉 식 (5.1)의 $f(t) = A\sin(\omega t + \theta)$ 형태로 나타낼 수 있다. 삼각함수는 원운동 또는 단진자 운동으로부터 얻을 수 있으므로, 정현파 신호를 만들어내려면 이러한 운동이 필요하다. [그림 5-10]과 같이 실험실에서는 신호 발생기signal generator, 수력·화력발전기, 풍력발전기, 태양열발전기, 자석코일이 회전하는 전동기 등의 발전 시설을 이용하여 교류의 신호원으로 사용되는 정현파를 발생시킬 수 있다.

(a) 신호 발생기 (b) 수력발전 (c) 화력발전

(d) 풍력발전 (e) 태양열발전 (f) 전동기

그림 5-10 정현파가 발생되는 예

원운동 또는 단진자 운동으로부터 정현파를 발생시키는 또 다른 예로 [그림 5-11]의 제품들을 들 수 있다. [그림 5-11(a)]는 손잡이를 돌려 코일 내부에 있는 자석을 원운동시킴으로써 정현파 전원을 발생시키는 라디오이고, [그림 5-11(b)]는 코일 내부에 있는 자석을 좌우 또는 위아래로 흔들어 단진자 운동을 만들고 이로부터 정현파 전원을 발생시키는 손전등이다. 가정에서 사용하는 전원은 주파수가 60[Hz]인 정현파 교류이다.

(a) (b)

그림 5-11 정현파 신호원을 이용한 제품 예

정현파에 관한 식 $f(t) = A\sin(\omega t + \theta)$를 살펴보면 A는 신호의 크기, θ는 위상, ω는 각주파수(혹은 주파수)이다. 정현파를 신호원으로 사용하는 경우에는 주파수가 하나이므로 [그림 5-8(c)]의 정현파 해석과 같이 가장 간단한 형태의 주파수 응답 특성을 해석할 수 있다는 장점이 있다. 또한 선형회로[3]의 경우 중첩의 원리[4]를 이용하면 여러 주파수 신호원을 가진 회로뿐 아니라

3 입력 특성의 변화에 대해 출력 특성이 선형적으로 변화하는 회로로 저항, 커패시터, 인덕터로 구성된 회로가 해당된다.

4 선형회로에서 A 입력에 대해 출력이 A'이고 B 입력에 대해 출력이 B'일 때, $A+B$ 입력에 대해 $A'+B'$ 출력이 얻어지는 원리를 말한다.

커패시터와 인덕터를 포함하는 간단한 회로를 쉽게 해석할 수 있기 때문에 교류 신호원의 모델로 널리 사용된다.

정현파의 크기

정현파는 0[V]부터 최대/최소 전압까지 일정한 전압을 갖지 않고 계속 변하기 때문에, 정현파의 크기를 나타내는 방법에는 다음과 같이 4가지로 정의할 수 있다.

❶ **첨두-첨두값**peak to peak(A_{p-p}) : 정현파의 최댓값과 최솟값 차이

❷ **첨두값**(A_{peak}) : 정현파의 최댓값

❸ **평균값**average value(A_{avg}) : 한 주기 동안 정현파를 적분한 면적과 동일한 직류값

❹ **실효값**root mean square(A_{rms}) : 평균제곱근값 또는 rms 값이라고도 하며, 같은 영향을 주는 직류(DC)값을 나타내는 교류값

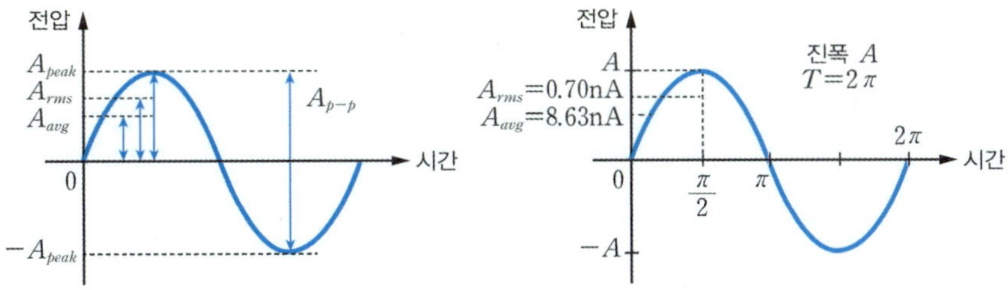

(a) 정현파의 크기

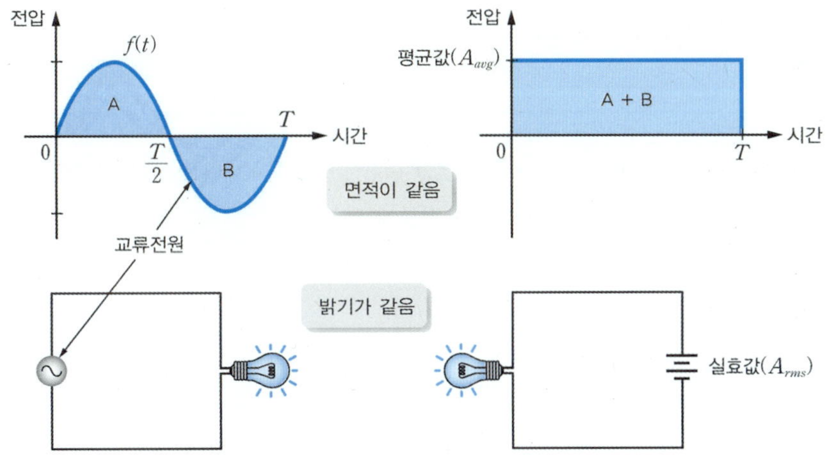

(b) 평균값 A_{avg}와 실효값 A_{rms}의 의미

그림 5-12 정현파의 크기를 나타내는 방법

[그림 5-12(b)]에서 주기가 T인 함수 $f(t)$에 대해 평균값 A_{avg}와 실효값 A_{rms}는 식 (5.2)~식 (5.3)과 같이 정의된다.

$$A_{avg} = \frac{1}{T}\int_0^T f(t)\,dt \tag{5.2}$$

$$A_{rms} = \sqrt{\frac{1}{T}\int_0^T f(t)^2 dt} \tag{5.3}$$

식 (5.2)는 주기함수의 평균값에 대한 수학적 정의로, 정현파와 같은 대칭 주기함수의 경우 한 주기에 대한 적분값은 0으로 주어진다. 따라서 교류 정현파의 경우 평균값은 반주기에 대한 적분값으로 계산한다. 예를 들어 주기 2π, 진폭 A를 갖는 정현파의 경우 평균값과 실효값은 다음과 같다.

- 평균값 : $A_{avg} = \frac{2}{T}\int_0^{\frac{T}{2}} f(t)\,dt = \frac{2}{T}\int_0^{\frac{T}{2}} A\sin(\omega t)\,dt = \frac{2}{\pi}A = 0.637A$
- 실효값 : $A_{rms} = \frac{A}{\sqrt{2}} = 0.707A$

[그림 5-12(b)]와 같이, 실효값은 같은 영향(예 열)을 주는 직류(DC)값을 나타내는 교류값을 의미한다. 예를 들어 1[V]의 직류전원에 연결된 전구와 같은 밝기를 내기 위해 필요한 교류전원의 크기는 rms 전압이 1[V]로 주어지는 값, 즉 $A = 1.414\,(=\sqrt{2})$[V]이다. 보통 AC 전압계 또는 전류계에서 측정되는 전압이나 전류는 모두 실효값을 나타내며, 일상생활에서 사용하는 교류전원인 220[V] AC도 특별한 언급이 없다면 실효값을 의미한다.

예제 5-5

$a(t) = 5\sin(\omega t)$, $b(t) = 15\sin(\omega t - 30°)$, $c(t) = 10\sin(\omega t + 60°)$, $d(t) = 5\sin(2\omega t)$인 4개의 정현파가 있다. 각속도 $\omega = 314$[rad/s]라고 할 때 다음 질문에 답하라.

(a) $d(t)$의 주파수는 얼마인가?
(b) $b(t)$의 주기는 얼마인가?
(c) $c(t)$에 대해 $a(t)$의 위상을 표현하라.

풀이

(a) $f = \frac{2\omega}{2\pi} = \frac{2 \cdot 314}{2 \cdot 3.14} = 100$[Hz]
(b) $T = \frac{1}{f} = \frac{2\pi}{\omega} = \frac{2 \cdot 3.14}{314} = 0.02$[s]
(c) $a(t)$는 $c(t)$보다 60° 늦다.

표 5-1 여러 파형들에 대한 평균값과 실효값

파형	파형	평균값	실효값
직류(DC)	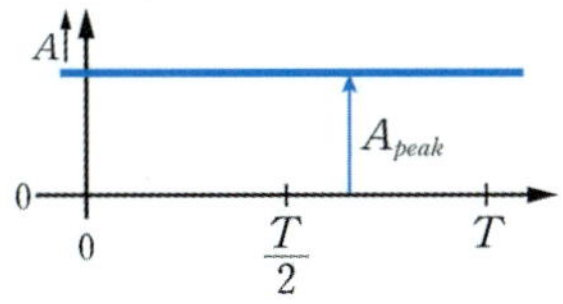	A_{peak}	A_{peak}
정현파(sine)	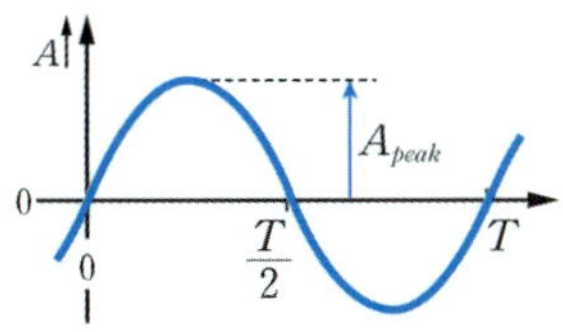	$0.637A_{peak}$	$\dfrac{A_{peak}}{\sqrt{2}}$
오프셋 정현파 (offset sine)	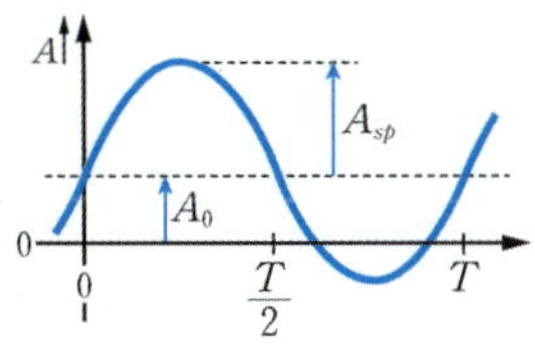	A_0	$\sqrt{A_0^2+\dfrac{1}{2}A_{sp}^2}$
반파정류 정현파 (half-wave rectified sine)	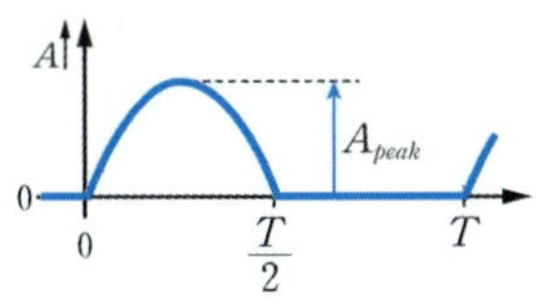	$\dfrac{A_{peak}}{\pi}$	$\dfrac{A_{peak}}{2}$
전파정류 정현파 (full-wave rectified sine)	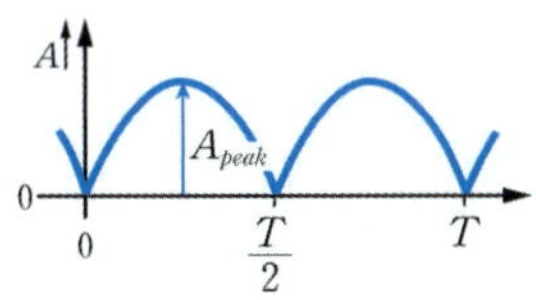	$\dfrac{2A_{peak}}{\pi}$	$\dfrac{A_{peak}}{\sqrt{2}}$
사각파 (rectangular)	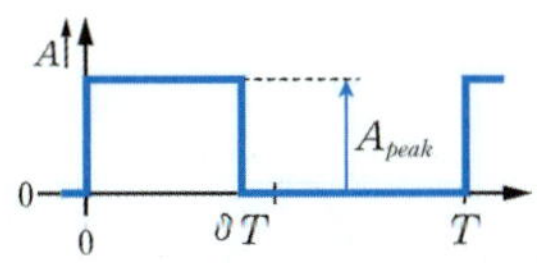	$A_{peak}\cdot\delta$	$A_{peak}\cdot\sqrt{\delta}$
사다리꼴파 (trapezoidal)	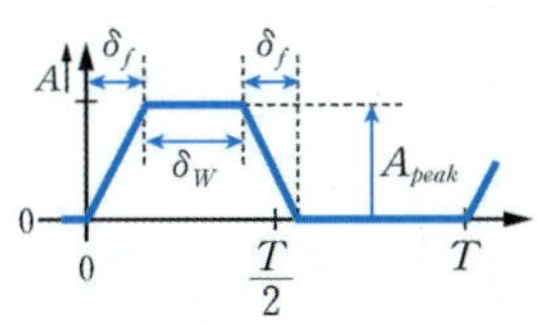	$A_{peak}(\delta_f+\delta_W)$	$A_{peak}\sqrt{\dfrac{2\delta_f+3\delta_W}{3}}$
삼각파 (triangle)	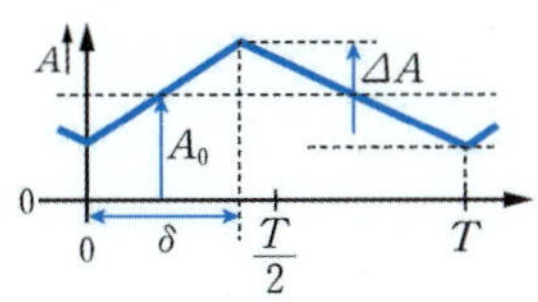	A_0	$A_0\sqrt{1+\dfrac{1}{12}\left(\dfrac{\Delta A}{A_0}\right)^2}$

예제 5-6

회로에서 전압과 전류가 각각 $v=5\sin(\omega t+30°)$ [V], $i=3\sin(\omega t-15°)$ [A]로 주어졌다. 이 두 파형을 한 그래프에 그려라.

풀이

전압은 진폭이 5 [V]이며, ωt축으로 $-30°$만큼 평행이동한 정현파이다. 전류는 진폭이 3 [A]이며, ωt축으로 $+15°$만큼 평행이동한 정현파이다. 따라서 두 그래프는 다음과 같이 그릴 수 있다.

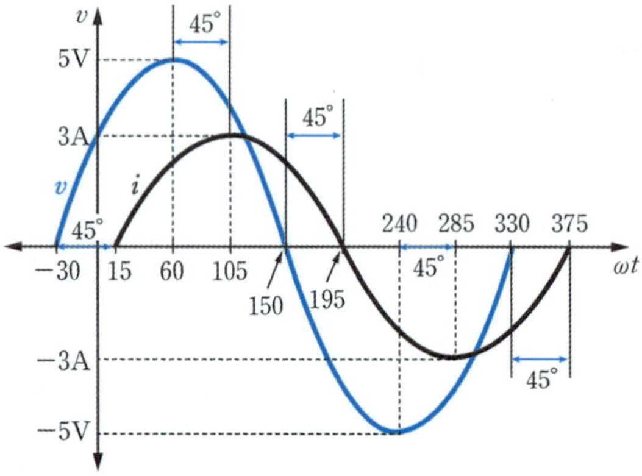

그림 5-13 두 파형의 그래프

예제 5-7

[그림 5-14(a)]와 같이 4개의 다이오드를 이용하면 정현파 입력으로부터 전파정류를 할 수 있는 전파정류회로full-wave rectifier를 구현할 수 있다. [그림 5-14(b)]의 전파정류된 교류의 출력전압 평균값이 300 [V]일 때, 이 전압의 최댓값 및 실효값을 구하라.

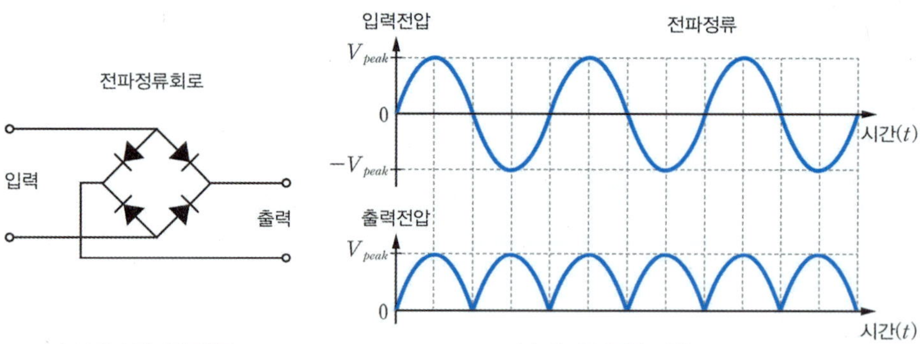

(a) 브리지 전파정류회로 (b) 입·출력전압 파형

그림 5-14 브리지 전파정류회로와 입·출력전압 파형

풀이

전파정류된 정현파 출력전압은 [표 5-1]로부터 평균값은 $\frac{2A_{peak}}{\pi}$, 실효값은 $\frac{A_{peak}}{\sqrt{2}}$로 주어진다. 평균값이 300[V]이므로 $300 = \frac{2A_{peak}}{\pi}$로부터 전압의 최댓값 $A_{peak} = 150\pi$[V]이다. 또한 실효값은 $\frac{150\pi}{\sqrt{2}} = 75\sqrt{2}\pi$[V]가 된다.

예제 5-8

[그림 5-15]의 회로에서 $R=10[\Omega]$, $v(t)=25\sin(314t)$일 때 전류의 실효값과 공급전압의 주파수를 구하라.

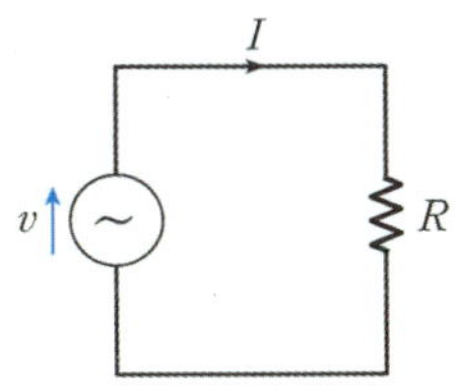

그림 5-15 교류 저항회로

풀이

피크전압 $V_{peak}=25$[V]이므로 피크전류 $I_{peak} = \frac{V_{peak}}{R} = \frac{25[V]}{10[\Omega]} = 2.5$[A]가 된다. 따라서 전류의 실효값 $I_s = \frac{2.5}{\sqrt{2}} = 1.77$[A]이다. 각주파수 $\omega = 314$[rad/s]이므로 $f = \frac{\omega}{2\pi} = \frac{314}{6.28} = 50$[Hz]가 된다.

예제 5-9

$v_1(t) = 12\sin(1000t + 60°)$ [V]와 $v_2(t) = -6\cos(1000t + 30°)$ [V]의 주파수와 위상차를 구하라.

풀이

주파수 $f = \frac{\omega}{2\pi} = \frac{1000}{2\pi} = 159.2$[Hz]로 주어진다. 두 전압의 위상차를 구하기 위해 $v_2(t)$를 $v_1(t)$와 같은 정현파로 표현하면, $v_2(t) = -6\cos(\omega t + 30°) = 6\cos(\omega t + 210°)$[V] $= 6\sin(\omega t + 300°)$[V] $= 6\sin(\omega t - 60°)$[V]이다. 두 신호를 그려보면 $v_1(t)$는 $v_2(t)$보다 120° 앞선다.

Quick Review

- 회로를 해석하는 방법은 신호 형태에 따라 (   ), (   ), (   ), (   )으로 나눌 수 있다.
- 단일 주파수를 갖는 신호를 (   )라고 한다.

ANS 직류 해석/과도 해석/정현파 해석/주파수 해석, 정현파

5.3 주파수 영역의 정현파 : 페이저

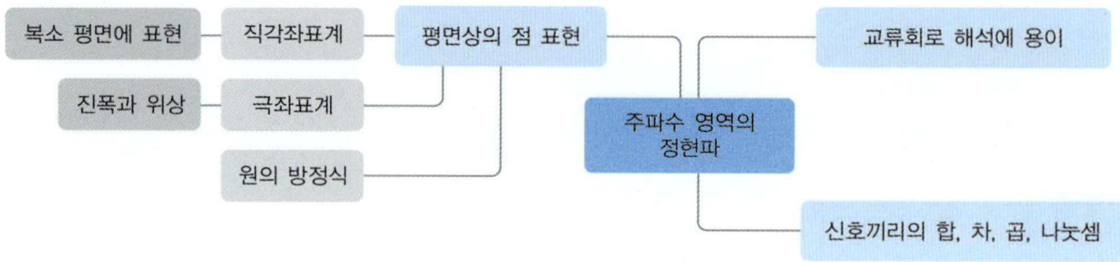

식 (5.1)로 나타낸 교류 정현파 $f(t) = A\sin(\omega t + \theta)$는 시간 영역에서 주어지는 신호로, 신호 안에 각주파수(또는 주파수) ω(또는 f)와 시간 t의 두 변수를 갖기 때문에 회로를 해석할 때 복잡한 과정을 거친다. 만약 주파수가 일정한 정현파 신호라면 두 변수를 생략하고 진폭 A와 각도 θ만으로 신호를 나타낼 수 있다. 이를 **페이저**phasor라고 한다. 페이저를 이용하면 신호를 진폭과 각도만으로 표현할 수 있기 때문에 복잡한 회로를 쉽게 대수적으로 해석할 수 있다.

페이저의 정의

페이저를 이해하려면 먼저 평면상의 한 점을 표현하는 다양한 방법에 대해 알아야 한다. 반지름이 r인 원 위의 한 점을 가정해보자. 원 위의 한 점 $z(x,\ y)$는 [그림 5-16]과 같이 3가지 방법으로 나타낼 수 있다.

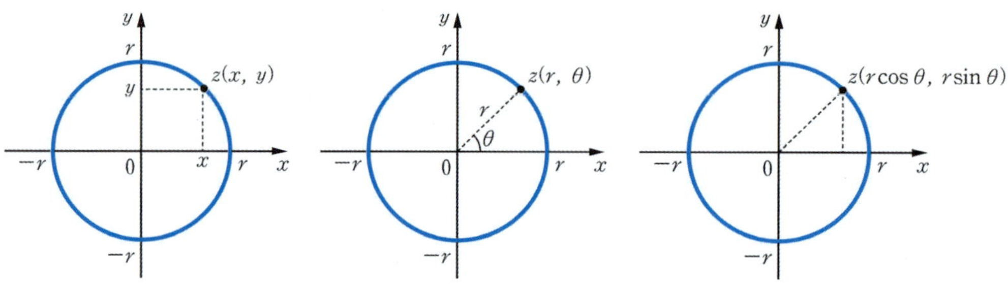

(a) 직각좌표계 (b) 극좌표계 (c) 원의 방정식(삼각함수)

그림 5-16 원 위의 한 점을 나타내는 방법

[그림 5-16(a)]는 직각좌표계로 표현한 것으로, 평면상의 점 z는 $z(x,\ y)$로 나타낼 수 있다. 만약 이 점이 복소 평면상에 있다고 가정하면, 실수축은 x와 같고 허수축은 y와 같다고 했을 때 점 z는 $z = x + jy$로 표현할 수 있다. [그림 5-16(b)]는 극좌표계를 이용하여 원점으로부터의 거리 r과 각도 θ인 $(r,\ \theta)$로 나타내는 방법으로, 이는 $z = r\angle\theta$로 표현할 수 있다. 마지막으로 원의 반지름을 생각했을 때, 원의 반지름이 r이기 때문에 점 $z(x,\ y)$는 [그림 5-16(c)]와 같이

점 $z(r\cos\theta, r\sin\theta)$로 나타낼 수 있다.[5] 이는 지수함수 $z = re^{j\theta}$으로 표현된다. 이를 다시 쓰면 평면 위의 한 점 $z(x, y)$는 다음과 같이 나타낼 수 있다. 이때 $r = \sqrt{x^2 + y^2}$, $\theta = \tan^{-1}\frac{y}{x}$로 주어진다.

$$z = x + jy \quad \Rightarrow \quad r\angle\theta \quad \Rightarrow \quad re^{j\theta} \tag{5.4}$$

다시 정현파 신호를 가정해보자. 크기 A, 주파수 ω, 초기 각도 θ인 정현파는 $v(t) = A\sin(\omega t + \theta)$ 또는 $v(t) = A\cos(\omega t + \theta)$로 나타낼 수 있다. 이로부터 동일한 각주파수를 갖는 신호에 대해서는 오일러 공식 $e^{jX} = \cos(X) + j\sin(X)$를 이용하면 다음과 같이 유도할 수 있다.

$$\begin{aligned} v(t) &= A\cos(\omega t + \theta) \\ &= Re[A\cos(\omega t + \theta) + jA\sin(\omega t + \theta)] = Re[Ae^{j(\omega t + \theta)}] \end{aligned} \tag{5.5}$$

여기서 $Re[\cdot]$는 $[\cdot]$의 실수real 성분을 의미한다. $Re[Ae^{j(\omega t + \theta)}] = Re[Ae^{j\omega t}e^{j\theta}]$으로부터, 각주파수 ω가 동일하다면 $|e^{j\omega t}| = 1$을 이용해 신호원을 크기 A와 각도 θ만으로 표현되는 $\boldsymbol{V}$로 나타낼 수 있다. 이때의 $\boldsymbol{V}$[6]를 신호 $v(t)$의 페이저phasor라고 하며, 이는 식 (5.6)과 같은 상호 관계를 갖는다.

$$v(t) = A\cos(\omega t + \theta) \;\Leftrightarrow\; \boldsymbol{V} = A\angle\theta = Ae^{j\theta} \tag{5.6}$$

페이저는 단일 주파수 영역에서 정의되는 신호로 신호의 시간 성분을 포함하지 않고 크기와 위상만으로 나타낼 수 있기 때문에, 정현파가 포함된 복잡한 회로를 매우 간단하게 해석할 수 있다. 예를 들어 식 (5.6)에서 $A = 1$, $\theta = 0°$, $f = 50\,[\text{Hz}]$이면, 시간 영역 신호는 $v(t) = \cos(100\pi t)$가 되며 주파수와 관계없이 페이저는 $\boldsymbol{V} = 1$로 나타낼 수 있다. 또한 페이저가 $\boldsymbol{V} = -j$라면 $v(t) = \sin(100\pi t)$로 시간 영역 파형을 반대로 나타낼 수 있다. 페이저가 $\boldsymbol{V} = -1 - 0.5j = 1.12\angle -153°$라면, $v(t) = 1.12\cos(100\pi t - 153°)$로 나타낼 수 있다.

이와 같이 페이저의 개념을 적용하면 시간 영역에서 정의되는 곱셈, 나눗셈, 미분 및 적분을 [표 5-2]와 같이 모두 간단한 대수 개념으로 나타낼 수 있으므로 매우 유용하다. 신호끼리의 합이나 차는 복소수 형태($P = x + jy$)로 계산하기 쉽고, 신호끼리의 곱셈과 나눗셈은 지수 형태($A\angle\theta$)로 계산하기 편하다. 합이나 차의 경우, 실수부는 실수부끼리 연산하고 허수부는 허수부끼리 연산하면 그 결과를 얻을 수 있기 때문이다. 다음 장에서 설명하겠지만, 특히 커패시터나 인덕터와 같이 시간 영역의 전압 미분과 적분을 포함하는 회로의 경우 페이저를 사용하면 $j\omega$를 곱하거나 나누기만 하면 되기 때문에 회로 해석을 매우 쉽게 할 수 있다.

5 앞서 [그림 5-1]에서 반지름이 1인 원 위의 한 점 $z(x, y)$를 $z(\cos\theta, \sin\theta)$로 나타내는 방법을 통해 이해할 수 있다.
6 페이저는 굵은 글씨체로 표현한다.

표 5-2 페이저의 연산

연산	시간 영역 신호	페이저 영역 신호
신호	$v_1(t)=A_1\cos(\omega t+\theta_1)$, $v_2(t)=A_2\cos(\omega t+\theta_2)$	$\boldsymbol{V_1}=A_1\angle\theta_1$, $\boldsymbol{V_2}=A_2\angle\theta_2$
덧셈 및 뺄셈	$v_1(t)\pm v_2(t)$	$\boldsymbol{V_1}\pm\boldsymbol{V_2}$
곱셈	$v_1(t)\times v_2(t)$	$\boldsymbol{V_1}\boldsymbol{V_2}=A_1A_2\angle(\theta_1+\theta_2)$
나눗셈	$\dfrac{v_1(t)}{v_2(t)}$	$\dfrac{\boldsymbol{V_1}}{\boldsymbol{V_2}}=\dfrac{A_1}{A_2}\angle(\theta_1-\theta_2)$
미분	$\dfrac{dv_1(t)}{dt}$	$j\omega\boldsymbol{V_1}$
적분	$\int v_1(t)dt$	$\dfrac{\boldsymbol{V_1}}{j\omega}$

페이저의 비교

같은 주파수를 갖는 정현파 전압 $v(t)=V_m\cos(\omega t+\psi_v)\Rightarrow V_m\angle\psi_v$와 정현파 전류 $i(t)=I_m\cos(\omega t+\psi_i)\Rightarrow I_m\angle\psi_i$가 주어지고, 두 신호의 위상차는 $\psi=\psi_v-\psi_i$라고 정의해보자. 두 신호의 위상차에 따라 전압과 전류는 다음과 같이 표현할 수 있다.

- $\psi=0$: 두 신호 전압과 전류는 동위상 또는 동상in phase이다.
- $\psi>0$: 전압이 전류를 앞서간다lead.
- $\psi<0$: 전압이 전류에 뒤처진다lag.
- $\psi=\pm\dfrac{\pi}{2}$: 전압과 전류는 직교orthogonal한다.
- $\psi=\pm\pi$: 전압과 전류는 이상out of phase[7]이다.

페이저의 전력

정현파 전류가 $i(t)=I_m\sin\omega t$로 주어질 때 저항 R에서 소모되는 순간전력은 다음과 같다.

$$P_{ac}=(i(t))^2R=(I_m\sin\omega t)^2R=(I_m^2\sin^2\omega t)R \tag{5.7}$$

이 식을 삼각함수 공식($\sin^2x=\dfrac{1-\cos(2x)}{2}$)을 이용해 다음과 같이 쓸 수 있다.

$$P_{ac}=I_m^2\left[\frac{1-\cos2\omega t}{2}\right]R=\frac{I_m^2R}{2}-\frac{I_m^2R}{2}\cos2\omega t \tag{5.8}$$

7 위상이 180° 차이가 날 때 '이상'이라 한다.

식 (5.8)에서 구한 정현파 전력에서 $\cos 2\omega t$ 항의 평균값은 0이기 때문에 정현파 신호원에서 전달되는 전력은 식 (5.8)의 첫 번째 항인 $\frac{I_m^2 R}{2}$로 주어진다. 만약 직류전원에 의해 주어지는 전력과 정현파 전원, 즉 교류전원에 의해 주어지는 전력이 동일($P_{ac} = P_{dc}$)하다고 가정하면 $\frac{I_m^2 R}{2} = I_{dc}^2 R$이 되고, 따라서 $I_{dc} = \frac{I_m}{\sqrt{2}} = 0.707 I_m$이 된다. 이때 주어지는 $0.707 I_m$을 교류전류의 등가 DC 저항값 또는 유효전류 I_{eff}라고 한다.

예제 5-10

정현파 전압 $v(t) = 7\cos(2t + 40°)$ [V]를 페이저로 표현하라.

풀이

정현파 전압 $v(t) = 7\cos(2t + 40°)$ [V]에서 $A = 7$, $\omega = 2$, $\theta = 40°$이므로 식 (5.6)에 의해 페이저 전압은 $\boldsymbol{V} = 7\angle 40°$로 표현할 수 있다.

예제 5-11

페이저를 이용하여 다음 전류 $i(t)$에 대한 방정식을 풀어라.

$$4i(t) + 8\int i(t)dt - 3\frac{di(t)}{dt} = 50\cos(2t + 75°)$$

풀이

주어진 방정식을 [표 5-2]를 이용하여 다음과 같이 나타낼 수 있다.

$$4\boldsymbol{I} + 8\frac{\boldsymbol{I}}{j\omega} - 3j\omega\boldsymbol{I} = 50\angle 75°$$

식 (5.6)에서 $v(t) = A\cos(\omega t + \theta)$이므로, 주어진 문제에서 $\omega = 2$가 된다. 따라서 위 식에 ω 값을 대입하여 $\boldsymbol{I}$를 다음과 같이 구할 수 있다.

$$\boldsymbol{I} = \frac{50\angle 75°}{4 - j10} = \frac{50\angle 75°}{10.77\angle -68.2°} = 4.642\angle 143.2°$$

앞서 구한 페이저 $\boldsymbol{I}$를 다시 시간 영역 전류로 변환하면 페이저의 정의에 의해 다음과 같이 전류 $i(t)$를 구할 수 있다.

$$i(t) = 4.642\cos(2t + 143.2°) \text{ [A]}$$

예제 5-12

두 전압 $V_1 = (10 + j50)$[V]와 $V_2 = (15 - j25)$[V]의 합을 구하고, 더해진 전압 크기, 위상을 구하라.

풀이

$V = (10+15) + j(50-25) = (25 + j25)$[V]이므로, V의 크기 $|V| = \sqrt{25^2 + 25^2} = 35.35$[V], 위상 $\phi = \tan^{-1}(25/25) = 45°$이다.

예제 5-13

[그림 5-17]의 회로에서 전압 $v(t) = 24\cos(377t + 75°)$가 6[Ω]의 저항에 인가되었다면, 이때 흐르는 전류 $i(t)$를 페이저를 이용하여 구하라.

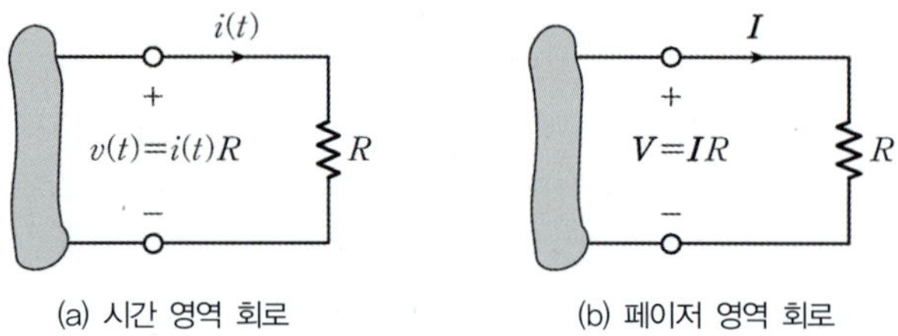

그림 5-17 [예제 5-13]의 시간 영역 회로와 페이저영역 회로

풀이

페이저 전압 $\boldsymbol{V} = 24\angle 75°$[V]이므로 페이저 전류 $\boldsymbol{I} = \dfrac{\boldsymbol{V}}{R} = \dfrac{24\angle 75°}{6} = 4\angle 75°$[A]로 주어진다.
따라서 시간 영역에서 전류는 $i(t) = 4\cos(377t + 75°)$[A]로 주어진다.

예제 5-14

[그림 5-18]의 회로에서 전압 $v(t) = 12\cos(377t + 20°)$가 20[mH]의 인덕터에 인가되었다면, 이때 흐르는 전류 $i(t)$를 페이저를 이용하여 구하라.

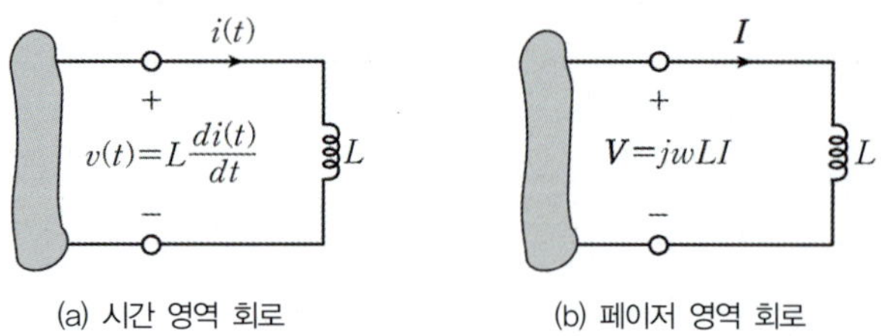

그림 5-18 [예제 5-14]의 시간 영역 회로와 페이저 영역 회로

풀이

(페이저의 특성인 $j = \angle 90°$를 이용하여) 인덕터에 흐르는 페이저 전류를 구하면 다음과 같다.

$$\boldsymbol{I} = \frac{\boldsymbol{V}}{j\omega L} = \frac{12\angle 20°}{\omega L\angle 90°} = \frac{12\angle 20°}{(377)(20\times 10^{-3})\angle 90°} = 1.59\angle -70°[\mathrm{A}]$$

따라서 시간 영역에서의 전류는 $i(t) = 1.59\cos(377t - 70°)[\mathrm{A}]$로 주어진다.

예제 5-15

[그림 5-19]의 회로에서 전압 $v(t) = 100\cos(314t + 15°)$가 $100[\mu\mathrm{F}]$의 커패시터에 인가되었다면, 이때 흐르는 전류 $i(t)$를 페이저를 이용하여 구하라.

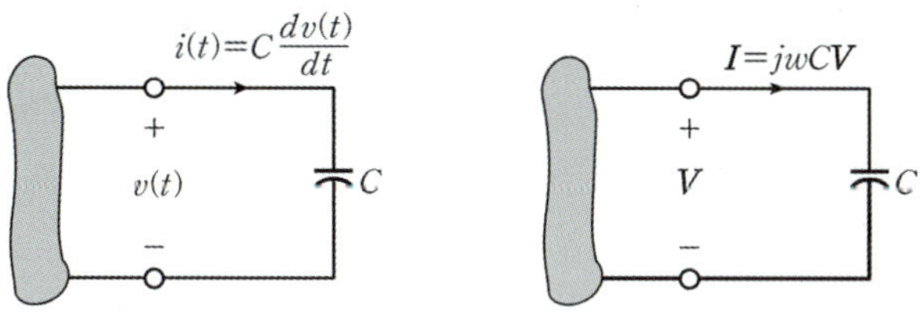

(a) 시간 영역 회로 (b) 페이저 영역 회로

그림 5-19 [예제 5-15]의 시간 영역 회로와 페이저 영역 회로

풀이

커패시터에 흐르는 페이저 전류를 구하면 $\boldsymbol{I} = j\omega C(100\angle 15°) = (314)(100\times 10^{-6}\angle 90°)(100\angle 15°)$ $= 3.14\angle 105°[\mathrm{A}]$이므로, 시간 영역에서의 전류는 $i(t) = 3.14\cos(314t + 105°)[\mathrm{A}]$로 주어진다.

Quick Review

- (   )는 단일 주파수 영역에서 정의되는 신호로, 신호원을 크기와 위상만으로 나타낸다.
- 같은 주파수를 갖는 정현파 전압과 정현파 전류가 있을 때, 두 신호의 (   )에 따라 전압과 전류를 동위상, 앞서감/뒤처짐, 직교, 이상으로 표현할 수 있다.
- 교류회로에서 공급전압과 동상인 전류를 (   )라 한다.

ANS 페이저, 위상차, 유효전류

5.4 3상 교류

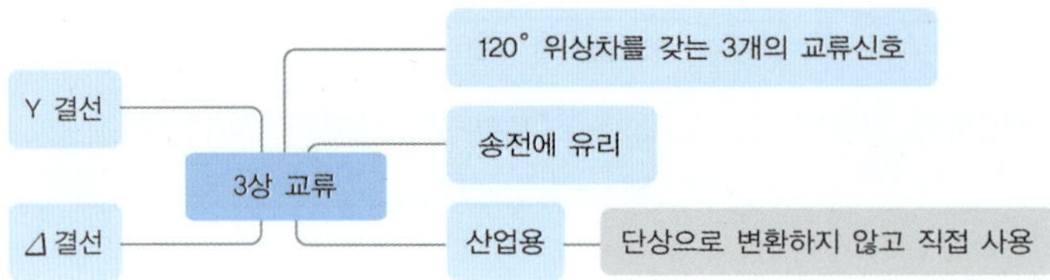

일반적으로 교류발전기는 회전자rotor의 회전에 따라 위상이 하나인 단일 정현파를 만들어내기 때문에 단상 교류발전기single phase AC generator라고 한다. 만약 회전자에 코일이 증가하면 회전자의 회전에 따라 하나 이상의 위상을 갖는 정현파 전압이 발생하므로 이때는 다상 교류발전기polyphase AC generator라고 한다. 다상 교류발전기 중에서는 일반적으로 3개의 위상을 갖는 신호를 발전하는 3상three phase 발전기가 주로 사용된다. 이 절에서는 먼저 단상 시스템과 다상 시스템의 차이를 알아보고, 이후 3상 시스템의 특징에 대해 설명하고자 한다.

단상 시스템과 다상 시스템

[그림 5-20]은 단상 시스템을 비롯해 2상 및 3상 시스템을 보여준다.

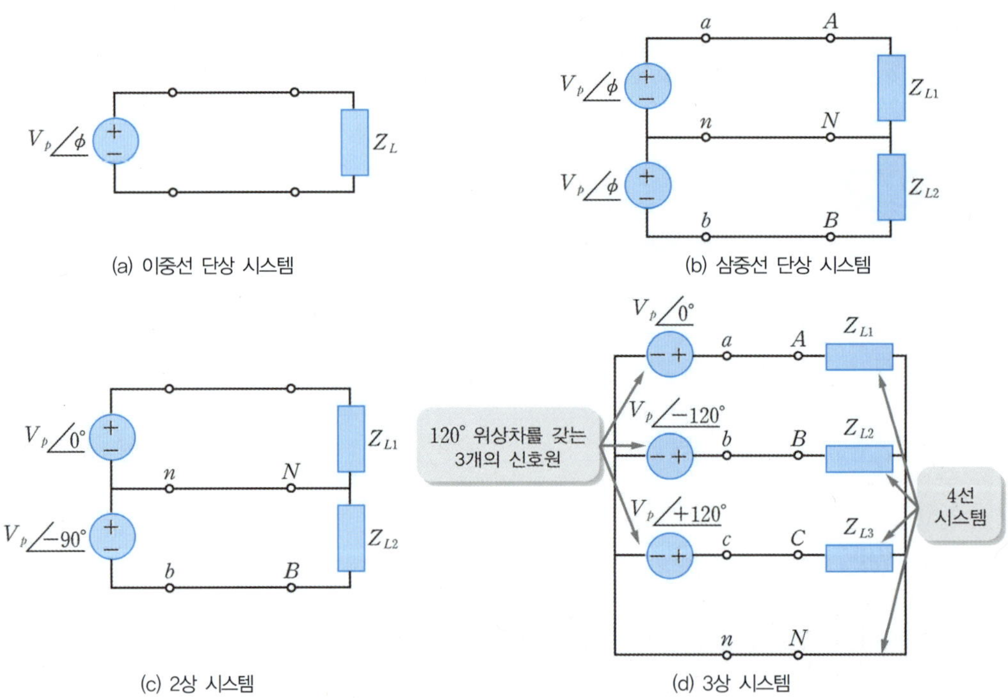

그림 5-20 단상 시스템과 다상(2상/3상) 시스템

단상 시스템은 [그림 5-20(a)]와 같은 2개의 선로line 또는 [그림 5-20(b)]와 같이 중성선neutral line을 갖는 3개의 선로를 이용하여 구현할 수 있다. 2개의 위상을 구현하는 2상 시스템은 [그림 5-20(c)]와 같이 신호원이 90°의 위상차를 갖도록 3개의 선로를 이용하여 구현하며, 3개의 위상을 갖는 3상 시스템은 [그림 5-20(d)]와 같이 중성선을 포함하여 4개의 선로로 구현할 수 있다.

3상 시스템의 장점

3상 시스템은 단상 시스템에 비해 다음과 같은 몇 가지 장점이 있기 때문에 더 널리 사용된다.

3상 시스템의 장점

- 같은 전압에서 같은 전력(kVA)[8]을 전송하기 위해 얇은 도체가 사용되기 때문에 필요한 구리의 양이 줄어들어 건설 비용과 유지 비용이 줄어든다. 대략 동일한 전력을 얻기 위해서 3상 시스템은 단상 시스템에 비해 75% 정도의 구리선으로 구현이 가능하다.
- 보다 가벼운 선로들을 사용할 수 있기 때문에 지지대를 더 멀리 설치할 수 있다. 3상 시스템은 복잡하고 가격이 비싸다는 단점이 있지만, 상대적으로 소형화 및 경량화 제작이 가능하고 높은 전력 효율성을 달성할 수 있다.
- 시간에 관계없이 항상 일정하며 고출력 대용량 전력을 전송할 수 있다.

3상 발전기는 [그림 5-21]과 같이 고정자stator에 120° 간격으로 유도코일이 위치하고, 고정자 내부에 회전자가 회전한다. 따라서 각 코일에 유도되는 전압은 [그림 5-22(a)]와 같이 동일 크기의 진폭과 모양, 주파수를 가지며 120°의 위상차를 갖는다. [그림 5-22(b)]는 각 선로에 부하 Z_{L1}, Z_{L2}, Z_{L3}가 연결되었을 때의 3상 시스템의 등가회로를 나타낸다.

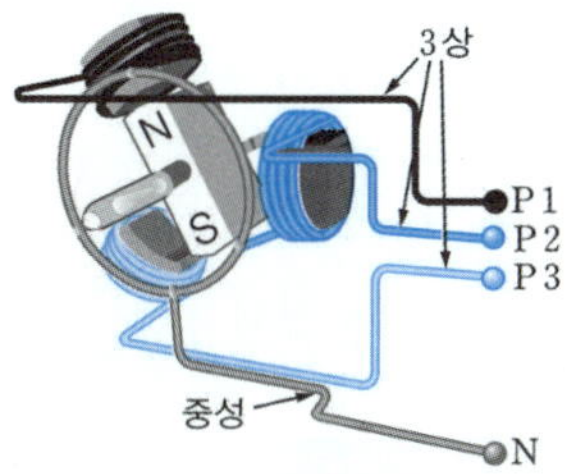

그림 5-21 3상 발전기의 구조

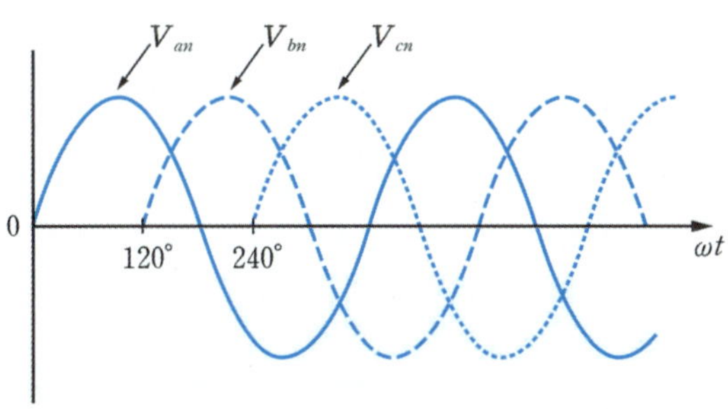

(a) 유도전압 파형

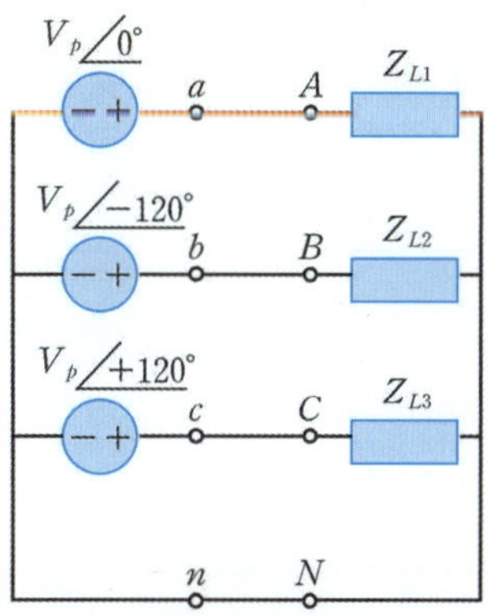

(b) 등가회로

그림 5-22 3상 시스템의 유도전압과 등가회로

8 전력을 나타내는 단위로 피상전력을 의미한다. 피상전력에 역률을 곱하면 유효전력[kW]를 구할 수 있다.

3상 시스템의 표현

3상 전압은 크게 평형balanced 3상 전압과 불평형unbalanced 3상 전압으로 나눌 수 있다. 불평형 3상 전압은 신호원 전압의 크기가 다르거나 위상차가 같지 않을 때, 또는 부하 임피던스가 같지 않을 때 나타내는 전압을 의미한다. 평형 3상 전압은 크기가 같고 각 전압이 120° 위상차를 갖는 전압을 의미한다. 즉 다음과 같은 관계가 성립한다.

$$\boldsymbol{V}_{an}+\boldsymbol{V}_{bn}+\boldsymbol{V}_{cn}=0 \tag{5.9}$$

$$|\boldsymbol{V}_{an}|=|\boldsymbol{V}_{bn}|=|\boldsymbol{V}_{cn}| \tag{5.10}$$

예를 들어, 120[V]의 실효값을 갖는 평형 3상 전압은 주파수 영역에서 페이저로 표시하면 다음과 같이 나타낼 수 있다.

$$\begin{aligned}\boldsymbol{V}_{an}&=120\angle 0°\ V_{rms}\\ \boldsymbol{V}_{bn}&=120\angle -120°\ V_{rms}\\ \boldsymbol{V}_{an}&=120\angle -240°\ V_{rms}=120\angle 120°\ V_{rms}\end{aligned} \tag{5.11}$$

평형 3상 전압에서 전력은 다음과 같이 페이저로 주어지는 전압을 시간 영역으로 변환하여 계산할 수 있다.

$$p(t)=3\frac{V_m I_m}{2}\cos\theta\ [\mathrm{W}] \tag{5.12}$$

여기서 V_m, I_m은 각각 전압과 전류의 크기를 나타내며, θ는 전압과 전류의 위상차를 나타낸다. 이때 구한 전력 $p(t)$는 시간에 관한 함수가 아닌 상수값으로 주어짐을 알 수 있다.

예제 5-16

3상 시스템에서 각 전압원이 $v_{an}(t)=200\cos(\omega t+10°)$, $v_{bn}(t)=200\cos(\omega t-230°)$, $v_{cn}(t)=200\cos(\omega t-110°)$로 주어졌을 때, 이 전압원들의 위상 시퀀스를 구하라.

풀이

위상 시퀀스phase sequence는 '상순서'라고도 하며, 전압이 각각 최댓값을 지나는 시간 순서를 의미한다. 문제에서 주어진 각각의 전압에 대해 페이저를 구하면 $V_{an}=200\angle 10°$, $V_{bn}=200\angle -230°$, $V_{cn}=200\angle -110°$이다. 따라서 V_{an}이 V_{cn}보다 120° 앞서며, V_{cn}은 V_{bn}보다 120° 앞서므로 위상 시퀀스는 acb가 된다.

3상 시스템의 연결 방법

평형 3상 전압원은 [그림 5-23(a)], [그림 5-23(b)]와 같이 각각 Y형과 Δ형 연결로 나타낼 수 있다. 또한 [그림 5-23(c)], [그림 5-23(d)]와 같이 부하를 Y형과 Δ형으로 연결할 수 있다. 따라서 3상 시스템에서 신호원과 부하를 연결하는 방법은 Y-Y 연결, Y-Δ 연결, Δ-Δ 연결, Δ-Y 연결의 4가지이다.

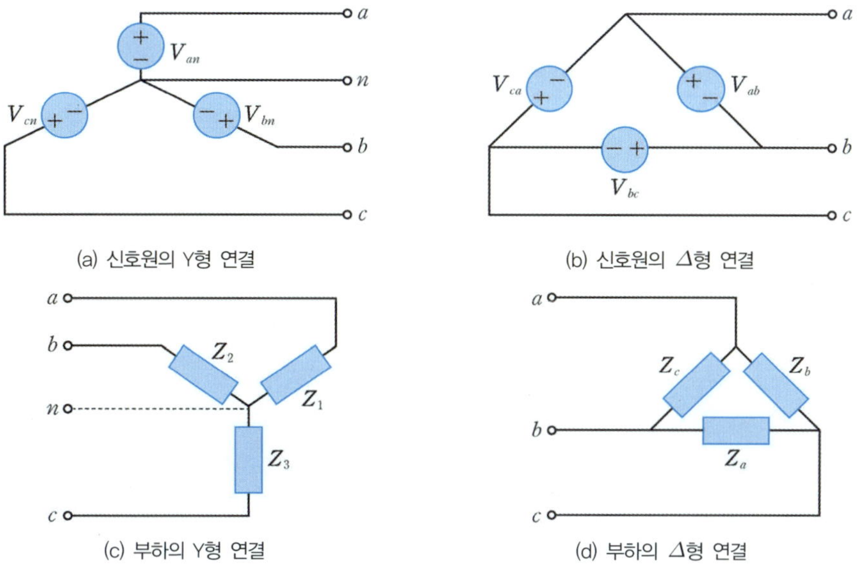

(a) 신호원의 Y형 연결 (b) 신호원의 Δ형 연결

(c) 부하의 Y형 연결 (d) 부하의 Δ형 연결

그림 5-23 3상 시스템에서 신호원과 부하를 연결하는 방법

[그림 5-23(a)]의 Y형 연결에 대해 살펴보면, 중성점neutral으로부터 각 입력단 a, b, c 사이의 전압 V_{an}, V_{bn}, V_{cn}으로 다음과 같이 나타낼 수 있다.

$$\begin{aligned} V_{an} &= V_m \angle 0^\circ \\ V_{bn} &= V_m \angle -120^\circ \\ V_{cn} &= V_m \angle -240^\circ \end{aligned} \tag{5.13}$$

선로 간 전압 V_{ab}를 4장에서 살펴본 키르히호프의 법칙(KVL)에 의해 다음과 같이 구할 수 있다.

$$\begin{aligned} V_{ab} &= V_{an} - V_{bn} \\ &= V_m \angle 0^\circ - V_m \angle -120^\circ \\ &= V_m - V_m\left[-\frac{1}{2} - j\frac{\sqrt{3}}{2}\right] \\ &= \sqrt{3}\,V_m \angle 30^\circ \end{aligned} \tag{5.14}$$

동일한 방법으로, 각 선로 간 전압은 $V_{ab} = \sqrt{3}\,V_m \angle 30°$, $V_{bc} = \sqrt{3}\,V_m \angle -90°$, $V_{ca} = \sqrt{3}\,V_m \angle -210° = \sqrt{3}\,V_m \angle -210°$로 나타낼 수 있으며, 이를 [그림 5-24]와 같이 페이저로 표현할 수 있다.

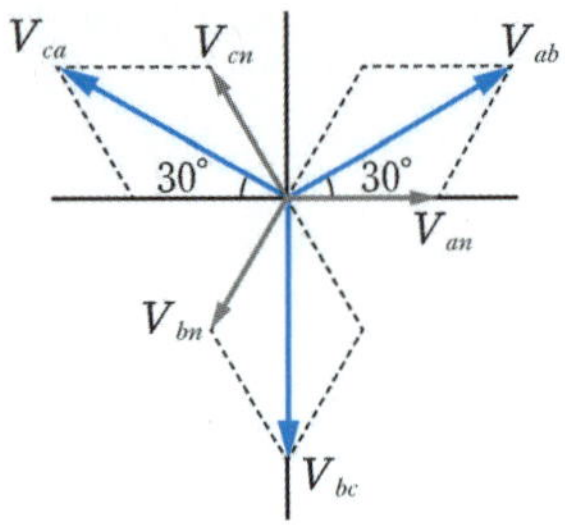

그림 5-24 페이저로 나타낸 평형 3상 전압

식 (5.14)로부터 평형 시스템에서 선로전압의 크기는 $V_L = \sqrt{3}\,V_m$이 되므로, 식 (5.12)의 전력을 다음과 같이 다시 구할 수 있다.

$$p(t) = 3\frac{V_m I_m}{2}\cos\theta\,[\mathrm{W}] = \sqrt{3}\,\frac{V_L I_L}{2}\cos\theta\,[\mathrm{W}] \tag{5.15}$$

[그림 5-25]와 같은 Y-Y 연결을 가정해보자. 여기서 $V_{\alpha\beta}$는 접점 α와 접점 β 사이의 전압을 의미한다. $Z_Y = Z_S + Z_l + Z_L$이라고 하면, [그림 5-25(a)]를 [그림 5-25(b)]의 회로와 같이 등가적으로 나타낼 수 있다. $V_m = |V_{an}| = |V_{bn}| = |V_{cn}|$이고, $V_L = |V_{ab}| = |V_{bc}| = |V_{ca}|$라고 할 때 $V_L = \sqrt{3}\,V_m$이 성립한다.

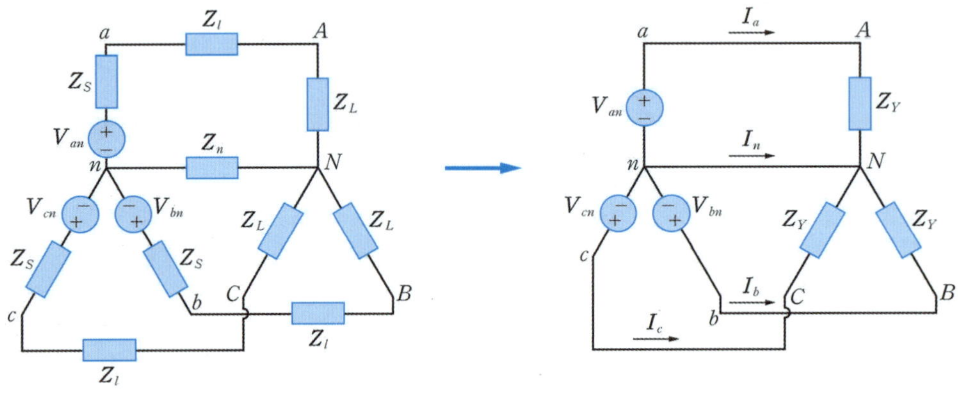

(a) Y-Y 연결회로　　(b) Y-Y 연결 등가회로

그림 5-25 Y-Y 연결 등가회로($Z_Y = Z_S + Z_l + Z_L$일 때)

예제 5-17

[그림 5-26]과 같은 3상 회로가 있다. 이 회로에서 선로전류를 구하라.

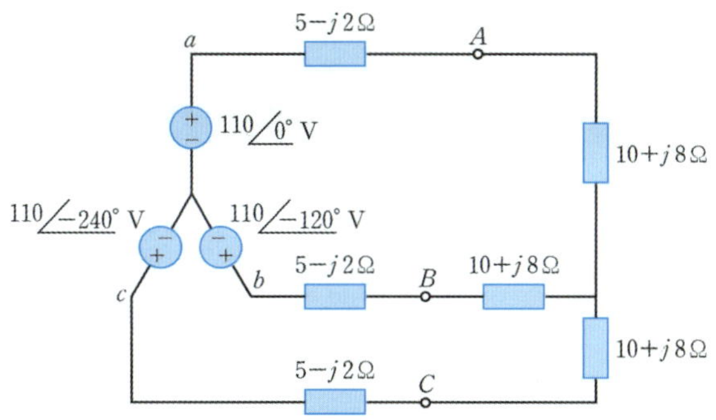

그림 5-26 3상 회로의 예

풀이

a 선로의 임피던스는 $Z_a = (5 - j2) + (10 + j8) = 15 + j6[\Omega]$이므로 a 선로에 흐르는 전류는 다음과 같다.

$$I_a = \frac{V_a}{Z_a} = \frac{110\angle 0°}{15 + j6} = 6.32 - i2.53 = 6.81\angle -21.8°[\text{A}]$$

b 선로와 c 선로의 임피던스도 a 선로의 임피던스와 동일하다. 즉 $Z_a = Z_b = Z_c$로부터 각 선로의 전류는 다음과 같다.

$$I_b = \frac{V_b}{Z_b} = \frac{110\angle -120°}{15 + j6} = 6.81\angle -141.8°[\text{A}]$$

$$I_c = \frac{V_c}{Z_c} = \frac{110\angle -240°}{15 + j6} = 6.81\angle 98.2°[\text{A}]$$

예제 5-18

[그림 5-27]과 같이 10[Ω]의 저항이 선로전원이 440[V]인 3상 전원에 연결되어 있다. 이때 (a) 저항 양단의 전압과 (b) 각 저항에 흐르는 전류를 구하라.

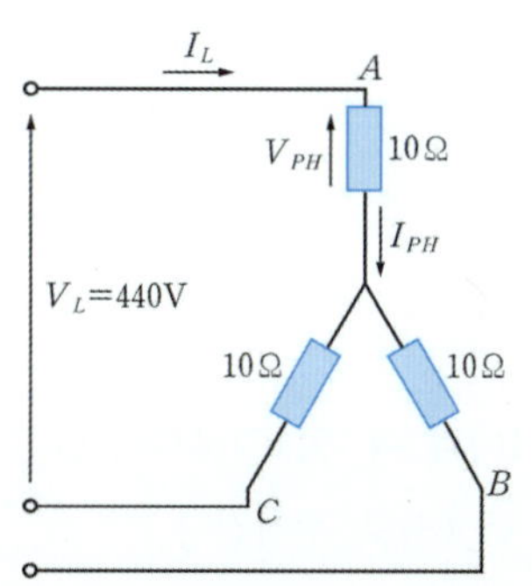

그림 5-27 3상 전원에 연결된 저항의 예

풀이

(a) 식 (5.14)로부터 선로 간 전압 V_L을 알면 부하 양단의 전압 V_{PH}를 구할 수 있다. 그러므로 $V_L = \sqrt{3}\, V_{PH}$로 주어지며, V_L을 알고 있으므로 $V_{PH} = \dfrac{V_L}{\sqrt{3}} = \dfrac{440}{\sqrt{3}} = 254\,[\mathrm{V}]$로 저항 양단의 전압을 구할 수 있다.

(b) (a)에서 구한 전압 V_{PH}를 이용하여 옴의 법칙을 적용하면, 각 저항에 흐르는 전류는 $I_{PH} = \dfrac{V_{PH}}{Z_{PH}} = \dfrac{254}{10} = 25.4\,[\mathrm{A}]$이다. 따라서 선로전류는 $I_L = 25.4\,[\mathrm{A}]$로 주어진다.

3상 시스템의 전력

앞서 설명했듯이 3상 시스템의 중요한 장점 중 하나는 단상 시스템에 비해 부하에 전력을 전달하는 과정에서 전력 소모를 줄일 수 있다는 점이다. 단상 시스템과 3상 시스템에서 신호를 부하로 전달하는 전송 선로의 소모 전력을 구하기 위해 [그림 5-28]과 같이 신호원과 부하가 포함된 단상 시스템과 3상 시스템을 가정해보자.

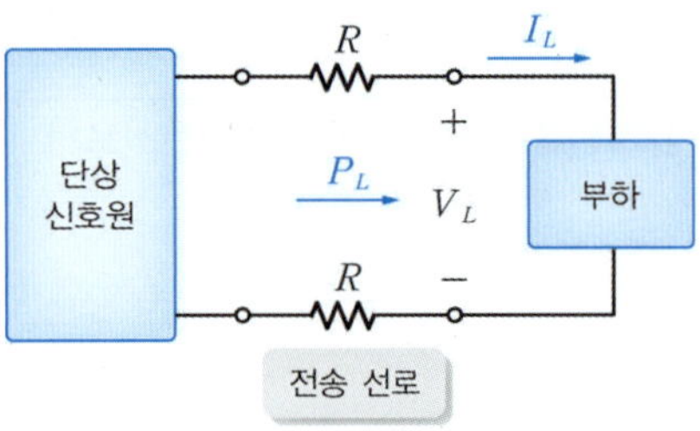

(a) 단상 시스템

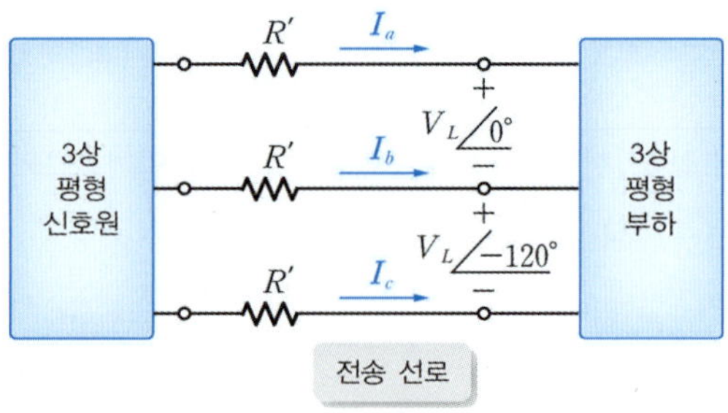

(b) 3상 시스템

그림 5-28 단상 시스템과 3상 시스템의 전력

단상 시스템과 3상 시스템에서 각 전송 선로의 저항을 R, R'이라고 할 때, 각 시스템의 전송 선로에서 소모되는 전력은 각각 식 (5.16), 식 (5.17)과 같다.

$$P_{\mathrm{loss}} = 2I_L^2 R = 2R\frac{P_L^2}{V_L^2} \tag{5.16}$$

$$P'_{\mathrm{loss}} = 3(I'_L)^2 R' = 3R'\frac{P_L^2}{3V_L^2} = R'\frac{P_L^2}{V_L^2} \tag{5.17}$$

식 (5.16)과 식 (5.17)로부터 단상 시스템에서 소모되는 전력과 3상 시스템에서 소모되는 전력비는 식 (5.18)로 주어진다.

식 (5.18)로부터 만약 각 시스템에서 사용된 전송 선로의 저항 R, R'이 동일한 값이라면, 단상 시스템에서 소모되는 전력 P_{loss}는 3상 시스템의 전송 선로에서 소모되는 전력 P'_{loss}의 2배가 된다.

$$\frac{P_{\text{loss}}}{P'_{\text{loss}}} = \frac{2R}{R'} \tag{5.18}$$

이로부터 단상 시스템에 비해 3상 시스템이 전력을 전송할 때 더 효율적으로 전력손실을 줄일 수 있음을 알 수 있다. 이러한 이유로 [그림 5-29]와 같이 발전소에서 가정까지 전력을 전송하는 데 3상 시스템이 사용되고 있다.

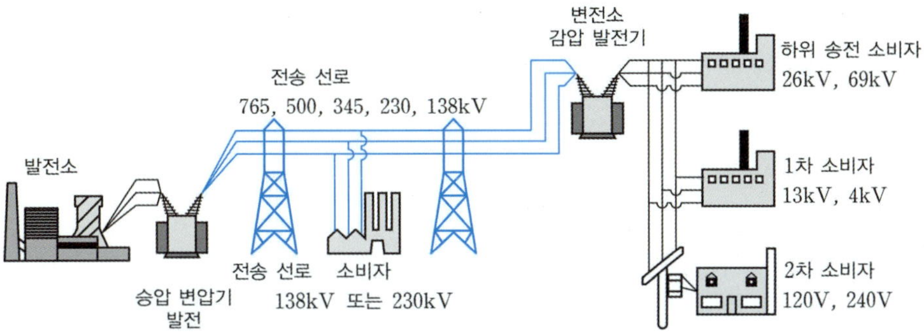

그림 5-29 3상 시스템의 응용

지금까지 교류신호의 전반적인 특징에 대해 살펴보았다. 직류와 다르게 교류는 전류 또는 전압이 일정한 값을 갖지 않고 정현파 형태로 주어진다. 시간 또는 정현파의 주파수에 따라 정현파가 다르게 나타나기 때문에 회로 해석을 간단히 하기 위해 페이저를 정의했다. 교류전력을 전송할 때는 전력손실을 줄일 수 있는 3상 시스템을 사용한다. 6장에서는 교류회로를 구성하는 대표적인 부품인 커패시터와 인덕터에 대해 살펴보겠다.

Quick Review

- 3상 전압은 크게 (   ) 3상 전압과 (   ) 3상 전압으로 나눌 수 있다.
- 3상 시스템에서 신호원과 부하를 연결하는 방법에는 (   ), (   ), (   ), (   ) 연결이 있다.
- (   ) 시스템은 (   ) 시스템에 비해 전력을 전송할 때 더 효율적으로 전력손실을 줄일 수 있다.

ANS 평형/불평형, Y–Y/Y–Δ /Δ–Δ /Δ–Y, 3상/단상

CHAPTER 05

기본문제

5.1 다음 중 정현파에 대한 설명으로 옳은 것은?

① 주기가 없는 임의의 파형이다.
② 진폭이 시간이 지남에 따라 증가하는 파형이다.
③ 사인함수 또는 코사인 함수로 표현할 수 있는 주기함수이다.
④ 항상 DC 성분만을 포함한다.

5.2 정현파 $v(t) = V_{peak}\sin(\omega t)$의 rms 값은?

① V_{peak} ② $\frac{V_{peak}}{\sqrt{2}}$ ③ $\frac{V_{peak}}{2}$ ④ $\frac{V_{peak}^2}{2}$

5.3 다음 중 정현파의 평균값과 rms 값의 관계에 대한 설명으로 옳은 것은?

① 두 값은 항상 같다.
② 평균값이 항상 rms 값보다 크다.
③ 평균값은 0이지만 rms 값은 0이 아니다.
④ rms 값은 항상 평균값보다 작다.

5.4 다음 중 저항 R에 정현파 전압 $v(t) = V_{peak}\sin(\omega t)$를 가했을 때 평균전력 P는?

① $\frac{V_{peak}^2}{2R}$ ② $\frac{V_{peak}^2}{R}$ ③ $\frac{V_{peak}}{R}$ ④ $\frac{V_{peak}}{\sqrt{2}R}$

5.5 다음 중 시간 영역의 신호 $v(t) = 10\cos(\omega t + 45°)$에 해당하는 페이저 표현은?

① $10\angle 0°$ ② $10\angle 45°$ ③ $5\angle 90°$ ④ $10\sqrt{2}\angle 45°$

CHAPTER 05

연습문제

5.1 신호 $x(t)$가 코사인파 $f(t) = -5\cos(10t)$와 사인파 $g(t) = -3\sin(10t)$의 합으로 주어질 때, 신호 $x(t)$를 단일 정현파형인 $x(t) = A\cos(\omega t + \theta)$로 나타낼 수 있다. 이때 A, ω, θ를 각각 구하라.

5.2 어떤 부품의 양단에 걸리는 전압이 $v(t) = 3\cos 3t$[V]이고, 부품에 흐르는 전류가 $i(t) = -2\sin(3t + 10°)$[A]일 때, 전압과 전류의 위상 관계를 설명하라.

5.3 [그림 5-30]과 같은 톱니파형의 평균전압과 유효전압은 얼마인가?

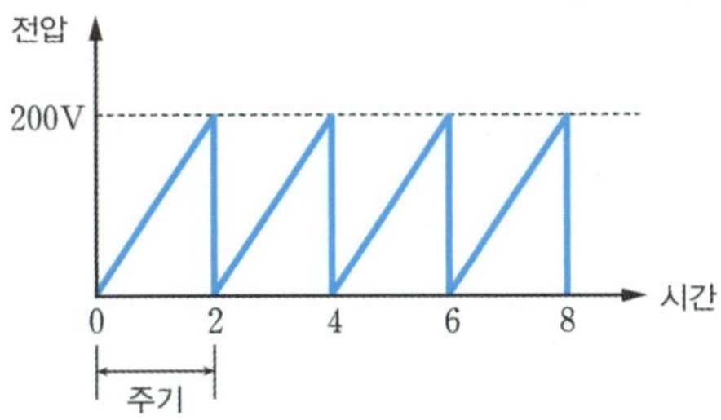

그림 5-30

5.4 [그림 5-31]은 오실로스코프에서 측정되는 전압 파형을 나타낸 것이다. 이 전압의 첨두값, 첨두-첨두값, 그리고 rms 값을 각각 구하라.

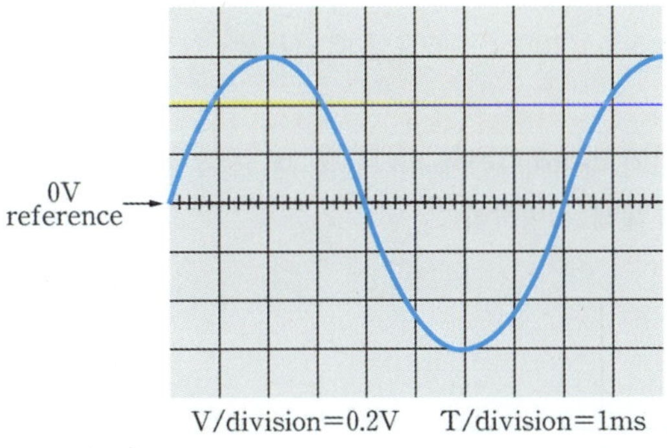

그림 5-31

5.5 [그림 5-32]의 사각파형은 오실로스코프의 캘리브레이션(보정)calibration 파형으로 사용된다. 다음 파형의 크기와 주기, 주파수를 구하라.

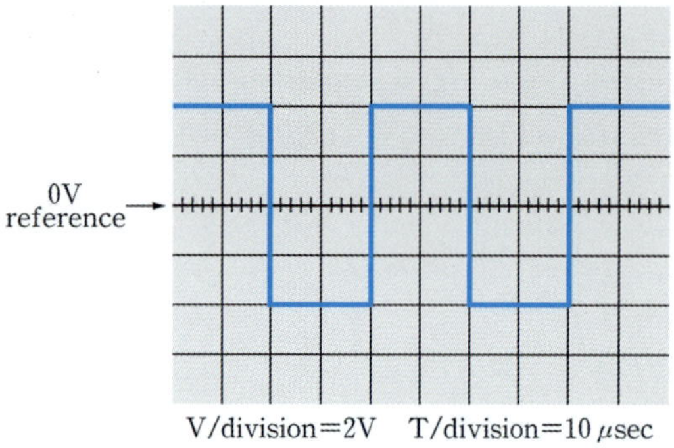

그림 5-32

5.6 정현파의 크기가 20[V]인 피크전압일 때 10°, 150°, 230°, 300°에서 순간전압의 크기를 구하라.

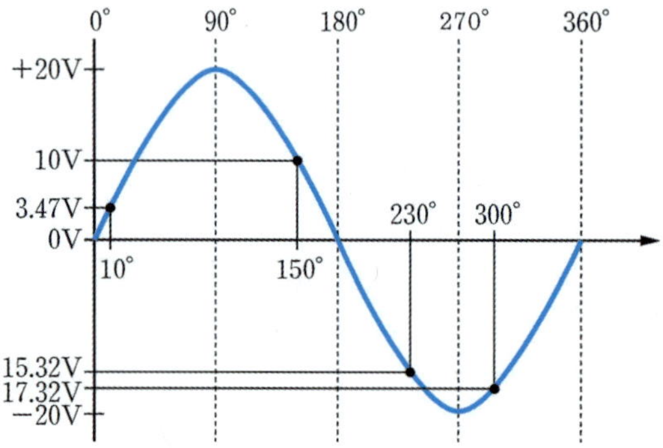

그림 5-33

5.7 200[kHz]인 정현파 전압의 페이저 $\boldsymbol{V} = 40 - j10$[mV]로 주어질 때, 시간 영역에서 전압 $v(t)$를 구하라.

5.8 $i_1(t) = 10\cos(120\pi t + 45°)$이고 $i_2(t) = 5\cos(120\pi t - 45°)$일 때 $i(t) = i_1(t) + i_2(t)$를 구하라.

5.9 신호 A와 B를 [그림 5-34]와 같이 페이저 다이어그램에 나타냈을 때, 신호 A와 B의 정현파를 함께 그리고, 각 신호의 크기와 위상에 대해 설명하라.

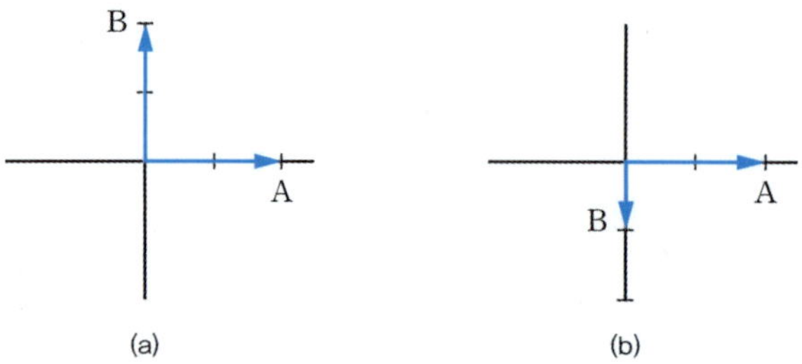

그림 5-34

5.10 임피던스가 $10\angle 60°$로 같은 3개의 임피던스가 3상, 400[V], 50[Hz] 전원에 성형star으로 연결되어 있다. 이때 선로전압과 위상전압, 선로전류와 위상전류, 전력인자와 능동 소비전력을 구하라.

5.11 $v_1(t)=-10\sin(\omega t+30°)$이고, $v_2(t)=20\cos(\omega t-45°)$일 때 두 전압의 합 v_1+v_2를 구하라.

5.12 전압 $v(t)=12\cos(60t+45°)$가 0.1[H]의 값을 갖는 인덕터에 인가된다고 할 때 인덕터에 흐르는 정상 상태 전류를 구하라.

5.13 [그림 5-35]의 회로에서 페이저를 이용하여 $v(t)$와 $i(t)$를 구하라.

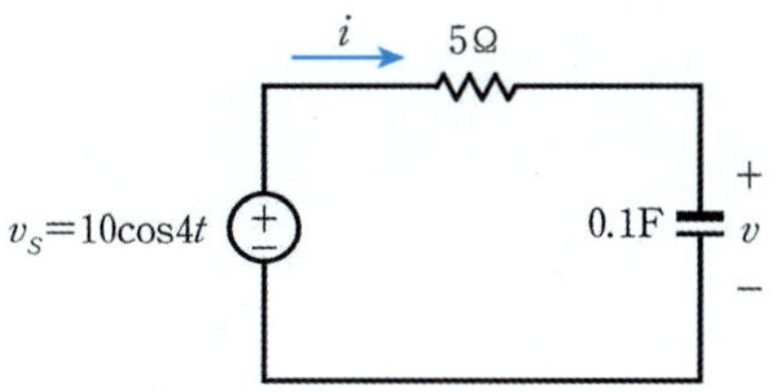

그림 5-35

5.14 정현파 전류가 58[mA]의 피크값을 갖고, 90[rad/s]의 각주파수를 갖는다. $t=23$[ms]일 때 순시전류값을 구하라.

5.15 0.5[H]의 인덕터와 20[Ω]의 저항이 직렬로 연결되었을 때 0[Hz], 10[Hz] 10[kHz]에서의 전체 임피던스를 페이저를 이용하여 구하라.

CHAPTER

06

커패시터와 인덕터

CONTENTS

학습 목표

- 커패시터의 동작 원리를 이해하고, 커패시턴스와 유전율의 개념을 이해한다.
- 커패시터의 직병렬연결에 따른 커패시턴스를 계산하고, 커패시터의 종류를 익힌다.
- 인덕터의 동작 원리를 이해하고 인덕턴스 및 투자율의 개념을 이해한다.
- 인덕터의 직병렬연결에 따른 인덕턴스를 계산하고, 인덕터의 종류와 사용 방법을 익힌다.
- 임피던스의 개념을 이해하고 페이저 영역에서 옴의 법칙을 이해한다.

들어가기 전에

앞서 5장에서 정현파에 대해 살펴보았다. 이 정현파가 저항만으로 구성된 회로에 입력될 경우, 출력의 위상이 바뀌지 않는다. 하지만 다음 그림에서는 정현파의 위상이 이동한 것을 볼 수 있다. 이처럼 위상 이동이 발생하는 회로는 어떻게 구현할 수 있을까? 예를 들어, 그림과 같이 $1\,[\mathrm{kHz}]$의 주파수를 갖는 $1\,[\mathrm{V}]$ 정현파 전원이 $345\,[\Omega]$에 연결된 회로를 가정해보자. 이 회로에 흐르는 전류의 크기를 구해보면 옴의 법칙에 의해 $i = \dfrac{V}{R} = \dfrac{1}{345} \simeq 2.9\,[\mathrm{mA}]$로 주어지며, 전압과 전류는 (a)의 오른쪽과 같이, 위상은 동일하며 크기만 다른 파형을 갖는다. 그리고 저항 대신 (b), (c)처럼 각각 $470\,[\mathrm{nF}]$ 커패시터와 $54\,[\mathrm{mH}]$ 인덕터로 구성된 정현파 회로를 가정해보자. 저항회로와 마찬가지로 옴의 법칙에 의해 $2.9\,[\mathrm{mA}]$의 동일한 크기를 갖는 전류가 흐르지만, 커패시터의 경우에는 입력 정현파 전압보다 전류위상이 $90°$만큼 빨라지며, 인덕터의 경우에는 전류위상이 $90°$만큼 느려지게 된다(풀이 과정은 [예제 6-8] 참고).

(a) 저항회로

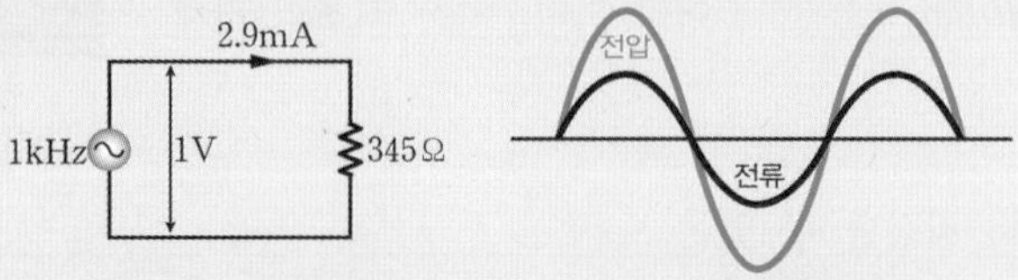

(b) 커패시터 회로

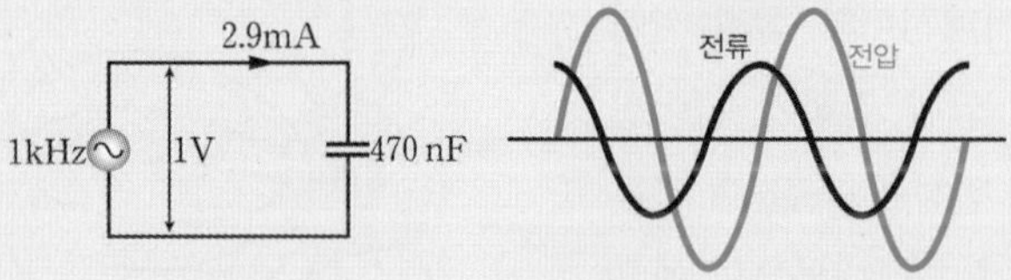

(c) 인덕터 회로

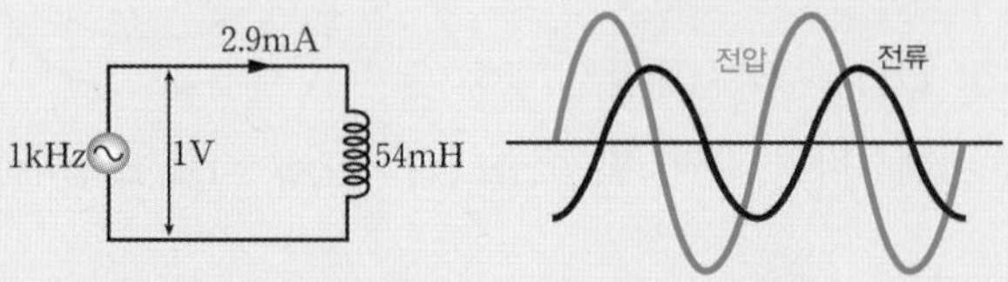

이제 교류에서는 신호의 전압과 전류위상을 다르게 만들고 직류에서는 에너지를 저장할 수 있는 소자인 커패시터와 인덕터에 대해 살펴보도록 하자.

6.1 커패시터와 커패시턴스

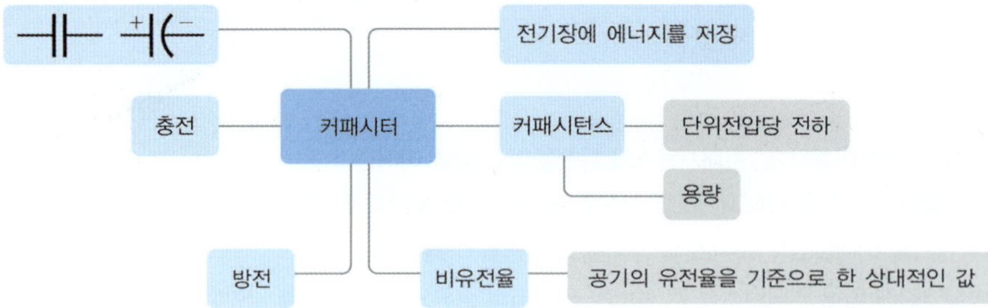

커패시터는 전기장electric field에 에너지를 저장하는 소자라 할 수 있으며, 전하를 축적하는 용량을 커패시턴스(정전용량)capacitance로 나타낸다. 이 절에서는 커패시턴스의 정의를 이해하고, 커패시터의 충전과 방전 등 동작 원리에 대해 알아본다.

커패시턴스의 정의

1745년 네덜란드 물리학자인 뮈스헨브루크Pieter van Musschenbroek는 마찰을 이용해 전기를 발생시키는 전기 발생 장치 실험을 하던 중, 물이 담긴 유리병에 전기 발생 장치와 연결된 철사의 한쪽 끝을 넣으면 전기가 방전되는 현상을 관찰했다. 이 실험을 통해 물속에 전하가 저장될 수 있다는 사실을 처음 발견했다. 이 유리병을 라이덴 병Leyden jar이라 하며, 이는 최초의 커패시터capacitor인 셈이다.

뮈스헨브루크
(1692~1762)

커패시터[1]는 일반적으로 전하를 저장할 수 있는 도체conductor를 말한다. 대전된 커패시터와 접지 사이에 선을 연결하면 커패시터에 알짜 전하가 없어질 때까지 전류가 흐른다. 따라서 전하를 가질 수 있는 도체는 모두 커패시터가 될 수 있다. 대부분의 경우 커패시터는 [그림 6-1]과 같이 $+Q$와 $-Q$로 대전된 두 도체로 구성된다(따라서 커패시터의 알짜 전하는 항상 0이 된다).

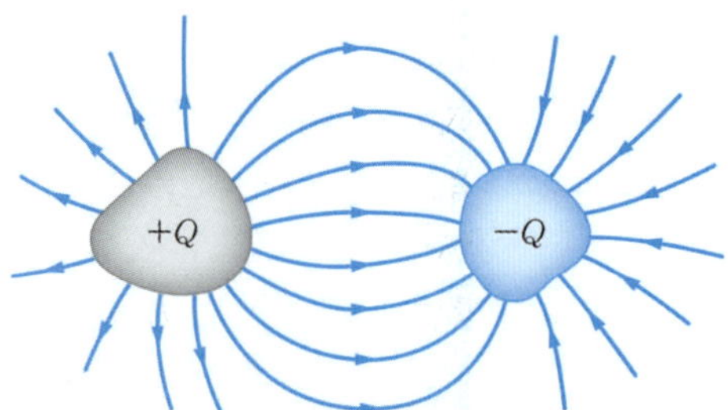

그림 6-1 $+Q$와 $-Q$로 대전된 두 도체

1 커패시터를 콘덴서(condenser)라고도 한다.

커패시터에 저장된 전하량 Q는 두 도체의 전위차 ΔV에 선형적으로 비례하며, 다음과 같이 나타낼 수 있다.

$$Q = C\,|\Delta V| \tag{6.1}$$

여기서 C는 커패시턴스capacitance라고 불리는 비례상수이다. 물리적으로 커패시턴스는 두 도체 사이에 주어진 전위차 ΔV에 대해 전하를 저장하는 용량을 나타내며, 단위는 패럿farad [F]이다. 즉 1[F]은 두 도체 사이에 1[V]의 전압을 가했을 때 축적되는 전하량이 1[C]임을 의미한다. 전하량이 일정할 때 식 (6.1)로부터 커패시턴스는 커패시터에 인가하는 전압에 반비례한다는 사실을 확인할 수 있다. 높은 전압의 건전지를 커패시터 양단에 연결하면 두 도체 사이에 더 많은 전하량을 축적할 수 있기 때문에 커패시턴스는 단위전압당 전하로 나타낼 수도 있다.

$$1[\mathrm{F}] = 1[\mathrm{farad}] = 1[\mathrm{Coulomb/volt}] = 1[\mathrm{C/V}]$$

식 (6.1)의 양변을 시간 t에 관해 미분하면 다음과 같다.

$$\frac{dQ}{dt} = C\frac{dV}{dt}$$

이때 $\frac{dQ}{dt}$는 시간에 대한 전하의 변화량, 즉 전류 I로 정의한다. 따라서 커패시터에서 전압과 전류 사이에는 $I = C\frac{dV}{dt}$의 관계가 성립한다.

커패시터를 충전하기 위해 한쪽 도체에는 전원의 (+) 단자를 연결하고 다른 도체에는 (−) 단자를 연결하면, 전하는 한 도체에서 다른 도체로 흐른다. 정적static 상태에서는 커패시터의 양단 전압은 인가된 전압의 크기와 같다.

실제로 사용되는 커패시턴스는 1[pF](= 10^{-12}[F])에서 1[μF](= 10^{-6}[F]) 등의 범위에서 주로 사용된다. 커패시터의 기호는 회로에서 [그림 6-2]와 같이 표현된다.

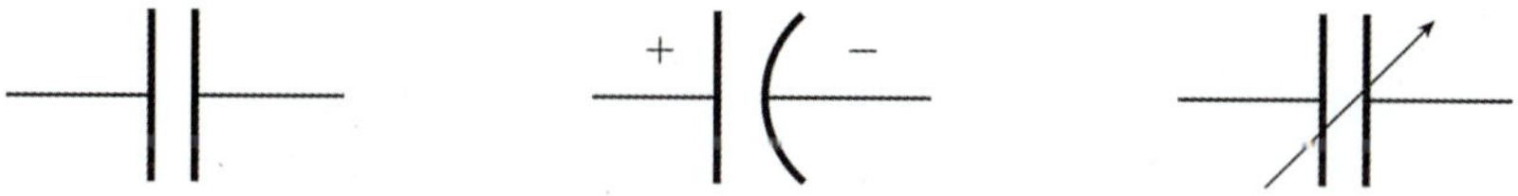

(a) 극성이 없는 경우 (b) 극성이 있는 경우 (c) 가변 커패시터의 경우

그림 6-2 커패시터의 기호

평행판 커패시터

실제 커패시터는 [그림 6-3(a)]처럼 같은 크기의 평행한 도체판 사이에 유전체가 삽입된 형태로 구성된다. 이러한 커패시터를 평행판 커패시터라 한다.

커패시터를 동작하기 위해 평행판 커패시터를 구성하는 두 도체에 [그림 6-3(b)]와 같이 전원을 연결하여 회로를 구성한다.

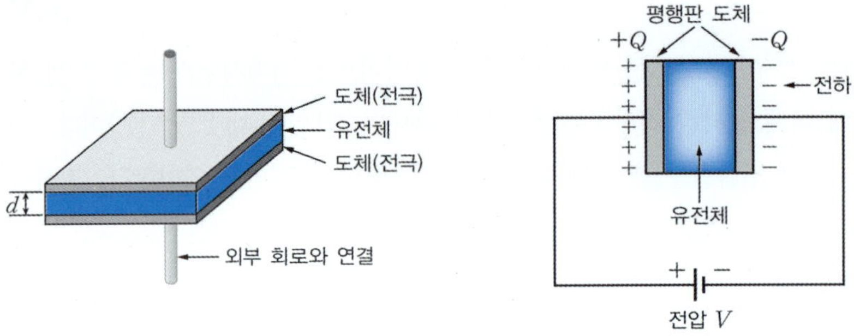

(a) 평행판 커패시터의 구조 (b) 커패시터의 회로 연결

그림 6-3 평행판 커패시터의 구조와 회로 연결

두 도체판은 전도성이 없는 종이와 같은 유전체dielectric에 의해 양쪽으로 분리되어 있다. [그림 6-3(b)]와 같이 두 도체판의 양쪽에 전압 V가 인가되면 양전하(Q^+)와 음전하(Q^-)가 각 도체판에 모이게 된다. 이때 도체판에 모인 양전하와 음전하 사이에는 쿨롱의 법칙Coulomb's Law[2]에 의해 서로 끌어당기는 인력 F가 발생하며, 이 힘으로부터 전기장electric field E가 발생한다. 거리 d만큼 떨어진 두 평행판 사이에 전압 V가 인가되면 도체판 가장자리에서 발생하는 효과edge effects[3]를 무시할 때 전기장은 $E=\dfrac{V}{d}$로도 정의된다.

평행판 커패시터는 [그림 6-4]와 같이 물이 차 있는 물탱크에 비유할 수 있다. 펌프(배터리)를 이용해 물이 물탱크 속에 가득 차면 이 물의 양(전하량)이 늘어나는데, 이때 물탱크의 단면적을 커패시턴스라고 생각할 수 있다. 만약 물탱크 단면적이 좁고 길다면 채워진 물의 높이는 높아질 것이며(높은 전압, 낮은 커패시턴스), 물탱크 단면적이 넓고 짧다면 채워진 물의 높이는 낮아질 것이다(낮은 전압, 높은 커패시턴스).

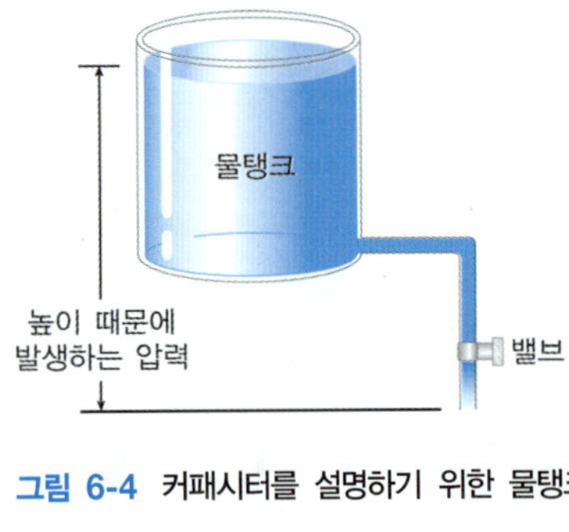

그림 6-4 커패시터를 설명하기 위한 물탱크

2 서로 부호가 반대인 두 전하 사이에는 쿨롱의 법칙에 의해 전기력(인력) F가 발생하고($F=k\dfrac{q_1q_2}{d^2}$), 이때 $E=\dfrac{F}{q}$인 전기장이 생성된다.

3 가장자리 효과라고 하며, 도체판 가장자리에서는 전기장이 균일하지 않고 비선형 특성이 나타나는 현상을 말한다.

▌유전율의 정의

두 평행 도체판 사이의 거리가 d[m]이고 평행판의 면적이 A[m^2], 자유공간의 유전율이 ε_0 (8.854×10^{-12}[C/N · m^2]), 유전체의 비유전율이 ε_r일 때, 커패시턴스 C는 다음과 같다.

$$C = \frac{\varepsilon_r \varepsilon_0 A}{d} \tag{6.2}$$

유전율은 물질에 따라 다르게 주어지며 유전상수dielectric constant로 표현할 수도 있다. 보통 공기(또는 진공)의 유전율 1을 기준으로 할 때 그에 대한 상대적인 값, 즉 유전율 ε을 진공 유전율 ε_0로 나눈 값 $\frac{\varepsilon}{\varepsilon_0}$을 비유전율relative permittivity ε_r이라 한다. 식 (6.2)로부터, 유전율은 커패시턴스와 밀접한 관련이 있으며 커패시터에 유도된 전하량이 유전체에 얼마나 저장될 수 있는지를 나타내는 값이라고 볼 수 있다.

표 6-1 여러 물질의 비유전율

물질	ε_r	물질	ε_r
진공(vacuum)	1	폴리염화비닐(polyvinyl chloride)	3.18
공기(air) 1atm	1.00059	플렉시글라스(plexiglas)	3.40
공기(air) 100atm	1.0548	유리(glass)	5~10
테프론(teflon)	2.1	네오프렌(neoprene)	6.70
폴리에틸렌(polyethylene)	2.25	게르마늄(germanium)	16
벤젠(benzene)	2.28	글리세린(glycerin)	42.5
마이카(mica)	3~6	물(water)	80.4
마일라(mylar)	3.1	티탄산 스트론튬(strontium titanate)	310

예제 6-1

[그림 6-5(a)]와 같이 평행판 커패시터에 전압계를 연결하고 [그림 6-5(b)]와 같이 유전체를 평행판 사이에 삽입했더니 측정전압이 줄었다. 그 이유를 설명하라.

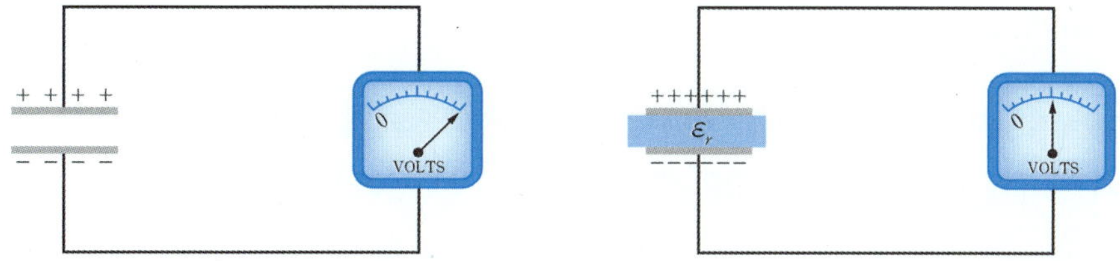

(a) 평행판 커패시터의 회로 연결 (b) 유전체를 포함하는 평행판 커패시터의 회로 연결

그림 6-5 평행판 커패시터의 예

풀이

식 (6.1) $Q = C\,|\Delta V|$로부터, 커패시터 양단의 전압은 전하량 Q에 비례하고 커패시턴스 C에 반비례한다. 전하량 Q는 동일하고, 커패시턴스 C는 식 (6.2)에 의해 유전율이 증가하면 커지므로, 커패시터 양단에 걸리는 전압은 줄어들게 된다.

유전체는 물과 같이 극성을 갖는 극성 유전체polar dielectric와 메탄, 벤젠과 같이 극성을 갖지 않는 비극성 유전체non-polar dielectric로 나뉜다. 극성 유전체는 [그림 6-6(a)]와 같이 영구 쌍극자 모멘트permanent electric dipole moment로 구성되어 있어, 외부 전기장이 가해지지 않았을 때는 임의의 방향성을 갖지만 외부 전기장 E가 가해지면 외부 전기장에 따라 분자들이 정렬된다. 정렬된 분자들은 인가된 전기장에 대해 방향이 반대인 전기장을 생성한다. 비극성 유전체는 [그림 6-6(b)]와 같이 평소에는 아무런 극성을 갖지 않지만, 외부에서 전기장이 가해질 때 이 유전체에는 전기 쌍극자 모멘트가 유도된다.

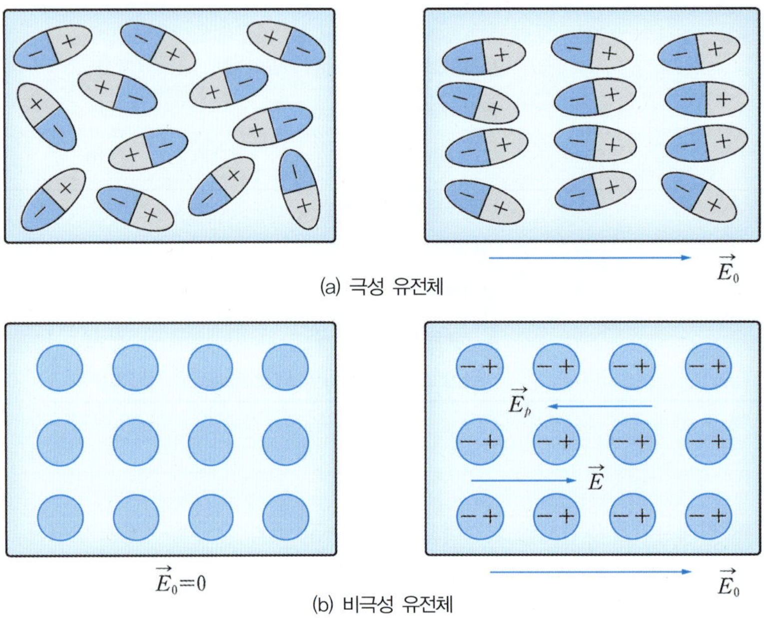

그림 6-6 극성 유전체와 비극성 유전체

[표 6-2]는 평행판 커패시터, 원통형(동축) 커패시터, 구형spherical 커패시터의 커패시턴스를 보여준다. 커패시터의 종류에 따라 커패시턴스를 결정하는 요소는 다음과 같다.

- 평행판 커패시터 : 두 평행판의 이격거리, 단면적, 유전체의 유전율
- 원통형 커패시터 : 내·외부 도체의 반지름, 유전체의 유전율, 원통 길이
- 구형 커패시터 : 내부 도체구와 외부 도체의 반지름, 유전체의 유전율

표 6-2 다양한 커패시터의 커패시턴스

커패시터	평행판 커패시터	원통형 커패시터	구형 커패시터
커패시터 형태	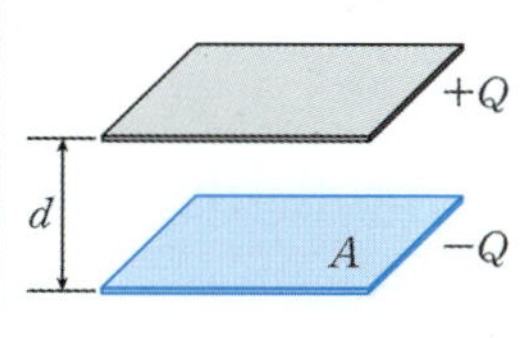	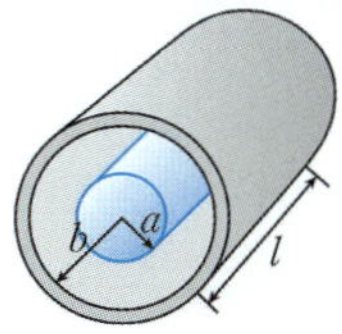	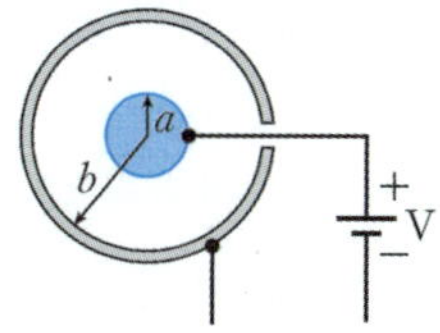
전기장의 방향	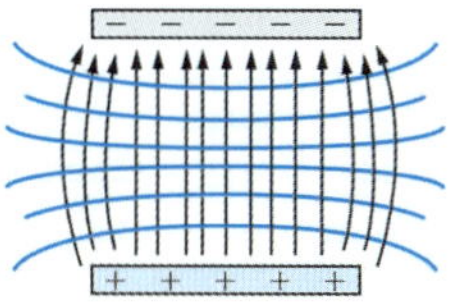	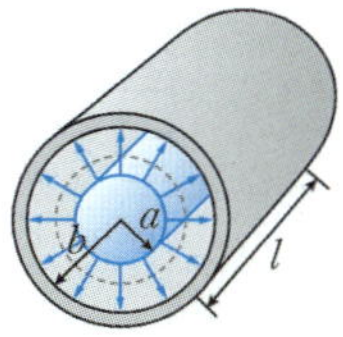	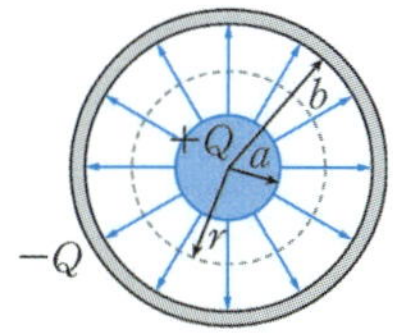
커패시턴스 ($C=\dfrac{Q}{\lvert\Delta V\rvert}$)	$C=\dfrac{\varepsilon_0\varepsilon_r A}{d}$	$C=\dfrac{2\pi\varepsilon_0\varepsilon_r l}{\ln\left(\dfrac{b}{a}\right)}$	$C=4\pi\varepsilon_0\varepsilon_r\left(\dfrac{ab}{b-a}\right)$

커패시터의 방전

V_0의 전압을 갖는 전원에 커패시터만 연결했을 때 커패시터는 $Q=CV_C(=CV_0)$로 초기 전하량을 보유하게 된다. 이때 [그림 6-7(a)]와 같이 전원 대신 저항 R을 연결하면 전류가 (+)인 평행판에서 (−)인 평행판으로 흐르게 된다. [그림 6-7(b)]에 나타낸 것처럼 커패시턴스 C와 저항값 R이 더 클수록 전류가 천천히 흐르기 때문에 방전discharge이 되기까지 더 오래 걸린다. 이러한 관계를 식으로 나타내면 $Q(t)=CV_0e^{-t/RC}$이며, 그래프로 나타내면 [그림 6-7(c)]와 같다.

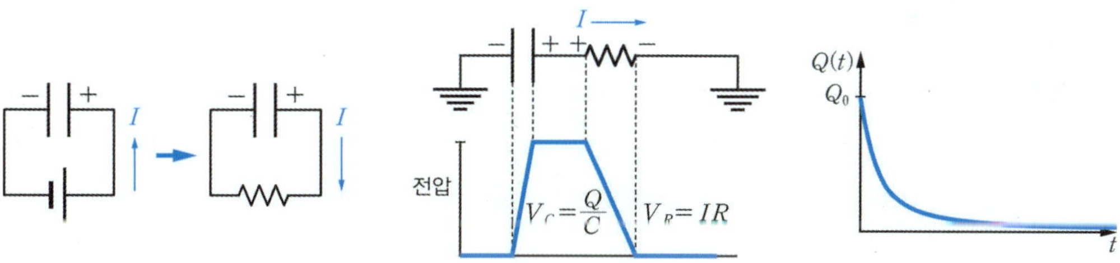

(a) 커패시터 방전회로 (b) 커패시터의 방전전압 특성 (c) 시간에 따른 전하량

그림 6-7 커패시터의 방전

여기서 초기 전하량은 CV_0이고, 전하량 $Q(t)$는 지수함수적으로 감소하는 것을 의미한다. 이 지수함수적 기울기exponential decay를 시상수(τ)time constant라고 한다.

커패시터의 충전

커패시터의 충전charge은 [그림 6-8]과 같은 회로에서 이루어진다. 커패시터의 한쪽 전극에 교류전압 (+) 전압을 걸어주면 대전된 판에는 양(+) 전하가, 반대 판에는 음(−) 전하가 축적되는데, 외부에서 가해준 전압과 평형을 이루게 되면 축적을 멈추고 전기가 통하지 않는 상태가 되어 커패시터의 충전이 완료된다.

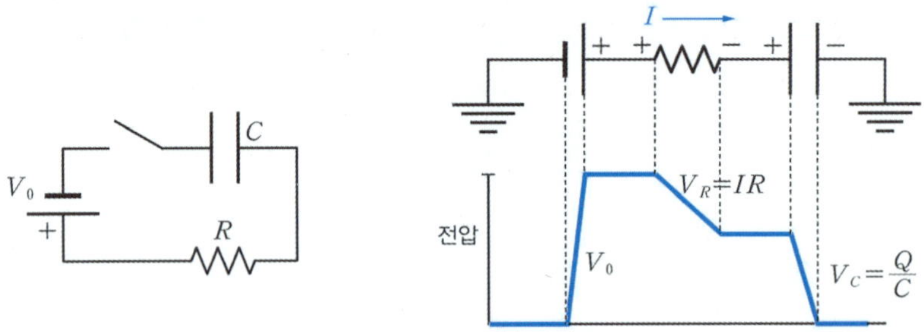

(a) 커패시터 충전회로 (b) 커패시터의 충전전압 특성

그림 6-8 커패시터의 충전

이때 시간에 따른 전류의 변화는 $i(t) = \frac{V_0}{R}e^{-t/RC}$으로 주어진다. 또한 전하량의 변화는 $Q(t) = CV_0(1 - e^{-t/\tau})$으로 주어진다. 이로부터 커패시터는 시상수 $\tau = RC$로 방전인 경우와 같은 값을 갖는다.

Quick Review

- (　　　　)는 전하를 저장할 수 있는 부품이고, 커패시턴스는 물체가 전하를 축적하는 능력이다.
- 커패시턴스의 단위는 (　　　　)이다.
- (　　　　) 커패시터에서 두 도체판은 전하는 통과시키지 않지만 전기적으로 대전될 수 있는 물질인 유전체에 의해 양쪽으로 분리된다.
- 커패시터의 충전과 방전은 서로 역과정이다. 충전 시에는 (　　　)을 통해 전류가 흘러 에너지가 저장되고, 방전 시에는 저장된 에너지가 회로의 (　　)을 통해 방출된다.

ANS 커패시터, 패럿[F], 평행판, 전압원/저항

6.2 커패시터의 직병렬연결

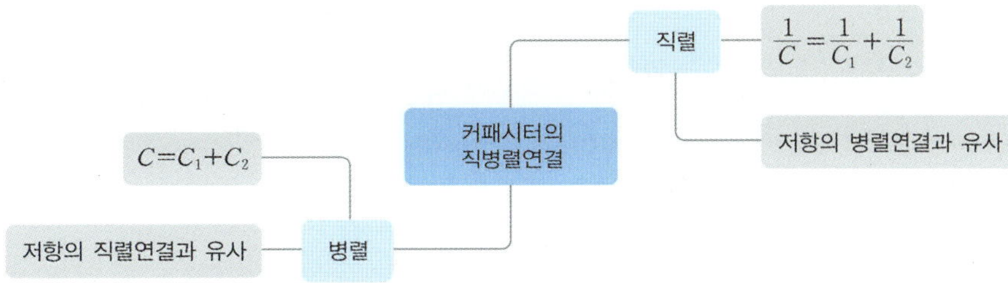

커패시터도 저항과 마찬가지로 직렬, 병렬 또는 직병렬 혼합회로로 연결하여 사용할 수 있다. 이 절에서는 커패시터 내부의 유전체가 직병렬로 연결된 복합유전체의 커패시턴스와 커패시터가 직병렬로 연결되었을 경우 전체 커패시턴스를 구한다.

복합유전체의 커패시턴스 : 유전체의 직병렬연결

두 평행 도체판 사이의 거리가 d[m]이고, 평행판의 면적이 A[m^2], 자유공간의 유전율이 ε_0, 유전체의 비유전율이 ε_r이라고 할 때, 커패시턴스 C는 식 (6.3)과 같이 두 평행 도체판 간 거리에 반비례하고 면적과 유전율에 비례하는 식으로 주어진다.

$$C = \frac{\varepsilon_r \varepsilon_0 A}{d} \tag{6.3}$$

[그림 6-9(a)]와 같이 유전율이 ε_{r1}, ε_{r2}인 두 유전체가 병렬로 연결되었을 때, 평행판 커패시터의 전체 커패시턴스는 각각 유전체를 둘러싼 평행판의 면적이 $\frac{A}{2}$이므로 식 (6.4)와 같이 주어진다.

$$C = \frac{\varepsilon_{r1}\varepsilon_0}{d}\frac{A}{2} + \frac{\varepsilon_{r2}\varepsilon_0}{d}\frac{A}{2} = \frac{\varepsilon_0 A}{d}\frac{\varepsilon_{r1}+\varepsilon_{r2}}{2} \tag{6.4}$$

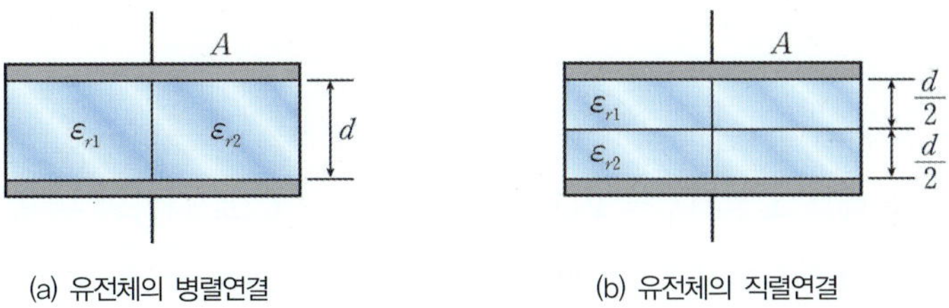

그림 6-9 평행판 커패시터 내 유전체의 직병렬연결

[그림 6-9(b)]와 같이 유전율이 각각 ε_{r1}, ε_{r2}인 두 유전체가 직렬로 연결되었을 때, 평행판 커패시터의 전체 커패시턴스는 병렬로 연결된 두 유전체의 두께가 각각 $\frac{d}{2}$이므로, 커패시터 양단의 전압을 V라고 하면 전체 전압은 각 유전체에 의한 전압 $V_1 + V_2$로 주어진다.

평행판에 유도되는 전하량은 Q로 일정하기 때문에 다음과 같이 유도할 수 있다.

$$V = V_1 + V_2 = \frac{Q}{C_1} + \frac{Q}{C_2} = \frac{Q}{\frac{\frac{\varepsilon_{r1}\varepsilon_0}{d}A}{2}} + \frac{Q}{\frac{\frac{\varepsilon_{r2}\varepsilon_0}{d}A}{2}} \tag{6.5}$$

$$= Q\left[\frac{d}{2\varepsilon_0 A}\left(\frac{1}{\varepsilon_{r1}} + \frac{1}{\varepsilon_{r2}}\right)\right] = \frac{Q}{C}$$

따라서 유전체가 직렬로 연결된 경우 전체 커패시턴스 C는 식 (6.6)과 같다.

$$C = \frac{2\varepsilon_0 A}{d}\frac{\varepsilon_{r1}\varepsilon_{r2}}{\varepsilon_{r1} + \varepsilon_{r2}} \tag{6.6}$$

평행판 커패시터의 직병렬연결

회로 내에서 커패시터는 [그림 6-10]과 같이 직렬 또는 병렬로 연결할 수 있다.

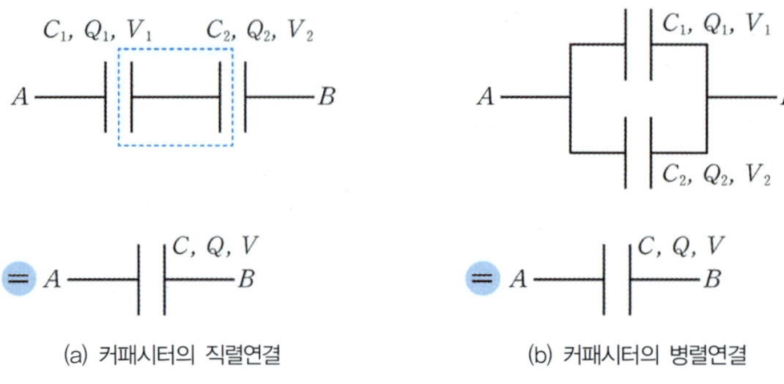

그림 6-10 평행판 커패시터의 직병렬연결

커패시터가 직렬로 연결되었을 때 전체 커패시턴스는 $V = V_1 + V_2$로부터 $\frac{1}{C} = \frac{1}{C_1} + \frac{1}{C_2}$로 나타낼 수 있으며, 병렬로 연결되었을 때는 $V = V_1 = V_2$로부터 $C = C_1 + C_2$로 나타낼 수 있다. 이로부터 [표 6-3]과 같이 저항의 직렬과 커패시터의 병렬, 저항의 병렬과 커패시터의 직렬은 동일하게 전체 저항 또는 커패시터를 구할 수 있음을 알 수 있다.

표 6-3 저항과 커패시터의 직병렬 특성 비교

구분	직렬	병렬
저항	$V = V_1 + V_2$ $I = I_1 = I_2$ $V = IR$ $R = R_1 + R_2$	$V = V_1 = V_2$ $I = I_1 + I_2$ $V = IR$ $\frac{1}{R} = \frac{1}{R_1} + \frac{1}{R_2}$
커패시터	$V = V_1 + V_2$ $Q = Q_1 = Q_2$ $V = Q\frac{1}{C}$ $\frac{1}{C} = \frac{1}{C_1} + \frac{1}{C_2}$	$V = V_1 = V_2$ $Q = Q_1 + Q_2$ $V = Q\frac{1}{C}$ $C = C_1 + C_2$

예제 6-2

[그림 6-11]의 회로에서 등가 커패시턴스는 얼마인가?

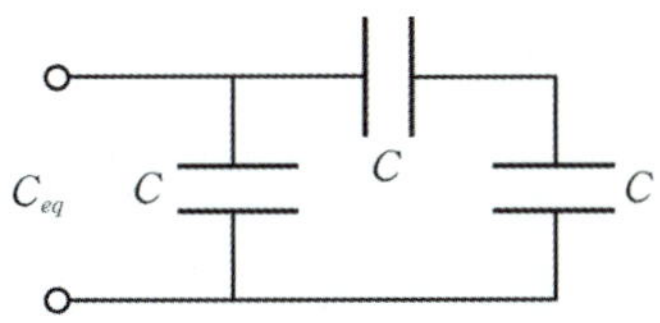

그림 6-11 커패시터가 직병렬로 혼합된 회로

풀이

문제에 주어진 회로는 [그림 6-12]와 같은 등가회로로 표현할 수 있다.

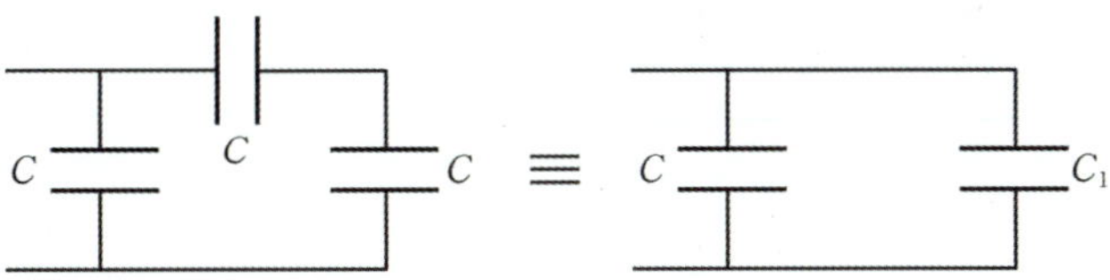

그림 6-12 직병렬연결된 커패시터의 등가회로

따라서 등가 커패시턴스를 다음과 같이 구할 수 있다.

$$\frac{1}{C} = \frac{1}{C_1} + \frac{1}{C_2} \Rightarrow C_1 = \frac{C}{2} \Rightarrow C_{eq} = C + \frac{C}{2} = \frac{3}{2}C$$

예제 6-3

[그림 6-13]의 평행판 커패시터에서, 오른쪽 그림과 같이 중간에 도체를 삽입하였을 경우 커패시터 양단에 걸리는 전압 V를 V_0로 나타내라.

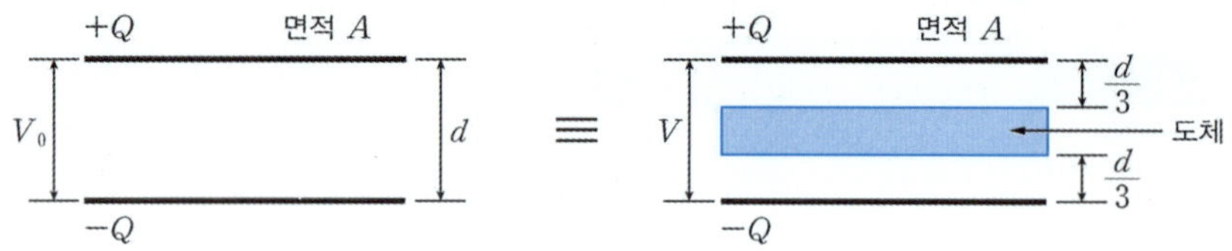

그림 6-13 도체를 포함하는 커패시터

풀이

평행판 커패시터의 커패시턴스는 $C_0 = \frac{Q}{V_0}$ 이다. 두 도체판 사이에 $\frac{d}{3}$ 두께의 도체가 삽입되면 [그림 6-14]의 왼쪽 그림과 같이 $\frac{d}{3}$만큼 떨어진 두 커패시터가 직렬로 연결된 것으로 가정할 수 있다. 직렬로 연결된 커패시터의 전체 커패시턴스를 C_{eq}, 각각의 커패시턴스를 C라고 하면 전체 커패시턴스는 $\frac{1}{C_{eq}} = \frac{1}{C} + \frac{1}{C}$ 이 되어 $C_{eq} = \frac{C}{2}$가 된다. C는 C_0에서 두 평행도체판 사이의 거리가 $\frac{d}{3}$로 바뀐 것이므로 $C_{eq} = \frac{3}{2}C_0$가 된다. 따라서 $V = \frac{Q}{C_{eq}} = \frac{2}{3}V_0$가 된다.

$$C_{eq} = \frac{1}{2}C$$

$$\rightarrow C_{eq} = \frac{1}{2}\frac{A\varepsilon_0}{\frac{d}{3}} = \frac{3}{2}\frac{A\varepsilon_0}{d} = \frac{3}{2}C_0 \quad \Rightarrow \quad V = \frac{Q}{C_{eq}} = \frac{Q}{\frac{3}{2}C_0} = \frac{2}{3}V_0$$

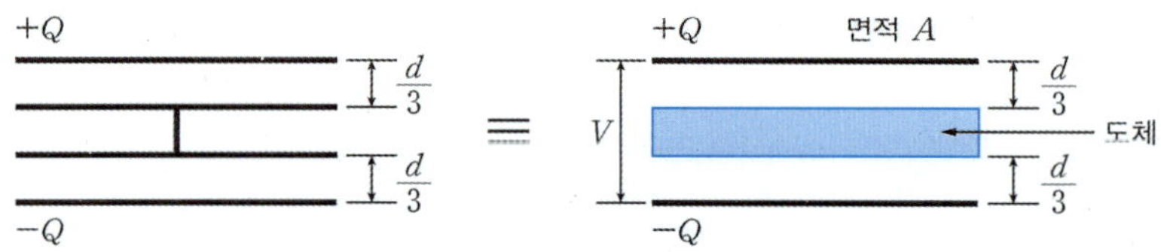

그림 6-14 도체를 포함하는 커패시터의 등가회로

Quick Review

- 커패시턴스는 두 평행 도체판 간 거리에 (   )하고 면적과 유전율에 (   )한다.
- 커패시터의 병렬은 저항의 (   )연결, 커패시터의 직렬은 저항의 (   )연결과 동일하게 전체 커패시터 또는 저항을 구할 수 있다.

ANS 반비례/비례, 직렬/병렬

6.3 커패시터의 종류와 응용

커패시터의 종류

커패시터를 사용할 때 고려해야 할 사항은 크기, 최대 정격전압, 누설전류leakage current, 온도 안정성 등이다. [표 6-4]는 커패시터의 종류를 나타낸 것이다.

표 6-4 커패시터의 종류

구분	커패시터의 종류		
모양	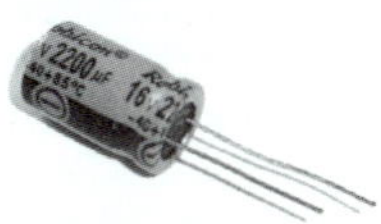 원통형 커패시터 (예) 전해 커패시터)	 디스크 커패시터 (예) 세라믹 커패시터)	 사각형 커패시터 (예) 어레이 커패시터)
유전체 종류	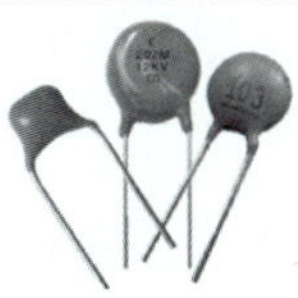 세라믹 커패시터	 전해 커패시터	 필름 커패시터
커패시턴스 값	 고정 커패시터		 가변 커패시터

커패시터는 외관에 따라 원통형cylindrical, 디스크disc, 사각형rectangular 커패시터로 구분할 수 있으며, 커패시터에 사용되는 유전체 종류에 따라 세라믹ceramic, 전해electrolytic, 필름film 커패시터 등으로 구분할 수 있다. 이러한 커패시터들은 모두 커패시턴스 값이 일정한 고정fixed 커패시터이며, 커패시턴스 값을 변화시킬 수 있는 가변variable 커패시터도 사용된다.

세라믹 커패시터

세라믹 커패시터ceramic capacitor는 가장 일반적으로 사용되는 커패시터로, 비유전율 30~7500 범위를 갖는 세라믹을 유전체로 사용한다. 유전율이 큰 유전체를 사용하기 때문에 소형으로 큰 값의 커패시턴스를 갖는 커패시터 제작이 가능하다는 장점을 지니며, 대략 1[pF]~0.1[μF]의 커패시턴스 값을 갖는다. 또한 매우 낮은 등가직렬저항(ESR)Equivalent Series Resistance과 누설전류의 특성이 있으며, 가격이 저렴하다는 장점도 있다. 세라믹 커패시터는 인쇄회로기판에 표면 실장용(SMD)Surface Mount Device으로 사용할 수 있으며, 고주파수 회로에도 사용할 수 있다.

> **여기서 잠깐** **등가직렬저항(ESR)**
>
> 커패시터는 회로에서 등가적으로 커패시턴스 외에 직렬저항값을 함께 갖는데, 이 저항을 '등가직렬저항'이라고 한다. 신호가 커패시터를 통과하면서 이 등가직렬저항값에 의해 약간의 손실(열손실 등)이 발생하게 된다. 즉 이상적으로 볼 때 커패시터는 무손실소자여야 하지만 실제로는 저항 성분을 가진 손실 특성을 갖는다.

전해 커패시터

전해 커패시터electrolytic capacitor는 알루미늄 또는 탄탈 박막foil 위에 얇은 산화막thin oxide layer을 유전체로 갖는 커패시터이다. 낮은 가격으로 큰 값의 커패시턴스를 구현할 수 있지만 누설전류 특성이 좋지 않은 편이고, 파손전압이 비교적 낮다는 단점이 있다. 따라서 전해 커패시터의 외관에는 커패시터가 견딜 수 있는 최대 전압이 표시되어 있다. 전해 커패시터는 평판의 종류에 따라 알루미늄 전해 커패시터와 탄탈 커패시터로 구분되는데, 탄탈 커패시터는 알루미늄 전해 커패시터보다 크기가 작고 ESR이 낮다. 또한 누설전류가 적고, 시간에 대해 더 안정적이며 값의 변화가 작다는 특성이 있다. 대부분의 전해 커패시터는 극성을 갖는다.

필름 커패시터

필름 커패시터film capacitor는 플라스틱 필름을 유전체로 한 커패시터로, 극성이 없으며 매우 정밀한 값의 커패시턴스를 구현할 수 있다. 또한 ESR 값이 낮기 때문에 발열이 적고 정격전압이 높다.

가변 커패시터

가변 커패시터variable capacitor는 AM 라디오에서 튜닝 커패시터로 사용된다. 보통 튜닝 커패시터는 수 [pF]에서부터 수십 [pF]까지 매우 작은 값을 갖는다. 가변 커패시터는 일반적으로 고정된 도체판과 중심축rod에 고정되어 회전할 수 있는 도체판으로 구성된다. 따라서 중심축을 돌리면 도체판과 도체판 사이에 겹쳐지는 면적의 차이에 의해 커패시턴스 값이 변화하는 원리를 이용한다.

커패시터의 기능

커패시터의 가장 기본적인 기능은 전하를 저장하는 것이다. 커패시터는 전기 및 전자회로 등에서 다음과 같이 다양한 기능으로 사용된다. 이밖에도 커패시터는 동조회로tuned circuit, 신호처리 등에 광범위하게 사용된다.

- **DC blocking 커패시터** : 회로에서 DC 전류의 흐름을 막고 AC 전류만 통과시키는 데 사용된다.
- **필터 커패시터** : 커패시터의 리액턴스가 주파수에 반비례하는 특성을 이용해 고주파 신호는 통과시키고 저주파 신호는 차단하는 등 원하는 주파수 대역을 걸러내는 역할을 한다.
- **방전 커패시터(방전소자)** : 커패시터는 충전소자로 사용되기 때문에 전하를 방전할 때 전력 신호원의 트리거링, 점화 등에 사용된다.
- **바이패스 커패시터**bypass capacitor : 커패시터의 리액턴스는 주파수가 증가함에 따라 감소하기 때문에 특정 부품과 병렬로 사용될 때 특정 주파수만 통과bypass시킬 수 있다.
- **결합 커패시터**coupling capacitor : AC 신호만 통과시키는 특성을 이용해 전기회로를 다른 회로와 결합할 수 있다.
- **디커플링 커패시터**decoupling capacitor : 고속 논리회로에서 스위칭은 디지털 전압 레벨에 영향을 줄 수 있기 때문에, 디커플링 커패시터는 IC 출력단에 가까이 위치하여 에너지 신호원에 필요한 추가 전류를 제공함으로써 논리신호의 잡음과 방해 신호를 최소화한다.

커패시터의 커패시턴스 값을 읽는 방법은 [그림 6-15]와 같이 세라믹 커패시터와 전해 커패시터에 따라 다르게 정해진다.

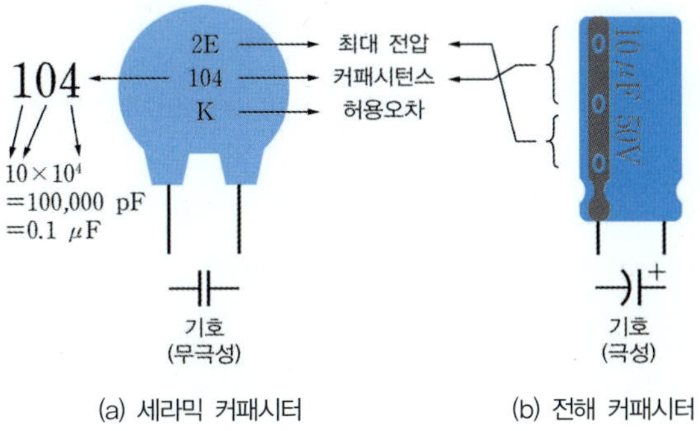

그림 6-15 커패시턴스 값을 읽는 방법

세라믹 커패시터에서 '2E'는 최대 내성전압을 나타내는 표기로 250[V]를 의미하며, 2[A](100[V]), 2[T](150[V]), 2[D](200[V]) 등으로 정해진다. '104'는 커패시턴스의 값을 나타내는 숫자로 마지막 숫자는 지수를 나타낸다. 즉 104는 10×10^4[pF]을 나타낸다.

예를 들어 472라고 표기되어 있다면 47×10^2[pF]= 4700[pF]= 4.7[μF]이 된다. 가장 밑에 위치한 문자 K는 허용오차[tolerance] ±10%를 나타내는 표시로 F(±1%), G(±2%), H(±3%), J(±5%), M(±20%) 등을 나타낸다. 반면 전해 커패시터의 경우 커패시턴스 값과 내성전압 값이 표시되어 있다.

실제로 사용되는 커패시터는 모든 커패시턴스 값을 갖고 있지 않으며, [표 6-5]와 같이 주어진 값의 커패시터를 사용하게 된다.

표 6-5 실제로 사용되는 커패시터의 커패시턴스 예

표준 커패시터 값							
1.0[pF]	10[pF]	100[pF]	0.001[μF]	0.01[μF]	0.1[μF]	1.0[μF]	10[μF]
1.2[pF]	12[pF]	120[pF]	0.0012[μF]	0.012[μF]	0.12[μF]	1.2[μF]	12[μF]
1.5[pF]	15[pF]	150[pF]	0.0015[μF]	0.015[μF]	0.15[μF]	1.5[μF]	15[μF]
1.8[pF]	18[pF]	180[pF]	0.0018[μF]	0.018[μF]	0.18[μF]	1.8[μF]	18[μF]
2.2[pF]	22[pF]	220[pF]	0.0022[μF]	0.022[μF]	0.22[μF]	2.2[μF]	22[μF]
2.7[pF]	27[pF]	270[pF]	0.0027[μF]	0.027[μF]	0.27[μF]	2.7[μF]	27[μF]
3.3[pF]	33[pF]	330[pF]	0.0033[μF]	0.033[μF]	0.33[μF]	3.3[μF]	33[μF]
3.9[pF]	39[pF]	390[pF]	0.0039[μF]	0.039[μF]	0.39[μF]	3.9[μF]	39[μF]
4.7[pF]	47[pF]	470[pF]	0.0047[μF]	0.047[μF]	0.47[μF]	4.7[μF]	47[μF]
5.6[pF]	56[pF]	560[pF]	0.0056[μF]	0.056[μF]	0.56[μF]	5.6[μF]	56[μF]
6.8[pF]	68[pF]	680[pF]	0.0068[μF]	0.068[μF]	0.68[μF]	6.8[μF]	68[μF]

위의 커패시터 값은 EIA 표준 커패시터 값으로, 대다수의 업체에서 제작·판매하고 있는 커패시터의 값들이다.

Quick Review

- 커패시터는 (　　　)에 따라 세라믹, 전해, 필름 커패시터 등으로 나눌 수 있다.
- 커패시터에서는 등가적으로 커패시턴스 외에 직렬저항값을 갖는데, 이를 (　　　　　)이라고 한다.

ANS 유전체의 종류, 등가직렬저항(ESR)

6.4 인덕터와 인덕턴스

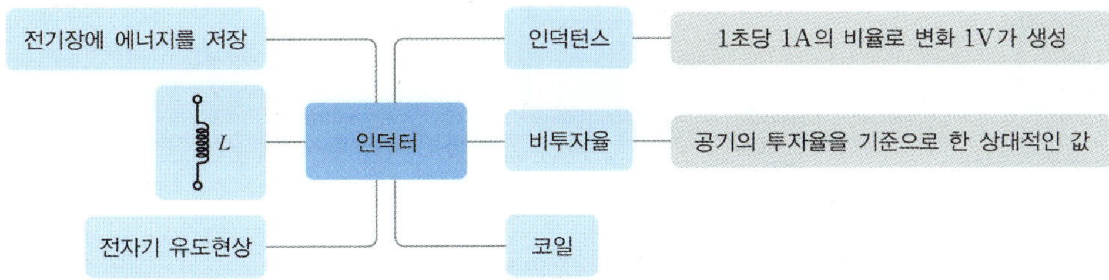

인덕터는 도체 주변 자기장 내에 에너지를 저장하는 수동소자로서 전원 공급기, 변압기, 라디오, 텔레비전, 레이더, 전기모터 등 각종 전기 시스템과 전력 시스템에 널리 사용된다. 전류가 흐르는 도체는 대부분 인덕턴스 성분을 가지며 인덕터로서 동작할 수 있다. 이 절에서는 인덕터를 정의하기 위한 전자기 유도현상, 인덕터의 용량을 나타내는 인덕턴스의 정의 등을 살펴보고자 한다.

전자기 유도와 인덕턴스의 정의

인덕터는 [그림 6-16(a)]와 같이 도체선이 감긴 코일 형태로 구성되며, 기호로는 [그림 6-16(b)]와 같이 나타낸다. 인덕턴스는 인덕터의 용량을 나타내는 값으로 인덕턴스를 정의하기 위해서는 전자기 유도현상을 이해해야 한다.

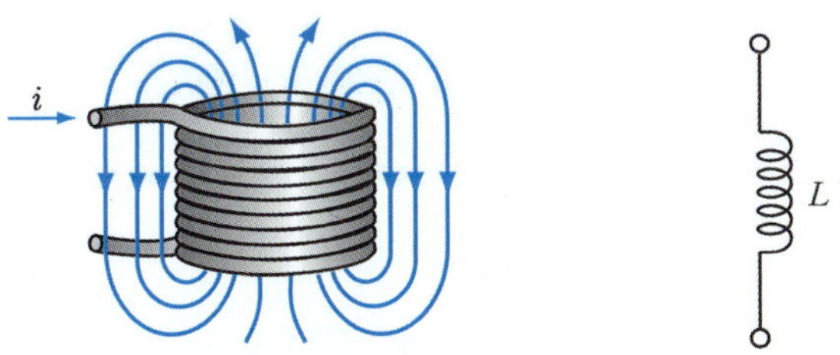

(a) 기본 인덕터 (b) 이상적인 인덕터 기호

그림 6-16 코일로 구성된 인덕터

1831년 영국의 물리화학자 마이클 패러데이Michael Faraday는 도선에 유도되는 기전력(emf) electromotive force은 그 속을 통과하는 자기력선의 수가 변할 때나 도선이 자기력선을 끊고 지나갈 때 나타난다는 것을 발견했다. 이 현상을 패러데이의 법칙Faraday's law이라고 한다. [그림 6-17(a)]와 같이 코일이 연결된 회로에서 코일 내부에 있는 자석을 움직이면, 즉 자속magnetic flux을 변화시키면 전압이 유도되는데, 이 전압을 유도전압induced voltage 또는 유도기전력induced electromotive force, induced emf이라고 한다.[4]

4 자속은 자기장을 나타내는 자기력선의 다발이라 생각할 수 있으며, 단위는 웨버이고, $Wb = 1T \cdot m^2$로 나타낸다.

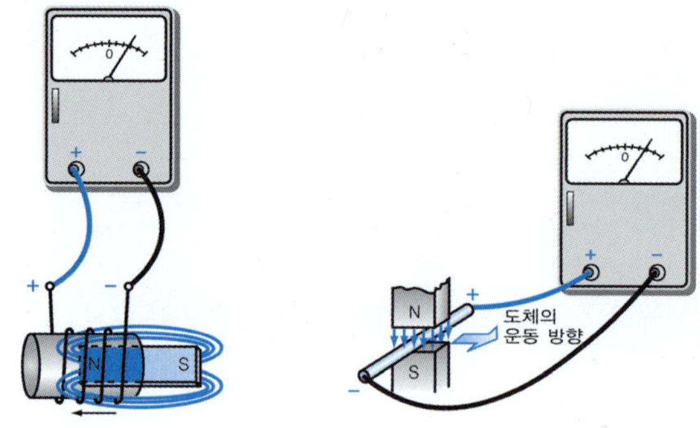

(a) 코일 내 자속의 변화　　　　(b) 자속 내 도체의 변화

그림 6-17 유도전압의 발생

유도전압은 [그림 6-17(b)]와 같이 도체가 자기장 내부를 움직여 자속을 변화시키는 경우에도 발생한다. 단위시간 동안 더 많은 자속을 통과하거나(즉, 자기장을 통과하는 도체의 속도가 빠르거나) 자기장의 세기가 커지면, 도체에 유도되는 전압은 더 커진다.

1834년 러시아의 물리학자인 하인리히 렌츠Heinrich Lenz는 패러데이의 법칙에서 확장하여 전자기 유도에 의해 만들어지는 전류는 자속의 변화를 방해하는 방향으로 흐른다는 렌츠의 법칙Lenz's Law을 발견했다. 즉 도체와 자기장 사이에 상대적인 운동이 있을 때(또는 도체를 통과하는 전류가 변화할 때) 유도되는 전압 또는 유도되는 기전력, 유도되는 전류가 만들어지는데, 유도기전력의 극성은 항상 원래 전류의 변화에 반대 방향을 갖는다는 것을 의미한다.

하인리히 렌츠
(1804~1865)

예를 들어 [그림 6-18(a)]와 같이 코일 주변에 자석이 있을 때 자속의 변화가 없으므로 코일에 유도되는 전류는 0이다. 한편 [그림 6-18(b)], [그림 6-18(c)]와 같이 자속의 움직이는 방향에 따라 코일에 유도되는 전류는 반대 방향이 된다.

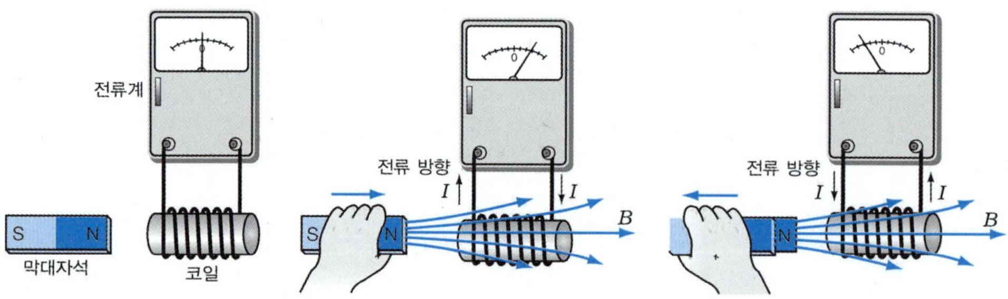

(a) 정지 상태　　　　(b) 자석 운동 상태(오른쪽)　　　　(c) 자석 운동 상태(왼쪽)

그림 6-18 렌츠의 법칙

패러데이의 법칙에 의하면 [그림 6-19(a)]와 같이 코일 회로에 연결된 스위치의 동작에 따라 자속이 변한다. 변화된 자속에 의해 코일 1에 전류가 흐르면 자기장이 발생하며, 이 자속(자기장)에 의해 코일 2에 전압이 유도된다. 이때 [그림 6-19(b)]와 같이 N번 감긴 코일에 유도되는 자속을 ϕ라고 하면, 발생하는 유도기전력 e는 권선수 N에 비례하고, 자속의 시간에 따른 변화율 $\frac{d\phi}{dt}$에 비례하게 된다.

$$e = N\frac{d\phi}{dt} \text{ [V]} \tag{6.7}$$

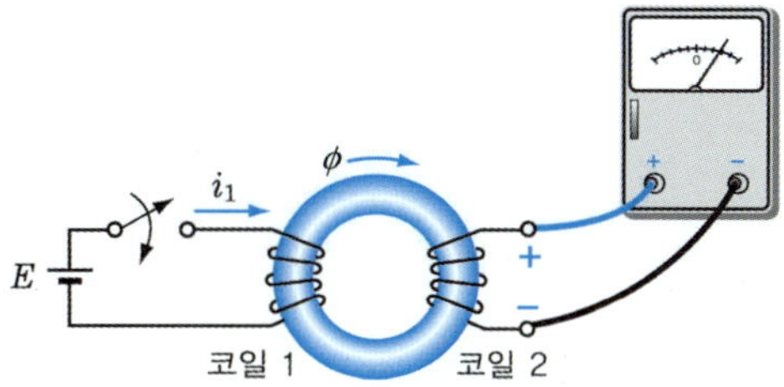

(a) 전자기 유도

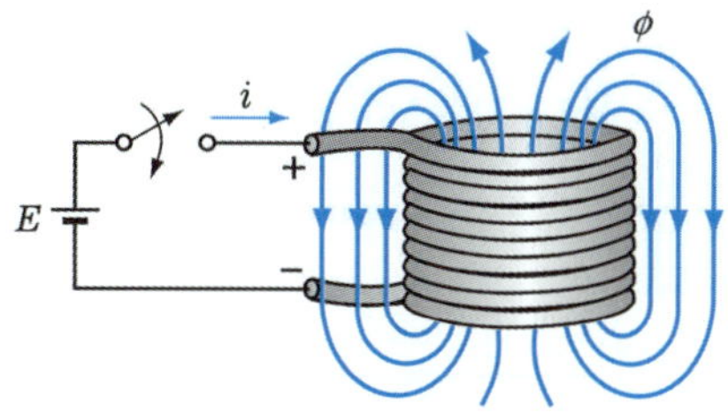

(b) 유도기전력

그림 6-19 전자기 유도

이때 자속은 코일에 흐르는 전류 i에 비례한다. 따라서 식 (6.7)로부터 유도전압 e는 전류의 시간에 따른 변화율 $\frac{di}{dt}$에 비례함을 알 수 있고, 다음과 같이 쓸 수 있다.

$$e = L\frac{di}{dt} \text{ [V]} \tag{6.8}$$

이때 L을 코일의 자기 인덕턴스self-inductance라고 하며 단위는 헨리henry [H]이다. 보통 우리가 일컫는 인덕턴스는 이 자기 인덕턴스를 의미한다. 코일에 흐르는 전류가 1초당 1[A]의 비율로 변화하고 이 전류에 의해 생성되는(유도되는) 전압이 1[V]라고 할 때, 이때의 코일 인덕턴스를 1[H]로 정의한다. 따라서 다음과 같이 나타낼 수 있다.

$$V = L\frac{di}{dt} \tag{6.9}$$

철심이 포함된 코일의 인덕턴스

[그림 6-20]과 같이 철심iron core이 포함된 코일의 인덕턴스는 다음과 같이 주어진다.

$$L = \frac{\mu N^2 A}{l} \text{ [H]} \tag{6.10}$$

여기서 μ는 철심의 투자율permeability, N은 권선수, A는 코일(또는 철심)의 단면적, l은 코일의 길이를 나타낸다.

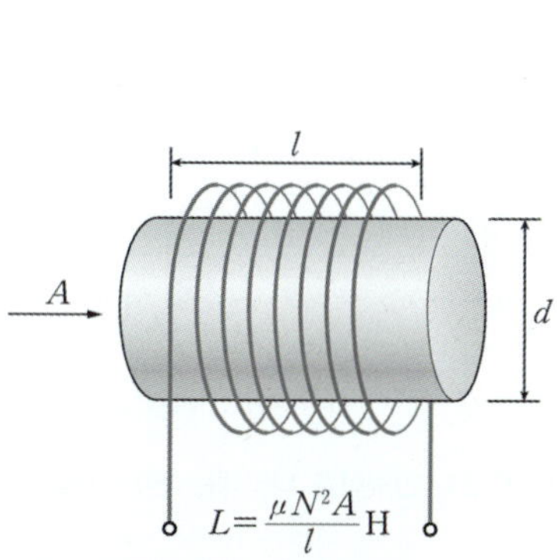

그림 6-20 철심이 포함된 코일

투자율($\mu = \mu_0 \mu_r$)은 물질의 자기적인 특성을 나타내는 파라미터로, 자기장 내에서 물질이 자화되는 정도를 나타낸다. 진공(또는 공기)의 투자율은 $\mu_0 = 4\pi \times 10^{-7}$[H/m]이며, 이를 기준으로 상대투자율(비투자율)relative permeability μ_r은 각 물질의 투자율을 진공의 투자율에 대한 비율로 나타낸 값이다. 투자율이 높다는 것은 물질 내에 자속밀도magnetic flux density가 높다는 말이다. 납, 구리, 아연 등 $\mu_r < 1$인 경우를 반자성체diamagnetic라고 한다. 알루미늄, 주석, 산소 등은 자기장이 인가되면 자화되고 자기장이 제거되면 자화되지 않는 물질로 $\mu_r > 1$이며, 상자성체paramagnetic라고 한다. 반면에 철, 니켈, 코발트 등은 외부에서 자기장이 인가되면 자화되고 자기장을 제거해도 자화된 자석의 성질이 남아 있는 물질로 $\mu_r \gg 1$을 가지며, 이를 강자성체ferromagnetic라고 한다.

[표 6-6]은 여러 물질의 비투자율을 나타낸 것이다.

표 6-6 여러 물질의 비투자율

물질	비투자율	물질	비투자율
구리	0.9999906	팔라듐(palladium)	1.0008
은	0.9999736	망간(manganese)	1.001
납	0.9999831	코발트(cobalt)	250
공기	1.00000037	니켈(nickel)	600
산소	1.000002	철(iron)	280,000
알루미늄	1.000021		

철심이 포함된 인덕터의 경우 철의 비투자율이 공기보다 높기 때문에 더 많은 자속이 통과할 수 있으며 따라서 높은 인덕턴스 값을 구현할 수 있다. 철심이 포함된 코일 인덕터는 초크choke로 불리기도 하며, 이는 전류를 제한하기 위해 사용된다. 철심 대신 공기로 채워진 인덕터를 공심air-core 인덕터라고 하며, [그림 6-21]과 같이 서로 다른 전기 기호로 표시한다.

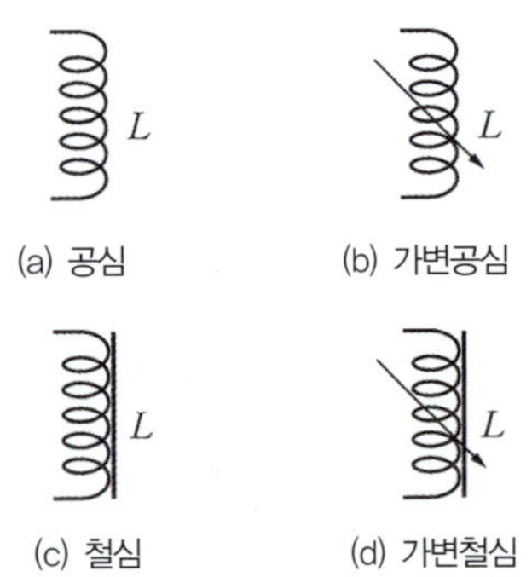

그림 6-21 인덕터를 나타내는 전기 기호

인덕터의 인덕턴스 값 L에 영향을 주는 파라미터는 다음과 같다.

- **도선의 감은 수(권선수) $\boldsymbol{N}$** : 도선의 권선수 N이 클수록 인덕턴스 값 L이 크다.
- **도선의 단면적** : 도선의 단면적이 클수록 인덕턴스 값 L이 크다.
- **코일 내 자기코어**magnetic core**의 포함 여부** : 코일이 철심에 감긴 경우 공심보다 인덕턴스 값 L이 커진다.
- **권선의 배열 방식** : 권선이 얇고 긴 경우보다 짧고 두꺼운 경우 인덕턴스 L이 크다.

인덕터는 자기장에 에너지를 저장하기 위해 사용되며, 인덕턴스 L인 인덕터에 전류 I가 흐를 때 저장된 에너지 W는 다음과 같다.

$$W = \frac{1}{2}LI^2[\mathrm{J}] \tag{6.11}$$

예제 6-4

5장에서 다룬 페이저 이론을 적용하여 주파수 영역에서 인덕터의 임피던스와 인덕터에 적용되는 옴의 법칙을 구하라.

풀이

인덕터에서 전압과 전류 사이에는 $V = L\dfrac{dI}{dt}$의 관계가 성립한다. 이 식을 페이저로 나타내면 $\boldsymbol{V} = L(j\omega \boldsymbol{I})$가 된다. 이때 $\boldsymbol{I}$, $\boldsymbol{V}$는 각각 페이저로 나타내는 전류와 전압을 나타내며, ω는 커패시터에 인가되는 신호원의 각주파수로 $2\pi f$가 된다. 따라서 인덕터에 적용되는 옴의 법칙은 $\boldsymbol{V} = \boldsymbol{I}(j\omega L)$로 주어지며, 이를 저항에서 성립하는 옴의 법칙 $V = I \cdot Z = I \cdot R$과 비교해보면, 인덕터의 임피던스는 $Z = j\omega L$로 구할 수 있다. 즉 인덕터의 임피던스는 주파수 ω 또는 f의 함수로 나타나며, 주파수가 높아지면 임피던스는 커지고, 주파수가 낮으면 임피던스는 작아진다.

이상적으로 볼 때 주파수가 0이면, 즉 DC(직류)이면 인덕터의 임피던스는 0(회로적으로 단락short) 값이 된다. 반대로 주파수가 ∞이면 인덕터의 임피던스는 ∞(회로적으로 개방open) 값이 된다.

Quick Review

- (　　　)는 도체 주변 자기장 내에 에너지를 저장하는 수동소자이고, 이 용량의 값을 (　　　)라고 한다.
- (　　　　)은 물질의 자기적인 특성을 나타내는 파라미터로 자기장 내에서 물질이 자화되는 정도를 나타낸다.

ANS 인덕터/인덕턴스, 투자율

6.5 인덕터의 직병렬연결

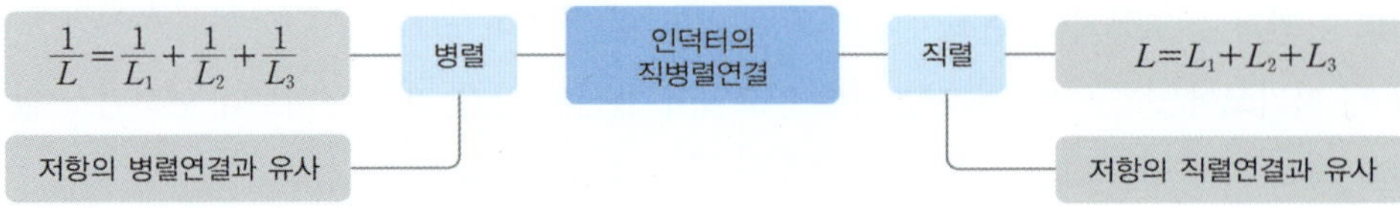

직렬과 병렬로 연결된 전체 인덕턴스는 저항의 직렬과 병렬일 때와 마찬가지로 구할 수 있다. [그림 6-22(a)]와 같이 인덕터가 직렬로 연결되었을 때 키르히호프의 전압법칙에 의해 다음과 같은 식으로 나타낼 수 있다.

$$V = V_1 + V_2 = L_1\frac{di}{dt} + L_2\frac{di}{dt} = (L_1 + L_2)\frac{di}{dt} = L\frac{di}{dt} \tag{6.12}$$

즉 전체 인덕턴스는 $L = L_1 + L_2$가 된다. 마찬가지로 [그림 6-22(b)]의 전체 인덕턴스는 $L = L_1 + L_2 + L_3$가 된다. 즉 인덕터가 직렬로 연결되었을 때 전체 인덕턴스는 각 인덕터의 인덕턴스를 모두 더한 값과 같다.

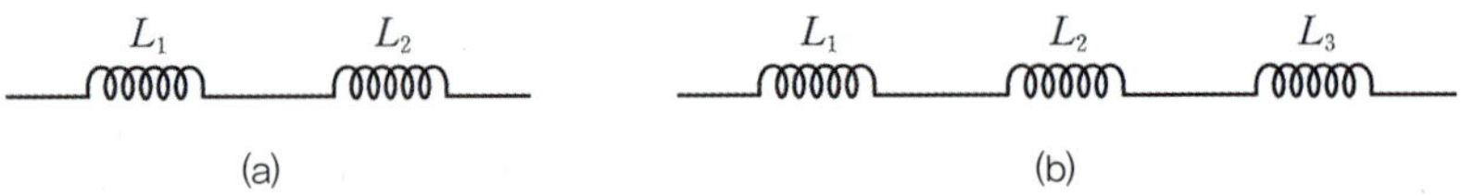

그림 6-22 인덕터의 직렬연결

인덕터가 [그림 6-23(a)]와 같이 병렬로 연결된 경우 전체 인덕턴스는 키르히호프의 전류법칙에 의해 다음과 같이 유도할 수 있다.

$$\frac{di}{dt} = \frac{d(i_1 + i_2)}{dt} = \frac{di_1}{dt} + \frac{di_2}{dt} = \frac{V}{L_1} + \frac{V}{L_2} = V\left(\frac{1}{L_1} + \frac{1}{L_2}\right) \tag{6.13}$$

이를 V에 관한 식으로 나타내면 다음과 같다.

$$V = \frac{1}{\frac{1}{L_1} + \frac{1}{L_2}}\frac{di}{dt} = L\frac{di}{dt} \tag{6.14}$$

즉 전체 인덕턴스는 $\frac{1}{L} = \frac{1}{L_1} + \frac{1}{L_2} = \frac{L_1 + L_2}{L_1 L_2}$가 된다.

마찬가지로 [그림 6-23(b)]의 경우 $\frac{1}{L} = \frac{1}{L_1} + \frac{1}{L_2} + \frac{1}{L_3}$로 구할 수 있다. 즉 인덕터가 병렬로 연결된 경우, 저항이 병렬로 연결된 회로와 마찬가지로 병렬로 연결된 각 인덕터의 인덕턴스 역수를 더한 후 다시 역수를 취하면 전체 인덕턴스를 구할 수 있다.

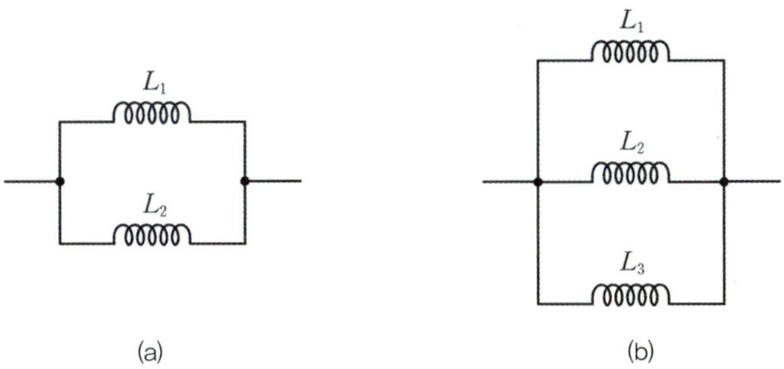

그림 6-23 인덕터의 병렬연결

예제 6-5

[그림 6-24]와 같이 인덕터가 직병렬로 혼합연결된 회로의 전체 인덕턴스를 구하라.

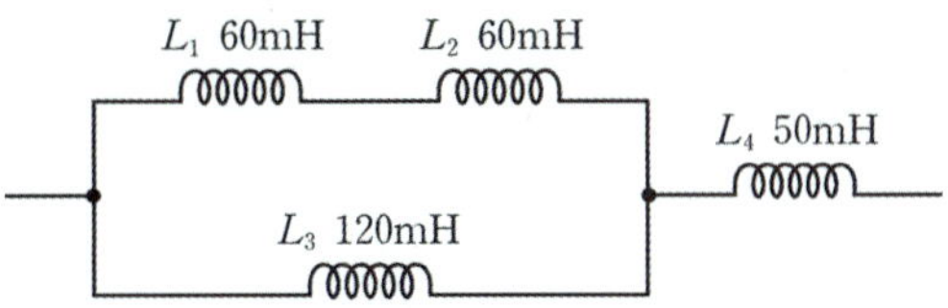

그림 6-24 직병렬로 혼합연결된 인덕터 회로

풀이

L_1과 L_2가 직렬로 연결되었으므로 $L_A = L_1 + L_2 = 120[\text{mH}]$로 구할 수 있다. L_A와 L_3는 병렬로 연결되었으므로 $L_A \parallel L_3 = (120 \times 120)/(120 + 120) = 60[\text{mH}]$로 구할 수 있다.

따라서 전체 인덕턴스는 $L = L_B + L_4 = (60 + 50) = 110[\text{mH}]$가 된다.

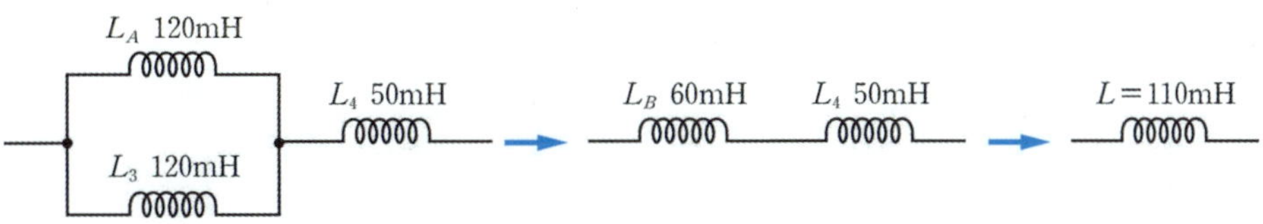

그림 6-25 직병렬 혼합연결된 인덕터의 등가인덕터

예제 6-6

[그림 6-26]과 같이 인덕터가 직병렬로 혼합연결된 회로의 전체 인덕턴스를 구하라.

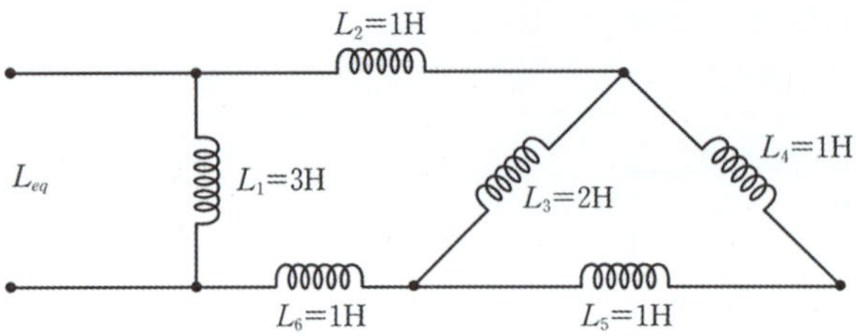

그림 6-26 직병렬로 혼합연결된 인덕터 회로

풀이

문제에 주어진 회로를 [그림 6-27]과 같이 다시 그릴 수 있다.

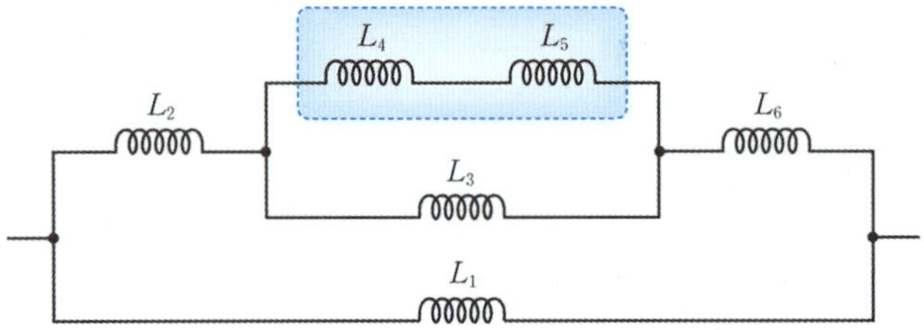

그림 6-27 [그림 6-26]을 다시 그린 회로

이 회로의 전체 인덕턴스를 구하려면 [그림 6-28]과 같은 과정을 거쳐야 한다. L_A는 L_4와 L_5의 직렬연결(L_4+L_5), L_B는 L_A와 L_3의 병렬연결($(L_4+L_5) \parallel L_3$), L_C는 L_2, L_B와 L_6의 직렬연결 ($(L_4+L_5) \parallel L_3+(L_2+L_6)$)로 등가화할 수 있다. 따라서 전체 인덕턴스 L_T는 L_C와 L_1의 병렬연결($[(L_4+L_5) \parallel L_3+(L_2+L_6)] \parallel L_1$)로 주어진다.

$$L_T = [(L_4+L_5) \parallel L_3+(L_2+L_6)] \parallel L_1$$

$$L_T = \frac{[((1+1)\times 2)/((1+1)+2)+1+1]\times 3}{[((1+1)\times 2)/((1+1)+2)+1+1]+3}[\mathrm{H}] = 1.5[\mathrm{H}]$$

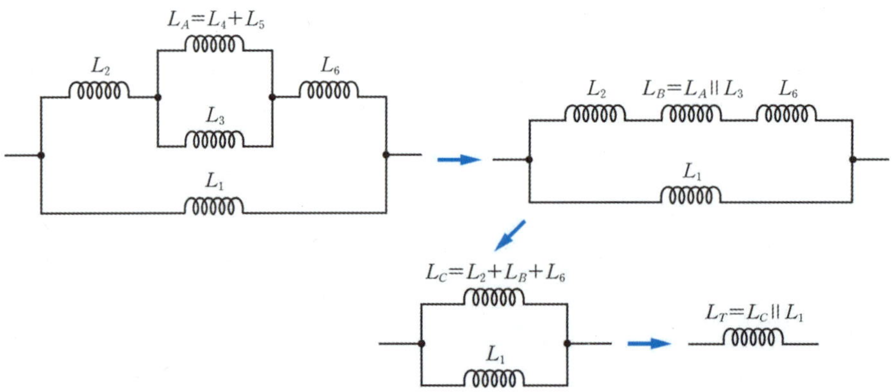

그림 6-28 [그림 6-26]의 등가회로

Quick Review

- 인덕터가 (   )로 연결되었을 때 전체 인덕턴스는 각 인덕터의 인덕턴스를 모두 더하여 구할 수 있다.
- 인덕터가 (   )로 연결되었을 때 전체 인덕턴스는 각 인덕터의 인덕턴스 역수를 더한 후 다시 역수를 취하여 구할 수 있다.

ANS 직렬, 병렬

6.6 인덕터의 종류와 응용

실제로 사용되는 인덕터는 용도에 따라 고주파 회로용, 일반 회로용, 전원 회로용 등으로 나뉘고, 형상에 따라 리드형과 표면 실상 부품형 등으로 나뉜다. 또 구조에 따라 권선형, 적층형, 박막형 등으로 분류된다. 대표적으로 사용되는 인덕터의 종류는 [표 6-7]과 같다.

인덕터는 라디오, 텔레비전, 통신 장비 등에서 직류 또는 교류회로에 광범위하게 사용된다. 인덕터의 응용 분야는 크게 3가지로 나뉜다. 첫 번째는 동조회로tuned circuit에서 주파수를 결정하는 소자로 사용되며, 두 번째는 초크 또는 페라이트 비드ferrite bead와 같이 잡음억제 회로에서 필터 부품으로서 잡음 또는 간섭을 억제하는 데 사용된다. 마지막으로 인덕터는 에너지를 저장하는 소자로 사용된다.

표 6-7 인덕터의 종류

인덕터	응용 분야	인덕터	응용 분야
 RF 초크(choke)	라디오, TV, 통신 회로	 표면 실장 인덕터 (surface mounted inductors)	다층구조 PCB 등 소형 전자 회로에 사용
 토로이드 코일(toroid coil)	AC 전원회로에서 과도신호/EMI(전자기간섭) 제거를 위한 초크로 사용	 몰드형 인덕터 (molded inductor)	PCB 응용, 발진기, 대역통과 필터 회로 등에 사용
 공통 모드 초크 코일 (common mode choke coil)	AC 전원, 스위칭 전원, 배터리 충전 회로 등에 사용	 가변 RF 코일	발진기 및 송수신기, 라디오, 텔레비전 등에 사용

동조회로

동조회로는 인덕터와 커패시터의 병렬 공진회로로, 공진주파수에 해당하는 특정 주파수를 통과하기 위한 수신회로이다. [그림 6-29]는 동조회로를 이용한 가장 간단한 형태의 크리스털 라디오로 전력 없이 작동된다. 안테나에 수신된 라디오 신호는 가변 인덕터와 가변 커패시터로 구성된 동조회로를 통해 수신된다.

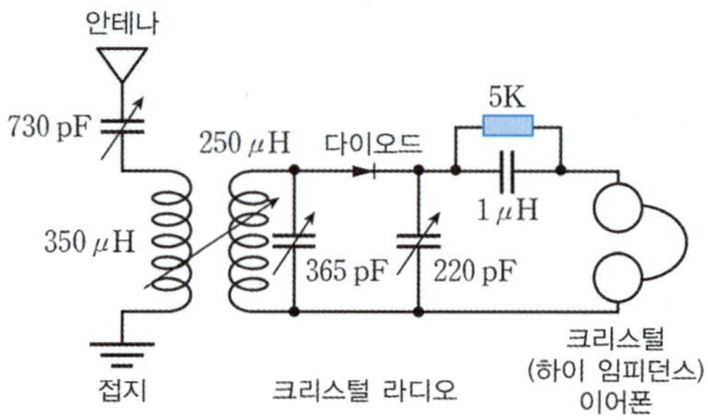

그림 6-29 라디오의 동조회로

잡음 억제 : 초크 또는 페라이트 비드

[그림 6-30(a)]와 같이 구리도선의 코일로 이루어진 인덕터를 초크라 한다. 초크는 직류(DC) 신호를 쉽게 통과시키지만 AC 신호가 인가되면 교류의 주파수가 증가할수록 전류의 흐름을 막는다. 따라서 초크는 DC는 통과시키고 AC는 막는 효과가 있으며, 주로 AC 주전원을 직류전원으로 변환하는 경우 전원 공급 회로에서 잡음을 억제하기 위해 사용된다.

이밖에 잡음을 억제하기 위해 사용되는 인덕터로 [그림 6-30(b)]와 같은 페라이트 코어/비드ferrite core/bead 인덕터가 있다. 이 인덕터는 페라이트를 코어로 사용하는 코일 인덕터로 회로 또는 도선에서 전자기간섭(EMI)Electromagnetic Interference을 억제하기 위해 사용되며, 고주파수에서 인덕터가 갖는 높은 임피던스를 이용하여 무선간섭(RFI)Radio Frequency Interference 억제회로에 사용된다.

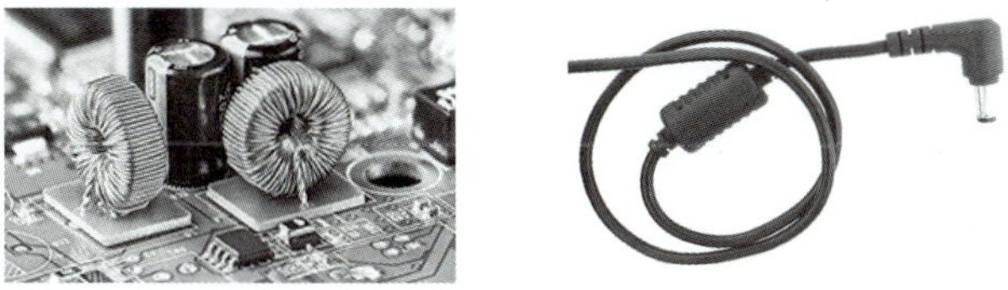

(a) 초크 회로 (b) 페라이트 비드

그림 6-30 초크 회로와 페라이트 비드

에너지 저장

인덕터는 자기장을 저장하는 소자로, 전류가 흐르지 않을 때 자기장에 저장된 에너지는 인덕터로 귀환되어 전류를 반대 방향으로 흐르게 한다. 이 과정에서 코일을 통해 높은 전압의 펄스를 만들 수 있다. 에너지 펄스는 일부 전자회로에서는 문제가 될 수 있지만, 일부 회로에서는 인덕터에 의해 발생되는 고전압 펄스가 자동차 엔진에서 점화하기 위한 스파크spark를 만드는 점화플러그 회로로 사용될 수 있다.

[그림 6-31]은 스파크 회로의 예이다. 스위치가 a와 연결되면 회로에 전류가 흘러 인덕터에 에너지가 저장되며, 스위치가 b와 연결되면 인덕터에 저장된 에너지는 순간적으로 방출되어 스위치 접점에서 아크arc를 발생시킨다.

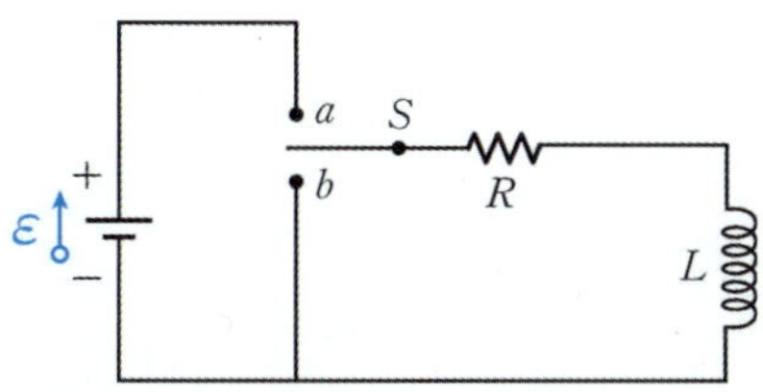

그림 6-31 스파크 회로

예제 6-7

[그림 6-31]의 회로에서 스위치가 닫혀 있다가(*a*) $t=0$일 때 스위치가 열린다면(*b*), 이때 저항에 흐르는 전류를 구하라.

풀이

스위치가 닫혀 있을 때 흐르는 전류가 i라고 하면, $t=0$일 때 회로에서 키르히호프의 전압법칙에 의해 다음 식이 성립한다.

$$-iR-L\frac{di}{dt}=0$$

$t=0$일 때 전류가 i_0라고 가정하면 $i(t)=i_0e^{\frac{-t}{\tau}}$, $\tau=\frac{L}{R}$이 된다. 이 회로에 흐르는 전류 $i(t)$를 그리면 [그림 6-32]와 같다.

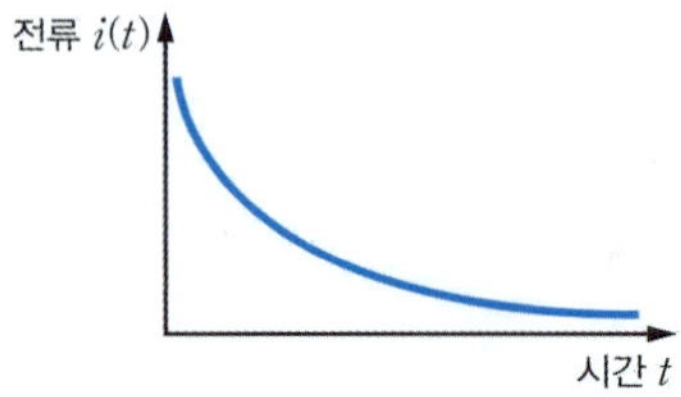

그림 6-32 시간에 따른 전류

커패시터와 마찬가지로, 인덕터도 모든 인덕턴스 값을 갖고 있지 않으며, [표 6-8]과 같이 주어진 값의 인덕터를 사용한다. 구할 수 없는 특정한 값을 필요로 하는 경우 앞서 설명한 인덕터의 직병렬연결을 이용하여 구현할 수 있다.

표 6-8 실제로 사용되는 인덕터의 인덕턴스 예

nH	nH	nH	μH	μH	μH	mH	mH	mH
1	10	100	1.0	10	100	1.0	10	100
1.2	12	120	1.2	12	120	1.2	12	
1.5	15	150	1.5	15	150	1.5	15	
1.8	18	180	1.8	18	180	1.8	18	
2	20	200	2.0	20	200	2.0	20	
2.2	22	220	2.2	22	220	2.2	22	
2.7	27	270	2.7	27	270	2.7	27	
3	33	330	3.3	33	330	3.3	33	
4	39	390	3.9	39	390	3.9	39	
5	47	470	4.7	47	470	4.7	47	
6	51	510	5.1	51	510	5.1	51	
7	56	560	5.6	56	560	5.6	56	
8	68	580	6.8	68	580	6.8	68	
9	82	820	8.2	82	820	8.2	82	

Quick Review

- 인덕터는 구조에 따라 (   ), (   ), (   ) 등으로 종류가 나뉜다.
- 인덕터는 크게 (   ), (   ), (   ) 분야에서 응용되고 있다.

ANS 권선형/적층형/박막형, 동조회로/잡음억제회로/에너지 저장

6.7 임피던스

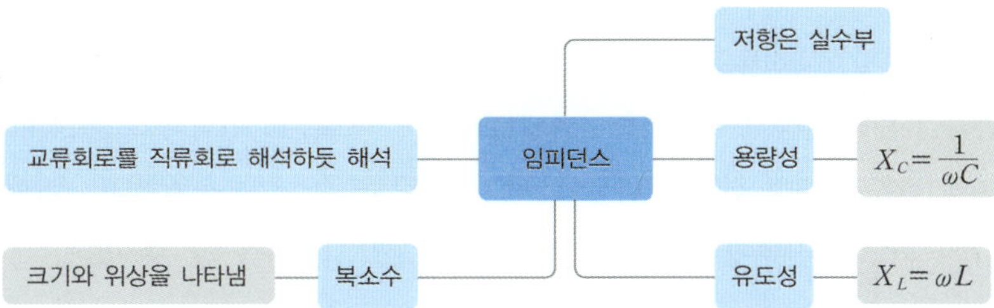

앞서 직류회로에서는 전압과 전류의 비를 저항으로 정의했지만, 교류회로에서는 전압과 전류를 실수가 아닌 복소수로 표현한다. 수학적으로 복소수로 표현한다는 것은 전압과 전류가 크기뿐 아니라 위상을 가지고 있다는 의미이다. 교류회로에서 전압과 전류의 비는 실수인 저항으로만 설명되지 않으며, 복소수 값을 갖는 새로운 개념이 필요하다. 이를 임피던스impedance라고 하며 주로 Z로 나타낸다. 임피던스의 단위는 저항과 마찬가지로 옴[Ω]을 사용한다. 앞서 정현파 전원의 경우 페이저로 나타내는 것이 매우 편리하다고 설명하였는데, 임피던스도 페이저로 표시하면 매우 편리하게 사용할 수 있다.

[그림 6-33]과 같이 R, L, C로 구현된 교류회로를 가정하면 전체 전압은 $V = V_R + V_L + V_C$로 나타낼 수 있다.

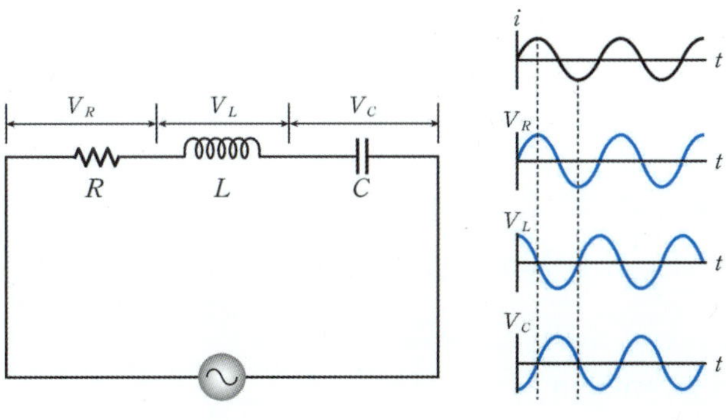

그림 6-33 *RLC* 직렬회로

회로에 흐르는 전류가 i라고 할 때 $V_R = iR$, $V_L = L\frac{di}{dt}$, $V_C = \frac{1}{C}\int i\,dt$로부터 페이저를 이용하여 다음과 같이 나타낼 수 있다.

$$V = IR + j\omega LI + \frac{I}{j\omega C} = \left(R + j\omega L + \frac{1}{j\omega C}\right)I = Z \cdot I \tag{6.15}$$

이때 교류회로의 임피던스 $Z = R + jwL + \frac{1}{j\omega C}$임을 알 수 있다. 여기서 임피던스 Z는 실수부와 허수부로 나타낼 수 있는데 실수부를 저항, 허수부를 리액턴스 $X(= X_L + X_C)$라고 한다. 리액턴스 중 커패시턴스로 정해지는 $X_C = \frac{1}{\omega C}$을 용량성 리액턴스, 인덕턴스 값으로 결정되는 $X_L = \omega L$을 유도성 리액턴스라고 한다.

$$Z = R + jwL + \frac{1}{j\omega C} = R + jX \tag{6.16}$$

임피던스를 이용하면 기존 직류회로에서 정의한 옴의 법칙 $V = RI$를 확장하여 교류회로에서도 성립하는 일반적인 옴의 법칙 $V = ZI$로 나타낼 수 있다. 이로부터 인덕터의 경우 $V = (j\omega L)I$로 주어지기 때문에 전류에 비해 전압의 위상이 90° 앞선다는 것을 알 수 있으며, 커패시터의 경우 $V = \left(\frac{1}{j\omega C}\right)I$가 되므로 전류에 비해 전압의 위상이 90° 지연됨을 알 수 있다.

예제 6-8

[그림 6-34]와 같이 크기가 1[V], 주파수는 1[kHz]인 정현파 전원이 연결된 두 회로에서 전류의 크기를 각각 구하라.

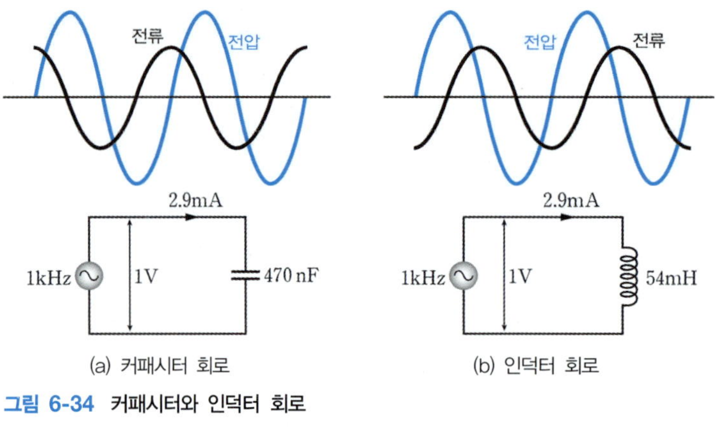

그림 6-34 커패시터와 인덕터 회로

풀이

(a) 크기가 1[V], 주파수 $f = 1$[kHz]인 정현파 전원으로부터 각주파수 $\omega = 2\pi f = 2000\pi$로 주어진다. 페이저 영역에서 옴의 법칙에 의해 $V = (\frac{1}{j\omega C})I$이므로 여기에 각주파수를 대입하면 다음과 같다.

$$I = (j\omega C)V = (2000\pi j \times 470 \times 10^{-9}) \times 1 \approx 2.9j[\text{mA}]$$

따라서 전류 I의 크기는 2.9[mA]이며, 전압에 비해 위상이 90° 앞선다는 것을 알 수 있다.

(b) 페이저 영역에서 옴의 법칙에 의해 $V=(j\omega L)I$이므로, (a)와 마찬가지로 각주파수를 대입하면 다음과 같다.

$$I=\frac{V}{j\omega L}=\frac{1}{2000\pi j\times 54\times 10^{-3}}\approx\frac{2.9}{j}[\text{mA}]$$

따라서 전류 I의 크기는 2.9[mA]이며, 전압에 비해 위상이 90° 지연된다는 것을 알 수 있다.

Quick Review

- 교류회로에 위상의 의미를 포함하여 ( )로 표현하는 개념을 임피던스라고 한다.
- 임피던스의 실수부를 ( ), 허수부를 ( )라고 한다.

ANS 복소수, 저항/리액턴스

6.8 과도응답

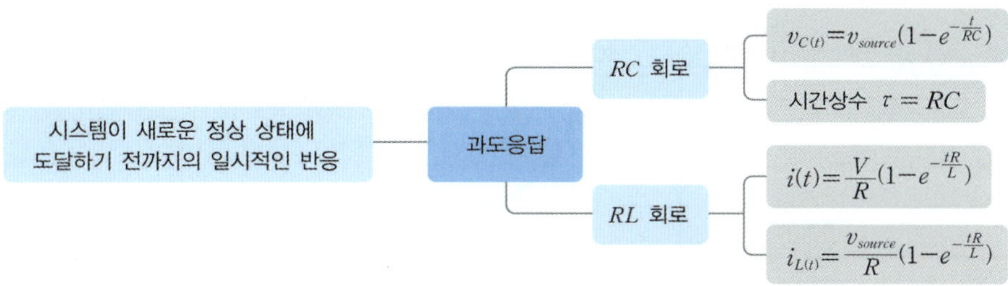

회로를 학습하는 과정에서, 전압과 전류가 시간에 따라 어떻게 변하는지를 이해하는 것이 매우 중요하다. 특히 회로에 갑작스러운 변화가 발생했을 때 시스템이 어떻게 반응하는지를 파악해야 하는데, 이러한 반응을 **과도응답**transient response이라고 한다. 이는 전기·전자공학의 기초 개념 중 하나로, 전자기기 설계와 안정성 평가의 핵심 요소라 할 수 있다.

과도응답의 개념

과도응답이란 회로에 새로운 전원이 공급되거나 스위치가 동작하는 등의 변화가 주어졌을 때, 시스템이 새로운 정상 상태steady state에 도달하기 전까지의 일시적인 반응을 의미한다. 이 시간 동안 회로 내 전압과 전류는 급격히 변화하며, 이러한 변화는 시간이 지남에 따라 점차 감소하여 결국 일정한 정상 상태에 도달하게 된다. 과도응답은 주로 회로 내 에너지를 저장하는 요소인 커패시터와 인덕터의 특성에 의해 결정된다.

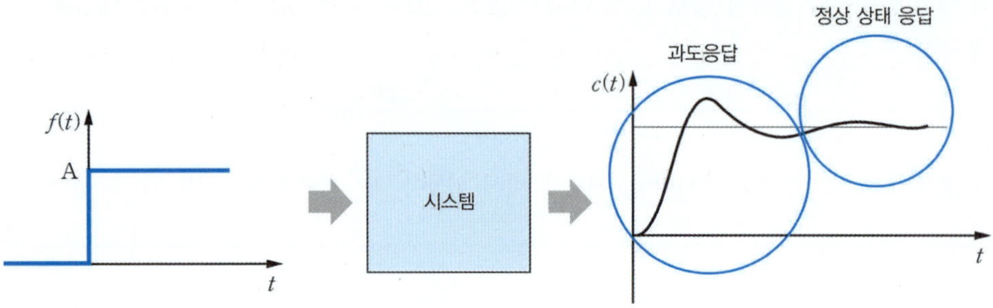

그림 6-35 시스템의 과도응답 출력

과도응답의 예

예를 들어, [그림 6-36]과 같은 ***RC* 회로**(저항 R과 커패시터 C로 구성된 회로)를 생각해보자. 스위치를 닫아 전원을 연결하면 커패시터는 전압을 저장하기 시작한다. 처음에는 커패시터의 전압이 빠르게 증가하지만, 시간이 지날수록 전압의 증가 속도가 점차 느려지고, 결국 공급전압에 도달하게 된다.

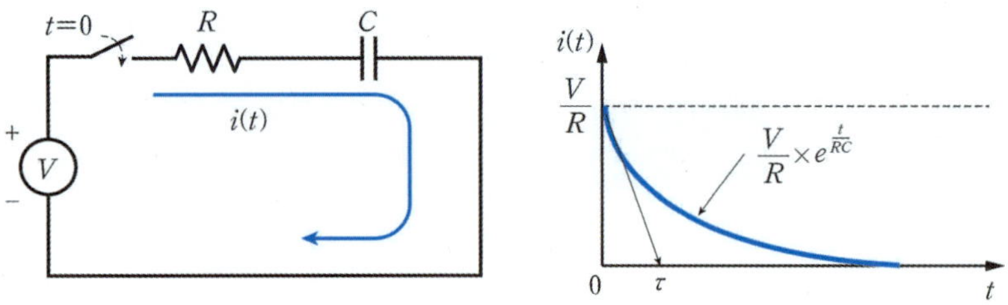

(a) 회로도 (b) 응답곡선

그림 6-36 ***RC*** **직렬회로**

이때 커패시터의 전압은 시간 t에 따라 다음과 같은 식으로 표현된다.

$$v_{C(t)} = V_{source}(1 - e^{-t/RC}) \tag{6.17}$$

이 식에서 중요한 요소는 시간상수(τ)로 다음과 같이 정의된다.

$$\tau = RC \tag{6.18}$$

τ는 회로가 정상 상태에 도달하는 속도를 결정하며, 일반적으로 시간 t가 τ의 5배가 되면 전압은 거의 최종값에 이른다.

이와 비슷하게, [그림 6-37]과 같은 $\boldsymbol{RL}$ 회로(저항 R과 인덕터 L로 구성된 회로)에서도 과도응답이 발생한다. 스위치를 닫으면 인덕터는 전류의 갑작스러운 변화에 저항하게 되고, 전류는 천천히 증가한다. 이 경우 전류의 시간에 따른 변화는 다음과 같이 표현된다.

$$i(t) = \frac{V}{R}(1 - e^{-tR/L}) \tag{6.19}$$

$$i_{L(t)} = \frac{V_{source}}{R}(1 - e^{-tR/L}) \tag{6.20}$$

여기서 시간상수는 $\tau = L/R$로 주어진다. 이 역시 시간이 지나면서 인덕터를 흐르는 전류가 일정한 정상 상태 값에 도달한다.

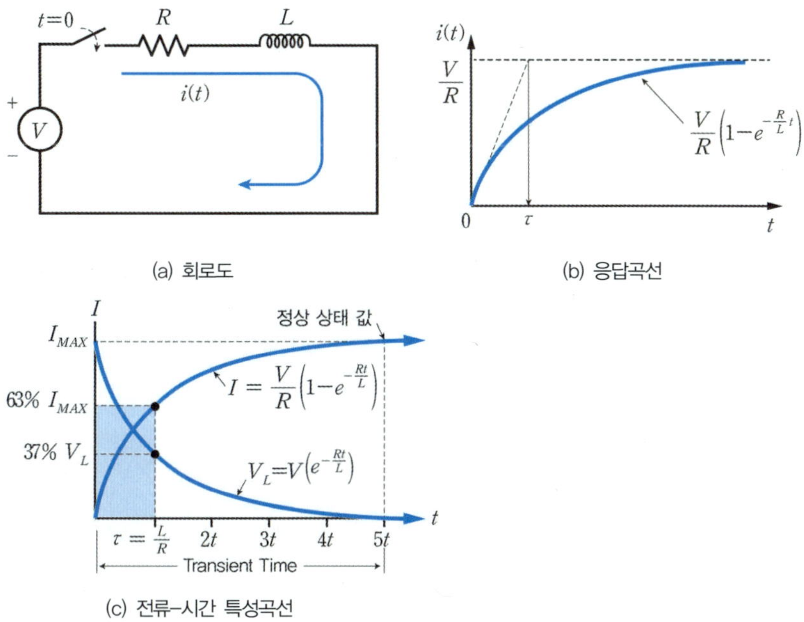

그림 6-37 $\boldsymbol{RL}$ **직렬회로**

과도응답은 전기적 시스템의 안정성과 성능에 매우 중요한 역할을 한다. 예를 들어, 전자기기가 켜질 때 과도전압이나 과도전류가 너무 크면 회로나 부품이 손상될 수 있다. 따라서 전자기기나 회로를 설계할 때 과도응답을 고려하여 적절한 시간상수와 에너지 저장 요소들을 선택하는 것이 필수적이다.

결론적으로, 과도응답은 회로가 시간에 따라 어떻게 반응하는지를 설명하는 중요한 개념이며, 커패시터와 인덕터와 같은 에너지 저장 소자의 동작을 이해하는 데 도움이 된다. 간단한 RC 및 RL 회로를 통해 과도응답의 본질과 시간상수의 의미를 직관적으로 이해할 수 있으며, 이는 보다 복잡한 회로 및 시스템 설계의 기초가 된다.

예제 6-9

[그림 6-38]의 회로에서 $E=25[\text{V}]$, $R=2.5[\text{k}\Omega]$, $C=2.5[\mu\text{F}]$이며 충전시간 $t=37.5[\text{ms}]$이다. 이때 커패시터 전압 v_C와 저항 양단의 전압 v_R을 구하라.

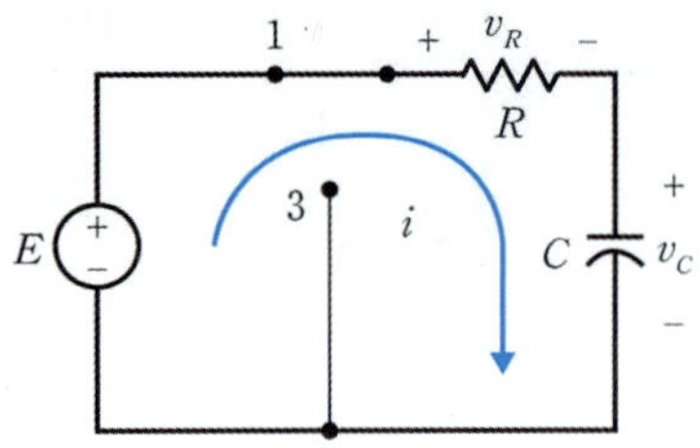

그림 6-38 ***RC*** **직렬회로**

풀이

식 (6.17)에 의해 $v_C=E(1-e^{-t/RC})=24.938[\text{V}]$이다. 키르히호프의 법칙에 의해 $E=v_R+v_C$이므로, $v_R=E-v_C=Ee^{-t/RC}\approx 0.062[\text{V}]$이다.

예제 6-10

[예제 6-9]에서 커패시터에 충전되는 시간이 1τ, 2τ, 3τ, 4τ, 5τ일 때 충전시간에 따른 전압의 비율을 그림으로 나타내라.

풀이

$\tau=RC=6.25[\text{ms}]$이며, 식 (6.17)로부터 $t=1\tau$, 2τ, 3τ, 4τ, 5τ일 때 v_C는 다음과 같이 나타낼 수 있다.

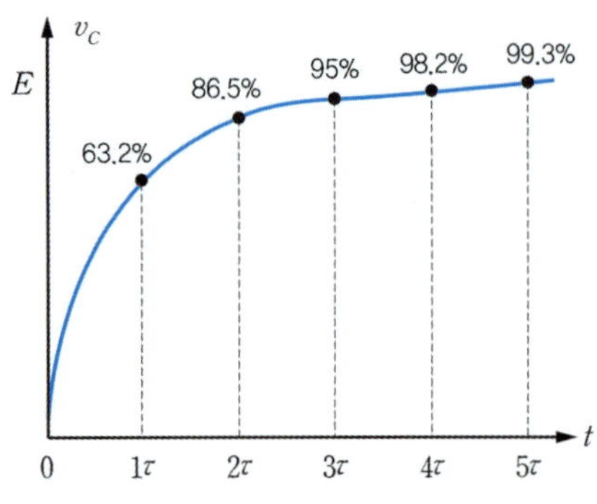

그림 6-39 **충전시간에 따른 전압의 비율**

충전시간	커패시터 충전전압
1τ	63.2%
2τ	86.5%
3τ	95.0%
4τ	98.2%
5τ	99.3%

예제 6-11

[그림 6-40]의 회로에서 $v_R = 10(1-e^{-2t})$[V], $i_L = 2(1-e^{-2t})$[A]로 주어진다. 이때 시간상수 τ와 인덕턴스 L을 구하라.

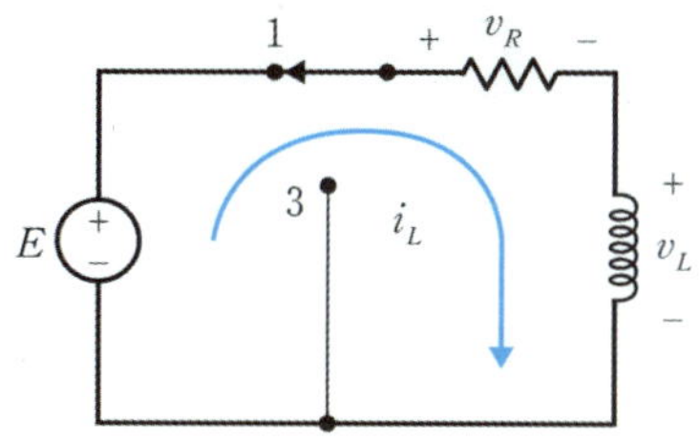

그림 6-40 ***RL*** 직렬회로

풀이

$v_R = E(1-e^{-t/\tau})$ 로부터 $E = 10$[V]이고, $-t/\tau = -2t$이므로 $\tau = 0.5$[s]이다. $i_L = \dfrac{E}{R}(1-e^{-t/\tau})$ 로부터 $\dfrac{E}{R} = 2$[A], $E = 10$[V]이므로 $R = 5[\Omega]$이다. $\tau = \dfrac{L}{R}$로부터 $L = R\tau = (5\Omega)(0.5\text{s}) = 2.5$[H]로 주어진다.

Quick Review

- (   )은 시스템이 새로운 정상 상태에 도달하기 전까지의 일시적인 반응을 의미한다.
- RC 회로에서는 (   )의 전압이 처음에 빠르게 증가하다가 점차 느려지며, 이때 전압 변화는 (   )에 의해 결정된다.
- RL 회로에서는 (   )의 전류가 처음에 천천히 증가하다가 점차 빨라지며 일정한 값에 도달한다.

ANS 과도응답, 커패시터/시정수, 인덕터

CHAPTER 06

기본문제

6.1 [그림 6-41]과 같은 평행판 커패시터가 있다. 도체판의 면적은 $40[cm^2]$이고, 도체판 사이의 거리는 2[mm]이다. 두 판 사이의 공간에는 두께 1[mm], 유전율(유전상수) 5인 유전체가 채워져 있다. 이 커패시터의 정전용량은 얼마인가?

① $24\varepsilon_0$[F]　② $\frac{3}{10}\varepsilon_0$[F]

③ $\frac{10}{3}\varepsilon_0$[F]　④ $10\varepsilon_0$[F]

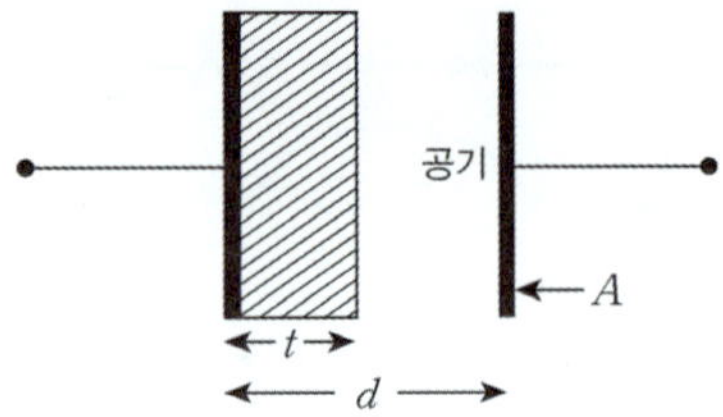

그림 6-41

6.2 [그림 6-42]의 회로에서 전체 커패시턴스는 얼마인가?

① 7[F]　② 13[F]

③ 4.3[F]　④ 16[F]

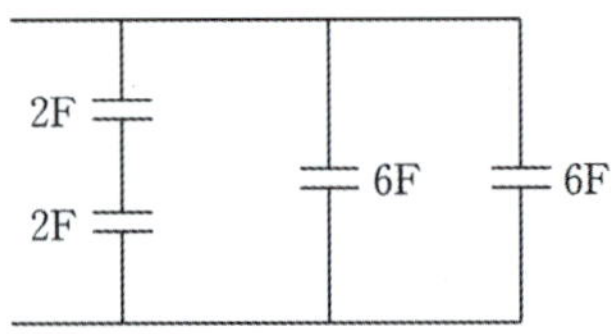

그림 6-42

6.3 다음 중 인덕턴스의 단위가 아닌 것은?

① [H]　② $\left[\frac{C \cdot A}{V}\right]$　③ $\left[V \cdot \frac{s}{A}\right]$　④ $\left[\frac{kg \cdot m^2}{s^2 \cdot A^2}\right]$

6.4 75[μH], 40[μH], 25[μH], 15[μH]의 값을 갖는 4개의 인덕터가 병렬로 연결되었을 때 전체 인덕턴스는 얼마인가?

① 155[μH]　② 14[μH]　③ 6.9[μH]　④ 2.2[μH]

6.5 회로에 인가된 전압 $V(t) = 30\sin(300t)$일 때, 전류 $I(t) = 10\sin(300t - \frac{3\pi}{8})$가 흐른다. 이때 임피던스는 얼마인가?

① 1[Ω]　② 30[Ω]　③ 10[Ω]　④ 3[Ω]

CHAPTER
06
연습문제

6.1 공기를 유전체로 하는 평행판 커패시터의 면적이 $10\,[\mathrm{cm}^2]$이고 $0.5\,[\mathrm{cm}]$ 떨어져 있다. 면적이 $10\,[\mathrm{cm}^2]$이고 두께가 $0.4\,[\mathrm{cm}]$인 유전체가 두 평행판 사이에 삽입되었고, 두 도체판 중 하나는 원래의 커패시턴스를 유지하기 위해 $0.4\,[\mathrm{cm}]$ 이동했다. 이 유전체의 유전율은 얼마인가?

6.2 [그림 6-5]의 회로에서 $E=100[\mathrm{V}]$, $R=10[\mathrm{k}\Omega]$, $C=0.005[\mu\mathrm{F}]$이고, 스위치가 3으로 연결되었을 때 커패시터 전압이 5[V]가 되는 데 걸린 시간을 구하라.

6.3 [그림 6-43]과 같이 두께가 d인 커패시터에 각각 유전체가 채워져 있을 때, 전체 커패시턴스를 구하라.

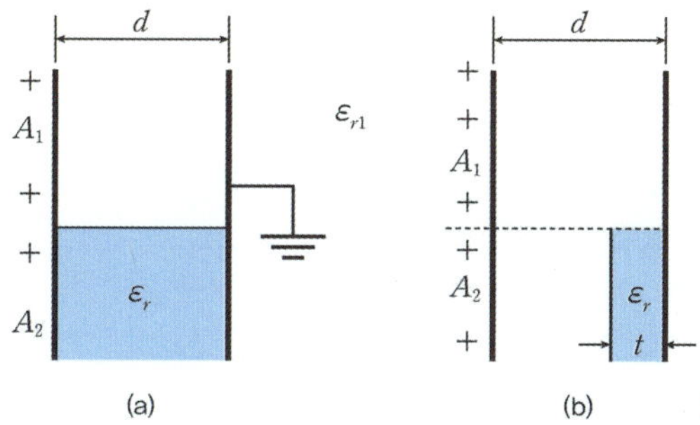

그림 6-43

6.4 $15[\mathrm{V}]$의 내전압 특성을 갖는 $0.1[\mu\mathrm{F}]$의 커패시터를 여러 개 사용하여 $60\,[\mathrm{V}]$의 내전압 특성을 갖고 전체 커패시턴스가 $0.1[\mu\mathrm{F}]$인 회로를 구현하라.

6.5 [그림 6-44]의 커패시터가 연결된 회로에서 A와 B 사이의 전체 커패시턴스를 구하라.

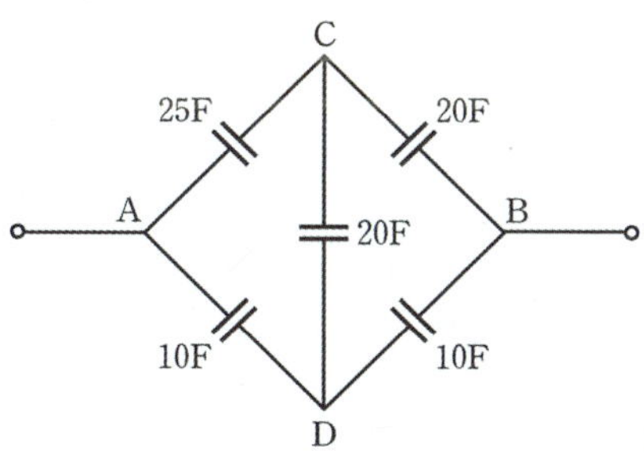

그림 6-44

6.6 4[μF]과 2[μF]인 두 커패시터가 직렬로 100[V] 전원에 연결되어 있다. 이 연결을 끊고 두 커패시터를 병렬로 연결했을 때 각 커패시터에 저장된 전하량은 얼마인가?

6.7 [그림 6-45]의 회로는 실제로 사용되는 병렬공진회로로, 가변 커패시터가 사용되면 TV 또는 라디오의 동조회로로 사용된다. 이 회로의 공진주파수를 계산하라.

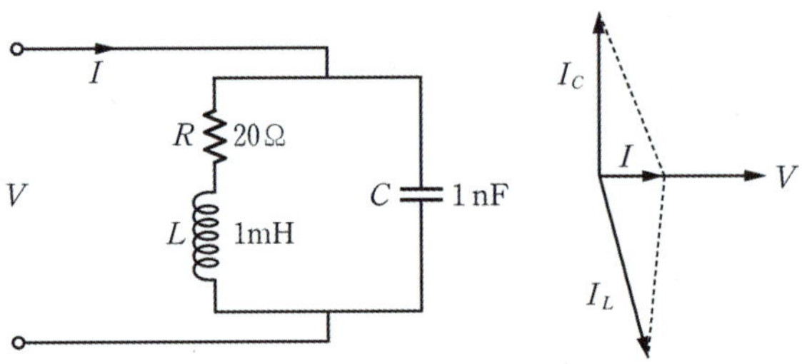

그림 6-45

6.8 [그림 6-46]과 같이 길이 l, 반경 R, 권선수 N인 솔레노이드 코일에 전류 I가 흐른다. 이 코일의 자기 인덕턴스를 구하라.

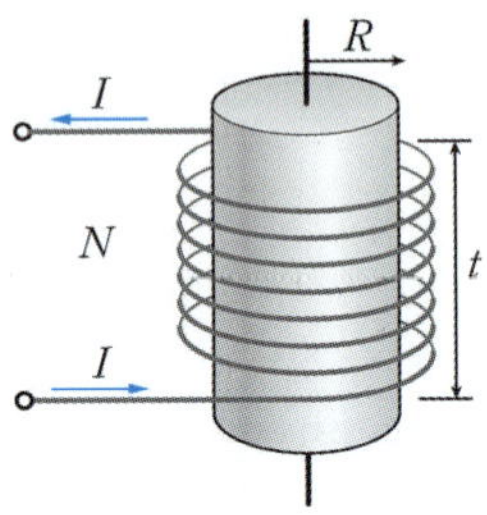

그림 6-46

6.9 교류전류 $i(t) = 1.414\sin(100\pi t)$[A]가 100[Ω]의 저항과 0.31831[H]의 인덕터가 연결된 직렬회로에 흐른다. 저항과 인덕터에 걸리는 전압의 순시값을 각각 구하라.

6.10 [그림 6-47]과 같이 내부 직경이 a, 외부 직경이 b, 높이가 h, 권선수가 N인 토로이드가 있다. 이 토로이드의 자기 인덕턴스를 구하라.

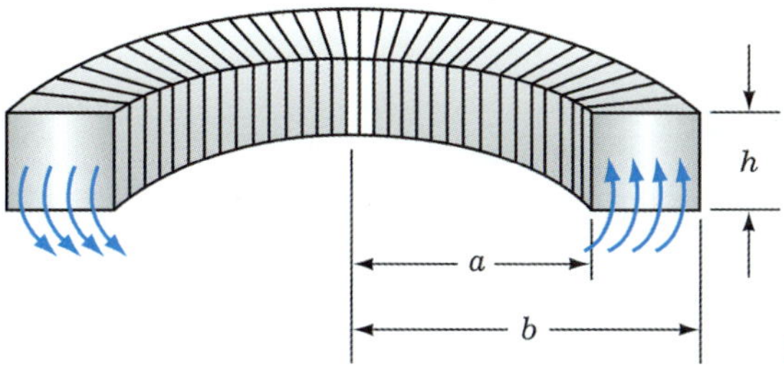

그림 6-47

6.11 [그림 6-48]과 같이 인덕터가 직렬 및 병렬로 혼합된 회로에서 등가 인덕턴스를 구하라.

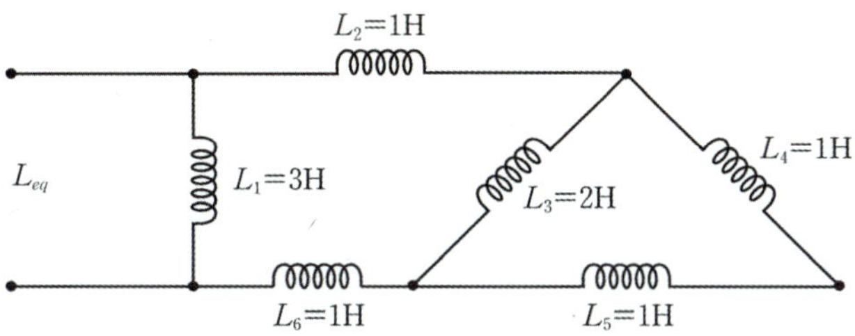

그림 6-48

6.12 250[V], 50[Hz]의 전원에 연결된 커패시터의 커패시턴스가 127[μF]일 때, 커패시터에 전달되는 rms 전류와 전력은 얼마인가?

6.13 [그림 6-49]의 회로에서 페이저 전류 I를 구하라.

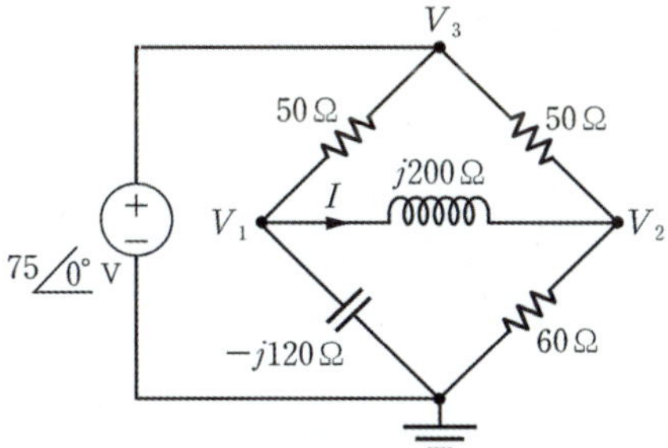

그림 6-49

6.14 [그림 6−50]의 회로에서 $v_C(t) = 170\cos(60\pi t - 45°)$일 때 $i_C(t)$를 구하라.

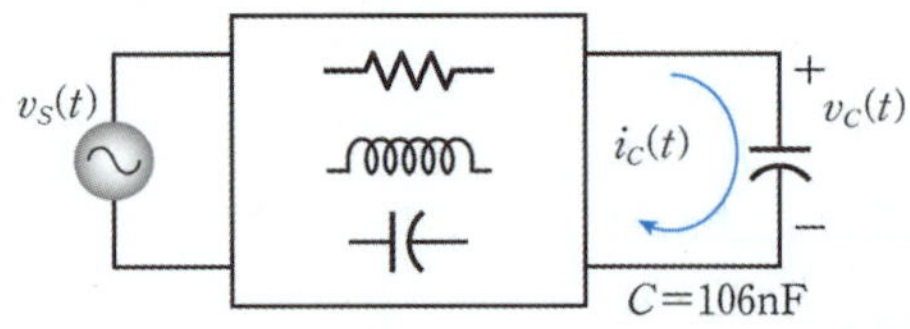

그림 6-50

6.15 [그림 6−51]의 회로에 대해, 등가 입력 임피던스 Z_{eq}와 R_L, X_L에 흐르는 전류 I_3를 구하라.

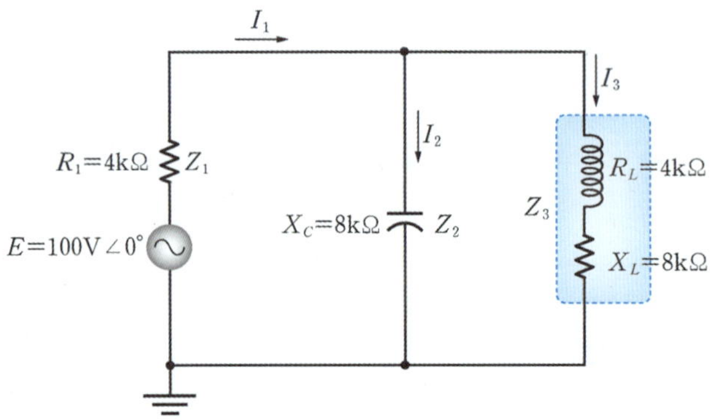

그림 6-51

6.16 [그림 6−52]에 대해 각각 임피던스 Z와 어드미턴스 Y를 구하고, 페이저 다이어그램에 표시하라.

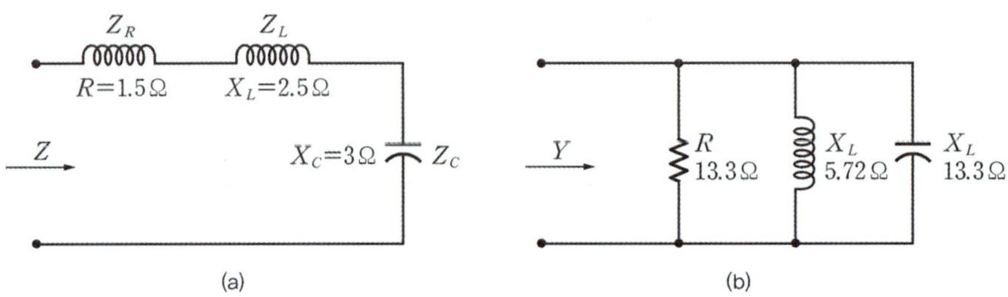

그림 6-52

6.17 RC 회로에서 $R = 5[\text{k}\Omega]$이고 과도상태가 1[s] 동안 지속된다고 할 때, 커패시턴스 값 C를 구하라.

6.18 RL 회로에서 $R = 100[\Omega]$이고 과도상태가 $25[\mu\text{s}]$ 동안 지속되었다고 할 때, 인덕턴스 L을 구하라.

PART 03

반도체

CONTENTS

CHAPTER

07

반도체

CONTENTS

학습 목표

- 실리콘의 원자 모델 및 격자 모형을 이해한다.
- 불순물 반도체의 저항률을 계산할 수 있다.
- 에너지밴드 다이어그램을 이해하고 반도체 해석에 적용할 수 있다.
- 반도체에서 전류가 흐르는 2가지 원리를 이해한다.
- 반도체의 온도 의존성을 이해한다.

들어가기 전에

오늘날 전자회로는 휴대전화, 컴퓨터, 게임기 같은 전자 분야뿐 아니라 자동차, 의료 기기 등 일상생활 전반에 걸쳐 다양하게 사용되고 있다. 이런 기기들에 사용되는 고성능의 복잡한 전자회로는 집적회로(IC)Integrated Circuit의 발전 덕분에 구현될 수 있었다. 반도체 제조 공정 기술이 발달하면서 집적회로에서 가장 기본이 되는 구성 요소인 트랜지스터는 몇 세대를 거치며 세포보다 더 작은 수십 나노미터 정도까지 작아져, 수억~수십억 개의 트랜지스터를 손톱만 한 반도체 칩에 집적할 수 있게 되었다. 나노미터는 미터의 10억분의 1에 해당하는 길이 단위로, $1\,[\mathrm{nm}] = 10^{-9}\,[\mathrm{m}]$이다. 집적회로가 내장된 반도체 칩은 소형화가 가능하고, 저전력·다기능의 특성을 지니고 있어 최근에는 거의 대부분의 전자회로 및 시스템에 사용된다. 전기·전자공학의 회로 및 시스템에서는 이러한 반도체 칩들을 동작 단위로 인식하고 칩을 하나의 블랙박스로 간주해, 내부 동작보다는 외부로 보여지는 입·출력 신호만 사용한다. 그러나 깊이 있는 이해를 위해서는 미시적인 반도체의 세계를 올바르게 이해할 필요가 있다. 따라서 **우리는 눈에 보이지 않는 미시적인 세상을 어떻게 이해하고 해석할 것인지, 그리고 이러한 반도체의 물성적인 개념을 전자회로의 해석에 어떻게 연결할 것인지를 고민해야 한다.**

이 장에서는 반도체의 종류와 기본 구조를 살펴보고, 에너지밴드 다이어그램을 이용해 반도체의 상태를 이해한다. 또한 반도체의 캐리어인 전자와 홀(정공)의 이동을 통해 반도체에 전류가 흐르는 원리를 이해한다.

7.1 반도체 물질

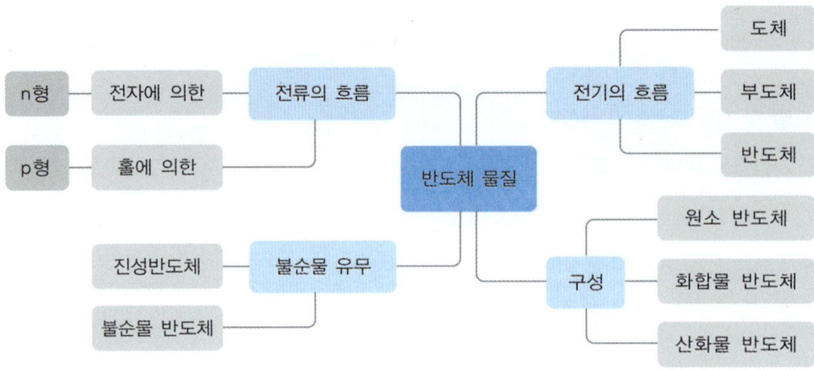

물질은 전기의 흐름에 따라 도체conductor, 부도체(절연체)insulator, 반도체semiconductor로 구분된다. 도체는 구리, 금과 같이 전기가 잘 통하는 물질이고, 부도체는 고무, 유리와 같이 전기가 잘 통하지 않는 물질이며, 반도체는 기본적으로 부도체이나 필요에 따라 저항률을 조절할 수 있는 물질을 말한다. 반도체의 저항률을 조절하려면 반도체 내의 전류 흐름을 조절해야 한다. **반도체 내의 전류 흐름에 기여하는 전하로는 전자electron, 홀(정공)hole이 있다.** 이를 통틀어 **전기를 전달하는 알갱이라는 의미로 캐리어carrier라 부르며,** 캐리어의 농도를 통해 저항률을 조절하게 된다.

반도체는 단일 원소로 구성되는 원소 반도체(예 Si, Ge, Se, Te), 두 종류 이상의 원소로 구성되는 화합물 반도체(예 GaAs, InP, AlGaAs), 금속산화물로 된 산화물 반도체(예 SnO_2, ZnO, TiO_2, MnO_2)로 분류된다. 이 장에서는 대부분의 반도체 제품에 적용되는 실리콘(Si) 반도체를 중심으로 학습한다.

실리콘(Si)은 반도체 재료 중 가장 널리 사용되는 대표적인 원소이며, 지구상에 산소 다음으로 많이 존재한다. 실리콘은 주변에서 흔히 볼 수 있는 모래나 돌에 섞여 있으며, 공기 중에서는 산소와 결합된 형태의 규석silica stone으로 존재하므로 고온에 녹여 순수한 단결정으로 정제하여 사용한다. 또한 실리콘은 원소 주기율표에서 원자번호가 14인 Ⅳ족 원소로 [그림 7-1(a)]와 같이 최외각에 4개의 전자(편의상 '결합 팔'이라고 표현함)가 있다. 실리콘 원자는 4개의 결합 팔로 이웃한 실리콘 원자와 서로 공유결합covalent bond을 하며 최외각 전자의 개수가 8개가 되면 화학적으로 안정된 상태를 유지한다. 입체적으로는 [그림 7-1(b)]와 같은 다이아몬드 구조이며, 이를 간략화하여 [그림 7-1(c)]와 같은 평면 결합 모델로 나타낼 수 있다. 이 모델에서 결합 선은 최외각 전자를 의미한다.

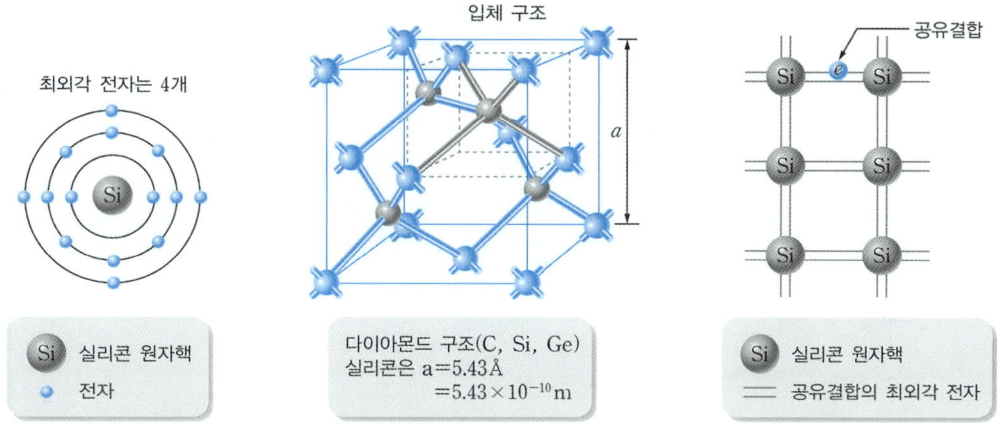

(a) 실리콘 원자 모델 (b) 실리콘 결정의 결합 구조 (c) 실리콘 결정의 평면 모델

그림 7-1 실리콘 및 실리콘 격자 모델

반도체는 불순물이 전혀 없는 순수한 반도체로만 구성되는 **진성반도체**intrinsic semiconductor와 불순물을 포함하는 **불순물 반도체(외인성 반도체)**extrinsic semiconductor로 분류된다.

진성반도체

진성반도체는 아무런 불순물이 포함되지 않은 순수한 반도체 결정이다. 진성반도체의 원자 모델을 보면 [그림 7-2(a)]와 같이 전기적인 성질을 결정하는 최외각 전자가 원자의 궤도에 묶여 있으며, 이를 **가전자대(원자가대)**valence band에 있다고 한다. 만약 일정한 수준 이상의 에너지를 받으면 [그림 7-2(b)]와 같이 최외각 전자는 원자의 궤도에서 떨어져 나가 **자유전자**free electron가 되어 전기전도에 기여하게 되며, 이때 이러한 자유전자는 **전도대**conduction band에 있다고 한다. 그리고 원래 원자 궤도 내 전자가 떨어져 나간 빈자리에는 홀(정공)hole이 남는다.

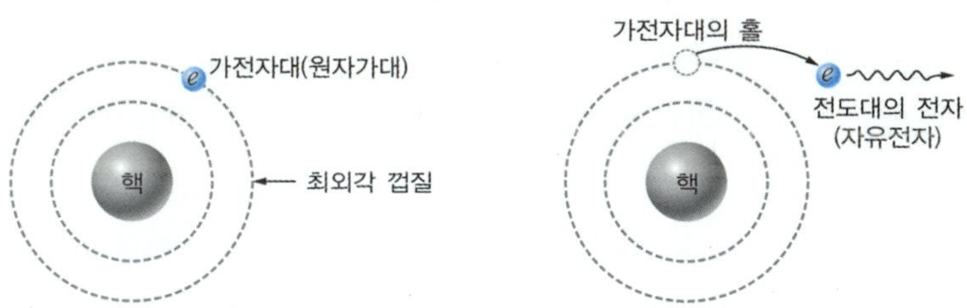

(a) 원자가대의 전자 모형 (b) 홀의 발생 모형

그림 7-2 진성반도체의 원자 모델

에너지가 존재하지 않는 절대온도 0[K](섭씨온도 −273[℃])에서는 모든 전자가 가전자대에 묶여 있어 움직이지 못하므로 실제 전류의 흐름에 기여하지 못한다. 하지만 온도가 올라가면 가전자대에 있던 전자가 에너지를 받아 떨어져 나가 전도대의 전자와 가전자대의 홀이 된다. 0[K]보다 높은 온도에서는 일정한 숫자가 떨어져 나오며 그 양은 일반적으로 농도 단위([개/cm^3]=[cm^{-3}])[1]로 표시한다. 이를 **진성캐리어 농도**intrinsic carrier concentration라 하고 n_i로 표기한다. **떨어져 나온 전자의 수만큼 빈자리인 홀이 발생하므로 전도대의 전자의 농도 n과 가전자대의 홀의 농도 p는 서로 같은 값을 갖는다.**

$$n = p = n_i \tag{7.1}$$

일반적으로 상온(27[℃], 300[K])에서 실리콘은 $n_i \approx 1.5 \times 10^{10}$[cm^{-3}]이다. 이는 숫자만 보면 매우 큰 값처럼 보이지만, 1[cm^3]은 반도체 세계에서 무한히 큰 부피이므로, 실제 농도 관점에서는 캐리어가 거의 없는 것과 같다. 따라서 순수한 실리콘 반도체는 상온에서 부도체(절연체)에 가깝다. 즉 전류가 흐르지 않는다.

불순물 반도체

진성반도체는 사실상 부도체에 가까우므로 반도체에 전류가 흐르게 하려면 도핑doping을 통해 불순물을 주입해야 한다. 불순물 주입이란 반도체 내에 전하를 만드는 방법으로서 전도대의 전자나 가전자대의 홀을 외부에서 강제로 넣는 과정이다. 도핑을 통해 불순물 반도체를 만들고 저항률을 조절할 수 있는 원리를 알아보자.

n형 반도체

먼저, 반도체 내에 (−) 전하인 전자를 생성하는 방법에 대해 알아보자. 전도대의 전자를 넣어준다는 것은 최외각 전자의 개수가 5개인 V족 원소 P(인)phosphorus 또는 As(비소)arsenide를 불순물로 주입하는 것이다. 예를 들어 [그림 7-3]과 같이 P를 주입하면 실리콘 원자와 공유결합하고 남는 하나의 팔(전자)은 결합력이 약하여 상온에서 거의 떨어져 나와 전도대의 전자가 된다(이를 완전 이온화라고 한다). 원래 P 원자는 최외각에 5개의 전자가 존재해야 중성인데, 실리콘과 공유결합을 하느라 전자 1개가 모자라므로 양이온이 된다. **이렇게 실리콘 내에 불순물을 주입하면 (−) 전하인 자유전자를 생성하게 되는데, 이때의 반도체를 'negative'의 n을 따 n형 반도체라 한다.**

---

1 [개]는 물리적인 단위가 아니므로 사라지고 [cm^{-3}] = [1/cm^3]가 된다. 이는 [1cm^3]의 부피 속의 개수를 나타내는 농도의 단위이다.

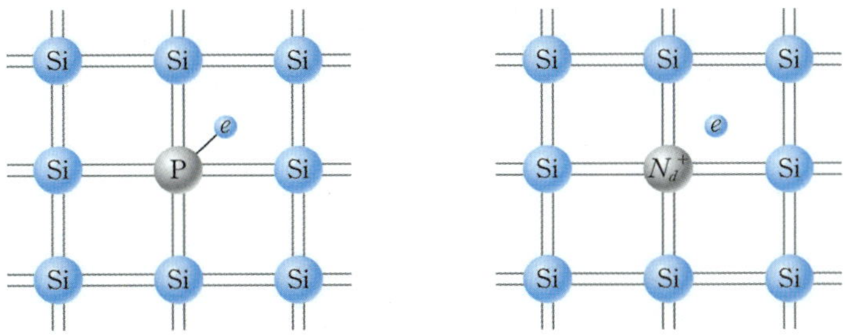

(a) V족 불순물(P) 주입 모델　　(b) 불순물 주입 후 양이온 모델

그림 7-3 n형 실리콘 격자 모델

이때 떨어져 나간 자유전자와 남아 있는 양이온의 양은 같다. $1[\mathrm{cm}^3]$에 N_d[2]개만큼 주입하면(도핑 농도 $N_d[개/\mathrm{cm}^3]=[\mathrm{cm}^{-3}]$), 이온화로 떨어져 나간 자유전자의 농도는 $n=N_d[\mathrm{cm}^{-3}]$이고, 남아 있는 양이온의 농도도 $N_d[\mathrm{cm}^{-3}]$[3]이다. 즉 넣어준 불순물 농도와 같은 양의 자유전자와 양이온이 발생한다.

p형 반도체

다음으로는 반도체 내에 (+) 전하인 홀을 생성하는 방법에 대해 알아보자. 가전자대의 홀을 넣어준다는 것은 최외각 전자의 개수가 3개인 Ⅲ족 원소 B(붕소)boron를 불순물로 주입하는 것이다. 예를 들어 [그림 7-4]처럼 B를 주입하면 공유결합의 결합 팔(전자) 하나가 빈 공간이 된다. 즉 가전자대의 홀이 발생한다. 원래 B 원자는 최외각에 3개의 전자가 존재해야 중성인데, 실리콘과 공유결합을 하느라 전자 1개가 더 들어갈 수 있는 자리(구멍, 홀)가 생겨 전자가 채워지면 음이온이 된다. **이렇게 실리콘 내에 불순물을 주입하면 (+) 전하인 홀을 생성하게 되는데, 이때의 반도체를 'positive'의 p를 따 p형 반도체라 한다.** 상온에서는 주변 가전자대의 전자가 이 빈 공간을 채워서 완전 이온화가 되며, 옮겨온 가전자대의 전자가 있던 원래 자리에는 가전자대의 홀이 발생한다.

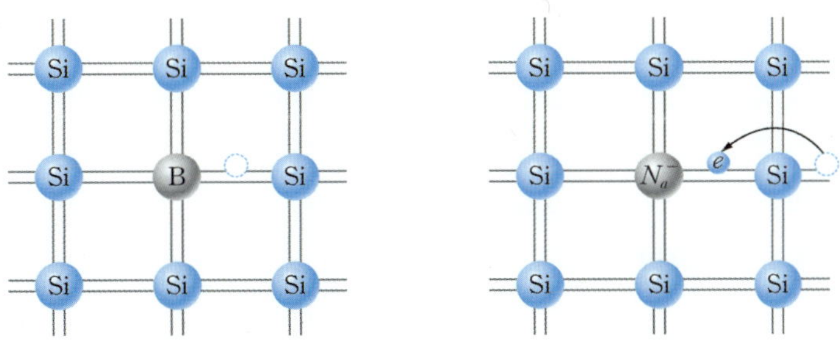

(a) Ⅲ족 불순물(B) 주입 모델　　(b) 불순물 주입 후 음이온 모델

그림 7-4 p형 실리콘 격자 모델

---

2 N은 이온의 농도를 의미한다. 첨자 d는 donor(제공자)의 앞글자로 자유전자를 제공했다는 의미이다.

3 플러스 기호(+)를 붙여 $N_d^+[\mathrm{cm}^{-3}]$이라고도 한다.

이때 발생하는 가전자대의 홀과 남아 있는 음이온의 양은 같다. $1[cm^3]$에 N_a[4]개만큼 주입하면 (도핑 농도 N_a[개/cm^3]=$[cm^{-3}]$), 이온화로 발생하는 홀의 농도는 $p = N_a[cm^{-3}]$이고 남아 있는 음이온의 농도도 $N_a[cm^{-3}]$[5]이다. 즉 넣어준 불순물 농도와 같은 양의 홀과 음이온이 발생한다.

반도체에서 전하의 개수

불순물이 주입된 반도체에서 전기를 띤 전하는 양이온, 음이온, 전자, 홀이다. 완전 이온화(100% 이온화)를 가정하면 주입된 불순물의 농도는 $N_a \rightarrow N_a^- + p$ 이고, $N_d \rightarrow N_d^+ + n$ 으로 생각할 수 있다. 여기서 (−) 전하는 n과 N_a^- 이고, (+) 전하는 p와 N_d^+ 이다. **전기적으로 중성인 반도체에서 전기를 띤 알갱이들의 전기적인 합은 0** 이어야 하므로 식 (7.2)가 성립한다.[6]

$$n + N_a^- = p + N_d^+ \tag{7.2}$$

주입된 불순물의 종류와 농도에 따라 전자와 홀 중 많은 것을 다수캐리어majority carrier**, 적은 것을 소수캐리어**minority carrier**라 한다.** [표 7-1]은 n형 반도체와 p형 반도체의 캐리어 구분을 나타낸다.

표 7-1 반도체 종류에 따른 캐리어 구분

구분	n형 반도체	p형 반도체
전자	다수캐리어	소수캐리어
홀	소수캐리어	다수캐리어

이온들은 실리콘 원자와 결합되어 묶여 있으므로 전류에 전혀 기여하지 못하고, 오로지 전자와 홀만이 전류에 기여한다는 사실을 기억하자. 전도내의 전자(사유전사)와 가선자대의 홀이 움직이는 원리에 대해서는 7.3절에서 다룬다.

열평형 상태

특정 온도에서 오랜 시간이 경과하여 안정된 상태로 갔을 때를 열평형thermal equilibrium 상태라고 한다. 만약 온도가 바뀌면 다시 한참을 기다려야 새로운 열평형 상태에 도달한다.

4 N은 이온의 농도를 의미한다. 첨자 a는 acceptor(수락자)의 앞글자로 전자를 받았다는 의미이다.

5 마이너스 기호(−)를 붙여 $N_a^-[cm^{-3}]$이라고도 한다.

6 전자와 홀의 농도 n, p에는 불순물 주입으로 발생한 것 이외에도 도핑 전 진성반도체에 존재하던 n_i도 포함되어 있다는 사실에 유의해야 한다.

열평형 상태에서 성립하는 가장 중요한 식은 다음과 같다.

$$np = n_i^2 \tag{7.3}$$

이 식은 열평형 상태에서 존재하는 전자와 홀의 곱이 진성반도체에서의 농도의 제곱인 n_i^2으로 일정함을 나타낸다.

식 (7.3)은 진성반도체뿐 아니라 불순물 반도체에서도 성립한다. 만약 진성반도체에 n형 불순물을 주입하여 양이온 N_d^+와 전자 n의 수가 많아지면, 이는 가전자대의 홀의 수가 줄어듦을 의미한다. 예를 들어 $n=10^{10}$, $p=10^{10}$으로 $np=n_i^2=10^{20}$인 진성반도체에 $n=10^{16}$의 농도를 가진 V족 불순물을 주입하여 전자가 다수캐리어인 n형 반도체가 되었다면, 식 (7.3)에 의해 소수캐리어인 $p=10^4$이 되어야 $np=n_i^2=10^{20}$을 만족할 수 있다. 그렇다면 그 많던 홀들은 어디로 사라진 것일까? 무슨 일이 있었기에 100억 개(10^{10}) 중 단 10,000개(10^4)만 남아 소수캐리어가 된 것일까? 이는 주입된 불순불 농도 $n=10^{16}$ 중 '$10^{10}-10^4$'에 해당하는 만큼의 전자와 홀이 재결합으로 소멸되었기 때문이다.

예에서 보듯이, 재결합으로 소멸된 전자의 수의 변화($10^{16}-10^{10}\approx 10^{16}$)는 거의 없지만 홀의 수의 변화($10^{10}\rightarrow 10^4$)는 매우 크다. 이처럼 진성반도체에 불순물을 주입하여 n형 혹은 p형 반도체를 만들 수 있으며, N_d의 농도로 n형 반도체를 만든 후에 더 높은 N_a의 농도로 p형 불순물을 주입하여 최종적으로 p형 반도체를 만들 수 있다. 이는 반도체 공정에서 흔히 사용하는 방법이다. 또한 온도가 바뀌면 새로운 열평형 상태에서 n_i의 값이 재결정되고 따라서 np의 곱도 새롭게 설정된다.

이제 열평형 상태에서 p형 반도체에 존재하는 다수캐리어인 홀의 농도 p를 구해보자. 식 (7.3)을 식 (7.2)에 대입하면 다음과 같다.

$$p^2-(N_a^- - N_d^+)p - n_i^2 = 0 \tag{7.4}$$

홀 농도 p에 대한 2차방정식을 풀면 다음과 같다.

$$p = \frac{N_a^- - N_d^+}{2} + \sqrt{\left(\frac{N_a^- - N_d^+}{2}\right)^2 + n_i^2} \tag{7.5}$$

$N_a^- \gg N_d^+$이고 $N_a^- \gg n_i$이므로 $p \approx N_a^- = N_a$이다. 즉 주입한 불순물의 농도가 된다. 만약 다수캐리어가 전자인 n형 반도체라면 $n \approx N_d$가 된다. **일반적으로 다수캐리어의 농도는 주입한 불순물의 농도와 거의 일치한다.**

예제 7-1

어떤 온도에서 실리콘(Si)의 진성캐리어 농도는 $n_i = 1.5 \times 10^{10}\,[\mathrm{cm^{-3}}]$이다. 이 실리콘에 V족 불순물(P)을 $N_d = 1 \times 10^{18}\,[\mathrm{cm^{-3}}]$의 농도로 도핑하여 n형 반도체를 제조했다고 할 때 다음 물음에 답하라.

(a) 반도체가 열평형 상태에 도달했을 때 전자의 농도 n_o와 홀의 농도 p_o를 구하라.

(b) 반도체가 진성반도체였을 때의 홀과 전자 농도와 비교하여, 각각 몇 배 차이가 나는지 계산하라.
단, 온도는 일정하고 모든 도핑된 불순물은 완전 이온화되었다고 가정한다.

풀이

(a) 다수캐리어인 전자의 농도는 $n_o = \dfrac{N_d^- - N_a^+}{2} + \sqrt{\left(\dfrac{N_d^- - N_a^+}{2}\right)^2 + n_i^2} \approx N_d = 10^{18}\,[\mathrm{cm^{-3}}]$이다. 다수캐리어의 농도는 재결합하여 일부 사라져도 주입한 불순물의 농도와 거의 같다. 소수캐리어인 홀의 농도는 $p_o = \dfrac{n_i^2}{n_o} \approx \dfrac{(1.5 \times 10^{10})^2}{10^{18}} = 225\,[\mathrm{cm^{-3}}]$이다.

(b) 진성반도체에서는 $n_i = p_i = 1.5 \times 10^{10}\,[\mathrm{cm^{-3}}]$개가 존재하므로 도핑 전후의 농도 비율은 다음과 같다.

$$\frac{n_o}{n_i} = \frac{10^{18}}{1.5 \times 10^{10}} \approx 6.67 \times 10^7\,[\text{배}]$$

$$\frac{p_o}{n_i} = \frac{225}{1.5 \times 10^{10}} = 1.5 \times 10^{-8}\,[\text{배}]$$

이 전자의 농도는 도핑으로 약 6천 7백만 배 증가하고, 홀의 농도는 재결합으로 사라져 약 1억분의 일로 줄어들었다.

Quick Review

- 반도체는 기본적으로 부도체이나 필요에 따라 (   )을 조절할 수 있다.
- 반도체 내에서 전류의 흐름에 기여하는 전하는 전자와 홀이며 이를 (   )라 부른다.
- 진성반도체 내의 전자와 홀의 농도는 (   ).
- 캐리어를 생성하기 위해 진성반도체에 (   )을 주입한다.
- Ⅲ족 불순물을 주입하면 (   )형 반도체가, V족 불순물을 주입하면 (   )형 반도체가 된다.
- 열평형 상태에서 성립하는 기본 법칙은 (   )이다.

ANS 저항률, 캐리어, 같다, 불순물, p/n, $np = n_i^2$

7.2 에너지밴드 다이어그램을 이용한 반도체의 해석

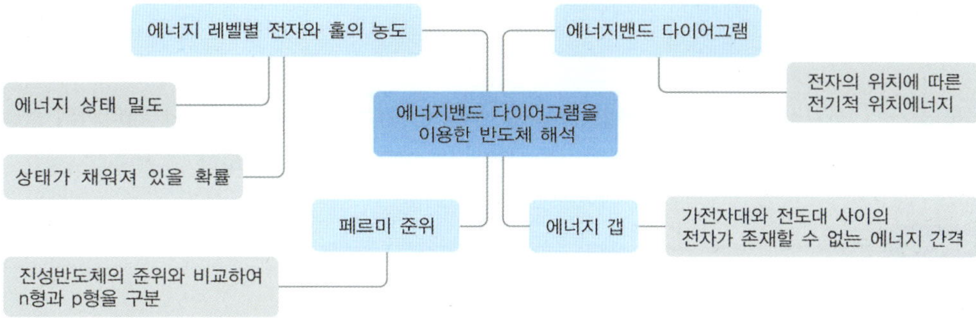

반도체에서 캐리어의 종류, 농도, 전압을 알면 전류의 흐름과 관련되는 기본 정보를 예측할 수 있다. 수많은 캐리어의 움직임을 하나하나 자세히 알 수 없지만 전체적인 양을 통계적으로 처리하여 얻은 기본 정보를 회로 및 시스템에 연결하는 데에는 큰 무리가 없다. 반도체 분야에서는 **에너지밴드 다이어그램**energy band diagram이라는 간단한 그림을 통해 이러한 정보를 시각적으로 한눈에 알아볼 수 있게 제공한다.

❙ 에너지밴드 다이어그램

정지해 있는 전자가 한 지점에 놓여 있을 때 이 전자의 전기적 위치에너지는 어떻게 정의될 수 있을까? 1장에서 어떤 전하의 전기적 위치에너지는 전하량과 그 지점의 전위(전압)의 곱이라고 했다. 이를 전자에 적용해보면, 전자가 어느 전위(전압) ϕ에 놓여 있을 때 이 전자가 갖는 에너지(전자에너지)는 전자의 전하량 $-e$와 전위 ϕ의 곱으로 표현되며, 따라서 $E=-e\phi$이다. 전자가 갖는 에너지의 크기는 $e\phi$이며 단위는 [eV][7]이다. 전자볼트electron volt란 전자 1개가 전위 1[V] 지점에 놓여 있는 에너지이다.

[그림 7-5]와 같이 A 지점과 B 지점 사이에서 전위가 변하고 있다고 해보자. 이때 전자에너지는 상수 $-e$와 그 위치의 전압(전위)의 곱이 된다. 따라서 전자에너지의 모양은 전위의 모양과 크기는 같고 부호가 반대인 x축 대칭을 보인다.

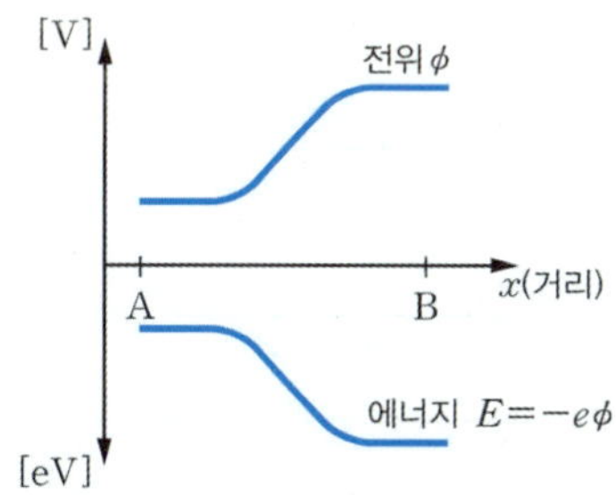

그림 7-5 전위와 전자에너지

7 일렉트론볼트 혹은 전자볼트라고 읽는다. $1[eV]=1.6\times10^{-19}[C\cdot V]=1.6\times10^{-19}[J]$이다.

이러한 **위치에 대한 전자에너지의 그림을 에너지밴드 다이어그램이라고 한다.** 일반적으로 입자는 위치에너지가 높은 곳에서 낮은 곳으로 움직인다. 전자는 전압이 낮은 곳에서 높은 곳으로 움직이므로, 전자의 위치에너지는 전압이 낮은 곳에서 크고 전압이 높은 곳에서는 작음을 그림을 통해 확인할 수 있다.

반도체 소자의 전기적 특성은 외부전압에 의해 바뀔 수 있는데 어떤 지점에서 캐리어의 농도가 어떻게 변하는가를 이해하는 데는 에너지밴드 다이어그램이 매우 유용하다.

예제 7-2

어떤 반도체의 위치에 따른 에너지밴드 다이어그램이 [그림 7-6]과 같은 형태를 갖는다. 이때 위치 $x = 1.5[\mu m]$에서의 전위[V]와 전자의 전기적 위치에너지[eV]를 각각 구하라. 단, $x = 1[\mu m]$ 지점에서의 전위는 0[V]이다.

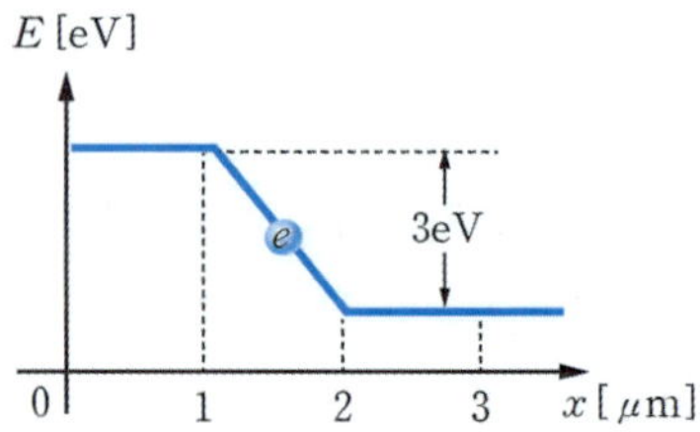

그림 7-6 위치 x에 따른 전자에너지

풀이

$x = 0$에서 전위가 0[V]이므로 전자의 위치에너지 $E = -e\Phi = 0$[eV]이다. 한편 $1 \le x \le 2$ 구간에서 $E(x)$는 선형적으로 감소하고, $x = 1$일 때 $E = 0$이고, $x = 2$일 때 $E = -3$이다. 그러므로 $E(x) = -3(x-1)$[eV]이다.

따라서 $x = 1.5$에서는 $E = -1.5$[eV], $\phi = \dfrac{E}{-e} = \dfrac{-1.5e}{-e} = 1.5$[V]이다.

원자핵을 도는 전자가 불연속적인 에너지 값을 갖고 있다는 것은 잘 알려진 사실이다. 예를 들어, 각각의 독립된 원자에서 최외각 전자의 에너지와 떨어져 나간 자유전자의 에너지는 [그림 7-7(a)]와 같다.

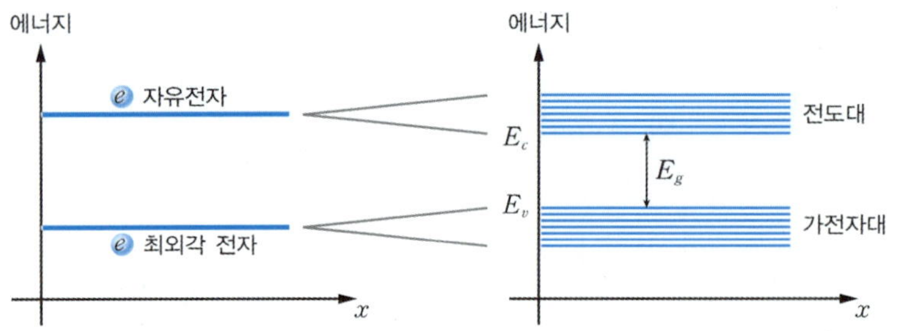

(a) 독립된 원자에서 전자가 갖는 에너지 (b) 고체 결정 속에서 전자가 갖는 에너지밴드

그림 7-7 반도체에서 전자가 가질 수 있는 에너지 모델

그런데 고체에서 에너지는 어떻게 될까? 고체 내의 원자들이 수 [Å][8] 정도로 가까운 거리에 있게 되면 이들의 최외각 전자는 서로의 영향권 내에 놓인다. 파울리의 배타원리exclusion principle[9]에 따르면 어떤 2개의 전자가 매우 가까이 있더라도 똑같은 에너지 값을 가질 수 없다. 즉 이들 전자의 에너지 값은 조금씩 차이가 나며, 결국 [그림 7-7(b)]와 같이 아주 좁은 간격으로 펼쳐진 하나의 밴드를 이룬다. 물론 전자 몇 개가 이러한 밴드를 이루는 것은 아니고 고체 내에 촘촘히 붙어 있는 원자로부터 제공된 수많은 최외각 전자나 자유전자가 모이면 이러한 밴드 모양이 된다는 것이다. 최외각 전자들에 의한 밴드를 가전자대(원자가대)valence band라 하고, 자유전자들에 의한 밴드를 전도대conduction band라고 한다. **에너지밴드 모델에서 가전자대의 가장 높은 에너지 준위를 E_v, 전도대의 가장 낮은 에너지 준위를 E_c라 표기한다. 전도대와 가전자대에 전자가 존재할 수 있는 에너지 준위들은 불연속이라는 점을 유념해야 한다.**

이러한 **가전자대와 전도대 사이에는 전자가 존재할 수 없는 에너지 간격이 존재하는데 이를 에너지 밴드갭 E_g라고 한다.** 우리가 다루는 반도체들의 특성이 각기 다른 것은 이러한 에너지 밴드갭이 각기 다르기 때문이다.

실리콘의 에너지 밴드갭은 1.12[eV]로, [그림 7-8]은 실리콘에 1.12[eV] 이상의 에너지를 가해 가전자대의 전자가 전도대로 떨어져 나오는 예이다. 이렇게 되면 전도대에 있는 전자 하나와 가전자대의 홀 하나가 발생한다. 이를 전자-홀 생성electron-hole generation이라 한다. 반대로 [그림 7-9]는 전도대의 전자가 1.12[eV] 이상의 에너지를 잃으면서 가전자대로 떨어지는 예를 보여준다.

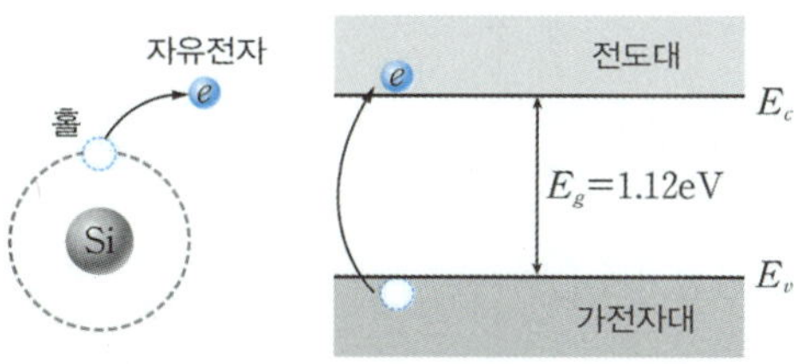

그림 7-8 **전자-홀 쌍의 생성 모델**

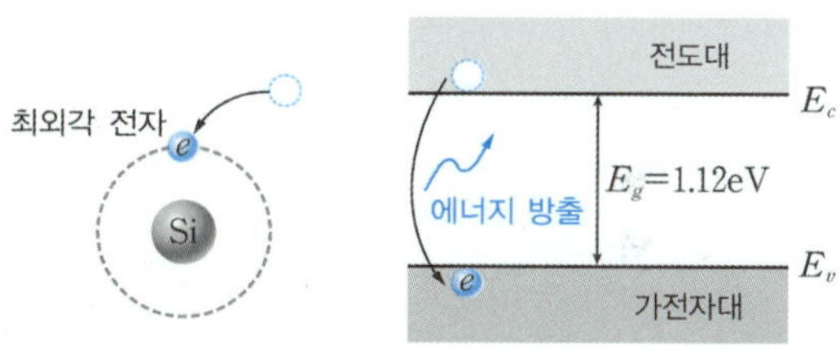

그림 7-9 **전자-홀 쌍의 재결합 모델**

전도대에 있는 전자 1개와 가전자대의 홀 1개가 결합하여 사라지는 현상을 전자-홀 재결합electron-hole recombination이라 한다. 재결합을 하게 된 가전자대의 전자와 전도대의 홀은 더 이상 캐리어로서 기여하지 못한다는 점을 기억하자. 평형 상태에서는 전자-홀 쌍의 생성과 재결합이 반복적으로 일어나며 그 비율이 같기 때문에 마치 전자와 홀의 농도에 변화가 없는 것처럼 보인다.

8 옹스트롬(angstrom)은 원자의 거리를 재는 데 사용하는 길이의 단위로서 1[Å] = 10^{-10}[m]이다. 원자·분자의 크기나 결정의 격자 간격은 1[Å] 정도이다.

9 스위스의 이론 물리학자인 볼프강 파울리(Wolfgang Pauli)는 1924년 '파울리의 배타원리'를 발견했으며, 1945년에 노벨 물리학상을 수상했다. 파울리는 상대성 원리의 전개에 공헌하여 양자론을 체계화하는 데 기여했다.

전자와 홀의 농도 계산

각 에너지 레벨(준위準位)에 존재하는 전자와 홀의 농도를 통계적으로 계산하기 위해서는 다음 2가지를 알아야 한다.

- 에너지 상태 밀도energy state density
- 상태가 채워져 있을 확률

전도대 혹은 가전자대에 전자가 존재할 수 있는 에너지 상태energy state('방'이라고 표현함)의 개수는 에너지 준위에 따라 달라진다. [그림 7-10(a)]와 같이 E_c보다 높은 에너지 준위에는 불연속적인 E_1, E_2, E_3, E_4, ⋯가 존재하며, 에너지 상태(방)의 밀도는 에너지의 루트($\sqrt{\ }$) 함수가 된다. 전도대의 최소에너지 E_c와 가전자대의 최대에너지 E_v가 고정된 값이라면 전도대에서는 에너지가 높을수록 방의 수가 많아지고, 가전자대에서는 에너지가 낮을수록 방의 수가 많아진다. [그림 7-10(b)]는 전도대의 E_1, E_2, E_3, E_4, ⋯에 존재 가능한 에너지 방의 예를 보인 것이다.

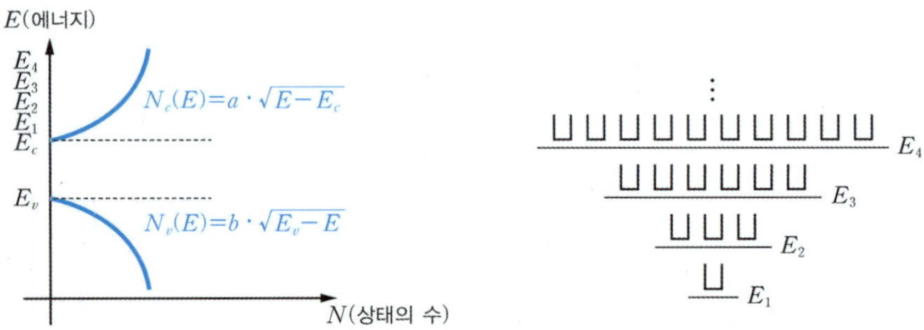

(a) 에너지에 따른 상태(방)의 수

(b) 전도대 에너지 상태(방)의 모형

그림 7-10 에너지 분포에 따른 상태의 수

여기서 $N_c(E)$와 $N_v(E)$는 에너지 E의 함수이므로 다루기가 쉽지 않다. 간편한 해석을 위해, 전도대에 존재하는 에너지 방이 모두 E_c에 몰려 있다고 가정하여 계산한 유효effective 상태(방)의 수를 N_c라 하고, 가전자대에 존재하는 에너지 방이 모두 E_v에 몰려 있다고 가정하여 계산한 유효 상태(방)의 수를 N_v라고 해보자. 이렇게 하면 에너지 상태를 N_c 또는 N_v인 하나의 상태로 가정할 수 있어 수식이 간편해진다.[10]

한편, 에너지 방이 있다고 해서 모두 전자로 다 채워지는 것은 아니다. 에너지 방이 전자로 채워질 확률도 에너지 값에 따라 달라진다. **에너지 방의 개수와 전자로 채워질 확률을 곱하면 그 에너지에 실제로 몇 개의 전자가 존재하는지 알 수 있다.**

---

10 에너지 방의 수는 온도와 깊은 관련이 있으며 $T^{\frac{3}{2}}$에 비례한다. 즉 온도가 증가하면 방의 수도 많아진다.

[그림 7-11]은 에너지 방에 실제 전자가 존재하는 예를 보여준다. 에너지가 커질수록 방의 개수는 증가하지만 전자가 채워져 있을 확률은 점점 작아지는 것을 볼 수 있다.

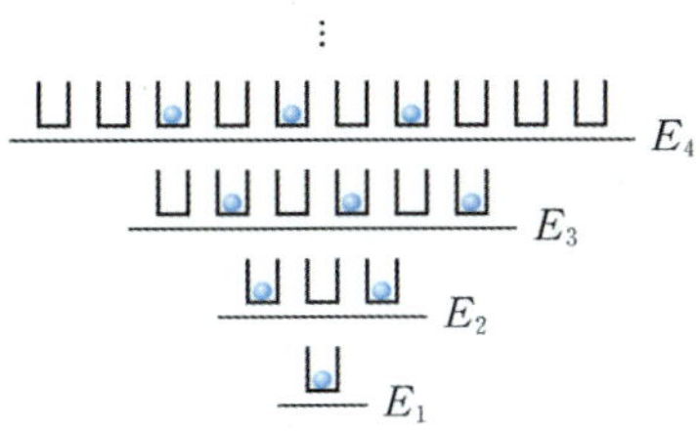

그림 7-11 전도대 에너지 방에 전자가 채워진 모형

페르미Fermi[11]와 디랙Dirac[12]은 고체 내부의 전자가 파울리의 배타원리를 따를 때, 전자의 존재 확률을 계산하여 식 (7.6)과 같은 확률함수를 제시했다. 이 식은 **어떤 에너지 E에서 상태(방)가 전자로 채워질 확률을 나타낸 것으로, 페르미-디랙**Fermi-Dirac**의 확률함수**라고 불린다.

$$f(E) = \frac{1}{1 + \exp\left(\frac{E - E_f}{kT}\right)} \tag{7.6}$$

여기서 k는 볼츠만 상수Boltzmann constant로서 $k = 8.62 \cdot 10^{-5}$[eV/K]이고, T는 절대온도이다. 이 확률함수에서 기준이 되는 에너지 E_f를 **페르미 에너지(혹은 페르미 에너지 준위, 페르미 준위)**라 한다.

식 (7.6)을 에너지 E의 함수로 [그림 7-12]와 같이 **절대온도에 따라 그려보면, 절대온도 0[K]의 상태에서, $E > E_f$에서는 $f = 0$이고 $E < E_f$에서는 $f = 1$이다.** 즉 E_f보다 작은 에너지 방에는 전자가 다 차 있고, E_f보다 큰 에너지 방에는 전자가 모두 비어 있다. **에너지가 E_f인 곳에서 전자가 차 있을 확률은 0.5이므로[13], 페르미 준위를 '전자가 차 있을 확률이 0.5인 에너지'로 정의할 수도 있다.**

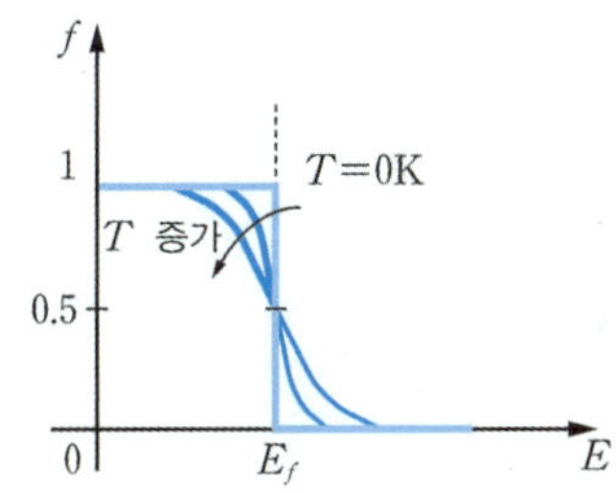

그림 7-12 페르미-디랙 확률함수

11 페르미(Enrico Fermi)는 이탈리아계 미국인 물리학자로서 이론 물리학 연구에 종사하여 1926년 디랙과는 독립적으로 양자 역학적 통계법(페르미-디랙의 통계)을 확립했다. 그 후 원자핵의 중성자에 관한 업적으로 1938년 12월에 노벨 물리학상을 수상했다.

12 디랙(Paul Adrian Maurice Dirac)은 영국의 이론 물리학자로 양자 역학을 탄생시킨 사람 중 한 명이다. 1933년 에르빈 슈뢰딩거와 함께 '원자 이론의 새로운 형식의 발견'으로 노벨 물리학상을 수상했다.

13 $f(E) = \frac{1}{1+\exp\left(\frac{E_f - E_f}{kT}\right)} = \frac{1}{1+\exp(0)} = \frac{1}{1+1} = 0.5$

온도가 올라가면 이 확률함수는 E_f를 중심으로 기울어진다. 즉 E_f보다 낮은 에너지 방에도 전자가 비어 있을 수 있고(홀이 차 있을 수 있고), E_f보다 높은 에너지 방에도 전자가 차 있을 수 있다. 페르미-디랙 통계에서 $E > E_f$인 전도대에 전자가 채워져 있을 확률은 다음과 같다.

$$f(E) = \frac{1}{1 + \exp\left(\frac{E - E_f}{kT}\right)} \approx \exp\left[\frac{-(E - E_f)}{kT}\right] \tag{7.7}$$

$E < E_f$인 가전자대에서 홀이 있을(전자가 비어 있을) 확률은 다음과 같이 근사할 수 있다.

$$1 - f(E) = \frac{1}{1 + \exp\left(\frac{E_f - E}{kT}\right)} \approx \exp\left[\frac{-(E_f - E)}{kT}\right] \tag{7.8}$$

이를 볼츠만 근사 Boltzmann approximation라고 한다. 이 결과를 보면 **전자나 홀의 농도는 전자에너지 E와 지수함수적인 관계**가 있음을 알 수 있다(E_f는 고정되어 있는 것으로 본다). 또한 페르미 준위는 한 시스템에서는 일정한 값을 갖는다. 즉 어떤 시스템이 2개 이상의 다른 물질로 구성되더라도 열평형 상태에서는 1개의 일정한 페르미 준위를 유지한다.

예제 7-3

전도대에서의 에너지 상태 밀도(에너지 방의 개수)는 에너지 E에 따라 $g(E) \propto \sqrt{E - E_C}$의 관계를 따른다. 두 에너지가 $E_2 = E_C + 6kT$, $E_1 = E_C + 5kT$일 때, 볼츠만 근사를 이용하여 각 에너지에서의 전자의 농도의 비 $n(E_2)/n(E_1)$를 구하라. 이때 전자 1개가 특정 에너지 E에서 전자로 채워질 확률은 볼츠만 근사에 따른다고 가정한다. 단, 온도는 일정하며, k는 볼츠만 상수, T는 절대온도이다.

풀이

상태 밀도의 비와 전자가 채워질 확률의 비를 각각 계산하면 다음과 같다.

$$\frac{g(E_2)}{g(E_1)} = \frac{\sqrt{E_2 - E_C}}{\sqrt{E_1 - E_C}} = \sqrt{\frac{6}{5}} \approx 1.095$$

$$\frac{f(E_2)}{f(E_1)} = \frac{\exp\left(-\frac{E_2 - E_C}{kT}\right)}{\exp\left(-\frac{E_1 - E_C}{kT}\right)} = e^{-1} \approx 0.3679$$

이를 이용하여 전자의 농도의 비를 계산하면 다음과 같다.

$$\frac{n(E_2)}{n(E_1)} = \frac{g(E_2) \cdot f(E_2)}{g(E_1) \cdot f(E_1)} = \frac{g(E_2)}{g(E_1)} \cdot \frac{f(E_2)}{f(E_1)} \approx 1.095 \times 0.3679 \approx 0.403$$

페르미 준위는 외부 조건을 통해 바꿀 수 있는데, 도핑의 종류와 양을 통해 변화시킬 수 있다. [그림 7-13]처럼 페르미 준위가 E_{f1}, E_{f2}, E_{f3}과 같이 변할 때 에너지 방에 존재하는 전자와 홀의 수를 알아보자. 여기서 에너지 준위는 $E_{f1} > E_{f2} > E_{f3}$이며, E_{f2}는 진성에너지 준위인 E_i와 같은 에너지이다.

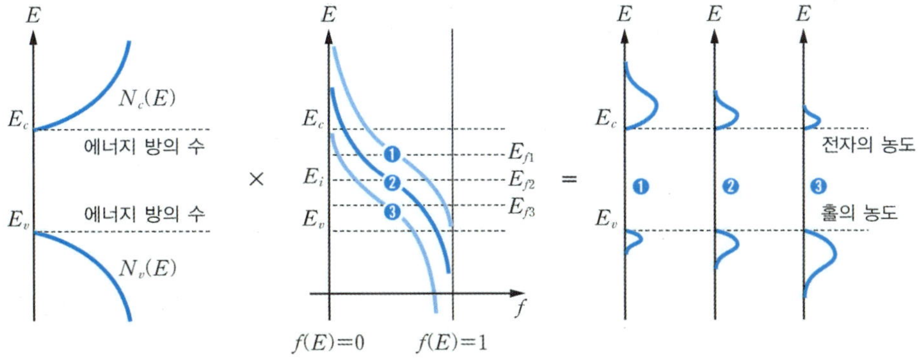

그림 7-13 전자와 홀 농도의 계산 모델

❶ $E_{f1} > E_i$: 전도대의 전자수는 증가하고, 가전자대의 홀의 수는 감소한다(n형 반도체).

❷ $E_{f2} = E_i$: 전자와 홀의 수가 같다(진성반도체).

❸ $E_{f3} < E_i$: 전도대의 전자수는 감소하고, 가전자대의 홀의 수는 증가한다(p형 반도체).

전도대에 존재하는 전체 전자의 수는 모든 에너지에 대해 에너지 방의 수와 그 방에 전자가 차 있을 확률을 곱해서 더해주어야 한다. 즉, [그림 7-13]과 식 (7.7)에 주어진 두 함수를 곱한 후에 다시 더해주는 적분 계산을 통해 총 전자의 수(농도)에 대한 다음 식을 얻는다(자세한 유도 과정은 생략한다).

$$n = \int N_c(E) f(E) \approx N_c \exp\left(\frac{E_f - E_c}{kT}\right) \tag{7.9}$$

가전자대(원자가대)에 존재하는 홀은 에너지 방이 비어 있는 경우이므로, 방의 개수에 전자가 존재하지 않을 확률 $1 - f(E)$를 곱하면 된다. [그림 7-13]과 식 (7.8)에 주어진 두 함수를 곱한 후에 다시 더해주는 적분 계산을 통해 총 홀의 수(농도)에 대한 다음 식을 얻는다(자세한 유도 과정은 생략한다).

$$p = \int N_v(E)(1 - f(E)) \approx N_v \exp\left(\frac{E_v - E_f}{kT}\right) \tag{7.10}$$

진성반도체의 페르미 레벨은 $E_f = E_i$이고 $n = p = n_i$이므로 위 두 식으로부터 다음과 같다.

$$n_i = N_c \exp\left(\frac{E_i - E_c}{kT}\right) \tag{7.11}$$

$$n_i = N_v \exp\left(\frac{E_v - E_i}{kT}\right) \tag{7.12}$$

N_c와 N_v 대신에 n_i를 쓰면 전자와 홀의 농도에 대한 더 유용한 식을 얻을 수 있다.

$$n = n_i \exp\left(\frac{E_f - E_i}{kT}\right) \tag{7.13}$$

$$p = n_i \exp\left(\frac{E_i - E_f}{kT}\right) \tag{7.14}$$

페르미 준위 E_f가 진성반도체 준위 E_i보다 위에 있으면 n형 반도체이고 아래에 있으면 p형 반도체이다. 페르미 준위가 진성반도체 준위에서 멀리 떨어질수록 지수함수적으로 도핑 농도가 높음을 나타낸다. 열평형 상태에서 페르미 준위는 일정하지만, 외부에서 강제로 전압을 인가하면 페르미 준위가 변하고 각 영역에서 전자나 홀의 농도를 제어할 수 있다. 이러한 페르미 준위와 전자 및 홀 농도의 지수함수적인 관계는 향후 pn 다이오드 및 바이폴라 트랜지스터의 동작을 이해하는 데 매우 중요하다.

예제 7-4

$T = 300$[K]에서 실리콘(Si) 반도체에 인(P) 원자를 도핑한 결과, [그림 7-14]와 같이 에너지밴드 다이어그램 상에서 페르미 준위 E_f가 진성반도체(고유) 준위 E_i보다 0.3[eV]만큼 높아졌다. 이때의 도핑 농도 N_d를 구하라. 단, 볼츠만 상수는 $k = 8.62 \times 10^{-5}$[eV/K], 이온도에서의 진성캐리어 농도는 $n_i = 1.5 \times 10^{10}$[cm^{-3}]이다.

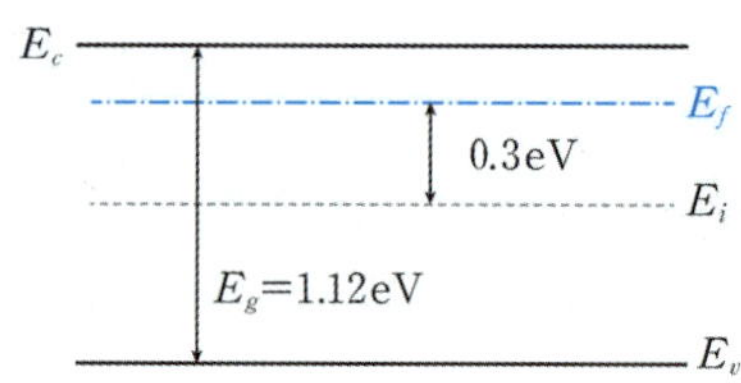

그림 7-14

풀이

$kT = (8.62 \times 10^{-5}) \times 300 = 0.02586$[eV]이므로 $\frac{E_f - E_i}{kT} = \frac{0.3}{0.02586} \approx 11.6$이다. 따라서 전자 농도는 다음과 같이 계산할 수 있다.

$$n = n_i \cdot e^{11.6} = (1.5 \times 10^{10}) \cdot e^{11.6}$$

$$n \approx (1.5 \times 10^{10}) \cdot (1.09 \times 10^{5}) = 1.635 \times 10^{15} [\text{cm}^{-3}]$$

그러므로 $N_d \approx 1.6 \times 10^{15}$[cm^{-3}]이다.

Quick Review

- 전자의 위치에 따른 에너지를 그림으로 표현한 것을 (   )이라고 한다.
- 전도대의 전자는 (   )이며, 가전자대의 전자는 원자의 최외각 궤도에 묶여 있다.
- 실리콘에서 전자가 존재하지 못하는 에너지 영역을 (   )이라고 한다.
- 페르미-디랙 확률함수는 전자에너지와 캐리어 농도의 (   )적인 관계를 나타낸다.
- 페르미 준위는 전자가 채워질 확률이 (   )인 에너지로, 열평형 상태에서 일정하다.

ANS 에너지밴드 다이어그램, 자유전자, 밴드갭, 지수함수, 0.5

7.3 반도체에 전류가 흐르는 원리

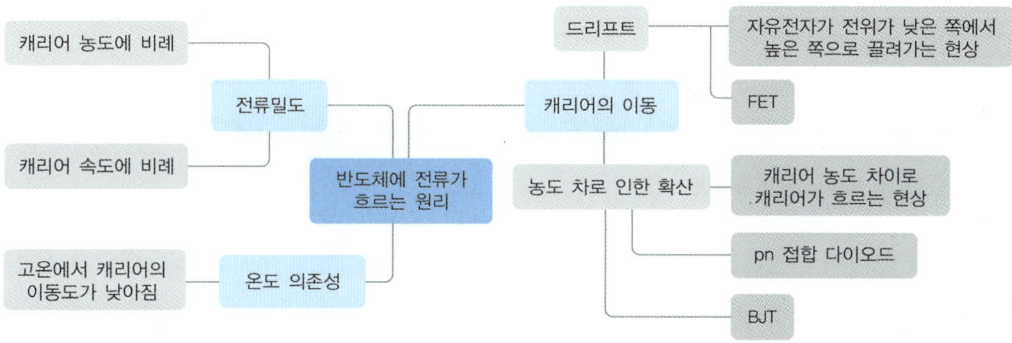

반도체에서 캐리어는 전자와 홀이다. 캐리어가 움직이는 원리는 다음과 같다.

- 드리프트drift : 전기장에 의한 캐리어의 드리프트(이동)
- 확산diffusion : 캐리어의 농도 차에 의한 확산

드리프트 전류

고체 내에서 전하의 속도에 대해 살펴보자. [그림 7-15]는 자유전자가 움직이는 모습을 나타낸 것이다. **자유전자는 전기장에 의해 전위가 낮은 쪽에서 높은 쪽으로 끌려가는데 이를 드리프트drift 현상이라 한다.** 이러한 전자의 이동은 곧 전류의 발생을 의미하며 **전류의 방향은 전자의 이동과 반대 방향인 높은 전위에서 낮은 전위로 형성된다.** 전기장 속에 존재하는 전하를 띤 입자는 전하량이 크거나 전기장의 세기가 강할수록 큰 힘을 받는다. 이제 고체 내에서 전자의 움직임을 미시적으로 살펴보자.

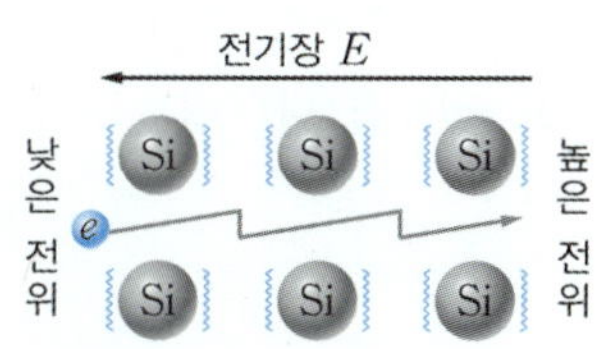

그림 7-15 고체 내에서 움직이는 전자의 모형

반도체 양단에 전압을 걸어주면 전자는 전위가 높은 쪽에서 낮은 쪽으로 형성되는 전기장(전계 electric field)에 의해 힘을 받아 뉴턴의 제2법칙에 따라 등가속도운동을 하게 된다. 그러나 실리콘 격자는 상온에서 [그림 7-15]와 같이 진동을 하고 있기 때문에 이동하던 전자는 실리콘 격자와 부딪히게 된다. 따라서 고체 내에서 전자는 힘을 받아 점점 빨라지다가 격자와 충돌하면 속도가 줄고, 또 다시 힘을 받아 빨라지다가 격자와 충돌하여 속도가 줄어드는 것을 반복한다. 이를 거시적으로 보면 **전자는 일정한 전기장에 대해 등속운동을 하는 것처럼 보인다.** 전기장의 세기를 2배로 하면 전자의 속도도 2배가 된다. 즉 전자의 속도는 전기장의 세기에 비례한다($v \propto \mathcal{E}$). 이때 비례상수를 **이동도**mobility $\boldsymbol{\mu}$(mu, 뮤)라 하고 다음과 같이 표현한다.

$$v = \mu \mathcal{E} \tag{7.15}$$

[그림 7-16]은 전기장에 의해 홀이 움직이는 모형을 보여준다. 인접한 가전자대의 전자가 전기장으로부터 에너지를 받아서 오른쪽의 홀을 채우고 다시 자기 자리에 홀을 만드는 과정을 반복하면 홀이 전기장의 방향으로 움직이는 것처럼 보인다. 즉 (+) 전하를 띤 알갱이처럼 동작한다.

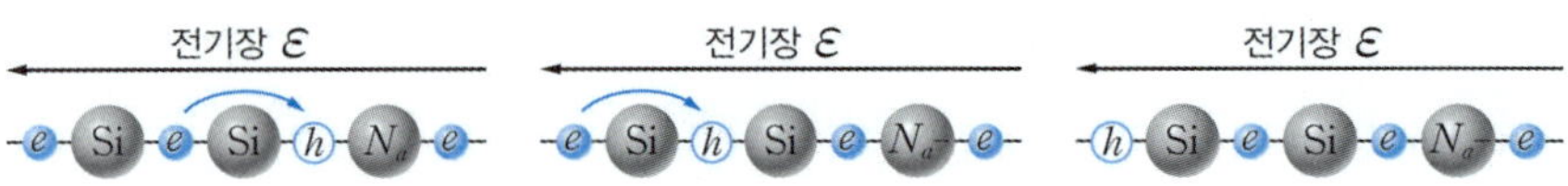

그림 7-16 전기장 내에서 홀이 움직이는 모형

이동도 μ는 고체의 고유한 특성으로, 이 값이 클수록 같은 전기장에 대해 속도가 빨라져 전류가 잘 흐른다.

$$\mu = \frac{v}{\mathcal{E}}, \quad \frac{[\mathrm{cm/s}]}{[\mathrm{V/cm}]} = [\mathrm{cm^2/V \cdot s}] \tag{7.16}$$

전자와 홀의 드리프트 모형을 보면 홀의 경우가 더 어렵다는 것을 직관적으로 알 수 있다. 홀의 이동은 실리콘 격자 중 빈자리를 인접한 전자가 움직이며 일어나는데, 전자(자유전자)는 실리콘 격자 사이를 이동하므로 **전자의 이동도가 홀의 이동도보다 훨씬 크다.** 실리콘의 경우 전자의 이동도는 1350[$\mathrm{cm^2/V \cdot s}$]이고 홀의 이동도는 480[$\mathrm{cm^2/V \cdot s}$]이다. 이러한 전자와 홀의 이동도의 차이는 회로 설계에 결정적인 영향을 미친다. 같은 조건이면 전자가 홀보다 3배 정도 큰 전류가 흐르므로, 모든 트랜지스터는 전자가 다수캐리어인 n형 반도체를 중심으로 설계하며 p형 반도체는 보조적인 역할을 수행한다.

드리프트 전류는 전기장과 같은 외부의 힘에 의해 전하가 끌려(밀려)갈 때 흐르는 전류이다. 드리프트 전류를 나타내는 가장 기본적인 물리법칙은 다음과 같이 표현된다.

$$J = \rho \cdot v \tag{7.17}$$

여기서 J는 단위면적에 흐르는 전류밀도[A/cm^2]이며, ρ(rho, 로)는 전하량의 농도[C/cm^3], v는 캐리어의 속도[cm/sec]이다. 이는 **캐리어의 속도가 일정할 때 전류밀도는 캐리어 농도에 비례하고, 농도가 일정할 때 전류밀도는 캐리어의 속도에 비례함을 의미한다.** 즉 움직이는 캐리어의 수가 많을수록, 속도가 빠를수록 전류밀도가 증가한다. [그림 7-17]에서 전하농도는 캐리어의 수를 의미하며, v는 캐리어의 속도를 의미한다. 홀의 경우 캐리어가 움직이는 방향과 전류의 방향이 같지만, 전자의 경우는 두 방향이 반대임을 유의해야 한다.

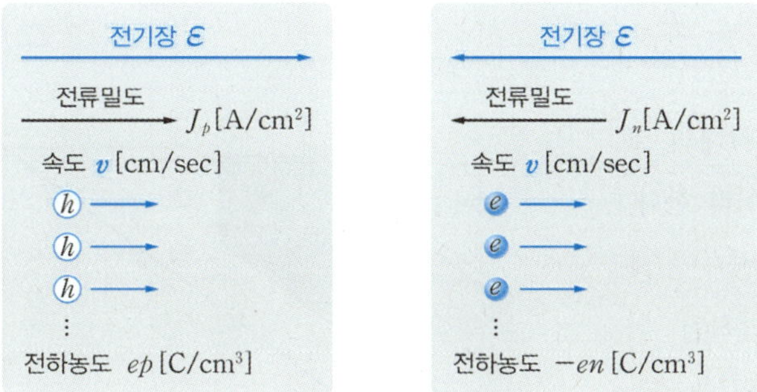

(a) 홀이 움직일 때 (b) 전자가 움직일 때

그림 7-17 전하의 움직임과 전류밀도

전하량의 농도 ρ는 전하농도 n[개/cm^3]과 1개의 전하가 갖고 있는 전하량 e의 곱으로 표현된다.

$$\rho = e \cdot n \ [\text{C/cm}^3] \tag{7.18}$$

식 (7.15), 식 (7.17), 식 (7.18)은 서로 다음과 같은 관계를 갖는다.

$$J = (en) \cdot (\mu \mathcal{E}) = e\mu n \mathcal{E} = \sigma \mathcal{E} \tag{7.19}$$

여기서 **σ (sigma, 시그마)는 전도도**conductivity**로서 크기와 상관없는 물질의 고유한 특성**이다. 이 식은 크기를 배제한 옴의 법칙[14]이다. 결국 반도체 덩어리는 저항으로 인식되고 드리프트 전류는 옴의 법칙으로 설명된다. 즉 전자나 홀이 모여 있는 것은 저항이며, 농도가 높을수록 작은 저항[15]이 된다.

만약 홀도 같이 존재한다면 전도도는 다음과 같다.

$$\sigma = e\mu_n n + e\mu_p p \tag{7.20}$$

이러한 **드리프트 전류를 이용하는 트랜지스터를 FET(전계효과 트랜지스터)**Field-Effect Transistor**라고 한다.**[16]

14 '반도체의 옴의 법칙(Ohm's law)'이라고도 한다.

15 저항의 단위는 $\left[\dfrac{\text{A}}{\text{cm}^2}\right] \times \dfrac{1}{[\text{V/cm}]} = \dfrac{1}{[\Omega \cdot \text{cm}]}$이다.

16 읽을 때는 '에프 이 티' 혹은 '펫'이라고 읽는다. MOSFET, JFET, MESFET 등이 있다.

[그림 7-18]과 같이 면적이 A이고 길이가 L인 반도체 막대가 있다고 할 때 이 막대에 전압 V를 가하고 전류 I를 측정해보자. 전류밀도 $J = \frac{I}{A}$[A/cm²], 전기장 $\mathcal{E} = \frac{V}{L}$[V/cm]를 반도체의 옴의 법칙인 식 (7.19)에 대입하면 다음과 같다.

$$V = \left(\frac{L}{\sigma A}\right) \cdot I = RI \tag{7.21}$$

이 반도체 막대의 저항은 다음과 같으며, 길이에 비례하고 면적에 반비례함을 알 수 있다.

$$R = \frac{L}{\sigma A} \ [\Omega] \tag{7.22}$$

여기서 $\frac{1}{\sigma}$은 **크기와 상관없는 이 반도체 막대의 고유한 특성으로 저항률**resistivity**[Ω · cm][17]이라 한다.** 식 (7.21)의 양변을 반도체 막대의 크기 변수인 A와 L로 나누면 다시 반도체의 옴의 법칙인 식 (7.19)가 된다. 식 (7.20)을 보면 캐리어의 농도가 높을수록 작은 저항률을 보이고, 농도가 낮을수록 큰 저항을 보인다. 결국 **전자나 홀이 존재하는 반도체는 하나의 저항으로 볼 수 있으며, 도핑 농도로 그 값을 조절할 수 있다.**

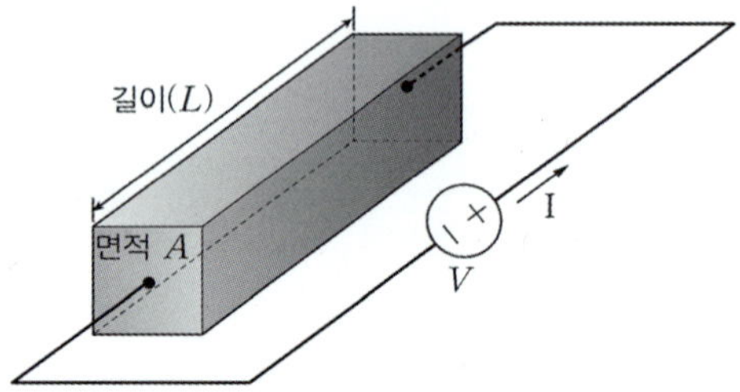

그림 7-18 반도체 막대의 저항률을 측정하기 위한 회로 모델

예제 7-5

어떤 p형 반도체 막대의 저항률이 0.013[Ω · cm]이다. 이 반도체에 인(P)을 1.0×10^{17}[cm^{-3}]의 농도로 추가 도핑하면 이 반도체의 저항률은 얼마가 되는가? 단, 홀의 이동도는 $\mu_p = 480$[cm²/V·s], 전자의 이동도는 $\mu_n = 1350$[cm²/V·s]이다. 또한 홀과 전자는 서로 상쇄되지 않는다고 가정한다.

풀이

기존 반도체의 전기 전도도는 $\sigma = 1/\rho = 1/0.013 \approx 76.923$[S/cm]이고, $\sigma = e\mu_p p$로부터 기존 반도체의 홀의 농도 p를 계산할 수 있다.

$$p = \frac{\sigma}{e \cdot \mu_p} = \frac{76.923}{(1.6 \times 10^{-19}) \cdot 480} \approx 1.0017 \times 10^{18} [\text{cm}^{-3}]$$

전자의 농도는 $n = N_D = 1.0 \times 10^{17}$[cm^{-3}]이므로 전자 도핑 후 총 전도도 $\sigma = e \cdot (\mu_p p + \mu_n n)$ $= (1.6 \times 10^{-19}) \cdot ((480 \cdot 1.0017 \times 10^{18}) + (1350 \cdot 1.0 \times 10^{17})) = 98.53$[S/cm]이다.

그러므로 최종 저항률은 $\rho = \frac{1}{\sigma} \approx \frac{1}{98.53} \approx 0.01015$[Ω · cm]이다.

17 저항률을 ρ로 나타내는데 캐리어의 농도와 혼동할 우려가 있으니 주의한다.

확산전류

대자연의 원리 중 하나는 엔트로피entropy가 증가하는 방향으로 움직인다는 것이다. 이는 빅뱅 이후 우주가 팽창하는 현상, 담배 연기가 농도가 높은 곳에서 낮은 곳으로 퍼져나가는 현상을 예로 들 수 있다. 반도체 내에서도 드리프트 외에 전류가 흐르는 또 다른 메커니즘이 있다. 바로 **농도의 차이에 의해 캐리어가 흐르는 현상으로 이를 확산이라고 한다.**

[그림 7-19]와 같이 두 지점 사이에 캐리어의 농도 차이가 있으면 전기장 없이도 농도가 높은 곳에서 낮은 곳으로 퍼져나간다. **확산에 의해 홀과 전자는 모두 농도가 높은 곳에서 낮은 곳으로 흐르며 전류는 서로 반대 방향이다.**

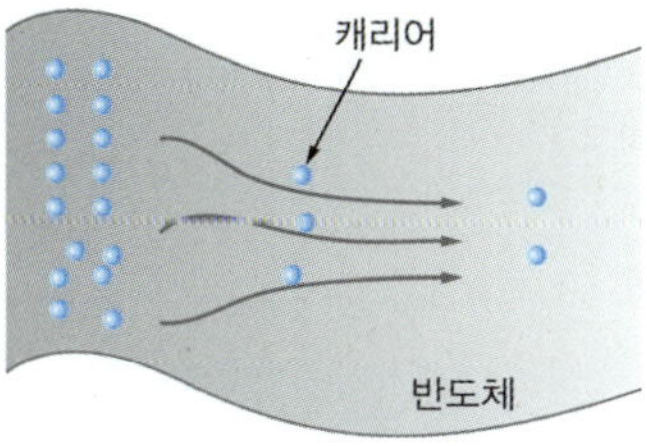

그림 7-19 캐리어의 확산 모델

확산에 의한 홀 흐름flux의 크기(f)는 확산 거리(dx)에 대한 홀 농도의 변화량(dp)에 비례하며, 농도가 감소하는 방향이므로 (−)를 붙여서 $f \propto -\dfrac{dp}{dx}$로 나타낸다. 비례상수를 확산계수diffusion coefficient D_p라고 두면 $f = -D_p \dfrac{dp}{dx}$[개/cm^2]이다. 홀 하나의 전하량 e를 곱하면 전류밀도가 되어 다음과 같다.

$$J_p = -e\,D_p \frac{dp}{dx} \tag{7.23}$$

즉 전류의 방향은 홀이 감소하는 방향이다. 마찬가지로 전자의 흐름은 전자의 농도가 감소하는 방향이므로 전자 흐름의 크기(f)는 확산 거리(dx)에 대한 전자 농도의 변화량(dn)에 비례하며 농도가 감소하는 방향이므로 $f \propto -\dfrac{dn}{dx}$으로 나타낸다. 비례상수를 D_n으로 두면 전자의 전하량은 $-e$이므로 전류의 방향은 반대 방향이 되어 다음과 같다.

$$J_n = e\,D_n \frac{dn}{dx} \tag{7.24}$$

즉 전류의 방향은 전자가 증가하는 방향이다. 만약 홀과 전자에 의한 확산전류가 동시에 존재한다면 전체 전류밀도는 다음과 같이 된다.

$$J = J_p + J_n = -e\,D_p \frac{dp}{dx} + e\,D_n \frac{dn}{dx} \tag{7.25}$$

p형 반도체와 n형 반도체의 접합junction으로 구성되는 pn 접합 다이오드pn junction diode 또는 바이폴라 (접합) 트랜지스터(BJT)Bipolar Junction Transistor 등이 확산전류를 이용한다.

예제 7-6

어떤 n형 반도체에서 전자의 농도 분포는 [그림 7-20]과 같으며, 전류밀도는 $J_n = 36[\text{A/cm}^2]$이다. 이때 전자의 농도 분포 $n(x)$를 구하라. 단, 확산계수는 $D_n = 225[\text{cm}^2/\text{sec}]$이다.

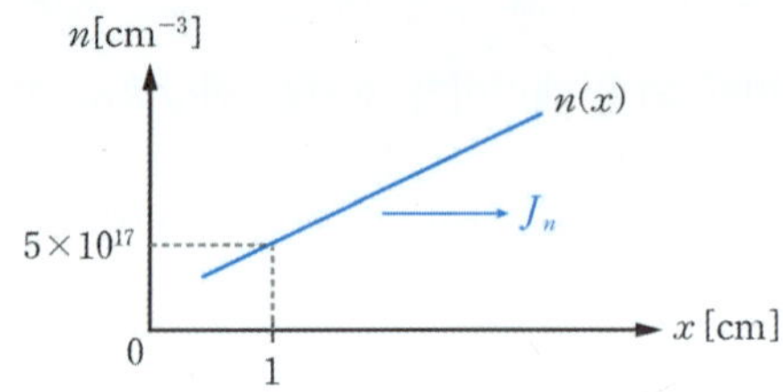

그림 7-20

풀이

전류밀도로부터 전자 농도의 기울기를 구한다.

$$J_n = e\,D_n \frac{dn(x)}{dx} = (1.6\times10^{-19})\,(225)\frac{dn(x)}{dx} = 36\ [\text{A/cm}^2]$$

$$\frac{dn(x)}{dx} = \frac{36}{(1.6\times10^{-19})(225)} = 10^{18}$$

이는 전자의 농도가 위치에 따라 일정한 기울기를 가지고 선형적으로 증가함을 의미한다. 기울기와 주어진 값을 직선의 식에 대입하면 $n(x) = 10^{18}\cdot(x-1) + 5\times10^{17}[\text{cm}^{-3}]$이다.

반도체의 온도 의존성

반도체는 온도에 대해 민감하게 반응한다. 식 (7.11)과 식 (7.12)의 식을 곱하면 다음과 같다.

$$n_i^2 = N_c N_v \exp\left(\frac{-E_g}{kT}\right) \tag{7.26}$$

E_g는 밴드갭 에너지로서 일반적으로 상수로 취급할 수 있지만, N_c와 N_v는 온도에 따라 많이 변하는 값으로 절대온도 $T^{3/2}$ 에 비례한다. 또한 절대온도 T가 지수함수의 분모에 있으므로 n_i는 온도에 민감한 함수이다. 온도가 올라가면 N_c, N_v, exp 인수들이 모두 커진다는 점에 유의한다.

예제 7-7

실리콘으로 된 n형 반도체에 대해, V족 불순물(Nd)을 $N_d = 10^{16}[\text{cm}^{-3}]$의 농도로 도핑했다. 이 반도체에서 300[K]와 400[K]에서의 소수캐리어(홀)의 열평형 농도 p_0를 각각 구하라. 단, 300[K]에서 $N_c = 2.8\times10^{19}[\text{cm}^{-3}]$이고, $N_v = 1.04\times10^{19}[\text{cm}^{-3}]$이며, 절대온도 $T^{3/2}$에 비례한다. 또한 볼츠만 상수는 $k = 8.62\times10^{-5}[\text{eV/K}]$이다.

풀이

(a) 300[K]에서 열에너지는 $kT=(8.62\times10^{-5})(300)\approx0.0259$[eV]이므로 열평형 농도를 계산하면 다음과 같다.

$$n_i^2 = N_cN_v\exp\left(\frac{-E_g}{kT}\right)=(2.8\times10^{19})(1.04\times10^{19})\exp\left(-\frac{1.12}{0.0259}\right)\approx4.83\times10^{19}$$

$$p_0=\frac{n_i^2}{N_d}=\frac{4.83\times10^{19}}{10^{16}}=4.83\times10^3[\text{cm}^{-3}]$$

(b) 400[K]에서 열에너지는 $kT=(8.62\times10^{-5})(400)\approx0.0345$[eV]이다. N_c, N_v가 $T^{3/2}$에 비례하는 것을 이용하면 열평형 농도는 다음과 같다.

$$\begin{aligned}n_i^2 &= N_cN_v\exp\left(\frac{-E_g}{kT}\right)\\ &=(2.8\times10^{19})\left(\frac{400}{300}\right)^{\frac{3}{2}}(1.04\times10^{19})\left(\frac{400}{300}\right)^{\frac{3}{2}}\exp\left(-\frac{1.12}{0.0345}\right)\approx5.50\times10^{24}\end{aligned}$$

$$p_0=\frac{n_i^2}{N_d}=\frac{5.50\times10^{24}}{10^{16}}=5.50\times10^8[\text{cm}^{-3}]$$

온도에 의존하는 반도체 상수의 값은 온도에 대한 비례식을 이용하면 손쉽게 계산할 수 있다. 온도가 올라가면 에너지를 많이 받아 가전자대의 전자가 더 많이 떨어져 나오므로 진성캐리어 농도 n_i가 급격히 증가한다.

앞서 나타낸 [그림 7-15]에서 캐리어가 격자 사이를 뚫고 지나가는 모델을 살펴보면 캐리어 이동도의 온도에 대한 의존성을 이해할 수 있다. 온도가 올라가면 실리콘 격자의 진동이 심해지고 전기장에 의해 움직이는 캐리어가 격자와 더 많은 충돌을 일으켜서 이동이 어렵다. 따라서 반도체 회로는 높은 온도에서는 이동도가 떨어져서 전류가 잘 흐르지 못해 동작하기 어렵다. 여름에 전산실에서 에어컨을 틀거나 컴퓨터의 팬fan을 돌리는 이유도 반도체 칩을 식혀 이동도의 저하를 막기 위함이다.

Quick Review

- 반도체에서 캐리어는 전계에 의한 드리프트와 농도 차에 의한 (　　　　)으로 움직인다.
- 고체 내에서 캐리어는 (　　　　) 운동을 하며, 전계와 속도는 (　　　　)한다.
- 전계–캐리어 속도 간의 비례상수인 (　　　　)는 그 반도체의 고유한 특성이다.
- 반도체는 온도에 민감하며 온도가 (　　　)질수록 캐리어의 이동도가 나빠진다.

ANS 확산, 등속/비례, 이동도, 높아

CHAPTER 07

기본문제

7.1 다음 중 실리콘(Si) 반도체가 열평형 상태에 있을 때에 대한 설명으로 옳지 않은 것은?

① 온도가 변하면 열평형 상태가 깨진다.
② 도핑을 해도 소수캐리어의 농도는 변하지 않는다.
③ 도핑을 해도 진성캐리어 농도 n_i는 변하지 않는다.
④ 다수캐리어 농도가 증가하면 소수캐리어 농도는 감소한다.

7.2 다음 중 불순물이 주입된 반도체의 전기적 특성에 대한 설명으로 옳지 않은 것은?

① n형 반도체는 전기적으로 음성이다.
② 불순물 원자는 이온화되어 고정된 이온이 되고, 이동 가능한 캐리어를 생성한다.
③ 불순물 도핑의 농도와 무관하게 반도체는 전기적 중성을 유지한다.
④ 열평형 상태에서는 재결합되는 캐리어가 있어서, 이온의 총 전하량과 이로부터 발생한 캐리어의 총 전하량이 반드시 같지는 않다.

7.3 [그림 7-21]은 불순물 도핑에 의해 반도체 내에서 이온이 형성되는 과정을 나타낸 것이다. 다음 중 이에 대한 설명으로 옳은 것은?

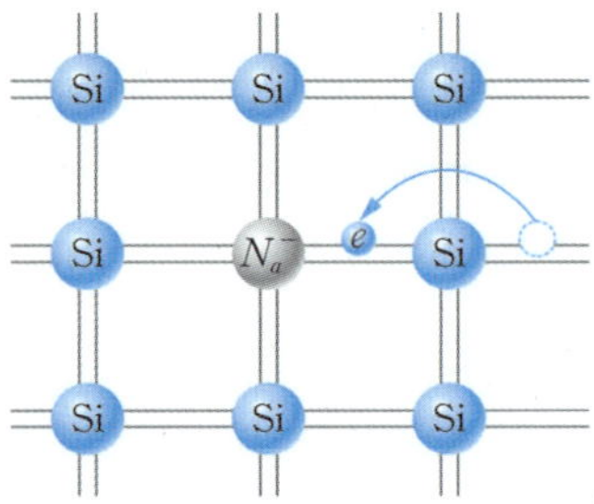

그림 7-21

① 억셉터 이온은 양(+) 전하를 띤다.
② 실리콘의 전도대에 정공이 생성된다.
③ 외부에서 전기장을 가하면 정공은 전위가 낮은 쪽으로 이동한다.
④ 외부에서 전기장을 가하면 억셉터 이온은 전위가 높은 쪽으로 이동한다.

7.4 다음 중 진성반도체에서의 캐리어 특성에 대한 설명으로 옳지 않은 것은?

① 전도대에 전자가 채워질 확률과 가전자대에서 전자가 비어 있을 확률이 같다.
② 열에너지에 의해 전도대 전자와 가전자대의 홀이 같은 수로 생성된다.
③ 진성캐리어 농도 n_i는 온도가 올라가면 증가한다.
④ 진성반도체는 전기적으로 중성이므로 외부에서 전기장이 걸려도 전자와 홀이 함께 같은 방향으로 움직인다.

7.5 다음 중 진성 실리콘 반도체에서 [그림 7-22]와 같은 에너지밴드 다이어그램 모델에 대한 설명으로 옳은 것은?

① 자유전자와 가전자대의 홀 쌍이 생성된다.
② 이 동작에 의해 반도체의 전기 전도도는 증가한다.
③ 진성캐리어 농도 n_i는 변하지 않는다.
④ 자유전자가 재결합하며 밴드갭에 해당하는 에너지가 방출된다.

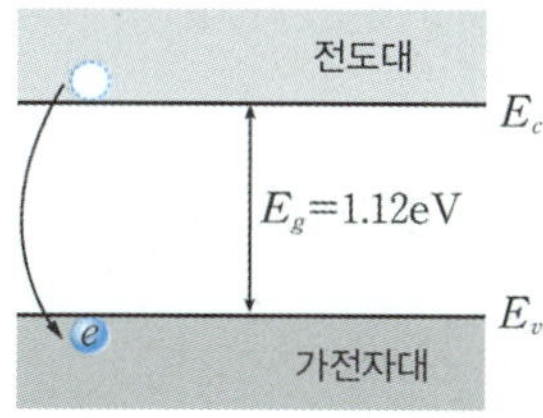

그림 7-22

7.6 다음 중 [그림 7-23]과 같은 반도체 구조의 에너지밴드 다이어그램에 대한 설명으로 옳은 것은?

① C번 영역의 전위는 A번 영역의 전위보다 높다.
② C번 영역에 있는 전자의 전기적 위치에너지는 A번 영역에 있는 전자의 전기적 위치에너지보다 높다.
③ B번 영역에서는 위치 x가 증가할수록 반도체의 전위가 선형적으로 증가한다.
④ 에너지 밴드갭 $E_c - E_v$는 위치에 따라 변한다.

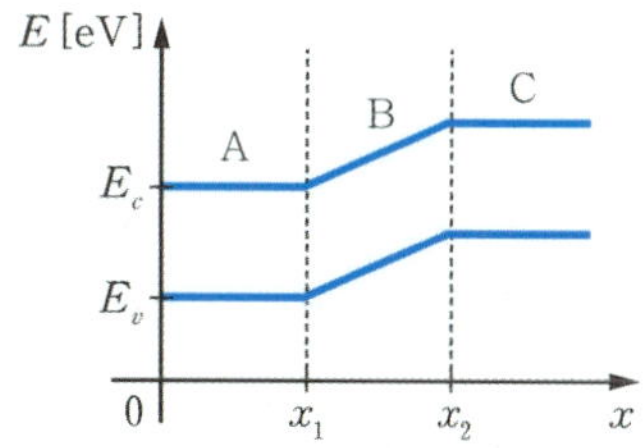

그림 7-23

7.7 [그림 7-24]는 열평형 상태에 있는 실리콘(Si) 반도체에서 페르미 준위에 따른 전자와 정공의 농도 분포를 나타낸 계산 모델이다. 다음 중 이에 대한 설명으로 옳지 않은 것은?

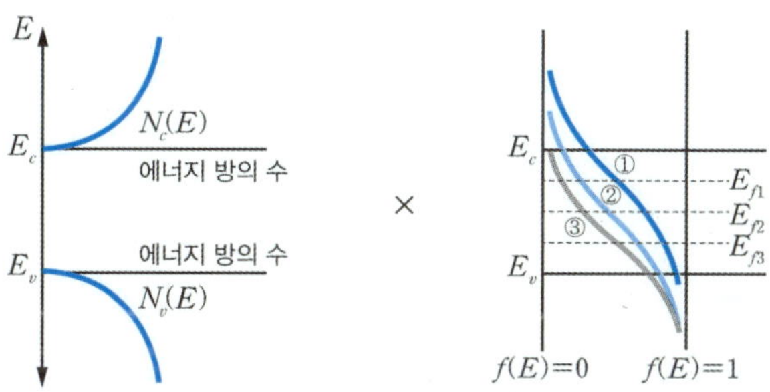

그림 7-24

① E_{f1}은 전도대에서 전자의 농도가 높고, 가전자대에서는 정공의 농도가 낮다.
② E_{f3}은 전도대에서 전자의 농도가 낮고, 가전자대에서는 정공의 농도가 높다.
③ E_{f2} 상태에서 인(P) 불순물을 도핑하면 페르미 준위는 E_{f1} 쪽으로 이동한다.
④ 전도대($E > E_c$)에서 에너지가 높아질수록 전자가 그 상태를 점유할 확률은 증가한다.

7.8 다음은 불순물이 주입된 실리콘(Si) 반도체가 열평형 상태에 있을 때 성립하는 관계식에 대한 설명이다. 다음 중 옳지 않은 것은? 단, 완전 이온화를 가정한다.

$$n + N_a^- = p + N_d^+ \qquad np = n_i^2$$

① 이 반도체는 전체적으로 전기적으로 중성을 유지한다.
② n은 도너 불순물의 농도 N_d와 진성캐리어 농도 n_i를 모두 포함한다.
③ p형 반도체에서 억셉터 농도 N_a를 증가시키면 전자의 농도는 감소한다.
④ 온도가 변해 새로운 열평형 상태가 되더라도 전자와 정공의 농도는 변하지 않는다.

7.9 다음 중 페르미 레벨에 대한 설명으로 옳지 않은 것은?

① 온도가 증가하면 페르미 레벨이 위쪽으로 이동하여 전도대 전자가 증가한다.
② 페르미 레벨은 전자가 해당 에너지 준위에 존재할 확률이 1/2인 준위를 의미한다.
③ n형 반도체에서는 페르미 레벨이 진성 페르미 준위보다 위에 위치한다.
④ 열평형 상태에서는 페르미 레벨이 위치에 관계없이 일정하다.

7.10 [그림 7-25]는 n형 반도체에서 위치 x에 따른 전자의 농도 분포를 보인 것이다. 외부 전기장을 걸어서 드리프트 전류가 흐를 때 전류밀도 J는 $-x$ 방향으로 일정하게 흐르고 있다. 다음 중 이에 대한 설명으로 옳은 것은? 단, 농도 차에 의한 확산전류는 무시한다.

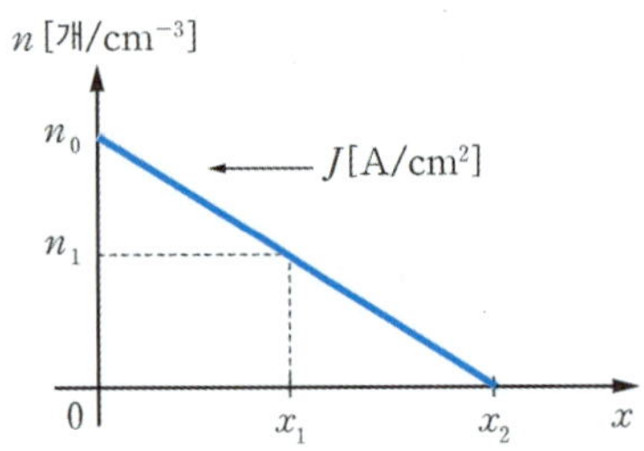

그림 7-25

① x_1의 전위는 x_2 지점의 전위보다 더 높다.
② x_1 지점과 x_2 지점에서의 전자의 속도는 일정하다.
③ x_2 지점에서의 전자의 속도는 이론적으로 무한대에 가까워진다.
④ x_1 지점에서의 전자의 속도는 J/n_1[cm/sec]이다.

CHAPTER 07

연습문제

7.1 전기적으로 중성인 n형 실리콘 반도체에서 도너 도핑 농도가 N_d일 때, 다음의 관계식이 성립한다. 이 반도체가 열평형 상태에 있을 때, 다수캐리어 농도 n과 소수캐리어 농도 p를 각각 구하라. 단, 이 온도에서 고유 캐리어 농도는 n_i이며, 도너 불순물은 완전히 이온화된다고 가정한다.

$$n = p + N_d^+$$

7.2 $T = 300[\mathrm{K}]$에서 도너 농도가 $N_d = 10^{16}[\mathrm{cm}^{-3}]$인 n형 실리콘 반도체에, 억셉터 농도가 $N_a = 2\times 10^{16}[\mathrm{cm}^{-3}]$인 불순물을 추가로 도핑했다. 이로 인해 반도체는 p형으로 전환되었다. 이 반도체의 전도도 σ를 계산하라. 단, 홀의 이동도는 $\mu_p = 480[\mathrm{cm}^2/\mathrm{V\cdot s}]$이며, 전도도 계산 시 소수캐리어는 무시한다.

7.3 [그림 7-26]은 어떤 실리콘 반도체의 에너지밴드 다이어그램을 나타낸 것이다. 이 반도체의 전위 Φ는 열평형 상태에서 $\Phi = \frac{1}{e}(E_F - E_i)$로 정의된다. $0 < x < 0.01[\mathrm{cm}]$ 구간에서 도너 농도가 $N_d = 1.5\times(10^{17} - 10^{19}x)$로 변화한다고 할 때 위치 x에서의 전위 $\Phi(x)$를 구하라. 단, 고유 캐리어 농도는 $n_i = 1.5\times 10^{10}[\mathrm{cm}^{-3}]$, $kT/e = 26[\mathrm{mV}]$, 완전 이온화를 가정한다.

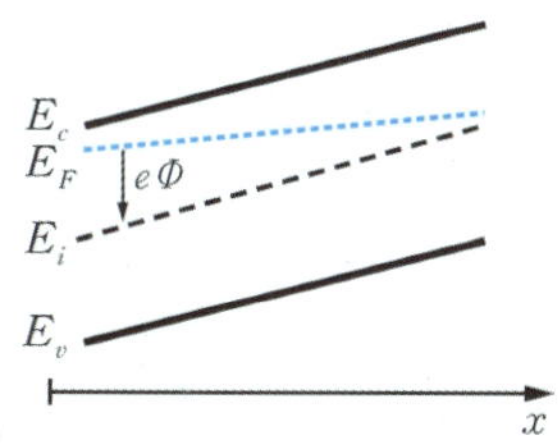

그림 7-26

7.4 [그림 7-27]은 전자와 홀이 동시에 존재하는 실리콘 반도체에 관한 것이다. 이 반도체에서 전자의 농도는 $n = 10^{18}[\mathrm{cm}^{-3}]$, 홀의 농도는 $p = 2\times 10^{18}[\mathrm{cm}^{-3}]$이며, 전기장 $E = 1\times 10^{-4}[\mathrm{V/cm}]$가 인가되어 있다. 이때 다음을 구하라. 단, 전자의 이동도는 $\mu_n = 1350[\mathrm{cm}^2/\mathrm{V\cdot s}]$, 홀의 이동도는 $\mu_p = 480[\mathrm{cm}^2/\mathrm{V\cdot s}]$이다. 또한 전자–홀 쌍의 재결합은 무시한다.

(a) 전자에 의한 전류밀도 J_n

(b) 정공에 의한 전류밀도 J_{pA}

(c) 전체 전류밀도 J

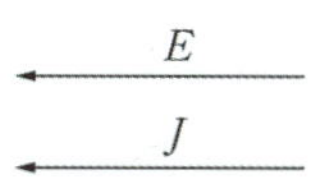

그림 7-27

7.5 [그림 7-28]인 조건에서 p형 실리콘 반도체에서 홀의 농도가 $p=10^{16}[\text{cm}^{-3}]$일 때, 전기장 $E=1\times10^{4}[\text{V/cm}]$를 인가했다. 이때 다음을 구하라. 단, 고유 캐리어 농도는 $n_i=1.5\times10^{10}[\text{cm}^{-3}]$, 전자의 이동도는 $\mu_n=1350[\text{cm}^2/\text{V}\cdot\text{s}]$, 홀의 이동도는 $\mu_p=480[\text{cm}^2/\text{V}\cdot\text{s}]$이다. 또한 전자-홀 쌍의 재결합은 무시한다.

(a) 전자에 의한 전류밀도 J_n

(b) 정공에 의한 전류밀도 J_{pA}

(c) 전체 전류밀도 J

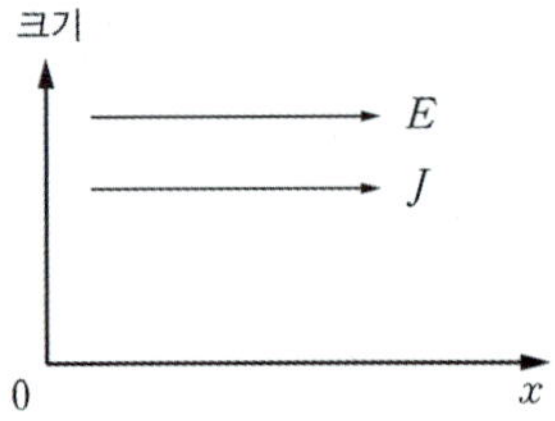

그림 7-28

7.6 어떤 실리콘 반도체의 페르미 준위와 고유 준위의 차이가 $E_F-E_i=260[\text{meV}]$이다. 이 반도체에 도너 농도 $N_d=1.5\times10^{15}[\text{cm}^{-3\text{A}}]$를 추가로 도핑한다면 페르미 준위와 고유 준위의 차이는 얼마로 바뀌는가? 단, 고유 캐리어 농도는 $n_i=1.5\times10^{10}[\text{cm}^{-3}]$, $kT=26[\text{meV}]$, 완전 이온화를 가정한다.

7.7 어떤 n형 실리콘 반도체에서 전자 농도가 [그림 7-29]와 같이 분포되어 있다. $0\le x\le 3[\mu\text{m}]$ 구간에서의 전류밀도 $J[\text{A/cm}^2]$를 구하라. 단, 전자의 확산계수는 $D_n=35[\text{cm}^2\text{A/sec}]$이다.

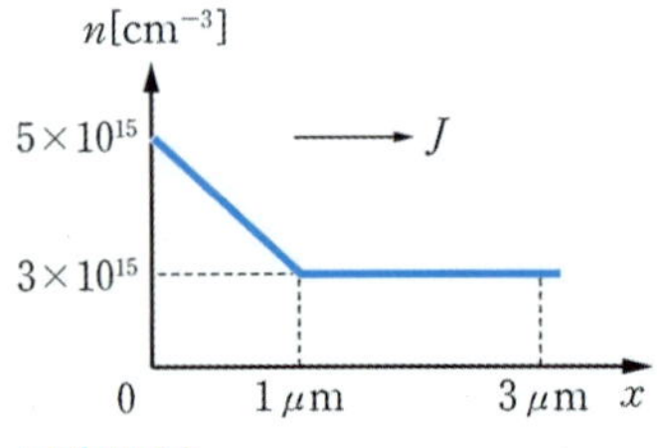

그림 7-29

7.8 반도체에서는 캐리어의 확산계수와 이동도 사이에 아인슈타인 관계 $D = \mu\frac{kT}{e}$가 성립한다. 어떤 온도 T_1[K]에서 전자의 확산계수는 30[cm^2/sec]이다. 온도를 $T_2 = 1.2 \times T_1$[K]로 올렸을 때, 전자 이동도는 T_1 때보다 2.4배 증가했다. 이때 온도 T_2에서의 전자의 확산계수를 구하라.

7.9 [그림 7-30]과 같이 단면적이 $A = 10^{-5}$[cm^{-2}], 길이가 $L = 10^{-2}$[cm]인 n형 반도체 막대에 전압 $V = 5$[V]를 인가했더니, 전류 $I = 10$[mA]가 흐르고 있다. 이 반도체의 도핑 농도가 $N_d = 10^{16}$[cm^{-3}]일 때 전자의 이동도 μ_n[cm^2/V·s]를 구하라.

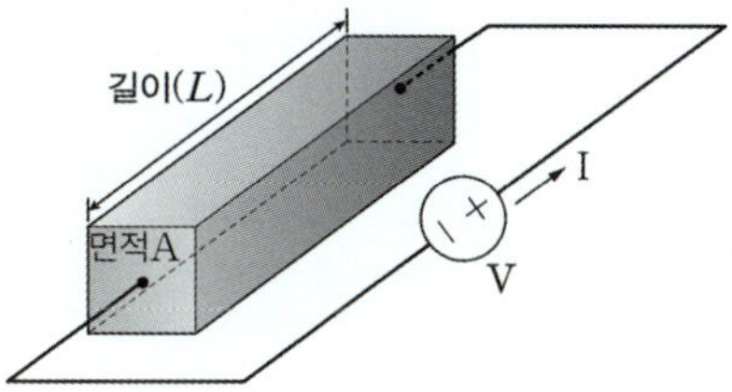

그림 7-30

7.10 [그림 7-31(a)]와 같이 단면적이 $A = 10^{-6}$[cm^{-2}], 길이가 $L = 10^{-4}$[cm]인 n형 반도체 막대에 전압 $V = 5$[V]를 인가하고 있다. 이 반도체의 도핑 농도는 $N_d = 10^{16}$[cm^{-3}]이며, 전자의 드리프트 속도는 [그림 7-31(b)]와 같다. 이때 전류 I를 구하라. 단, $E_{sat} = 10^4$[V/cm], $v_{sat} = 10^7$[cm/sec]이며, 완전 이온화를 가정한다.

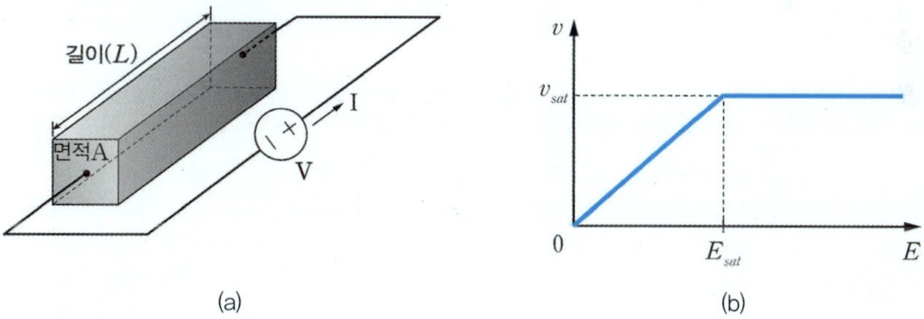

(a) (b)

그림 7-31

CHAPTER

08

다이오드

CONTENTS

학습 목표

- pn 접합의 물리적 원리를 이해한다.
- pn 접합의 열평형 상태와 정상 상태의 모델, 에너지밴드 다이어그램을 이해한다.
- pn 접합 다이오드의 전류-전압 특성을 이해하고 이를 회로에 적용할 수 있다.
- 다이오드가 포함된 회로 해석 방법을 이해하고 동작점을 구할 수 있다.
- 제너 다이오드의 전기적 특성과 응용 및 회로에서의 해석법을 익힌다.
- 여러 종류의 다이오드와 그 응용에 대해 살펴본다.
- 다이오드를 이용한 정류회로를 이해하고 적용할 수 있다.
- 클리퍼와 클램퍼의 동작을 이해하고 설계할 수 있다.

들어가기 전에

전류가 한 방향으로만 흐르고 그 반대 방향으로 흐르지 않는 성질을 띤 반도체 소자semiconductor device**를 다이오드**diode**라 한다. 그리고 전류가 한 방향으로만 흐르는 것을 정류(整流)**rectification **작용이라 한다.** 전류가 흐를 때를 '켜진 상태', 흐르지 않을 때를 '꺼진 상태'라고 한다면, 다이오드를 켰다 껐다 하는 것은 **스위칭**switching 동작이라 볼 수 있다. 다이오드는 **애노드(양극)**anode와 **캐소드(음극)**cathode라 하는 2단자 회로 소자로서 스위칭 동작을 제어하는 제3의 단자가 포함되지 않으며, 양단 간의 전압 차이로 스스로 제어된다. 애노드와 캐소드는 화학반응에서 기인한 것으로서 산화반응이 일어나는 전극을 애노드, 환원반응이 일어나는 전극을 캐소드라 한다. 그러므로 상대적인 전기 포텐셜에 의해 결정되는 양극(+)과 음극(−)으로 단순하게 정의하기 어렵다. 그러나 반도체에서는 p형 반도체 전극을 애노드, n형 반도체 전극을 캐소드라 한다.

가장 일반적인 다이오드의 형태는 p형 반도체와 n형 반도체를 접합하여 만든 pn 접합 다이오드pn junction diode이다. pn 접합의 반도체 물성과 pn 접합 다이오드가 회로에 포함되었을 때 내부에서 일어나는 물리적인 현상을 이해한다면 고성능 회로를 이해하거나 설계하는 데 많은 도움이 된다. 다이오드 응용 회로는 정류회로뿐 아니라 클리퍼, 클램퍼, 논리회로 등 다양하다. pn 접합 다이오드 외에도 특성이 다른 다양한 종류의 다이오드가 있으며, 응용에 맞추어 적합하게 선택하여 사용한다. 예를 들어, 일정한 전압을 공급하는 제너 다이오드, 전기에너지를 빛으로 변환하는 발광 다이오드, 빛을 감지하여 전기적인 신호로 변환하는 광 다이오드 등이 있으며, 특히 발광 다이오드와 광 다이오드는 조명 기구뿐 아니라 광통신 시스템에도 활용되고 있다.

이 장에서는 pn 접합의 물리적인 성질과 다이오드가 포함되어 있는 응용 회로를 어떻게 해석할지에 대해 중점적으로 학습한다.

8.1 pn 접합

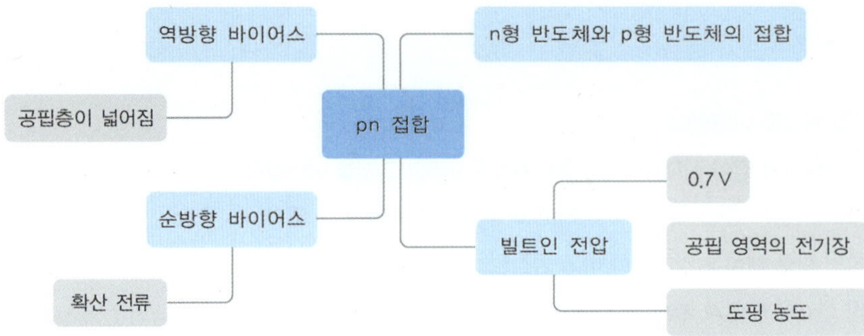

pn 접합의 물리적 해석

서로 다른 성질의 반도체를 붙여놓은 것을 접합junction[1]**이라 하며, p형 반도체와 n형 반도체를 붙여놓은 것을 pn 접합이라 한다.** pn 접합은 특정 온도에서 빛이나 전압 등과 같은 외부 자극이 없을 경우 열평형thermal equilibrium 상태라고 하는 안정된 상태에 도달한다. 열평형 상태에서는 식 (7.3)인 $np = n_i^2$에 의해 p 영역에서는 1[cm^3]당 N_a개의 다수캐리어인 홀과 n_i^2/N_a개의 소수캐리어인 전자(n_{p0})가 존재하고, n 영역에서는 1[cm^3]당 N_d개의 다수캐리어인 전자와 n_i^2/N_d개의 소수캐리어인 홀(p_{n0})이 존재한다. 중성 영역에서는 이온의 수와 캐리어의 수가 같아 전기적으로 중성이라고 가정한다. 그렇다면 p형 반도체와 n형 반도체를 접합하면 어떤 일이 발생할까? 먼저 접합면에서 어떤 일이 일어나는지 살펴보자.

❶ 다수캐리어인 홀과 소수캐리어인 전자가 존재하는 p형 반도체와 다수캐리어인 전자와 소수캐리어인 홀이 존재하는 n형 반도체를 서로 접합하면 그 **접합면에서는 캐리어의 농도 차이에 의해 확산이 일어난다.** 예를 들어, 홀은 농도가 높은 p 영역에서 농도가 낮은 n 영역으로, 전자는 농도가 높은 n 영역에서 농도가 낮은 p 영역으로 이동한다.

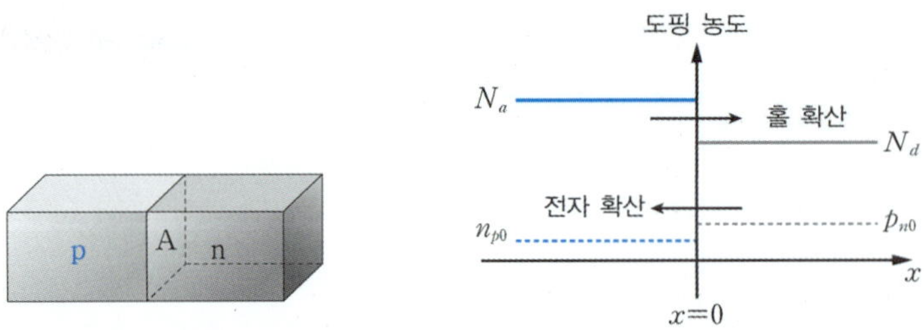

(a) 반도체 모형 (b) 농도 분포

그림 8-1 pn 접합 모델

1 실제로는 붙여놓은 것이 아니고 더 높은 농도의 이온 주입이나 확산과 같은 공정을 통해 pn 접합을 형성한다.

❷ 이러한 확산이 진행되면 전자와 홀이 교차하면서 재결합recombination되어 사라지고, 그 접합 구간에는 움직일 수 없는 공간전하(N_a^-, N_d^+)가 남는다. 이 구간을 공핍 영역depletion region(혹은 공핍층)[2]이라 한다. 공핍 영역에서 움직일 수 없는 공간전하는 내부 전기장electric field $\mathcal{E}$를 형성하는데, 이 내부 전기장은 외부에서 가해준 것이 아니라 스스로 발생시킨 것이므로 빌트인built-in 전기장이라고 한다. 이 전기장($\mathcal{E}$)은 홀과 전자의 확산을 방해하는 방향으로 작용하여, 확산하려는 힘과 평형을 이루는 지점에서 전자와 홀은 움직임을 멈추고 평형 상태에 도달한다.

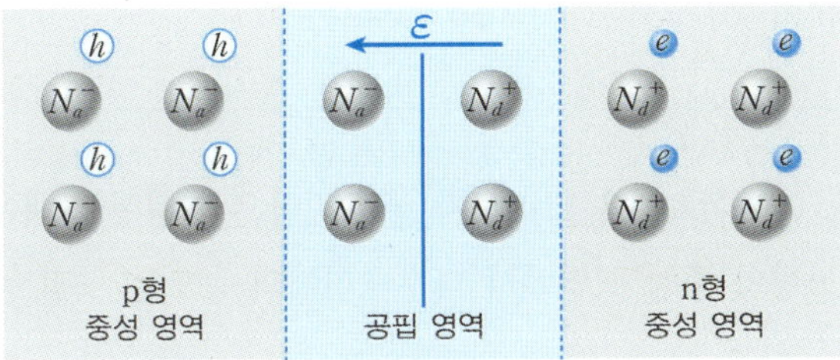

그림 8-2 pn 접합에서 캐리어의 분포

❸ 전기장이 있다는 것은 전위차가 존재한다는 의미로, p형 반도체와 n형 반도체 접합면에 전압이 형성된다. 이를 빌트인 전압이라 하여 V_{bi}로 표기한다. 실리콘 반도체에서 pn 접합의 V_{bi}는 대략 0.7[V] 정도이며, 이 전위차는 주로 접합 부근의 공핍 영역에서 형성된다. 따라서 p형과 n형의 중성 영역에서는 전기장이 존재하지 않으므로 전위가 일정하게 유지된다.

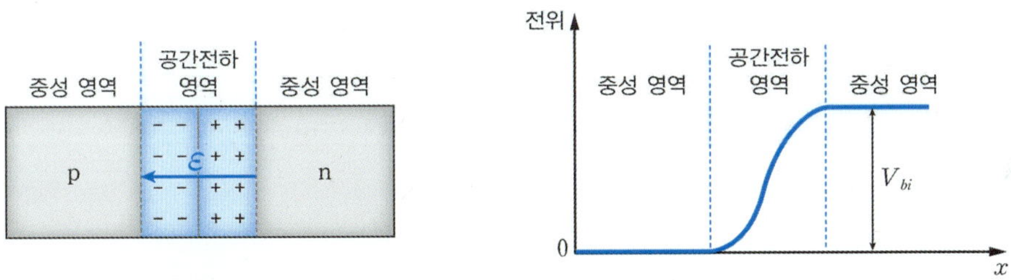

그림 8-3 pn 접합에서 전기장과 전압 분포

빌트인 전압은 도핑 농도와 관련 있다. 즉 도핑 농도가 높을수록 공간전하 영역에 남게 되는 공간전하가 많아지므로 빌트인 전기장과 빌트인 전압은 높아진다. 식 (7.13)과 식 (7.14)를 참조하여 페르미-디랙 확률함수와 같이 캐리어의 농도와 전위의 지수함수적인 관계를 고려하면 빌트인 전압은 다음과 같다(자세한 유도 과정은 생략한다).

$$V_{bi} = V_t \cdot \ln\left(\frac{N_a \cdot N_d}{n_i^2}\right) \tag{8.1}$$

2 공핍 영역은 캐리어의 관점에서는 캐리어가 존재하지 않는다는 의미이고, 움직이지 못하는 이온인 공간전하(space charge)의 관점에서는 공간전하 영역이 된다.

예제 8-1

[그림 8-1]의 pn 접합 구조에서 p 영역의 도핑 농도인 N_a가 n 영역의 도핑 농도인 N_d보다 100배 크다고 할 때, 300[K]에서 빌트인 전압이 $V_{bi} = 780$[mV]가 되기 위한 N_a 및 N_d를 구하라. 단, $V_t = 0.026$ [V], $n_i = 1.5 \times 10^{10}$ [cm^{-3}]으로 가정한다.

풀이

$$V_{bi} = V_t \cdot \ln\left(\frac{N_a \cdot N_d}{n_i^2}\right) = (0.026)\ln\left[\frac{100N_d \cdot N_d}{(1.5\times10^{10})^2}\right] = 0.780[\mathrm{V}]$$

$$\therefore \; N_d \approx 4.9\times10^{15}\;[\mathrm{cm}^{-3}],\; N_a \approx 4.9\times10^{17}\,[\mathrm{cm}^{-3}]$$

이제 열평형 상태에서 pn 접합의 에너지밴드 다이어그램을 그려보자. pn 접합은 열평형 상태에서 일정한 페르미 준위를 갖는다. 이때 p형 및 n형의 중성 영역에서 다수캐리어의 농도는 도핑 농도 그대로 유지된다고 가정한다.[3]

❶ 열평형 상태에서 페르미 준위를 그린다.

❷ [예제 7-4]를 참고하여 p 영역 및 n 영역의 E_i를 각각 계산하여 그린다.

❸ 공핍층의 E_i를 p 영역에서 n 영역으로 포물선 대칭을 이어 그린다.

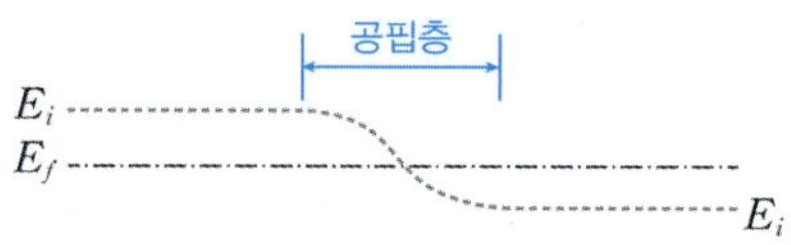

❹ E_i로부터 같은 간격으로 E_c와 E_v를 그려서 완성한다. 간격은 실리콘 밴드갭의 절반인 $\frac{E_g}{2} = \frac{1.12}{2}$ [eV]이다.

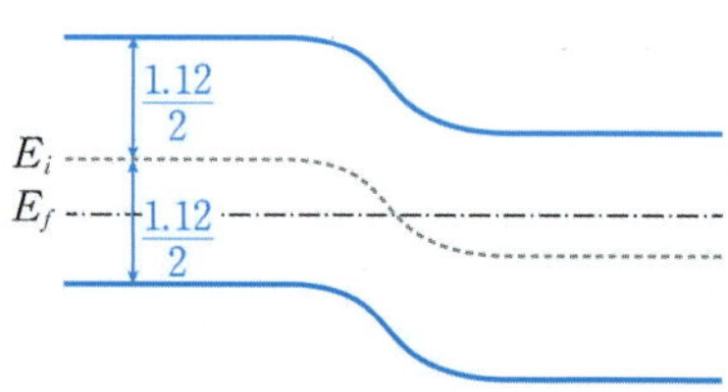

3 7.2절을 참조한다.

정상 상태

열평형 상태는 pn 접합의 외부에서 빛, 전압, 온도 변화와 같은 자극을 가하면 깨진다. 예를 들어 반도체의 공핍층에 일정한 빛을 계속 쪼이면 에너지를 받아 전자–홀 쌍이 계속 생성된다. 이렇게, **열평형 상태일 때보다 더 많이 생성된 캐리어를 과도(잉여) 캐리어**excess carrier**라고 한다. 과도 캐리어의 수가 많아지면 다시 재결합이 이루어지므로 결국 생성과 소멸의 균형을 이루어 일정한 캐리어 농도를 유지한다.**[4] **이러한 상태를 정상 상태**steady state**라고 한다.**

전압을 강제로 인가하여 열평형 상태를 깨고 정상 상태를 만들 때 이 전압을 바이어스bias 전압이라고 한다. 바이어스 전압에는 pn 접합에 가해주는 전압의 방향에 따라 순방향 바이어스forward bias와 역방향 바이어스reverse bias가 있다.

역방향 바이어스

[그림 8–4(a)]와 같이 pn 접합의 극성과 반대 방향으로 외부전압 V_R을 인가하는 것을 역방향 바이어스라 한다. 반도체 내부의 공핍층에 원래 존재하던 빌트인 전압 V_{bi}와 외부전압 V_R이 같은 방향으로 더해져 확산을 방해하는 힘이 $V_{bi}+V_R$로 더 커진다.[5] 이로 인해 공핍층이 열평형 상태일 때보다 더 넓어진다. 따라서 공핍층 내의 전기장은 원래 존재하던 $\mathcal{E}$에다 외부에서 가해준 $\mathcal{E}_R$이 더해져서 $\mathcal{E}+\mathcal{E}_R$로 커진다. 내부 전기장은 확산전류를 방해하는 방향이므로 전류가 흐르지 않는다.

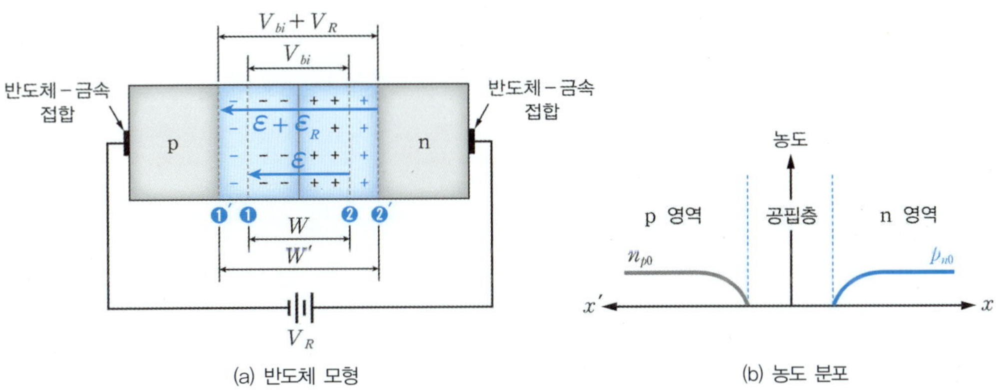

그림 8-4 pn 접합의 역방향 바이어스 모델

p와 n 영역에는 도핑을 통한 다수캐리어와 소수캐리어가 존재하며 각 영역 내에서는 모든 지점의 전위가 같으므로[6] 중성 영역neutral region이라고 한다.

4 전자–홀 쌍의 생성과 재결합을 electron–hole pair generation and recombination이라 한다.

5 pn 접합 외부의 전압은 V_R인데 공핍층에는 $V_{bi}+V_R$이 걸리는 것을 볼 수 있다. 그 차이에 해당하는 전압은 반도체–금속 사이의 접합에 걸린다.

6 실제로는 미세한 전압의 차이가 있어서 다수캐리어의 이동이 생긴다.

[그림 8-4(b)]에서 보듯이 소수캐리어는 공핍층 경계 부근에서 공핍층으로 끌려 들어가 경계면에서는 농도가 0이 된다. [그림 8-4]의 경우를 에너지밴드 그림으로 해석해보자. 열평형 상태가 깨지면 페르미 준위는 더 이상 일정하지 않다.

❶ p 영역과 n 영역의 페르미 준위를 각각 그린다. 열평형이 깨졌으므로 페르미 준위가 외부에서 가해준 에너지 eV_R[eV]만큼 벌어진다. n 영역에 p 영역보다 높은 전압이 가해지므로 n 영역에서 (전자의) 에너지는 eV_R만큼 떨어진다.

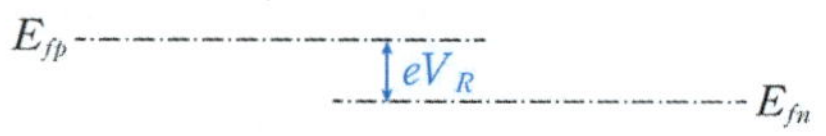

❷ 외부에서 바이어스를 가해도 도핑 농도에 변화가 없으므로 각 영역에서 다수캐리어의 농도를 나타내는 에너지 차이 $e\Phi_{fp}$와 $e\Phi_{fn}$은 변화 없이 유지된다. 전압이 걸리는 공핍층에서는 포물선 대칭이 되도록 연결하여 E_i 준위를 그린다(공핍층은 열평형 상태보다 넓어진다).

❸ 실리콘의 에너지밴드 갭을 고려하여 E_i를 중심으로 같은 간격의 E_c와 E_v를 완성한다.

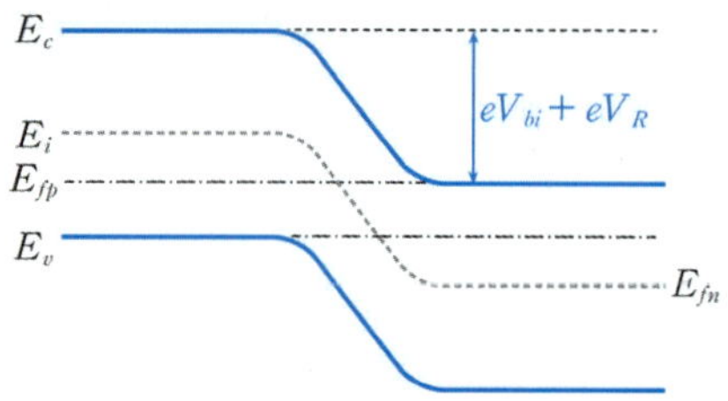

열평형 상태에 비해 p 영역과 n 영역 사이에는 V_R만큼 추가된 전압 차이가 있으므로 두 영역의 에너지 준위의 차이는 eV_R만큼 더 벌어진다. 캐리어의 확산을 방해하는 힘이 더 커졌으므로 전류는 흐르지 않는다.

▌순방향 바이어스

순방향 바이어스는 [그림 8-5(a)]와 같이 pn 접합의 극성과 같은 방향으로 외부전압 V_F를 가하는 것이다. 반도체 내부의 공핍층 사이에 원래 존재하던 빌트인 전압 V_{bi}와 외부전압 V_F가 반대 방향으로 가해져 확산을 방해하는 빌트인 전압이 $V_{bi} - V_F$로 더 작아진다. 따라서 공핍층 내의 전기장은 원래 존재하던 $\mathcal{E}$에서 $\mathcal{E} - \mathcal{E}_F$로 작아진다.

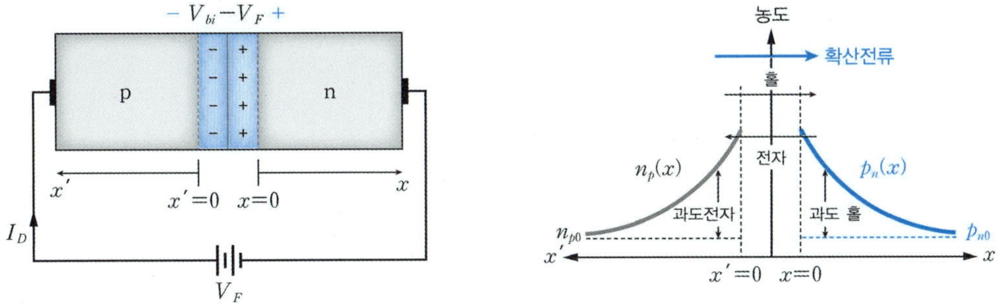

(a) 반도체 모형 (b) 농도 분포

그림 8-5 pn 접합의 순방향 바이어스 모델

캐리어 확산의 장벽 역할을 하는 빌트인 전압이 줄어들게 되므로 많은 다수캐리어가 상대방 영역으로 확산되어 넘어간다. 전압(에너지 준위)과 캐리어 농도의 지수함수적인 관계를 상기하면 n 영역의 공핍층 경계면에서는 소수캐리어의 열평형 농도 p_{n0}의 지수함수적인 과도 캐리어 농도가 형성된다. 이를 식으로 나타내면 다음과 같다.

$$p_n = p_{n0}\, \mathrm{exp}\left(\frac{V_F}{V_t}\right) \tag{8.2}$$

중성 영역의 끝부분에서는 전자가 무한대로 공급되는 금속과 만나므로 과도 캐리어는 없어지고 열평형 농도만 남는다. 정상 상태에서는 이러한 과도 캐리어 농도 분포가 [그림 8-5(b)]와 같이 $p_n(x)$로 유지되며, p 영역에서도 같은 원리로 $n_p(x)$가 형성된다. 따라서 사실상 과도 캐리어가 일정한 농도로 가만히 있는 상태가 아니라, 과도 전자와 홀이 계속해서 움직이며 동적 평형 상태를 유지하고 있는 것이다. 정상 상태에서 소수캐리어의 농도 분포는 농도 차에 의한 확산전류를 유발한다. **즉 순방향 바이어스된 pn 접합에서 흐르는 순방향 전류는 확산전류라고 할 수 있다.**

이제 순방향으로 바이어스되어 있는 pn 접합을 에너지밴드 다이어그램으로 해석해보자.

❶ 열평형이 깨지므로 페르미 준위가 $eV_F\,[\mathrm{eV}]$만큼 벌어진다. n 영역에는 p 영역보다 낮은 전압이 가해지므로 n 영역에서 (전자의) 에너지는 eV_F만큼 높아진다.

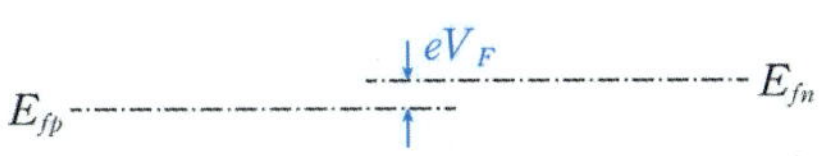

❷ 바이어스를 가해도 도핑 농도에 변화가 없으므로 각 영역에서 다수캐리어의 농도를 나타내는 에너지 차이 $e\Phi_{fp}$와 $e\Phi_{fn}$은 변화 없이 유지된다. 전압이 걸리는 공핍층에서는 포물선 대칭이 되도록 연결하여 E_i 준위를 그린다(공핍층은 열평형 상태보다 좁아진다).

❸ 실리콘의 에너지 밴드갭을 고려하여 E_i를 중심으로 같은 간격의 E_c와 E_v를 완성한다.

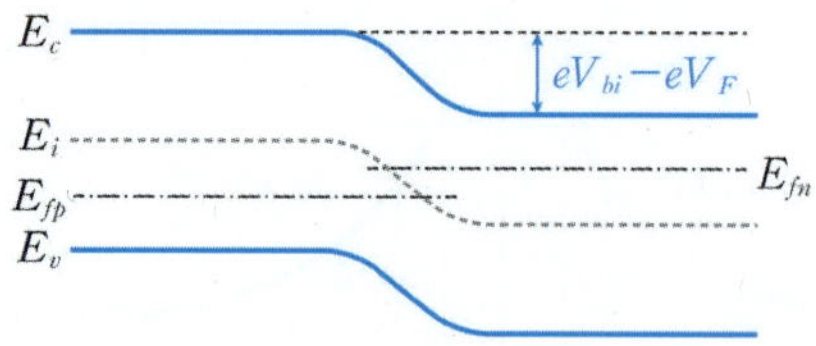

p 영역과 n 영역 사이에는 $V_{bi}-V_F$의 전압 차이로 열평형 상태일 때보다 빌트인 전압이 낮아지고 공핍층의 폭이 좁아진다. V_F는 확산을 방해하는 장벽전압인 빌트인 전압 V_{bi}를 줄이는 역할을 하므로, V_F의 값이 커질수록 더 큰 확산전류가 흐른다. 수십 [mA] 이상의 충분한 전류가 흐르는 경우는 전압장벽이 거의 무너진 상태로, V_F는 V_{bi}에 육박하여 약 0.7[V] 정도가 된다. 이를 다이오드의 턴 온 전압turn-on voltage이라고 한다.

예제 8-2

어떤 pn 접합 구조에서 n 영역의 도핑 농도는 N_d이다. 외부에서 순방향 전압 $V=V_F$가 인가되었고, [그림 8-6]과 같은 농도 분포를 유지하고 있다. 공핍층과 중성 영역의 경계 지점에서의 홀 농도가 $p_n(0)=p_{no}\exp\left(\frac{V_F}{V_t}\right)$일 때, n_i 및 D_p를 활용하여 홀에 의한 전류밀도 J_p를 구하라. 여기서 p_{no}는 n 영역에서의 소수캐리어 홀의 열평형 농도이다.

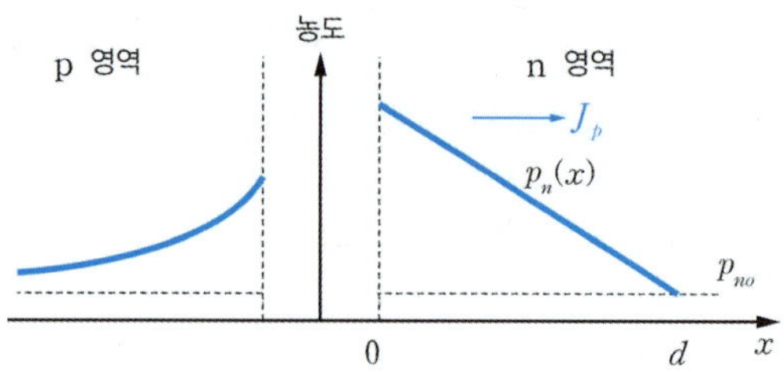

그림 8-6 부하선 해석

풀이

n 영역에서 농도 차에 의한 확산전류가 흐르므로 J_p는 다음과 같이 계산된다.

$$J_p=-eD_p\frac{dp_n(x)}{dx}=-eD_p\frac{p_n(0)-p_{no}}{0-d}=eD_p\frac{p_{no}\left[\exp\left(\frac{V_F}{V_t}\right)-1\right]}{d}=\frac{eD_pn_i^2}{dN_d}\left[\exp\left(\frac{V_F}{V_t}\right)-1\right]$$

Quick Review

- pn 접합의 접합면에는 (   ) 영역이 존재하며, 이 영역에 빌트인 전기장이 형성된다.
- 실리콘 반도체에서 pn 접합의 빌트인 전압은 약 (   )이다.
- 빌트인 전압은 (   )에 의해 결정된다.
- pn 접합에 역방향 바이어스를 인가하면 공핍층 내의 빌트인 전기장이 (   )져 전류가 (   ). 그리고 pn 접합에 순방향 바이어스를 인가하면 공핍층 내의 빌트인 전기장이 (   )져 전류가 (   ).
- pn 접합에서 공핍층을 제외한 p 영역과 n 영역을 (   ) 영역이라 한다.

ANS 공핍, 0.7[V], 도핑 농도, 커/흐르지 않는다/작아/흐른다, 중성

8.2 pn 접합 다이오드

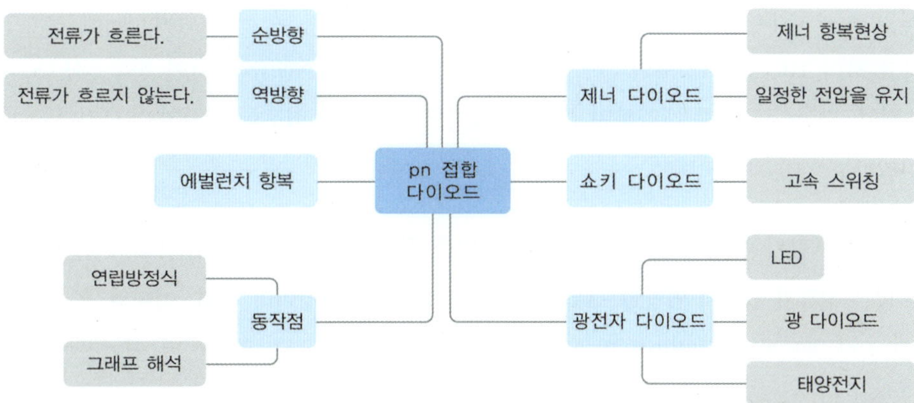

p형 반도체와 n형 반도체를 접합하면 pn 접합 다이오드를 얻을 수 있다. **다이오드는 한 방향으로만 전류가 흐르는 소자이므로 pn 접합이 순방향 바이어스일 때에만 전류가 흐르고 역방향 바이어스일 때에는 전류가 흐르지 않는** 특성을 이용하여 다이오드를 구현할 수 있다. 이러한 다이오드의 전기적 특성을 이해하기 위해 먼저 다이오드의 전류-전압 특성을 살펴보자.

전류-전압 특성

다이오드는 순방향으로 바이어스되었을 때($v_D > 0$) 확산전류에 의해 도통된다. 이때 다이오드의 전압 v_D는 빌트인 전압에 해당하는 $V_{ON} \approx 0.7[\mathrm{V}]$의 전압이 걸린다. 이 전압을 다이오드의 턴온 전압이라고 하며 $v_D > V_{ON}$ 이면 전류가 지수함수로 커진다. p 영역에 연결된 단자를 애노드, n 영역에 연결된 단자를 캐소드라고 한다.

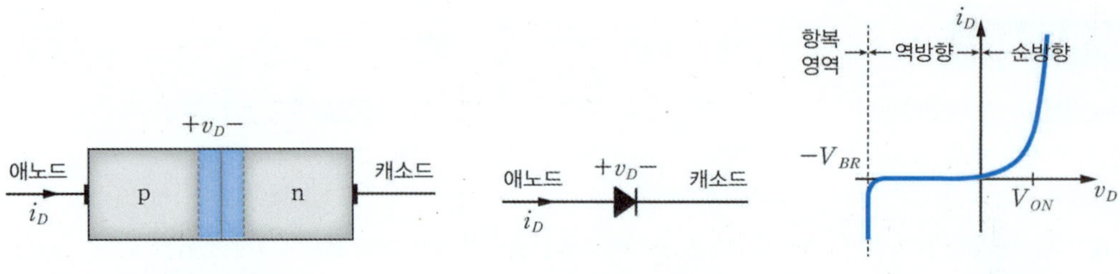

(a) 반도체 모형 (b) 회로 기호 (c) 전류-전압 특성곡선

그림 8-7 pn 접합 다이오드 모델

전류-전압 특성곡선은 순방향, 역방향, 항복breakdown**의 3가지 영역으로 구분한다.** 순방향 바이어스 상태일 때 전류-전압은 7장에서 학습한 페르미-디랙 확률함수에 의해 지수함수적인 관계를 가지며 다음 식으로 표현된다.

$$i_D = I_S\left[\exp\left(\frac{v_D}{n\,V_t}\right) - 1\right] \tag{8.3}$$

여기서 n은 이상인수ideality factor로서 $1 \le n \le 2$의 값을 갖는다. 다이오드에 충분한 크기의 전류가 흐르면 $n \approx 1$이고 전류가 작아지면 n은 2에 가까워진다. I_S는 역포화 전류reverse saturation current라고 하며 10^{-9}[A] 정도의 값을 갖는다. 역방향 바이어스($v_D < 0$)인 경우, 식 (8.3)에 큰 역방향 전압 $v_D = -\infty$를 대입하면 $i_D \simeq -I_S$이므로 미세한 역포화 전류가 흐르지만 전류는 거의 차단된다고 봐도 무방하다.

식 (8.3)에는 포함되어 있지 않지만, **역방향 전압을 점점 키워가다 고유한 전압 V_{BR}을 넘어섰을 때 매우 많은 전류가 갑자기 역방향으로 흘러버리는 것을 항복현상이라 하며, 이때의 V_{BR}을 항복전압이라고 한다.** 큰 역방향 전압이 걸리면 [그림 8-8(b)]와 같이 공핍층에 큰 전기장이 형성된다.

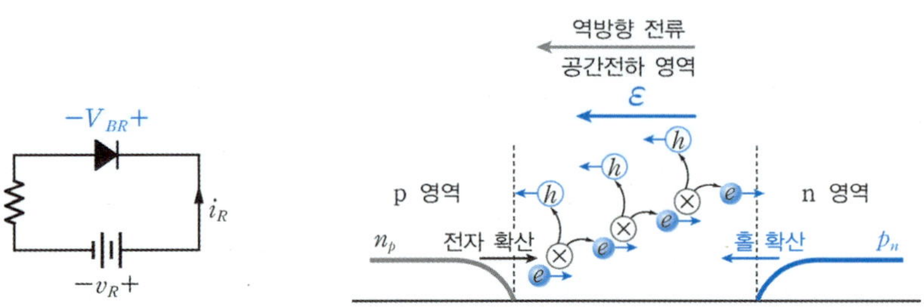

(a) 회로 모델 (b) 반도체 농도 분포

그림 8-8 pn 접합의 애벌런치 항복현상

p 영역의 소수캐리어 전자가 공핍층으로 들어오면, 큰 전기장 $\mathcal{E}$에 의해 큰 힘을 받고 실리콘과 충돌하면서 전자-홀 쌍을 발생시킨다. 발생된 전자는 다시 힘을 받아 격자에 부딪혀서 새로운 전자-홀 쌍을 발생시키고 이러한 과정이 연쇄적으로 반복되면서 애벌런치(눈사태) 현상이 일어난다.

n 영역에서 유입된 홀도 똑같은 과정으로 많은 양의 전자-홀 쌍을 발생시킨다. 발생된 전자와 홀은 전기장에 의해 각각 반대 방향으로 이동하여 큰 역방향 전류를 생성한다. 이러한 현상을 **애벌런치 항복현상** avalanche breakdown[7]이라고 한다.

이상적인 다이오드의 전류-전압 특성

다이오드를 이상적인 스위치로 생각하면 [그림 8-9(a)]와 같은 전류-전압 특성곡선을 그릴 수 있다. 여기서 이상적인 다이오드 특성곡선의 의미를 살펴보자.

❶ $v_D > 0$이면 순방향 영역이고, 다이오드 양단에는 전압이 걸리지 않는다(0[V]).
전류는 0에서부터 ∞까지 회로가 원하는 만큼 흘릴 수 있다. 즉 스위치가 온on이다.

❷ $v_D < 0$이면 역방향 영역이고, 전류는 흐르지 않는다. 즉 스위치가 오프off이다.

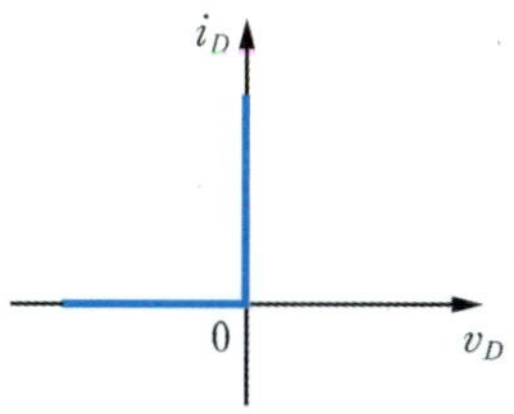

(a) $V_{ON} = 0$[V]

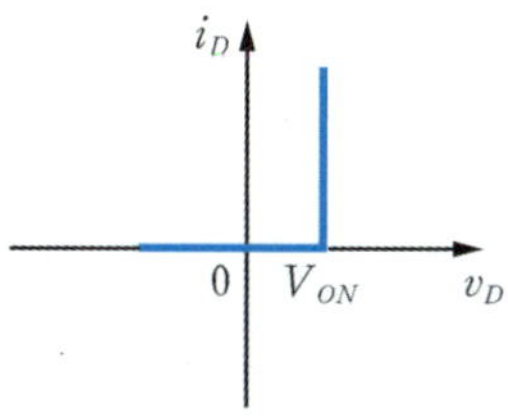

(b) $V_{ON} \neq 0$[V]

그림 8-9 이상적인 다이오드의 전류-전압 특성곡선

이상적인 다이오드는 제어 스위치 없이 양단 간의 전위차에 의해 온/오프되는 자동 스위치라고 할 수 있다.

- 순방향으로 바이어스되어 켜지는 경우에는 단락회로로 대체한다. 이때 다이오드에 흐르는 전류는 다이오드 자체가 아니라 나머지 회로에 의해 결정된다.
- 역방향으로 바이어스되어 꺼지는 경우에는 개방회로로 대체한다. 이때 다이오드 양단의 전압은 다이오드 자체가 아니라 나머지 회로에 의해 결정된다.

[그림 8-9(b)]는 다이오드의 턴 온 전압 V_{ON}을 포함한 이상적인 전류-전압 특성곡선을 보여준다. 이 모델을 사용하여 스위치가 턴 온되는 다이오드 양단에서 전압 강하가 V_{ON} 만큼 발생한다.

7 도핑 농도와 관련되기는 하지만 일반적으로 수십~수백 볼트[V]에 이른다. 다이오드에 허용되는 전력의 정격을 넘어서지만 않는다면 항복현상이 일어났다고 해서 다이오드가 망가지지는 않는다.

▌동작점 해석

[그림 8-10]과 같이 전원 V_{PS}, 저항 R 및 다이오드로 구성되는 가장 기본적인 순방향 회로를 살펴보자. 회로망 내에 다이오드가 포함되면 다이오드를 보호하기 위한 저항이 필요하다. 이는 다이오드에 빌트인 전압 0.7[V] 이상의 전원을 직접 가하면 다이오드의 정격을 넘어서서 다이오드가 망가질 수 있기 때문이다. 그렇기 때문에 다이오드 턴 온 전압 이상의 전압을 받아서 완충해주기 위해 반드시 저항을 직렬로 연결해야 한다.

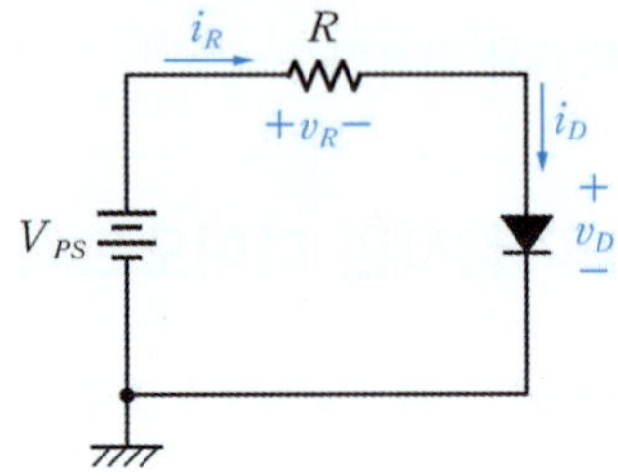

그림 8-10 다이오드의 기본 회로

이제 회로 해석을 통해 다이오드의 전압 v_D와 전류 i_D를 구해보자. 단일 폐회로에서는 키르히호프의 전압법칙(KVL)을 사용하여 다음과 같이 구할 수 있다. 단일 폐회로이므로 저항에 흐르는 전류(i_R)와 다이오드에 흐르는 전류(i_D)는 같다.

$$V_{PS} = v_R + v_D = i_R \cdot R + v_D = i_D \cdot R + v_D \tag{8.4}$$

또한 다이오드의 전류식은 식 (8.3)이므로 이를 식 (8.4)와 연립하여 풀면 **두 식의 연립방정식의 해는 $(V_D,\ I_D)$가 된다. 여기서 다이오드의 $(V_D,\ I_D)$를 동작점(Q점)**[quiescent point]**이라 한다.** 다이오드 전류식은 비선형적이고도 복잡하므로 이 연립방정식을 실제로 푸는 것은 쉽지 않다.

또 다른 방법을 생각해보자. 연립방정식을 푼다는 것은 좌표평면상에서 두 곡선의 교점의 좌표를 구하는 것임을 상기하면 그래프를 이용하여 쉽게 이해할 수 있다. 먼저, 비선형 특성인 다이오드의 전류식을 이용하여 [그림 8-11(a)]와 같이 전류-전압 특성곡선을 그린다. 다음으로 저항(부하)에 대한 식을 찾는다. 저항에서 옴의 법칙을 적용하면 다음과 같다.

$$i_R = \frac{v_R}{R} = \frac{V_{PS} - v_D}{R} = i_D \tag{8.5}$$

이 식은 부하인 저항의 식을 다이오드 변수인 v_D, i_D의 식으로 표현한 것으로 [그림 8-11(a)]의 $v_D - i_D$ 특성곡선 평면에 올릴 수 있다.

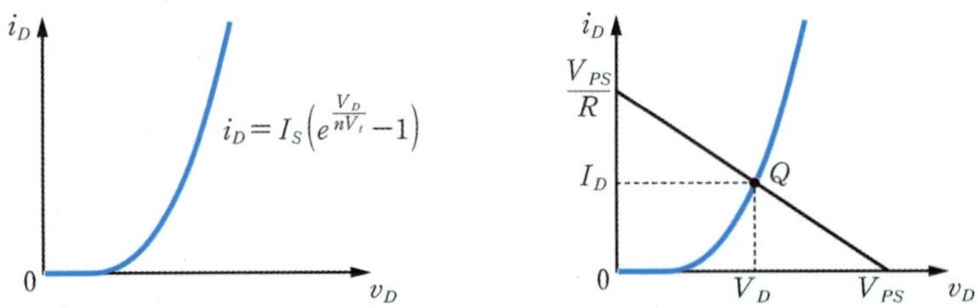

(a) 다이오드 특성곡선

(b) 다이오드 특성곡선과 부하선

그림 8-11 부하선 해석

축의 변수가 $(v_D,\ i_D)$이므로 식 (8.5)를 정리해보면, $i_D = -\dfrac{1}{R}v_D + \dfrac{V_{PS}}{R}$로 변환할 수 있다. 이 식은 기울기가 $-\dfrac{1}{R}$이고 y절편이 $\dfrac{V_{PS}}{R}$인 직선으로 부하선[loadline]이라고 한다. [그림 8-11(b)]와 같이 **다이오드의 특성곡선 평면에 부하선을 올렸을 때 그 교점을 동작점, 혹은 Q점이라고 한다.** 저항값 R이나 전원값 V_{PS} 등의 회로 소자 값을 변화시킬 때 동작점이 어떻게 바뀌는지를 그래프 상에서 쉽게 가늠할 수 있다. 이러한 그래픽 해석을 **부하선 해석**[loadline analysis]이라고 한다.

예제 8-3

[그림 8-10]과 같은 회로에서 저항이 $R=260[\Omega]$, 전원전압이 $V_{ps}=5.2[\text{V}]$이다. 이 회로의 동작점 Q에서 다이오드의 양단 전압은 520[mV]로 측정되었다. 다이오드가 다음의 전류-전압 관계식을 따른다고 할 때 다이오드의 역포화 전류 I_S를 구하라. 단, 열전압은 $V_t=26[\text{mV}]$이다.

$$i_D = I_S\left[\exp\left(\frac{v_D}{V_t}\right)-1\right]$$

풀이

다이오드에 흐르는 전류 I_D는 저항 R을 통해 공급된 전류와 같으므로 $I_D=\dfrac{5.2-0.52}{260}=18[\text{mA}]$이다. 다이오드 식에서 I_S를 계산하면 다음과 같다.

$$I_S=\frac{I_D}{\exp\left(\dfrac{V_D}{V_t}\right)-1}=\frac{18\times10^{-3}}{\exp\left(\dfrac{0.56}{0.026}\right)-1}\approx 3.71\times10^{-11}\,[\text{A}]$$

다이오드가 포함된 회로에서 동작점을 구한다는 것은, 다이오드의 비선형 전류-전압 특성 식과 회로의 직선 부하선 식을 연립하여 해를 구하는 것과 같다.

예제 8-4

[그림 8-10]의 회로에 [그림 8-9(b)]의 이상적인 다이오드 모델(도통 시 전압 강하 $V_{ON}=0.7[\text{V}]$)을 적용했다. 전원 전압이 $V_{PS}=5[\text{V}]$일 때, 부하선 해석을 통해 다이오드의 동작점 Q를 구하라.

풀이

[그림 8-10]의 회로에서 저항 양단에 옴의 법칙을 적용하면 $i_D=\dfrac{5-v_D}{R}=-\dfrac{1}{R}v_D+\dfrac{5}{R}$이므로 다이오드의 특성곡선 상에 부하선을 그리면 다음과 같다.

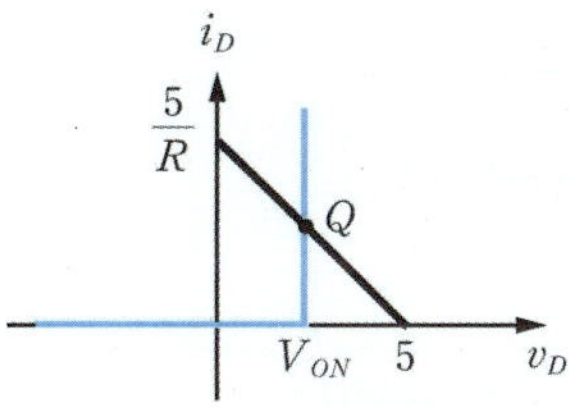

그림 8-12 기본 다이오드 회로의 부하선 해석

따라서 동작점에서의 다이오드 $V_{DQ} = V_{ON} = 0.7[\mathrm{V}]$이고, 이에 대응하는 전류 I_{DQ}는 부하선 식에 대입하여 구할 수 있다. 따라서 동작점은 $Q(V_{DQ}, I_{DQ}) = (V_{ON}, I_{DQ}) = (0.7[\mathrm{V}], \frac{4.3}{R}[\mathrm{A}])$이다.

제너 다이오드

제너Zener 다이오드는 [그림 8-13(b)]와 같이 역방향 전류가 흐를 때 일정한 항복전압 V_Z가 형성되는 점을 이용하는 특수 다이오드이다. [그림 8-13(a)]와 같이 회로 기호도 일반 다이오드와는 조금 다르다. $i_Z = -i_D$, $v_Z = -v_D$임을 염두에 두고 [그림 8-13(b)]의 전류-전압 특성곡선을 보면 **제너 항복전압 V_Z보다 더 큰 역방향 전압이 걸리면 어떤 크기의 전류가 흐르더라도 일정한 역방향 전압 V_Z를 나타낸다.**

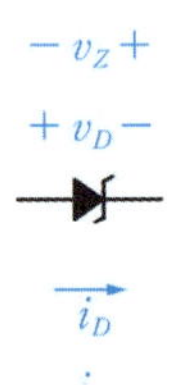

(a) 회로 기호

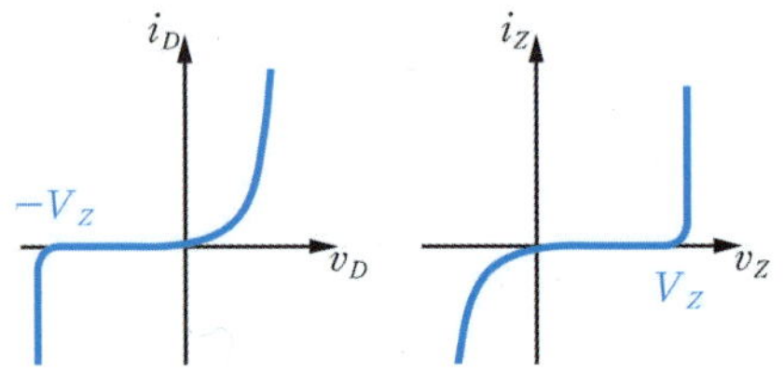

(b) 전류-전압 특성곡선

그림 8-13 제너 다이오드의 기호 및 특성

제너 다이오드는 [그림 8-14(a)]와 같이 매우 높은 농도로 도핑된 pn 접합으로, 공핍층 내의 높은 이온 농도 때문에 공핍층 폭이 매우 좁다. 역방향 전압을 키워나가면 p 영역의 전자에너지가 n 영역의 전자에너지보다 높아지고, [그림 8-14(b)]와 같이 p 영역의 원자가대가 n 영역의 전도대보다 더 높은 에너지를 갖게 되면 전자가 얇은 공핍층을 뚫고 n 영역으로 이동한다. 즉 전류가 n 영역에서 p 영역으로 역방향으로 흐른다. **이러한 전자의 관통 현상을 터널링**tunneling**이라 하고, 터널링 전류가 흐르는 것을 제너 항복현상**Zener breakdown**이라 한다.** p 영역과 n 영역의 도핑 농도를 조절하여 공핍층의 폭을 조절하면 이러한 제너 항복전압을 조절할 수 있다.[8]

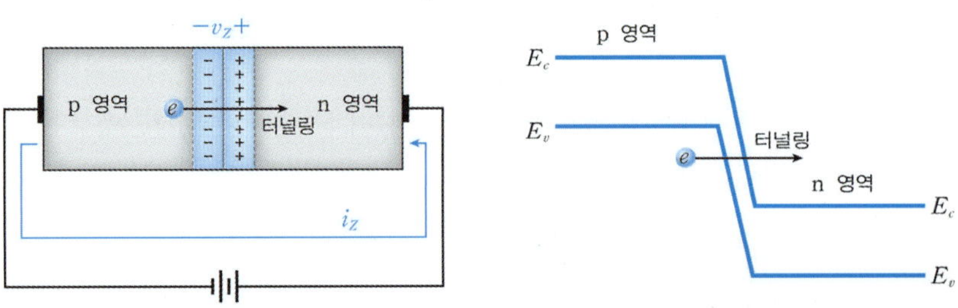

(a) 회로 모형

(b) 제너 항복의 에너지밴드 다이어그램

그림 8-14 제너 다이오드 모델

8 제너전압은 제품에 따라 3~12[V] 등으로 다양하게 선택할 수 있으며, 정전압 전압원에 사용된다.

한 예로, [그림 8-15]와 같은 자동차용 오디오 회로를 살펴보자. 이 회로에서 자동차 배터리 전원은 11~13.6[V]까지 변하고 부하로 연결한 라디오는 9[V]에서 동작하며 0(껐을 때)에서 100[mA](볼륨을 최대로 높일 때)까지 전류를 소모한다고 해보자. 전압원의 전압이 높고 일정하지 않으므로 바로 라디오와 연결하면 라디오 속의 반도체에 좋지 않은 영향을 미친다.

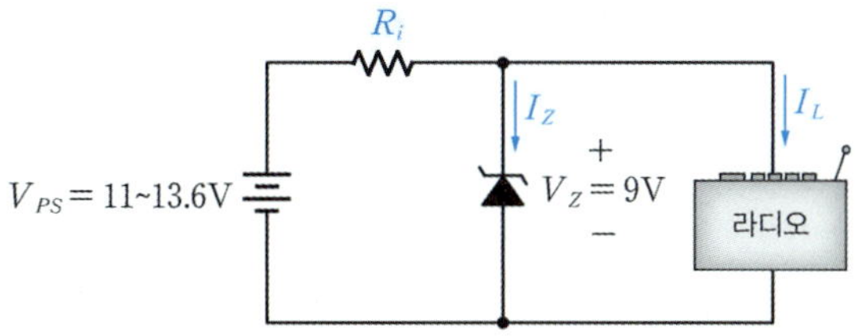

그림 8-15 정전압을 제공하는 제너 다이오드 회로의 예

부하에 흐르는 전류 I_L이 변함에 따라 I_Z가 변하지만 역방향으로 병렬연결되어 있는 제너전압 9[V]는 그대로 유지되어 라디오를 보호한다. **이 시스템에서 제너 다이오드는 역방향으로 동작하며 정전압을 제공하는 회로 소자의 역할을 수행한다.**

예제 8-5

[그림 8-16]은 제너 다이오드를 이용하여 정전압을 제공하는 카 오디오 회로이다. 이 회로에서 전원 전압은 $V_{PS}=11$[V]이고, 전원 저항은 $R_i=10$[Ω]이다. 부하인 라디오가 I_L의 전류를 소비하고 있을 때, 제너 다이오드에 흐르는 전류 I_Z를 구하라. 단, 제너 전압 $V_Z=9$[V]이다.

풀이

하위 노드를 0[V]로 설정하고 각 노드의 전압을 표시하면 다음과 같다.

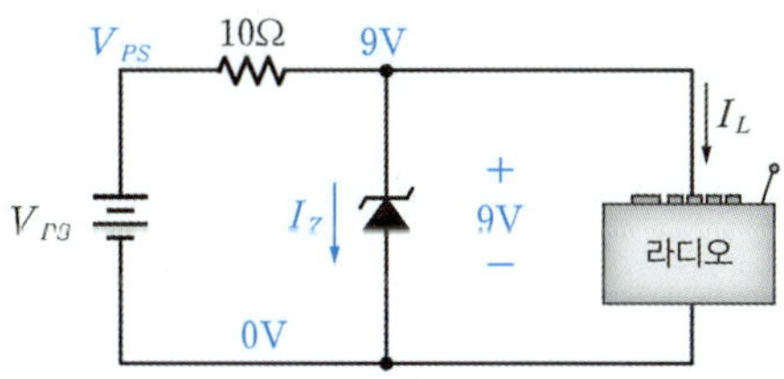

그림 8-16 정전압을 제공하는 제너 다이오드 회로의 예

상위 노드에 키르히호프의 전류법칙(KCL)을 적용하여 저항에 흐르는 전류와 제너 전류 및 부하전류의 관계를 구하면 $I_Z=\dfrac{V_{ps}-9}{10}-I_L=0.1\,V_{ps}-(I_L+0.9)$ [A]이다. R_i 양단의 전압은 $11-9=2$[V]이므로 옴의 법칙에 의해 전원에서 공급하는 전류는 2[V]/10[Ω] = 200[mA]이다. 라디오에서 $I_L=100$[mA]를 소모하는 경우 키르히호프의 전류법칙(KCL)에 의해 $I_Z=100$[mA]이다. 라디오가 꺼져 있을 때($I_L=0$) 전류는 $I_Z=200$[mA]이다.

쇼키 다이오드

순방향 바이어스가 인가되어 전류가 흐르고 있는 pn 접합 다이오드에 역방향 바이어스를 인가하여 전류의 흐름을 살펴보자. 순방향 전류는 역방향 바이어스를 인가하는 즉시 흐름이 멈추는 것이 아니다. [그림 8-5(b)]와 같이 정상 상태에 쌓여 있는 과도 캐리어가 역방향으로 움직이며 모두 사라져야만 비로소 순방향 전류의 흐름이 완전히 멈추고, 그 이후에야 다시 다이오드를 켤 수 있다. 이렇게 인가하는 전압을 바꾸었을 때 전류가 바뀌는 데까지 걸리는 시간을 소수캐리어 저장시간storage time[9]이라고 하며 이로 인해 다이오드의 스위칭 속도에 제한이 걸린다.

쇼키 다이오드Schottky diode는 금속과 반도체가 접촉할 때 그 접촉부의 전위장벽을 이용해서 침투성을 지니게 한 것이다. [그림 8-17(a)]와 같이 pn 접합이 아닌 금속과 n형 반도체로 형성된 접합형 다이오드로 pn 접합 다이오드와는 구별하여 회로 기호를 그린다.

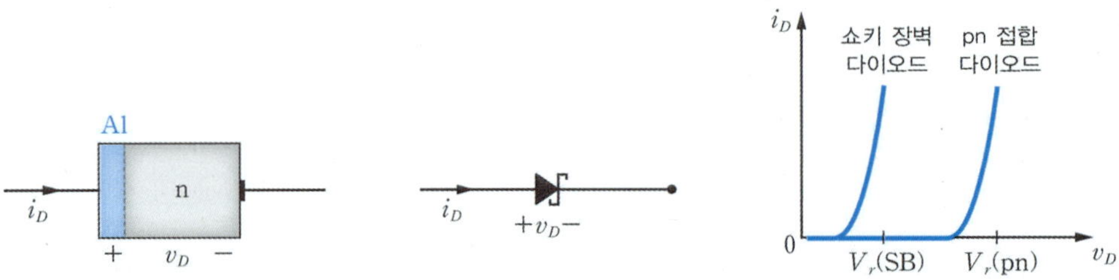

(a) 반도체 모형 (b) 회로 기호 (c) 순방향 특성곡선

그림 8-17 쇼키 다이오드 모델

[그림 8-17(a)]와 같이 **알루미늄이 p형 반도체를 대체하면 pn 접합 다이오드의 소수캐리어 저장 문제가 없기 때문에 훨씬 더 빠른 속도[10]로 스위칭할 수 있다.** 또한 [그림 8-17(c)]와 같이 순방향 바이어스가 인가될 때에는 턴 온 전압이 0.3~0.5[V] 정도로 낮아 전력 사용 측면에서 더 효율적인 반면에, 역방향 바이어스가 인가될 때에는 역방향 누설전류가 커서 다이오드가 잘 꺼지지 않는다는 단점이 있다.

광전자 다이오드

데이터를 멀리 전송할 때 구리 전선보다는 빛을 이용하는 것이 더 빠르다. 현재 사용되고 있는 고속 인터넷은 [그림 8-18]과 같은 광전송 시스템optical transmission system을 이용한다. **데이터의 발신부에서는 전기적인 신호를 구동회로를 거쳐 발광 다이오드(LED)Light Emitting Diode에서 광신호로 변환한다. 변환된 광신호는 광섬유optical fiber를 통해 전송되고, 수신부에서는 광 다이오드photo diode를 통해 다시 전기적 신호로 변환하여 증폭한다.**

---

9 소수캐리어 저장시간은 일반적으로 수 나노초[ns]에 이른다.
10 스위칭 속도는 일반적으로 수백 피코초[ps]에 이른다.

그림 8-18 광전송 시스템의 블록도

발광 다이오드(LED)

발광 다이오드(LED)는 갈륨비소(GaAs) 등의 화합물에 전류를 흘려 빛을 발산하는 반도체 소자로, pn 접합 구조에 순방향 바이어스를 가하여 전류를 흘리면 고유한 색의 빛을 발생시키는 다이오드이다. LED의 회로 기호는 [그림 8–19(a)]와 같이 빛이 나가는 방향으로 그린다.

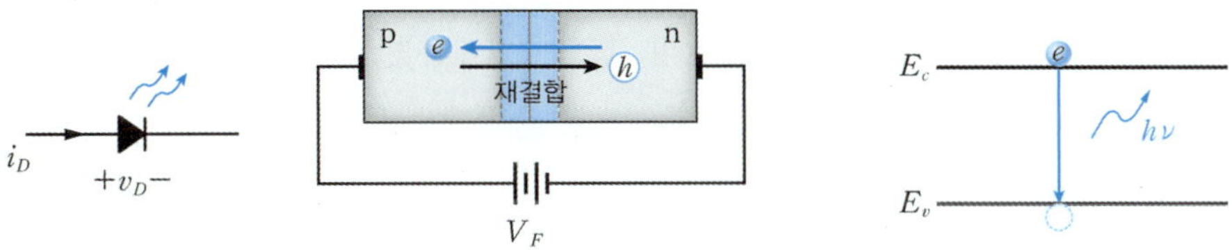

(a) 회로 기호 (b) 반도체 모형 (c) 재결합 모델의 에너지밴드 다이어그램

그림 8-19 발광 다이오드 모델

[그림 8–19(b)]와 같이 순방향 바이어스를 가하면 접합 부근에서 상대방 영역으로 확산되는 캐리어들의 재결합에 의해 발광시킨다. 재결합 시 [그림 8–19(c)]와 같이 에너지 밴드갭에 해당하는 에너지를 방출하며 $E = h\nu$(E : 에너지, h : 플랑크 상수, ν : 진동수)에 해당하는 파장의 빛을 발생시킨다. 따라서 화합물의 종류를 바꾸어 밴드갭을 조절하면 ν가 바뀌므로 다른 색깔의 발광 다이오드를 만들 수 있다.

LED는 전기에너지를 빛에너지로 전환하는 효율이 높기 때문에 최고 에너지를 90%까지 절감할 수 있어, 에너지 효율이 5% 정도밖에 되지 않는 백열등, 형광등을 대체하고 있다. 1968년에 미국에서 적색 LED가 개발된 이후 황색, 녹색, 청색, 백색 LED가 차례로 개발되면서 LED는 컴퓨터 본체에서 하드디스크가 돌아갈 때 깜빡이는 작은 불빛, 도심의 빌딩 위에 설치된 대형 전광판, TV 리모컨 버튼을 누를 때 TV 본체에 신호를 보내는 적외선, LED 디스플레이 등 우리 생활 곳곳에서 쓰이고 있다.

광 다이오드

광 다이오드는 발광 다이오드(LED)와는 반대로 빛에너지를 전기에너지로 변환하는 광센서의 한 종류로, LED와 유사하게 생겼으나 기능은 반대이다. 회로 기호도 LED와 유사한 모양이지만, 광 다이오드는 [그림 8–20(a)]와 같이 화살표가 안쪽을 향하는 모양이다. 광 다이오드를 동작시키려면 [그림 8–20(b)]와 같이 역방향 바이어스 회로를 구성한다. 빛에너지가 다이오드의 공핍층에 닿으면 반대로 전자–홀 쌍이 생성되어 내부 전기장에 의해 끌려간다.

이 전류는 다이오드 입장에서는 역방향 전류 I_{ph}가 되며 빛의 강도에 거의 비례하므로 빛의 세기를 정확하게 측정하기 위해 활용되기도 한다.

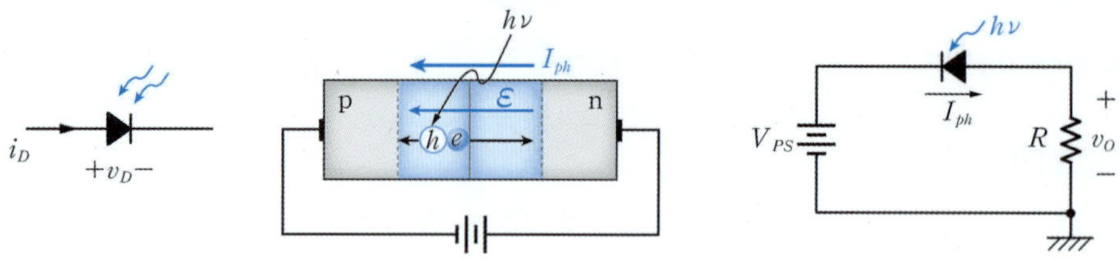

(a) 회로 기호 (b) 반도체 모형 (c) 빛의 세기를 감지하는 기본 회로

그림 8-20 광 다이오드 모델

[그림 8-20(c)]와 같은 역방향 회로를 구성하면 빛의 세기에 비례하는 전류 I_{ph}를 얻고 저항을 통해 I_{ph}에 비례하는 전압 V_O를 얻는다. 따라서 최종적으로 출력전압 V_O는 입력되는 빛의 세기에 비례한다. 빛의 감도를 높이기 위해 비례상수를 키우려면 공핍층을 넓게 만들면 된다. 이러한 광전 효과의 결과로, 반도체의 접합부에 전압이 나타나는 현상을 광기전력 효과라고 한다. 광 다이오드는 응답 속도가 빠르고 감도 파장이 넓으며 광전류의 직진성이 양호하다는 특징이 있어 CD 플레이어, 화재경보기, 텔레비전의 리모컨 수신부와 같은 전자 제품 소자에 사용된다.

태양전지

태양전지(솔라 셀)solar cell는 공핍층 영역에 빛을 받아 전자–홀 쌍이 생성되고 태양에너지를 전기에너지로 변환하는 소자이다. 빛에너지로 전기에너지를 생성하는 것은 광 다이오드와 유사하나, 태양전지는 전원으로 사용되므로 [그림 8-21(a)]와 같이 회로를 구성할 때 접합 양단에는 역방향 전압을 가하지 않고 부하를 바로 연결한다.

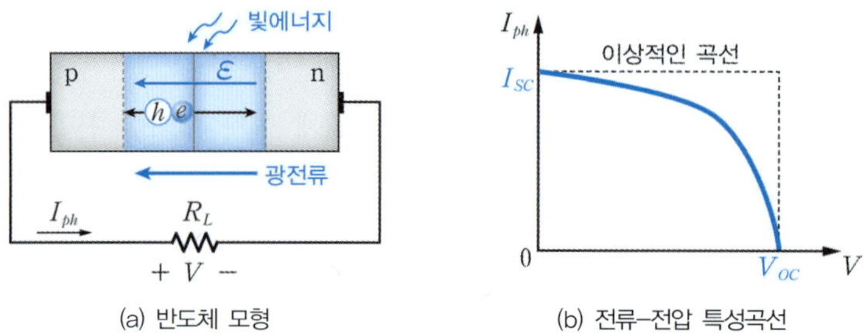

(a) 반도체 모형 (b) 전류–전압 특성곡선

그림 8-21 태양전지 모델

[그림 8-21(a)]의 회로에서 태양전지가 발생하는 전압 V와 흐르는 전류 I_{ph} 사이에는 [그림 8-21(b)]와 같은 특성곡선이 그려진다. **최대의 전류를 끌어내는 조건은 회로를 단락했을 때($R=0$)이며, 이때의 전류를 단락전류**short circuit **I_{SC}라고 한다. 반면에 최대의 전압을 끌어내는 조건은 회로를 개방했을 때($R=\infty$)이며, 이때의 전압을 개방전압**open circuit **V_{OC}라고 한다.**

이 2가지의 극단적인 경우, 최대 전류일 때의 전압은 $V=0$, 최대 전압일 때의 전류는 $I_{ph}=0$이므로 부하에 전력이 전달되지 않는다. 부하에 최대 전력이 공급되려면 최대 전압 V와 최대 전류 I_{ph}가 동시에 공급되어야 하는데, 이는 [그림 8-21(b)]의 이상적인 곡선에서 우측 상단에 있는 꼭짓점으로 실제로는 존재하지 않는 점이다. 따라서 전력의 관점에서 **태양전지를 효율적으로 사용하기 위한 최대 전력 동작점**maximum power point**을 잘 찾아야 한다.**

Quick Review

- pn 접합 다이오드의 p 단자를 ( ), n 단자를 ( )라 한다.
- 다이오드의 전류-전압 특성곡선은 ( ) 영역, ( ) 영역, ( ) 영역으로 구분된다.
- 다이오드를 포함하는 회로에서 ( )은 연립방정식 해석과 부하선 그래프 해석으로 구할 수 있다.
- 제너 다이오드는 제너 항복현상을 이용하며 역방향 전류가 흐를 때 일정한 ( )이 형성된다.

ANS 애노드/캐소드, 순방향/역방향/항복, 동작점, 항복전압

8.3 다이오드 응용 회로

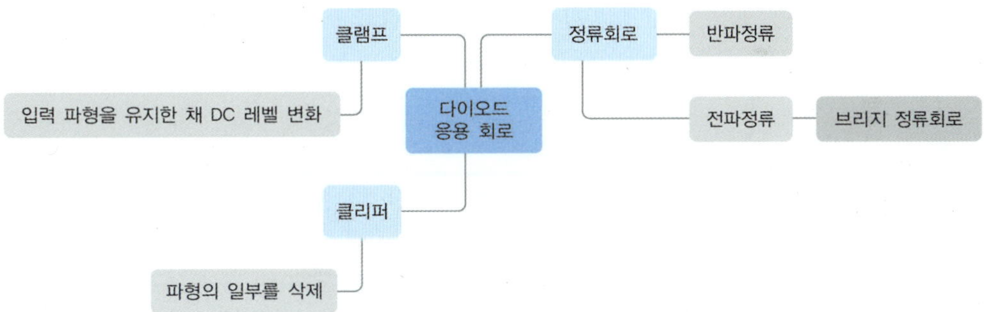

정류회로

우리가 사용하는 많은 전자 제품들은 반도체 칩으로 구성되어 있고 반도체는 비교적 낮은 DC 전압에서 동작한다. 예를 들어 스마트폰 충전기의 경우 가정에 들어오는 220[V]의 AC 정현파를 DC 5[V]로 변환하는 정류기가 필요하다.

반파정류

[그림 8-22(a)]와 같이 이상적인 다이오드를 사용한 회로에 AC 정현파 v_S를 가할 때의 출력전압 v_O을 따라가보자.

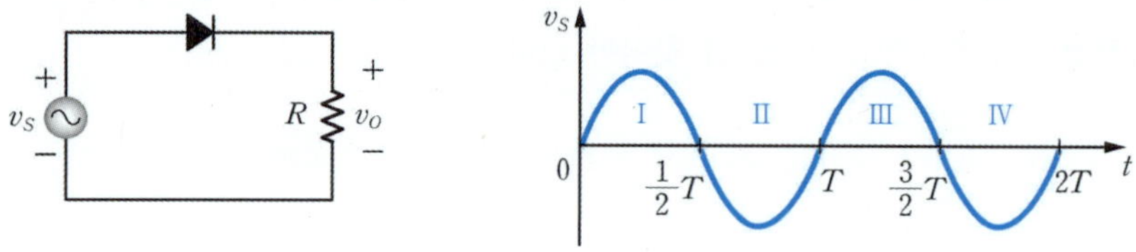

(a) 회로도 (b) 입력 정현파 신호의 파형

그림 8-22 반파정류 회로

❶ $v_S > 0$인 Ⅰ, Ⅲ 구간에서는 순방향이므로 다이오드가 온되어 단락회로로 대체된다. 그러므로 $v_O = v_S$가 된다.

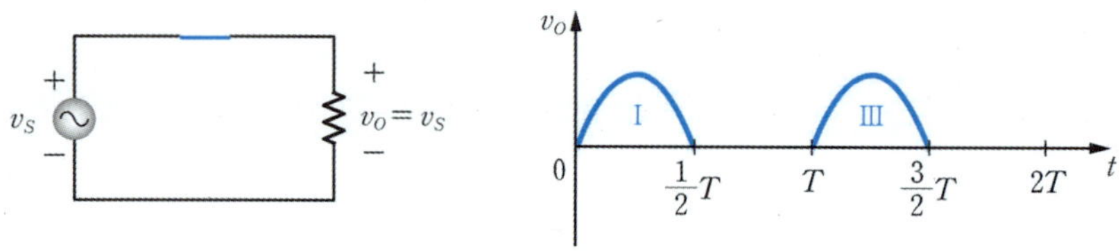

(a) 다이오드 턴 온 회로 모델 (b) 출력신호의 파형

그림 8-23 다이오드 턴 온 구간

❷ $v_S < 0$인 Ⅱ, Ⅳ 구간에서는 역방향이므로 다이오드가 오프되어 개방회로가 된다. 저항에 전류가 흐르지 않으면 옴의 법칙에 의한 전압 강하는 없고 $v_O = 0$이 된다.

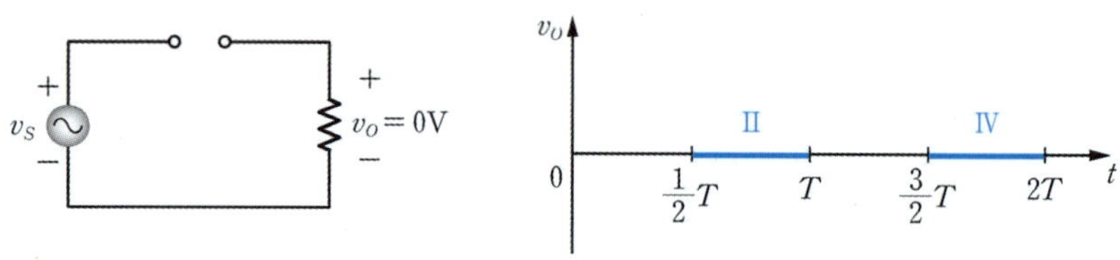

(a) 다이오드 턴 오프 회로 모델 (b) 출력신호의 파형

그림 8-24 다이오드 턴 오프 구간

❸ 두 영역을 합하면 다음과 같다.

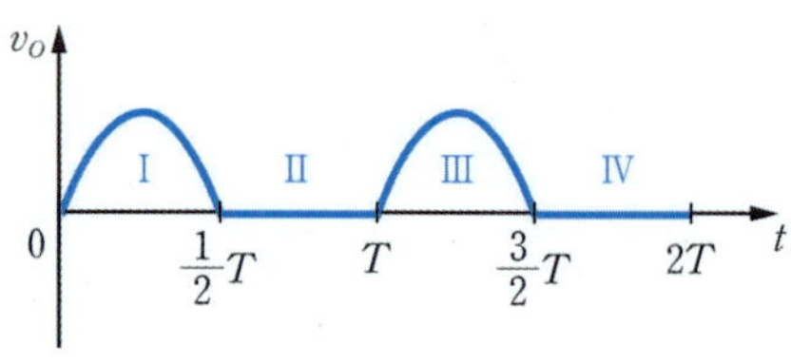

그림 8-25 반파정류된 출력신호의 파형

정현파의 한쪽 영역(이 경우는 (+) 영역)의 파형만 남겨놓는 것을 정류rectification 동작이라고 하는데, 이 경우는 결국 반쪽 파형만 정류하므로 반파정류half-wave rectification라고 한다.

전파정류

[그림 8-26]과 같이 다이오드 4개로 구성된 회로를 살펴보자. 입력신호는 v_S와 같은 정현파를 가한다.

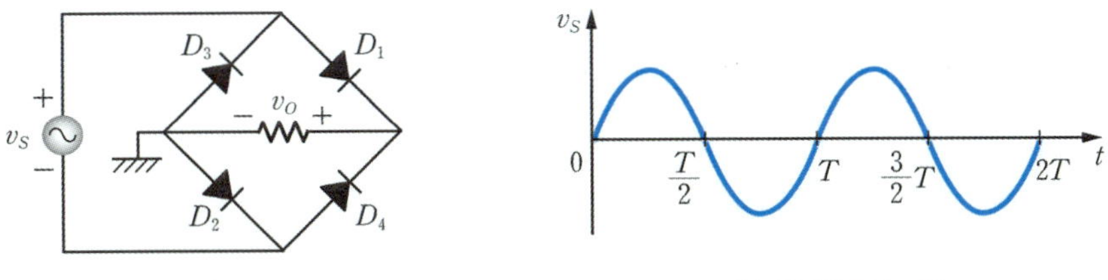

(a) 회로도 (b) 입력신호의 파형

그림 8-26 브리지 회로

전압원 v_S가 (+)와 (−)를 움직이므로 다이오드 스위치가 있는 회로를 해석할 때는 (+)일 때와 (−)일 때를 구분해서 해석한다. 다이오드는 애노드에서 캐소드로 전류가 흐르므로 전류가 흐르는 길은 D_1 → 저항 → D_2로 연결되는 경로와 D_4 → 저항 → D_3로 연결되는 2가지 경로가 있다. 전원 v_S의 극성에 따라 다이오드 스위치들이 연결고리와 같은 다리 역할을 하므로 브리지bridge 회로라고 한다.

❶ $v_S > 0$인 구간에서는 노드전압 ①이 노드전압 ②보다 높다([그림 8-27(a)] 참고). 따라서 [그림 8-27(a)]와 같이 D_1 → 저항 → D_2로 연결되는 경로가 열린다. 이제 기준전압이 되는 접지(0[V])부터 시작하여 점선 방향으로 전압 여행을 하면서 각 노드의 전압을 체크해보자. 접지에서 D_2를 지나면 D_2의 전압 강하는 없으므로 노드전압 ②는 0[V]이다. 노드 ①로 올라가면 노드 ①과 노드 ②의 전압차가 v_S이므로 노드 ①은 v_S가 된다. D_1을 거치면서(전압 강하가 없으므로) 출력노드전압은 v_S가 된다. 따라서 $v_O = v_S$이다. [그림 8-27(b)]의 타이밍도에서 $\left(0 \sim \frac{T}{2}\right)$ 구간의 출력 v_O는 입력 v_S와 같은 파형을 보인다.

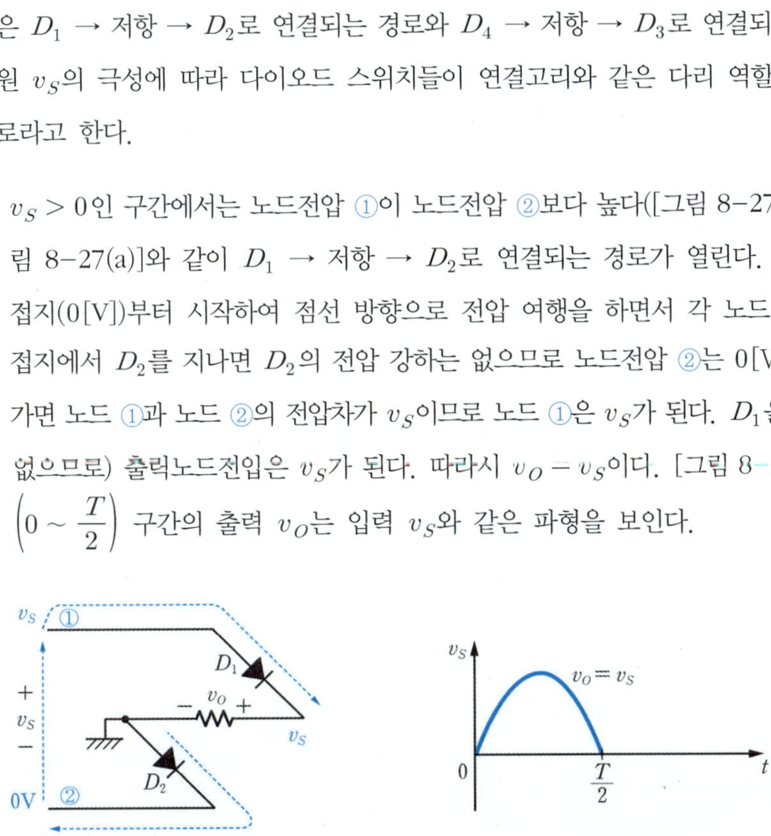

(a) 회로 경로 모델 (b) 출력신호의 파형

그림 8-27 $v_S > 0$ 구간

❷ $v_S < 0$인 구간에서는 노드전압 ②가 노드전압 ①보다 높다([그림 8-28(a)] 참고). 따라서 [그림 8-28(a)]와 같이 D_4 → 저항 → D_3로 연결되는 경로가 열린다. 이제 기준전압이 되는 접지(0[V])부터 시작하여 점선 방향으로 전압 여행을 하면서 각 노드의 전압을 체크해보자. D_3를 지나면(전압 강하가 없으므로) 노드전압 ①은 0[V]이다. 노드 ②로 내려가면 노드 ①과 노드 ②의 전압차가 v_S이므로 노드 ②는 $-v_S$가 된다.[11] D_4를 거치면서(전압 강하가 없으므로) 출력노드는 $-v_S$가 된다. 따라서 $v_O = -v_S$이다. [그림 8-28(b)]의 타이밍도에서 $\left(\frac{T}{2} \sim T\right)$ 구간의 출력 v_O는 입력 v_S을 t축을 기준으로 대칭 이동한 파형을 보인다.

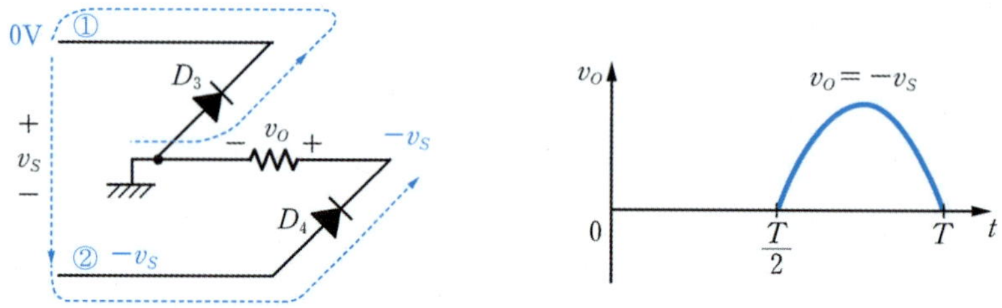

(a) 회로 경로 모델

(b) 출력신호의 파형

그림 8-28 $v_S < 0$ **구간**

❸ 위의 2가지 경우를 합하면 다음과 같다.

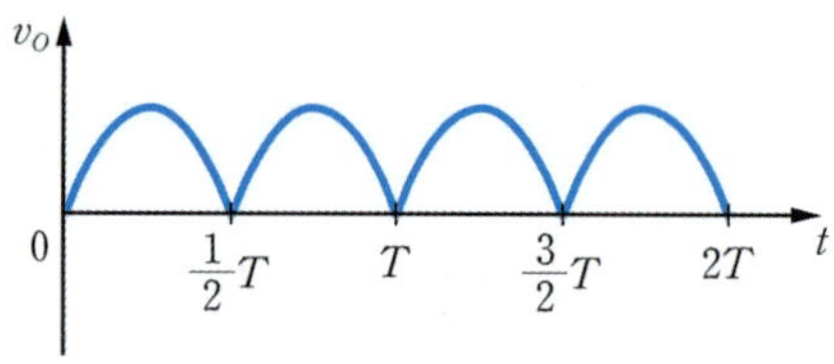

그림 8-29 **전파정류된 출력신호의 파형**

[그림 8-29]는 **반파정류 파형에 비해 더 빼곡한 형태의 파형이 되는데, 이를 전파정류**full-wave rectification**라고 한다.** 반파정류에 비해 3개 더 많은 다이오드를 사용했지만 빠지는 곳 없이 파형이 빽빽이 들어차 있으므로 추가 회로가 연결되어 직류로 변환될 경우 변환 효율이 더 높다.

전파정류회로인 브리지 회로는 AC 정현파를 직류로 변환하는 데 사용한다. [그림 8-30]은 이러한 AC-DC 변환기[12]의 블록도를 보여준다. 이 변환기는 크게 4개의 블록으로 구성된다. 먼저, 전력 변압기power transformer는 실효전압 220[V]의 가정용 AC 정현파를 낮은 전압의 AC 정현파로 바꿔 준다. 그 다음 단인 다이오드 정류기는 앞에서 학습한 브리지 정류회로로 전파정류를 수행한다.

11 $-v_S$의 부호(−)는 정현파의 위상을 나타내는 것이지 크기를 나타내는 것은 아니다. 정현파 입력 v_S에 대해 출력신호의 위상이 반대이므로 $-v_S$이다.

12 흔히 어댑터(adapter)라고 부른다.

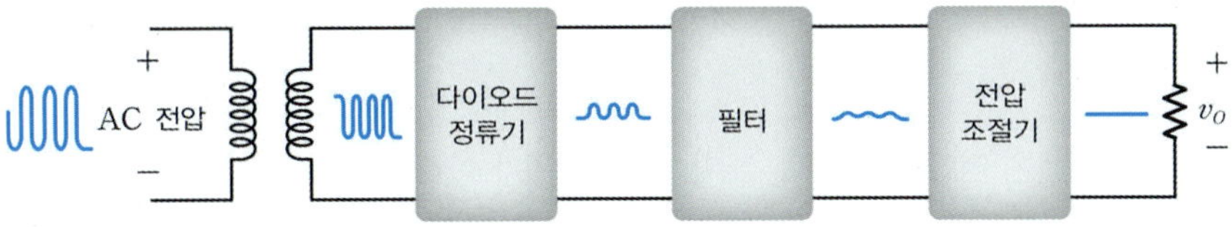

그림 8-30 AC-DC 변환기의 블록도

다음에 연결되어 있는 필터는 간단한 RC 지연회로로서 전파정류된 파형을 리플[ripple]이 있는 직류 형태의 파형으로 변환한다. [그림 8-31]의 필터 출력 파형을 보면, 정류파의 최고점에서 T'의 시간까지는 느리게 방전되고 T'에서 다시 정류파의 최고점까지는 전파정류 파형을 따라 빨리 충전되어, 마치 물결 모양의 리플 파형을 보인다. 여기서 V_r은 리플의 크기를 나타낸다.

[그림 8-31]은 리플 전압을 보이는 개략적인 DC 파형을 나타낸 것이다.

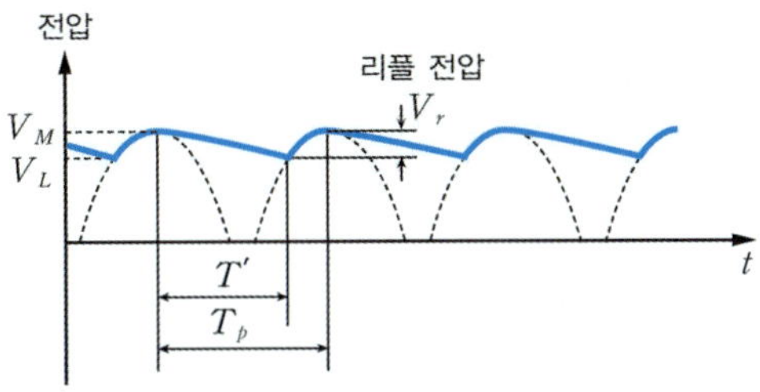

그림 8-31 전파정류된 신호의 필터 출력 파형

마지막 단인 전압조절기[voltage regulator 13]는 매우 정교한 아날로그 회로로 리플을 줄이고 거의 완전한 DC 전압을 만들어낸다. 맨 마지막의 부하저항은 변환된 DC 전압을 끌어다 쓰는 반도체 칩 등의 부하를 모델링한 것이다.

예제 8-6

[그림 8-32]의 브리지 회로의 입력 정현파 v_S를 인가할 때 출력전압 v_O을 구하라. 단, 다이오드의 턴 온 전압은 $V_{ON} = 0.7[\text{V}]$이다.

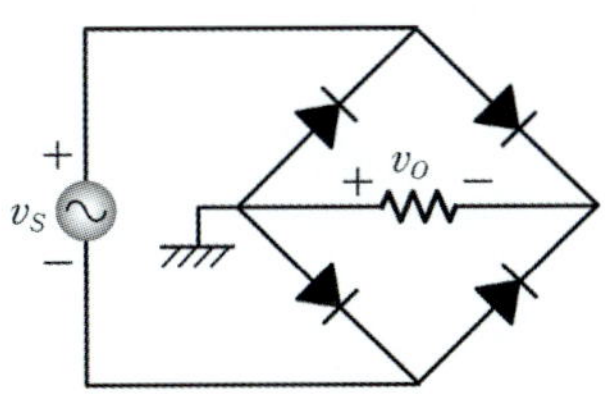

그림 8-32 정류 동작을 위한 브리지 회로

13 일반적으로 반도체 칩으로 구성되어 있다. 이 책의 범위를 벗어나므로 설명을 생략한다.

풀이

■ **$v_S > 2V_{ON}$인 경우**

입력전압이 2개의 다이오드 턴 온 전압의 합보다 클 때, 위쪽 전위가 아래쪽 전위보다 높으므로 [그림 8-33]과 같은 전류 경로가 형성된다. 접지에서 화살표 방향으로 전압 경로를 따라가면, 첫 번째 다이오드를 통과하면서 V_{ON}의 전압 상승을 겪는다. 이후 v_S를 거치면서 아래 노드는 $V_{ON}-v_S$이다. 다른 다이오드를 통과하면서 다시 V_{ON}의 전압 상승을 겪고 출력전압 v_O가 된다. 따라서 부하에 인가되는 출력전압은 $v_O=-v_S+2V_{ON}=-v_S+1.4[\text{V}]$가 된다.

■ **$v_S < 2V_{ON}$인 경우**

입력전압이 2개의 다이오드 턴 온 전압의 합보다 클 때, 위쪽 전위가 아래쪽 전위보다 높으므로 [그림 8-34]와 같은 전류 경로가 형성된다. 접지에서 화살표 방향으로 전압 경로를 따라가면, 첫 번째 다이오드를 통과하면서 V_{ON}의 전압 상승을 겪는다. 이후 v_S를 거치면서 아래 노드는 $V_{ON}-v_S$이다. 다른 다이오드를 통과하면서 다시 V_{ON}의 전압 상승을 겪고 출력전압 v_O가 된다. 따라서 부하에 인가되는 출력전압은 $v_O= -v_S+2V_{ON}= -v_S+1.4[\text{V}]$가 된다.

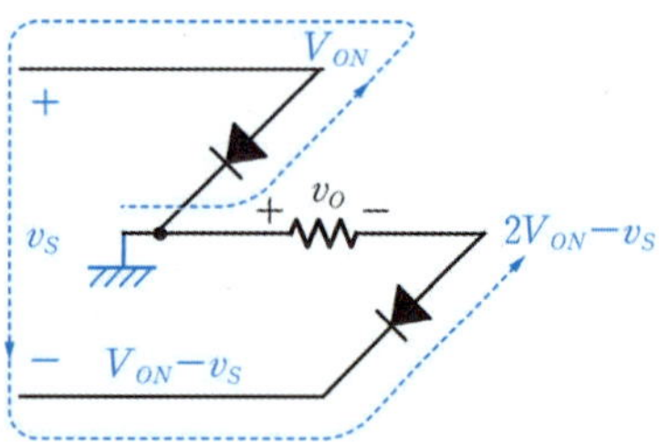

그림 8-33

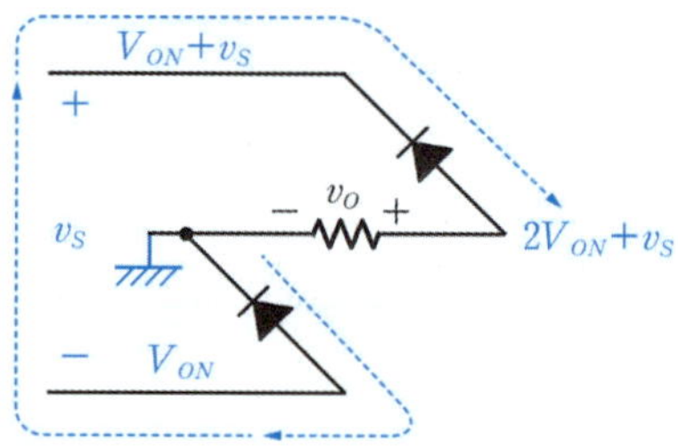

그림 8-34

■ **$-2V_{ON} < v_S < 2V_{ON}$인 경우**

전류 경로는 차단되고 부하 저항에 전류가 흐르지 않는다. 그러므로 $v_O=0[\text{V}]$이다.

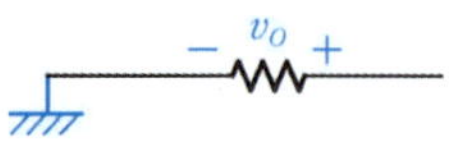

그림 8-35

정현파 v_S에 대해 v_O의 개형을 그리면 다음과 같다.

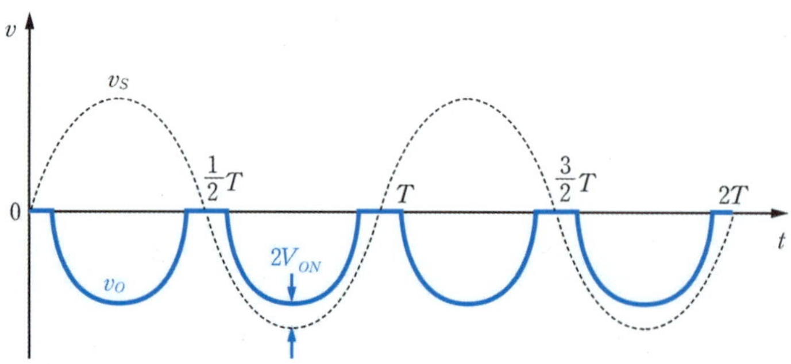

그림 8-36

클리퍼

클리퍼[clipper]는 [그림 8-37(a)]와 같이 입력 파형의 일부분을 잘라내는 클리핑(잘림)[clipping] 동작을 수행하는 회로이다. 이러한 클리퍼는 [그림 8-37(b)]와 같이 다이오드, DC 전원, 저항으로 구성된다. 초기 상태에서 저항에 전류가 흐르지 않음을 가정하면 저항에서 전압 강하가 없으므로 [그림 8-37(c)]와 같이 노드 전압이 형성된다. 즉 다이오드의 애노드에는 v_I가 걸리고, 캐소드에는 V_B가 걸린다.

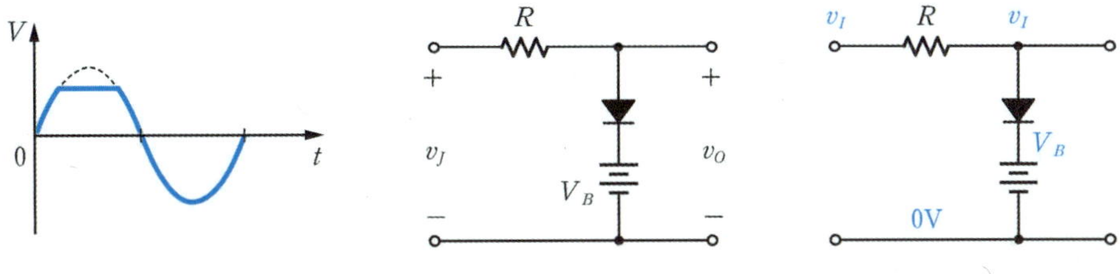

(a) 출력신호의 파형 (b) 회로도 (c) 초기 상태의 노드전압

그림 8-37 클리퍼 회로와 파형

❶ $v_I > V_B$일 때, 다이오드[14]는 순방향이므로 [그림 8-38(a)]와 같이 턴 온되고 출력전압 $v_O = V_B$이다. 입력이 정현파일 때 $t_1 < t < t_2$ 구간에서 출력은 V_B로 클리핑(잘림)된다.

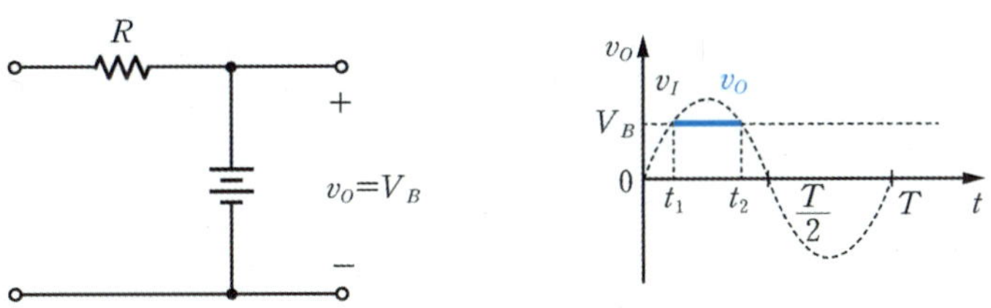

(a) 회로 모델 (b) 출력 파형

그림 8-38 $v_I > V_B$ 구간

❷ $v_I < V_B$일 때, 다이오드는 역방향이므로 [그림 8-39(a)]와 같이 턴 오프되고, 전류가 흐르지 않으므로 저항에 전압 강하가 없다. 따라서 출력전압은 $v_O = V_I$이다. 그러므로 입력이 정현파일 때 $0 < t < t_1$, $t_2 < t < T$ 구간에서 출력은 입력전압을 그대로 따라간다.

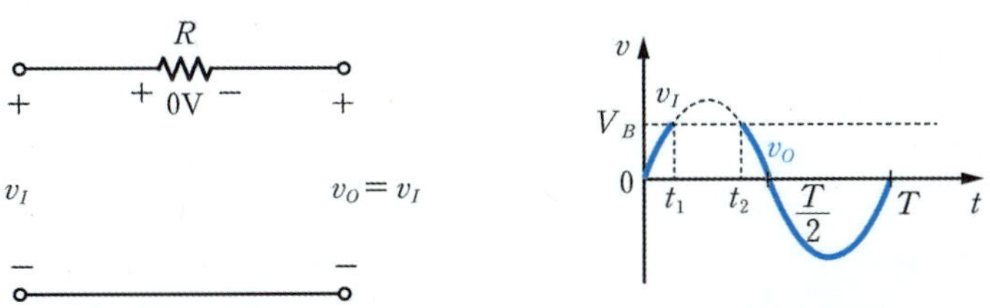

(a) 회로 모델 (b) 출력 파형

그림 8-39 $v_I < V_B$ 구간

---

14 여기서는 이상적인 다이오드라 가정한다($V_{ON} = 0$).

❸ ❶~❷ 구간을 합하면 [그림 8-40(a)]의 파형을 구할 수 있다. 이러한 클리핑 동작을 시간 축상의 파형이 아닌 [그림 8-40(b)]와 같은 입력전압-출력전압의 DC 특성도로 표현할 수 있다.

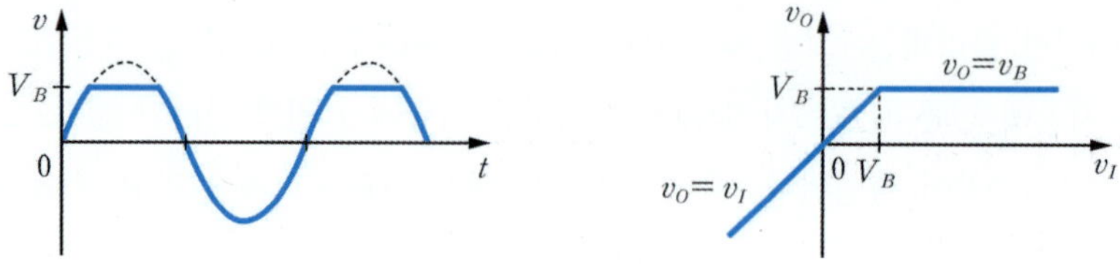

(a) 출력 파형 (b) 전압전달 특성(VTC)

그림 8-40 전체 구간 특성

예제 8-7

[그림 8-41]과 같은 클리퍼 회로에 입력 정현파 $v_I=3\sin(2\pi t)$[V]를 인가할 때, 출력전압 v_O의 파형을 그려라. 단, 다이오드는 이상적이라고 가정한다.

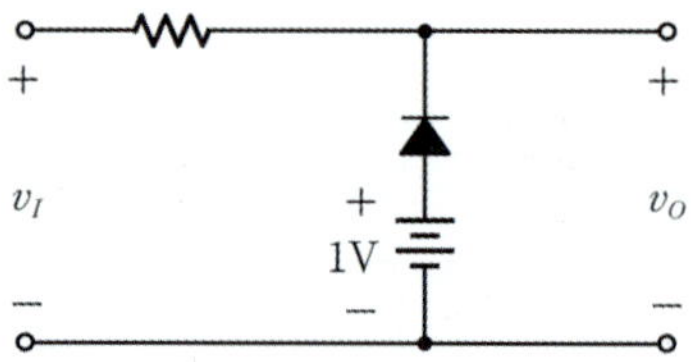

그림 8-41 클리퍼 회로의 예

풀이

클리퍼 회로의 대기 상태를 구한다.

❶ 1[V] < vI < 3[V]일 때 다이오드는 오프되며 저항에 전류가 흐르지 않아 전압 강하가 없으므로 $v_O=vI$이다.

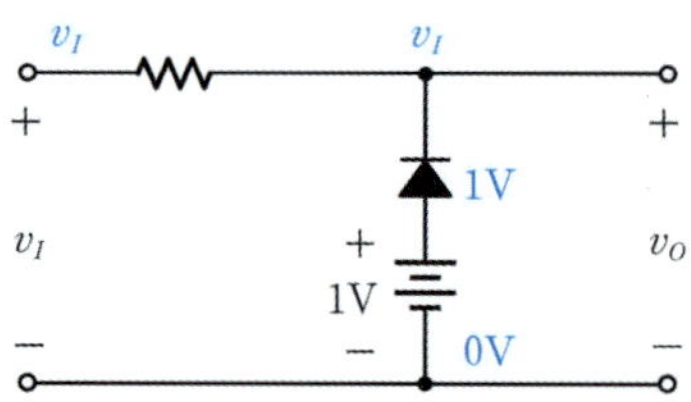

그림 8-42

❷ −3[V] < vI < 1[V]일 때 다이오드는 온되며 $v_O=1$[V]이다.

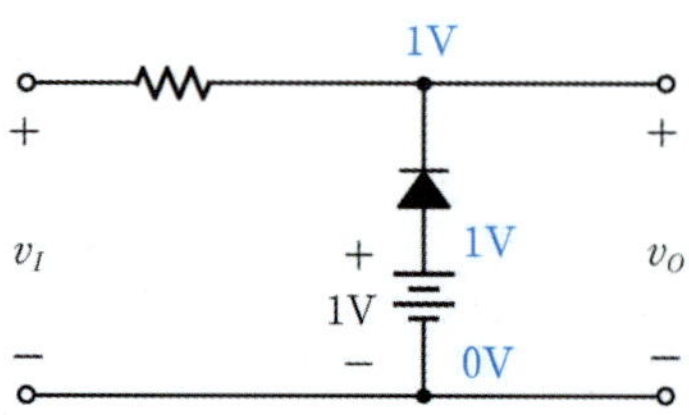

그림 8-43

입력신호의 진폭은 3[V], 주파수는 1[Hz]이므로 주기는 1[sec]이다. 시간축에서 입력 $vI(t)$와 출력 $vO(t)$의 파형을 그리면 [그림 8-44]와 같다. 입력 파형은 ±3[V]의 정현파이며, 출력 파형은 회로(클리퍼)의 동작에 따라 입력의 일부가 절단clipping되어 나타난다.

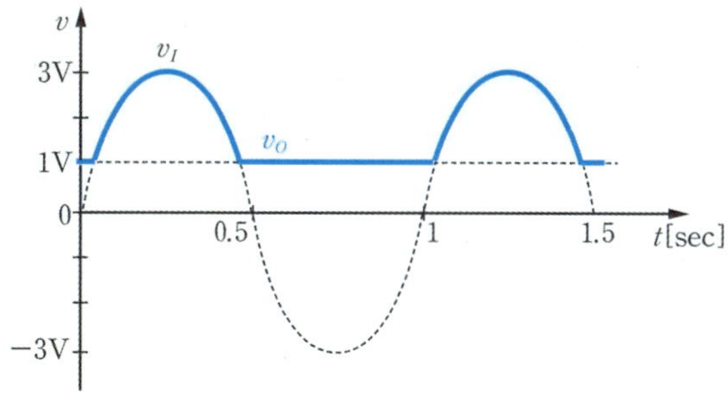

그림 8-44

클램프

클램핑clamping은 [그림 8-45]와 같이 입력 파형의 모양을 유지한 채 DC 레벨을 높이거나 낮추는 동작이며, 이를 수행하는 회로를 클램퍼clamper라고 한다.

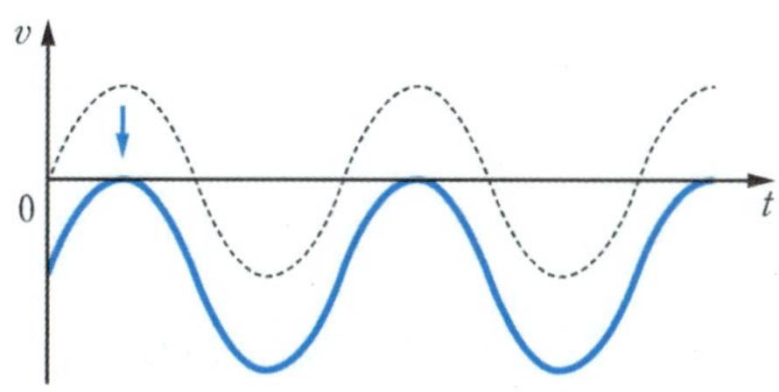

그림 8-45 일반적인 클램핑 동작 파형

클램퍼는 신호의 DC 레벨을 변환하기 위한 DC 전원 역할을 수행하는 커패시터를 사용한다. 커패시터는 충전되면 전하가 보존되는 한 전압원의 역할을 수행할 수 있다. 커패시터가 초기 방전되어 있는 [그림 8-46(a)]의 회로도 동작을 살펴보자.

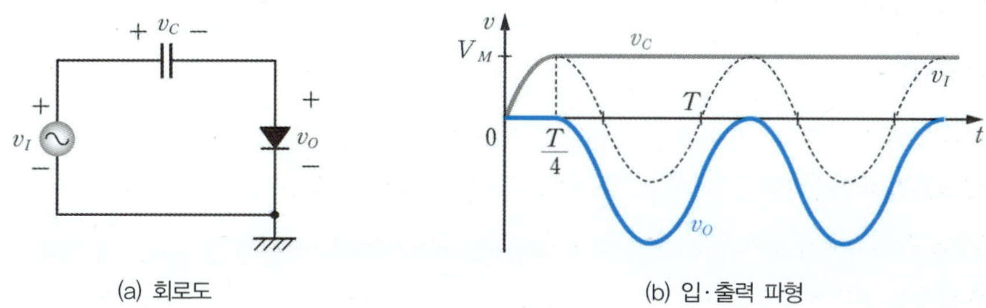

그림 8-46 기본적인 클램퍼

$0 \sim \frac{T}{4}$ 구간

입력전압 v_I가 (+)로 조금 올라가면 커패시터 양단의 전압은 급격하게 변할 수 없으므로 커패시터 오른쪽 평판의 전압 v_O가 따라 올라가면서 다이오드가 턴 온된다. [그림 8-47(a)]와 같은 충전 회로를 구성하여 전류가 흐르면서 커패시터는 계속 충전되어 [그림 8-47(b)]처럼 출력전압은 $v_O = 0$[V]이고 커패시터 양단의 전압은 $v_C = v_I - 0 = v_I$이다. $t = \frac{T}{4}$ 시점에서 커패시터는 v_I의 최대 전압 v_M으로 완전 충전된다.

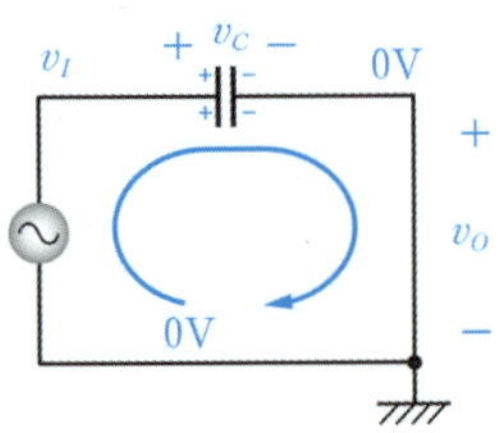

(a) 충전이 진행 중인 회로도

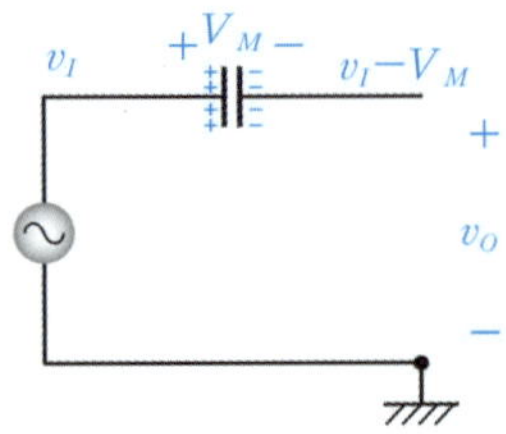

(b) 충전이 완료된 회로도

그림 8-47 커패시터 충전 구간

$t > \frac{T}{4}$ 구간

[그림 8-47(b)]에서 v_I가 최고점에서 내려오기 시작하고 커패시터의 오른쪽 평판전압은 $v_I - V_M$이 (−) 전압이 되므로 다이오드는 역방향으로 턴 오프되어 [그림 8-47(b)]와 같은 개방회로가 된다. 커패시터 회로에는 더 이상 전류가 흐르지 않고 개방회로이므로 $v_C = V_M$이 계속 유지되며, 출력은 $v_O = v_I - v_M$이다. 따라서 [그림 8-47(b)]와 같이 $t > \frac{T}{4}$ 영역에서 입력 파형이 V_M반큼 클램핑된다. 이때 커패시터는 마치 V_M의 DC 전원과 같은 역할을 하였다. 커패시터에 전류 경로가 차단되면 커패시터 전압은 일정하게 유지됨을 기억하자.

예제 8-8

[그림 8-48]의 클램프 회로에서 커패시터는 초기 상태에서 완전히 방전되어 있다. AC 입력 $v_I = V_M \sin\omega t$를 인가할 때, 출력전압 v_O와 커패시터 전압 v_C의 파형을 구하고 도시하라. 단, 다이오드는 이상적이라고 가정한다.

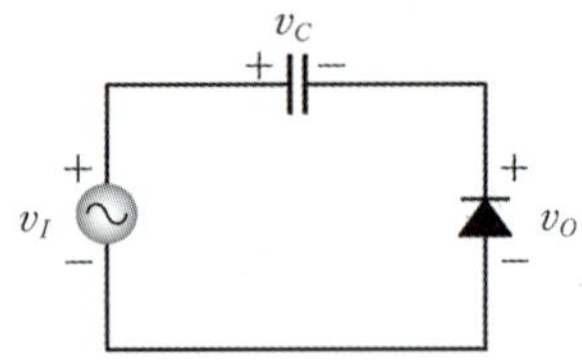

그림 8-48 클램프 회로의 예

풀이

각 시간 구간에서 다이오드 전압의 극성(다이오드 양단 전압)에 따라 회로가 어떻게 연결되고 동작하는지를 체계적으로 분석한다.

❶ $0 < t < \frac{T}{2}$인 경우

다이오드는 역방향이므로 다음 회로와 같은 구성이 된다. 따라서 커패시터는 방전상태를 유지하여 $v_I > 0$이므로 다이오드는 역방향 바이어스가 되어 전류가 흐르지 않는다. 이때 회로는 [그림 8-49]와 같이 동작하며, 커패시터는 방전상태를 유지한다. 따라서 $v_C = 0[V]$이고, 출력은 $v_O = v_I$이다.

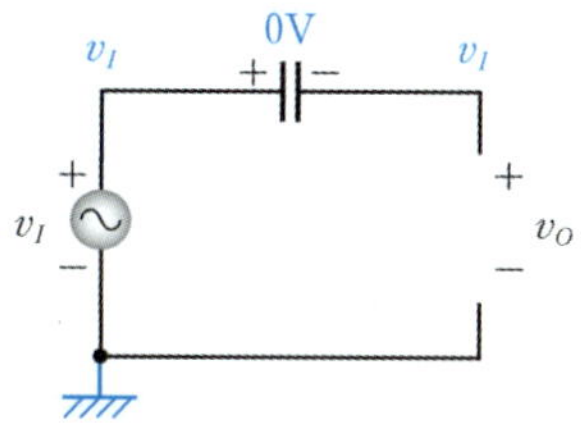

그림 8-49 $0 < t < \frac{T}{2}$일 때의 노드 전압

❷ $\frac{T}{2} < t < \frac{3T}{4}$인 경우

이 구간에서 다이오드는 순방향 바이어스가 되어 도통한다. 회로는 [그림 8-50]과 같이 구성되며, 커패시터가 충전되어 $v_C = v_I$이고, 출력은 $v_O = 0[V]$가 된다.

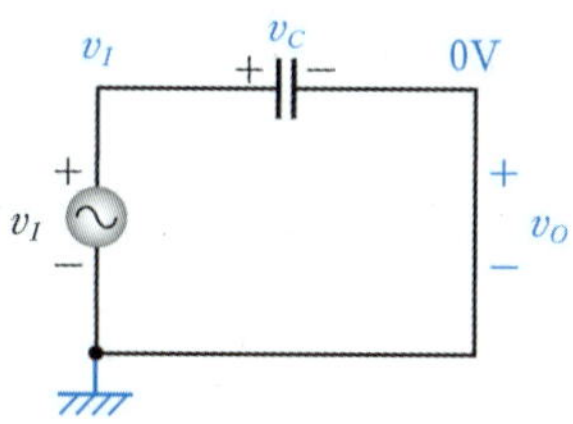

그림 8-50 $\frac{T}{2} < t < \frac{3T}{4}$일 때의 노드 전압

❸ $\frac{3T}{4} < t$인 경우

입력전압이 $v_I > -V_M$이 되는 순간, $v_O > 0$이 되어 다이오드는 다시 역방향 바이어스가 된다. 회로는 [그림 8-51]과 같이 동작하며, 커패시터는 이전 상태를 유지하여 $v_C = -V_M$이고, 출력은 $v_O = v_I + V_M$이다.

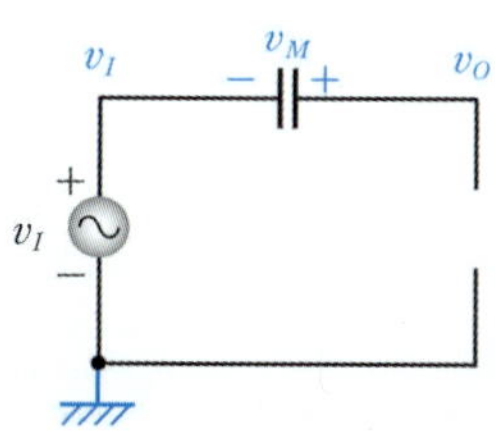

그림 8-51 $\frac{3T}{4} < t$일 때의 노드 전압

❹ 이상의 각 구간 분석을 종합하여 전체 파형을 그리면 [그림 8-52]와 같다. 결과적으로, $t=\frac{3T}{4}$ 이후 구간부터 클램핑 기능이 나타나며 출력전압의 DC 값이 V_M만큼 이동한다.

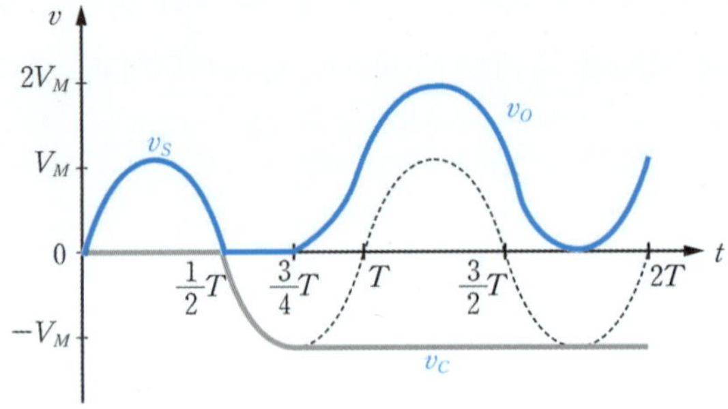

그림 8-52 전체 파형

Quick Review

- 다이오드는 양단 간의 전압 (　　　)에 따라 온/오프되는 자가 스위치 동작이다.
- 정류회로에서는 입력전압 극성을 고려하여 다이오드의 턴 온/오프를 결정하고, (　　　　　　)을 적용하여 출력신호를 구한다.
- 브리지 정류회로는 4개의 다이오드를 사용하여 (　　　　　)를 수행한다.
- 클리퍼 회로는 클리핑 전압원과 다이오드 스위치를 이용하여 AC 신호의 일부분을 (　　　　).

ANS 극성, 키르히호프의 전압법칙(KVL), 전파정류, 잘라낸다

CHAPTER 08

기본문제

8.1 다음 중 [그림 8-53]과 같은 pn 접합 구조에 대한 설명으로 옳지 않은 것은?

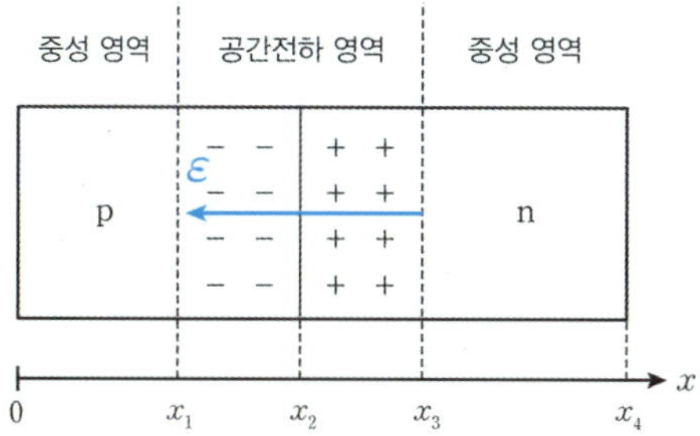

그림 8-53

① $x=0$인 지점과 $x=x_1$인 지점의 전위는 같다.

② $x=x_2$인 지점에서의 전기장의 세기가 가장 세다.

③ 외부에서 전원을 인가하지 않아도 $x=x_3$인 지점의 전위는 $x=x_1$인 지점의 전위보다 높다.

④ n 영역의 도핑 농도는 p 영역의 도핑 농도보다 높다.

8.2 다음 중 [그림 8-54]의 회로에서 정상 상태에서의 동작에 대한 설명으로 옳지 않은 것은?

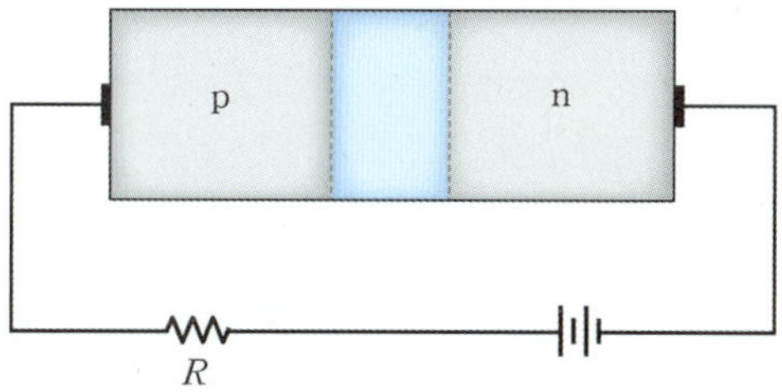

그림 8-54

① 공핍층에서의 전계 세기는 열평형 상태보다 작다.

② 저항 R의 값을 증가시키면 공핍층에 걸리는 전압이 커진다.

③ $N_A > N_D$이면 홀에 의한 전류가 전자에 의한 전류보다 크다.

④ pn 접합에 흐르는 전류는 R의 조절을 통해 변화시킬 수 있다.

8.3 [그림 8-55]는 다이오드, 저항, 직류 전원으로 구성된 회로의 부하선 및 동작점을 보인 것이다. 다음 설명 중 옳지 않은 것은?

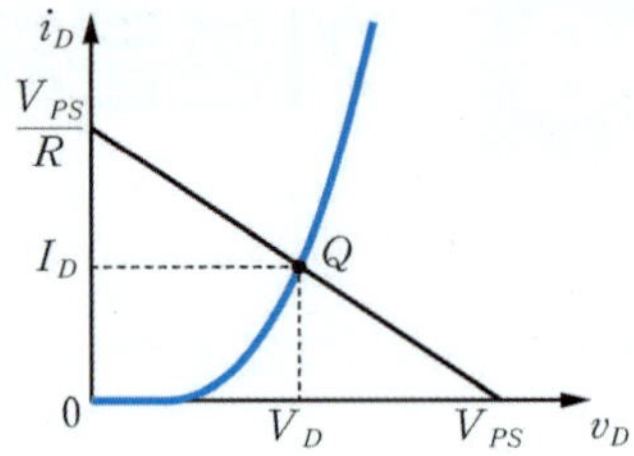

그림 8-55

① 전원 전압 V_{PS}만을 증가시키면, 부하선의 기울기는 완만해진다.

② 다이오드와 저항에는 동일한 전류가 흐른다.

③ 저항 R 값을 증가시키면, 동작점은 다이오드의 특성곡선에서 아래쪽으로 이동한다.

④ 전원 전압 V_{PS}와 저항 R의 값을 변경하더라도, 다이오드의 전류-전압 특성곡선 자체는 변하지 않는다.

8.4 [그림 8-56]의 회로에 대한 설명으로 옳은 것은?

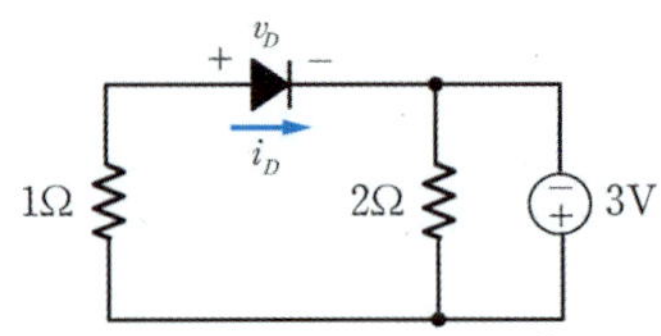

그림 8-56

① 2[Ω]은 부하선에 기여하지 않는다.

② 다이오드의 특성곡선을 모르므로 부하선의 식을 구할 수 없다.

③ 다이오드는 역방향이 걸려서 오프된다.

④ 동작점에서의 전류는 1[A]이다.

8.5 [그림 8-57]과 같은 제너 다이오드 회로에서, 전원 전압은 $V_{PS}=12$[V], 제너 전압은 $V_Z=5$[V], 제너 다이오드의 내부저항은 r_Z이다. 부하전류 i_L은 가변이며, 부하전압은 v_L이다. 다음 중 이 회로에 대한 설명으로 옳지 않은 것은?

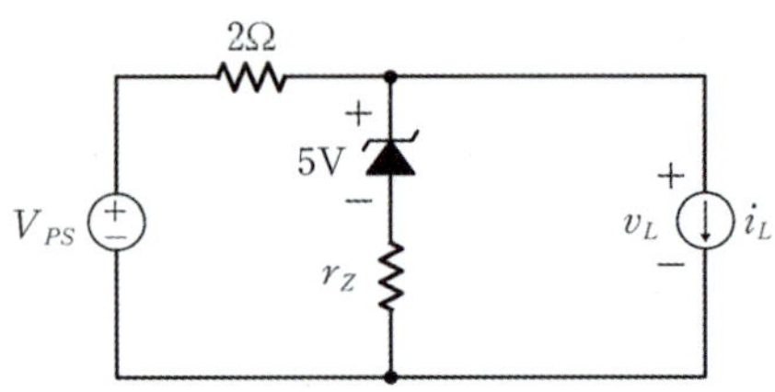

그림 8-57

① i_L과 v_L을 측정하면 내부저항 r_Z를 알 수 있다.

② i_L이 증가하면 v_L은 감소한다.

③ r_Z가 증가하면 i_L에 따른 v_L의 변화 폭이 커진다.

④ i_L이 변해도 부하 전압 v_L은 일정하다.

8.6 다음 중 [예제 8-6]의 브리지 회로에 대한 설명으로 옳지 않은 것은?

① 정현파 입력을 정류하여 음(−)의 DC 평균전압을 얻을 수 있다.
② 4개의 다이오드가 동시에 턴 온되는 경우는 없다.
③ v_S가 증가하면 모든 동작 영역에서 v_O의 값도 증가한다.
④ $|v_S| < 2V_{ON}$인 구간에서는 전류가 전혀 흐르지 않는다.

8.7 [예제 8-8]의 클램프 회로에서 커패시터는 초기 상태에서 완전히 방전되어 있다. AC 입력 $v_I = V_M \sin\omega t$를 인가할 때, 다음 중 이 회로의 동작에 대한 설명으로 옳지 않은 것은? 단, 다이오드는 이상적이라고 가정한다.

① 커패시터가 완전히 충전되기 위해서는 한 주기의 시간이 필요하다.
② 커패시터가 충전되는 동안 출력전압은 $v_O = 0$[V]이다.
③ 클램핑 동작이 시작되면 입력신호의 DC 레벨이 $+V_M$만큼 상승한다.
④ 커패시터가 완전히 충전되고 난 이후에는 방전되지 않는다.

8.8 [그림 8-58]의 회로에서 입력이 $v_S = 10\sin 2\pi t$[V]일 때에 대한 설명으로 옳은 것은? 단, 커패시터는 초기 방전되어 있다.

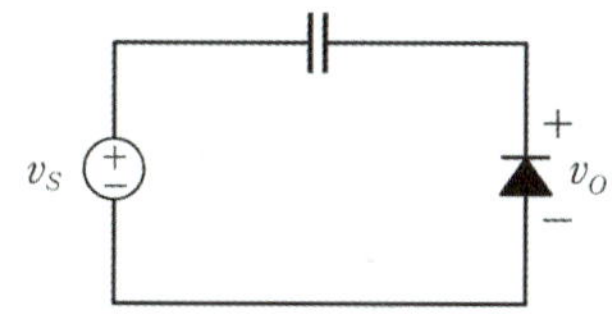

그림 8-58

① $v_O = v_S$인 구간이 존재한다.
② 커패시터는 충전되지 않는다.
③ 시간이 충분히 흐른 후 정상 상태에서 $v_O = v_S - 10$[V]이다.
④ 커패시터가 충전되는 동안에는 $v_O = v_S$이다.

8.9 [그림 8-59]의 클램프 회로에서 커패시터는 초기 상태에서 완전히 방전되어 있다. AC 입력 $v_I = 5\sin 2\pi t$[V]를 인가할 때, 이 회로의 동작에 대한 설명으로 옳지 않은 것은? 단, 다이오드는 이상적이라고 가정한다.

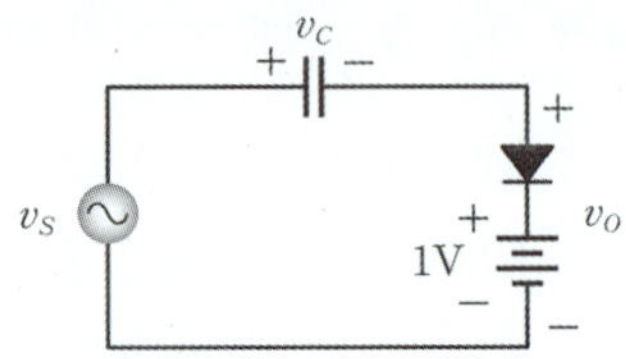

그림 8-59

① 첫 번째 주기의 v_S가 0[V]~1[V]인 구간에서 다이오드는 오프되고 $v_O = v_S$이다.

② 첫 번째 주기의 v_S가 1[V]~5[V]인 구간에서 다이오드는 온되고 $v_O = 1$[V]가 된다.

③ 첫 번째 주기의 v_S가 5[V] 아래로 내려가는 순간 다이오드는 오프되고 커패시터는 충전이 끝난다.

④ 커패시터가 완전히 충전되고 난 이후에는 $v_O = v_s + 4$[V]이다.

8.10 [그림 8-60]의 회로에서 커패시터는 초기 상태에서 완전히 방전되어 있다. AC 입력 $v_S = 10\sin 2\pi t$[V]를 인가할 때, 충분히 긴 시간이 흐른 후의 커패시터 전압 v_C의 값은? 단, 다이오드는 이상적이라고 가정한다.

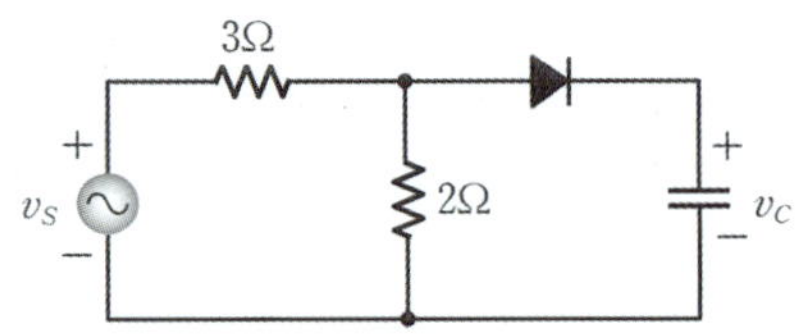

그림 8-60

① 10[V] ② 6[V] ③ 4[V] ④ 0[V]

CHAPTER 08

연습문제

※ 특별한 언급이 없으면 이상적인 연산증폭기로 가정한다.

8.1 [그림 8-61]의 다이오드 회로에 대해 부하선의 식을 유도하라.

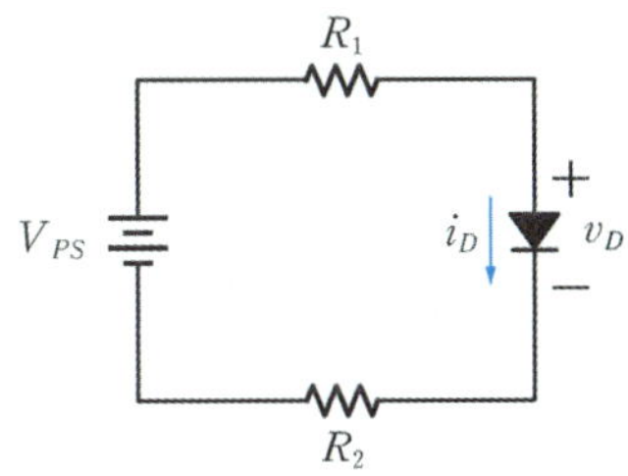

그림 8-61

8.2 [그림 8-62]의 회로의 부하선의 식을 구하라.

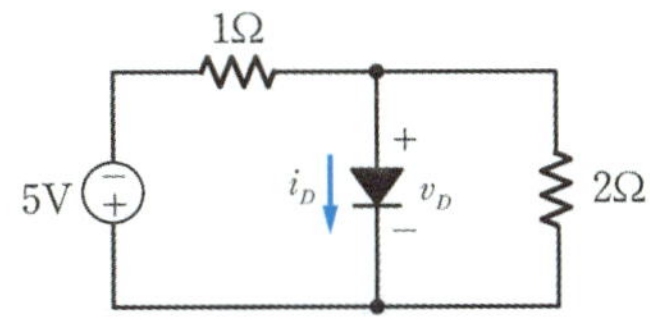

그림 8-62

8.3 [그림 8-63]과 같은 브리지 회로에서 출력전압 v_O를 구하라. 단, 다이오드는 이상적이라고 가정한다.

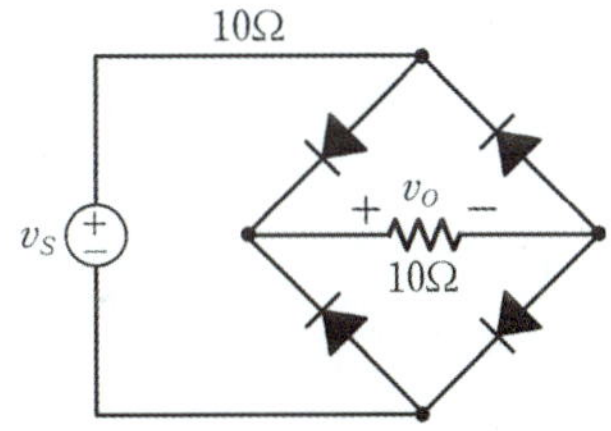

그림 8-63

8.4 [그림 8-64]와 같은 브리지 회로에서 출력전압 v_O를 구하라. 단, 다이오드는 이상적이라고 가정한다.

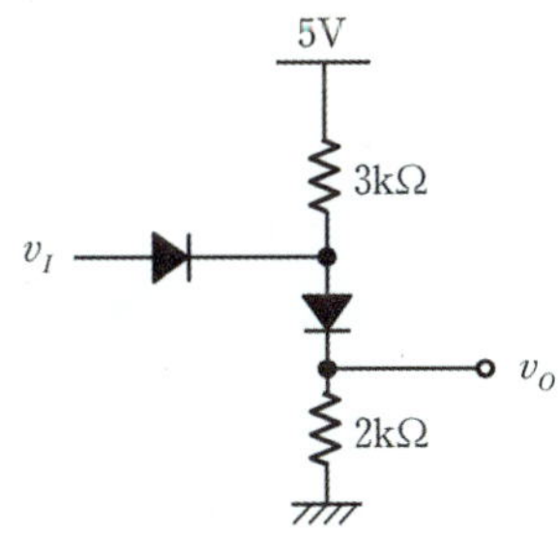

그림 8-64

8.5 [그림 8-65]와 같은 다이오드 회로에서, 다이오드 D_1과 D_2에 흐르는 전류를 각각 구하라. 단, 다이오드는 이상적이라고 가정한다.

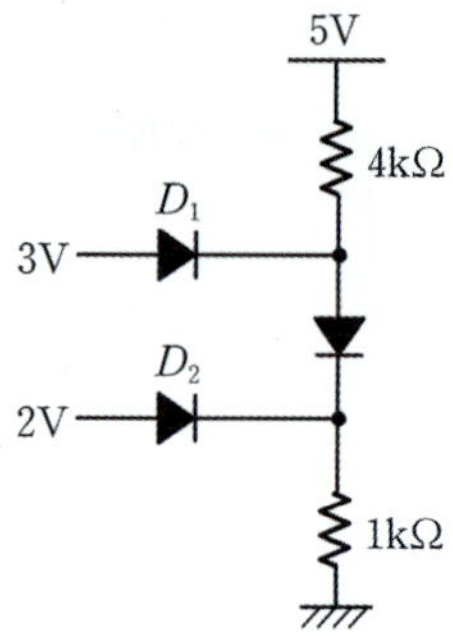

그림 8-65

8.6 [그림 8-66]의 회로에서 다이오드 전류 i_D를 구하라.

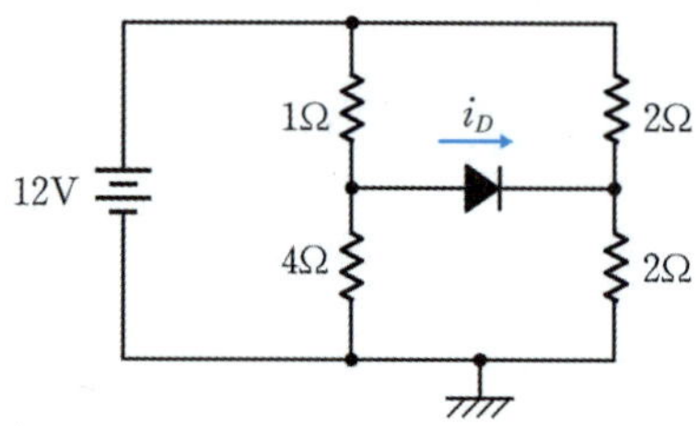

그림 8-66

8.7 [그림 8-67]의 회로에서 정현파 $v_S = V_M \sin \omega t$[V]를 인가할 때, 충분한 시간이 지난 후 출력전압 v_O를 구하라.

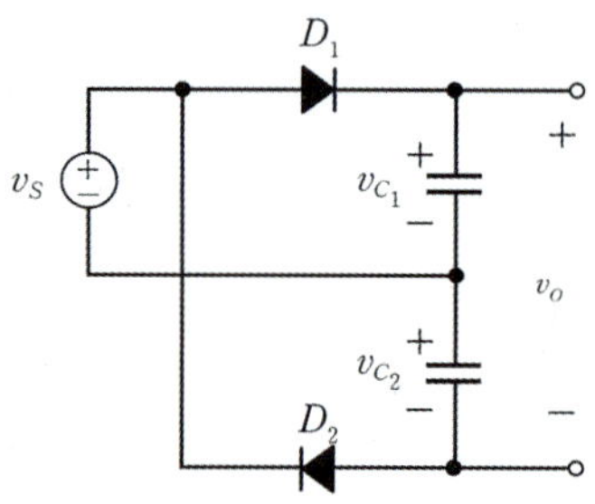

그림 8-67

8.8 [그림 8-68]의 회로에서 커패시터들은 초기 방전되어 있으며, 입력신호는 $v_S = 10 \cdot \cos\omega t$[V]다. 정상 상태에서 출력전압 V_{out}을 구하라.

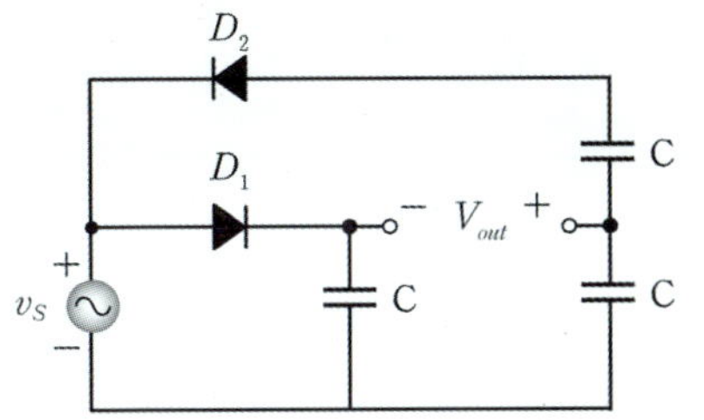

그림 8-68

8.9 [그림 8-69]의 제너 다이오드 회로에서 제너전압은 $V_Z = 5$[V], 제너 다이오드의 내부저항은 $r_Z = 1$[Ω]이다. 이 회로에서 부하전압 v_L을 부하전류 i_L의 함수로 나타내라.

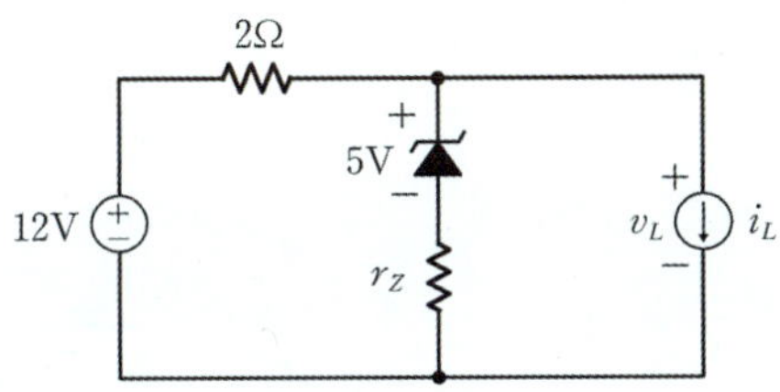

그림 8-69

8.10 [그림 8-70]과 같은 제너 다이오드 회로에서 $V_{PS} = 9 \sim 10$[V]로 가변하며, 부하전류는 1[A], 부하전압은 v_L이다. 제너 다이오드의 $i_Z - v_Z$ 특성곡선 상에서 부하선의 범위를 도시하라. 단, 제너전압은 $V_Z = 5$[V], 내부저항은 $r_Z = 2$[Ω]이다.

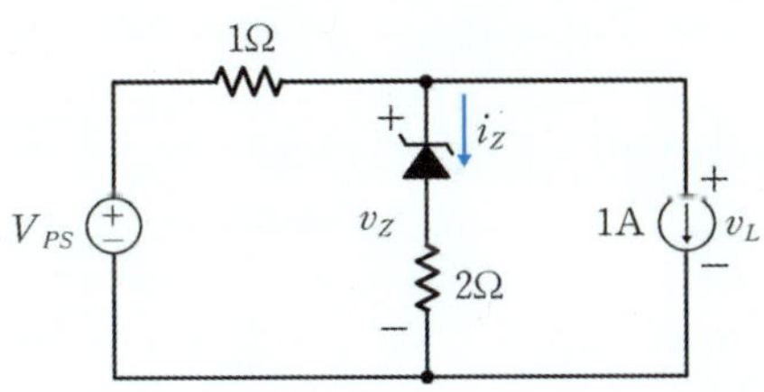

그림 8-70

CHAPTER

09

트랜지스터

CONTENTS

학습 목표

- 3단자 소자인 트랜지스터의 동작 원리를 이해한다.
- 트랜지스터의 종류와 각각의 구성을 이해한다.
- BJT의 물리적 현상을 이해하고 동작 영역을 정할 수 있다.
- BJT에서 전류 및 전압이득을 구할 수 있다.
- MOSFET의 물리적 현상을 이해하고 동작 영역을 정할 수 있다.
- n형과 p형 두 종류의 MOSFET 특성과 그 차이점을 이해한다.
- CMOS의 구조와 특성을 이해한다.

들어가기 전에

트랜지스터는 반도체로 만들어진 소자이다. 1948년 미국의 벨 연구소에서 월터 브래튼Walter Brattain, 윌리엄 쇼클리William Shockley, 존 바딘John Bardeen에 의해 처음 개발되었다. 이전에는 유사한 용도로 3극 진공관이 사용되었는데, 도체 트랜지스터가 개발된 이후 전자공학(또는 전자기기) 분야는 엄청난 발전을 이룰 수 있었다. 예를 들어 트랜지스터가 집적회로에 구현되면서 작은 면적에 수많은 트랜지스터를 제작할 수 있게 되었고, 그 결과 더 작고 값싼 라디오와 계산기, 컴퓨터 등을 만들 수 있게 되었다. 이처럼 트랜지스터 개발이 오늘날 전자공학의 발전에 크게 기여한 데에는 아날로그 회로에서는 신호 증폭이, 디지털 회로에서는 스위치 사용이 가능했기 때문이다. 트랜지스터는 어떻게 이러한 동작들이 가능할까? 이 궁금증을 해결하기 위해 이 장에서는 트랜지스터의 종류와 각각의 구성, 아날로그 및 디지털 회로에서 사용될 때의 특성에 대해 알아본다.

이 장에서는 트랜지스터의 대표적인 유형인 반도체 pn 접합을 이용한 바이폴라 접합 트랜지스터(BJT)와 도체-부도체-반도체 구조를 이용한 MOS 전계효과 트랜지스터(MOSFET)를 학습한다. 또한, 3개의 접합으로 제어 가능한 장벽전압breakover voltage을 구현하는 고전압 스위치인 사이리스터thyristor의 동작 원리를 학습한다.

9.1 반도체 소자의 분류

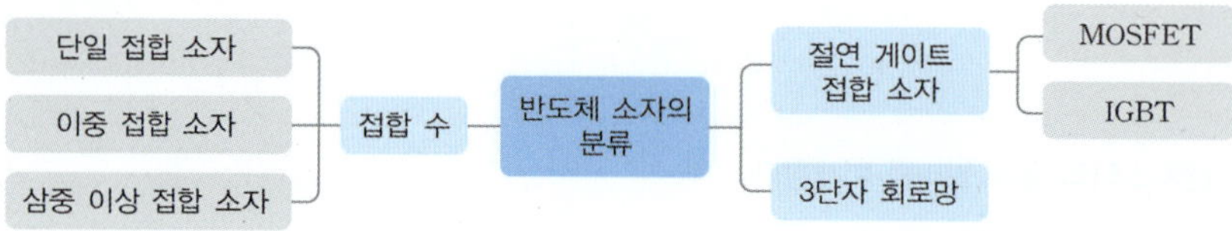

단일 및 다중 접합소자

반도체 능동소자는 내부에 포함된 pn 접합의 수에 따라 다음과 같이 분류할 수 있다.

- **단일 접합 소자** : 8장에서 학습한 다이오드가 대표적이다. 다이오드는 하나의 pn 접합만을 갖는 소자이다.
- **이중 접합 소자(2개의 pn 접합)** : 2개의 pn 접합을 가진 소자로, 트랜지스터류가 이에 해당한다. 대표적인 예로 BJT Bipolar Junction Transistor, JFET Junction Field Effect Transistor가 있으며, 이 장에서는 이러한 이중 접합 소자를 중심으로 학습한다.
- **삼중 이상 접합 소자(3개 이상의 pn 접합)** : pn 접합이 3개 이상 연결된 구조의 소자로, 대표적으로 사이리스터 계열thyristor family이 있다. SCR, TRIAC, DIAC 등이 여기에 속한다.

절연 게이트 접합소자

절연 게이트 소자insulated-gate device는 게이트 전극이 산화막(절연체)을 사이에 두고 반도체 채널과 분리된 구조를 가진다. 이 때문에 게이트 전극으로 전류가 거의 흐르지 않으며, 매우 높은 입력 임피던스를 갖는다. 작은 전압만으로도 채널의 전도 특성을 제어할 수 있으므로, 스위칭 소자와 증폭 소자로 모두 활용된다. 대표적인 절연 게이트 소자는 다음과 같다.

- **MOSFET** Metal-Oxide-Semiconductor FET : 금속 게이트, 절연 산화막(SiO_2), 반도체 채널로 이루어진 3층 구조로 게이트 전류가 거의 0에 가까워 구동 전력이 작다. 집적회로(IC)의 기본 소자로 사용되며, 특히 디지털 회로의 핵심인 CMOS 회로의 기반이 된다.
- **IGBT** Insulated Gate Bipolar Transistor : MOSFET의 절연 게이트와 BJT의 전류 제어 특성을 결합한 구조로, MOSFET처럼 높은 입력 임피던스를 가지면서도 BJT와 같이 대전류를 제어할 수 있다. 전력전자 분야에서 고전압·대전류 스위칭 소자로 널리 사용된다(예 인버터, 전동기 제어, 전력 변환 장치).

3단자 회로망(three-terminal network)

윌리엄 쇼클리
(1910~1989)

오늘날의 IT 혁명은 반도체 칩(IC)integrated circuit의 발전이 있었기에 가능했다. IC는 작은 면적에 수억 개의 트랜지스터들이 집적되어 디지털 및 아날로그 동작을 수행하고 있다. 1950년대 쇼클리[1] 등은 반도체를 이용하여 전파와 같은 전자신호를 증폭할 수 있는 소자를 만들 수 있음을 밝혀냈다. 그 대표적인 소자가 트랜지스터transistor이다. 트랜지스터란 trans+resistor의 합성어로 전자공학에서 trans(fer)는 '전달' 혹은 '전송'이라는 의미가 있어 다른 단자나 터미널로 신호가 넘어갈 때 사용하는 용어이다. 여기에는 트랜지스터가 입력단자와 출력단자가 분리된 형태의 저항의 기능을 수행하는 소자라는 뜻이 담겨 있다.

그렇다면, 저항 소자와 다른 점은 무엇일까? 저항과 비슷한 동작을 하는데 왜 저항은 수동소자이고 트랜지스터는 능동소자일까? 그 답은 신호의 증폭에 있다. 신호를 증폭한다는 것은 인가한 입력신호와 증폭된 출력신호가 서로 다른 단자로 존재해야 한다는 의미이므로 입력단자와 출력단자가 분리되어야 한다.

저항은 [그림 9-1(a)]와 같이 2단자를 갖는 소자로, 옴의 법칙에 따라 인가된 전압에 비례하는 전류가 흐른다. 따라서 입력전압단자와 출력전류단자가 동일한 단자이므로 두 단자를 분리할 수 없다. 이에 반해 트랜지스터는 [그림 9-1(b)]와 같이 입력단자와 출력단자 및 공통단자를 포함하는 3단자 회로 소자로 입력전압단자와 출력전류단자가 또 다른 하나의 단자를 공유함으로써 분리될 수 있다. 이때 공유되는 단자를 공통단자common terminal라 하고 입력과 출력 모두에 대해 기준점의 역할을 한다. 또한 디지털 회로에서 트랜지스터는 자체 제어self-controlled 스위치인 다이오드를 넘어서는 제어 단자가 있는 진화된 형태의 스위치 소자로 동작할 수 있다.

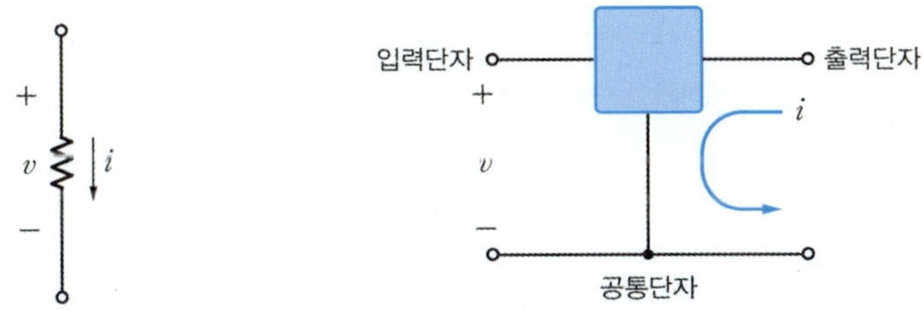

(a) 2단자 회로망 (b) 3단자 회로망

그림 9-1 전압-전류의 변환

1 미국의 물리학자인 쇼클리(William Bradford Shockley)는 고체의 에너지밴드 문제를 비롯하여, 합금의 질서와 무질서, 진공관의 이론, 구리의 자기확산, 전위 이론, 강자성체의 자기구역에 관한 이론과 실험, 염화은의 광전자에 관한 실험 등에 뛰어난 업적을 남겼다. 특히 pn 접합형 트랜지스터를 발명하여 1956년 J. 바딘, W.H. 브래튼과 함께 노벨물리학상을 수상했다.

Quick Review

- 반도체 소자는 접합의 개수와 구조에 따라 (   ) 소자와 (   ) 소자로 분류된다.
- 트랜지스터는 입력단자와 출력단자 및 (   )단자를 포함하는 3단자 회로 소자이다.
- 대표적인 트랜지스터로는 (   ) 트랜지스터와 (   ) 트랜지스터가 있다.

ANS 다중 접합/절연 게이트, 공통, 바이폴라 접합/MOS 전계효과

9.2 바이폴라 접합 트랜지스터

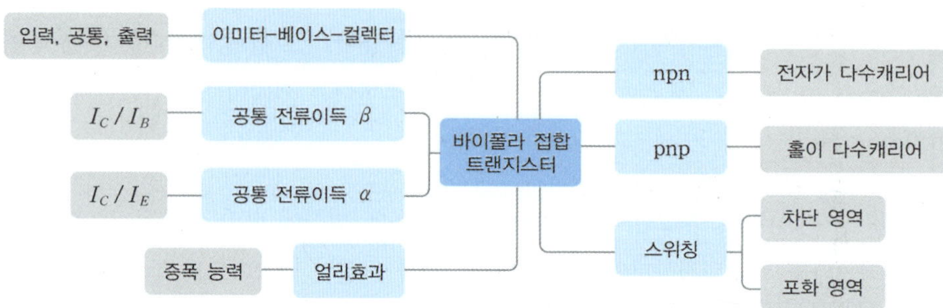

8장에서 살펴보았듯이 다이오드는 1개의 pn 접합면으로 구성되어 있다. 그런데 만약 2개의 pn 접합면으로 구성되어 있다고 하면 바이폴라(쌍극성) 접합 트랜지스터(BJT)가 된다. 2개의 접합면을 만들 때 [그림 9-2]와 같이 n형-p형-n형(npn형) 혹은 p형-n형-p형(pnp형)의 2가지 형태가 가능하다. 이때 각 영역에 금속과 접촉한 단자를 내어 3단자를 구성한다.

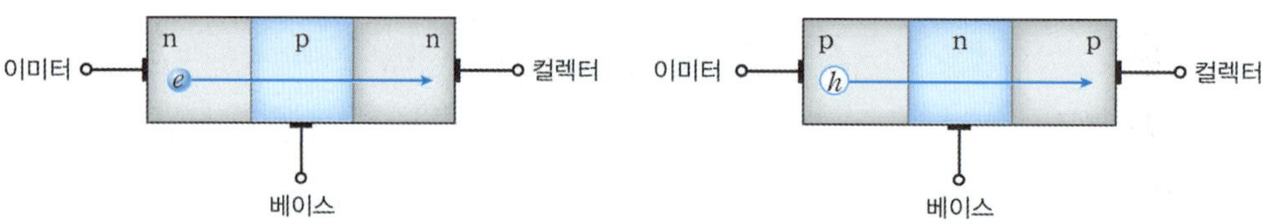

(a) 전자가 다수캐리어인 npn형 소자 (b) 홀이 다수캐리어인 pnp형 소자

그림 9-2 2가지 형태의 바이폴라 접합 트랜지스터

npn형에서는 전자가 다수캐리어majority carrier**이고, pnp형에서는 홀(정공)이 다수캐리어이다. 캐리어를 기준으로, 캐리어가 방출되는 단자를 이미터(방출자)**emitter**, 캐리어가 빠져나가는 단자를 컬렉터(수집자)**collector**, 공통단자 역할을 하는 단자를 베이스(기준)**base**로 명명하였다.** 따라서 베이스가 열리면 이미터에서 컬렉터로 캐리어가 이동한다. npn형 트랜지스터에서는 다수캐리어인 전자가 이미터 → 컬렉터로 이동하므로 전류는 컬렉터 → 이미터로 흐른다. 따라서 컬렉터가 가장 전압이 높고 이미터가 가장 전압이 낮아야 한다.

반대로 pnp 트랜지스터에서는 다수캐리어인 홀이 이미터 → 컬렉터로 이동하므로 전류 역시 이미터 → 컬렉터로 흐른다. 따라서 이미터가 가장 전압이 높고 컬렉터가 가장 전압이 낮아야 한다. 7장에서 학습한 바와 같이 실리콘에서 전자와 홀의 이동도(μ)mobility 차이로 인해 npn형을 기본으로 설계한다.

심화 내용
소자의 기본 동작

전류 이득

[그림 9-3]에 보인 공통 베이스 BJT에서는 이미터 전압이 가장 낮고, 그보다 베이스 전압이 높으며, 컬렉터 전압이 가장 높다.

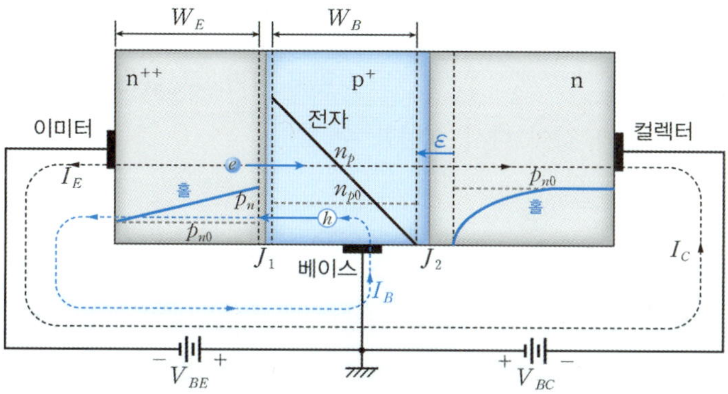

그림 9-3 베이스 공통 회로의 반도체-회로 모형

만약 이미터를 접지로 하여 공통단자로 설정한다면 [그림 9-4]와 같이 $V_{CC} > V_{BB}$의 바이어스를 인가하여 공통 베이스 회로와 같은 효과를 얻을 수 있다. 이러한 바이어스 회로를 **공통 이미터** common-emitter **회로**라 한다. 이러한 연결은 추후 학습하겠지만, 궁극적으로 인가해야 하는 전원의 수를 줄일 수 있어 공통 베이스 회로보다 더 많이 활용된다. 이제 **이미터 단자를 공통단자로 놓으면 베이스는 입력단자, 컬렉터는 출력단자로 규정할 수 있다.** 따라서 입력전류는 베이스 전류 I_B, 입력전압은 베이스-이미터 전압 V_{BE}이며, 출력전류는 컬렉터 전류 I_C, 출력전압은 컬렉터-이미터 간 전압 V_{CE}로 규정된다.

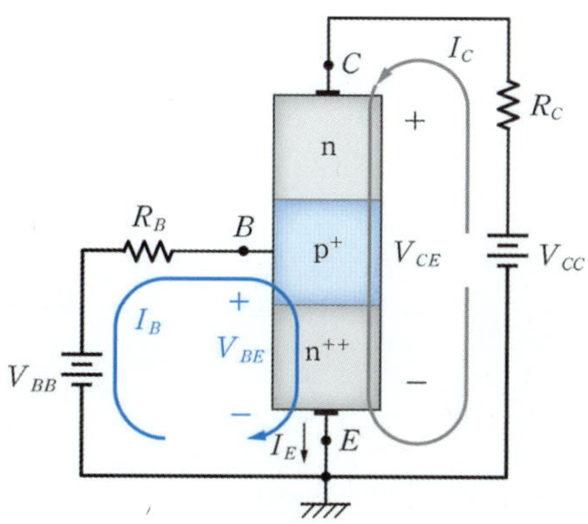

그림 9-4 공통 이미터 모드의 반도체 회로 모형

앞서 학습한 바와 같이, 과도 캐리어의 농도는 외부에서 인가하는 순방향 전압에 지수함수적으로 비례한다는 것을 상기하면 컬렉터 전류는 다음과 같이 표현된다.

$$I_C = I_S \exp\left(\frac{V_{BE}}{V_t}\right) \propto \exp\left(\frac{V_{BE}}{V_t}\right) \qquad (9.1)$$

여기서 비례상수 I_S는 역포화 전류reverse saturation current이다. 이 식에서 BJT는 입력 베이스-이미터 전압을 출력 컬렉터 전류로 바꿔주는 소자임을 알 수 있다. 베이스 전류도 역시 순방향 접합의 캐리어 주입에 의한 것이므로 다음과 같다.

$$I_B \propto \exp\left(\frac{V_{BE}}{V_t}\right) \qquad (9.2)$$

두 전류의 비 $\frac{I_C}{I_B}$를 공통 이미터 전류 이득common-emitter current gain **β라고 하며, 그 값은 일반적으로 50~300의 범주에 있다.** 이를 식 (9.3)과 같이 다시 표현할 수 있다.

$$I_C = \beta I_B \qquad (9.3)$$

회로적인 시각으로는 이미터를 공통으로 두고 베이스 전류를 입력, 컬렉터 전류를 출력으로 하여 입력 베이스 전류에 의해 β배만큼 증폭된 출력 컬렉터 전류가 발생되는 것으로 생각할 수 있다. **β는 베이스 폭 및 도핑 농도에 의존하므로 제조 과정에서 조절할 수 있는 주요 파라미터이다.** 식 (9.1)과 식 (9.3)으로부터 다음과 같이 표현할 수 있다.

$$I_B = \frac{I_S}{\beta} \exp\left(\frac{V_{BE}}{V_t}\right) \qquad (9.4)$$

식 (9.1), 식 (9.4)에서 전류의 크기에 따라 V_{BE}가 달라져야 하지만, 회로를 직관적으로 해석할 때는 $V_{BE} \approx V_{BE(ON)} \approx 0.7[\mathrm{V}]$[2]와 같이 일정한 값으로 설정하기도 한다.

[그림 9-4]에서 KCL에 의해 이미터 전류에 관한 식을 나타내면 다음과 같다. 이때 $I_E > I_C$이다.

$$I_E = I_C + I_B = (\beta + 1) I_B \qquad (9.5)$$

I_E를 입력전류, I_C를 출력전류로 설정하여 다음과 같이 정의하면, 베이스가 입·출력 신호와 상관없는 공통단자가 되므로 α를 '베이스 공통 전류 이득'이라고 한다.

$$I_C = \alpha I_E \qquad (9.6)$$

식 (9.5)와 식 (9.6)을 비교하면 다음과 같다.

$$\alpha = \frac{\beta}{1+\beta} \quad \text{혹은} \quad \beta = \frac{\alpha}{1-\alpha} \qquad (9.7)$$

여기서 α와 β는 서로 독립적인 파라미터가 아니다. 이상적인 BJT는 $\alpha = 1$, $\beta = \infty$가 된다.

2 $V_{BE(ON)}$은 BJT가 켜져서 컬렉터 전류가 흐르기 시작하는 특정 베이스-이미터 전압을 뜻한다.

공통 이미터 모드에서 베이스에 입력전류 i_B를 가하고 있는 [그림 9-5(a)]의 회로를 생각해보자. i_B를 변화시키면서 출력전압 v_{CE}에 따른 출력전류 i_C를 측정해보면 [그림 9-5(b)]와 같은 출력 특성곡선output characteristic curve을 얻을 수 있다.

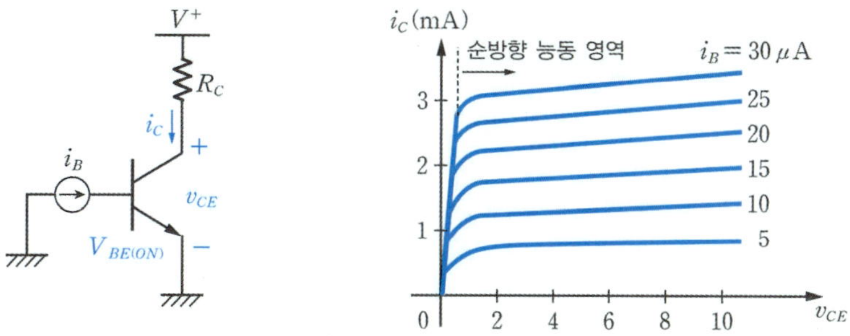

(a) 테스트 회로 (b) 출력단의 전압-전류 특성곡선

그림 9-5 BJT의 i_B에 따른 $v_{CE}-i_C$ 특성

출력전압이 $v_{CE} > V_{BE(ON)} \approx 0.7[\text{V}]$인 영역에서는 베이스-컬렉터 간 역방향 접합이 되며 i_B에 비례하는 $\beta \approx 100$배의 i_C를 얻는다. 즉 **i_C는 출력전압 v_{CE}와 상관없이 입력전류 i_B에 의해 결정되는 종속 전류원**dependent current source**처럼 동작한다.** 이 영역에서 [그림 9-6(a)]와 같이 입력단에는 다이오드, 출력단에는 종속 전류원이 있다고 본다(순방향 능동 영역).

반면, $v_{CE} < V_{BE(ON)}$ 영역에서는 베이스-컬렉터 간 순방향 접합이 되며 i_C는 입력 i_B와 상관없이 회로에서 요구하는 전류를 공급한다. 그리고 순방향이 깊어질 경우의 출력전압은 $v_{CE} \approx v_{CE(sat)} \approx 0.1[\text{V}]$로 가정한다. 이 영역에서 [그림 9-6(b)]와 같이 입력단에는 다이오드가 있고, 출력단에는 일정한 전압 강하 $0.1[\text{V}]$가 있다고 본다(포화 영역).

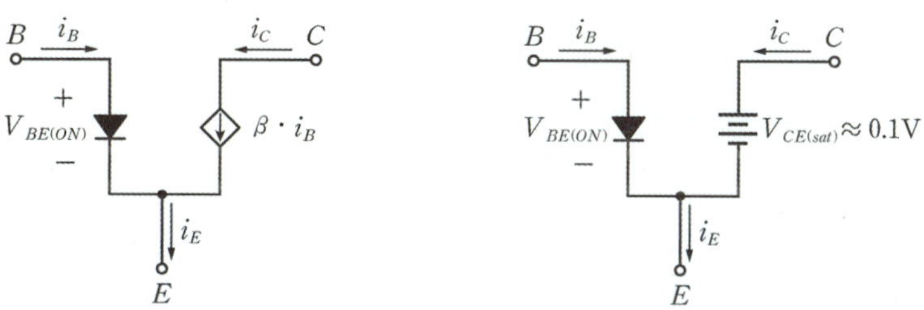

(a) $v_{CE} > V_{BE(ON)}$인 영역 (b) $v_{CE} < V_{BE(ON)}$인 영역

그림 9-6 BJT의 영역별 등가회로 모델

동작 모드

앞에서 언급한 BJT에 대한 내용을 기본으로 하여 BJT의 모형을 살펴보자. **BJT는 베이스-이미터 간 접합 J_1과 베이스-컬렉터 간 접합 J_2로 구성된다. 보통 이미터의 도핑 농도가 가장 높고, 컬렉터의 도핑 농도가 가장 낮다. 도핑 극성에 따라 npn과 pnp의 2가지 종류로 나뉜다.**

[그림 9-7]은 npn형과 pnp형의 2가지 BJT에 대한 반도체 모형과 회로 기호를 나타낸다. 각각의 BJT에 대해 베이스 입력신호에 비례하는 컬렉터 신호가 출력되는 전압 조건과 전류 및 농도를 보여주며, 회로 기호에서는 특별히 전류에 기여하는 캐리어가 방출되는 이미터를 화살표로 표현하고 있다.

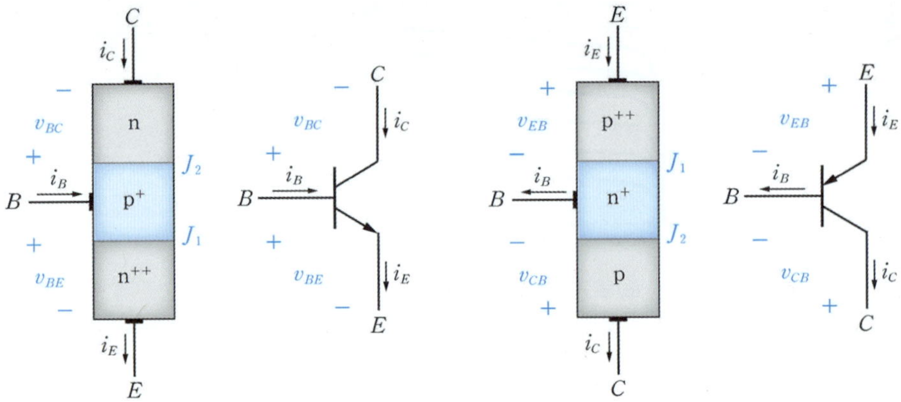

(a) npn형 BJT의 반도체 모형과 회로 기호　　(b) pnp형 BJT의 반도체 모형과 회로 기호

그림 9-7 BJT의 전압, 전류 및 회로 기호

BJT는 J_1과 J_2의 2개 접합이 순방향이냐 역방향이냐에 따라 4가지 조합의 동작 영역이 존재한다. 접합 J_1은 V_{BE}(pnp형은 V_{EB})>0이면 순방향, $V_{BE}<0$이면 역방향이며, 접합 J_2는 V_{BC}(pnp형은 V_{CB})>0이면 순방향, $V_{BC}<0$이면 역방향이다. [그림 9-8]은 이러한 4가지 조합에 대한 동작 영역을 정의한 것이다.

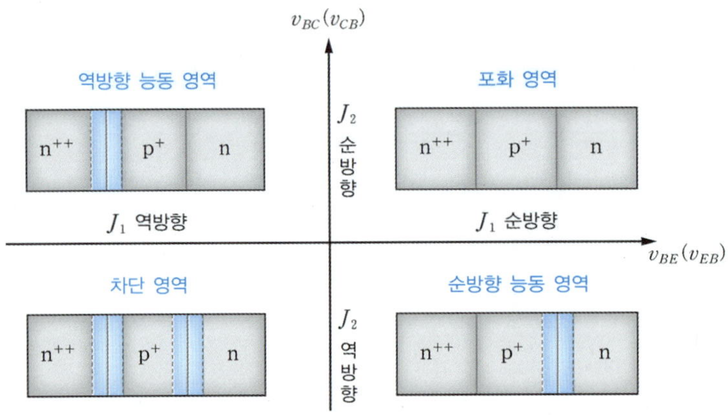

그림 9-8 접합 바이어스 전압에 따른 BJT의 동작 영역

- **순방향 능동 영역**forward-active region : J_1은 순방향, J_2는 역방향으로 출력전류가 입력전류에 의해 결정되며 $I_C=\beta I_B$가 성립한다.
- **포화 영역**saturation region : J_1은 순방향, J_2도 순방향으로 출력전류가 입력전류와 상관없이 결정되며 $I_C \neq \beta I_B$이다.

- **역방향 능동 영역**reverse-active region : J_1은 역방향, J_2는 순방향으로 출력전류가 입력전류에 의해 결정되며 $I_C = \beta I_B$가 성립한다. 이 경우는 이미터와 컬렉터를 반대로 사용하므로 농도 조합과 맞지 않아 $\beta < 1$이다.
- **차단 영역**cutoff region : J_1, J_2 모두 역방향이므로 전류가 흐르지 않는다. 즉 트랜지스터는 꺼진다.

[그림 9-9]의 공통 이미터 회로에서 베이스 전류를 흘려주면 트랜지스터는 순방향 능동 영역과 포화 영역 둘 중 하나이다. 베이스 입력은 $I_B = 10[\mu A]$, $V_{BE(ON)} = 0.7[V]$이고, $\beta = 100$, $V_{CC} = 5[V]$인 조건에서 BJT의 동작 영역을 알아보자.

❶ **$R = 1[k\Omega]$인 경우 :** 트랜지스터가 순방향 능동 영역에서 동작한다고 가정하면 출력전류 I_C는 입력전류 I_B에 비례한다. [그림 9-6(a)]의 등가회로로부터 $I_B = 10[\mu A]$이므로 $I_C = \beta \cdot I_B = 100 \cdot 10[\mu A] = 1[mA]$이다. 출력단에서 바라본 출력전압은 옴의 법칙에 의해 $V_{CE} = V_{CC} - I_C R_C = 5[V] - (1[mA] \times 1[k\Omega]) = 4[V]$이다. 따라서 컬렉터 전압은 4[V]이고 베이스의 전압은 0.7[V]이므로 베이스-컬렉터 접합은 역방향 바이어스되어 있고, 이 가정은 성립한다.

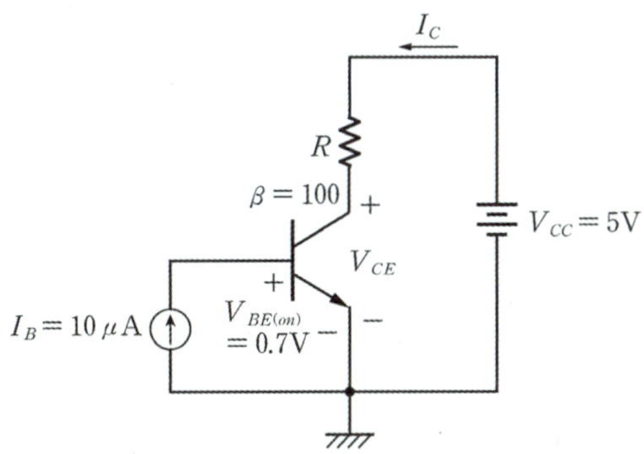

그림 9-9 BJT의 동작 영역을 해석하기 위한 공통 이미터 구조

❷ **$R = 10[k\Omega]$인 경우 :** 트랜지스터는 순방향 능동 영역에 있다고 가정하면 $I_B = 10[\mu A]$이므로 $I_C = \beta \cdot I_B = 100 \cdot 10[\mu A] = 1[mA]$이다. 옴의 법칙에 의해 출력전압 $V_{CE} = V_{CC} - I_C R_C = 5[V] - (1[mA] \times 10[k\Omega]) = -5[V]$이다.

하지만 이는 실제로 가능하지 않으므로 이 가정은 틀렸다. 따라서 트랜지스터는 능동 영역이 아닌 포화 영역에 있다. 컬렉터 전압은 [그림 9-6(b)]의 등가회로로부터 $V_{CE(sat)} = 0.1[V]$까지 떨어지고 깊은 포화 영역deep saturation region으로 들어간다. 이때의 I_C는 더 이상 I_B에 비례하지 않고($I_C \neq 100 I_B$), 옴의 법칙에 의해 $I_C = \dfrac{5 - 0.1[V]}{10[k\Omega]} = 490[\mu A]$로 주어지며, 입력전류와 상관없이 전원과 저항의 값에 의해 결정된다. 따라서 포화 영역의 출력에서는 입력 신호가 사라졌다고 할 수 있다. 결국 증폭회로에서는 사용할 수 없는 모드이다.

역방향 능동 영역은 J_1이 역방향이고 J_2가 순방향이므로 [그림 9-10]과 같이 트랜지스터의 이미터와 컬렉터를 반대로 뒤집어 사용하는 것과 같다.

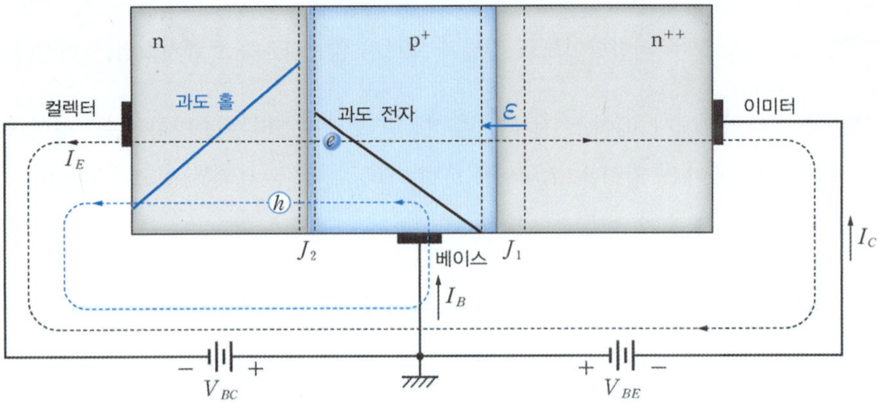

그림 9-10 역방향 능동 모드의 공통 베이스 반도체 회로 모형

베이스의 농도가 이미터 역할을 하는 컬렉터의 농도보다 더 높으므로 오히려 $I_C < I_B$이다. 따라서 전류 이득은 $\beta < 1$이다. 이러한 상황에서는 정상적으로 증폭작용을 하기 힘들기 때문에 이미터와 컬렉터를 뒤집어서 쓰지 않도록 주의해야 한다.

예제 9-1

[그림 9-11]의 회로에서 콜렉터 저항 R_C가 각각 $1[\mathrm{k\Omega}]$, $10[\mathrm{k\Omega}]$일 때의 동작 영역과 출력전류 I_C를 구하라. 단, npn 트랜지스터의 전류 이득은 $\beta = 100$, 턴 온 전압은 $V_{BE(ON)} = 0.7[\mathrm{V}]$, 포화 전압은 $V_{CE(Sat.)} = 0.1[\mathrm{V}]$로 가정한다.

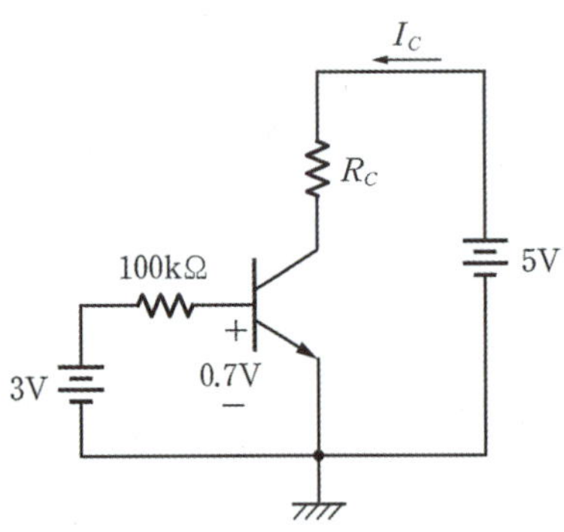

그림 9-11 이미터 공통 회로

풀이

❶ $R_C = 1[\text{k}\Omega]$인 경우

트랜지스터가 순방향 능동 영역에서 동작한다고 가정한다. 이때 회로는 [그림 9-12]와 같이 입력 루프(베이스–이미터 회로)와 출력 루프(컬렉터–이미터 회로)로 분리하여 해석할 수 있다.

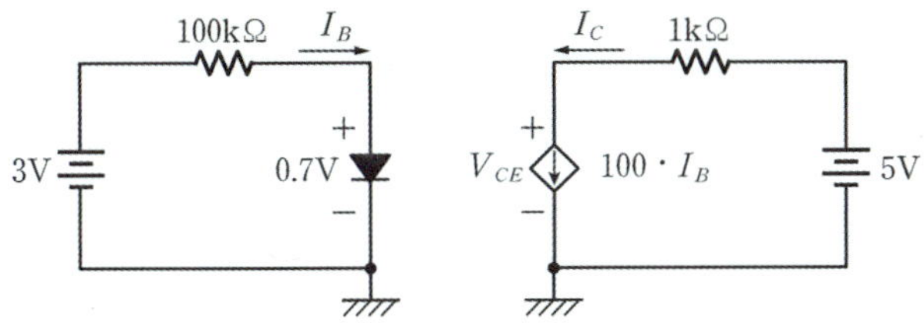

그림 9-12 순방향 능동 영역 등가모델을 적용한 이미터 공통 회로

베이스–이미터 루프(입력 루프)에서 옴의 법칙에 의해 $I_B = \dfrac{3-0.7[\text{V}]}{100[\text{k}\Omega]} = 27[\mu\text{A}]$이고, 컬렉터–이미터 루프(출력 루프)에서 능동 영역의 동작을 가정하면 컬렉터 전류는 베이스 전류에 비례하는 전류제어 전류원으로 표현된다. 그러므로 $I_C = \beta I_B = 100 \cdot 27[\mu\text{A}] = 2.7[\text{mA}]$이다. 또한, $V_{CE} = 5[\text{V}] - (2.7[\text{mA}] \cdot 1[\text{k}\Omega]) = 2.3[\text{V}]$이며, $V_{CE} > V_{CE(Sat.)}$이므로 능동 영역에서 동작한다. 좀 더 엄격하게는 $V_{BC} = (0.7-2.3)[\text{V}] < 0$이므로, 순방향 능동 영역이 맞다. 따라서 $I_C = 2.7[\text{mA}]$이다.

❷ $R_C = 10[\text{k}\Omega]$인 경우

트랜지스터가 순방향 능동 영역에서 동작한다고 가정하면 $I_C = \beta I_B = (100 \cdot 27[\mu\text{A}]) = 2.7[\text{mA}]$이다. 이때 $V_{CE} = 5[\text{V}] - (2.7[\text{mA}] \cdot 10[\text{k}\Omega]) = -22[\text{V}]$이므로 전류는 포화된다. 즉 $V_{CE} < V_{CE(Sat.)}$이므로 포화 영역에서 동작하며, $V_{CE} = V_{CE(Sat.)}$이다. 따라서 [그림 9-13]과 같은 포화 영역 등가모델을 적용한다.

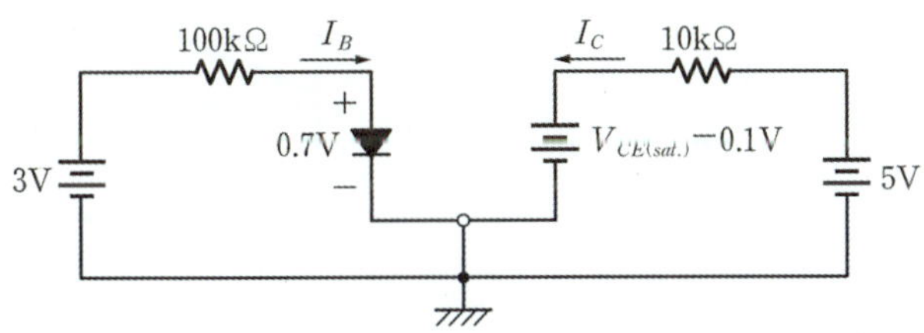

그림 9-13

따라서 출력 루프에서 $I_C = \dfrac{5-0.1}{10[\text{K}]} = 490[\mu\text{A}]$로 입력 루프 전류 I_B와 무관한 포화전류 $490[\mu\text{A}]$가 흐른다.

▌얼리효과

[그림 9-14]와 같은 공통 이미터 회로에 순방향 바이어스를 한 상태에서, V_{CE} 전압을 점차 높이면서 출력전류 I_C를 관찰해보자. 컬렉터-이미터 간 전체에 V_{CE} 전압이 걸리고 순방향 접합 V_{BE}에 0.7[V]가 걸리므로 나머지 전압($V_{CE}-V_{BE}$)이 역방향 접합에 걸린다. V_{CE}를 높이면 역방향 접합에 더 큰 전압이 걸리므로 공핍층이 늘어난다. **즉 중성 베이스 영역의 폭 W가 줄어들면서 과도 캐리어 농도의 기울기가 커져 컬렉터 전류가 증가한다. 이러한 현상을 베이스폭 변조효과** base-width modulation effect**라고 한다.**

베이스폭 변조효과에 의해 I_C는 [그림 9-14(b)]와 같이 기울기가 생기고 I_B에 따른 각각의 I_C 전류를 직선으로 연장하면 한 점에서 만난다. 즉 더 큰 I_B에 대응하는 I_C의 기울기가 더 크다. 이 점을 제임스 얼리James M. Early[3]의 이름을 따서 **얼리전압(V_A)**Early voltage이라고 한다. **얼리전압은 일반적으로 50~300[V]에 이른다.** 얼리전압은 아날로그 증폭기에서 학습하게 될 출력저항(r_o)을 결정하며 증폭 능력에 지대한 영향을 미친다. 이상적인 I_C는 기울기가 없어 그래프가 평평한 경우로 이렇게 되면 $V_A=\infty$이다.

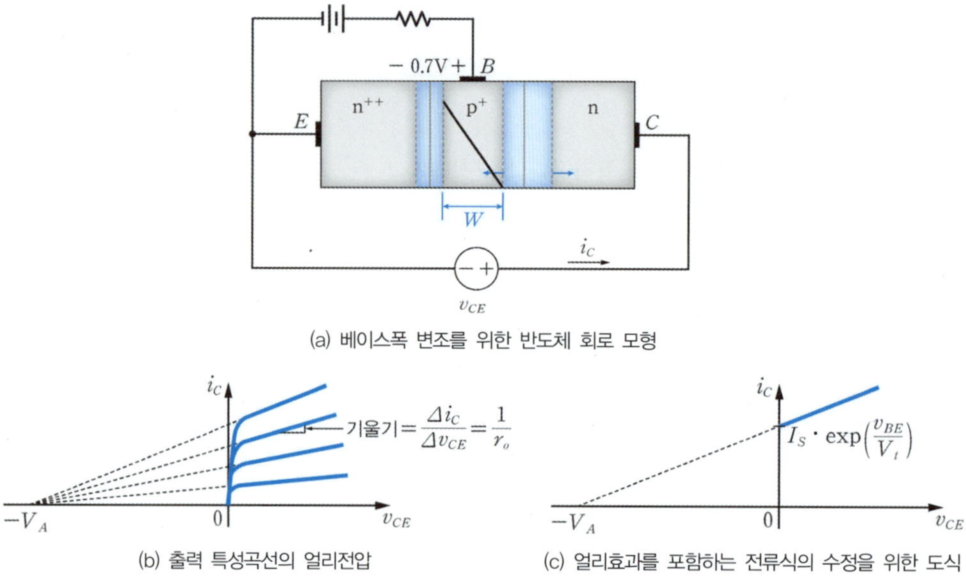

(a) 베이스폭 변조를 위한 반도체 회로 모형

(b) 출력 특성곡선의 얼리전압

(c) 얼리효과를 포함하는 전류식의 수정을 위한 도식

그림 9-14 베이스폭 변조효과에 의한 얼리효과

[그림 9-14(c)]의 단순화한 삼각형에서 직선의 식을 구하면 다음과 같다.

$$I_C = I_S \exp\left(\frac{V_{BE}}{V_t}\right)\cdot\left(1+\frac{V_{CE}}{V_A}\right) \tag{9.8}$$

3 제임스 얼리는 트랜지스터 및 CCD 분야의 미국 엔지니어로, 1952년에 자신의 이름을 딴 얼리효과를 발표했다. MOSFET의 채널길이 변조현상을 관습적으로 얼리효과라고도 한다.

출력전류 I_C는 입력전압 V_{BE}뿐 아니라 출력전압 V_{CE}의 함수이기도 하다.

예제 9-2

얼리전압 $V_A = 99.9$[V]를 갖는 어떤 바이폴라 트랜지스터가 포화 영역에서 100[mA]를 흘리고 있다. 동일 회로에서 이 트랜지스터의 컬렉터 전류 I_C를 컬렉터-이미터 전압 v_{CE}의 함수로 나타내라. 단, $V_{BE(ON)} = 0.7$[V], 포화 전압 $V_{CE(Sat.)} = 0.1$[V]이다.

풀이

주어진 회로에서의 포화전류를 I_{C0}라고 하면 $I_{C0} = I_S \cdot \exp\left(\frac{V_{BE(ON)}}{V_t}\right)\left(1 + \frac{V_{CE(Sat.)}}{V_A}\right)$이다. 이 회로에서 v_{CE}에 따른 컬렉터 전류는 $I_C = I_S \cdot \exp\left(\frac{V_{BE(ON)}}{V_t}\right)\left(1 + \frac{V_{CE}}{V_A}\right)$와 같이 표현된다. 두 값을 나누면 다음과 같다.

$$\frac{I_C}{I_{C0}} = \frac{1 + \dfrac{V_{CE}}{V_A}}{1 + \dfrac{0.1}{V_A}} = \frac{V_A + V_{CE}}{V_A + 0.1}$$

$$I_C = \frac{V_A + v_{CE}}{V_A + 0.1} \cdot I_{C0} = \frac{I_{C0}}{V_A + 0.1} \cdot v_{CE} + \frac{V_A \cdot I_{C0}}{V_A + 0.1} = \frac{100}{100} v_{CE} + \frac{99.9(100)}{100} = v_{CE} + 9.99[\text{mA}]$$

얼리전압 V_A는 트랜지스터의 고유한 특성이므로 회로에 따라 변하지 않는다. 그러나 이 경우에서 알 수 있듯이, 출력전압(v_{CE})에 대한 특성곡선(I_C)의 기울기는 포화 영역에서의 컬렉터 전류 I_{C0}의 크기에 따라 달라지게 된다.

디지털 스위치로서의 동작

다이오드는 제어 단자가 없는 자체 제어 스위치이지만, 트랜지스터는 [그림 9-15]와 같이 제어 단자가 있는 진화된 형태의 스위치로 사용할 수 있다. 베이스가 제어 단자의 역할을 하며 컬렉터와 이미터가 스위치 단자가 된다.

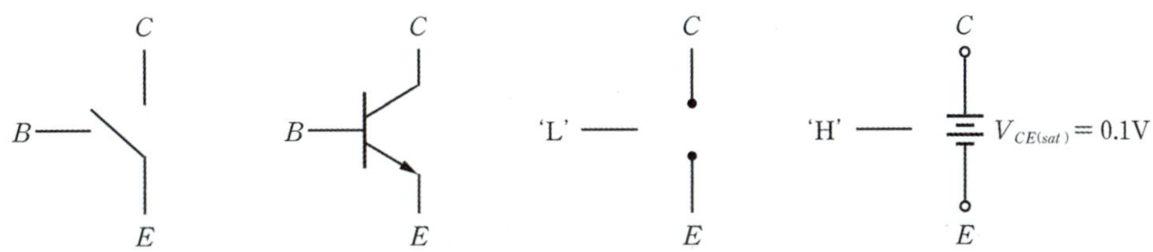

(a) 이상적인 모델 (b) BJT 스위치 (c) 꺼진 상태 (d) 켜진 상태

그림 9-15 제어 단자가 있는 스위치

[그림 9-15(c)], [그림 9-15(d)]와 같이 베이스에 디지털 'L(low)' 전압이 걸리면 BJT는 차단 영역에서 동작하여 스위치는 꺼지고, 'H(high)' 전압이 걸리면 BJT는 포화 영역에서 동작하여 컬렉터 단자와 이미터 단자가 연결된다. 다만 [그림 9-15(d)]와 같이 $V_{CE(sat)} = 0.1\,[\mathrm{V}]$의 전압손실(강하)을 감수해야 한다. 다이오드의 턴 온 전압손실이 $V_{ON} \approx 0.7\,[\mathrm{V}]$임을 감안하면 트랜지스터가 더 이상적인 스위치에 가깝다.

예제 9-3

npn형 BJT를 사용한 [그림 9-16]과 같은 스위칭 회로에서 입력신호 V_{IN}은 $0[\mathrm{V}] \sim 3[\mathrm{V}]$를 움직이는 구형파이다. 출력전압 V_{OUT}이 디지털 신호로 동작하기 위한 조건을 만족하도록 하는 컬렉터 저항 R_C의 범위를 구하라. 단, $\beta = 100$, $V_{BE(ON)} = 0.7[\mathrm{V}]$, $V_{CE(Sat.)} = 0.1[\mathrm{V}]$이다.

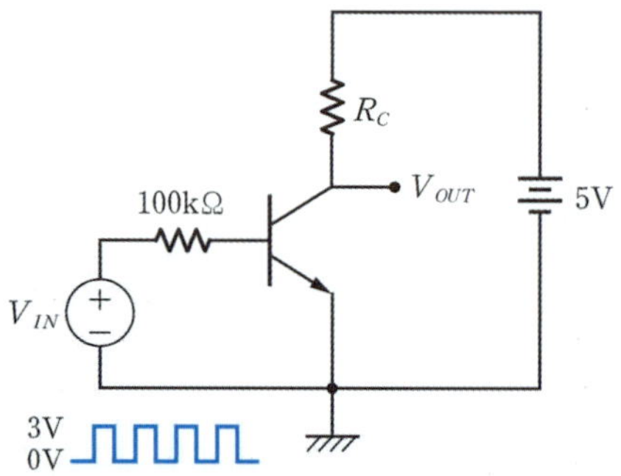

그림 9-16 BJT를 이용한 디지털 회로

풀이

$V_{IN} = 0[\mathrm{V}]$일 때는 베이스-이미터 전압이 $V_{BE(ON)}$을 넘어서지 못하므로 트랜지스터는 켜지지 않는다. 출력저항 R_C로는 전류가 흐르지 않아 전압 상하가 없고, 따라서 출력 $V_{OUT} = 5[\mathrm{V}]$이다. 또한 $V_{IN} = 3[\mathrm{V}]$로 높아져 트랜지스터가 온 상태가 되면, 디지털 스위치로서 동작하기 위해서는 BJT가 포화 영역에 들어가야 한다. 즉, 출력 V_{OUT}은 입력 크기에 의존하지 않는 일정한 값인 $V_{CE(Sat.)} = 0.1[\mathrm{V}]$이다. 따라서 출력전압 V_{OUT}은 $5[\mathrm{V}]$(high 상태)와 $0.1[\mathrm{V}]$(low 상태)를 움직이는 구형파이다.

$V_{IN} = 3[\mathrm{V}]$일 때, 입력 루프에서 베이스 전류 $I_B = \dfrac{3 - 0.7}{100[\mathrm{K}]} = 23[\mu\mathrm{A}]$로 계산된다. 한편, 트랜지스터가 능동 영역과 포화 영역의 경계에 있을 때에 $I_C = \beta I_B = 23[\mathrm{mA}]$이므로 출력 루프에서 $23[\mathrm{mA}] = \dfrac{5 - 0.1}{R_C}$이다. 따라서 포화 영역에서 동작하는 R_C의 범위는 $R_C \geq \dfrac{5 - 0.1}{2.3[\mathrm{mA}]} \cong 2.13[\mathrm{k}\,\Omega]$이다.

Quick Review

- 2개의 접합면이 있는 이미터-베이스-컬렉터로 이루어진 트랜지스터를 (   )라 한다.
- BJT의 전류에는 전자와 홀 모두 기여하므로 (   )이라 한다.
- BJT에서 각 영역의 농도는 (   ) > (   ) > (   )의 순이다.
- BJT에는 베이스-폭-변조에 따른 (   )가 있다.
- BJT는 차단 영역과 포화 영역에서 동작하는 (   )로 사용할 수 있다.

ANS BJT, 쌍극성(바이폴라), 이미터/베이스/컬렉터, 얼리효과, 디지털 스위치

9.3 MOS 전계효과 트랜지스터(MOSFET)

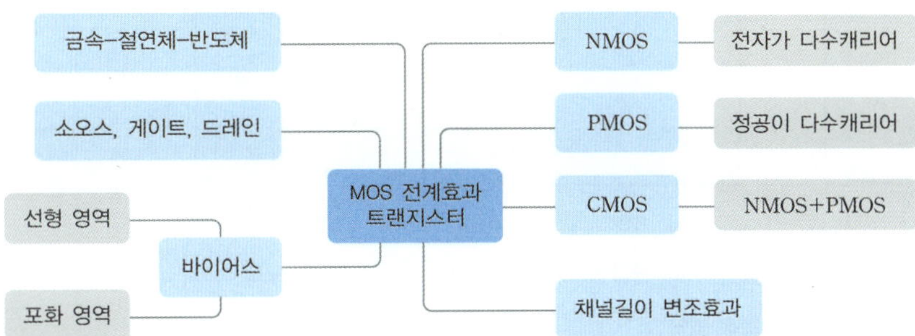

MOS의 구조

MOS[Metal-Oxide-Semiconductor]**는 [그림 9-17]과 같이 도체인 Metal(메탈, 금속), 부도체(절연체, 유전체)인 Oxide(옥사이드), 반도체인 Semiconductor(세미컨덕터)의 수직 구조로, 'MOS'는 그 첫 글자를 딴 것이다.** 반도체는 도핑 농도가 높으면 도체처럼 동작할 수 있으므로, MOS 구조는 도체와 도체 사이에 부도체(혹은 유전체)가 끼어 있는 커패시터 형태가 된다. 이러한 구조를 MOS 커패시터라고도 한다. 실제로는 고온에서 다루기 힘든 금속을 직접 사용하지는 않고, 고온에서 공정이 용이한 반도체인 폴리실리콘[poly-silicon]이라는 물질에 도핑을 하고 금속을 입혀 금속을 대체한다.

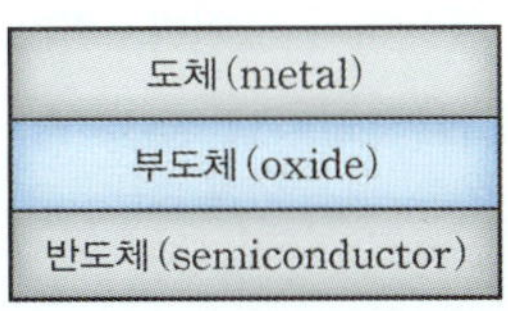

그림 9-17 도체-부도체-반도체의 MOS 구조

반도체 표면에 채널이 형성되면 도체와 같은 역할을 하기 때문에 MOS 커패시터는 도체-부도체(유전체)-도체 구조로서 6장에서 학습한 '도체 평판-유전체-도체 평판'으로 구성되는 평행판 커패시터의 기본적인 원리를 따른다.

MOS 커패시터의 3가지 동작 영역

MOS 커패시터는 평판 커패시터와 비슷하나 아래 평판이 반도체 기판이라는 점이 다르다. p형 기판은 시스템에서 가장 낮은 전압인 0[V]에 연결해놓고 게이트 전압 V_G를 변화시키면서 MOS 커패시터에서 동작 영역의 변화를 살펴보자. **MOS 구조의 3가지 동작 영역은 [그림 9-18]처럼 축적**accumulation**, 공핍**depletion**, 반전**inversion **모드로 나뉜다.**

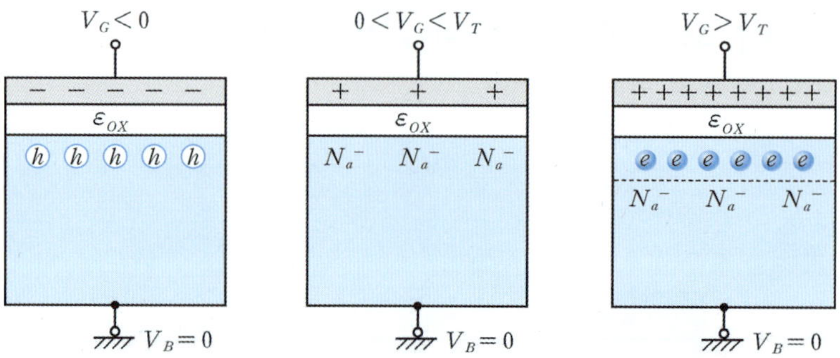

그림 9-18 MOS 커패시터의 동작 영역

❶ **축적 모드** : 게이트 전압이 $V_G < 0$일 때, 게이트에는 음전하가 모이고, 기판에는 같은 양의 홀이 모인다. 홀은 p형 기판의 다수캐리어이므로 이렇게 다수캐리어가 모이는 현상을 축적이라고 한다.

❷ **공핍 모드** : 게이트 전압이 $0 < V_G < V_t$일 때, [그림 9-18(b)]와 같이 반도체 표면에서 다수캐리어인 홀이 밀려나고 움직이지 못하는 음이온들이 드러나면서 공핍층을 형성한다. 전압을 더 올리면 공핍층이 늘어난다. 이러한 현상을 공핍이라고 한다.

❸ **반전 모드** : MOS 구조에는 문턱전압(V_T)threshold voltage[4]이 존재한다. 게이트 전압이 $V_T < V_G$일 때, 문턱전압 V_T를 넘어서면 음이온은 더 이상 반응하지 않고 공핍층도 그대로 유지된다. 추가된 게이트 전압에 의한 양전하에 대해 이제는 소수캐리어인 전자가 반응하여 모인다. 전자가 반응하는 것은 기판이 n형으로 된 것과 유사하므로 극성이 뒤집어졌다는 의미로 반전이라고 한다.

4 일반적으로 p형 기판일 경우 약 500[mV], n형 기판일 경우 약 −500[mV]이다.

MOSFET의 기본 동작

금속–산화막–반도체 전계효과 트랜지스터, 즉 MOSFET은 MOS 구조를 사용하는 FET이다. MOS 구조에서 반도체 부분을 기판substrate[5]으로 하여 절연체의 양 끝 부분에 도체 역할을 하는 반도체 영역인 소오스source와 드레인drain을 추가하면 [그림 9–19]와 같은 MOSFET이 된다. 여기서 소오스와 드레인의 도핑은 기판과 반대 극성이다.

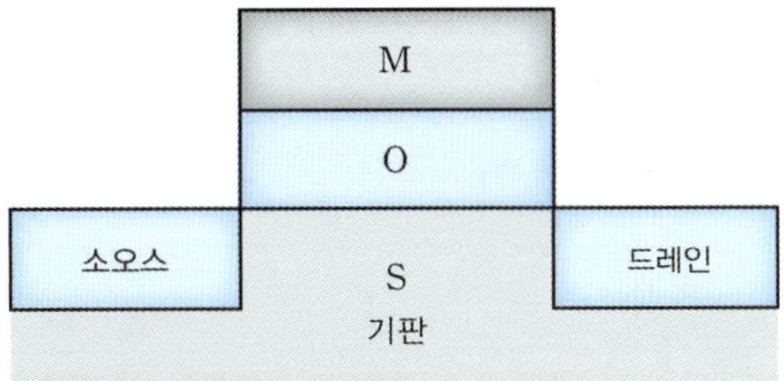

그림 9-19 MOSFET의 구조

MOSFET에는 NMOSFET과 PMOSFET이 있는데 각각 NMOS와 PMOS로 줄여서 말하기도 한다. **오늘날에는 대부분 NMOS와 PMOS를 한 기판 위에 제작하는 CMOS 공정**Complementary Metal-Oxide-Semiconductor process**을 활용한다.**

[그림 9–20]은 n형 반도체에서 전자를 캐리어로 사용하는 NMOS와 p형 반도체에서 홀을 캐리어로 사용하는 PMOS의 구조이다.[6]

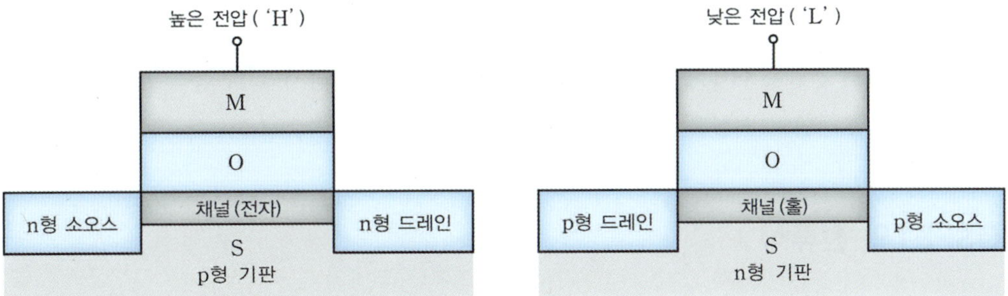

(a) NMOS (b) PMOS

그림 9-20 MOSFET의 두 종류

NMOS는 기본 MOS 구조에서 p형 기판을 바디로 사용하며, n형 드레인과 n형 소오스를 가진다. NMOS의 금속 게이트에 높은 전압 'H'를 가하면, 반도체 내의 (−) 전기를 띠는 전자가 옥사이드(산화막) 아래 채널channel을 형성한다. 한편 PMOS는 기본적인 MOS 구조에서 n형 기판을 바디로 사용하며, p형 드레인 및 p형 소오스를 가진다. PMOS의 금속 부분에 낮은 전압 'L'을 가하면, 반도체 내의 (+) 전기를 띠는 홀이 옥사이드 아래 채널을 형성한다. **이렇게 채널이 형성된 상태를 '트랜지스터가 ON되었다'라고 한다. 반면에 채널이 형성되어 있지 않다면 '트랜지스터가 OFF되었다'라고 한다.**

---

5 가공되지 않은 반도체 원래의 부분을 기판이라고 한다.

6 NMOS와 PMOS는 기판에 단자를 내어 바디(body, B)라고 한다. 실제로 MOSFET은 바디까지 포함하여 게이트, 드레인, 소오스, 바디의 4단자 소자가 되지만, 이 책에서는 이해의 폭을 훼손하지 않는 범위에서 바디를 생략하고 3단자 소자로 보기로 한다.

NMOS의 경우에는 [그림 9-21(a)]와 같이 채널이 형성된 상태에서 드레인에 높은 전압 'H'를 가하고 소오스에는 낮은 전압 'L'을 가한다. 전기장이 드레인에서 소오스 방향으로 형성되므로, 전자는 소오스에서 드레인으로 움직인다. 소오스는 말 그대로 (전자의) 원천이라는 의미이고, 드레인은 전자가 빠져나가는 단자를 의미한다. 따라서 전류는 드레인에서 소오스로 흐른다. 마찬가지로 PMOS의 캐리어인 홀은 양전하이므로, 높은 전위에서 낮은 전위로 이동한다. 따라서 [그림 9-21(b)]와 같이 높은 전압이 가해진 단자가 홀의 소오스가 되고 낮은 전압이 가해진 단자가 홀의 드레인이 된다. (+) 전기를 띠는 홀의 이동 방향은 전류의 방향과 같으므로 전류는 소오스에서 드레인으로 흐른다.

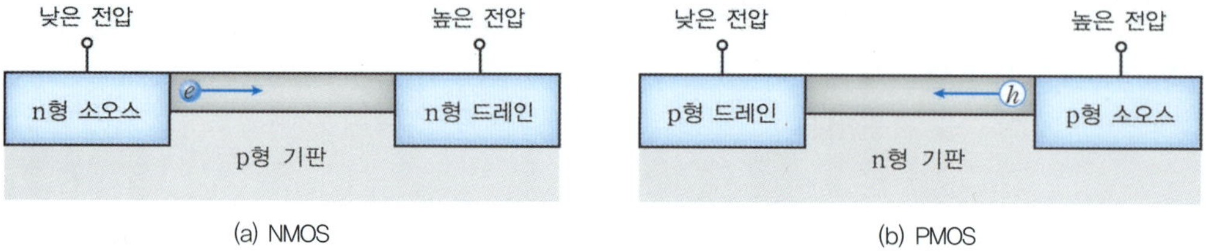

그림 9-21 채널에서 전하가 이동하는 모습

표준 CMOS 공정의 트랜지스터는 소오스와 드레인이 똑같이 만들어지므로, 그 역할은 제조 과정이 아닌, 회로 동작에서 전압을 어떻게 인가하느냐에 따라 결정된다. 따라서 회로 동작 시 인가전압을 바꾸면 소오스와 드레인의 역할을 바꿀 수 있다.

MOSFET의 전류식

이제 [그림 9-21]의 MOSFET 채널에 2차원의 기하학적인 구조를 추가하여 [그림 9-22]와 같이 채널의 폭 W[width]와 채널의 길이 L[length]이 나타나도록 하고, 트랜지스터의 전류-전압 식을 구해보자. 채널의 폭 W와 채널의 길이 L은 설계자가 바꿀 수 있는 변수이지만, 디지털 회로의 경우 그 공정에서 제공하는 최소 길이[minimum length]는 L_{min}으로 고정되므로, 실제로 설계자가 바꿀 수 있는 설계 변수는 채널 폭 W뿐이다. **게이트는 도체이므로 모든 영역의 전압이 V_G가 된다. 캐리어가 전자인 경우(NMOS인 경우) 드레인 전압 V_D가 소오스 전압 V_S보다 더 높아야 한다.**

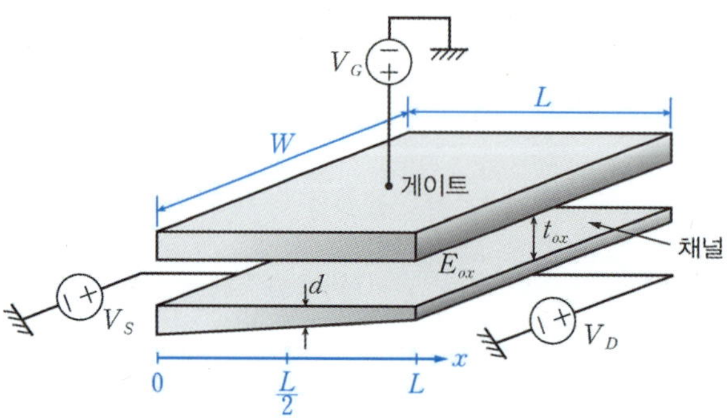

그림 9-22 MOSFET에서 n 채널의 구조

채널의 시작점인 $x=0$ 지점에서 MOS 커패시터 양단 간 전압은 $V_G - V_S = V_{GS}$이고, 채널 종점인 $x=L$ 지점에서 MOS 커패시터 양단 간 전압은 $V_G - V_D = V_{GD}$이다. 만약 $V_{GS} > V_t$이고 $V_{GD} > V_t$이면, 소오스와 드레인 양쪽 모두에 채널이 형성되어 소오스와 드레인 사이에 채널에 의한 저항이 만들어진다. 채널은 전자의 모임이므로 양단 간의 전압이 높을수록 전하량의 농도가 높아진다. 따라서 소오스 부근에서는 채널이 두껍고, 드레인으로 갈수록 양단 간 전압이 점점 낮아져서 채널이 얇아진다. [그림 9-22]처럼 x축을 따라 선형적으로 채널의 두께가 변한다고 가정하는 것을 '점진적 채널 근사gradual channel approximation'라고 한다.

채널의 기하학적인 크기와 상관없는 단위면적당 전류인 전류밀도 J [A/cm^2]는 단위시간에 단위면적을 통과하는 전하량이므로 채널의 농도가 진할수록(전하량이 많을수록), 전하의 속도가 빠를수록 커진다. 이를 수학적으로 표현하면 다음과 같다.

$$J = \rho v \tag{9.9}$$

여기서 ρ는 전하의 농도[Coulomb/cm^3]를, v는 전하의 속도[cm/sec]를 나타낸다. 이 식에는 모든 전계효과 트랜지스터 FET의 전류식을 나타내는 가장 기본적인 개념이 담겨 있다. 게이트 전압 V_G를 키울수록 커패시터의 원리에 의해 채널에 쌓이는 전자 양이 증가할 것이므로 전하의 농도 ρ는 증가한다. 또한 드레인과 소오스 간의 전압 V_{DS}를 키울수록 채널 내에서 전기장의 세기 E가 강해지므로 식 (7.15)인 $v = \mu E$에 의해 전자의 속도가 빨라진다.

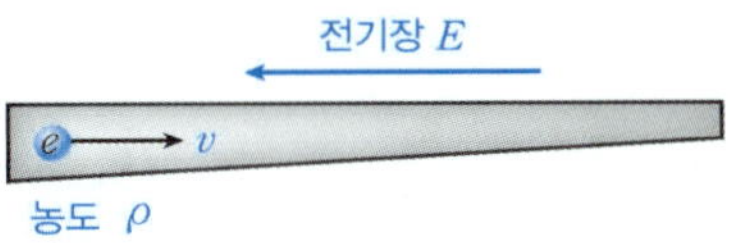

그림 9-23 MOSFET 채널에서 전자의 이동 모형

출력전류 I_D에는 전류밀도 J에 채널의 기하학적인 크기 정보가 추가된다. [그림 9-22]의 3차원 모형에서 소오스에서 드레인으로 전자가 통과하는 면적을 살펴보면, 채널 두께는 점점 얇아지므로 출력전류 I_D는 $x = L/2$ 지점의 평균 두께 d와 채널의 폭 W의 곱이 된다. 따라서 다음과 같이 표현할 수 있다.

$$I_D = (Wd) \cdot (\rho v) \tag{9.10}$$

이제 채널의 전자 농도를 구해보자. 게이트와 채널 간 전압은 소오스인 $x=0$에서는 V_{GS}이고, 드레인인 $x=L$ 지점에서는 $V_{GD}=V_{GS}-V_{DS}$이다. 평균값인 $x=L/2$ 지점에서는 '점진적 채널 근사'를 적용하여 $V_{GS}-\frac{V_{DS}}{2}$가 된다. MOSFET의 게이트-소오스 간 전압이 문턱전압 V_T를 넘어서야 채널이 형성되므로, 평균값인 $x=L/2$ 지점에서 실제로 채널의 전자 형성에 기여하는 전압은 $V_{GS}-\frac{V_{DS}}{2}-V_T$이다. 여기에 단위면적당 커패시턴스 C_{ox}를 곱하면 단위면적당 전하량[C/cm^2]이 된다. 농도 ρ는 단위부피당 전자의 양[C/cm^3]이므로 채널의 평균 두께 d로 나눠준다. 따라서 전자의 농도는 식 (9.11)과 같다.

$$\rho=\frac{C_{ox}\left(V_{GS}-V_T-\frac{V_{DS}}{2}\right)}{d} \tag{9.11}$$

전기장 $\mathcal{E}$는 변위에 대한 전압의 변화율을 의미하므로 양단에 일정한 전압이 걸려 있다면 전기장의 세기는 양단 사이의 전압 V를 양단 간의 길이 L로 나눈 값이 되어 $\mathcal{E}=\frac{V}{L}$가 된다. 전자의 속도 v는 식 (7.15)에 따라 전자의 이동도 μ와 전기장의 세기 $\mathcal{E}=\frac{V_{DS}}{L}$의 곱이므로 다음과 같다.

$$v=\mu\frac{V_{DS}}{L} \tag{9.12}$$

선형 영역(linear region)

식 (9.10), 식 (9.11), 식 (9.12)에 대해 출력전류는 다음과 같다.

$$I_D=\frac{\mu C_{ox}}{2}\frac{W}{L}\left[2(V_{GS}-V_T)V_{DS}-V_{DS}^2\right] \tag{9.13}$$

트랜지스터가 완전히 턴 온될 경우, V_{DS}가 내우 작은 값이 되므로 제곱 항을 무시하면 다음과 같다.

$$I_D\approx\mu C_{ox}\frac{W}{L}(V_{GS}-V_T)V_{DS} \tag{9.14}$$

채널에 가해주는 전계를 제공하는 V_{DS}는 채널 양단 간의 전압으로 간주할 수 있다. V_{GS}가 일정할 때, 출력전압 V_{DS}와 출력전류 I_D의 비는 트랜지스터의 턴 온 저항이며, 옴의 법칙에 대해 다음과 같이 나타낼 수 있다.

$$R_{ON}=\frac{V_{DS}}{I_D}\approx\frac{1}{\mu C_{ox}\frac{W}{L}(V_{GS}-V_T)} \tag{9.15}$$

식 (9.15)에서 **W를 높일수록 전류가 많이 흐르므로, 트랜지스터의 턴 온 저항이 작아지는 것**을 관찰할 수 있다.

포화 영역(saturation region)

이번에는 $V_{GS} > V_T$이고, $V_{GD} < V_T$인 경우를 살펴보자. 이 경우 [그림 9-24(a)]와 같이 소오스에는 채널이 있지만 드레인에는 채널이 없다. 이렇게 채널이 중간에 끊긴 것을 '핀치오프pinch-off 되었다'라고 한다. **채널의 핀치오프 점은 게이트 전압에서 V_T만큼만 차이가 나서 맺히는 지점이므로 $V_G - V_T$가 된다.**

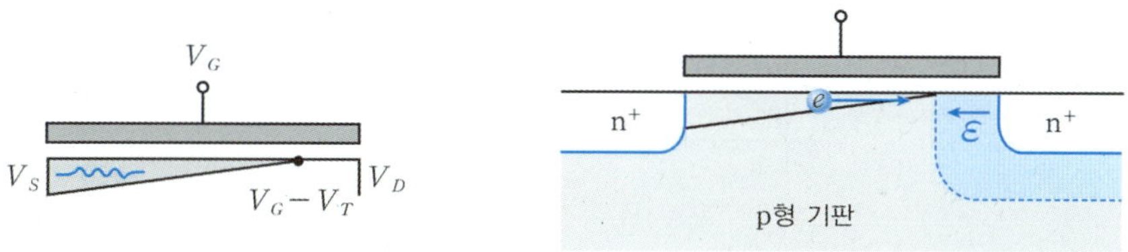

(a) 채널 핀치오프 전압 (b) 채널 핀치오프와 드레인 영역 공핍층

그림 9-24 채널 핀치오프 모형

채널 양단의 전압은 $(V_G - V_T) - V_S = V_{GS} - V_T$로 드레인 전압과 무관하다. **이를 채널 핀치오프 전압**channel pinch-off voltage**이라고 한다.** [그림 9-24(b)]와 같이 드레인과 기판 사이에 존재하는 공핍층에는 전계가 존재하고 채널을 거쳐 옴의 법칙으로 넘어온 전자는 전계에 의해 끌려가서 드레인으로 빠져나간다. 따라서 **V_{DS}를 증가시켜도 채널 양단 간의 전압은 고정되어 있으므로 옴의 법칙에 의해 전류는 더 이상 증가하지 않고 포화된다. 이러한 영역을 포화 영역이라고 한다.**[7]

식 (9.13)에서 채널 양단 간 전압 V_{DS} 대신 $V_{GS} - V_T$를 대입하면 다음과 같이 포화 영역의 전류식을 얻을 수 있다.

$$I_D = \frac{\mu C_{ox}}{2}\frac{W}{L}(V_{GS} - V_T)^2 = \frac{K}{2}(V_{GS} - V_T)^2 \qquad (9.16)$$

여기서 K는 전류상수이다. **이때는 드레인 전압과 상관없는 전류원이 된다.** [그림 9-25(a)]는 출력 특성곡선을 보기 위한 테스트 회로이다. V_{GS}를 고정시키고 V_{DS}를 0에서부터 증가시켜 나가면 식 (9.13)과 같은 포물선을 따른다. V_{DS}가 $V_{GS} - V_T$를 넘어서면 포화 영역으로 들어가서 식 (9.16)을 따라 일정한 전류가 흐른다. $V_{DS} \geq V_{GS} - V_T$인 조건에서 V_{GS}를 증가시키면 포화 영역의 전류는 식 (9.16)에 의해 제곱에 비례하여 증가한다.

7 MOSFET의 포화 영역은 BJT의 능동 영역에 해당하고, MOSFET의 선형 영역은 BJT의 포화 영역에 해당한다. 따라서 용어를 혼동하지 않도록 조심해야 한다.

전체적으로 모든 동작 영역의 조건을 살펴보면, ❶ $V_{GS} \leq V_T$인 OFF 영역, ❷ $V_{GS} > V_T$이고 $V_{DS} < V_{GS} - V_T$인 선형 영역, ❸ $V_{GS} > V_T$이고 $V_{DS} \geq V_{GS} - V_T$인 포화 영역으로 정의된다.

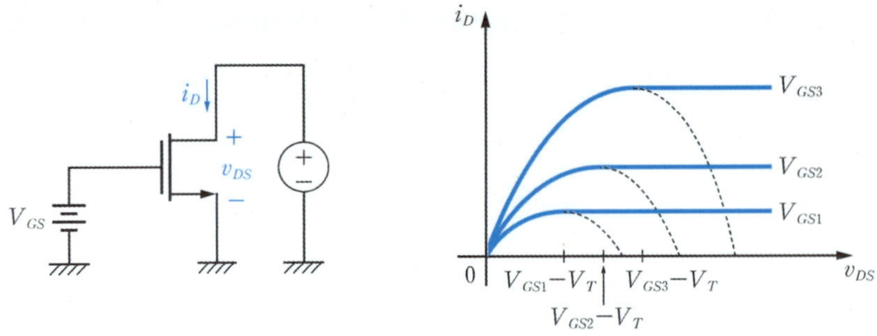

(a) 출력 특성을 측정하기 위한 테스트 회로 (b) 출력 전류-전압 특성곡선

그림 9-25 트랜지스터의 출력 특성

MOSFET의 회로 기호

MOSFET은 아날로그 회로로 동작할 때와 디지털 스위치로 동작할 때 회로의 기호가 다르다. 먼저 디지털 스위치로 동작할 때는 [그림 9-26(a)]와 같이 [그림 9-20]의 MOSFET 구조를 흉내 내어 기호로 나타낸다. 여기에 게이트(G), 소오스(S), 드레인(D)을 나타낼 수 있으며, 바디(B)는 표기하기도 하지만 주로 생략한다. NMOS의 경우 게이트에 'H'를 가하면, [그림 9-26(b)]와 같이 채널이 형성되어 소오스와 드레인이 연결되고(ON 상태, 선형 영역), 'L'를 가하면 채널이 형성되지 않아 소오스와 드레인의 연결이 끊긴다(OFF 상태). 이는 마치 **게이트의 논리값에 따라 ON/OFF가 제어되는 스위치와 같다.** 이러한 동작 때문에 디지털 회로에서 MOS 트랜지스터를 'MOS 스위치MOS switch'라고도 한다.

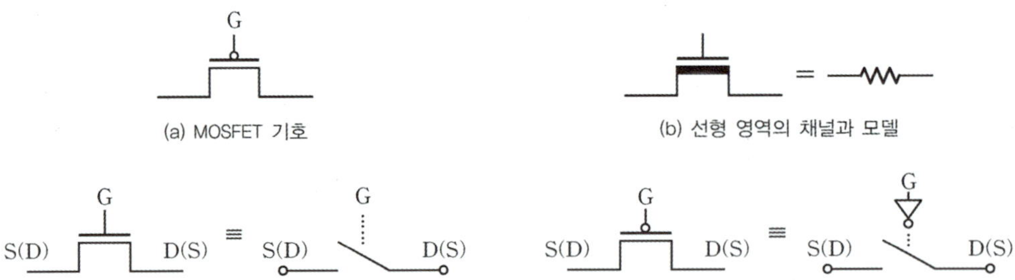

(a) MOSFET 기호 (b) 선형 영역의 채널과 모델

(c) NMOS 스위치 (d) PMOS 스위치

그림 9-26 MOS 스위치의 기호

PMOS의 경우는 반대로 게이트에 'L'를 가하면 [그림 9-20(b)]와 같이 채널이 형성되어 소스와 드레인이 연결되고, 'H'를 가하면 채널이 형성되지 않아 소스와 드레인의 연결이 끊긴다. 즉 NMOS 스위치의 동작과 반대이므로, **NMOS 스위치의 게이트(G) 논리값에 NOT 게이트를 통과시키는 것과 같다고 볼 수 있다.** 따라서 MOS 스위치에 NOT 게이트를 상징하는 작은 원인 버블bubble을 붙인다. 이는 마치 MOS 스위치의 게이트에 반전된 제어신호가 입력되는 것과 같다.

MOSFET이 아날로그 회로로서 동작할 때는 채널이 핀치오프되어 포화 영역에서 동작하는 것이므로 [그림 9-27(a)]와 같이 전류원으로 간주할 수 있다. 소스와 드레인을 구별하기 위해 소스에 화살표를 붙인다. 화살표는 실제 흐르는 전류의 방향을 나타낸다. NMOS는 화살표가 나가는 방향으로, PMOS는 화살표가 들어가는 방향으로 그린다. 게이트-소스 간 전압을 v_{GS}, 드레인-소스 간 전압을 v_{DS}, 드레인-소스 간 전류를 i_{DS}로 표기한다. PMOS는 소스가 게이트 및 드레인보다 전압이 높고 전류가 소스에서 드레인으로 흐르므로 v_{GS}, v_{DS}, i_{DS}가 모두 (−) 값이 된다.

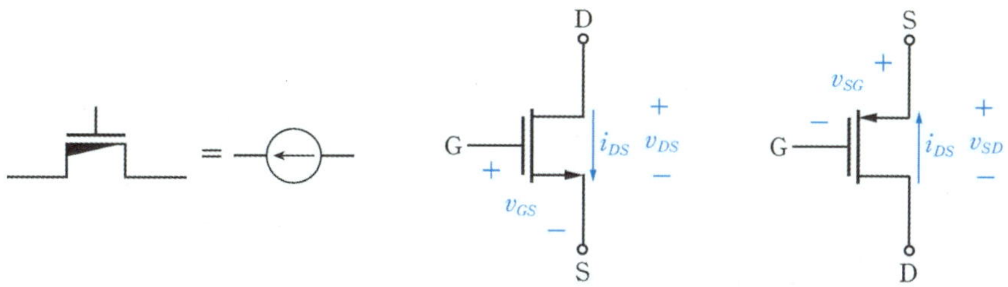

(a) 포화된 MOSFET의 개념도 (b) NMOS의 회로 기호 (c) PMOS의 회로 기호

그림 9-27 포화 영역의 MOSFET의 표현

MOSFET의 경우 게이트 전류가 0이므로 입력전류를 게이트 전류, 출력전류를 드레인 전류라고 하면 전류 이득이 무한대이다.

예제 9-4

[그림 9-28]과 같은 회로에서 트랜지스터가 포화 영역에서 동작하기 위한 드레인 저항 R_D의 범위를 구하라. 단, NMOS 트랜지스터의 전류상수는 $K = 1[\text{mA/V}^2]$, 문턱전압은 $V_T = 1[\text{V}]$이다.

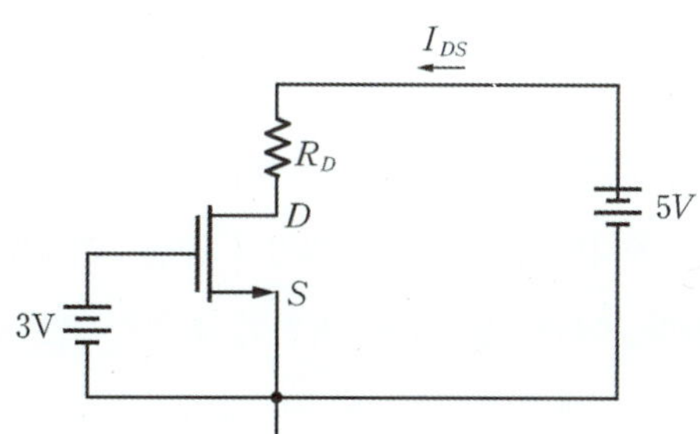

그림 9-28 NMOS 응용 회로

풀이

NMOS 트랜지스터의 게이트-소오스 간 전압은 $V_{GS} > V_T$이므로 소오스에는 채널이 형성되어 있다. 트랜지스터가 포화 영역에서 동작하기 위해서는 드레인에 채널이 형성되지 않아야 한다. 즉, $V_{GD} < V_T$여야 한다. 포화 영역에서 드레인 전류는 $I_{DS} = \frac{K}{2}(V_{GS} - V_T)^2 = \frac{1\text{m}}{2}(3-1)^2 = 2[\text{mA}]$이다. 한편, 드레인 전압은 $V_D = 5 - I_{DS} \cdot R_D$이고 $V_G = 3[\text{V}]$이므로 $V_D = 5 - I_{DS} \cdot R_D \geq 2[\text{V}]$이어야 한다.

$$\therefore R_D \leq \frac{5-2}{I_{DS}} = \frac{3}{2[\text{mA}]} = 1.5[\text{k}\Omega]$$

예제 9-5

[그림 9-29]의 회로에서 $|V_{DS}| = \frac{1}{10}(|V_{GS}| - |V_{TP}|)$일 때, 식 (9.15)를 이용하여 MOSFET의 턴 온 저항 R_{ON}을 구하라. 단, PMOS 트랜지스터의 전류상수는 $K = 1[\text{mA/V}^2]$, 문턱전압은 $V_{Tp} = -1[\text{V}]$이다.

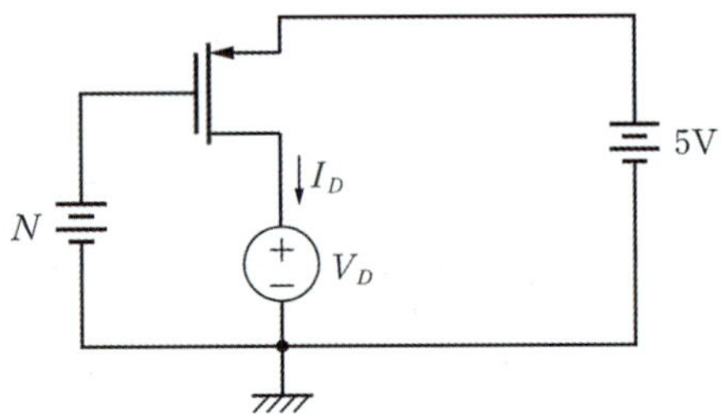

그림 9-29 PMOSFET으로 만든 MOS 커패시터

풀이

주어진 회로로부터 PMOSFET의 드레인 전압은 5[V], 게이트 전압은 1[V]이다. $|V_{DS}| = \frac{1}{10}(|V_{GS}| - |V_{TP}|)$이므로 MOSFET은 선형 영역에서 동작하며, 턴 온 저항을 구할 때 $|V_{DS}| \ll |V_{GS}| - |V_{TP}|$을 적용하면 식 (9.15)를 활용할 수 있다.

$$\therefore R_{ON} = \frac{|V_{DS}|}{|I_{DS}|} \cong \frac{1}{K(|V_{GS}| - V_{T_p})} = \frac{1}{(1)(|1-5|-1)} = \frac{1}{3}[\text{k}\Omega]$$

채널길이 변조효과

MOSFET이 포화 영역에서 동작할 때, 식 (9.16)에 의하면 출력 드레인 전류는 게이트 전압이 일정한 경우 출력전압 V_{DS}와 상관없이 일정하다. V_{DS}를 올리면 실제로는 드레인의 공핍층이 확장하면서 채널이 $L \rightarrow L'$으로 소오스 쪽으로 점점 밀려간다. 이를 '핀치오프 지점이 소오스 쪽으로 이동한다'라고 한다. 식 (9.16)에 의하면 채널길이는 분모 항에 있으므로 채널이 짧아지면 전류가 커진다. 따라서 MOSFET이 포화 영역에서 동작할 때 V_{DS}의 증가에 따라 전류가 약간 증가한다.

[그림 9-30]은 V_{GS}를 파라미터로 하여 V_{DS}를 증가시키면서 드레인 전류 I_{DS}를 측정한 그림이다.

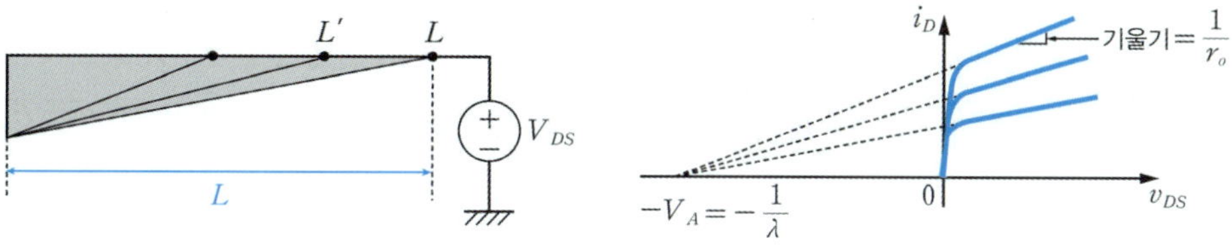

(a) 채널길이의 변조 모형 (b) MOSFET의 얼리전압

그림 9-30 채널길이 변조 현상

전류의 기울기를 연장해보면 BJT처럼 한 점에서 만난다. 앞에서 이를 얼리전압 V_A이라고 했다. **MOSFET에서는 V_{DS}의 증가에 대한 전류 증가분을 λ라는 파라미터를 도입하여 식을 수정했다. 여기서 λ를 채널길이 변조 파라미터**channel-length modulation parameter**라고 하며 채널길이에 따라 0.01 ~0.1 사이의 값을 갖는다.**

$$I_D = \frac{\mu C_{ox}}{2} \frac{W}{L} (V_{GS} - V_T)^2 (1 + \lambda V_{DS}) \tag{9.17}$$

그렇다면 채널길이에 따라 달라지는 것은 없을까? [그림 9-31]의 장채널 트랜지스터와 단채널 트랜지스터의 λ 값을 살펴보자.

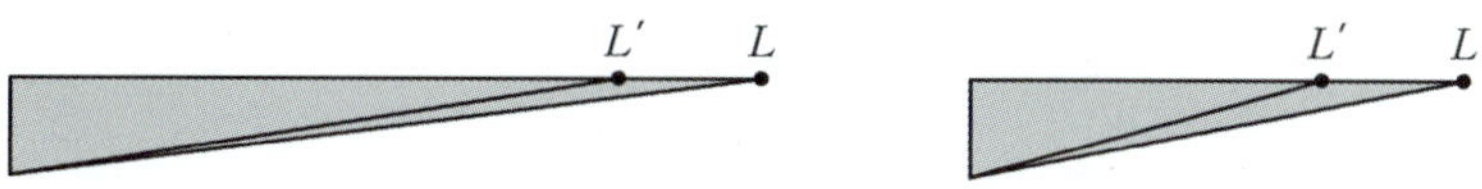

(a) 장채널 (b) 단채널

그림 9-31 채널길이에 따른 채널길이 변조 모형

같은 길이만큼 핀치오프 지점이 소오스 쪽으로 이동해도 단채널의 채널길이 변화는 장채널보다 훨씬 더 심하여 λ 값이 커진다. 일반적으로 λ 값은 채널길이에 반비례한다.

$$\lambda \propto \frac{1}{L} \tag{9.18}$$

따라서 채널길이 변조효과가 작은 이상적인 특성에 가까운 트랜지스터를 구현하려면 장채널 트랜지스터를 사용해야 한다.

MOSFET과 BJT의 비교

회로를 실제로 IC로 구현할 때, 가장 기본이 되는 트랜지스터는 MOSFET 외에 BJT(바이폴라 접합 트랜지스터)가 있다. 초기의 집적회로(IC)들을 살펴보면, 디지털 집적회로에서는 MOSFET을 사용하였으나 아날로그 회로에서는 전류 구동 능력과 잡음 특성이 좋은 BJT를 기준으로 설계했다.

그러나 오늘날 우리가 사용하는 IC는 대부분 MOSFET으로 만들어진다. 왜 그렇게 되었을까? 집적도의 관점에서 MOSFET의 우수한 점은 식 (9.13)과 식 (9.16)의 전류식에서 보듯이 전류의 크기가 폭 W와 길이 L의 비에 비례한다는 점이다. L이 짧아져도 W를 같이 줄여서 W/L의 비를 유지한다면 전류의 크기는 그대로 유지된다. 집적도를 좌우하는 트랜지스터의 채널면적은 $W \times L$이므로 [그림 9-32]에서 보듯이 큰 면적의 MOSFET이나 작은 면적의 MOSFET 모두 같은 전류 구동 능력을 갖는다.

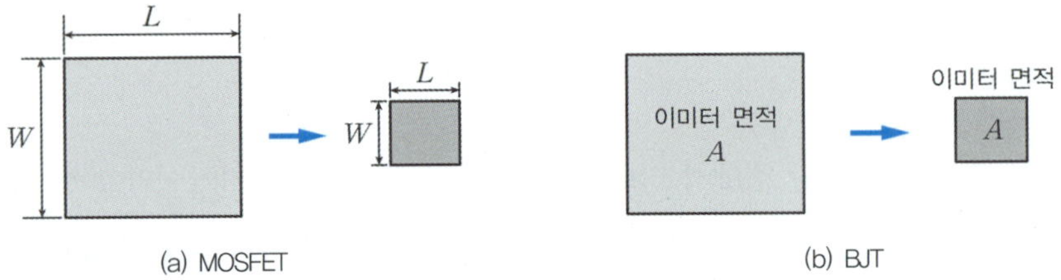

그림 9-32 트랜지스터 면적의 비례축소

전통적인 경쟁자 BJT의 경우 출력 컬렉터 전류는 다음과 같다. 이는 이미터 면적 A에 비례한다.

$$I_c = A\,J_s\left[\exp\left(\frac{V_{BE}}{V_T}\right) - 1\right] \tag{9.19}$$

다시 말해 이미터 면적을 줄이면 전류의 크기가 감소하므로 트랜지스터를 비례축소하기가 상대적으로 훨씬 어렵다. 이러한 근본적인 차이가 결국 MOSFET을 승자로 만든 요인이다.

Quick Review

- MOS는 게이트 전압에 따라 (   ), (   ), (   ) 동작 모드가 있다.
- 전류에 기여하는 캐리어가 공급되는 곳은 (   ), 캐리어가 빠져나가는 곳은 (   )이다.
- MOSFET이 온될 때, (   ) 영역 혹은 (   ) 영역에서 동작한다.
- 포화 영역은 채널의 두께가 점점 작아지다가 (   ) 점에서 끝난다.
- MOSFET이 포화 영역에서 동작할 때 V_{DS}가 증가하면 전류가 증가하는 것을 (   )라 한다.

ANS 축적/공핍/반전, 소오스/드레인, 선형/포화, 핀치오프, 채널길이 변조효과

심화 내용
사이리스터

CHAPTER 09 기본문제

9.1 다음 중 [그림 9-33]과 같은 npn 트랜지스터의 동작에 대한 설명으로 옳지 않은 것은?

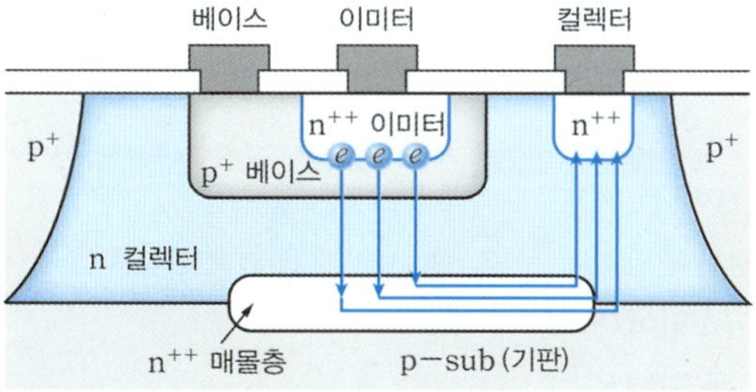

그림 9-33

① 트랜지스터의 활성(능동) 영역에서 다수캐리어는 수직으로 움직인다.
② 이미터에서 컬렉터로 전류가 흐른다.
③ n^{++} 매몰층은 컬렉터 영역의 저항을 줄이는 역할을 한다.
④ 이미터의 면적이 좁아지면 다수캐리어의 개수가 줄어든다.

9.2 다음 중 바이폴라 트랜지스터에 대한 설명으로 옳지 않은 것은?

① 전자와 홀이 모두 전류에 기여한다.
② 드리프트 현상에 의해 전류가 제어된다.
③ 이미터의 도핑 농도가 가장 높다.
④ 베이스의 영역이 얇을수록 전류가 더 많이 흐른다.

9.3 다음 중 BJT의 얼리전압 V_A에 대한 설명으로 옳지 않은 것은?

① 바이어스 전류 I_{CQ}가 증가하면 얼리전압 V_A는 커진다.
② 컬렉터-이미터 전압 v_{CE}가 커지면 베이스 영역의 변화로 인해 전류가 커진다.
③ 이상적인 트랜지스터는 $V_A = \infty$이다.
④ 증폭기의 전압이득에 영향을 미친다.

9.4 [그림 9–34]의 공통 이미터 회로의 등가회로에 대한 설명으로 옳지 않은 것은?

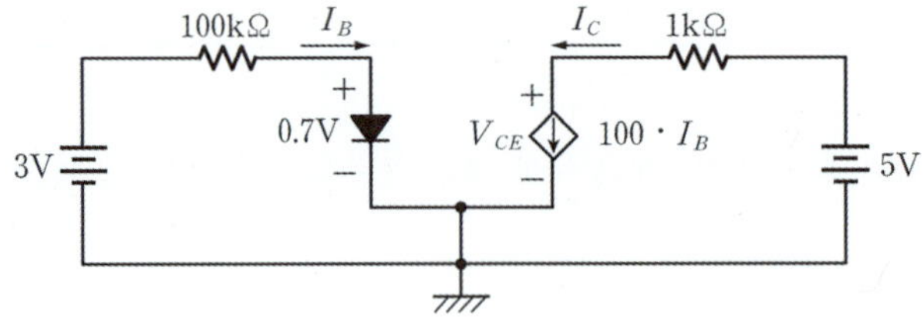

그림 9-34

① 컬렉터 전압은 베이스 전류 I_B와 무관하다.

② 이 트랜지스터의 전류 이득 β는 100이다.

③ 베이스–컬렉터 접합은 역방향 바이어스되어 있다.

④ 트랜지스터는 순방향 능동 영역에서 동작한다.

9.5 [그림 9–35]의 회로에서 트랜지스터가 능동 영역에서 동작하기 위한 R_C의 최댓값은?

① $\dfrac{10-V_{BE(ON)}}{\beta I_{BQ}}$ ② $\dfrac{10-V_{BE(ON)}}{I_{BQ}}$

③ $\dfrac{10-V_{CE(Sat.)}}{\beta I_{BQ}}$ ④ $\dfrac{10-V_{CE(Sat.)}}{I_{BQ}}$

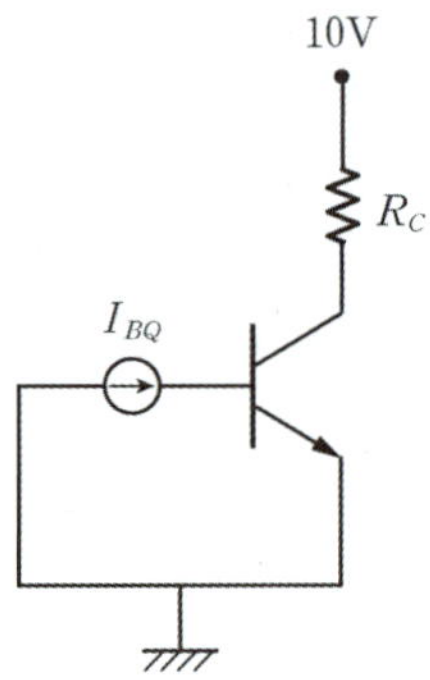

그림 9-35

9.6 다음 중 [그림 9–36]의 바이어스 회로에 대한 설명으로 옳은 것은?

① R_1과 R_2에 흐르는 전류는 같다.

② R_C가 커질수록 포화 영역으로 들어갈 가능성이 커진다.

③ 베이스 전압은 $10 \cdot \dfrac{R_2}{R_1+R_2}$[V]이다.

④ R_1, R_2 값을 같은 비율로 키운다면 베이스 전류는 일정하다.

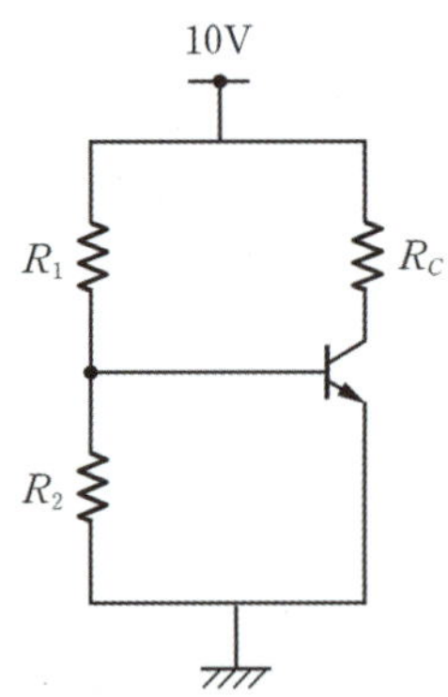

그림 9-36

9.7 다음 중 NMOSFET의 동작에 대한 설명으로 옳지 않은 것은? 단, 문턱전압은 $V_T = 1[\text{V}]$이다.

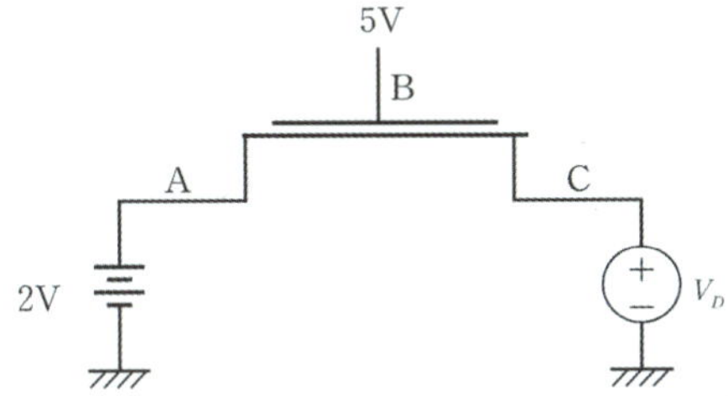

그림 9-37

① $V_D \leq 4[\text{V}]$이면 B와 C 사이에 채널이 형성된다.

② $V_D = 2[\text{V}]$이면 전류가 흐르지 않고 채널이 형성되지 않는다.

③ $V_D = 5[\text{V}]$이면 채널이 핀치 오프된다.

④ $0[\text{V}] \leq V_D < 2[\text{V}]$이면 노드 A가 드레인이 된다.

9.8 다음 중 [그림 9-38]의 MOSFET 회로에 대한 설명으로 옳은 것은? 단, 트랜지스터의 문턱전압은 V_T이다.

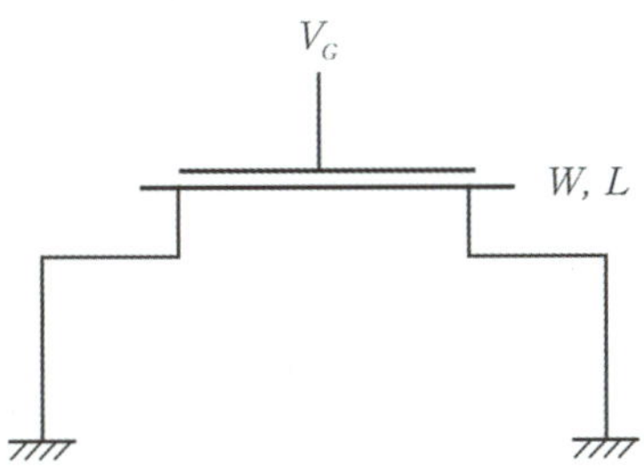

그림 9-38

① 채널길이 L과 상관없이 채널길이 변조 파라미터 λ 값은 일정하다.

② $V_G > V_T$이면 드레인에서 소오스로 전류가 흐른다.

③ $V_G > V_T$이면 게이트와 채널 사이에 캐패시턴스가 형성된다.

④ 채널 폭 W와 채널길이 L을 같은 비율로 키우면 캐패시턴스는 그대로 유지된다.

9.9 다음 중 [그림 9-39]의 회로 동작에 대한 설명으로 옳지 않은 것은?

① 트랜지스터는 포화 영역에서 동작하고 있다.

② 트랜지스터에는 1[mA]와 부하저항 R_L에 흐르는 전류의 합이 흐른다.

③ $V_{OUT} = 5 - V_{GS}$[V]가 형성된다.

④ R_L의 값이 커질수록 V_{OUT}의 값이 하강한다.

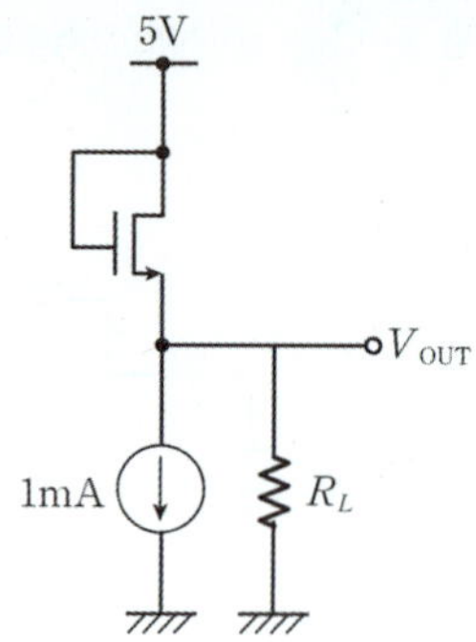

그림 9-39

9.10 다음 중 [그림 9-40]과 같은 MOSFET 회로의 동작에 대한 설명으로 옳은 것은? 단, 트랜지스터의 문턱전압의 크기는 1[V]이다.

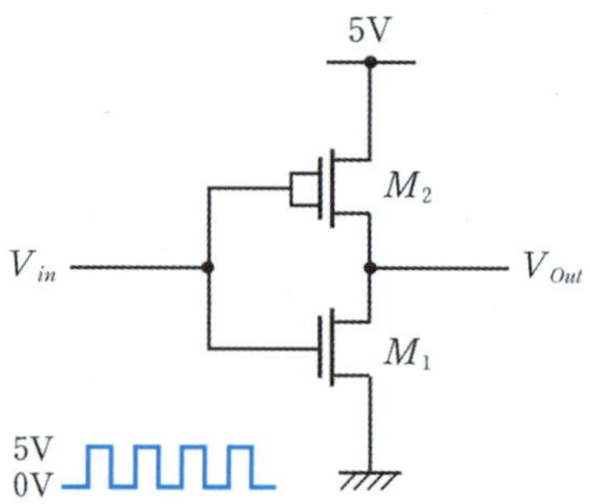

그림 9-40

① $V_{in} = 0$[V]이면 M_1은 오프, M_2는 선형 영역에서 동작한다.

② $V_{in} = 0$[V]이면 M_1, M_2 모두 오프된다.

③ $V_{in} = 5$[V]이면 M_2는 오프, M_1은 포화 영역에서 온된다.

④ $V_{in} = 5$[V]이면 M_1, M_2 모두 턴 온된다.

CHAPTER 09

연습문제

9.1 [그림 9-41]과 같이 순방향 능동 영역에서 $V_{BE}=780$[mV]로 바이어스된 BJT 트랜지스터가 있다. 이미터는 길이 $W_E=10^{-3}$[cm], 도핑 농도 $N_E=10^{18}$[cm^{-3}]이며, 베이스는 길이 $W_B=10^{-4}$[cm], 도핑 농도 $N_B=10^{16}$[cm^{-3}]이다. 이 트랜지스터에 흐르는 전류밀도 J_C, J_B, J_E를 각각 구하라. 단, 열전압 $V_t=26$[mV], 진성 캐리어 농도 $n_i=10^{10}$[m^{-3}], 전자 확산계수 $D_n=35$[cm^2/sec], 홀 확산계수 $D_p=12$[cm^2/sec]이다.

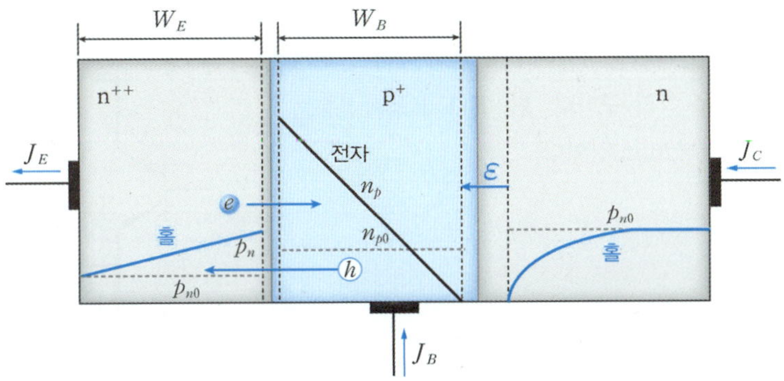

그림 9-41

9.2 어떤 BJT의 출력 특성 곡선이 [그림 9-42]와 같다. 이 트랜지스터에서 $I_{C0}=10$[mA]가 흐르는 경우와 $I_{C1}=5$[mA]가 흐르는 경우에 대해 트랜지스터의 출력 저항 $r_0=\dfrac{\Delta v_{CE}}{\Delta i_C}$를 각각 구하라. 단, 트랜지스터의 얼리전압은 $V_A=100$[V]이다.

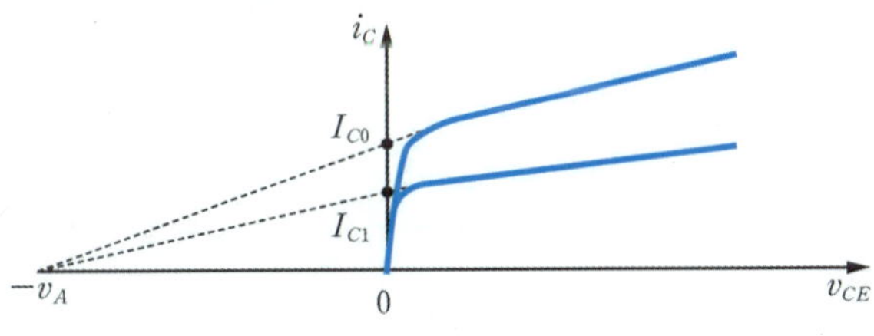

그림 9-42

9.3 [그림 9-43]의 BJT 회로에서 $V_{in} = 4.7[V]$를 인가할 때 출력전압 V_{out}을 구하라. 단, 트랜지스터의 전류이득은 $\beta = 100$, 턴 온 전압은 $V_{BE(ON)} = 0.7[V]$, 얼리 전압은 $V_A = \infty$라고 가정한다.

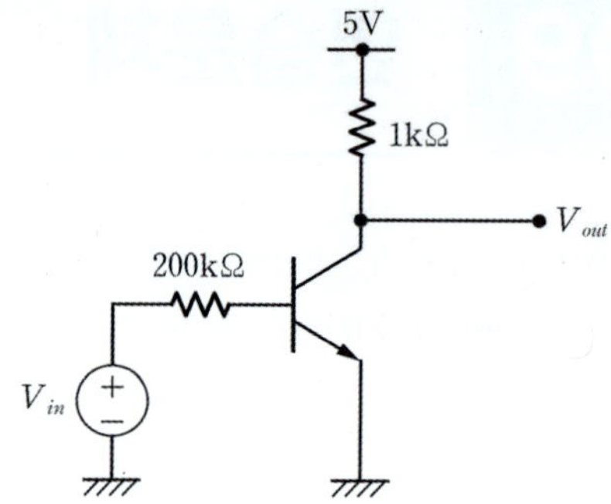

그림 9-43

9.4 [그림 9-44]의 회로에서 입력전압 $V_{in} = 0[V]$, $5[V]$의 신호가 인가될 때 출력전압 V_{out}을 각각 구하라. 단, BJT의 포화전류는 $I_S = 1[pA]$, 열전압은 $V_t = 26[mA]$이다.

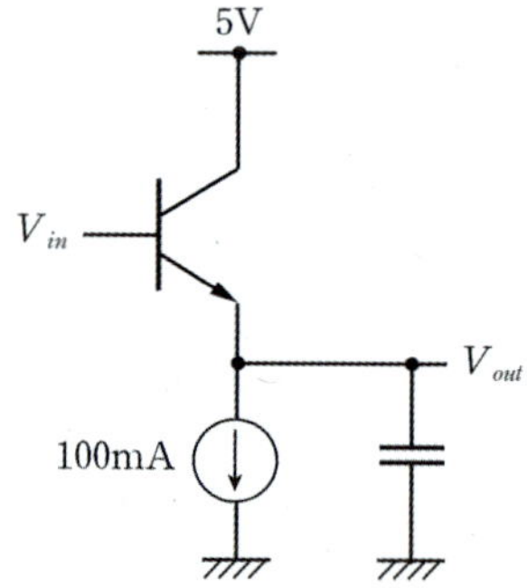

그림 9-44

9.5 [그림 9-45]의 회로에서 입력 A와 입력 B에는 0[V] 또는 5[V]의 디지털 신호가 인가된다. 다음의 물음에 답하라. 단, 트랜시스터의 선류 이득은 $\beta = 100$, 베이스-이미터 턴 온 전압은 $V_{BE(ON)} = 0.7[V]$, 포화 전압은 $V_{CE(Sat.)} = 0.1[V]$라고 가정한다.

(a) 두 입력 중 하나만 5[V]일 경우, 트랜지스터에 흐르는 전류를 구하라.

(b) 두 입력이 모두 5[V]일 경우, Q_1과 Q_2에 흐르는 전류를 각각 구하라.

(c) 이 회로의 논리 동작을 설명하라.

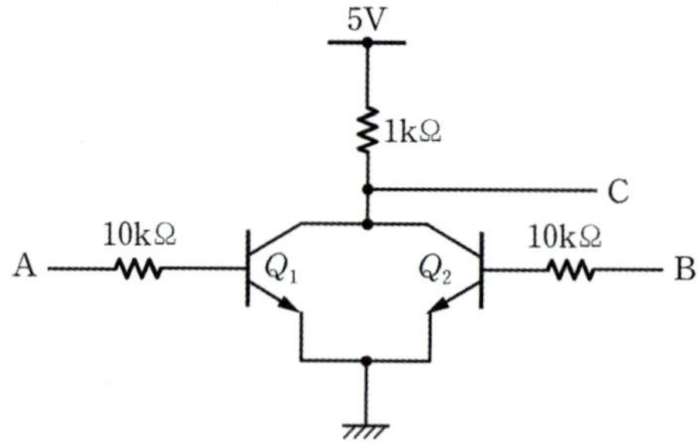

그림 9-45

9.6 [그림 9-46]의 MOSFET 회로에서 V_D는 3~5[V]로 가변한다. 이 회로의 동작에 대해 다음의 물음에 답하라. 단, 트랜지스터의 문턱전압은 $V_T=0.5$[V], 전류상수는 $K=4$[mA/V^2]이다. 또한 채널길이 변조효과와 바디효과는 무시한다.

(a) 트랜지스터의 동작 영역을 설명하라.

(b) 드레인 전류 I_D를 구하라.

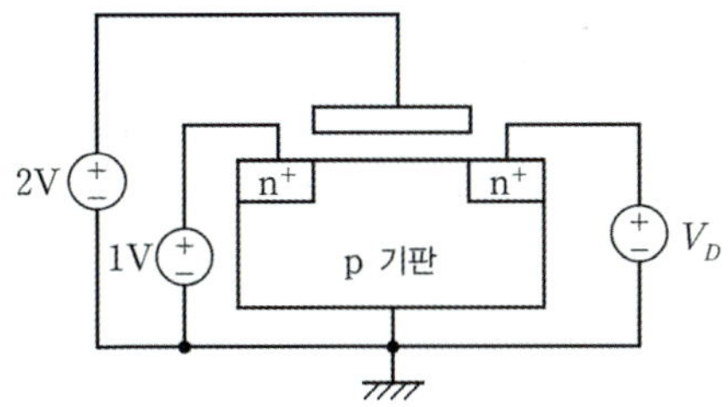

그림 9-46

9.7 [그림 9-47]의 MOSFET 회로에서 채널은 B 점에서 핀치오프되어 있다. 이 회로의 동작에 대해 다음의 물음에 답하라. 단, 트랜지스터의 문턱전압은 $V_T=0.5$[V], 전류상수는 $K=1$[mA/V^2]이다. 또한 채널길이 변조효과와 바디효과는 무시한다.

(a) 채널 양단 간의 전압 V_{BA}를 구하라.

(b) C 노드의 전압을 구하라.

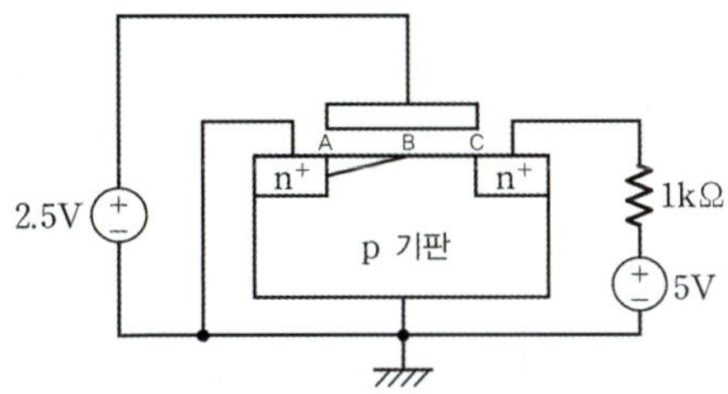

그림 9-47

9.8 [그림 9-48]의 회로에서 부하저항이 $R_L=1$[kΩ]일 때 V_{out}을 구하라. 단, 트랜지스터의 문턱전압은 1[V], 전류상수는 $K=1$[mA/V^2]이며, 채널길이 변조효과와 바디효과는 무시한다.

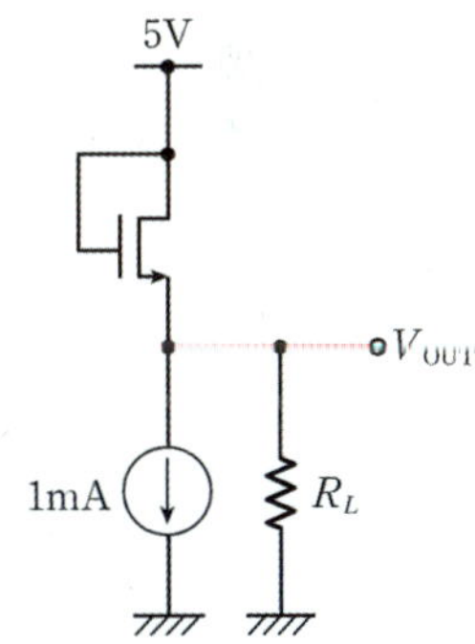

그림 9-48

9.9 [그림 9-49]의 회로에서 출력전압 V_{out}을 구하라. 또한 트랜지스터의 동작 영역을 설명하라. 단, 트랜지스터의 문턱전압은 1[V], 전류상수는 $K=1[\mathrm{mA/V^2}]$, $\lambda=0$이다.

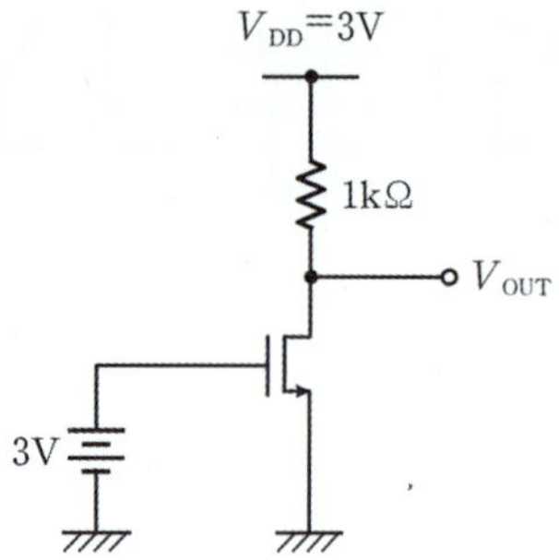

그림 9-49

9.10 [그림 9-50]의 회로에서 입력전압이 $1[\mathrm{V}] < V_{in} < 4[\mathrm{V}]$일 때, 출력전압 V_{out}을 구하라. 단, 트랜지스터의 문턱전압은 $V_T=1[\mathrm{V}]$, 전류상수는 $K=2[\mathrm{mA/V^2}]$이다. 또한 채널길이 변조 효과와 바디효과는 무시한다.

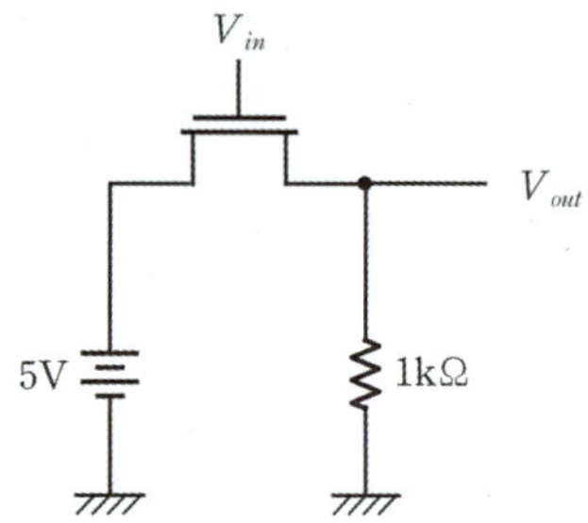

그림 9-50

PART

04

아날로그와 디지털

CONTENTS

CHAPTER

10

아날로그 기초

CONTENTS

학습 목표

- 아날로그 신호에 대한 정의를 이해한다.
- 신호와 바이어스를 구분할 수 있다.
- 대신호와 소신호를 이해하고 적절히 사용할 수 있다.
- 입력전압과 출력전압의 전압전달 특성곡선을 이해한다.
- 신호의 증폭을 이해하고 회로의 선형성에 대해 학습한다.

들어가기 전에

무한한 점들이 모여 선을 이루듯이 연속적으로 변화하는 물리량을 아날로그라고 한다. 예를 들면 주변의 소리, 빛, 온도 등 자연신호는 모두 아날로그 양이다. 흔히 아날로그는 디지털과 대응되는 용어로 사용된다. 이처럼 대응되는 개념으로 바라보았을 때 **디지털은 1과 0, 단 2개만 신호가 되고, 아날로그는 1과 0 사이의 구분되지 않는 연속적인 모든 수가 신호가 된다.**

아날로그 영역은 신호의 **변환**conversion, **증폭**amplification, **처리**process, **기준전압**reference voltage, **기준전류**reference current 등 다양한 동작을 포함한다. 이 중 **아날로그 회로 동작의 기본은 신호의 증폭이다.** 전자공학의 신호에는 전압, 전류, 전력 등이 있지만 여기서는 가장 많이 사용되는 전압신호를 증폭하는 아날로그 전압증폭에 한정하기로 한다.

10.1 신호와 증폭

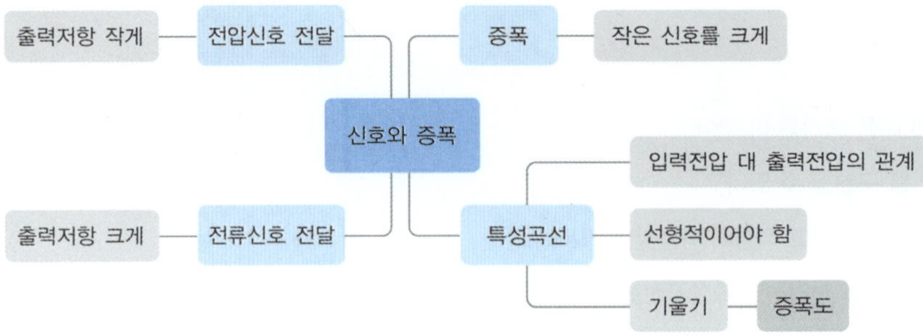

우리 주위의 모든 자연신호는 아날로그 신호이며, 이를 이용하려면 원하는 범위의 신호로 변경해야 한다. 특히 대부분의 자연신호는 매우 작기 때문에 증폭기를 사용한다. 아날로그 신호를 증폭하는 가장 기본적인 방법은 트랜지스터와 같은 능동소자를 사용하는 것이다. 따라서 증폭기는 트랜지스터들로 구성되며, 회로가 동작 구간 내에서 **선형성**linearity[1]을 가진다면 구성된 트랜지스터의 종류에 관계없이 증폭기로 사용할 수 있다.

증폭의 원리

[그림 10-1(a)]는 증폭기에 정현파 신호sinusoidal signal를 입력하여 이보다 더 큰 진폭의 정현파를 출력하는 증폭기의 블록도이다. 주기를 갖는 임의의 아날로그 파형은 주파수가 다른 정현파들로 합성할 수 있으므로[2] 증폭기의 신호는 정현파sinusoid를 기본으로 사용한다. 증폭기의 특성을 알아보기 위해 증폭기의 입력 V_I에 임의의 전압을 가하고, 충분한 시간이 흐른 뒤 출력 V_O를 측정하여 $V_I - V_O$ 평면에 한 점을 찍는다. 이후 V_I에 또 다른 전압을 가하고, 다시 충분한 시간이 흐른 뒤 출력 V_O를 재서 $V_I - V_O$ 평면에 새로운 점을 찍는다. 이러한 방법으로 **입력의 모든 범위에서 전압에 대해 출력신호를 연결한 $V_I - V_O$ 곡선을 전압전달 특성곡선(VTC)**Voltage Transfer Curve**이라고 하는데, 이는 시간과 관계없는 DC 특성이다.**[3]

[그림 10-1(b)], [그림 10-1(c)]에서는 증폭기의 전압전달 특성곡선의 한 예로서 입력 정현파 신호와 출력 정현파 신호의 기준전압을 동작점 Q[4]로 표시하였다. [그림 10-1(b)]는 입력 정현파의 변화에 따른 출력을 그린 것으로서 찌그러짐 없이 깨끗하게 증폭되면서 위상이 반전됨을 보인다. 여기서 **특성곡선의 기울기가 곧 증폭도임을 알 수 있다.**

---

1 입력신호에 대해 출력신호가 직선적으로 비례하는 특성을 말한다. 선형성이 높을수록 예측 가능한 시스템이 된다.
2 자세한 원리를 이해하기 위해서는 푸리에 급수(Fourier Series)에 대한 개념을 숙지해야 한다.
3 이후로 DC 신호인 경우는 V_I(대문자+대문자)의 형식으로, AC 신호인 경우는 v_i(소문자+소문자)의 형식으로, AC+DC 신호인 경우는 V_i 혹은 v_I(대문자+소문자 혹은 소문자+대문자)의 형식으로 표기할 것이다.
4 quiescent(조용한)의 첫 글자로 가만히 있는 기준점을 의미한다.

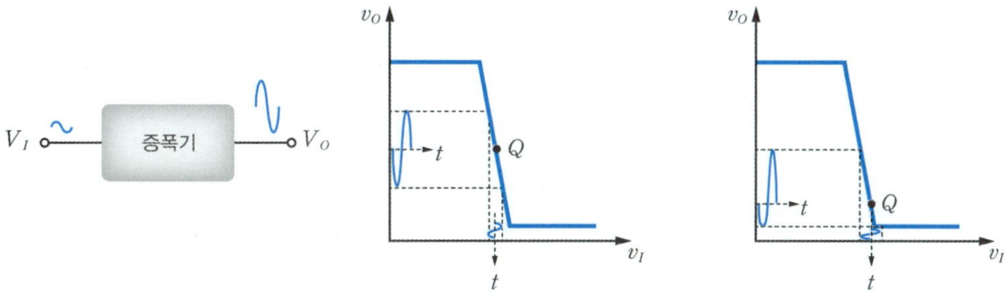

(a) 2단자 회로망 (b) 정상적인 증폭 (c) 입력 범위를 벗어난 찌그러진 출력신호

그림 10-1 전압증폭기

만약 기울기가 (+) 값을 가진다면 위상은 반전되지 않는다. 또한 [그림 10-1(c)]는 동작점 Q가 아래쪽으로 치우쳐 있는 경우로서 같은 입력 정현파에 대해 출력은 찌그러진다. 이는 입력이 증폭 영역인 직선 기울기 구간을 벗어나 있기 때문이다. 입력신호의 영역을 넓히고 싶지만 그렇게 되면 기울기가 작아지게 된다. 즉, 기울기가 1보다 크려면 직선 영역의 입력 범위가 좁을 수밖에 없다. 기울기가 1일 때 입력신호의 크기는 출력신호의 크기와 같아진다.

그렇다면 과연 [그림 10-1(b)], [그림 10-1(c)]와 같은 직선적인 입·출력 특성곡선이 가능할까? 전압신호를 입력으로 받아서 곧바로 증폭된 전압신호를 출력하는 능동소자는 없다. 일반적으로는 [그림 10-2(a)]와 같이 **비선형소자**nonlinear element 또는 nonlinear device[5]에서 입력 전압신호 v_i를 출력 전류신호 i_o로 1차 변환하고, 이를 다시 선형소자인 저항에서 출력전압신호 v_o로 2차 변환하는 2단계 동작을 한다.

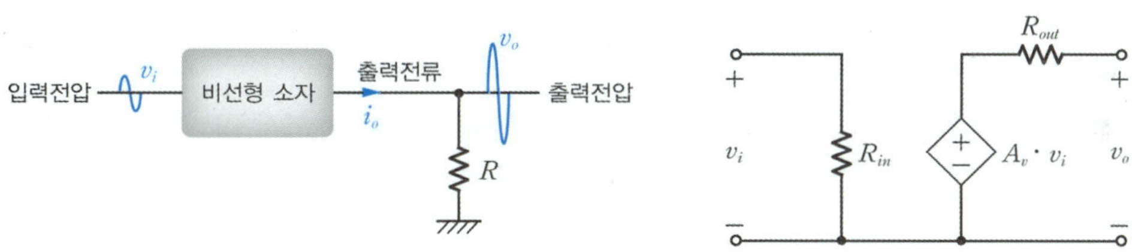

(a) 전압 – 전류 – 전압의 2단계 모형 (b) 회로 모델

그림 10-2 전압증폭기의 동작 개념

이 과정에서 중요한 것은 $v_o \propto i_o \propto v_i$의 비례관계가 성립해야 신호가 찌그러지지 않고 $v_o = A_v \cdot v_i$가 성립한다는 점이다. 여기서 비례상수인 A_v를 전압이득voltage gain **혹은 전압증폭도**voltage amplification factor**라고 한다.** [그림 10-2(b)]는 전압증폭기의 회로 모델을 나타낸 것으로 입력저항 R_{in}, 출력전압 v_o, 출력저항 R_{out}으로 구성된다. 출력전압은 입력전압에 의해 결정되는 종속전원dependent source으로 표현되었다.

5 비선형소자는 전압과 전류의 특성이 직선적이지 않은 소자로서 다이오드나 트랜지스터가 이에 속한다.

입력전압을 출력전류로 바꿔주는 회로 소자에는 무엇이 있을까? 보통 저항을 많이 떠올릴 것이다. 저항은 전압을 비례하는 전류로 변환하지만, [그림 10-3]과 같이 전류에 비례하는 양단 간의 전압은 입력전압도 출력전압도 아니므로 [그림 10-2]의 비선형소자 부분을 대체할 수 없다.

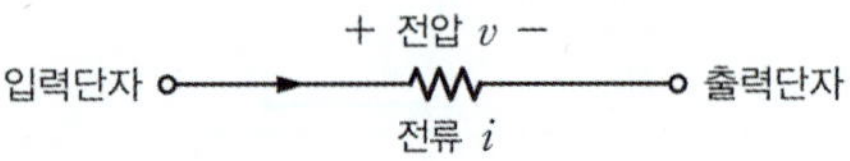

그림 10-3 입력전압과 출력전류가 정의되지 않는 2단자 저항

입력전압과 출력전압을 분리하려면 트랜지스터와 같은 3단자 소자를 사용하는 방법이 있다. [그림 10-4]와 같이 입력단자, 출력단자, 공통단자를 구분하면 입력전압과 출력전류를 분리하여 정의할 수 있다. 그러나 이때의 문제점은 트랜지스터의 출력이, 입력에 비례하는 **선형소자**[linear device]가 아니라 9장에서 학습한 바와 같이 그 관계가 비례하지 않는 비선형적[nonlinear] 특성을 가진다는 점이다.

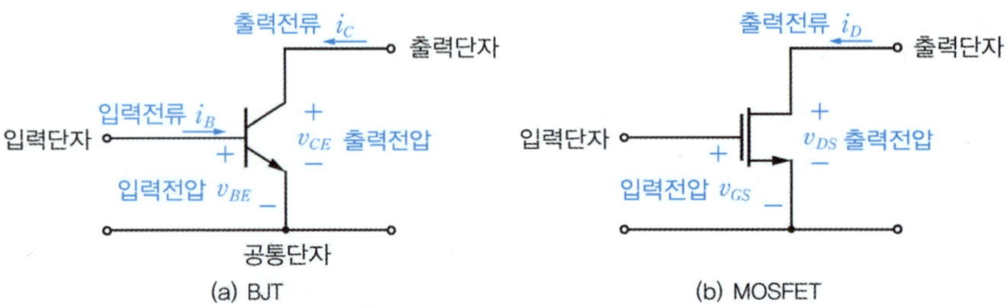

그림 10-4 3단자 반도체 소자의 단자 역할 정의

아날로그 신호의 전달

여러 단의 아날로그 회로에서 신호를 전달[transfer]할 때에는 신호를 주는 구동단[driver]과 신호를 받는 수신단[receiver] 사이의 입·출력 저항 관계에 의한 신호의 감쇄 유무를 반드시 고려해야 한다.

전압신호의 전달

전압신호를 보내는 구동단 회로는 [그림 10-5(a)]와 같이 전압원과 출력저항 R_S의 직렬연결인 테브난 등가회로로 나타낼 수 있다.

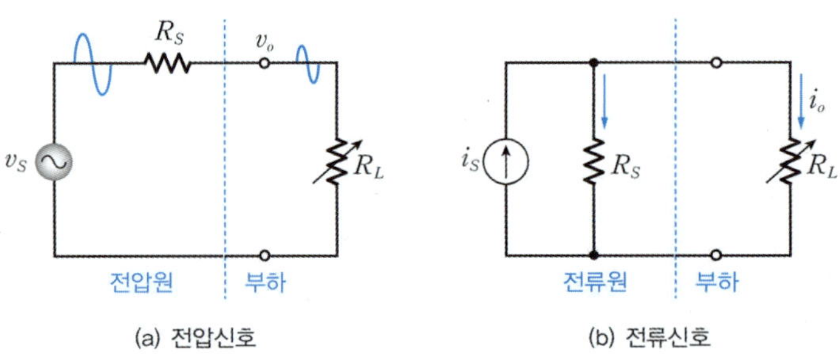

그림 10-5 구동단과 수신단(부하) 사이의 신호 감쇄

수신단(혹은 부하)의 입력저항 R_L을 구동단에 연결하고 정현파 신호 v_i를 가하면 구동신호가 전압 분배되어 수신단에는 감쇄된 신호 v_o가 나타난다. 즉 전압원 내부적으로 R_S에 의해 전압이 강하되어 손실이 일어난다. 그렇다면 전압신호가 감쇄되지 않고 온전히 전달되기 위해서는 어떤 조건이 필요할까? 부하저항(수신단의 입력저항) R_L이 ∞라면 감쇄 없이 전달된다. **즉 부하를 개방하는 것이고 이는 이상적인 부하의 조건이 된다. 일반적으로 전압원의 신호는 부하를 개방한 상태에서 측정**한다.

그 외에 부하와 상관없이 전압신호가 완전히 전달되기 위한 이상적인 전압원의 조건은 무엇일까? 전압원의 출력저항 R_S가 0이라면 내부 감쇄 없이 전달된다. **따라서 입력 전압원의 출력단을 설계할 때는 출력저항 R_S를 가능하면 작게 설계해야 한다.**

전류신호의 전달

전류신호를 보내는 구동단 회로는 [그림 10-5(b)]와 같이 전류원과 출력저항 R_S의 병렬연결인 노턴 등가회로로 나타낼 수 있다. 수신단(혹은 부하)의 입력저항 R_L을 구동단에 연결하고 정현파 신호를 가하면 구동신호가 전류 분배되어 수신단에는 감쇄된 신호 i_o가 나타난다. 즉 전류원 내부에서 R_S로 전류가 흐른다.

감쇄되지 않고 온전히 전류신호가 전달되기 위해서는 어떤 조건이 필요할까? 부하저항(수신단의 입력저항) R_L이 0이라면 감쇄 없이 모두 전달된다. **즉 부하를 단락short하는 것은 이상적인 부하의 조건이 된다. 일반적으로 전류원의 신호를 잴 때는 부하를 단락한 상태에서 측정한다.**

그 외에 부하와 상관없이 전류신호가 완전히 전달되기 위한 이상적인 전류원의 조건은 무엇일까? 전류원의 출력저항 $R_S \to \infty$라면 내부 감쇄 없이 전달된다. 따라서 **입력 전류원의 출력단을 설계할 때는 출력저항 R_S를 가능하면 크게 설계해야 한다.**

예제 10-1

[그림 10-6]과 같이 내부저항이 R_S인 전류원 신호 i_S에 부하저항 $R_L = k \cdot R_S$를 연결하였다. 이때 부하에 전달되는 출력전류 i_O를 구하라. 또한 출력전류가 감쇄되지 않기 위한 R_L의 조건을 설명하라.

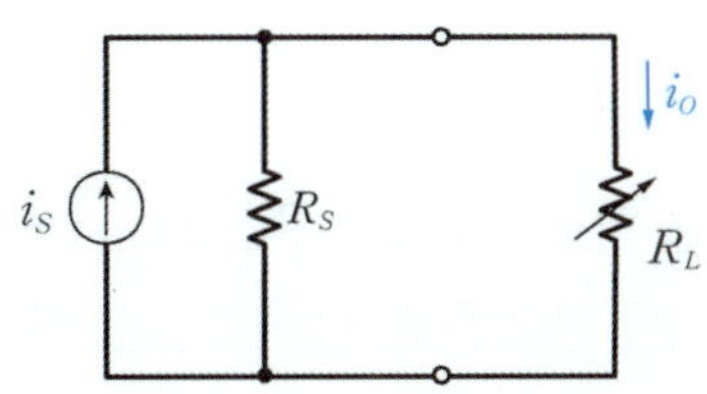

그림 10-6 구동단과 수신단(부하) 사이의 신호 감쇄

풀이

부하저항 R_L이 연결되면, 전류분배 법칙에 의해 부하전류는 $i_O = i_S \cdot \frac{R_S}{R_S + R_L}$로 표현된다. 여기서 $R_L = k \cdot R_S$이므로 다음과 같이 정리할 수 있다.

$$i_O = i_S \cdot \frac{R_S}{R_S + kR_S} = i_S \cdot \frac{1}{1+k}$$

따라서 부하에 전달되는 전류는 원래 전류 i_S의 $\frac{1}{1+k}$배로 감쇄되어 흐른다. 출력전류 i_O가 감쇄되지 않으려면 $k \rightarrow 0$이다. 즉, $R_L \ll R_S$(이상적으로 $R_L = 0$)이어야 한다. 이는 전류원을 구동할 때 부하저항을 매우 작게 하여 전류가 모두 부하 쪽으로 흐르도록 해야 함을 의미한다.

Quick Review

- 입력신호와 출력신호의 관계는 (　　　　)적이어야 한다.
- 입력전압 대 출력전압의 관계를 나타내는 것이 (　　　　) 특성곡선이다.
- 전압전달 특성곡선의 기울기는 (　　　　　　　)를 나타낸다.
- 전압신호를 전달할 때에는 출력저항을 (　　　　) 설계해야 전압 감쇄 없이 전달할 수 있다.
- 전류신호를 전달할 때에는 출력저항을 (　　　　) 설계해야 전류 감쇄 없이 전달할 수 있다.

ANS 선형, 전압전달, 증폭도, 작게, 크게

10.2 바이어스와 신호

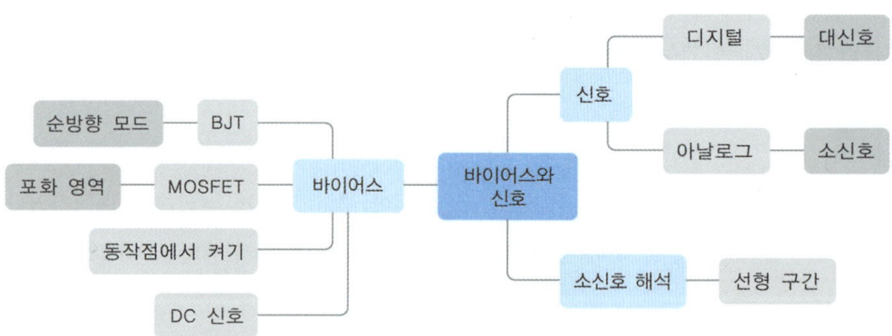

앞에서 학습한 바와 같이 **신호의 증폭은 비선형적인 트랜지스터를 이용하여 입력 전압신호를 그와 비례하는 출력 전류신호로 변환하는 과정**이 필요하다. 이렇게 하려면 일단 트랜지스터를 능동 영역에서 동작시켜 신호가 트랜지스터의 동작 영역 내에 들어올 수 있도록 해야 한다. 그리고 회로에 맞는 적당한 크기의 신호를 가해야 한다.

▌바이어스

트랜지스터를 원하는 동작점에 잘 켜놓는 것을 '바이어스[bias]**시킨다'라고 한다. 바이어스는 DC 신호이며 동작 중에 변하지 않고 트랜지스터를 턴 온시킨다.** 트랜지스터에 아날로그 신호를 가하기 위해 BJT는 **순방향 능동 모드**[forward-active mode]에서, **MOSFET은 포화 영역**에서 바이어스시킨다. BJT가 포화 영역으로 들어가거나 MOSFET이 선형 영역으로 들어가면 동작점이 치우치게 되어 신호가 움직일 여지가 부족하며, 선형적인 관계가 깨져 신호가 찌그러진다. 따라서 이 영역은 신호가 찌그러져도 상관없는 디지털 동작에서 사용한다.

9장에서 학습한 가장 기본적인 공통 이미터 회로를 살펴보자. [그림 10-7(a)]는 단일전원 V_{CC}를 이용한 바이어스 회로이다. [그림 10-7(b)]와 같이 베이스에서 저항 스트링을 바라보며 테브난 등가회로를 적용하여 [그림 10-7(c)]와 같은 등가회로를 얻는다. 여기서 전압 V_B는 저항 R_1과 R_2의 전압 분배 법칙에 의해 $V_B = \frac{R_2}{(R_1 + R_2)} V_{CC}$이며 $R_B = R_1 \parallel R_2 = \frac{R_1 R_2}{R_1 + R_2}$이다. 이 등가회로로 저항 스트링 부분을 대체하면 [그림 10-7(d)]의 등가회로를 얻는다. 즉 단일전원 V_{CC}를 이용하여 2개의 전원 V_{CC}와 V_B를 가한 것과 같은 효과를 얻었다.

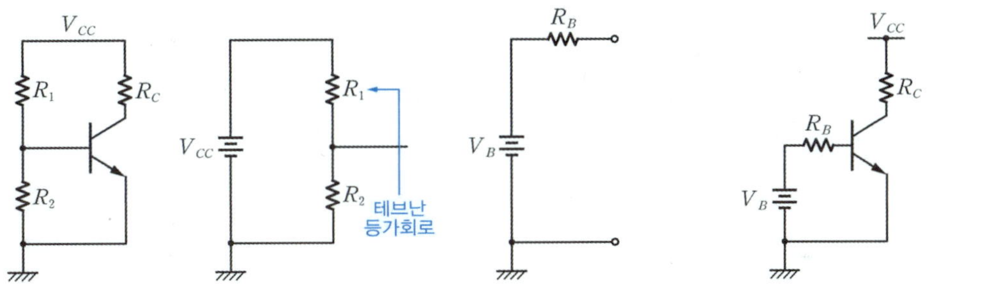

(a) 바이어스 회로 (b) 베이스 저항 스트링 부분 (c) (b)의 테브난 등가회로 (d) 테브난 등가회로를 적용한 등가회로

그림 10-7 단일전원을 이용한 바이어스 기법

예제 10-2

[그림 10-8]의 BJT 바이어스 회로에서 출력전압 V_O를 구하라. 단, $V_{BE(ON)} = 0.7[\text{V}]$, 전류 이득은 $\beta = 100$이다.

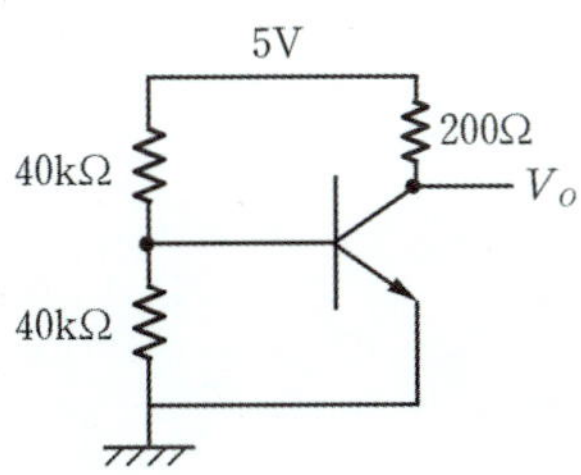

그림 10-8 BJT 회로의 바이어스와 특성곡선

풀이

베이스 입력 부분을 전압원으로 보고 테브난 등가회로로 변환하면 [그림 10-9]와 같은 등가회로를 얻을 수 있다.

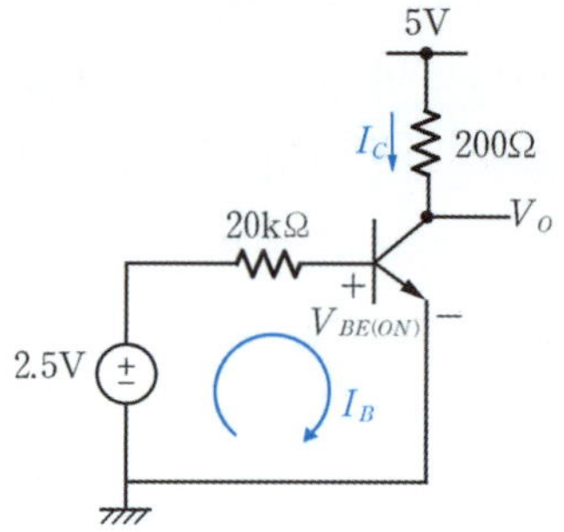

그림 10-9 [그림 10-8]의 테브난 등가회로를 적용한 등가회로

베이스-이미터 루프에서 KVL을 적용하면 $I_B = \dfrac{2.5-0.7}{20[\text{k}\,\Omega]} = 0.09[\text{mA}]$이다. 그리고 BJT가 순방향 능동 영역에서 동작하는 것을 가정하면 컬렉터 전류는 $I_C = \beta \cdot I_B = 100 \cdot 0.09[\text{mA}] = 9[\text{mA}]$이다.

따라서 컬렉터-이미터 루프에서 $V_O = 5 - (200 \cdot 9[\text{mV}]) = 3.2[\text{V}]$이고, $V_{BC} = 0.7 - 3.2 = -2.8 < 0$이므로 BJT는 순방향 능동 영역에서 동작함을 확인할 수 있다.

선형소자를 이용한 신호의 증폭

BJT의 경우 출력전류 I_o의 값에 관계없이 일정한 $V_{BE\,(on)} = 0.7[\text{V}]$를 가정한다면 이상적인 선형소자가 된다.

예제 10-3

[그림 10-10]의 증폭기 회로에서 BJT는 $V_{BE(on)} = 0.7[\text{V}]$, 전류 이득은 $\beta = 100$, $V_{CE(sat.)} = 0.1[\text{V}]$를 갖는 이상적인 선형소자이다. 입·출력 특성곡선이 [그림 10-10(b)]와 같을 때 입력신호의 최댓값 $v_{I(\max)}$를 구하라.

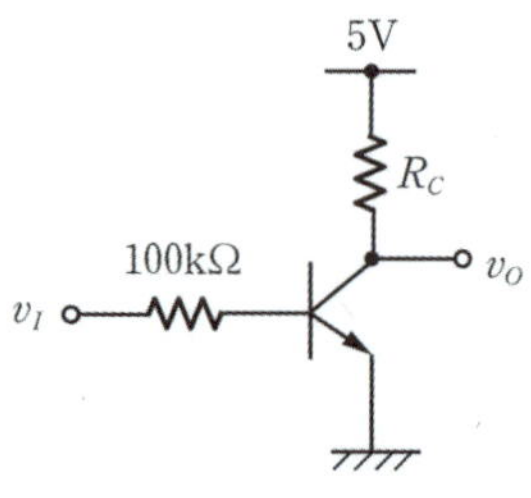

(a) BJT 회로

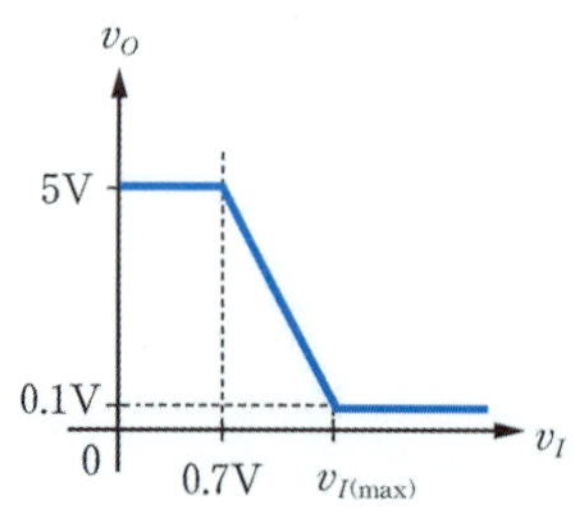

(b) (a) 회로의 입·출력 특성곡선

그림 10-10 이상적인 선형 BJT 회로

풀이

입력 루프에서 베이스 전류는 $i_B = \dfrac{v_I - 0.7}{100\text{k}}$ 이고, 순방향 능동 영역을 가정하면 컬렉터 전류 $i_C = (100)i_B = \dfrac{100\cdot(v_I - 70)}{100\text{k}} = \dfrac{v_I - 0.7}{1000}$ 이다. 따라서 출력 루프에서 $v_O = 5 - (i_C \cdot R_C) = 5 - \dfrac{(v_I - 0.7)R_C}{1000} = 5 - \dfrac{v_I R_C}{1000} + \dfrac{7R_C}{10000}$ 이다.

$v_I = v_{I(\max)}$에서 $v_I = 5 - \dfrac{v_{I(\max)}R_C}{1000} + \dfrac{7R_C}{10000} = 0.1[\text{V}]$이므로, $v_{I(\max)}$는 다음과 같다.

$$v_{I(\max)} = \left(4.9 + \frac{7R_C}{10000}\right)\cdot\frac{1000}{R_C} = \frac{4900}{R_C} + 0.7[\text{V}]$$

대신호와 소신호

[예제 10-3]과 같이 트랜지스터의 턴 온 전압이 컬렉터 전류와 상관없이 일정하다면 이상적인 트랜지스터의 입력전압-출력전류인 $v_{BE} - i_C$ 특성곡선을 따르므로 입력 범위를 벗어나지만 않으면 증폭된 신호는 찌그러지지 않는다. 그런데 실제로는 [그림 10-11(a)]에서 볼 수 있듯이 $v_{BE} - i_C$ 사이에서 특성곡선이 휘어지므로, 입력 정현파 전압에 대해 출력 전류신호가 찌그러짐을 알 수 있다.

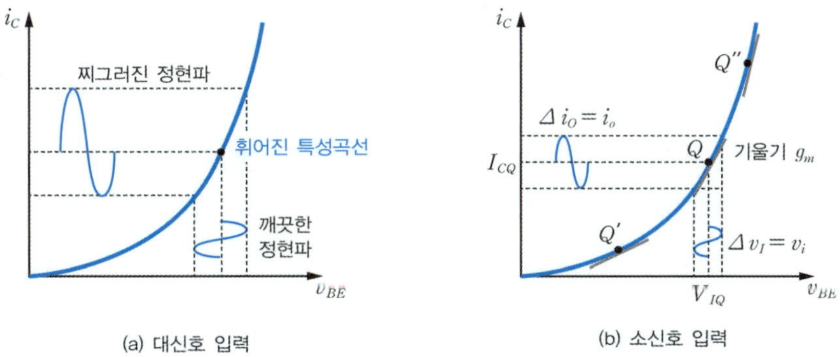

그림 10-11 트랜지스터의 전류전달 특성곡선

이번에는 [그림 10-11(b)]와 같이 **입력 정현파 전압신호를 줄여주면, Q점을 중심으로 좁은 영역을 움직이므로 부분적인 특성곡선을 직선으로 가정해도 크게 문제 되지 않는다. 이 경우에는 출력전류가 $i_o \propto v_i$가 되는 놀라운 결과를 얻는다. Q점에서 접선의 기울기가 비례상수가 되는데, 이를 트랜스컨덕턴스**trans-conductance[6] **g_m 이라고 한다.**

6 전자회로에서 트랜스(trans 혹은 transfer)는 터미널이 입력에서 출력으로 건너간다는 것을 의미한다. 컨덕턴스는 전압을 전류로 변환하는 상수이므로 트랜스컨덕턴스는 입력전압을 출력전류로 변환하는 비례상수를 의미한다.

즉 식 (10.1) 혹은 식 (10.2)가 성립한다.

$$\Delta i_O = g_m \Delta v_I \tag{10.1}$$

$$i_o = g_m v_i \tag{10.2}$$

트랜스컨덕턴스는 전압신호(변화)를 전류신호(변화)로 바꾸는 능력으로 [그림 10-11(b)]를 보면 동작점이 $Q \rightarrow Q' \rightarrow Q''$으로 옮겨가면서 바이어스 전류가 커질수록 트랜스컨덕턴스(접선의 기울기)가 커짐을 알 수 있다.

이와 같이 **비선형소자에서 선형으로 근사해도 될 정도의 작은 크기의 신호를 소신호**small signal**라고 한다.** 소신호가 걸릴 때 동작점 Q[7]는 움직이지 않는다고 가정한다. 대신호large signal가 들어가거나 0, 1의 디지털 신호가 들어갈 때는 동작점이 변하지 않는다는 가정이 성립하지 않으므로 동작점의 의미가 없다. 따라서 디지털 회로에서는 바이어스를 잡는다는 개념이 적용되지 않는다. 이제 '어느 정도 크기의 신호가 소신호일까?'라는 의문이 들 것이다. 트랜지스터의 종류에 따라 입·출력 특성곡선이 다르므로 소신호의 조건도 달라진다.

소신호의 조건은 9장에서 학습한 트랜지스터의 전류식으로부터 어렵지 않게 유도할 수 있다. BJT의 경우는 $v \ll V_t$이다. 여기서 열잡음 V_t는 온도의 함수이며 일반적으로 300[K]에서 26[mV]를 적용한다. MOSFET의 경우는 $v \ll V_{GS} - V_T$이다. 9장에서 학습한 바와 같이 $V_{GS} - V_T$는 채널 핀치오프 전압 혹은 과구동전압overdrive voltage으로서 약 200[mV] 정도이다. 이 결과를 보면 MOSFET이 좀 더 큰 신호를 소신호로 받아들일 수 있다.

신호의 인가

이제 DC 바이어스와 AC 신호를 증폭기 회로에 인가하는 2가지 방법을 학습해보자. 각 방법의 특성이 다르며 개별소자를 이용한 회로이냐, 집적회로이냐에 따라 선택이 달라진다.

AC 커플링

커패시터는 양단 사이에 전압을 저장하며 전하가 빨리 움직이지 못하는 상황에서는 양단의 전압을 그대로 유지하려는 성질을 갖는다. [그림 10-12(a)]와 같이 커패시터의 **왼쪽 평판에 빠른 전압의 변화(정현파)를 가했을 때, 저항에 의해 전하가 충분히 빨리 반응하지 못한다면 양단의 전압이 일정하게 유지되므로 오른쪽 평판에 같은 모양의 신호가 나타난다. 즉 AC 신호가 통과되었으며 이를 AC 커플링**AC coupling**이라고 한다.**

7 이 동작점을 바이어스 점(bias point)이라고도 한다.

DC 상태(바이어스 상태)에서 커패시터는 충전된 채로 더 이상 전류가 흐르지 않고 개방되므로 바이어스 단에 전혀 영향을 주지 않는다. 따라서 바이어스를 해석할 때는 [그림 10-12(b)]의 회로를 사용하는데, 이처럼 DC 바이어스 단과 AC 신호 단을 분리하고 싶을 때 효과적으로 사용할 수 있다.[8]

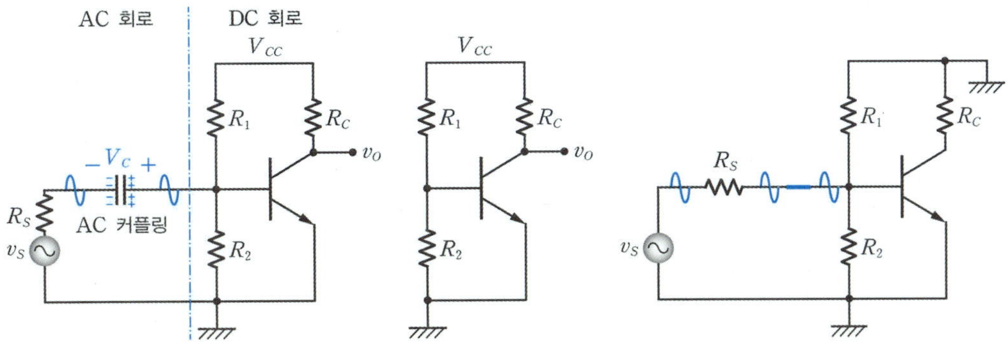

(a) 전체 회로 (b) 분리된 DC 회로 (c) AC 회로

그림 10-12 AC 커플링을 이용한 신호의 인가

신호를 해석할 때는 [그림 10-12(c)]의 AC 회로를 사용한다. AC 회로는 변하지 않는 DC 전원은 모두 비활성화하고 커패시터는 단락한다. **DC 전원을 비활성화하기 위해서 DC 전압원은 0[V]를 만들기 위해 단락하고, DC 전류원은 0[A]를 만들기 위해 개방해야 한다. 이때 0[V]로 설정된 노드는 'AC 접지되었다'**고 표현한다.

전원 직렬연결

DC 전원과 AC 전원을 직렬로 연결하면 KVL에 의해 두 전원은 합쳐진다. [그림 10-13(a)]의 회로를 보면 $V_G + v_s$의 합성전원을 게이트에 가한 상태이다.

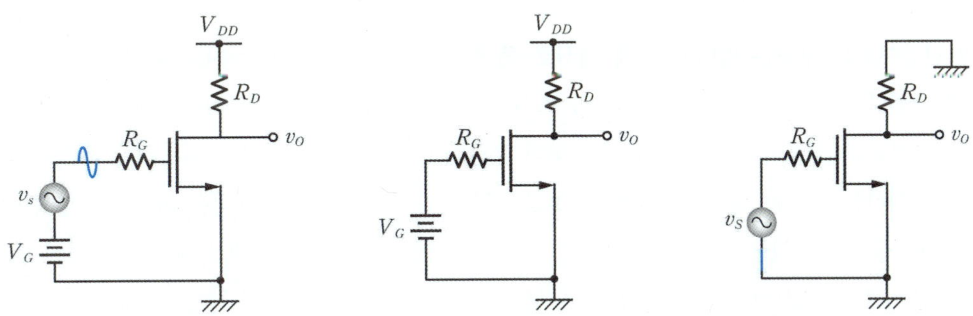

(a) 전체 회로 (b) DC 회로 ($v_s = 0$) (c) AC 회로 ($V_G = 0$, $V_{DD} = 0$)

그림 10-13 신호원의 직렬연결

8 커패시터의 이러한 현상 때문에 흔히 DC 신호는 개방(open), AC 신호는 단락(short)이라고 표현한다.

소신호 v_s가 충분히 작아서 회로가 선형적으로 동작한다면 중첩의 원리superposition principle**에 의해 [그림 10-13(b)], [그림 10-13(c)]와 같이 바이어스 회로(DC 회로)와 소신호 회로(AC 회로)로 분리할 수 있다.** 최종 출력은 바이어스와 소신호 출력을 합하면 된다.

Quick Review

- 트랜지스터를 어느 동작점에서 켜두는 것을 (　　　　)라 한다.
- 바이어스는 (　　　) 신호이다.
- 신호에는 소자의 선형 동작 범위를 벗어나는 (　　　　)와 벗어나지 않는 (　　　　)가 있다.
- 소신호를 증폭할 때에는 출력신호의 동작 구간이 넓어지도록 (　　　　)을 정한다.
- 입력신호를 해석할 때에는 (　　　　　　)를 적용해, 바이어스와 AC 신호로 분리하여 해석한다.

ANS 바이어스, DC, 대신호/소신호, 동작점(Q), 중첩의 원리

10.3 소신호 등가회로

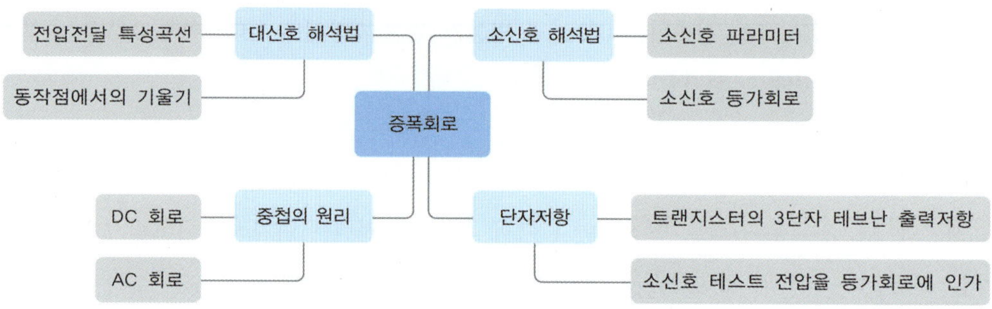

증폭기의 전압이득을 구하는 방법은 크게 대신호 해석법large-signal analysis**과 소신호 해석법**small-signal analysis**으로 나뉜다.** 대신호 해석은 바이어스와 소신호를 묶어서 하나의 신호로 보고 해석하는 방안으로, 비선형적인 식을 다루어야 하므로 수학적인 부담이 증가한다. 그렇지만 회로 전체의 정성적인 동작을 이해하는 데에는 대신호 해석법이 효과적일 때가 있다. **소신호 해석은 회로가 선형적이라는 전제하에 중첩의 원리를 적용한다.** 바이어스와 소신호를 분리하여 2단계로 해석하는 것이 한눈에 보기에는 복잡해 보이나, 소신호 간에는 선형적인 관계가 있으므로 수학적으로 해석하기가 용이하다. 또한 바이어스와 소신호 간의 관계가 뚜렷하며, 신호의 변화량에 대한 해석이므로 증폭 동작 자체의 회로적인 영감을 준다. 이 절에서는 소신호 해석법을 기준으로 학습한다.

[그림 10-14(a)]에서 증폭기의 전압이득을 대신호 해석법과 소신호 해석법으로 각각 구해보자.

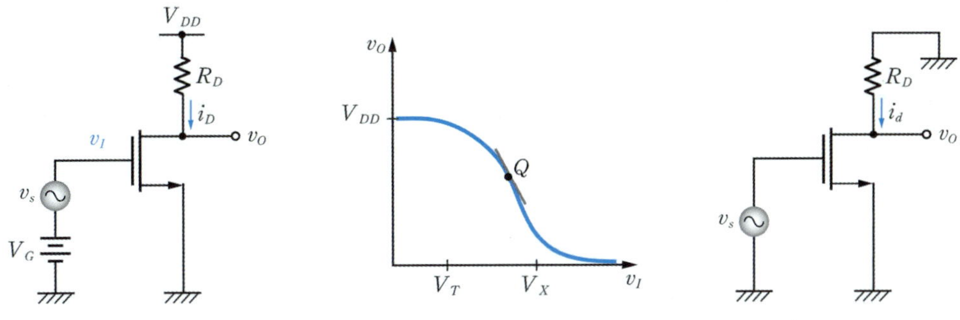

그림 10-14 증폭기의 해석

대신호 회로 해석법

바이어스 전압 V_G와 소신호 v_s를 묶어서 입력전압 v_I로 규정하고 출력전압 v_O를 구하는 방법이다. [그림 10-14(b)]와 같이 전압전달 특성을 구한 후, 미분을 수행하여 동작점에서의 기울기를 구한다.

❶ **전압전달 특성곡선** : MOSFET의 포화 영역에서의 전류식을 이용하여 v_O를 구하면 다음과 같다.

$$v_O = V_{DD} - R_D \cdot I_{DQ} = V_{DD} - R_D \cdot \frac{K}{2}(v_I - V_T)^2 \tag{10.3}$$

이는 입력전압 v_I와 출력전압 v_O의 관계를 나타내는 전압전달 특성식으로 [그림 10-14(b)]에서 $V_T < v_I < V_x$ 구간에 해당한다. V_T 이전에는 트랜지스터가 오프이고, V_x 이후에는 선형 영역으로 들어간다.

❷ **동작점에서의 기울기** : 전압이득은 동작점 Q에서의 기울기이므로 식 (10.3)의 양변에 음함수의 미분을 수행하면 다음과 같다.

$$dv_O = -R_D \cdot K(v_I - V_T)\,dv_I \tag{10.4}$$

동작점에서는 $v_I = V_G$이므로 이를 대입하면 다음과 같은 전압이득을 얻는다.

$$\left.\frac{dv_O}{dv_I}\right|_Q = -R_D \cdot K(V_G - V_T) = -R_D \cdot \sqrt{2KI_{DQ}} \tag{10.5}$$

여기에는 미분이라는 복잡한 과정이 포함되어 있다.

소신호 회로 해석법

v_I를 시간에 따라 변하지 않는 바이어스와 움직이는 신호를 나누어 DC 및 AC 회로에 각각 적용한다. 입력전압은 $v_I = V_G + v_s$, 출력전류는 $i_D = I_{DQ} + i_d$, 출력전압은 $v_O = V_{OQ} + v_o$로서 고정되어 있는 바이어스 값과 움직이는 신호를 분리한다. 바이어스 전압 V_G에 의해 바이어스 전류 I_{DQ}가 흐르고 소신호 v_s에 의해 소신호 전류 i_d가 추가로 흐른다. 전압이득을 구할 때에는 바이어스가 제거된 [그림 10-14(c)]의 AC 회로에서 소신호에 대한 비례식을 사용한다. 소신호 전류 i_d는 입력전압 v_s에 비례하므로 다음과 같다.

$$i_d = g_m v_s \tag{10.6}$$

출력전압은 옴의 법칙에 의해 다음과 같이 구할 수 있다.

$$v_o = -g_m R_D v_s \tag{10.7}$$

따라서 전압이득은 다음과 같다.

$$A_v = \frac{v_o}{v_s} = -g_m R_D \tag{10.8}$$

다음 절에서 학습하겠지만 $g_m = \sqrt{2KI_{DQ}}$이므로 같은 결과를 얻는다. 이러한 소신호 해석법은 수학적으로도 쉽지만, 트랜스컨덕턴스와 출력저항으로 구성되는 전압이득의 원리를 이해할 수 있도록 회로의 영감을 제공한다.

트랜지스터의 소신호 파라미터

이번에는 바이어스 해석을 통해 g_m 등의 소신호(AC) 파라미터를 구하고, 이를 이용한 트랜지스터의 소신호 등가회로를 학습해보자.

MOSFET

MOSFET의 포화 영역 식을 가져오면 다음과 같다.

$$i_D = \frac{\mu C_{ox}}{2}\frac{W}{L}(v_{GS} - V_T)^2 = \frac{K}{2}(v_{GS} - V_T)^2 \tag{10.9}$$

여기서 $K[\mathrm{A/V^2}]$는 이 트랜지스터의 전류상수이다. 양변에 음함수의 미분을 하면 다음과 같다.

$$di_D = K(v_{GS} - V_T)\,dv_{GS} \tag{10.10}$$

또한 트랜스컨덕턴스는 다음과 같이 바이어스 전압 V_{GS} 혹은 바이어스 전류 I_{DQ}로 표현할 수 있다.

$$g_m = \frac{di_D}{dv_{GS}}\Big|_Q = K(V_{GS} - V_T) = \sqrt{2K I_{DQ}} \tag{10.11}$$

트랜스컨덕턴스는 바이어스 전압에 비례하고, 바이어스 전류의 루트 값에 비례한다. 개별 소자를 이용한 증폭기에서는 전압을 이용한 식을 많이 활용하고, 집적회로에서는 전류를 이용한 식을 많이 활용한다. 소신호 출력저항은 드레인-소오스 사이의 테브난 출력저항을 의미한다. 채널길이 변조효과를 고려하면 다음과 같다.

$$i_D = \frac{K}{2}(v_{GS} - V_T)^2(1 + \lambda v_{DS}) \tag{10.12}$$

양변에 음함수의 미분을 하면 다음과 같다.

$$di_D = \lambda K (v_{GS} - V_T)^2 \, dv_{DS} \tag{10.13}$$

트랜지스터의 출력저항은 식 (10.14)와 같이 되어 바이어스 전류 I_{DQ}에 반비례한다.

$$r_o = \frac{dv_{DS}}{di_D}\Bigg|_Q = \frac{1}{\lambda \cdot \frac{K}{2}(V_{GS} - V_T)^2} \approx \frac{1}{\lambda I_{DQ}} \tag{10.14}$$

여기서 λ는 트랜지스터의 고유한 특성이므로 상수로 처리한다.

MOSFET의 출력전류의 변화(혹은 소신호 출력전류) i_d는 입력전압의 변화(혹은 소신호 입력전압) v_{gs} 및 출력전압의 변화(혹은 소신호 출력전압) v_{ds}에 비례하므로 두 전압을 KCL을 이용하여 합치면 다음과 같다.

$$i_d = g_m v_{gs} + \frac{1}{r_o} v_{ds} \tag{10.15}$$

이제 식 (10.15)를 회로로 표현해보자. 입력단에서는 게이트-소오스 간에 소신호 선압 v_{gs}가 설리지만 전류는 흐르지 않으므로 [그림 10-15(a)]와 같은 개방회로로 표현되고, 출력단에서는 식 (10.15)에서 2개의 전류 성분을 합쳐야 하므로 [그림 10-15(b)]와 같은 병렬회로로 표현된다.

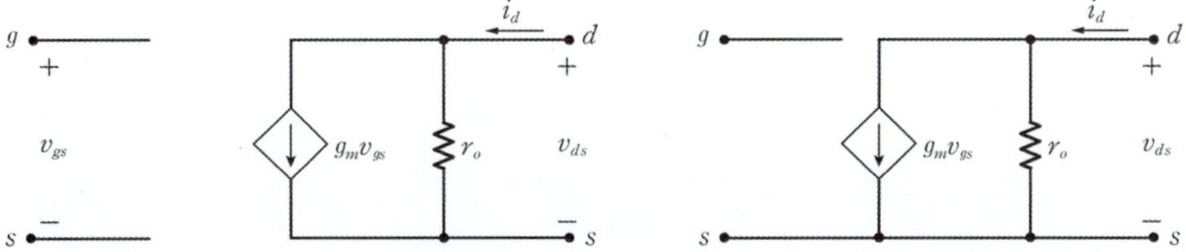

그림 10-15 MOSFET의 소신호 등가회로

[그림 10-15(a)], [그림 10-15(b)]를 합치면 [그림 10-15(c)]와 같은 소신호 등가회로가 완성된다. 이 회로와 식 (10.15)는 같은 내용이며 각각 등가모델과 수식으로 표현한 것이다.

소신호 등가회로는 상황에 따라서 파라미터를 줄여가면서 쓴다. 예를 들어 **$r_o = \infty$ 인 경우에는 등가회로에서 r_o를 생략하면 된다.** MOSFET의 경우 실제로는 바디효과[9]에 의한 소신호 전류원을 추가해야 하나, 이는 이 책의 범위를 넘어서므로 생략한다.

BJT

능동 영역의 전류식인 식 (10.16)으로부터 소신호 파라미터인 g_m과 r_o를 구할 수 있다.

$$i_C = I_s \exp\left(\frac{v_{BE}}{V_t}\right) \tag{10.16}$$

양변에 음함수의 미분을 하면 다음과 같다.

$$di_C = \frac{1}{V_t} I_s \exp\left(\frac{v_{BE}}{V_t}\right) dv_{BE} \tag{10.17}$$

트랜스컨덕턴스는 식 (10.18)이 되어 바이어스 전류에 비례한다. 일반적으로 $g_m \approx 10\,[\mathrm{mS}]$이며 $1/g_m = 100\,[\Omega]$ 정도이다.

$$g_m = \left.\frac{di_C}{dv_{BE}}\right|_Q = \frac{I_{CQ}}{V_t} \tag{10.18}$$

컬렉터-이미터 간의 출력저항 r_o를 구하기 위해 얼리효과를 적용하면 전류식은 다음과 같다.

$$i_C = I_S \exp\left(\frac{v_{BE}}{V_t}\right) \cdot \left(1 + \frac{v_{CE}}{V_A}\right) \tag{10.19}$$

양변에 음함수의 미분을 적용하면 다음과 같다.

$$di_C = I_S \exp\left(\frac{v_{BE}}{V_t}\right) \cdot \frac{1}{V_A} dv_{CE} \tag{10.20}$$

따라서 출력저항은 다음과 같으며, 이는 바이어스 전류 I_{CQ}에 반비례한다.

$$r_o = \left.\frac{dv_{CE}}{di_C}\right|_Q = \frac{V_A}{I_{CQ}} \tag{10.21}$$

9 소오스 전압이 바디 전압과 다를 때 문턱전압이 증가하는 트랜지스터의 2차 효과이다.

입력저항이 ∞인 MOSFET과 달리, 베이스 전류는 작지만 0은 아니기 때문에 유한한 입력저항을 갖는다. 베이스 전류와 베이스–이미터 간의 입력저항은 다음과 같다.

$$i_B = \frac{I_S}{\beta}\exp\left(\frac{v_{BE}}{V_t}\right) \tag{10.22}$$

$$r_i = \left.\frac{dv_{BE}}{di_B}\right|_Q = \frac{V_t}{I_{BQ}} \tag{10.23}$$

일반적으로 $r_i \approx 10[\mathrm{k}\Omega]$ 정도이다. 식 (10.18)과 식 (10.23)에 의해 다음이 성립한다.

$$g_m \cdot r_i = \beta \tag{10.24}$$

트랜스컨덕턴스와 입력저항은 바이어스에 따라 달라지지만 전류 이득 β는 트랜지스터의 고유한 상수이므로, 곱이 일정하다는 것은 각각 독립적인 것이 아니라 서로 반비례 관계임을 의미한다. 일반적으로 $10[\mathrm{mS}] \cdot 10[\mathrm{k}\Omega] = 100$ 정도의 값을 갖는다.

입력단에서는 다음과 같으며, [그림 10–16(a)]와 같은 회로를 만들 수 있다.

$$i_b = \frac{v_{be}}{r_i} \tag{10.25}$$

출력단에서는 베이스–이미터 간 전압의 변화(소신호) v_{be}가 걸리면 컬렉터 전류의 변화(소신호) $g_m v_{be}$가 발생한다. 또한 출력전압 컬렉터–이미터 간 전압의 변화 v_{ce}가 걸리면 역시 컬렉터 전류의 변화가 발생한다. 이 2가지 성분을 합치면 다음과 같다.

$$i_c = g_m v_{be} + \frac{v_{ce}}{r_o} \tag{10.26}$$

이 2가지 성분을 병렬회로로 나타내면 [그림 10–16(b)]와 같다. 입력단과 출력단을 같이 그리면 [그림 10–16(c)]와 같은 BJT의 소신호 등가회로가 완성된다.

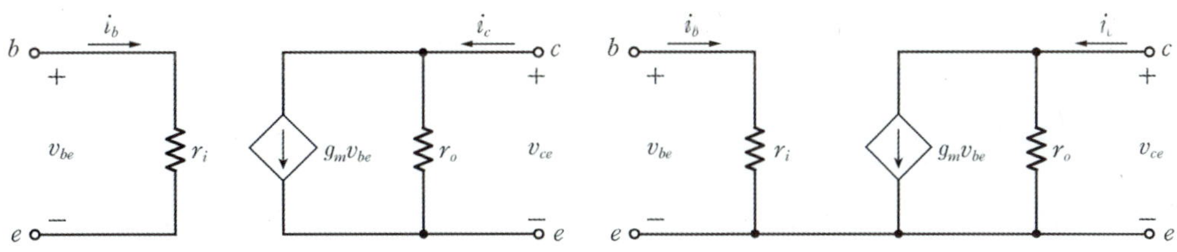

(a) 입력단 (b) 출력단 (c) 전체 회로

그림 10-16 BJT의 소신호 등가회로

소신호 파라미터 g_m, r_o를 구할 때는 바이어스 전류 I_{CQ}를 먼저 구해야 한다. 입력저항 r_i와 g_m은 서로 종속적이므로 트랜지스터의 전류 이득 β를 알면 하나만 구하면 된다.

예제 10-4

[그림 10-17(a)]의 회로에서 식 (10.16)의 지수함수적인 특성을 가지는 BJT의 소신호 등가회로를 [그림 10-17(b)]에 나타내었다. 이때 BJT의 소신호 파라미터인 트랜스컨덕턴스 g_m, 출력저항 r_o, 입력저항 r_i, 그리고 $g_m \cdot r_i$를 계산하라. 단, BJT의 전류 증폭도는 $\beta = 100$, $V_A = 260[\mathrm{V}]$, $V_t = 26[\mathrm{mV}]$이다.

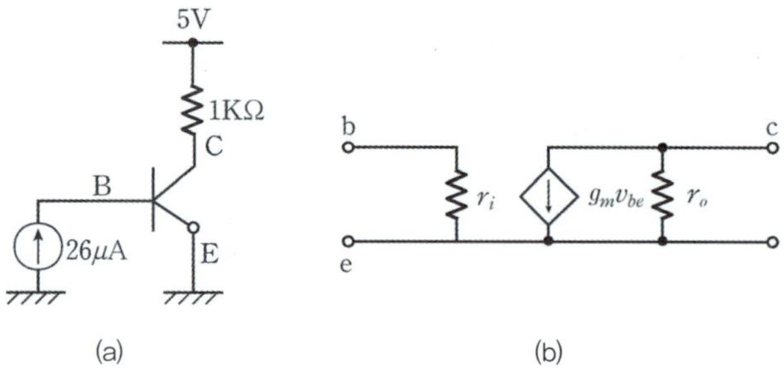

그림 10-17 BJT의 소신호 파라미터

풀이

❶ 바이어스 해석

순방향 능동 영역을 가정하고 바이어스 해석을 수행한다. $I_{BQ} = 26[\mu\mathrm{A}]$이므로, $I_{CQ} = \beta I_{BQ} = 100 \cdot 26[\mu\mathrm{A}] = 2.6[\mathrm{mA}]$, $V_C = 5 - (1\mathrm{k} \cdot 2.6\mathrm{m}) = 2.3[\mathrm{V}]$이다. 베이스–이미터 전압 $V_{BC} = V_{GB} - V_C = 0.7 - 2.3 < 0$이므로 순방향 능동 영역이 확인된다.

❷ 소신호 파라미터 해석

- 트랜스컨덕턴스 : $g_m = \dfrac{I_{CQ}}{V_t} = \dfrac{2.6[\mathrm{mA}]}{26[\overline{\mathrm{V}}]} = 100[\mathrm{mS}]$
- 출력저항 : $r_o = \dfrac{V_A}{I_{CQ}} = \dfrac{260[\mathrm{V}]}{2.6[\mathrm{mA}]} = 100[\mathrm{k}\Omega]$
- 입력저항 : $r_i = \dfrac{V_t}{I_{BQ}} = \dfrac{2.6[\mathrm{m}\overline{\mathrm{V}}]}{26[\mu\mathrm{A}]} = 1[\mathrm{k}\Omega]$

따라서 $g_m \cdot r_1 = (100\mathrm{m})(1\mathrm{k}) = 100$이므로 β와 같다

단자저항

단자저항terminal resistance**은 트랜지스터의 3단자에서 테브난 출력저항을 말한다.** 이들 저항은 값이 모두 다르기 때문에 전기적인 특성과 그 쓰임새 역시 다르다. 따라서 어떤 신호가 연결되는 단자가 소오스(이미터)이냐 드레인(컬렉터)이냐 하는 것은 아날로그 회로에서는 매우 중요한 문제가 된다. 입력단이나 출력단에서 단자저항은 테브난 출력저항으로 등가하는 기법을 적용한다.

먼저 다른 회로에 있는 독립전원을 모두 비활성화하고 테스트 전압 v_x를 가한다. 다음으로 흘러 들어가는 테스트 전류 i_x를 측정하여 그 비를 구한다. 소신호 테스트 전압을 소신호 등가회로에 가하면 소신호 단자저항을 구할 수 있다.

예제 10-5

[그림 10-18]과 같은 증폭기 회로에서 $R_1 = 100[\text{k}\Omega]$, $R_2 = 100[\text{k}\Omega]$, $R_C = 2[\text{k}\Omega]$이다. 이 증폭기에 소신호가 인가되고 있을 때, 이 증폭기의 입력단 쪽을 바라보는 소신호 입력저항 R_{in}을 구하라. 단, BJT의 소신호 파라미터는 $r_i = 10[\text{k}\Omega]$, $r_o = 100[\text{k}\Omega]$, $g_m = 10[\text{mS}]$이다.

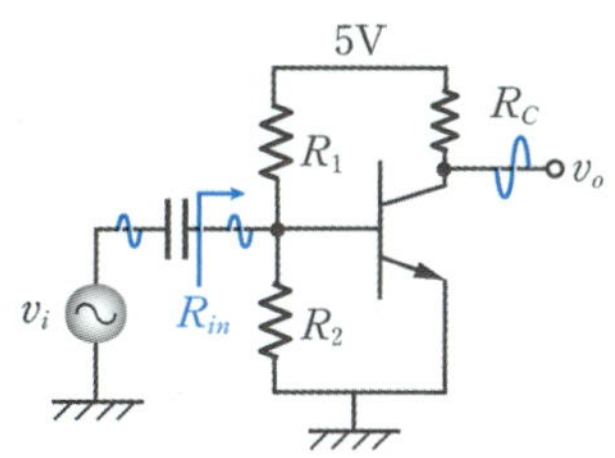

그림 10-18 증폭기의 입력저항

풀이

증폭기의 소신호 입력저항을 구하기 위해 입력단에 테스트 전압을 가하면 $v_{be} = v_x$이다.

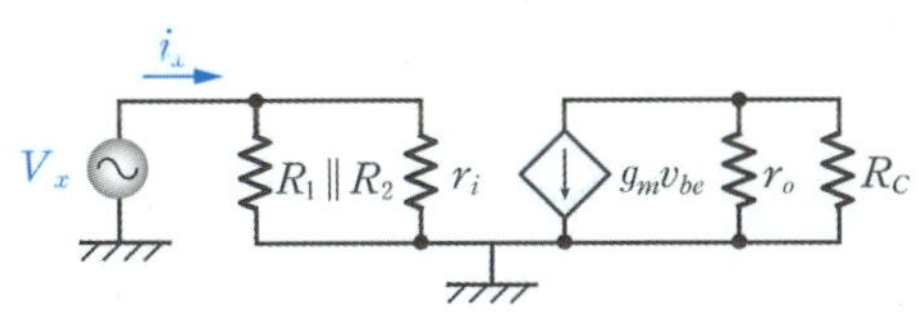

그림 10-19 [그림 10-18]의 소신호 등가회로에 입력 시험 신호를 인가한 모습

테스트 전류는 $i_x = \dfrac{V_x}{R_1 \| R_2} + \dfrac{V_x}{r_i}$이므로 R_{in}을 구하면 다음과 같다.

$$\therefore R_{in} = \frac{v_x}{i_x} = \frac{1}{\dfrac{1}{R_1 \| R_2} + \dfrac{1}{r_i}} = R_1 \| R_2 \| r_i = 100\text{k} \| 100\text{k} \| 10\text{k} \cong 8.33[\text{k}\Omega]$$

예제 10-6

[예제 10-5]의 증폭기 회로에서 소신호 출력저항 R_{out}을 구하라.

풀이

중첩의 원리에 의한 2단계로 해석한다.

❶ **바이어스(DC) 해석**

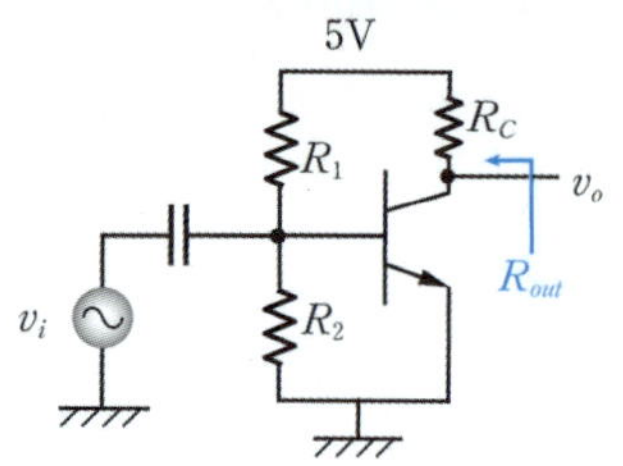

그림 10-20 [그림 10-18]의 바이어스 등가회로

❷ **소신호(AC) 해석**

입력 v_i를 비활성화시키고 출력단자에 테스트 전압 v_x를 인가한다.

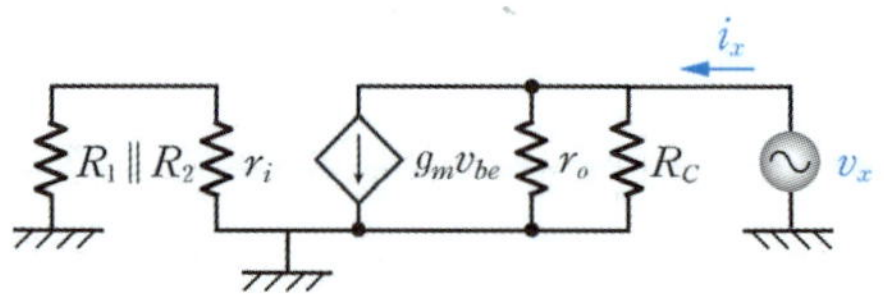

그림 10-21 [그림 10-20]의 소신호 등가회로에 입력 시험 신호를 인가한 모습

$v_{be}=0$이므로 테스트 전류는 $i_x = \dfrac{v_x}{r_o \| R_C}$이다. 즉 R_{out}을 구하면 다음과 같다.

$$\therefore R_{out} = \frac{v_x}{i_x} = r_o \| R_C = 100\text{k} \| 2\text{k} \cong 1.96[\text{k}\Omega]$$

Quick Review

- 대신호 해석에서는 전압전달 특성곡선과 ( )을 사용한다.
- 소신호 해석에서는 ( )와 ( )을 사용한다.
- 전체 신호는 ( )의 원리를 이용하여 구한다.
- 단자 저항은 ( ) 등가회로를 이용하여 구한다.

ANS 원동작점, 트랜스컨덕턴스(g_m)/출력저항(r_o), 중첩, 테브난

10.4 MOSFET을 이용한 증폭기

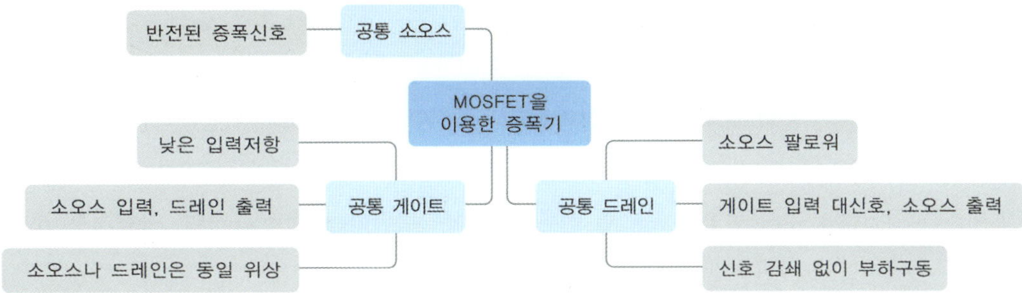

MOSFET의 3단자[10]를 입력단자, 출력단자 그리고 신호와 무관한 공통단자로 역할을 분담한다.

[그림 10-22(a)]는 게이트에 입력신호를 가하고 드레인에서 출력을 빼내며, 소오스는 공통단자로서 AC 접지되어 있다. 이러한 구조를 공통 소오스(CS) Common Source **회로라고 한다. 게이트와 드레인의 신호는 반드시 위상이 반전된다.**

[그림 10-22(b)]는 소오스에 입력신호를 가하고 드레인에서 출력을 빼내며, 게이트는 공통단자로서 AC 접지되어 있다. 이러한 구조를 공통 게이트(CG) Common Gate **회로라고 하며, 소오스와 드레인은 위상이 반전되지 않는다.**

[그림 10-22(c)]는 게이트에 입력신호를 가하고 소오스에서 출력을 빼내며, 드레인은 공통단자로서 AC 접지되어 있다. 이러한 구조를 공통 드레인(CD) Common Drain **회로라고 한다. 게이트와 소오스는 위상이 반전되지 않는다.** 실제 응용에서 입력신호는 대신호인 경우가 많으며 출력신호는 입력신호와 같다. 이 회로는 증폭작용이 아닌 버퍼링buffering 동작을 하므로 출력단자인 소오스가 입력신호를 그대로 따라간다는 의미를 담고 있는 소오스 팔로워(SF)Source Follower라는 이름이 훨씬 더 많이 사용된다.

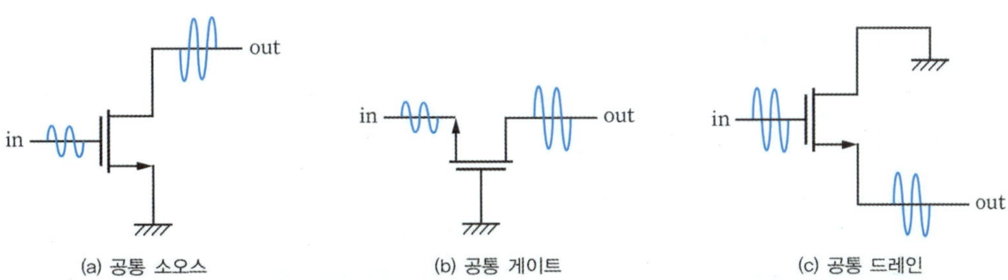

그림 10-22 입·출력 단자와 공통단자의 배치

---

10 MOSFET은 바디(body) 단자를 포함하여 4단자 회로이지만, 이 책의 범위에서는 기본 동작을 이해하기 위해 바디를 생략한 3단자를 다룬다.

공통 소오스 증폭기(CS 증폭기)

[그림 10-23(a)]의 공통 소오스 회로를 살펴보자. 바이어스 상태에서 신호 v_s가 걸려 소오스 전압이 약간 상승(하강)한다면 드레인 전류는 증가(감소)하고, 옴의 법칙에 의해 R_D에서 전압 강하는 커지며(작아지며), 출력 v_o의 전압은 떨어진다(높아진다). 출력신호의 위상은 뒤집어져서 반전된 증폭신호를 얻을 수 있다. 게이트와 드레인은 언제나 위상이 반전된다. 이러한 증폭 과정에서 트랜지스터는 입력 v_{GS}의 변화를 드레인 전류의 변화로 변환하는 작용을 하며, 출력저항 R_D를 거치면서 출력전압으로 변환되었다.

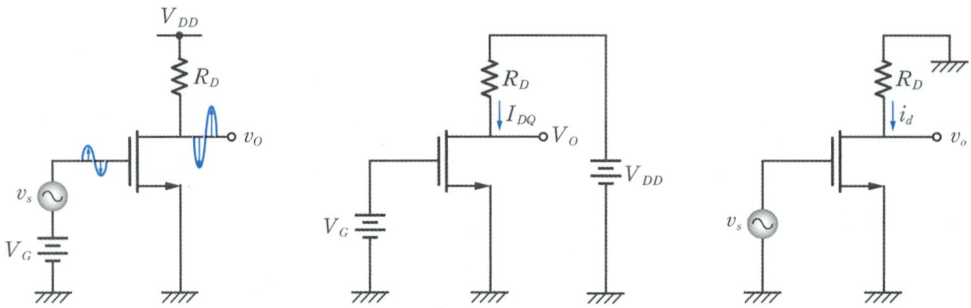

(a) 전체 회로 (b) DC 회로 (c) AC 회로

그림 10-23 공통 소오스 증폭기

공통 소오스 회로의 소신호 전압이득을 구해보자. 먼저 [그림 10-23(b)]의 DC 회로에서 바이어스 전류 I_{DQ}를 구한다. 식 (10.11), 식 (10.14)로부터 소신호 파라미터 g_m과 r_o를 구한다. [그림 10-23(c)]의 AC 회로에서 소신호 v_s에 의해 소신호 전류 i_d가 추가됨을 볼 수 있다.

다음으로, [그림 10-23(c)]의 AC 회로에서 MOSFET을 소신호 등가회로로 대체하여 [그림 10-24(a)]와 같이 소신호 등가회로를 완성한다.

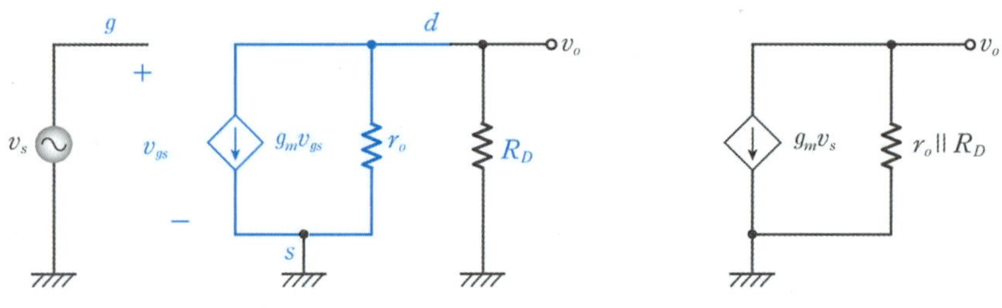

(a) 소신호 등가회로 (b) 간략화한 등가회로

그림 10-24 공통 소오스 회로의 소신호 해석

[그림 10-24(b)]에서 전류 $g_m v_s$가 저항 $r_o \parallel R_D$에 흐르면서 전압 강하를 일으키므로 다음과 같다.

$$v_o = -(g_m v_s)(r_o \parallel R_D) \tag{10.27}$$

따라서 전압이득은 다음과 같으며, 신호가 걸린 트랜지스터의 트랜스컨덕턴스와 출력저항의 곱이며 위상이 반전된다.

$$A_v = \frac{v_o}{v_s} = -g_m\,(r_o \parallel R_D) \tag{10.28}$$

예제 10-7

[그림 10-25]와 같이 소신호 v_i를 가하는 증폭기 회로에서 입력 바이어스 전압이 $V_{IQ} = 2$[V]이다. 중첩의 원리를 이용하여 전체 출력 전압 V_O를 구하라. 단, MOSFET의 전류상수는 $K = 2$[mA/V^2], $V_T = 1$[V], $\lambda = 0$이다.

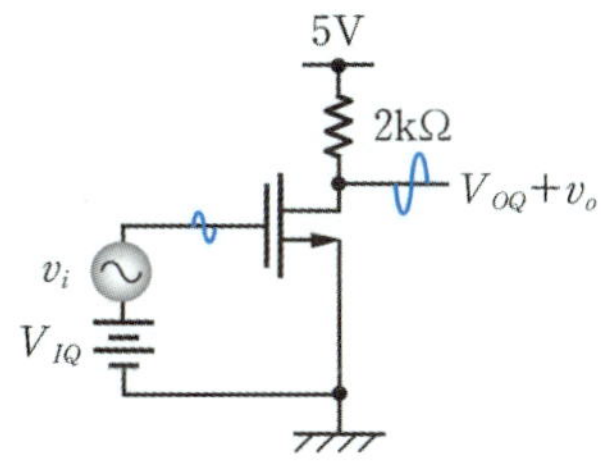

그림 10-25 MOSFET 증폭기

풀이

중첩의 원리를 사용하여 바이어스 해석을 위한 [그림 10-26(a)]의 DC 회로와 소신호 해석을 위한 [그림 10-26(b)]의 AC 회로로 분리한다.

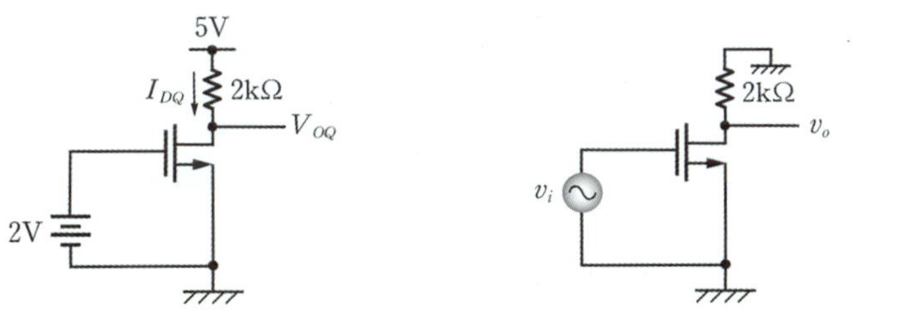

(a) 바이어스 해석 회로($v_i = 0$) (b) AC 해석 회로($V_{IQ} = 0$, $V_{DD} = 0$)

그림 10-26 MOSFET 증폭기의 바이어스 해석과 AC 해석 등가회로

❶ **바이어스 해석**

신호를 비활성화한 [그림 10-26(a)]의 회로에서 $V_{GS} = V_{IQ}$이고, 포화 영역을 가정하면 바이어스 전류와 바이어스 전압은 다음과 같다.

$$I_{DQ} = \frac{K}{2}(v_{GS} - V_T)^2 = \frac{2\text{m}}{2}(2-1)^2 = 1[\text{mA}]$$

$$V_{OQ} = 5 - (2\text{k})(1\text{m}) = 3[\text{V}]$$

드레인에서의 채널을 확인하면 $V_{GD} = 2 - 3 < V_T$이므로 포화 영역에서 동작한다. 식 (10.11)로부터 $g_m = \sqrt{2K \cdot I_{OQ}} = \sqrt{2(2\text{m}) \cdot 1\text{m}} = 2[\text{mS}]$이며 $r_o = \infty$이다.

❷ 소신호 해석

변하지 않는 DC들은 전부 비활성화시킨 [그림 10-26(b)]의 소신호(AC) 회로에서 $v_o = -(2k)(g_m v_{gs}) = -(2k)(2m)v_i$이므로, $A_v = \dfrac{v_o}{v_i} = -4$이다.

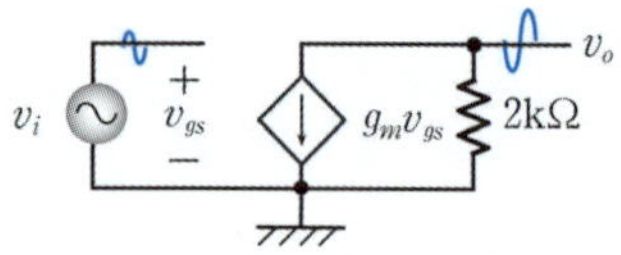

그림 10-27 소신호 등가회로

❸ 전체 출력

최종적으로 ❶과 ❷의 결과를 더하여 전체 출력전압 V_O를 구하면 다음과 같다.

$$\therefore V_O = V_{OQ} + v_o = 3 - 4v_i$$

예제 10-8

[그림 10-28]의 소오스 공통 증폭기 회로에서 부하저항은 $R_L = 5[\mathrm{k\Omega}]$이다. 소신호 입력 $v_i = 10\cos 10^3 t\,[\mathrm{mV}]$를 가할 때, 전체 출력전압 V_O를 구하라. 단, MOSFET의 전류상수는 $K = 2[\mathrm{mA/V^2}]$, $V_T = 1[\mathrm{V}]$, $\lambda = 0$이다.

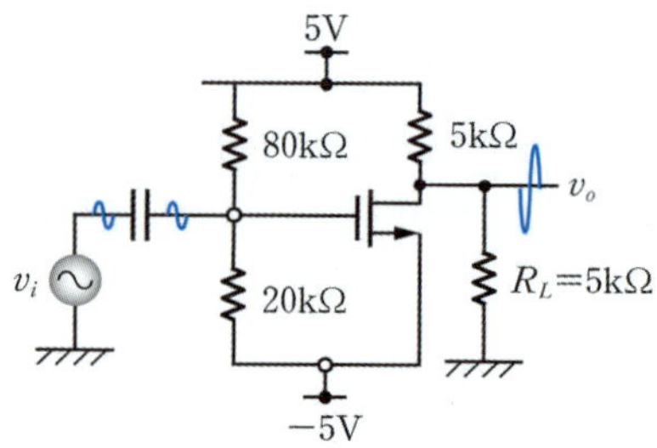

그림 10-28 소오스 공통 증폭기

풀이

중첩의 원리에 따라 회로 해석을 두 단계로 나누어 수행한다.

❶ 바이어스(DC) 해석

신호 v_i를 비활성화하여 바이어스 회로를 얻는다.

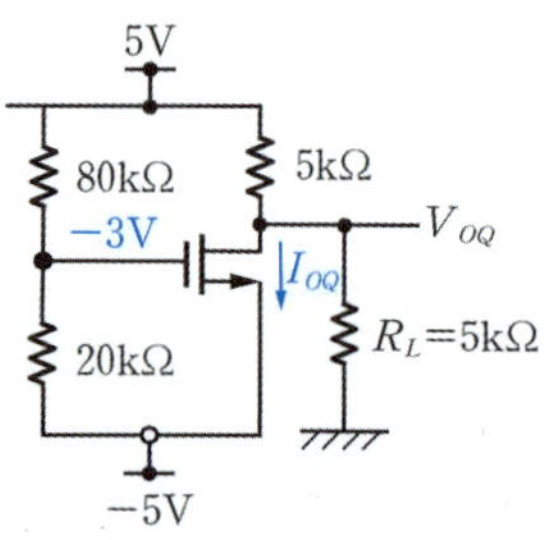

그림 10-29 바이어스 등가회로

MOSFET을 포화 영역으로 가정하여 V_{GS}, I_{OQ}, g_m을 구한 후 출력단자에서 KCL을 적용하면 다음과 같다.

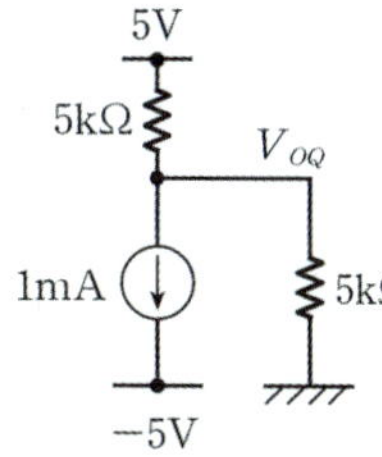

그림 10-30 바이어스 등가회로

$$V_{GS} = -3-(-5) = 2[\text{V}]$$

$$I_{OQ} = \frac{2\text{m}}{2}(2-1)^2 = 1[\text{mA}]$$

$$g_m = \sqrt{2KI_{QQ}} = \sqrt{2(2\text{m})\cdot 1\text{m}} = 2[\text{mS}]$$

$$\frac{5-V_{OQ}}{5[\text{k}\Omega]} = 1\text{m} + \frac{V_{OQ}}{5[\text{k}\Omega]} \qquad \therefore V_{OQ} = 0[\text{V}]$$

$V_{GD} = (-3)-0 < V_T$이므로 포화 영역임을 확인할 수 있다.

❷ 소신호(AC) 해석

$\lambda = 0$이므로 트랜지스터의 출력저항은 $r_o = \infty$이다. 소신호 등가회로를 그린 후 소신호 출력 전압 v_o을 구하면 다음과 같다.

$$v_o = -(5\text{k} \parallel 5\text{k})g_m v_{gs} = -2.5\text{k}(2\text{m})\cdot v_i$$

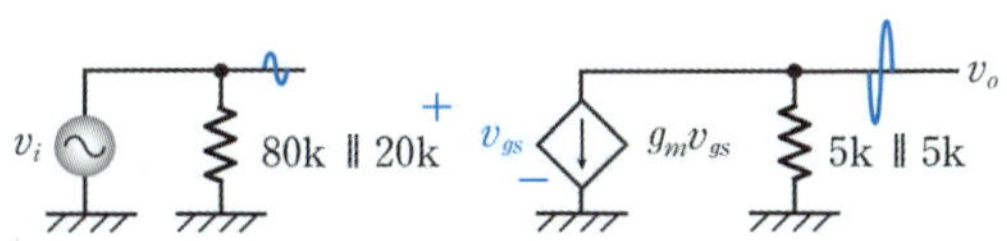

그림 10-31 소신호 등가회로

❸ 최종 출력

최종적으로 ❶과 ❷의 결과를 더하여 전체 출력전압 V_o를 구하면 다음과 같다.

$$V_o = V_{OQ} + v_o = 0 + (-5v_i) = -50\cos 10^3 t[\text{mV}]$$

▍공통 게이트 증폭기(CG 증폭기)

[그림 10-32(a)]의 공통 게이트 증폭기common gate amplifier는 소오스에 입력신호를 가하고 드레인에서 출력신호를 빼낸다. 게이트는 공통단자로서 AC 접지된다. 바이어스 상태에서 신호 v_s가 걸려 소오스 전압이 약간 상승(하강)한다면 v_{GS}가 감소(증가)하므로 드레인 전류는 감소(증가)하고, 옴의 법칙에 의해 R_D에서 전압 강하는 작아지며(커지며), 출력 v_o의 전압은 높아진다(낮아진다). 이러한 증폭 과정에서 트랜지스터는 입력전압의 변화를 출력 컬렉터 전류의 변화로 변환하는 작용을 하였으며, 출력저항 R_D를 통해 출력전압으로 변환되었다. 출력신호의 위상은 반전되지 않으므로, 소오스와 드레인은 언제나 위상이 같다.

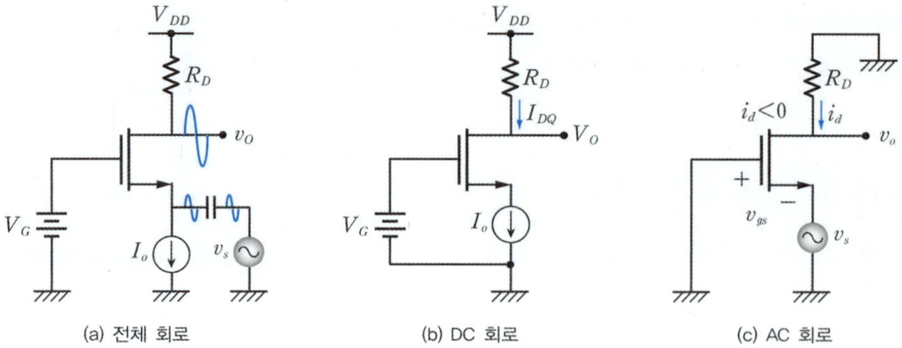

그림 10-32 공통 게이트 증폭기

이 회로의 소신호 전압이득을 구해보자. 먼저, [그림 10-32(b)]의 DC 회로에서 바이어스 전류 I_{DQ}는 I_O이다. 식 (10.11)과 식 (10.14)로부터 소신호 파라미터 g_m과 r_o를 구한다. [그림 10-32(c)]의 AC 회로에서 신호 v_s에 의해 v_{gs}가 감소하여 소신호 전류 i_d는 위로 흐른다($i_d < 0$). 다음으로, MOSFET을 소신호 등가회로로 대체하여 [그림 10-33(a)]와 같이 구성한 후 소신호 해석을 수행한다.

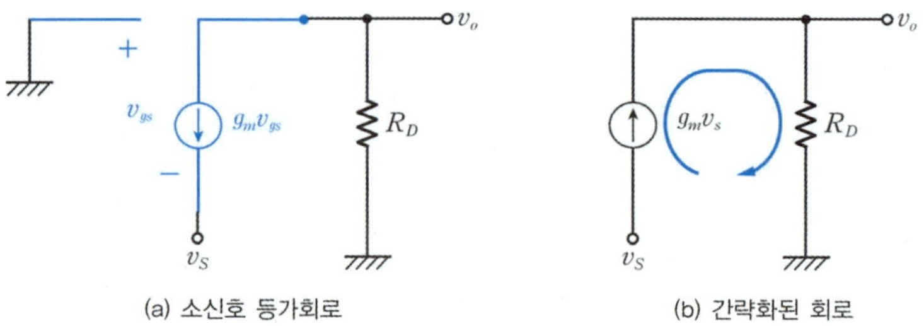

그림 10-33 공통 게이트 회로

[그림 10-33(b)]에서 옴의 법칙을 적용하면 다음과 같다.

$$v_o = (g_m v_s) R_D \tag{10.29}$$

따라서 전압이득은 다음과 같이 나타낼 수 있다.

$$A_v = \frac{v_o}{v_s} = g_m R_D \tag{10.30}$$

즉 전압이득은 신호가 걸린 트랜지스터의 트랜스컨덕턴스와 출력저항의 곱이며 위상은 반전되지 않는다.

입력저항의 문제

전압이득은 공통 소스 회로와 같고 위상이 반전되지 않으므로 더 좋아 보인다. 그러나 실제로는 공통 게이트 회로만으로 사용하기는 어렵다.

신호를 받는 입력단자인 소오스를 바라보는 입력저항을 구해보자. 편의상 $r_o = \infty$ 라고 가정하고 [그림 10-34(a)]와 같은 소신호 등가회로를 그린다.

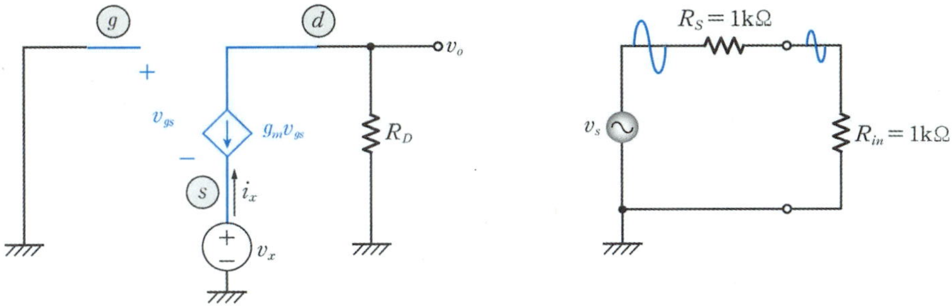

(a) 테스트 입력을 인가한 소신호 등가회로 (b) 0이 아닌 출력저항을 가진 신호의 전달

그림 10-34 공통 게이트 회로의 입력저항 측정 회로

입력저항을 구하기 위해 [그림 10-34(a)]와 같이 테스트 전압 v_x를 가하고 테스트 전류 i_x를 구하면 $v_{gs} = -v_x$이므로 다음과 같다.

$$i_x = g_m v_x \tag{10.31}$$

$$R_{\in} = \frac{v_x}{i_x} = \frac{1}{g_m} \approx 1[\text{k}\Omega] \tag{10.32}$$

10.1절에서 학습했듯이, 입력저항이 비교적 작으면 전압신호를 감쇄 없이 잘 받아들일 수 없다. 예를 들어 [그림 10-34(b)]와 같이 출력저항 $R_s = 1[\text{k}\Omega]$인 신호를 가하면 공통 게이트 회로의 입력단인 소오스에는 전압 분배에 의해 50%의 크기만 전달된다. 따라서 그 자체로는 잘 사용되지 않고 공통 이미터 회로와 연결되어 캐스코드cascode의 형태로 사용된다.

▌소오스 팔로워(공통 드레인 증폭기)

소오스 팔로워source follower는 게이트에 걸리는 신호를 그대로 소오스에 전달하는 역할을 한다. [그림 10-35]는 소오스 팔로워의 기본 구조로, **보통 게이트에 입력 대신호가 걸리고, 같은 신호가 소오스에서 출력된다.**

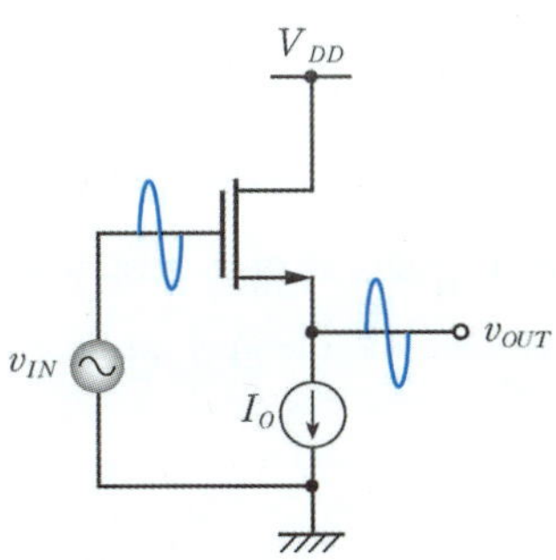

그림 10-35 소오스 팔로워의 기본 구조

포화 영역의 전류식으로부터 위 회로의 소오스 전류는 다음과 같다.

$$I_O \approx i_D = \frac{K}{2}(v_{GS} - V_T)^2 = \frac{K}{2}(v_{IN} - v_{OUT})^2 \quad (10.33)$$

I_O가 일정하면 v_{GS}가 일정하므로 $v_{GS} = v_{IN} - v_{OUT}$이 일정하다. 즉 입력과 출력의 전압 차이가 항상 일정하게 유지된다. 따라서 출력에는 DC 레벨 시프트level shift만 될 뿐 입력신호가 그대로 전달된다. 이때 베이스 전압 v_{IN}이 꼭 소신호일 필요는 없다. 그러면 증폭작용도 하지 않는 소오스 팔로워는 왜 사용하는 것일까?

소오스 팔로워의 입력저항은 ∞이므로 전압신호를 받는 데 아무런 문제가 없다. 이번에는 [그림 10-36]의 소신호 등가회로를 통해 출력저항을 살펴보자. 편의상 트랜지스터의 출력저항은 $r_o = \infty$ 라고 가정하였다.

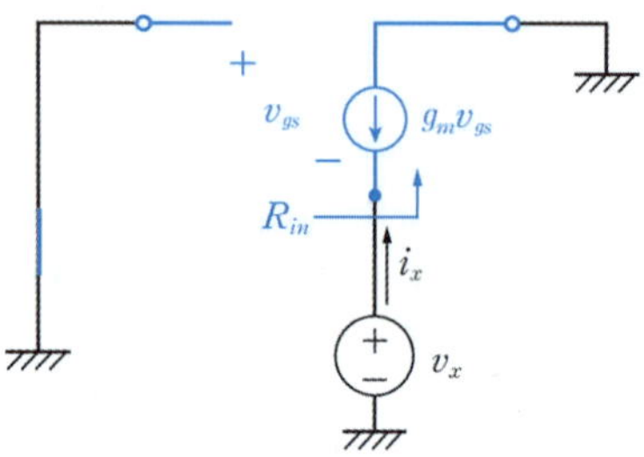

(a) 테스트 입력을 인가한 소신호 등가회로

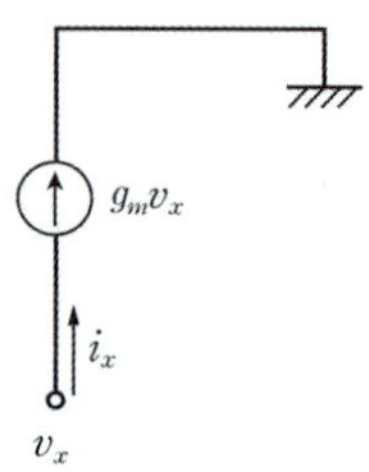

(b) v_{gs}를 테스트 전압 v_x로 대체한 등가회로

그림 10-36 소오스 팔로워의 출력저항을 구하기 위한 등가회로

[그림 10-36(b)]에서 출력저항 측정을 위해 입력신호를 비활성화하고 등가회로를 만들면 KCL에 의해 다음과 같다.

$$i_x = g_m v_x \quad (10.34)$$

여기서 $v_{gs} = -v_x$이므로, 출력저항은 다음과 같다.

$$R_{out} = \frac{v_x}{i_x} = \frac{1}{g_m} \quad (10.35)$$

여기서 $g_m \approx 1\,[\text{mS}]$임을 고려하면 출력저항은 $R_{out} = 1/1\,[\text{mS}] = 1\,[\text{k}\Omega]$ 정도로 비교적 작은 값이다. 즉 출력저항이 작으므로 10.1절에서 학습한 바와 같이 좋은 전압원이 된다. 만약 어떤 증폭기의 출력저항 R_{out}의 값이 커서 전류 구동 능력이 나쁠 경우, (출력저항이 작아서) **전류 구동 능력이 좋은 소오스 팔로워를 거쳐서 저항성 부하를 구성한다면 신호가 감쇄되지 않고 부하를 구동할 수 있다. 이를 아날로그 버퍼**analog buffer **혹은 임피던스 변환기**impedance converter**라고 한다.**

예제 10-9

[그림 10-37]의 게이트 공통 증폭기 회로에서 소신호 입력저항 R_{in}과 증폭기의 입력단에 전달되는 입력신호를 구하라. 단, MOSFET의 전류상수는 $K=2[\text{mA/V}^2]$, $V_T=1[\text{V}]$, $\lambda=0$이다.

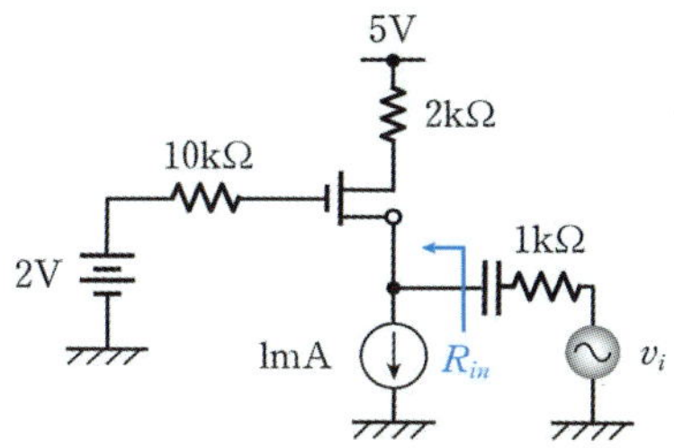

그림 10-37 게이트 공통 증폭기 회로

풀이

중첩의 원리에 따라 회로 해석을 두 단계로 나누어 수행한다.

❶ 바이어스(DC) 해석

바이어스 전류로부터 트랜스컨덕턴스는 $g_m=\sqrt{2KI_{DQ}}=\sqrt{2(2\text{m})\cdot 1\text{m}}=2[\text{mS}]$이다.

❷ 소신호(AC) 해석

소신호 등가회로를 그린 후 [그림 10-38]과 같이 입력단에 테스트 전압 v_x를 가하면, $v_{gs}=v_g-v=0-v_x$이다.

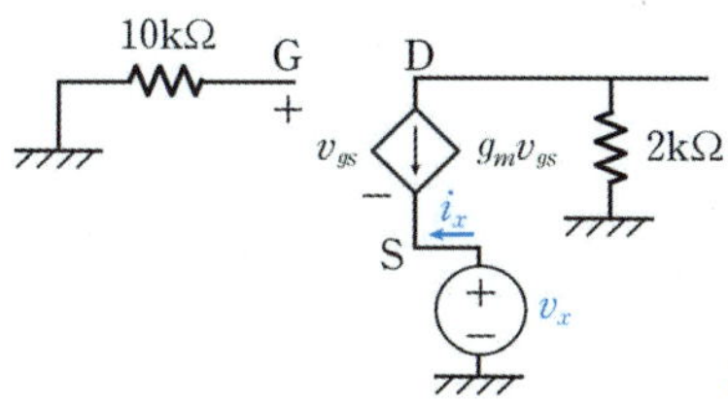

그림 10-38 소신호 등가회로

테스트 전류는 $i_x=-g_m v_{gs}=g_m v_x$이므로 R_{in}을 구하면 다음과 같다.

$$\therefore R_{in}=\frac{v_x}{i_x}=\frac{1}{g_m}=\frac{1}{2\text{m}}=500[\Omega]$$

입력신호 v_i는 [그림 10-39]와 같이 전압 분배되어 증폭기의 입력단에 인가된다.

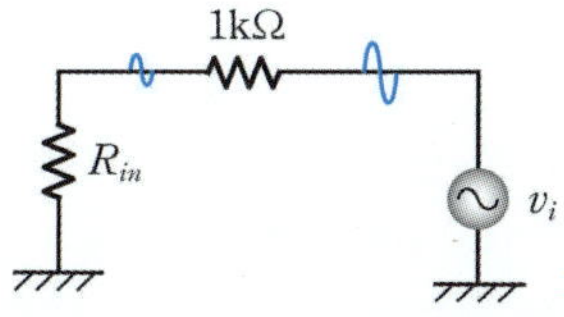

그림 10-39 입력신호 등가회로

증폭기의 입력단에 전달되는 신호는 $\frac{R_{in}}{R_{in}+1K}\cdot v_i=\frac{1}{3}v_i$이다.

예제 10-10

[그림 10-40]과 같은 소오스 팔로워 회로의 출력단에서 AC 신호에 대한 테브난 등가회로를 그려라.

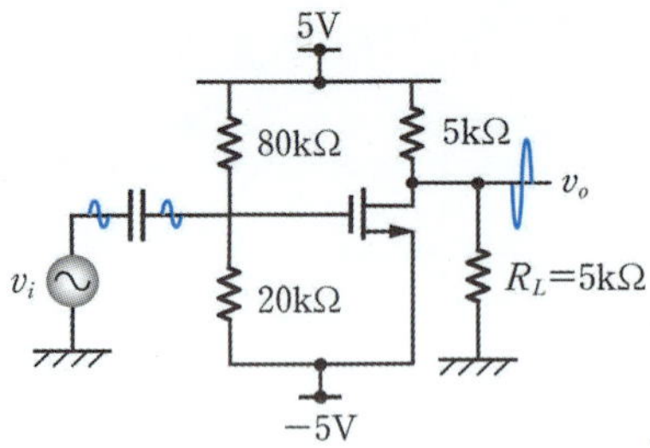

그림 10-40 소오스 팔로워 회로

풀이

바이어스 전류는 $I_{OQ}=1[\mathrm{mA}]$이므로 소신호 파라미터를 구하면 다음과 같다.

$$g_m=\sqrt{2K\cdot I_{OQ}}=\sqrt{2(2\mathrm{m})\cdot 1\mathrm{m}}=2[\mathrm{mS}] \qquad r_o=\frac{1}{\lambda I_{OQ}}=\frac{1}{0.01\cdot 1\mathrm{m}}=100[\mathrm{k}\Omega]$$

출력단에서 AC 신호에 대한 테브난 등가회로를 구하기 위해 출력저항과 출력신호를 해석하면 다음과 같다.

$$i_s=-g_m v_{gs}+\frac{1}{r_o}v_x=g_m v_x+\frac{1}{r_o}v_x$$

$$R_{out}=\frac{v_x}{i_x}=\frac{1}{g_m+\frac{1}{r_o}}=\frac{r_o}{1+g_m r_o}=\frac{100[\mathrm{k}\Omega]}{1+(2[\mathrm{m}\Omega])(100[\mathrm{k}\Omega])}=\frac{100}{201}[\mathrm{k}\Omega]$$

$v_{gs}=v_g-v_s=v_1-v_o$이고, $v_o-g_m v_{gs}\cdot r_o=0$이므로 $v_o=\frac{g_m r_o}{1+g_m r_o}\cdot v_i=\frac{200}{1+200}v_i=\frac{200}{201}v_i$이다.

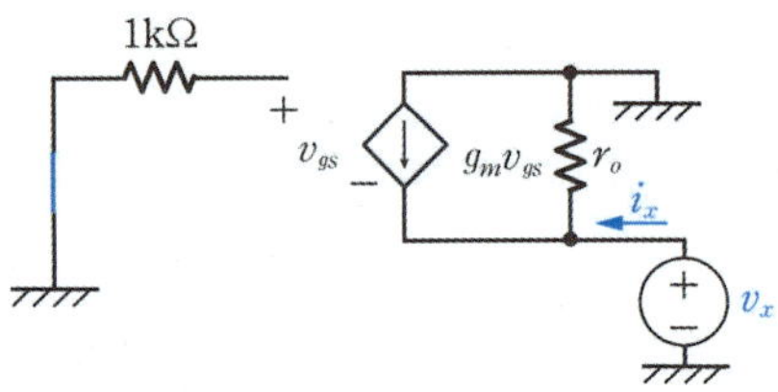

그림 10-41 출력저항 등가회로

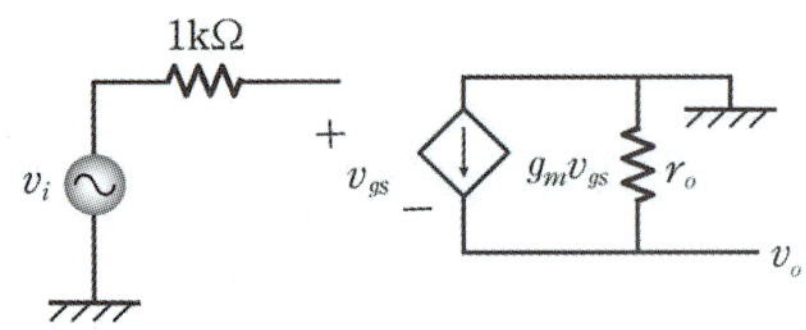

그림 10-42 정리된 등가회로

테브난 등가회로를 그리면 다음과 같다.

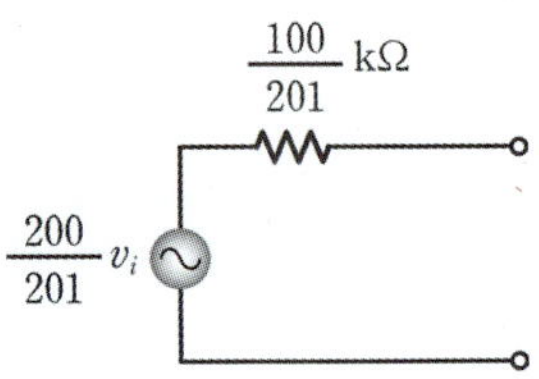

그림 10-43 테브난 등가회로

Quick Review

- 공통 소오스 증폭기의 이득은 트랜지스터의 트랜스컨덕턴스와 출력저항의 곱이며, 입력신호와 출력신호의 위상은 (   ).
- 공통 게이트 증폭기의 이득은 트랜지스터의 트랜스컨덕턴스와 출력저항의 곱이며, 입력신호와 출력신호의 위상은 (   ).
- 소오스 팔로워의 이득은 1에 가까우며 입력신호와 출력신호의 위상은 (   ).

ANS 반대이다, 같다, 같다

10.5 BJT를 이용한 증폭기

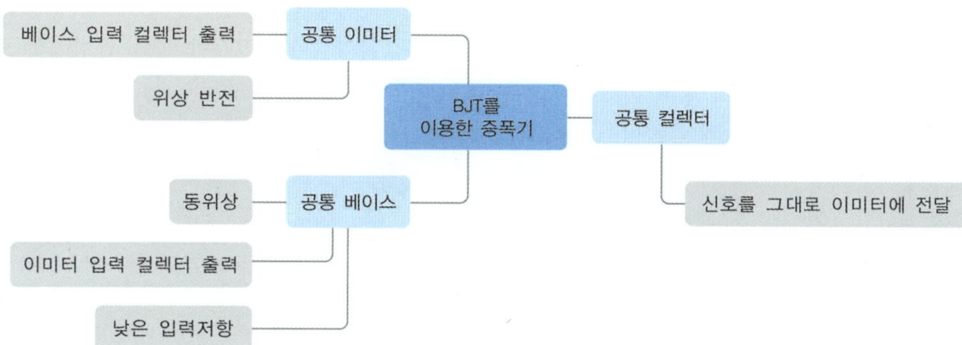

BJT는 3단자 회로이므로 입력단자와 출력단자 및 신호와 무관한 공통단자로 역할 분담한다.

[그림 10-44(a)]는 **베이스에 입력신호를 가하고 컬렉터에서 출력을 빼내며 이미터는 공통단자로서 AC 접지되어 있다. 이러한 구조를 공통 이미터(CE)**Common Emitter **회로라고 한다. 베이스와 컬렉터는 반드시 위상이 반전된다.**

[그림 10-44(b)]는 **이미터에 입력신호를 가하고 컬렉터에서 출력을 빼내며 베이스는 공통단자로서 AC 접지되어 있다. 이러한 구조를 공통 베이스(CB)**Common Base **회로라고 하며, 이미터와 컬렉터는 위상이 반전되지 않는다.**

[그림 10-44(c)]는 **베이스에 입력신호를 가하고 이미터에서 출력을 빼내며 컬렉터는 공통단자로서 AC 접지되어 있다. 이러한 구조를 공통 컬렉터(CC)**Common Collector **회로라고 한다.** 베이스와 이미터는 위상이 반전되지 않는다. 실제 응용에서 입력신호는 대신호로서 증폭이 아닌 버퍼링 동작을 하므로 이미터가 입력신호를 따라간다는 의미를 담고 있는 **이미터 팔로워(EF)**Emitter Follower라는 이름이 훨씬 더 많이 사용된다.

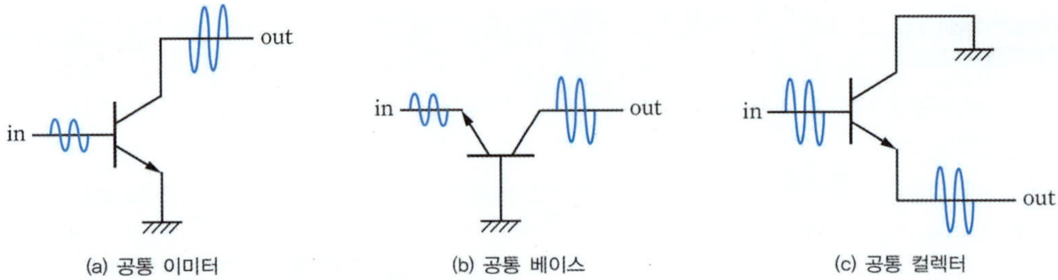

그림 10-44 입·출력 단자와 공통단자의 배치

공통 이미터 증폭기(CE 증폭기)

[그림 10-45]의 공통 이미터 증폭기common-emitter amplifier는 베이스에 입력신호를 가하고 컬렉터에서 출력신호를 뽑는다. 이미터는 공통 터미널로서 접지된다. 바이어스 상태에서 신호 v_s가 걸려 베이스 전압이 약간 상승(하강)하면 컬렉터 전류는 증가(감소)하고, 옴의 법칙에 의해 R_C에서 전압 강하는 커지며(작아지며), 출력 v_O의 전압은 떨어진다(높아진다). 이러한 증폭 과정에서 트랜지스터는 입력전압의 변화를 출력 컬렉터 전류의 변화로 변환시키며, 출력저항 R_C를 통해 출력전압의 변화로 변환되었다.

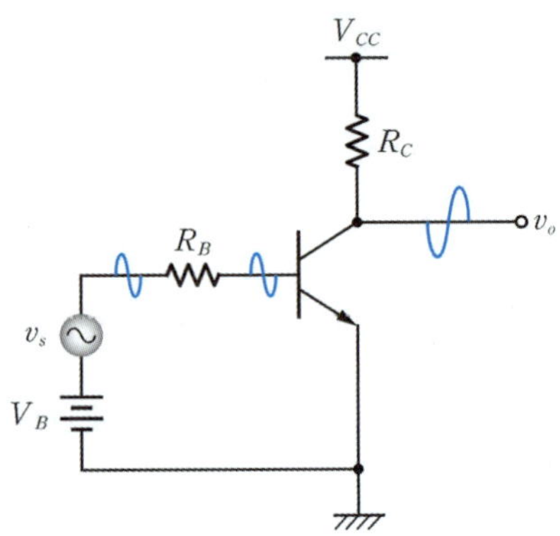

그림 10-45 공통 이미터 회로의 예

출력신호는 입력신호 대비 위상이 반전된 증폭신호를 얻을 수 있다. 베이스와 컬렉터는 언제나 위상이 반전된다. 공통 이미터 회로의 해석 과정을 살펴보자.

❶ **바이어스(DC) 해석 :** [그림 10-46(a)]는 바이어스 해석을 위해 신호를 비활성화한 회로 모델이다. 이러한 DC 해석에서는 커패시터를 모두 개방한다.

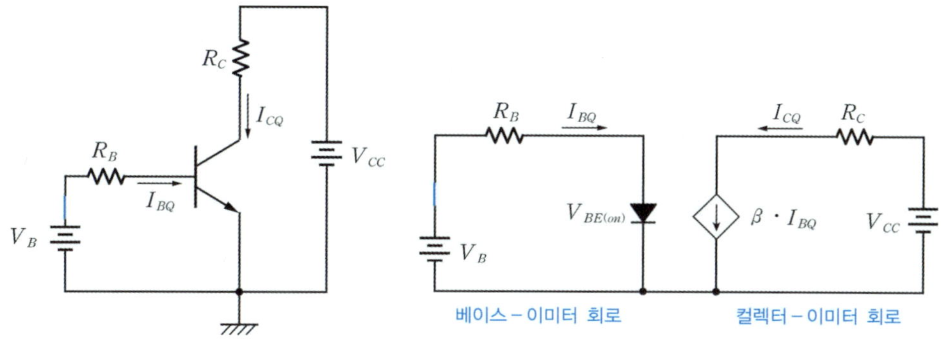

(a) DC 회로 (b) DC 등가회로

그림 10-46 공통 이미터 회로의 바이어스 해석

바이어스 해석에서 가장 중요한 변수는 I_{CQ}이다. [그림 10−46(b)]의 베이스–이미터 회로에서 I_{CQ}를 구하면 다음과 같다.

$$I_{BQ} = \frac{V_B - V_{BE(on)}}{R_B} \tag{10.36}$$

$$I_{CQ} = \beta I_{BQ} \tag{10.37}$$

식 (10.18)과 식 (10.21)로부터 소신호 파라미터 g_m과 r_o를 계산한다.

❷ **소신호(AC) 해석** : AC 회로는 [그림 10−47(a)]와 같이 변하지 않는 DC 전원을 모두 비활성화한다. [그림 10−47(b)]는 [그림 10−47(a)]의 AC 회로에서 트랜지스터를 [그림 10−16(c)]와 같은 등가회로로 대체한 소신호 등가회로이다.

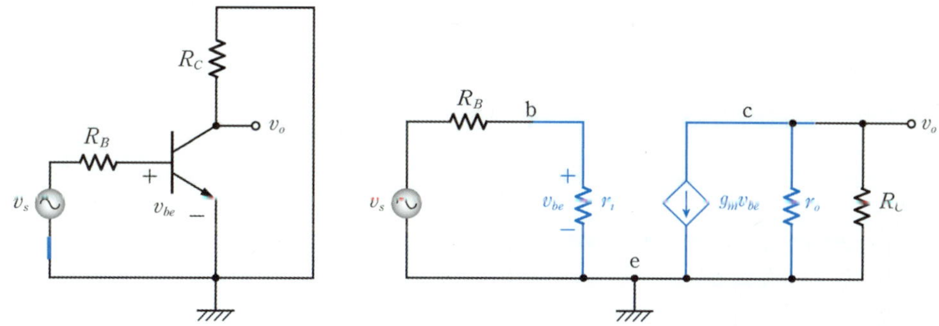

(a) AC 회로 (b) 소신호 등가회로

그림 10-47 공통 이미터 회로의 AC 해석

[그림 10−47(b)]에서 출력저항 $R_C \parallel r_o$에 전류 $g_m v_{be}$가 흐르므로 옴의 법칙에 의해 전압 강하가 발생하여 다음과 같이 된다.

$$v_o = -(g_m v_{be}) \cdot r_o \parallel R_C \tag{10.38}$$

입력단에서 전압 분배에 의해 트랜지스터의 입력전압은 식 (10.39)로서 신호 v_s가 감쇄된다.

$$v_{be} = \frac{r_i}{R_B + r_i} v_s \tag{10.39}$$

따라서 전압이득은 다음과 같다.

$$A_v = \frac{v_o}{v_s} = -(g_m v_{be}) \cdot (r_o \parallel R_C) \frac{r_i}{R_B + r_i} \tag{10.40}$$

(−) 이득은 출력신호의 위상이 입력신호에 대해 반전됨을 의미한다.

공통 베이스 증폭기(CB 증폭기)

[그림 10−48]의 공통 게이트 회로에서 대신호 해석을 해보자. 이미터 전압에 신호가 걸려 약간 올라가면(내려가면) v_{BE}가 감소(증가)하므로 전체 컬렉터 전류가 감소(증가)한다. R_C를 거치면서 전압 강하가 줄어들므로(커지므로) v_O 전압은 증가(감소)한다. 즉 이미터에 가해진 신호는 위상이 변화되지 않고 증폭되어 출력단에 나타난다.

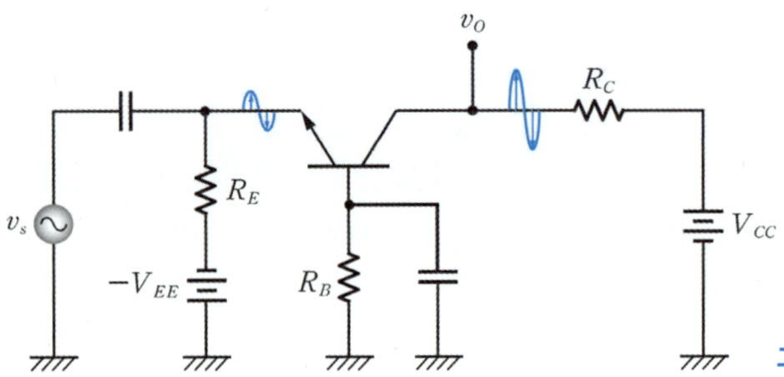

그림 10-48 공통 베이스 회로

❶ **바이어스(DC) 해석 :** [그림 10−49]는 [그림 10−48]의 바이어스 회로이다. 이러한 DC 해석에서 커패시터에는 전류가 흐르지 않으므로 모두 개방한다.

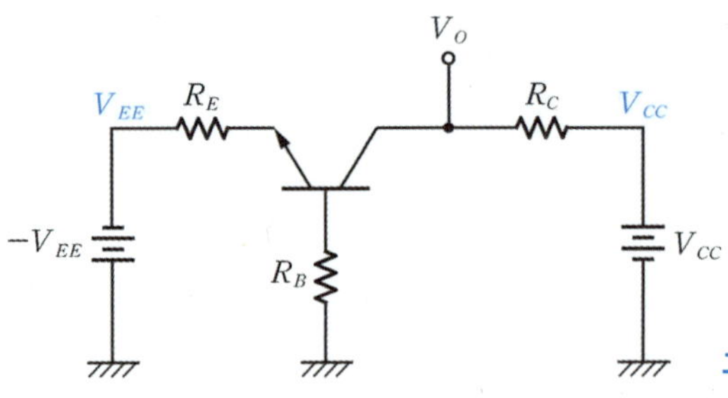

그림 10-49 [그림 10−48]의 바이어스 회로

베이스−이미터 회로에서 KVL을 적용하면 다음과 같다.

$$V_{EE} + (1+\beta) I_{BQ} R_E + V_{BE(on)} + R_B I_{BQ} = 0 \tag{10.41}$$

$$I_{CQ} = \beta\, I_{BQ} \tag{10.42}$$

식 (10.41)과 식 (10.42)에서 I_{CQ}를 구하고, 식 (10.18)과 식 (10.21)로부터 소신호 파라미터 g_m과 r_o를 계산한다.

❷ **소신호(AC) 해석 :** [그림 10-50(a)]의 AC 회로에 트랜지스터의 소신호 등가회로를 대입하고 출력저항을 $r_o = \infty$ 라고 가정하면 [그림 10-50(b)]와 같은 소신호 등가회로를 얻는다.

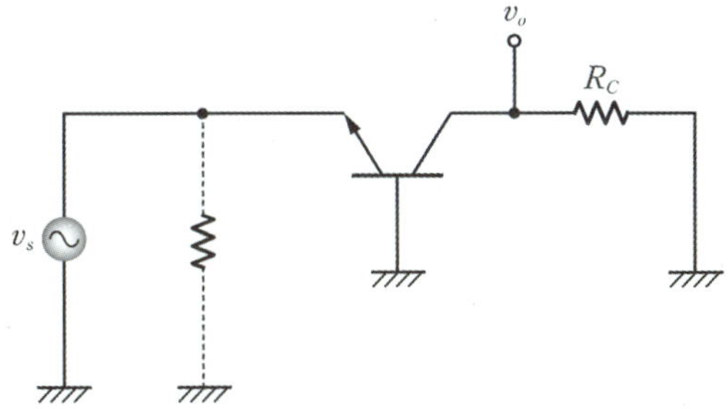

(a) AC 회로

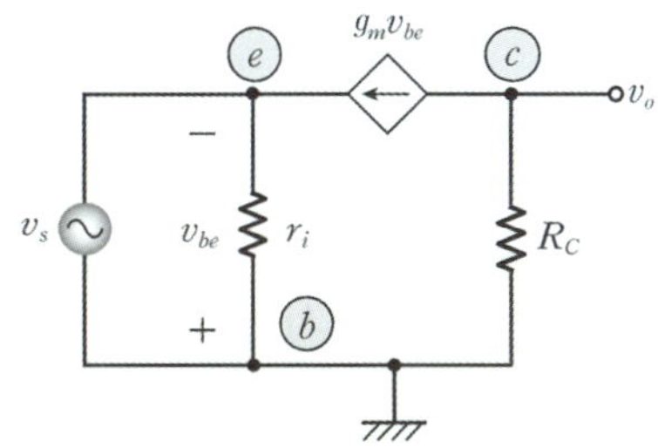

(b) 소신호 등가회로

그림 10-50 [그림 10-48]의 AC 해석

R_C에 전류 $g_m v_{be}$가 흐르므로 옴의 법칙에 의해 전압 강하가 일어나고 $v_{be} = -v_s$이므로 A_v는 다음과 같다.

$$v_o = -(g_m\, v_{be}) \cdot R_C \tag{10.43}$$

$$A_v = \frac{v_o}{v_s} = g_m\, R_C \tag{10.44}$$

결국 전체 회로의 이득은 입력신호를 받는 트랜지스터의 트랜스컨덕턴스 g_m과 출력저항 R_C의 곱이다. (+) 전압이득은 위상이 반전되지 않음을 나타낸다. 전압이득은 이미터 공통회로와 같고 위상이 반전되지 않으므로 더 좋은 것처럼 보인다. 그러나 실제로는 10.1절에서 학습한 대로, 입력저항의 문제가 발생할 수 있어 그 자체로는 사용하기가 어렵다.

[그림 10-51(a)]의 회로와 같이 입력단자인 이미터에 테스트 전압 v_x를 가하고 테스트 전류 i_x를 측정하여 입력저항을 구해보자.

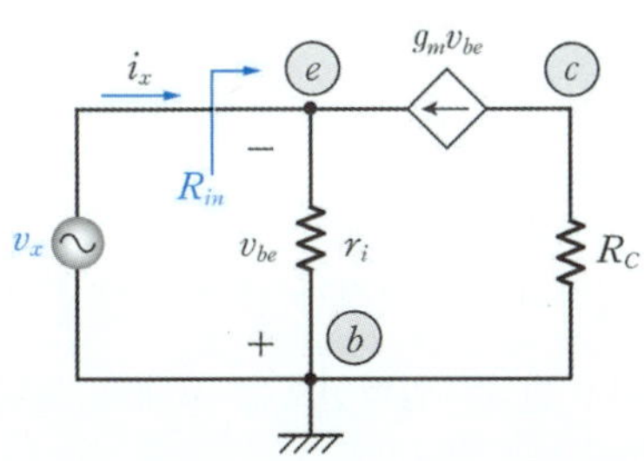

(a) 입력저항을 구하기 위한 등가회로

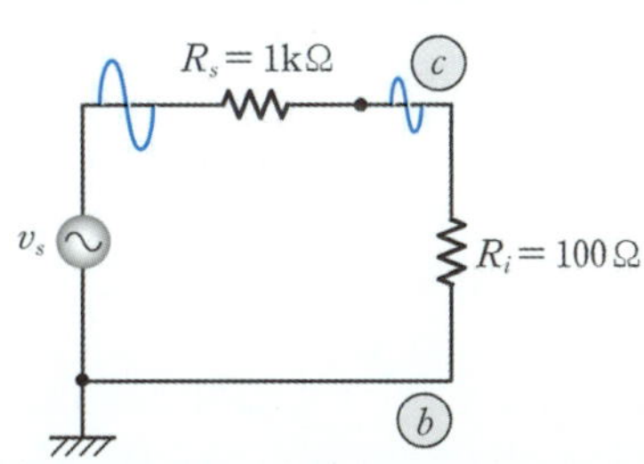

(b) 0이 아닌 출력저항을 가진 신호의 전달 모형

그림 10-51 [그림 10-50(b)]의 입력저항을 구하기 위한 등가회로

[그림 10-51(a)]의 이미터 노드에 KCL을 적용하면 식 (10.45)와 같으므로 입력저항은 식 (10.46)과 같다.

$$i_x = \frac{v_x}{r_i} + g_m v_x \tag{10.45}$$

$$R_{in} = \frac{v_x}{i_x} = \frac{1}{g_m + \dfrac{1}{r_i}} = \frac{r_i}{g_m r_i + 1} = \frac{r_i}{\beta + 1} \approx \frac{r_i}{\beta} \tag{10.46}$$

이 값은 $\dfrac{10\,[\mathrm{k}\Omega]}{100} = 100\,[\Omega]$으로 비교적 작다. [그림 10-51(b)]와 같이 $1\,[\mathrm{k}\Omega]$의 출력저항을 가진 입력신호를 이미터에 가하면 전압 분배에 의해 신호가 $\dfrac{1}{11}$로 감쇄된다. 즉 이미터에 전압신호가 들어가지 않는다. 공통 베이스 회로는 이러한 낮은 입력저항 문제로 그 자체로는 사용할 수 없고, 공통 이미터 회로와 연결되어 캐스코드의 형태로 사용된다.

이미터 팔로워(공통 컬렉터 증폭기)

이미터 팔로워는 베이스에 걸리는 신호를 그대로 이미터로 전달하는 역할을 한다. [그림 10-52]는 이미터 팔로워의 기본 구조로 보통 베이스에 대신호가 입력되고 같은 크기의 신호가 이미터에서 출력된다.

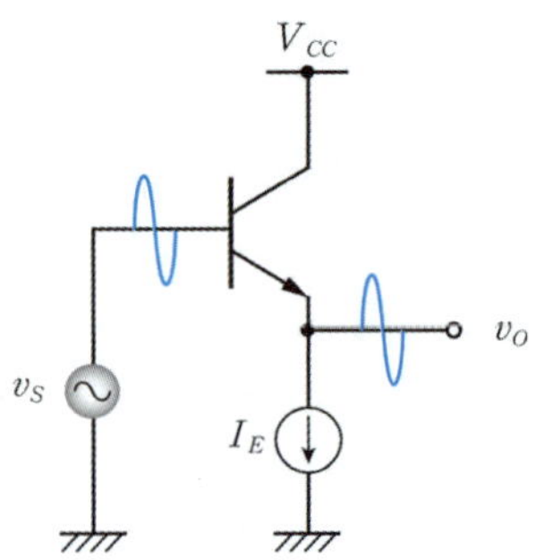

그림 10-52 이미터 팔로워의 기본 구조

능동 영역의 전류식으로부터 [그림 10-52]의 이미터 전류는 다음과 같다.

$$I_E \approx i_C = I_s \exp\left(\frac{v_{BE}}{V_t}\right) \tag{10.47}$$

I_E가 일정하면 v_{BE}가 일정하므로 $v_{BE} = v_{IN} - v_{OUT}$이 일정하다. 즉 입력과 출력은 항상 일정한 전압 차이를 유지한다. 따라서 출력에는 DC 레벨 시프트만 될 뿐 입력신호는 그대로 전달된다. 이때 베이스 전압 v_{IN}이 꼭 소신호일 필요는 없다.

이미터 팔로워의 입력저항은 비교적 큰 값인 r_i이므로 전압신호를 받는 데 큰 문제가 없다. 이번에는 [그림 10-53(a)]의 소신호 등가회로를 통해 출력저항을 살펴보자. 편의상 트랜지스터 자체의 출력저항을 $r_o = \infty$라고 가정하였다.

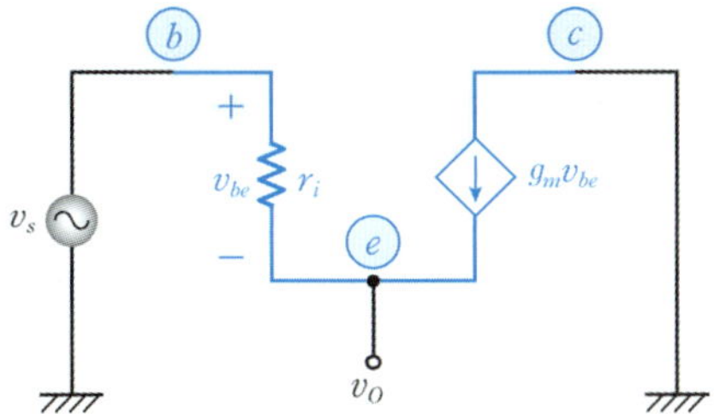

(a) 소신호 등가회로

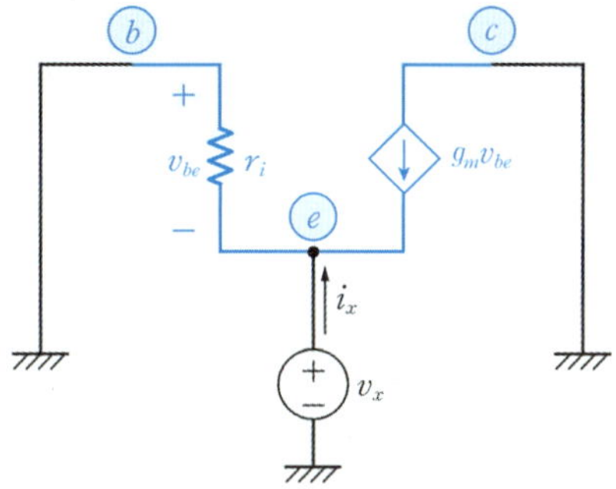

(b) 출력저항을 구하기 위한 등가회로

그림 10-53 [그림 10-52]의 출력저항을 구하기 위한 등가회로

[그림 10-53(b)]에서 출력저항을 구하기 위해 입력신호를 비활성화하고 테스트 전압 v_x를 가해 테스트 전류 i_x를 구한다.

$$i_x = \frac{v_x}{r_i} + g_m v_x \tag{10.48}$$

$v_{be} = -v_x$이므로 KCL에 의해 식 (10.48)과 같이 되어 출력저항은 식 (10.49)와 같다.

$$R_{out} = \frac{v_x}{i_x} = \frac{1}{g_m + \dfrac{1}{r_i}} = \frac{r_i}{g_m r_i + 1} = \frac{r_i}{\beta + 1} \approx \frac{r_i}{\beta} \tag{10.49}$$

$r_i = 10\,[\mathrm{k}\Omega]$, $\beta = 100$을 고려하면 $R_{out} = \dfrac{10\,[\mathrm{k}\Omega]}{100} = 100\,[\Omega]$ 정도로 비교적 작은 값이므로 좋은 전압원이 된다. 입력전원 v_s의 출력저항 R_S가 커서 전류 구동 능력이 나쁠 경우, 이미터 팔로워를 통해 출력 저항을 감소시키면 신호가 삼쇄되지 않고 부하를 구동할 수 있다.

예제 10-11

[그림 10-54]의 이미터 공통 회로에서 소신호 전압이득 A_V를 구하라. 단, BJT의 전류 이득은 $\beta = 100$, 얼리전압은 $V_A = \infty$, $V_t = 26\,[\mathrm{mV}]$이다.

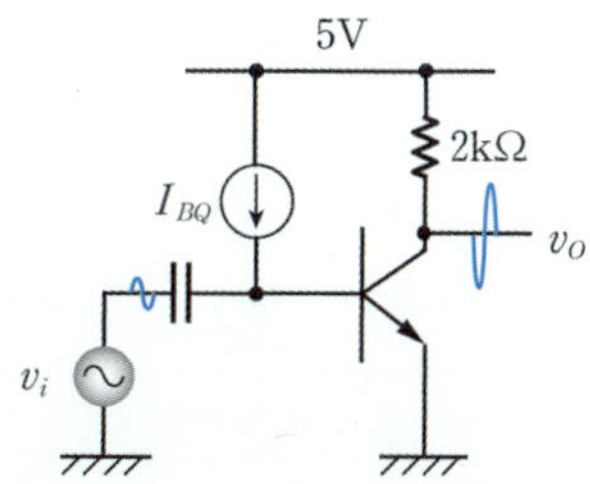

그림 10-54 이미터 공통 회로

풀이

이 회로는 바이어스 해석과 소신호 해석의 두 단계로 나누어 해석한다.

❶ 바이어스(DC) 해석

출력 바이어스 전류는 $I_{CQ} = \beta I_{BQ} = 100 \cdot 10[\mu A] = 1[mA]$이고, 소신호 파라미터는 I_{CQ}의 함수로서 $g_m = \frac{I_{CQ}}{V_t} = \frac{1}{26}[S]$, $r_o = \frac{V_A}{I_{CQ}} = \infty$이다.

❷ 소신호(AC) 해석

변하지 않는 전압원은 AC 접지로 놓고 전류원은 개방한다. BJT의 소신호 등가회로를 대입하면 전체 회로의 소신호 등가회로는 다음과 같다.

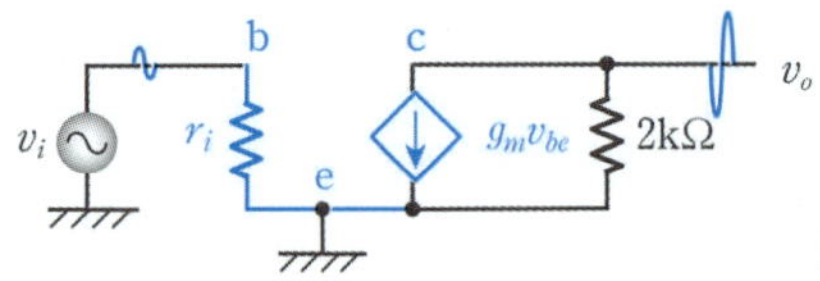

그림 10-55

컬렉터-이미터 루프에서 옴의 법칙을 적용하면 출력전압과 전압이득은 다음과 같다.

$$v_o = -g_m \cdot 2[kV] \cdot v_{be} = -\frac{1}{26} \cdot 2[kV] \cdot v_i$$

$$A_v = \frac{v_o}{v_i} = -\frac{1000}{13} \cong -76.9$$

(−) 이득은 베이스와 콜렉터는 위상이 반전됨을 의미한다.

예제 10-12

[그림 10-56]의 이미터 공통 회로에서 소신호 전압이득 A_V를 구하라. 단, BJT의 전류 이득은 $\beta = 100$, 얼리전압은 $V_A = \infty$, $V_t = 26[mV]$이다.

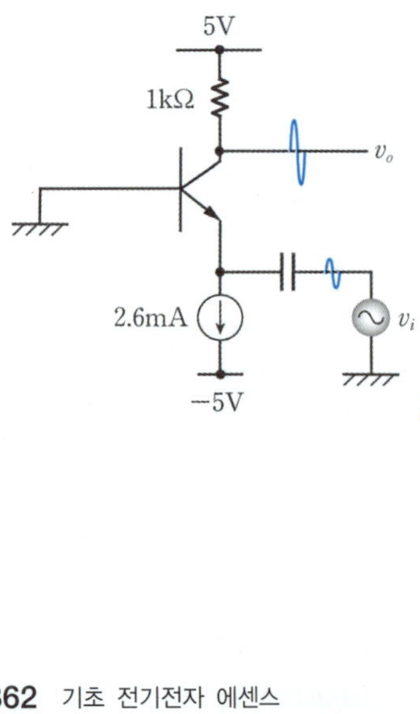

그림 10-56

풀이

이 회로는 바이어스 해석과 소신호 해석의 두 단계로 나누어 해석한다.

❶ 바이어스(DC) 해석

출력 바이어스 전류는 $I_{CQ}=\beta I_{BQ}=100\cdot 10[\mu\mathrm{A}]=1[\mathrm{mA}]$이고, 소신호 파라미터는 I_{CQ}의 함수로서 $g_m=\dfrac{I_{CQ}}{V_t}=\dfrac{1}{26}[\mathrm{S}]$, $r_o=\dfrac{V_A}{I_{CQ}}=\infty$이다. 이를 통해 트랜스컨덕턴스 g_m을 구하면 다음과 같다.

$$g_m=\frac{i_{CQ}}{V_t}=\left(\frac{I_{EQ}}{V_t}\cdot\frac{\beta}{\beta H}\right)=\left(\frac{2.6[\mathrm{mA}]}{26[\mathrm{mV}]}\cdot\frac{99}{100}\right)=\frac{99}{1000}[\mathrm{S}]$$

❷ 소신호(AC) 해석

변하지 않는 전압원은 AC 접지로 놓고 전류원은 개방한다. BJT의 소신호 등가회로를 대입하면 전체 회로의 소신호 등가회로는 다음과 같다.

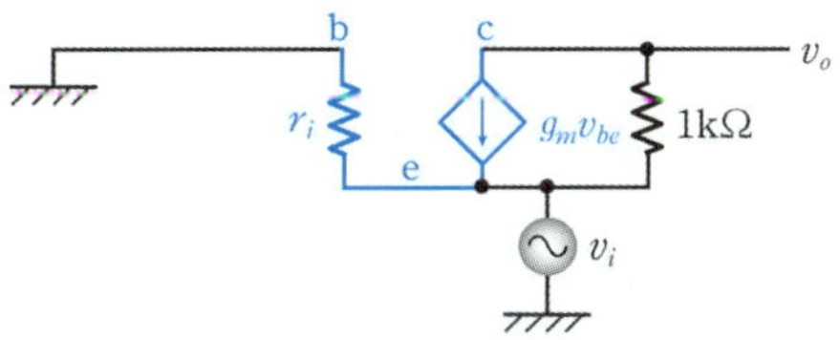

그림 10-57

컬렉터-이미터 루프에서 옴의 법칙을 적용하면 출력전압과 전압이득은 다음과 같다.

$$v_o=-g_m R_C v_{be}=-g_m R_C(-v_i)=g_m R_C v_i$$

$$A_v=\frac{v_o}{v_i}=g_m R_C=\frac{99}{1000}\cdot 1[\mathrm{kA}]=99$$

(+)의 전압이득은 이미터와 컬렉터는 위상이 비반전됨을 의미한다.

예제 10-13

[그림 10-58]의 회로에서 소신호 출력저항 R_{out}을 BJT의 트랜스컨덕턴스 g_m의 함수로 구하라. 단, BJT는 순방향 능동 영역에서 동작하며, 전류 이득은 $\beta=99$, 얼리전압은 $V_A=\infty$이다.

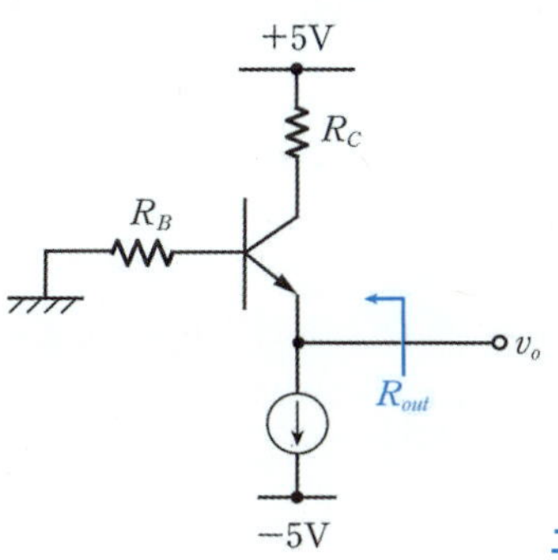

그림 10-58

풀이

소신호 해석을 위해 변하지 않는 전압원은 AC 접지로 놓고 전류원은 개방한다. BJT의 소신호 등가회로를 대입하면 전체 회로의 소신호 등가회로는 다음과 같다.

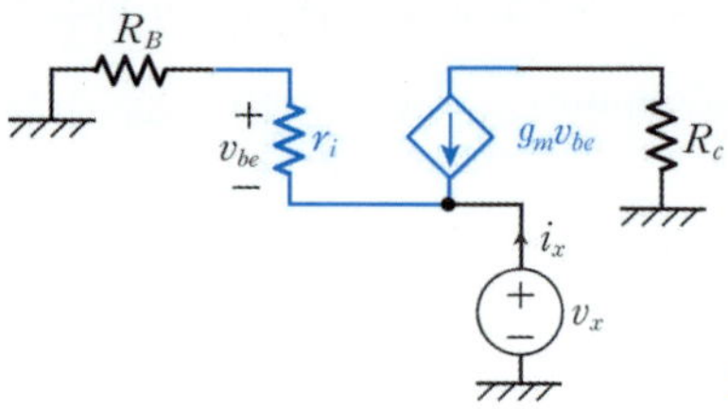

그림 10-59

이미터와 베이스-이미터 루프에 KCL을 적용하면 다음과 같다.

$$i_x = -g_m v_{be} - \frac{v_{be}}{r_i} = -\left(g_m + \frac{1}{r_i}\right)v_{be} \qquad \cdots ①$$

$$v_x + v_{be} + \frac{v_{be}}{r_i}R_B = 0 \qquad \cdots ②$$

식 ②를 식 ①에 대입하면 $i_x = \left(g_m + \frac{1}{r_i}\right)\frac{1}{1+\frac{R_B}{r_i}}v_x$ 이므로, 출력전류를 계산하면 다음과 같다.

$$\frac{v_x}{i_x} = \frac{1+\frac{R_B}{r_i}}{g_m + \frac{1}{r_i}} = \frac{r_i + R_B}{1+g_m r_i} = \frac{r_i + R_B}{1+\beta} = \frac{\frac{\beta}{g_m} + R_B}{1+\beta} = 0.99 \cdot \frac{1}{g_m} + 1[k\Omega]$$

$$\therefore R_{out} = \frac{0.99}{g_m} + 1[\mathrm{k}\Omega]$$

BJT의 이미터에서 바라보면 $\frac{1}{g_m}$은 $\frac{\beta}{1+\beta}$배로, R_B는 $\frac{1}{1+\beta}$배로 줄어서 직렬연결로 보인다.

Quick Review

- (　　　)를 사용한 단일단 증폭기에는 공통 이미터, 공통 베이스, 공통 컬렉터 증폭기가 있다.
- 공통 이미터 증폭기의 입력신호와 출력신호의 위상은 (　　　).
- 공통 베이스 증폭기의 입력신호와 출력신호의 위상은 (　　　).
- 공통 컬렉터 증폭기의 입력신호와 출력신호의 위상은 (　　　).

ANS BJT, 반대이다, 같다, 같다

CHAPTER 10

기본문제

10.1 다음 중 [그림 10-60]의 증폭기에서 R을 증가시킬 때 회로 동작의 변화로 옳지 않은 것은?

① 소신호 이득이 감소한다.
② 바이어스 전류가 감소한다.
③ v_{in}에 의한 드레인 전류의 변화가 커진다.
④ 바이어스 안정성이 증가한다.

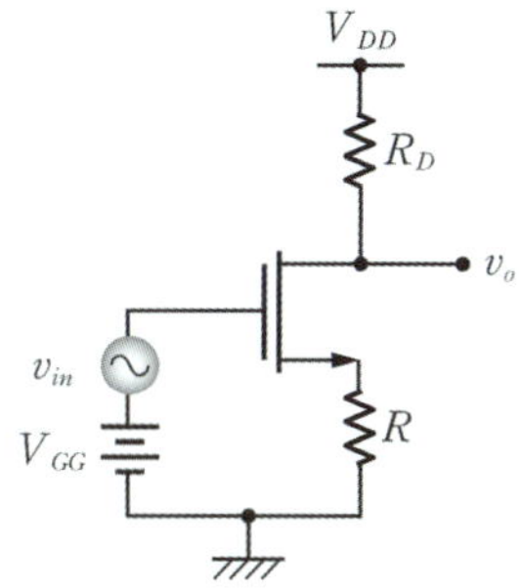

그림 10-60

10.2 다음 중 [그림 10-61]에서 V_1과 V_2에 0[V] 혹은 5[V]를 인가할 때의 디지털 회로 동작으로 옳지 않은 것은?

① NAND 동작을 수행한다.
② $V_o \approx 0$[V]일 때, M_1, M_2는 모두 선형 영역에서 동작한다.
③ $V_1 = 5$[V], $V_2 = 0$[V]일 때 $V_o = 5$[V]이다.
④ V_1, V_2의 게이트-소오스 전압은 같다.

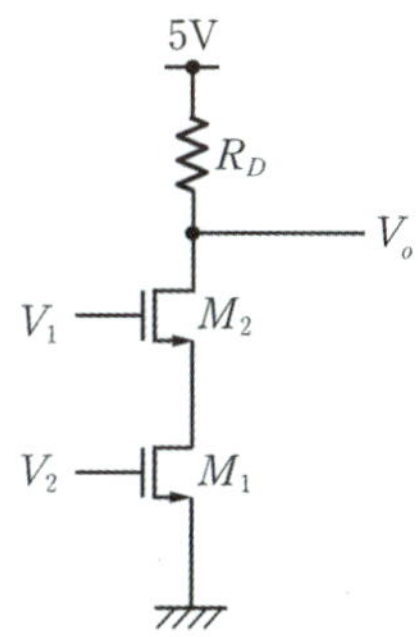

그림 10-61

10.3 다음 중 [그림 10-62]의 회로 동작으로 옳지 않은 것은?

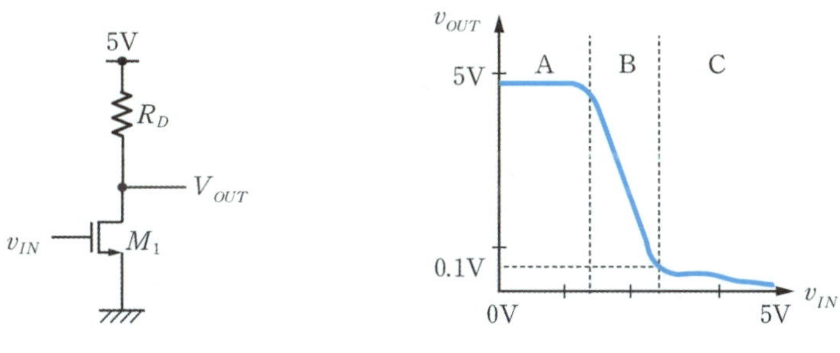

그림 10-62

① 5[V]의 출력 상태에서는 전류가 흐르지 않는다.
② MOSFET의 K_n을 줄이면 영역 C에서의 출력전압이 낮아진다.
③ 영역 B에서 출력신호와 입력신호는 비례하여 아날로그 증폭기로 사용할 수 있다.
④ 영역 C에서는 트랜지스터가 선형 영역에서 동작한다.

10.4 다음 중 [그림 10-63]의 증폭기에 대한 설명으로 옳은 것은? 단, 트랜지스터의 $\lambda=0$, $\gamma=0$이다.

① 전압이득의 크기는 I와 무관하다.
② I를 키우면 M_1의 트랜스컨덕턴스가 증가한다.
③ M_2의 트랜스컨덕턴스는 I와 무관하다.
④ I를 키우면 V_o의 바이어스 전압이 높아진다.

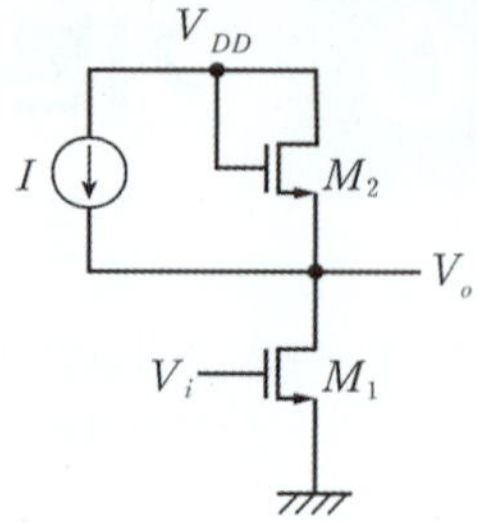

그림 10-63

10.5 다음 중 [그림 10-64]의 증폭기에 대한 설명으로 옳은 것은? 단, 트랜지스터의 $\lambda=0$, $\gamma=0$이다.

① 소신호 이득은 부하저항 R_L과 무관하게 1이다.
② R_S는 증폭기의 출력저항 R_o에 영향을 미친다.
③ 부하저항 R_L 값을 줄이면 MOSFET은 선형 영역으로 들어갈 수 있다.
④ 전류원 I의 크기를 키울수록 소신호 이득이 커진다.

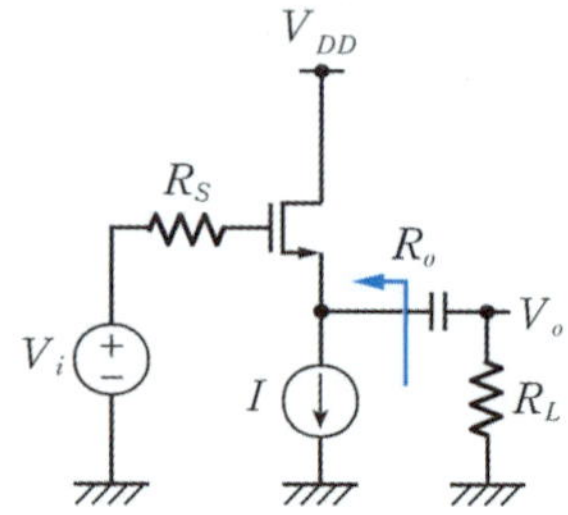

그림 10-64

10.6 다음 중 [그림 10-65]의 회로 동작에 대한 설명으로 옳은 것은? 단, $V_{BEon}=0.7[\text{V}]$, $V_A=\infty$이며, 순방향 능동 모드를 가정한다.

① R_E가 커지면 출력의 바이어스 전압 $V_{OUT,Q}$는 낮아진다.
② BJT의 베이스 단자전압은 $-5+\dfrac{R_2}{R_1+R_2}\cdot 10[\text{V}]$이다.
③ R_E가 커지면 트랜지스터의 트랜스컨덕턴스 g_m이 커진다.
④ $I_E\approx I_C$를 가정할 때 DC 부하선의 기울기는 $-\dfrac{1}{R_C+R_E}$이다.

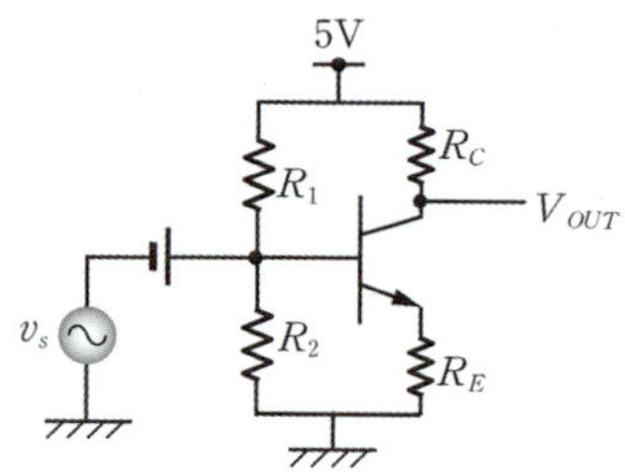

그림 10-65

10.7 다음 중 [그림 10-66]의 회로에서 $R_s\gg r_\pi$일 때의 동작으로 옳은 것은? 단, BJT의 전류이득은 β, $V_A=\infty$이다.

① 소신호 전압이득은 부하저항 R_L과 상관없다.
② 앰프 출력저항 $R_O\approx(1+\beta)R_S$이다.
③ 출력신호 V_{OUT}의 위상은 입력신호 V_{IN}과 반전된다.
④ 전류 I가 커지면 이미터의 바이어스 전압은 내려간다.

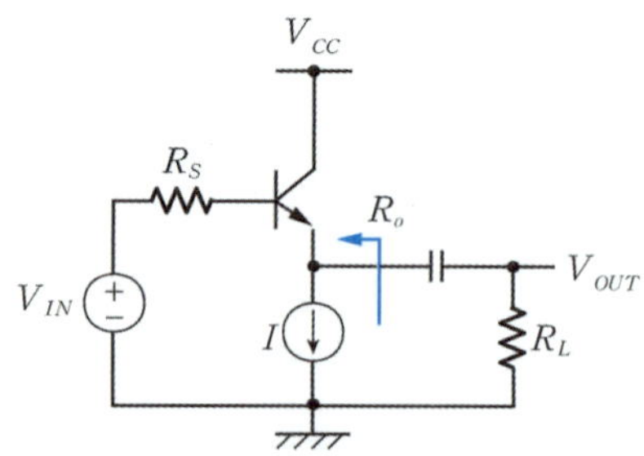

그림 10-66

10.8 다음 중 [그림 10−67]의 증폭기 바이어스 회로에 대한 설명으로 옳지 않은 것은? 단, 순방향 능동 모드를 가정하며, $V_{BEon} = 0.7[V]$, $V_A = \infty$ 이다.

① R_C가 커지면 포화 영역의 위험이 커진다.
② BJT의 베이스 단자전압은 3[V]보다 크다.
③ R_E가 커질수록 바이어스의 안정성이 증가한다.
④ R_C를 키우면 g_m이 커진다.

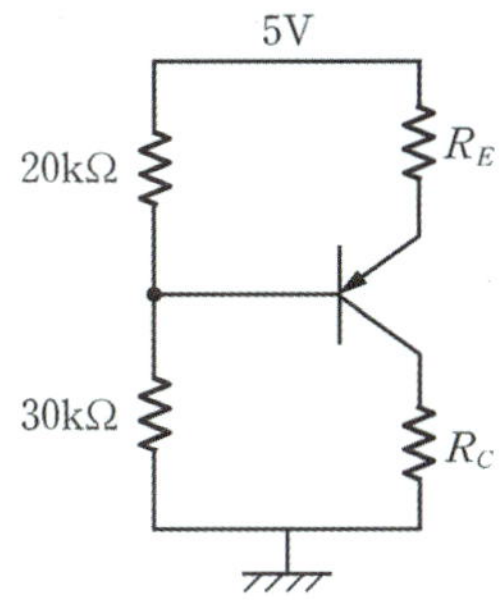

그림 10-67

10.9 다음 중 [그림 10−68]의 회로에서 $I_E \approx I_C$를 가정할 때에 대한 설명으로 옳은 것은? 단, 순방향 능동 영역 및 $V_A = \infty$를 가정한다.

① $V_{IN,Q}$를 높이면 $V_{OUT,Q}$는 낮아진다.
② g_m은 $V_{IN,Q}$와 무관하게 일정하다.
③ 이미터의 바이어스 전압은 $V_{IN,Q}$와 무관하게 일정하다.
④ 소신호 이득은 I와 무관하게 일정하다.

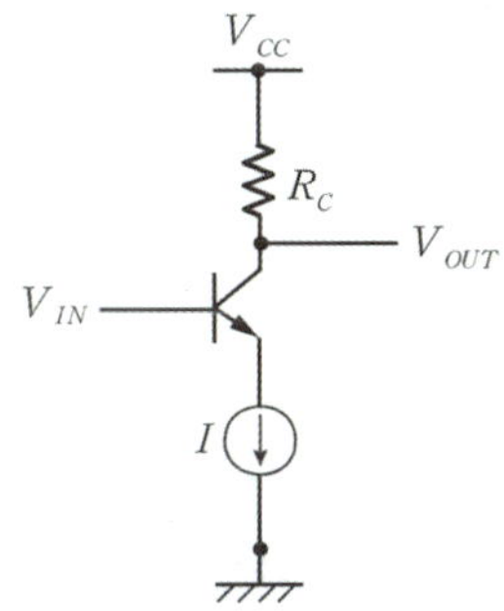

그림 10-68

10.10 다음 중 [그림 10−69]의 회로 동작에 대한 설명으로 옳은 것은? 단, 순방향 능동 영역 및 $V_A = \infty$를 가정한다.

① R_S가 커지면 소신호 전압이득이 감소한다.
② 출력신호 v_o는 입력신호 v_i와 위상이 반대이다.
③ 입력신호 v_i가 감쇄 없이 이미터에 인가된다.
④ R_S가 커지면 BJT의 g_m은 감소한다.

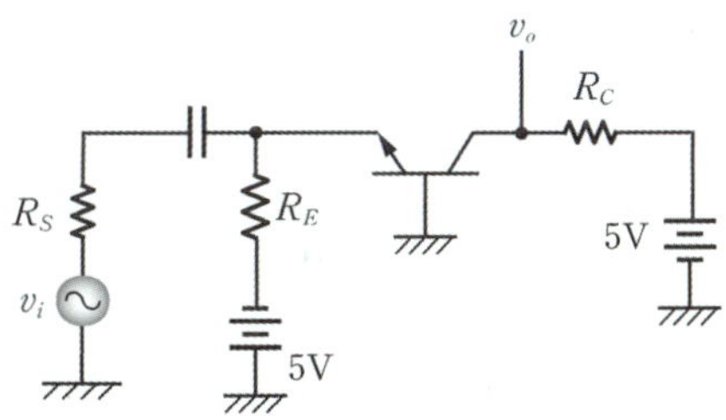

그림 10-69

CHAPTER 10

연습문제

10.1 [그림 10-70]과 같은 트랜지스터의 선형 영역과 포화 영역의 천이점transition point에서의 v_{IN} 및 v_{OUT}의 값을 구하라. 단, 트랜지스터의 $K_n = 2[\mathrm{mA/V}^2]$, $V_T = 1[\mathrm{V}]$이다.

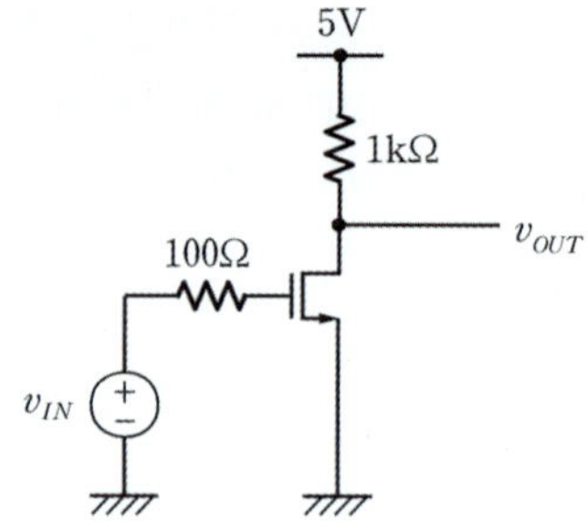

그림 10-70

10.2 [그림 10-71]의 회로에서 MOSFET이 포화 영역에서 동작하기 위한 R_1의 범위를 구하라. 단, 트랜지스터의 $K_n = 2[\mathrm{mA/V}^2]$, $V_T = 1[\mathrm{V}]$이다.

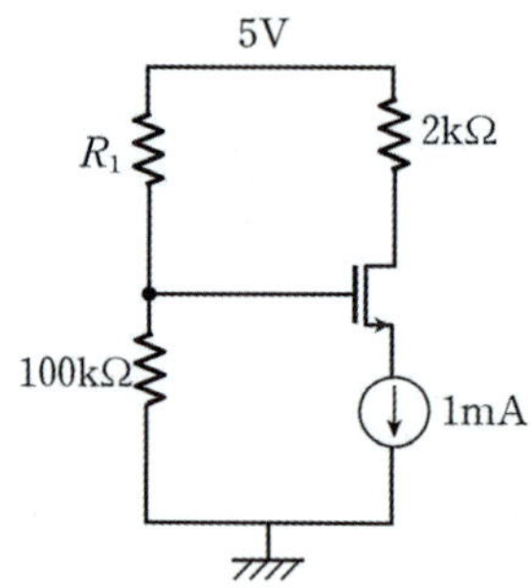

그림 10-71

10.3 [그림 10-72]의 회로에서 $V_i = 3 + v_i[\mathrm{V}]$일 때 다음의 물음에 답하라. 단, $K_{n1} = 2[\mathrm{mA/V}^2]$, $K_{n2} = 1[\mathrm{mA/V}^2]$, $V_T = 1[\mathrm{V}]$이다. 또한 트랜지스터의 $\lambda = 0$이며 바디효과는 무시한다.

(a) M_1이 포화 영역에서 동작하기 위한 I의 범위를 구하라.

(b) 소신호 이득을 I의 함수로 나타내라.

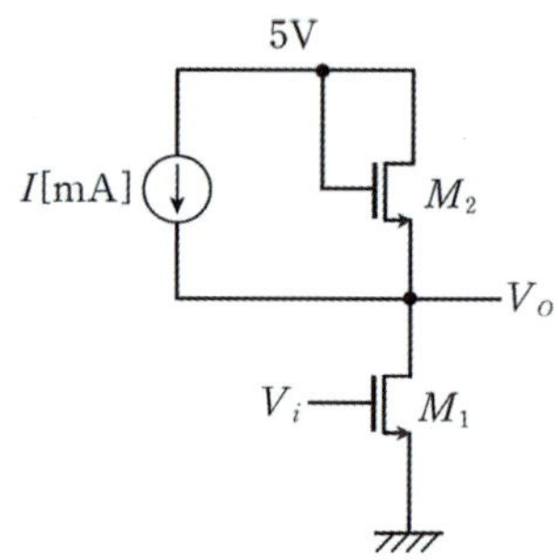

그림 10-72

10.4 [그림 10-73]의 회로에서 소신호 이득을 구하라. 단, $K_n = 2[\text{mA/V}^2]$, $V_T = 1[\text{V}]$이다.

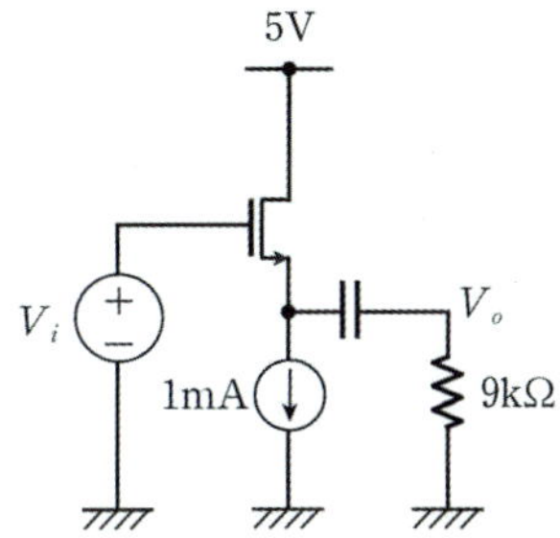

그림 10-73

10.5 [그림 10-74]의 증폭기 회로에서 소신호 v_{in}을 인가할 때 출력전압 v_{OUT}을 구하라. 단, $K_n = 2[\text{mA/V}^2]$, $V_T = 0.5[\text{V}]$, $\lambda = 0$이며, 바디효과는 무시한다.

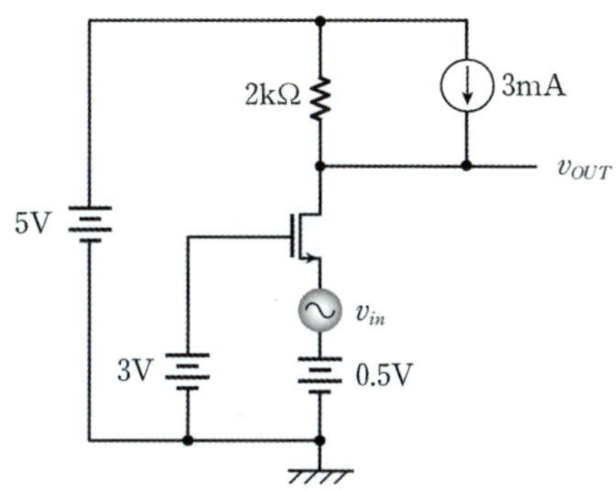

그림 10-74

10.6 [그림 10-75(a)]와 같이 이상적인 BJT를 사용하는 회로의 전압전달 특성곡선이 [그림 10-75(b)]와 같다. R_C / R_B를 구하라. 단, 트랜지스터의 $V_{BE(ON)} = 0.7[\text{V}]$, $V_{CE(sat)} = 0.2[\text{V}]$, $\beta = 100$이다.

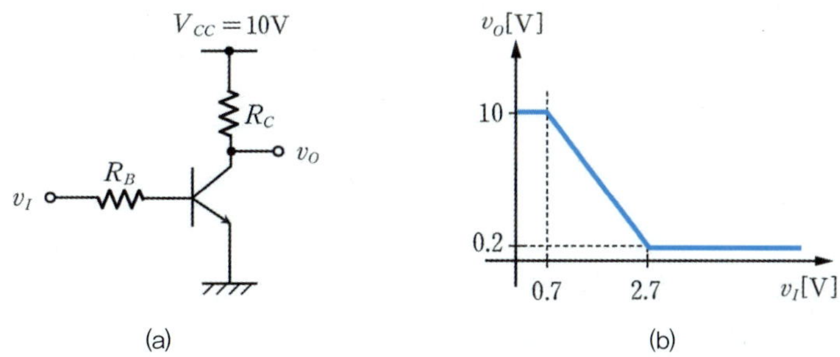

그림 10-75

10.7 [그림 10−76(a)]의 회로에서 부하선은 [그림 10−76(b)]와 같다. 이 회로의 V_{ECQ} 및 R_B를 각각 구하라. 단, $V_{EB(ON)}=0.7[\text{V}]$, $\beta=100$이다.

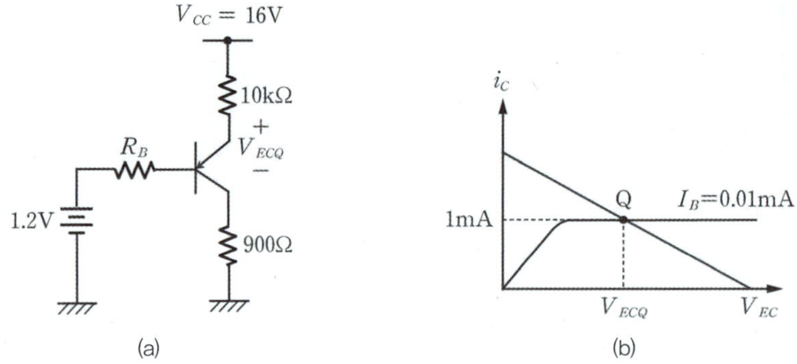

그림 10-76

10.8 [그림 10−77]의 회로에서 Q_1, Q_2가 모두 포화 영역에서 동작하기 위한 R_C의 최소값을 구하라. 단, 트랜지스터의 $V_{BE(ON)}=0.7[\text{V}]$, $V_{CE(sat)}=0.2[\text{V}]$, $\beta=100$이다.

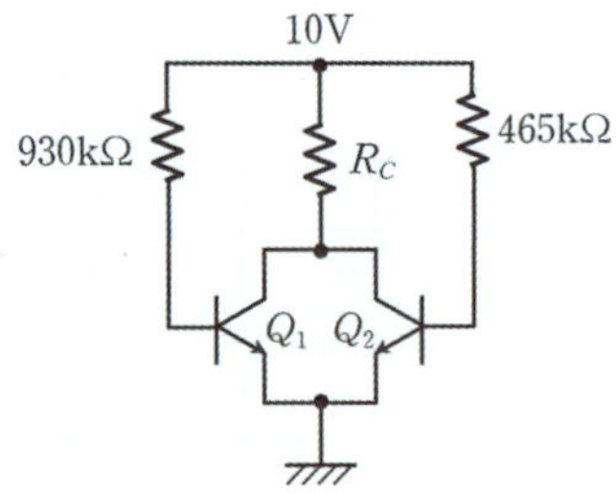

그림 10-77

10.9 [그림 10−78]의 CE 증폭기 회로에서 입력신호가 $v(t)=0.0489\sin\omega t[\text{V}]$일 때, 바이어스 및 소신호 해석을 통해 전체(바이어스+신호) 출력전압 v_O를 구하라. 단, Q_1의 $\beta=90$이다.

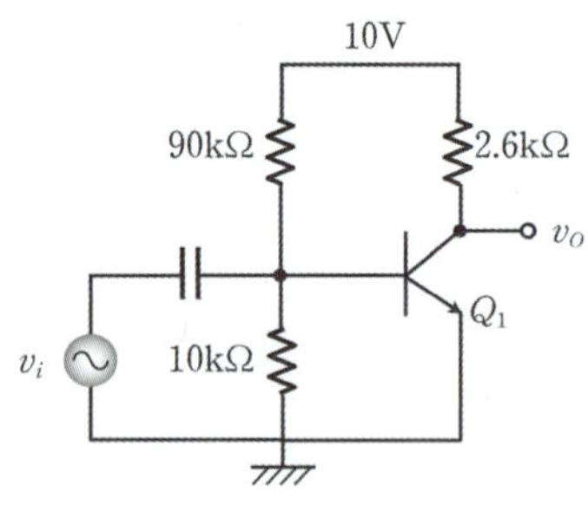

그림 10-78

10.10 [그림 10−79]의 전압증폭기 회로에서 출력 바이어스 전압 V_{OQ}, 입력저항 R_i, 출력저항 R_o, 소신호 이득 A_v를 각각 구하라. 단, 열전압은 $V_t=25[\text{mV}]$, 사용된 BJT의 $\beta=99$, $V_{BE(ON)}=0.7[\text{V}]$, $V_{CE(sat)}=0.2[\text{V}]$, $V_A=\infty$이다.

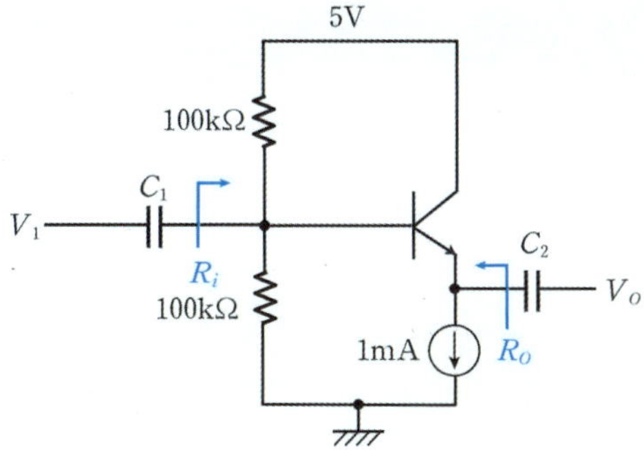

그림 10-79

CHAPTER

11

연산증폭기

CONTENTS

학습 목표

- 연산증폭기의 전기적인 모델을 이해한다.
- 가상접지의 개념을 이해하고 회로 해석에 적용할 수 있다.
- 연산증폭기를 이용한 각종 아날로그 회로를 해석할 수 있다.

들어가기 전에

증폭이나 **연산**과 같은 능동적인active 아날로그 동작을 수행하는 아날로그 시스템을 생각해보자. 예를 들어 아날로그 신호를 증폭한다는 것은 다음 그림과 같이 **입력신호의 주파수나 모양의 변형 없이 그 크기를 키워서 출력하는 것**이다.

이때 출력신호의 크기와 입력신호의 크기의 비를 **이득**gain이라고 한다. 이러한 능동적인 동작은 증폭작용이 없는 저항, 인덕터, 커패시터 등의 수동소자만으로는 불가능하다. 수동소자를 사용하여 입력보다 더 큰 출력신호를 얻을 수 있는 유일한 방법이 공진회로를 사용하는 것인데, 이 경우는 입력주파수를 마음대로 바꿀 수 없기 때문에 진정한 의미의 증폭으로 보기 어렵다. 앞서 10장에서 학습한 증폭기 회로는 신호의 증폭이 가능한 능동소자인 트랜지스터를 사용하였는데, 이 트랜지스터의 근본적인 비선형성 때문에 입력신호가 소신호여야 하며, 그렇지 않을 경우에는 출력신호가 찌그러진다. 따라서 대신호에 대해서도 선형성을 유지하는 증폭기 회로를 구현하기 위해서는 연산증폭기라는 능동적인 회로 블록을 사용할 수 있다. 연산증폭기를 사용한 아날로그 회로는 증폭 동작을 깔끔하게 수행한다. 물론 연산증폭기 자체의 성능지수에 따라 전체 회로 동작의 정밀도accuracy가 좌우된다.

연산증폭기는 과거 아날로그 컴퓨터 시절에 덧셈, 뺄셈 등의 사칙연산과 미분, 적분 등의 고급연산을 수행하는 아날로그 연산 회로의 필수적인 부품으로 사용되었기 때문에 '연산'증폭기라 불린다. 이러한 명칭 때문에 연산증폭기를 흔히 생각하는 전압증폭기로 오해할 수 있는데, 사실 연산증폭기는 **그 자체로는 증폭기가 될 수 없고, 피드백을 구성하는 회로가 추가되어야 각종 연산 및 증폭 동작을 수행하는 증폭기 회로**가 된다.

이 장에서는 연산증폭기의 기능과 아날로그 회로의 구성 방법을 학습하고, 이를 바탕으로 연산증폭기가 포함된 아날로그 회로의 해석법과 응용을 다룬다. 연산증폭기의 비이상적인 특성이 회로에 미치는 영향과 연산증폭기의 주파수 특성 해석은 이 책의 범위를 벗어나므로 전자회로나 집적회로와 같은 상위 회로 교과목에서 학습하기 바란다.

11.1 연산증폭기의 이해

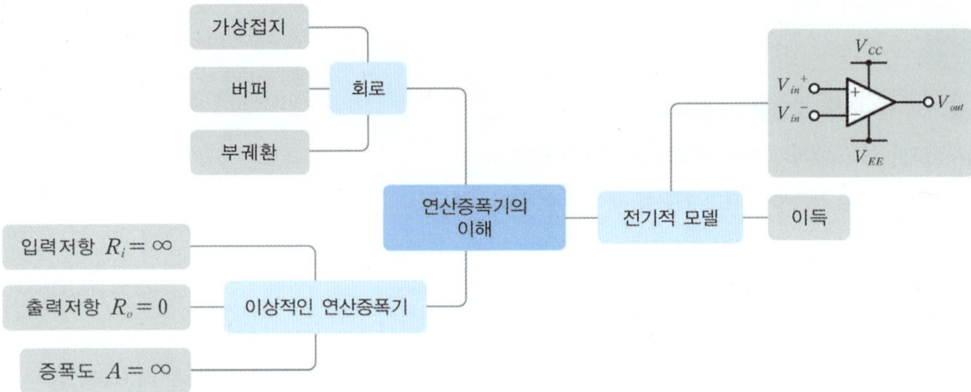

연산증폭기의 필요성

아날로그 신호를 증폭하는 방법을 생각해보자. [그림 11-1]은 저항으로 된 분배기를 이용한 회로를 나타낸 것이다. 푸리에 정리Fourier theorem[1]에 의하면 임의의 모양으로 된 아날로그 파형은 서로 다른 주파수를 가진 정현파들의 가중 합으로 표현할 수 있으므로, 아날로그 입력신호로는 일반적으로 단일 주파수의 정현파를 사용한다.

입력전압은 저항 R_1과 R_2의 비에 의해 나누어 출력되므로 신호의 주파수나 모양은 그대로 유지되지만(선형성 유지), 신호의 크기는 오히려 줄어든다. 회로에서 사용하는 저항, 인덕터, 커패시터와 같은 **수동소자를 사용하는 회로의 경우 신호의 증폭을 구현할 수는 없다.** 이번에는 [그림 11-2]의 회로를 생각해보자. 이 회로는 저항을 이용하므로 입·출력 사이의 선형성은 보장된다.

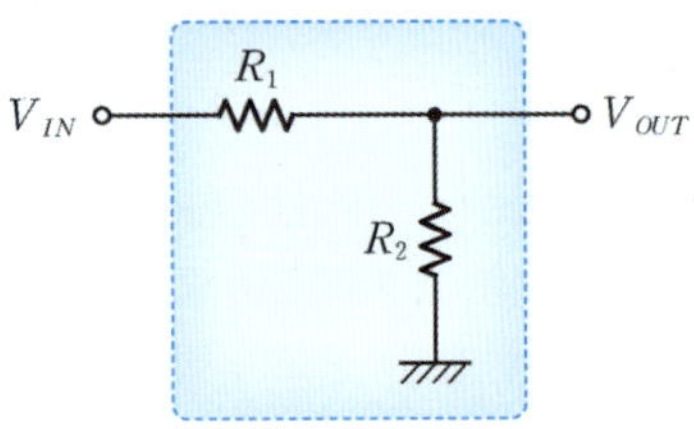

그림 11-1 신호의 크기를 바꾸는 회로

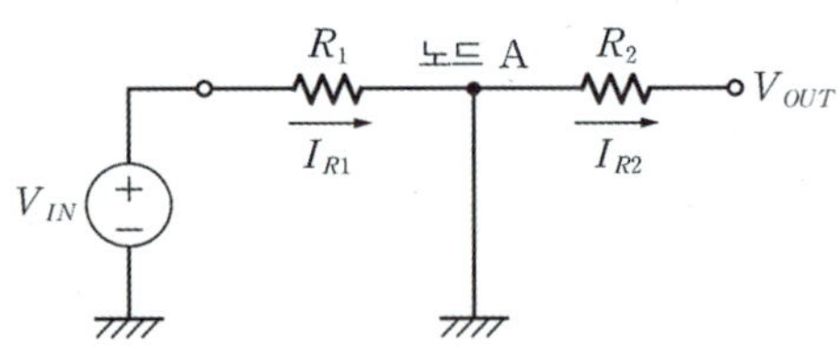

그림 11-2 저항을 이용한 신호 증폭을 위한 개념회로 (1)

1 푸리에 정리란 주기적 파형은 여러 개의 정현파의 합으로 나타낼 수 있다는 수학적 정리를 말한다.

만약 $I_{R1} = I_{R2}$라면 $\dfrac{V_{IN}}{R_1} = \dfrac{V_{OUT}}{R_2}$이므로 V_{OUT}은 다음과 같다.

$$V_{OUT} = \frac{R_2}{R_1} V_{IN} \tag{11.1}$$

따라서 $R_2 > R_1$이면 깨끗하게 증폭된다. 그러나 이 회로는 다음과 같은 2가지 문제점을 갖는다.

❶ 접지선으로 전류가 빠져나가기 때문에 $I_{R1} \neq I_{R2}$이다.

❷ 출력단이 열려 있어서 전류 I_{R2}가 흐를 수 없다.

첫 번째 문제를 해결하려면 [그림 11-3]과 같이 노드 A의 전압을 접지로 하면서도 접지로 전류가 흐르지 않는 **가상접지**virtual ground에 연결해야 한다. 가상접지를 사용하는 경우 $I_{R1} = I_{R2}$가 성립한다.

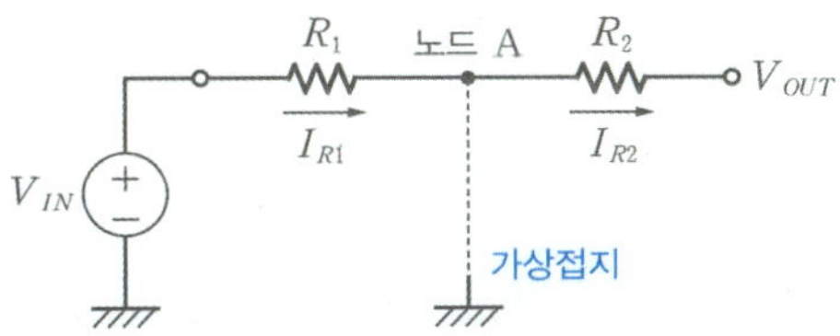

그림 11-3 저항을 이용한 신호 증폭 모형의 개념회로 (2)

두 번째 문제를 해결하려면 [그림 11-4]와 같이 출력단에 **버퍼**buffer를 연결하여 전류 I_{R2}를 흘려 주어야 한다. 물론 I_{R2}는 (+)와 (−) 값을 가질 수 있으므로 양방향성이어야 한다.

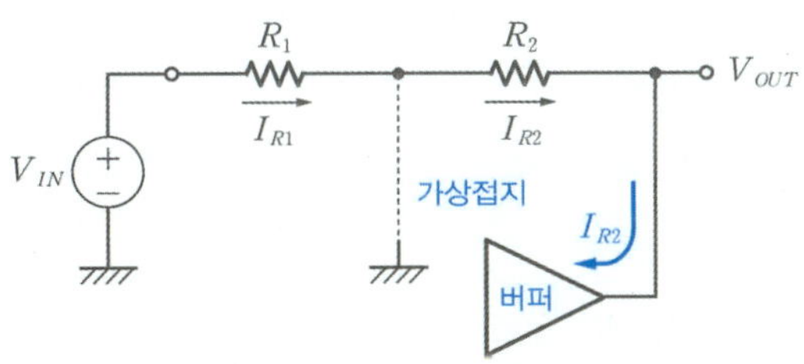

그림 11-4 저항을 이용한 신호 증폭 모형의 개념회로 (3)

이러한 **가상접지와 버퍼의 역할을 모두 수행하는 것이 연산증폭기이다.** [그림 11-5]를 살펴보면 연산증폭기에는 2개의 입력단자와 1개의 출력단자가 있다.

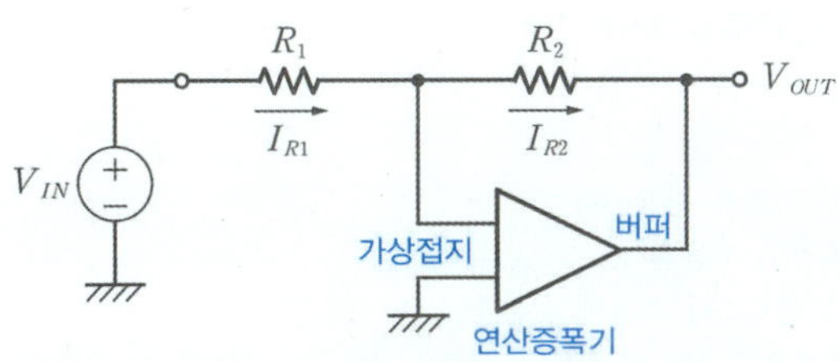

그림 11-5 저항을 이용한 신호 증폭 모형의 개념회로 (4)

그런데 여기서 한 가지 문제가 더 남아 있다. 바로 연산증폭기의 극성 문제이다. 연산증폭기 출력이 저항을 거쳐 다시 입력단자로 되먹임feedback되는데, 이때 [그림 11-6]과 같이 (−) 입력단으로 연결되는 **부궤환negative feedback을 구성해야 한다.**

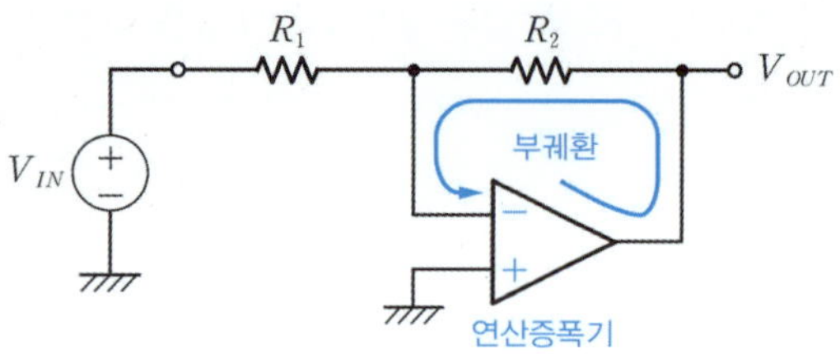

그림 11-6 선형성을 유지하는 신호 증폭 회로

[그림 11-6]의 연산증폭기 회로는 가상접지와 버퍼의 문제를 해결하며 식 (11.1)의 증폭작용을 깨끗하게 완성한다. 중요한 점은, 실제 증폭작용을 수행한 것은 저항들이며 연산증폭기는 그에 대한 보조 역할을 했다는 것이다. 그 증거로 식 (11.1)을 보면 출력전압의 식 그 어디에도 연산증폭기의 특성과 관련된 내용은 들어 있지 않다는 점은 매우 흥미롭다.

이러한 동작을 완벽하게 수행하는 연산증폭기를 **이상적인 연산증폭기**라고 한다. 만약 그 특성이 이상적이지 않다면 연산증폭기의 비이상적인 특성이 증폭 식에 포함된다.

연산증폭기의 전기적 모델

연산증폭기는 (+)와 (−) 입력단자와 출력단자를 가진 단위 회로 블록이다. 연산증폭기의 회로 기호는 [그림 11-7(a)]와 같이 삼각형[2] 내부에 (+)와 (−) 입력단자를 표시하고, 때로는 [그림 11-7(b)]와 같이 공급전압을 표시하기도 한다. 외부에서 보면 (+) 입력단자인 V_{in}^{+}, (−) 입력단자인 V_{in}^{-} 그리고 출력단자인 V_{out}의 3단자 회로이며,[3] 전원으로는 공급전압인 V_{CC}[4]와 (−) V_{EE}[5]가 사용된다.

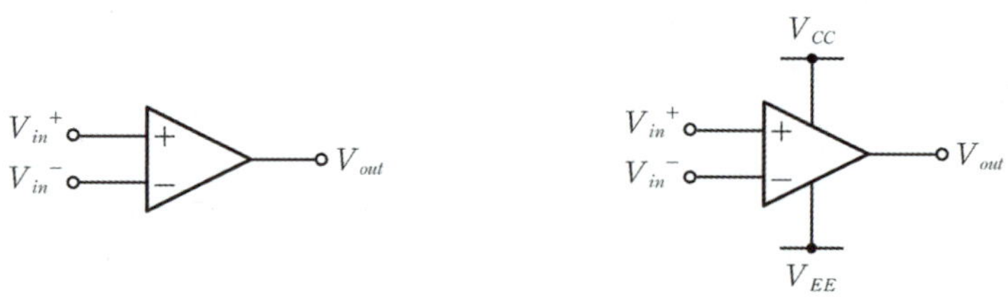

(a) 공급전압을 생략하고 단순하게 그린 기호 (b) 공급전압을 표시한 기호

그림 11-7 연산증폭기의 회로 기호의 예

2 아날로그 회로에서 삼각형은 일반적으로 증폭기를 표현하는 기호로 사용된다.
3 출력단자가 V_{out}^{+}와 V_{out}^{-}인 차동형(differential) 연산증폭기도 사용된다.
4 바이폴라(접합) 트랜지스터(BJT) 회로에서는 V_{CC}, MOS 트랜지스터 회로에서는 V_{DD}를 사용한다.
5 연산증폭기에 따라서는 접지(GND)가 사용되기도 한다. 일반적으로 V_{CC}는 5[V] ~ 15[V], V_{EE}는 −15[V] ~ −5[V]의 범위 내에 있다.

그렇다면 연산증폭기의 내부 구조는 어떻게 생겼을까? 연산증폭기의 내부 회로는 요구되는 사양에 따라 형태가 다양하다. 일반적으로 수십 개의 트랜지스터로 구성되며 때로는 주파수 보상을 위한 커패시터와 저항이 포함되기도 한다.

[그림 11-8(a)]는 MOS 트랜지스터로 구성된 연산증폭기 내부의 예이다. 공급전압으로는 V_{DD}와 접지를 사용했다. 입력단을 보면, 게이트에 전류가 흐르지 않는 MOS 트랜지스터의 특성[6] 때문에 두 입력단으로 전류가 흐르지 않는다. 반면 출력단은 트랜지스터의 드레인 혹은 소오스와 연결되어 트랜지스터의 구동 능력이 허락하는 범위에서 외부 전류를 받아들이거나 내보낼 수 있다.

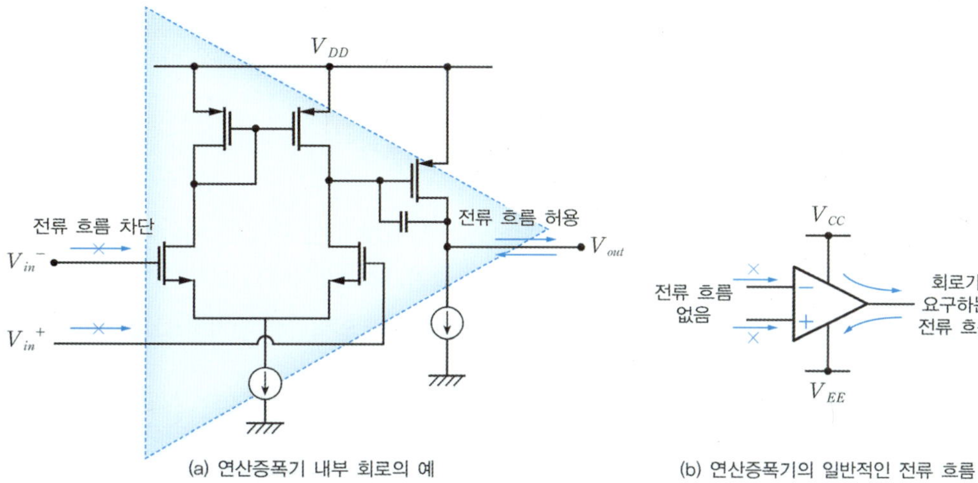

그림 11-8 연산증폭기의 전류 흐름

일반적으로는 [그림 11-8(b)]와 같이 연산증폭기의 입력단자로는 전류가 흘러들어가거나 흘러나올 수 없고, 출력단자인 V_{out}을 통해서는 회로에서 요구되는 만큼의 전류가 V_{CC}로부터 흘러나오거나 V_{EE}로 흘러들어간다. [그림 11-9(a)]와 같이 연산증폭기를 이용한 전압증폭기의 예를 살펴보자.

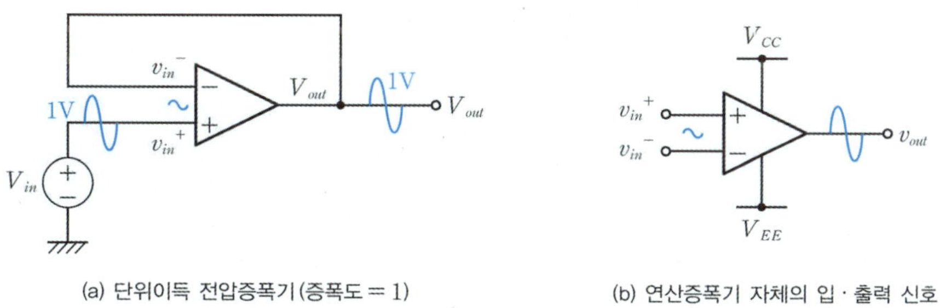

그림 11-9 연산증폭기를 사용한 전압증폭기 회로

6 바이폴라 트랜지스터로 구성된 연산증폭기는 미세한 베이스 전류가 흐르므로 입력저항이 무한대는 아니다.

여기서는 연산증폭기 V_{out}이 V_{in}^{-}에 연결되어 출력이 그대로 (−) 입력단에 가해지고, 1[V]의 진폭을 가진 정현파 입력신호 V_{in}을 (+) 단자에 가하여 같은 진폭의 출력신호 V_{out}이 생성되는 예를 보여준다. [그림 11-9(b)]는 연산증폭기만 따로 떼어 나타낸 것이다. 실제로 연산증폭기 자체가 인식하는 입력은 (+)와 (−) 입력의 차이이다. 이에 해당하는 차동전압[differential voltage] v_{in}은 $v_{in}^{+} - v_{in}^{-}$으로서 0에 수렴하는 매우 작은 값이다. **즉 전체 증폭기의 입력(V_{in})과 연산증폭기의 입력($v_{in}^{+} - v_{in}^{-}$)은 다르다는 점에 유의해야 한다.**

연산증폭기는 차동입력인 $v_{in} = v_{in}^{+} - v_{in}^{-}$을 받아 이에 비례하는 출력전압 v_{out}을 만든다.

$$v_{out} \propto v_{in}^{+} - v_{in}^{-} \tag{11.2}$$

$$v_{out} = A \cdot (v_{in}^{+} - v_{in}^{-}) \tag{11.3}$$

여기서 **비례상수 A를 연산증폭기의 이득(증폭도)[gain]이라고 한다.**

연산증폭기는 그 자체로 매우 복잡한 아날로그 회로이므로 쉽게 전체 회로를 해석하기 위해서는 간단한 형태의 전기적인 모델을 정립할 필요가 있다. [그림 11-8(b)]에서 보듯이 연산증폭기의 입력단으로는 전류가 흐를 수 없으므로 [그림 11-10(a)]와 같이 **입력단은 전기적으로는 열린회로, 즉 무한대의 입력저항으로 모델링한다.**

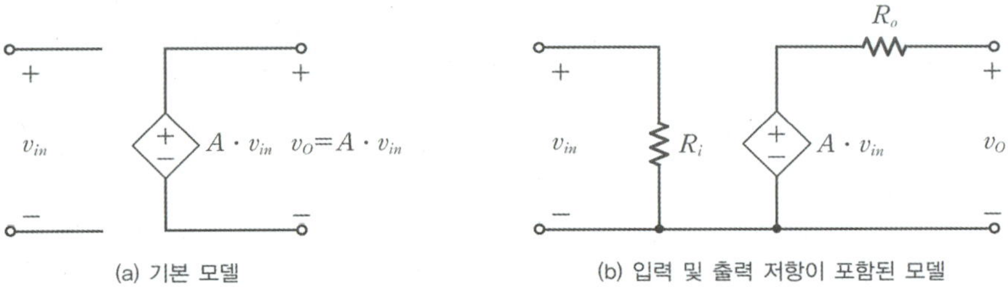

그림 11-10 연산증폭기의 전기적인 모델

연산증폭기의 출력은 식 (11.2)와 같이 입력에 비례하므로 종속전원으로 모델링한다. 또한 회로에서 요구되는 전류를 얼마든지 내보내거나 받아들일 수 있으므로(테브난 출력저항 0) 출력저항이 0인 단락회로로 표현된다. 만약 출력의 전류구동 능력이 유한하면 [그림 11-10(b)]와 같이 종속전압원에 0이 아닌 출력저항 R_o를 포함한다. 또한 입력전류가 0이 아닌 경우에는 열린회로가 아닌 유한한 크기의 입력저항 R_i를 포함한다.

이상적인 연산증폭기

이상적인 연산증폭기는 어떤 특성이 있을까? 아날로그 회로가 안정적으로 동작하게 되면 [그림 11-10(b)]와 같이 출력신호는 V_{CC}와 V_{EE} 사이의 유한한 값을 갖는다. 11.2절에서 학습할 궤환이 성공적으로 동작하면 출력신호의 진폭은 일정하게 유지된다. 따라서 [표 11-1]과 같이 출력신호가 1[V]로 유한한 값을 가질 때, 전압이득(증폭도) A가 커질수록 연산증폭기 자체의 입력은 점점 작아진다.

표 11-1 출력의 크기가 1[V]인 경우의 증폭도 A에 따른 입력의 값

v_{out} [V]	A	$v_{in}^{+} - v_{in}^{-}$ [mV]
1	1	1000
1	10	100
1	100	10
1	1000	1
1	10000	0.1
1	∞	0

이상적인 연산증폭기 자체의 전압증폭도는 $A=\infty$ 이므로 v_{in}^{+}과 v_{in}^{-}의 값 차이가 0[V]에 수렴한다. 이를 가상접지virtual ground**라 하며, 이는 연산증폭기가 회로에 제공하는 가장 중요한 역할이 된다.** [표 11-1]을 보면 증폭도, 즉 이득이 높은 연산증폭기일수록 더 좋은 가상접지를 제공한다. 이러한 이유로 높은 이득의 연산증폭기를 필요로 한다. 일반적인 연산증폭기는 증폭도가 1000 (60[dB]) 이상이므로 [표 11-1]에서 연산증폭기의 입력전압은 1[mV] 이하라고 할 수 있다. [그림 11-9(a)]의 회로에 가상접지를 적용하면 $V_{in} = v_{in}^{+} = v_{in}^{-} = V_{out}$임을 알 수 있다.

[그림 11-10(b)]의 모델에서 이상적인 연산증폭기의 특성은 다음과 같이 요약된다.

- **입력저항**($R_i = \infty$) : 입력단으로 전류가 흘러들어가지 않는다.
- **출력저항**($R_o = 0$) : 출력단으로 회로가 원하는 만큼의 전류를 흘릴 수 있다(버퍼 동작).
- **증폭도**($A = \infty$) : 가상접지가 완벽하게 성립한다.

예제 11-1

[그림 11-11]과 같은 100% 되먹임 회로에서 연산증폭기의 증폭도가 A일 때, 전압이득의 오차 ΔAv를 구하라.

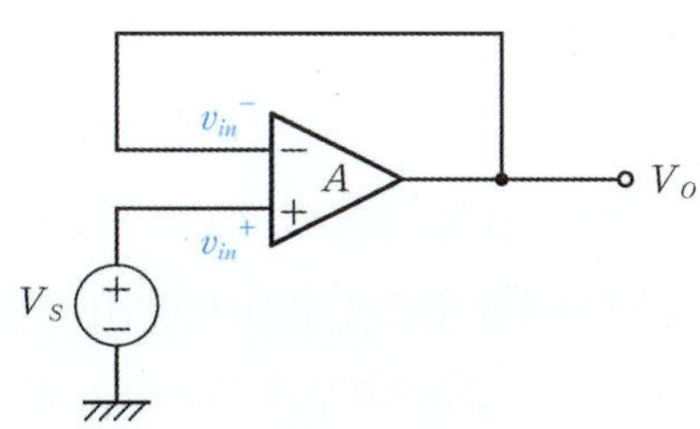

그림 11-11 연산증폭기의 예

풀이

연산증폭기 입장에서 $V_O = A(v_{in}^{+} v_{in}^{-}) = A(V_S - V_O)$이므로 ΔAv를 구하면 다음과 같다.

$$A_v = \frac{V_O}{V_S} = \frac{A}{1+A} = \frac{1+A-1}{1+A} = 1 - \frac{1}{1+A} = 1 + \Delta Av$$

$$\therefore \Delta Av = -\frac{1}{1+A}$$

이 회로에서 $A < \infty$이면 가상접지가 깨지고 회로의 오류가 발생함을 알 수 있다. 따라서 연산증폭기의 설계자는 연산증폭기의 전압증폭도를 ∞에 가깝게 설계하려고 노력해야 한다.

Quick Review

- 저항을 이용하여 선형적인 증폭을 하기 위해서는 (　　　　)가 필요하다.
- 연산증폭기는 두 입력단의 (　　　　)를 입력신호로 받아 이에 비례하는 출력전압을 내보내지만, 그 자체가 증폭기는 아니다.
- 이득이 (　　　) 연산증폭기일수록 더 좋은 가상접지를 제공한다.

ANS 가상접지, 전압 차이, 높은

11.2 연산증폭기 회로의 해석

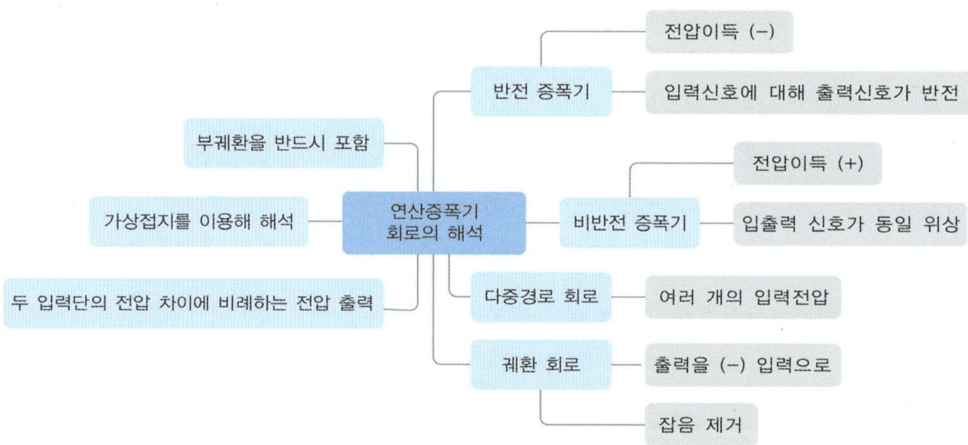

연산증폭기가 포함된 아날로그 회로를 해석하는 방법에는 여러 가지가 있으나, 여기서는 전류 경로current path를 중심으로 KCL을 적용하는 해석법을 소개하기로 한다. **아날로그 회로에 연산증폭기를 사용하려면 반드시 궤환(되먹임)feedback 구조가 추가되어 닫힌회로closed-loop circuit가 되어야 한다. 궤환은 각종 잡음으로부터 아날로그 회로를 튼튼하게 지켜주는 역할을 하므로 매우 중요한 부분**이지만, 상세한 내용은 이 책의 범위를 벗어나므로 생략하기로 한다.

회로 해석법

연산증폭기가 포함된 아날로그 회로를 해석하는 가장 쉬운 방법은 이상적인 연산증폭기를 가정하고 전체 회로에서 전류 경로를 찾아내 가상접지를 적용하는 것이다.

반전 증폭기

[그림 11-12(a)]에 나타낸 증폭기의 전압이득을 구해보자. [그림 11-12(b)]는 [그림 11-12(a)]의 회로에서 접지를 생략한 것으로 서로 같은 회로이다(같은 회로를 여러 가지 방법으로 그릴 수 있다).

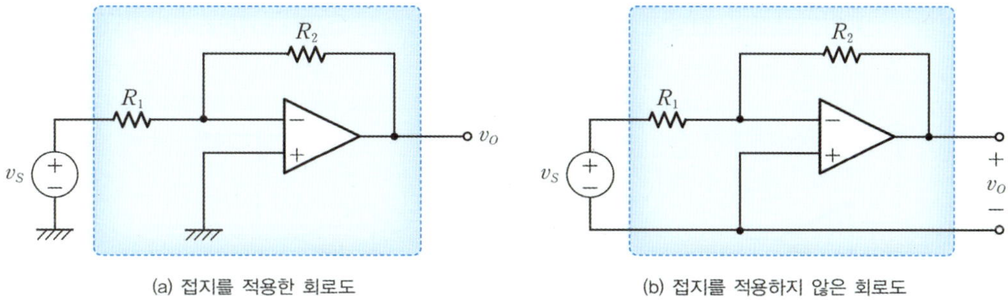

그림 11-12 연산증폭기를 사용한 반전 증폭기 회로

[그림 11-13(a)]는 [그림 11-12]의 증폭기에서 전류의 흐름을 보여준다. 입력전압 v_S로부터 R_1, R_2를 거쳐서 연산증폭기의 출력단을 통해 내부로 흘러들어간다. 이때 연산증폭기의 입력단으로는 전류가 흘러들어가지 못한다는 점에 유의하자.

먼저, 전류가 흐르는 경로를 파악하여 [그림 11-13(b)]와 같이 전류의 흐름 경로를 따로 간략하게 그린다. 그 다음에는 **'(+)와 (−) 입력단의 전압 차이가 0[V]'**인 가상접지를 적용한다.

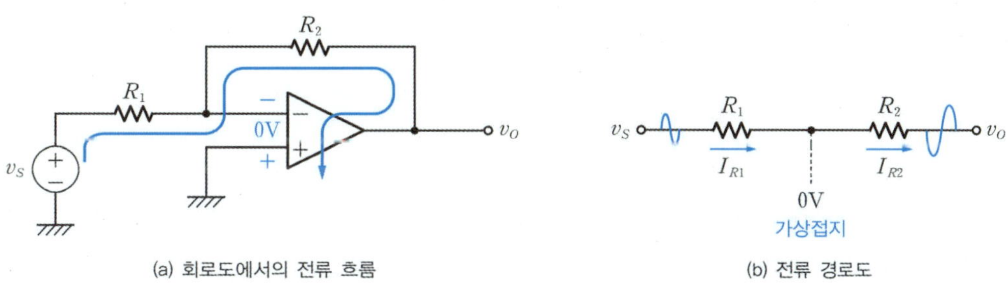

그림 11-13 반전 증폭기의 전류 경로

(+) 입력단자의 전압이 0[V]이므로 (−) 입력단자의 전압도 0[V]가 된다. 가상접지 쪽으로는 전류가 흐르지 않으므로 $I_{R1} = I_{R2}$이다. 저항에 옴의 법칙을 적용하면 $\dfrac{v_S - 0}{R_1} = \dfrac{0 - v_O}{R_2}$이므로 전압이득은 다음과 같다.

$$A_v = \frac{v_O}{v_S} = -\frac{R_2}{R_1} \tag{11.4}$$

이 전압이득(증폭도)은 R_2와 R_1의 비로서 결정되며, (−) 부호는 입력신호 v_S와 출력신호 v_O의 위상이 반전됨을 의미한다. 이러한 맥락에서 **증폭기 이득의 부호가 (−)인 증폭기를 반전 증폭기** inverting amplifier**라고 한다.** 전체 회로를 다시 살펴보면, 입력신호 v_S가 연산증폭기의 (−) 입력단에 가해져서 출력신호가 반전됨을 알 수 있다.

비반전 증폭기

[그림 11−14(a)]의 증폭기 회로에서는 입력신호 v_S가 (+) 입력단에 가해진다. '두 입력단의 전압 차이가 0[V]'라는 가상접지를 적용하면 쉽게 출력전압 v_O를 구할 수 있다. 반전 증폭기에서는 연산증폭기의 (+) 입력단자의 전압이 0[V]임에 반해 여기서는 v_S라는 점에 차이가 있다.

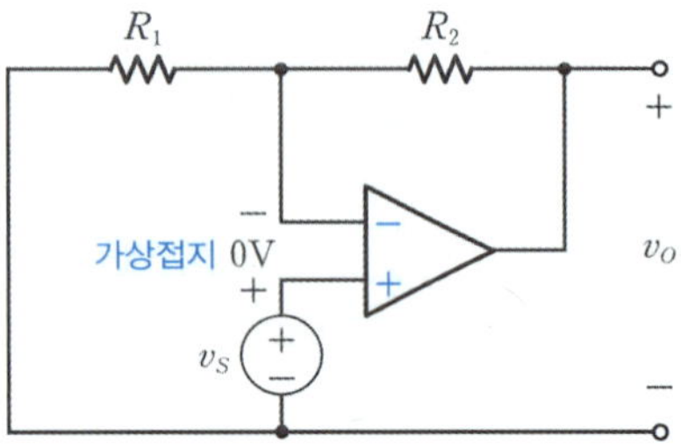

(a) 전원저항이 없는 경우

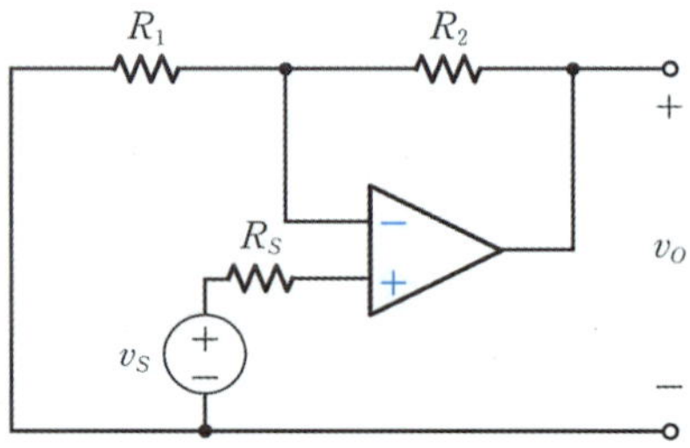

(b) 전원저항이 있는 경우

그림 11-14 비반전 증폭기 회로

일반적으로는 [그림 11−14(b)]와 같이 전원저항 R_S를 추가한다. 이 저항은 갑작스런 전원전압의 잡음전력을 방출하여 연산증폭기의 입력 트랜지스터를 보호하는 역할을 한다. R_S에는 전류가 흐르지 않으므로 저항 양단에 전압 강하가 없어서 전원전압이 (+) 입력단에 가해진다. [그림 11−15]와 같이 전류 경로를 그리고, 가상접지를 적용하면 $I_{R1} = I_{R2}$이므로 $\dfrac{0 - v_S}{R_1} = \dfrac{v_S - v_O}{R_2}$ 로부터 다음 식을 얻는다.

$$A_v = \frac{v_O}{v_S} = 1 + \frac{R_2}{R_1} \tag{11.5}$$

전압이득이 (+)이므로 출력전압이 입력전압의 위상과 같은 비반전non-inverting **증폭기이다.** (+) 입력단에 입력신호 v_S가 가해지므로 비반전 증폭기가 되었다.

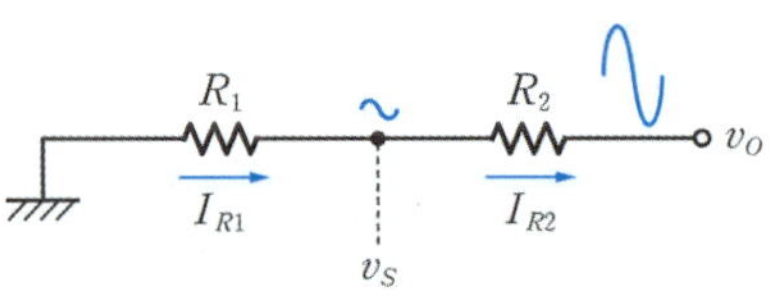

그림 11-15 비반전 증폭기의 전류 경로 해석

[그림 11-12]의 **반전 증폭기에서는 연산증폭기의 (−) 입력단에 입력신호 v_S가 가해진 반면,** [그림 11-14]의 **비반전 증폭기는 연산증폭기의 (+) 입력단에 입력신호 v_S가 가해져 있음**을 유의한다. 반전 증폭기에서는 가상접지 전압이 항상 0[V]를 유지할 수 있는 반면, 비반전 증폭기에서는 가상접지 전압이 입력전압에 따라 달라진다. 이상적인 연산증폭기가 아닌 실제 증폭기에서는 입력단의 전압 범위가 제한된다. 따라서 입력단자의 전압이 일정하게 유지되는 반전 증폭기가 일반적으로 동작 영역이 더 넓다.

[그림 11-16]은 대표적인 연산증폭기 칩인 741 op-amp[7]와 이를 이용한 비반전 증폭기를 브레드보드에 구현한 예이다. 반도체 칩의 핀 번호에 할당된 신호와 전원을 참고하여 [그림 11-16(b)]와 같이 하드웨어적으로 연결한다. 칩의 핀은 회로도의 단자에 해당한다.

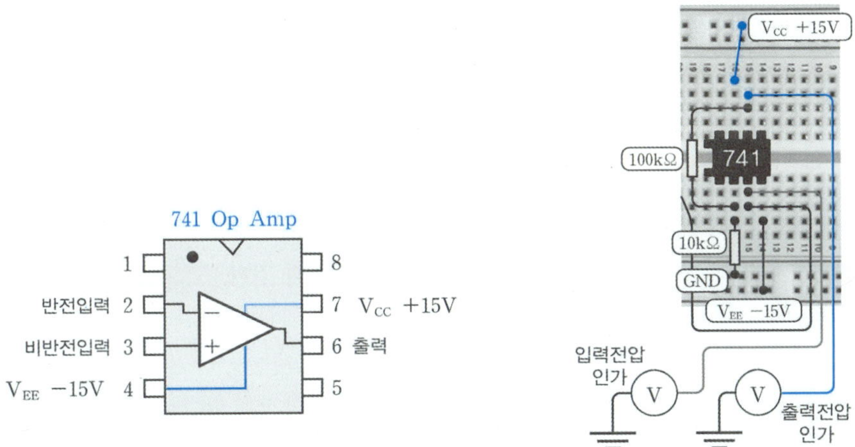

(a) 741 op-amp 핀 배치도

(b) 비반전 증폭기의 구성

그림 11-16 연산증폭기 회로의 브레드보드 구현

반전/비반전 증폭기의 출력이 저항의 비로 나타남에 유의할 필요가 있다. 두 저항을 선택할 때 가능하면 같은 제품을 사용하여, 서로 간의 트래킹tracking 효과를 이용하면 잡음에 대한 회로의 정밀도를 높일 수 있다.

7 바이폴라 트랜지스터로 구성되어 있는 범용 연산증폭기이다.

예제 11-2

[그림 11-17]은 이상적인 연산증폭기를 사용하는 증폭기 회로를 나타낸다. 이 회로에서 입력신호가 $v_S(t) = \cos(377t)$일 때 출력전압 $v_O(t)$를 구하라.

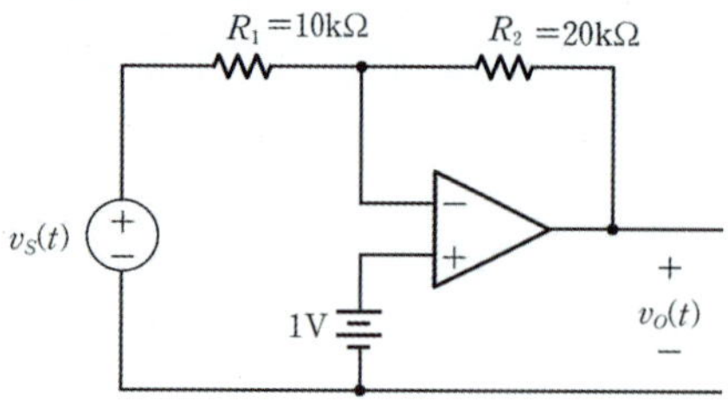

그림 11-17 증폭기의 예

풀이

먼저 전류 경로를 그리고, 가상접지를 적용하면 [그림 11-18]과 같이 그릴 수 있다.

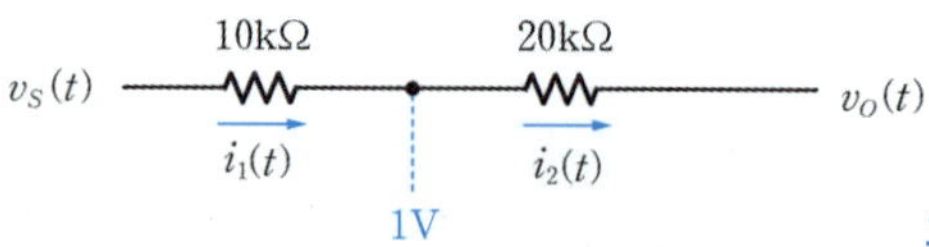

그림 11-18 [그림 11-17] 증폭기의 전류 경로 해석

$i_1(t) = i_2(t)$이므로 $\dfrac{v_S(t)-1}{10[\mathrm{k}\Omega]} = \dfrac{1-v_O(t)}{20[\mathrm{k}\Omega]}$이다. 따라서 $v_O(t)$는 다음과 같다.

$$\therefore v_O(t) = -2v_S(t) + 2 = 2\cos(397t + 180°) + 2[\mathrm{V}]$$

다중경로 회로

여러 개의 전압원이 존재할 때 전압 자체를 합하는 것은 회로적으로 쉬운 일이 아니다. 이 경우에는 저항을 통해 전압을 전류로 변환하면, KCL에 의해 간단히 전류를 합할 수 있다. 합해진 전류는 다시 저항을 통해 전압으로 변환된다.

2개 이상의 입력전압이 존재할 때는 다중 전류 경로multiple current path 회로를 이용해 해석한다. [그림 11-19]와 같이 **전류 경로 여러 개가 가상접지에 연결되어 있을 때, KCL에 의해 각각의 전류 경로에 의한 이득을 합한 것과 같다.**

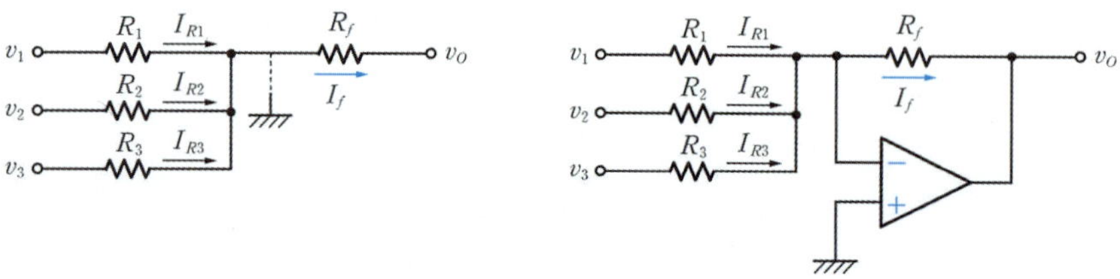

(a) 가상접지 노드에서의 다중 전류 경로 (b) 연산증폭기를 적용한 부궤환 회로

그림 11-19 다중경로 회로의 해석

$I_{R1}+I_{R2}+I_{R3}=I_f$이므로 $\frac{v_1}{R_1}+\frac{v_2}{R_2}+\frac{v_3}{R_3}=\frac{0-v_O}{R_f}$로부터 다음과 같이 나타낼 수 있다.

$$v_O=\frac{-R_f}{R_1}v_1+\frac{-R_f}{R_2}v_2+\frac{-R_f}{R_3}v_3 \tag{11.6}$$

즉 3개의 각각의 전압이득단이 가상접지 노드에서 합해졌다.

또 다른 방법은 중첩의 원리를 적용하는 것이다. 연산증폭기 회로는 선형회로이므로 중첩의 원리가 성립한다. 위의 회로에 중첩의 원리를 적용하면 ❶ v_1만 활성화, ❷ v_2만 활성화, ❸ v_3만 활성화 되어 있을 때를 가정하여 각각의 출력을 구해 최종적으로 더해주면 된다.

예제 11-3

[그림 11-20]은 이상적인 연산증폭기를 사용하는 회로이다. 이 회로에 두 입력 v_1과 v_2를 가할 때 출력 v_O를 구하라.

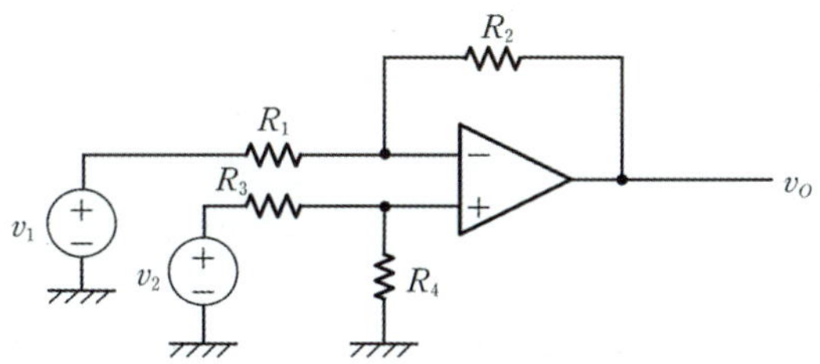

그림 11-20 다중 전원이 있는 증폭기의 예

풀이

v_1의 전류 경로를 그리고, 가상접지를 적용하면 $I_{R1}=I_{R2}$이므로, $\frac{v_1-v^-}{R_1}=\frac{v^--v_O}{R_2}$이다.

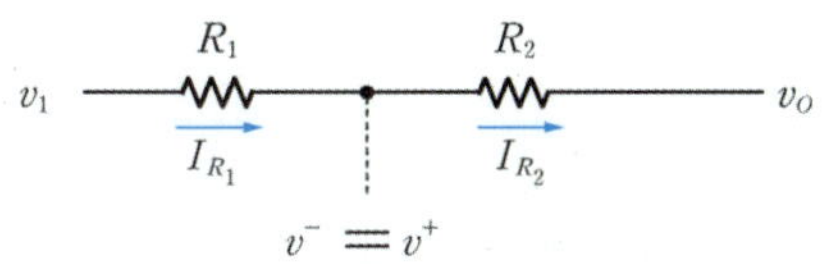

그림 11-21 [그림 11-19] 증폭기의 전류 경로 해석

그 다음에 v_2의 전류 경로를 그리고 전압 분배를 적용하면 v_O는 다음과 같다.

$$v_O=-\frac{R_2}{R_1}v_1+\left(1+\frac{R_2}{R_1}\right)v^-=-\frac{R_2}{R_1}v_1+\left(\frac{R_1+R_2}{R_1}\right)\left(\frac{R_4}{R_3+R_4}\right)$$

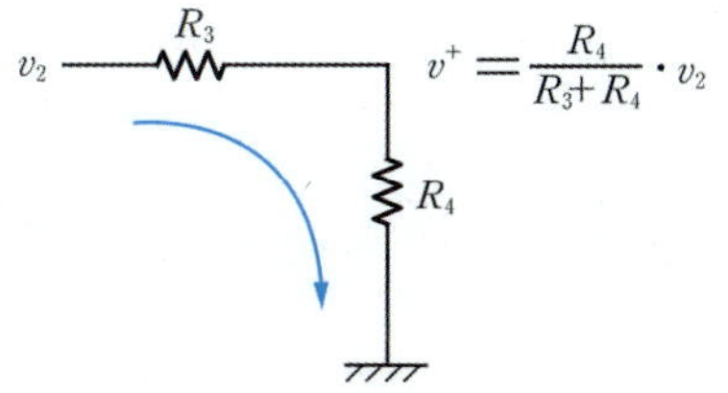

그림 11-22 [그림 11-19] 증폭기의 전류 경로 해석

이밖에 중첩의 원리를 적용하면 v_1만 살아 있을 때($v_2=0$) 반전 증폭기는 $-\frac{R_2}{R_1}v_1$이고, v_2만 살아 있을 때($v_1=0$) 비반전 증폭기는 $\left(\frac{R_1+R_2}{R_1}\right)\left(\frac{R_4}{R_3+R_4}\right)v_2$가 된다. 최종적으로 두 출력을 더하면 앞서 구한 값과 동일함을 알 수 있다.

궤환 회로

궤환(되먹임)이란 출력전압의 일부를 입력으로 되돌려주는 동작이다. 궤환은 출력의 일부를 (+) 입력단에 가해주는 정궤환(양성 되먹임)positive feedback과 (−) 입력단에 가해주는 부궤환(음성 되먹임)negative feedback으로 구분된다.

[그림 11−23(a)]에서 정궤환의 경우에는 출력에 포함된 잡음의 일부분이 (+) 입력단에 가해지고 출력에 누적되어 나타난다. 이러한 과정이 계속되면 출력단에서 잡음이 계속 커져 발진하는 현상이 나타난다. [그림 11−23(b)]와 같은 부궤환 회로는 잡음 일부분이 (−) 입력단에 가해지므로 출력단에서 위상이 반전되어 그 전 잡음과 상쇄되어 사라진다. 따라서 아날로그 회로에서는 출력 신호가 발진하지 않고 수렴settling할 수 있도록 반드시 부궤환을 활용한다. [그림 11−23(c)], [그림 11−23(d)]는 부궤환 회로 구조의 예이다.

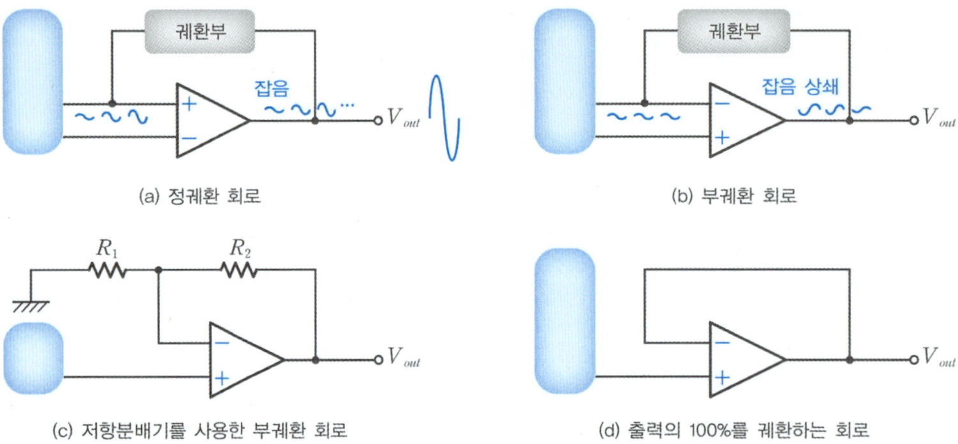

그림 11-23 연산증폭기를 사용한 궤환

[그림 11−23(c)]는 R_1, R_2로 구성되는 전압분배기를 사용하여 출력의 일부분을 (−) 입력으로 되돌려주는 부궤환 회로의 예이다. 출력에서 전압 분배를 적용하면 다음과 같다.

$$V_{in}^{-} = V_{out}\,\frac{R_1}{R_1+R_2} = \beta \cdot V_{out} \quad (0 \le \beta \le 1) \tag{11.7}$$

일반적으로 궤환부는 저항이나 커패시터와 같은 수동소자를 사용하기 때문에 입력단에 되돌려주는 전압은 V_{out}보다 작은 값이 된다. 이 경우 R_1과 R_2의 비에 따라 0~100%까지 되돌려줄 수 있다. 열린회로는 $\beta=0$(0% 되먹임)이고, [그림 11-23(d)]의 회로는 $\beta=1$(100% 되먹임)인 경우이다.

연산증폭기 회로를 구성하여 잘 동작하는지 알아보려면, 먼저 두 입력전압의 차이가 0에 가까운지 살펴보면서 가상접지의 동작 여부를 체크해야 한다. 부궤환 회로가 제대로 동작하여 락킹(잠김)locking되었다면 가상접지가 측정된다. 만약 여러 가지 원인으로 제대로 부궤환 동작이 일어나지 않고 있다면 회로가 락킹되지 못하고 풀려 있게 되며 가상접지는 측정되지 않는다.

Quick Review

- 연산증폭기를 이용한 증폭기 회로는 (　　　　　)을 포함한다.
- 연산증폭기 회로는 (　　　　　)를 그려서 가상접지를 적용하면 쉽게 해석할 수 있다.
- (　　　　　)이란 출력전압의 일부를 입력으로 되돌려주는 동작이다.

ANS 부궤환, 전류 경로, 궤환

11.3 각종 연산증폭기 회로

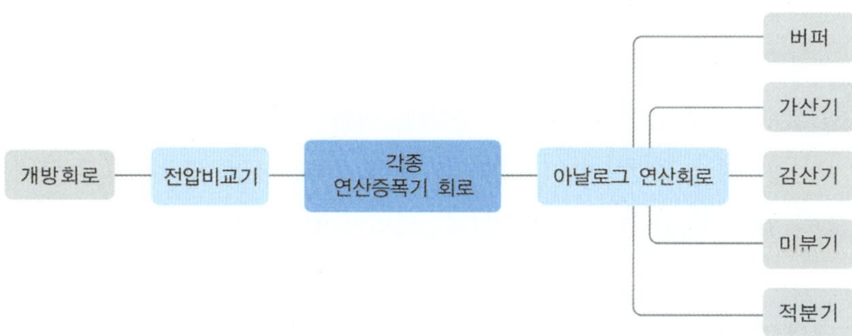

전압비교기

[그림 11-24]와 같이 궤환을 걸지 않았을 때 연산증폭기의 동작을 살펴보자. (+) 입력단자에 아날로그 전압 V^+가 가해지고, (−) 입력단자에 또 다른 아날로그 전압 V^-가 가해진다.

❶ $\boldsymbol{V^+ < V^-}$: 연산증폭기의 입력전압이 $V^+ - V^- < 0$이므로 무한대의 이득을 곱하면 출력전압은 $-\infty$가 된다. 실제 회로에서는 시스템에서 가장 낮은 전압인 V_{EE}가 된다.

❷ $\boldsymbol{V^+ > V^-}$: 연산증폭기의 입력전압이 $V^+ - V^- > 0$이므로 무한대의 이득을 곱하면 출력전압은 $+\infty$가 된다. 실제 회로에서는 시스템에서 가장 높은 전압인 V_{CC}가 된다.

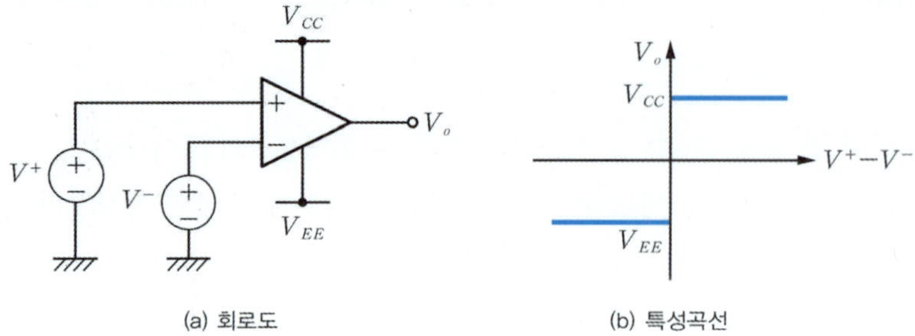

그림 11-24 궤환이 없는 연산증폭기 회로

출력 V_{CC}와 V_{EE}는 각각 디지털 논리 1과 0에 대응할 수 있다. 즉 입력은 아날로그 전압이고 출력은 디지털 논리인 세미 아날로그 회로로서, V^+와 V^-의 두 아날로그 전압의 대소 관계를 비교하여 1 또는 0을 출력하는 아날로그 비교기가 회로가 된다.

연산증폭기 회로의 동작 범위

[그림 11-8(b)]의 회로에서 보듯이 연산증폭기에는 2개의 공급전압 V_{CC}와 V_{EE}가 인가된다. $V_A = 0$[V]의 연산증폭기 출력전압은 이 공급전압 사이에 존재하며 여기서 벗어날 수 없다. 즉 V_{CC}와 V_{EE}가 최대 전압과 최소 전압의 한계를 결정한다. [그림 11-25]의 회로는 전압이득이 -10인 반전 증폭기이므로 $-2 \leq V_{IN} \leq +1$인 입력전압의 범위에 -10을 곱하면 $-10 \leq$ $\leq V_{OUT} \leq +20$의 출력전압의 범위를 얻는다. 이 경우 (+) 영역에서는 +15[V]로 잘리게 된다. 결국 이 회로는 입력의 범위를 수용하지 못한다. 이를 해결하기 위해서는 출력의 범위를 아래 영역으로 옮겨서 출력의 중심전압이 0[V]가 되도록 조절하는 것을 생각해볼 수 있다. 이를 위해서는 비반전 DC 입력 V_A를 조절하는 것이 한 방법이 될 수 있다.

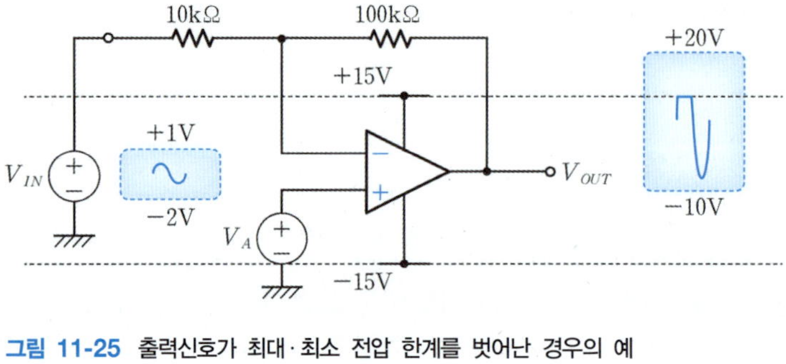

그림 11-25 출력신호가 최대·최소 전압 한계를 벗어난 경우의 예

예제 11-4

[그림 11−26]은 이상적인 다이오드를 사용하는 연산증폭기 회로이다. 이 회로의 전압전달 특성을 구하라.

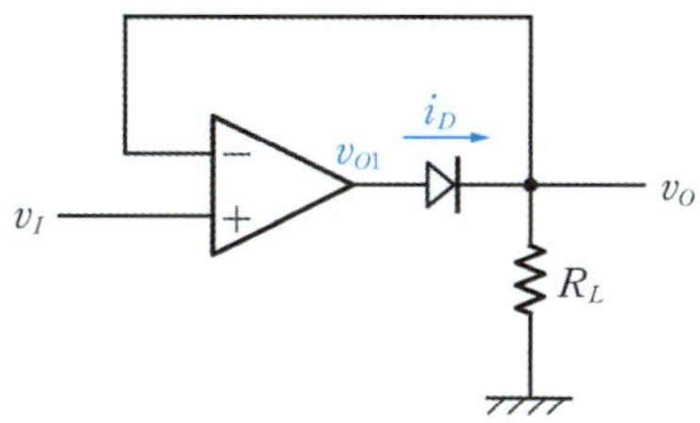

그림 11-26 연산증폭기 회로

풀이

❶ $v_I > 0$일 때

부의 되먹임이 작동한다면 가상접지가 적용된다. 출력전압은 v_I가 되므로 전류가 R_L로 흐르고 다이오드에 전류가 흐른다. 따라서 $v_O = v_I$이다.

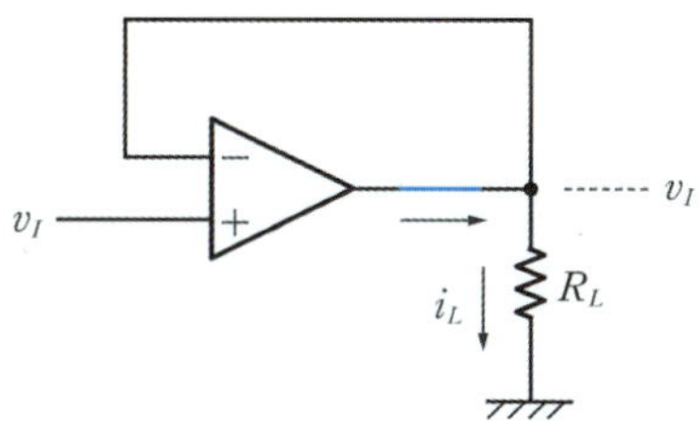

그림 11-27

❷ $v_I < 0$일 때

가상접지가 적용된다면 전류가 R_L의 위쪽 방향으로 흘러야 하는 데 다이오드의 역방향 전류가 되므로 다이오드가 오프된다. 따라서 부의 되먹임이 작동하지 않고 가상접지는 풀린다. 따라서 $v_O = 0$[V]이다.

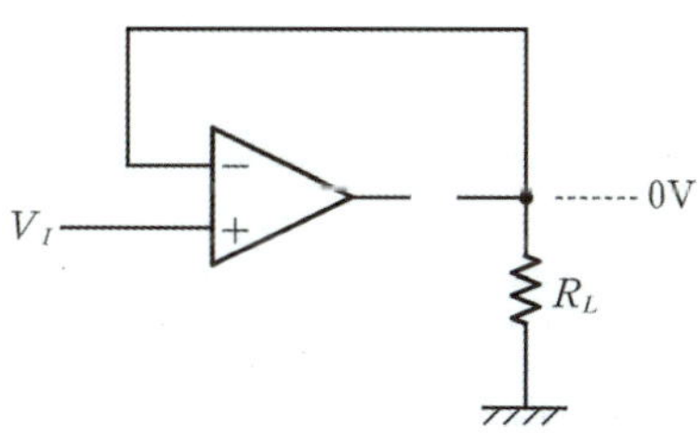

그림 11-28

❶ ~ ❷의 결과를 바탕으로 전압전달 특성을 그리면 다음과 같다.

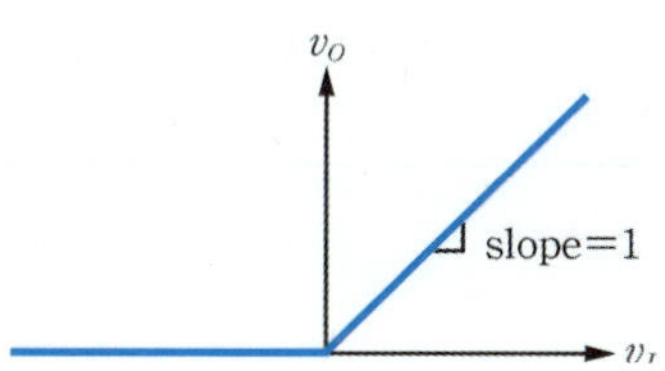

그림 11-29

각종 아날로그 연산 회로

이상적인 연산증폭기를 사용하는 경우 전체 회로의 입·출력 관계는 오로지 사용된 수동소자(R, L, C)의 관계로 결정되며 연산증폭기와는 상관이 없음을 앞에서 학습했다. 수동소자들과 연산증폭기를 이용하여 궤환 회로를 구성하면 다양한 형태의 동작을 수행하는 연산 회로를 설계할 수 있다. [표 11-2]는 저항과 커패시터를 사용하여 버퍼, 가산기, 감산기, 미분기, 적분기 회로를 구현한 것이다. 여기서 전류 경로 해석도는 11.2절의 전류 경로 기법을 적용한 해석을 보여주고 있다. 각각의 동작은 독자들이 쉽게 풀어낼 수 있을 것이다.

표 11-2 연산증폭기를 사용한 다양한 연산 회로

응용	회로도	전류 경로 해석도	출력식
버퍼	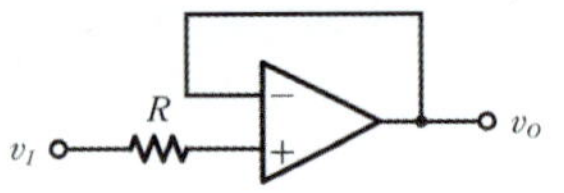		$v_O = v_I$
가산기	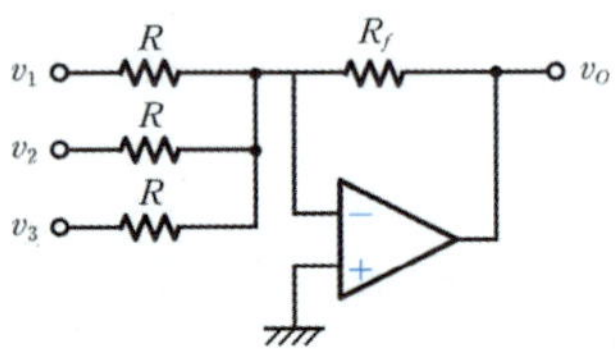	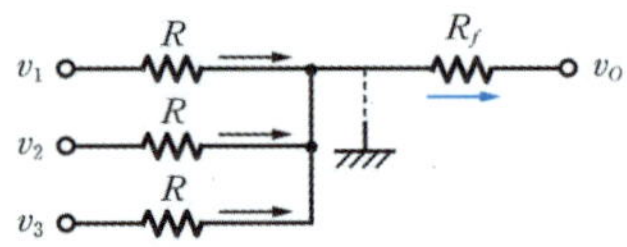 $\frac{v_1}{R}+\frac{v_2}{R}+\frac{v_3}{R}=\frac{0-v_O}{R_f}$	$v_O = -\frac{R_f}{R}(v_1+v_2+v_3)$
감산기	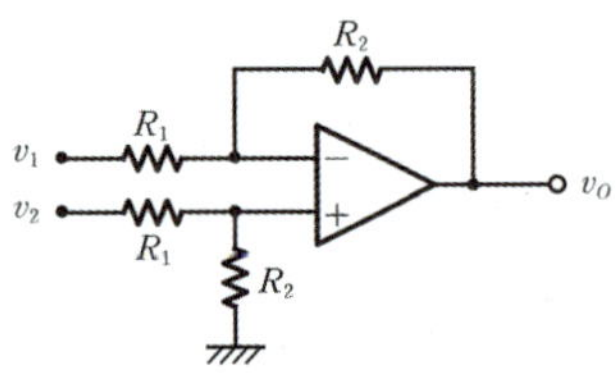	 $v_x=\frac{R_2}{R_1+R_2}v_2$ $\frac{v_1-v_x}{R_1}=\frac{v_x-v_O}{R_2}$	$v_O=\frac{R_2}{R_1}(v_2-v_1)$
미분기	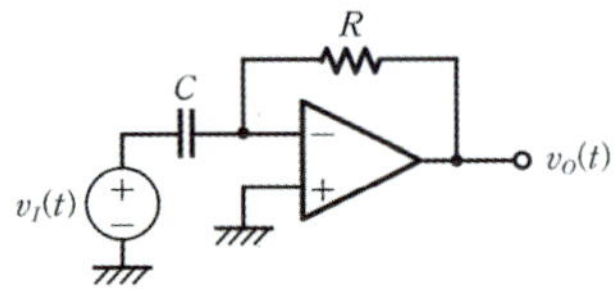	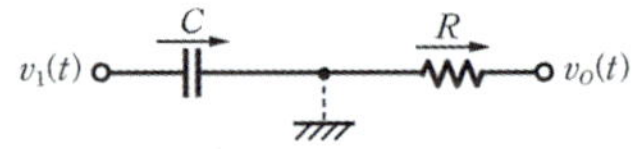 $C\frac{d[v_I(t)-0]}{dt}=\frac{0-v_O(t)}{R}$	$v_O=-RC\frac{dv_I(t)}{dt}$
적분기	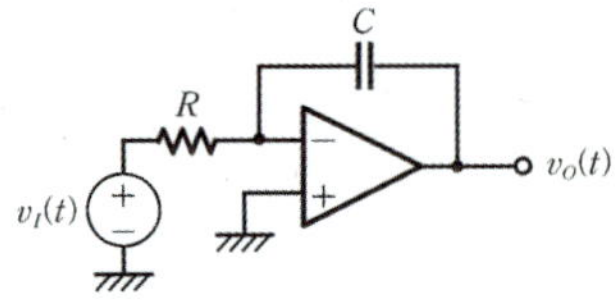	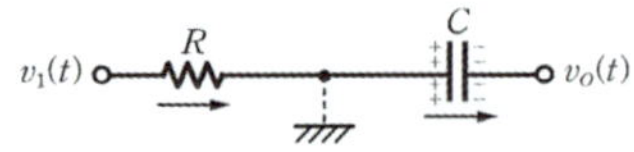 $\frac{v_I(t)-0}{R}=C\frac{d[0-v_O(t)]}{dt}$	$v_O=-\frac{1}{RC}\int_0^t v_I(\tau)d\tau$

Quick Review

- 연산증폭기를 개방회로로 사용하면 (   )로서 동작한다.
- 연산증폭기 회로의 출력전압 범위가 (   ) 범위를 벗어나지 않도록 회로 구조를 결정한다.

ANS 전압비교기, 공급전압

CHAPTER 11

기본문제

11.1 다음 중 [그림 11-30]과 같이 부의 되먹임을 적용한 연산증폭기 회로에 대한 설명으로 옳지 않은 것은? 단, 연산증폭기의 전압이득은 A이며, 연산증폭기의 (+) 단자 전압은 V^+, (−) 단자 전압은 V^-라고 한다.

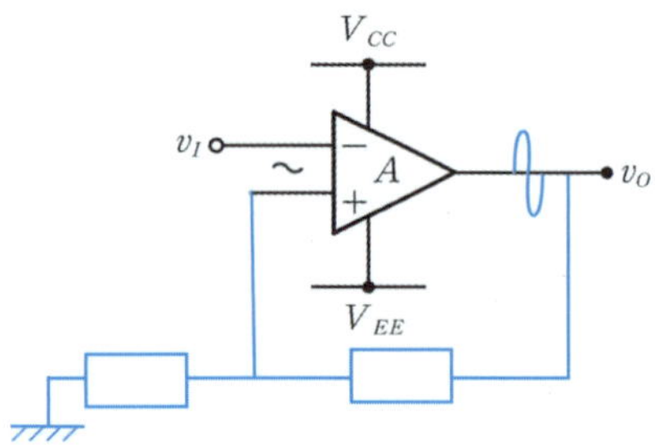

그림 11-30

① $v_O = A(V^+ - V^-)$이다.

② $A \to \infty$이면 연산증폭기의 입력전압은 $(V^+ - V^-) \to 0$이다.

③ $A \to \infty$이면 되먹임이 없어도 v_I에 비례하는 신호를 얻을 수 있다.

④ 출력 v_O는 공급전압 V_{CC}와 V_{EE} 사이에 존재한다.

11.2 다음 중 [그림 11-31]과 같이 부의 되먹임을 적용한 연산증폭기 회로에 대한 설명으로 옳지 않은 것은?

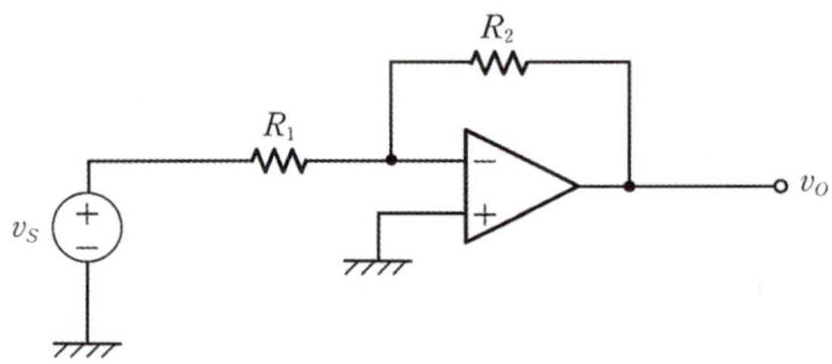

그림 11-31

① 출력 v_O의 위상은 입력 v_S의 위상과 반전된다.

② 연산증폭기의 입력단으로는 전류가 흘러들어가지 않는다.

③ $v_S > 0$일 때, R_2에 흐르는 전류는 연산증폭기의 출력단으로 흘러들어간다.

④ $v_S = 0$[V]이면 v_O는 결정되지 않는다.

11.3 다음 중 [그림 11-32]의 아날로그 신호 구동회로에 대한 설명으로 옳지 않은 것은?

① v_O의 신호와 v_I의 신호는 같다.

② (−) 입력단의 전압은 v_I에 의해 변한다.

③ 부하 1[kΩ]에는 v_I에 비례하는 전류가 흐른다.

④ 부하 1[kΩ]을 100[Ω]으로 바꾸면 출력전압 v_O는 낮아진다.

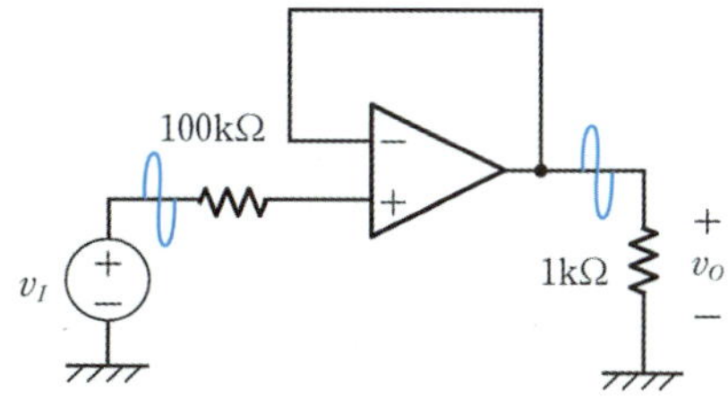

그림 11-32

11.4 다음 중 [그림 11-33]의 증폭기 회로에 대한 설명으로 옳지 않은 것은?

① v_O는 R_3와 상관없이 결정된다.

② $R_2 = R_3$이면 $I_O = 0$이다.

③ 되먹임 인자는 $R_1/(R_1 + R_2)$이다.

④ 비반전 증폭기이며, v_I는 대신호도 가능하다.

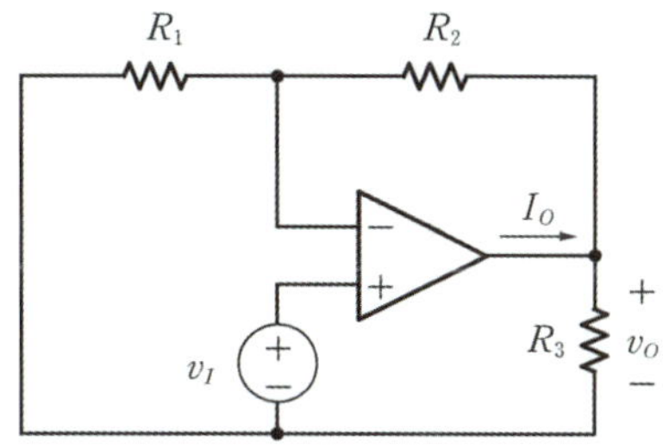

그림 11-33

11.5 다음 중 [그림 11-34]의 회로에 대한 설명으로 옳은 것은?

① 전압이득 V_O/V_S는 1보다 작다.

② R_L을 키우면 연산증폭기 출력전류 I_a가 감소한다.

③ 1[Ω]에는 V_S에 비례하는 전류가 흐른다.

④ 3[Ω]에 흐르는 전류와 R_L에 흐르는 전류는 같다.

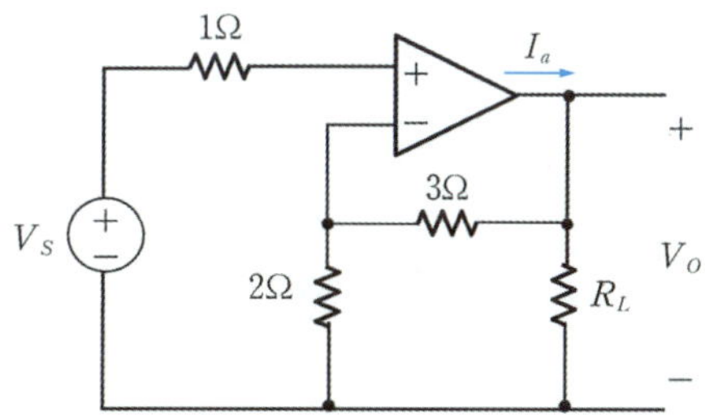

그림 11-34

11.6 다음 중 [그림 11-35]의 회로에 대한 설명으로 옳지 않은 것은?

① V_O는 V_S와 위상이 같다.

② R_6에 흐르는 전류는 R_5와 상관없다.

③ V_O는 R_5와 상관없다.

④ R_4를 변화시키면 R_6에 흐르는 전류가 바뀐다.

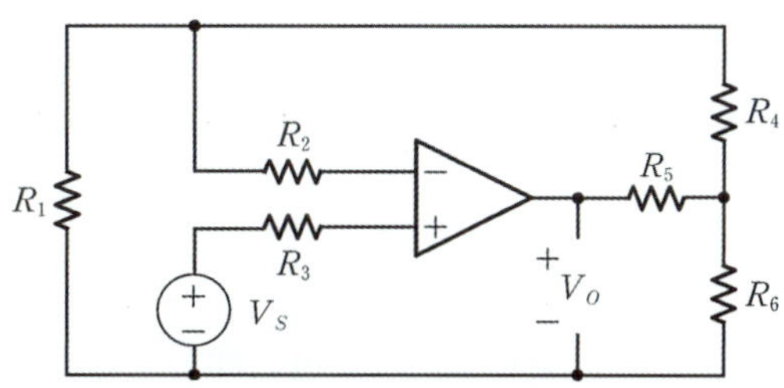

그림 11-35

11.7 다음 중 [그림 11-36]의 증폭기 회로에 대한 설명으로 옳지 않은 것은?

① R_S에는 전류가 흐르지 않는다.

② R_F에는 i_S가 흐른다.

③ v_O와 i_S는 비례한다.

④ 전류 i_S가 증가하면 v_O는 올라간다.

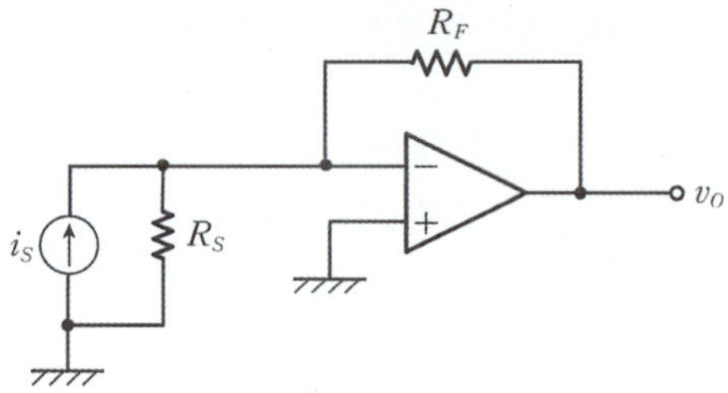

그림 11-36

11.8 다음 중 [그림 11-37]의 회로에 대한 설명으로 옳은 것은?

① 연산증폭기의 이득이 ∞이므로 $V_O = \infty$ 이다.

② V_O는 R_4와는 무관하다.

③ I_a는 R_4와는 무관하다.

④ V_O는 V_1에 대해서는 반전증폭기, V_2에 대해서는 비반전 증폭기로 동작한다.

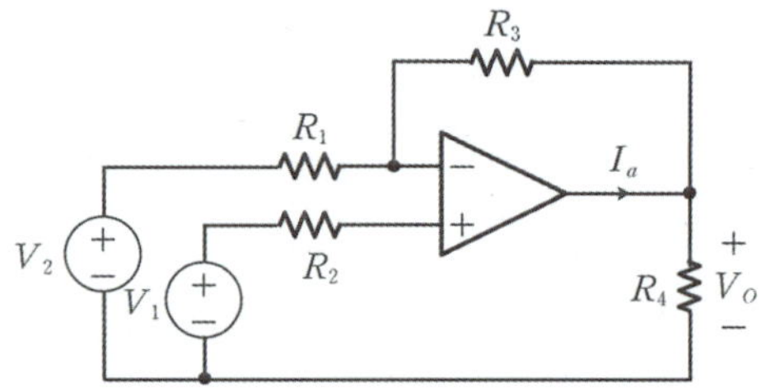

그림 11-37

11.9 다음 중 [그림 11-38]과 같이 제너 다이오드를 사용한 회로에 대한 설명으로 옳지 않은 것은?

① 공급전압 V^+가 흔들려도 제너전압 V_Z는 일정하다.

② v_O에는 V_Z보다 큰 전압이 출력된다.

③ R_1과 R_2의 비를 바꾸면 V_O의 값을 변경할 수 있다.

④ 공급전압 V^+가 낮아지면 출력전압 V_O는 낮아진다.

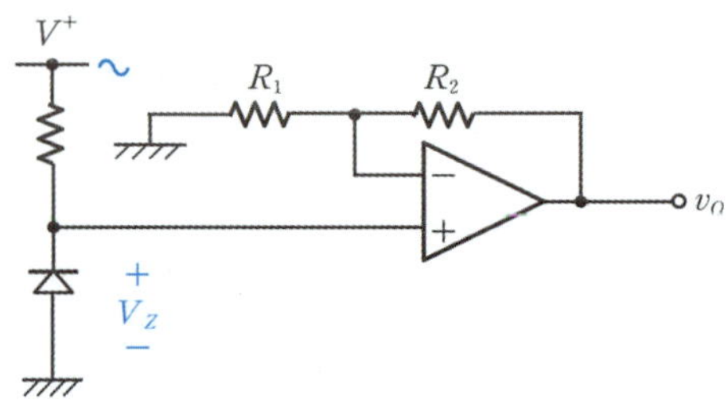

그림 11-38

11.10 다음 중 [그림 11-39]의 회로에 대한 설명으로 옳지 않은 것은? 단, 다이오드의 턴 온 전압은 0.7[V]이다.

① $v_I > 0$이면 $v_O = 0$[V]이다.

② $v_I < 0$이면 $v_O = v_I$이다.

③ $v_I > 0$이면 $v_A = 0$[V]이다.

④ $v_I < 0$이면 $v_A = v_I - 0.7$[V]이다.

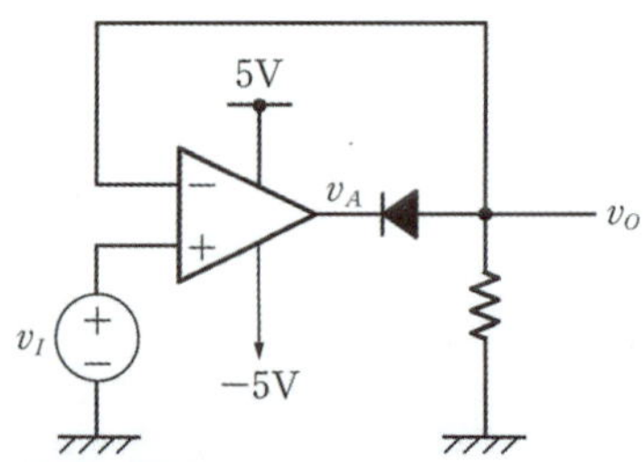

그림 11-39

CHAPTER 11

연습문제

※ 특별한 언급이 없으면 이상적인 연산증폭기로 가정한다.

11.1 [그림 11-40]의 연산증폭기 회로에서 연산증폭기의 출력전압 V_O를 구하라.

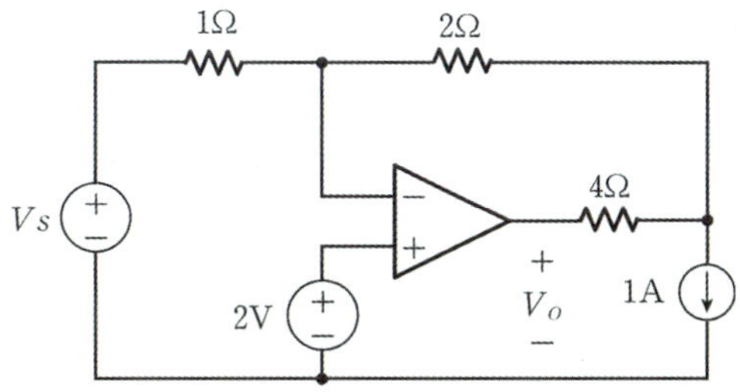

그림 11-40

11.2 [그림 11-41]의 회로에서 출력전압 V_O를 입력전압 V_S의 함수로 구하라.

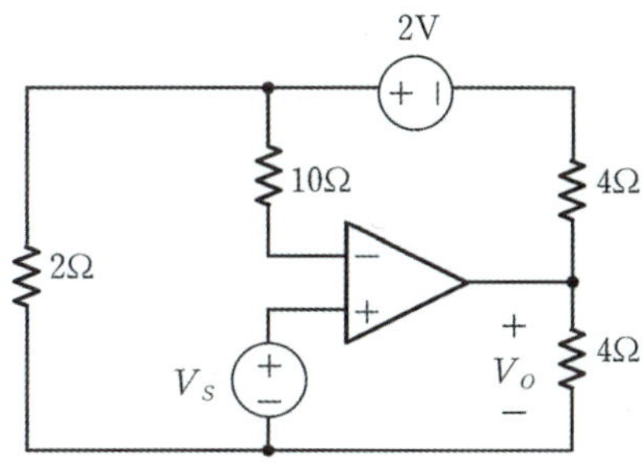

그림 11-41

11.3 [그림 11-42]의 회로에서 출력전압 V_O를 입력전압 V_S 및 부하저항 R_L의 함수로 나타내라.

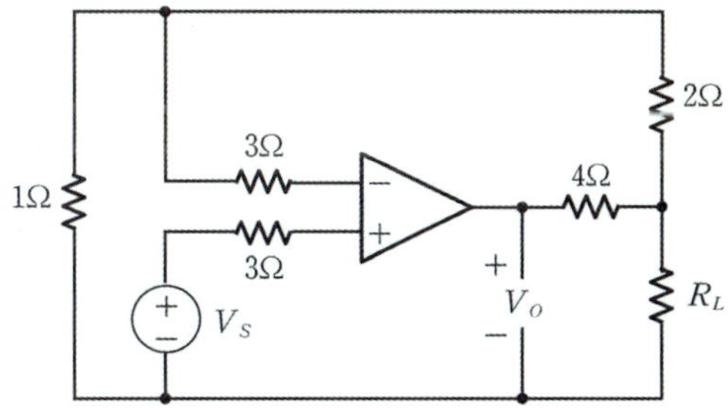

그림 11-42

11.4 [그림 11-43]의 회로에서 연산증폭기가 회로에 제공하고 있는 전류 I_O를 구하라.

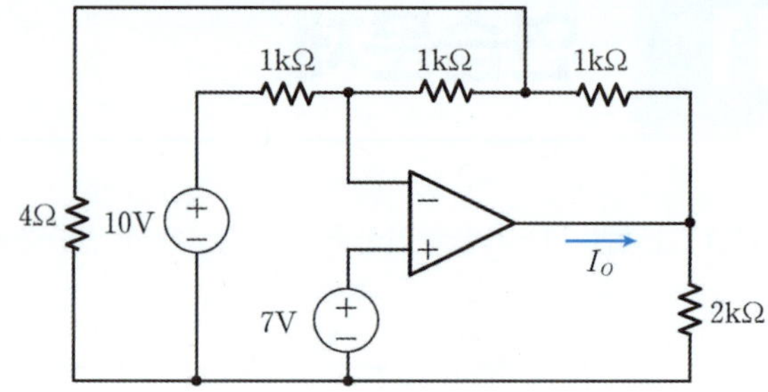

그림 11-43

11.5 [그림 11-44]의 회로에서 전류이득 I_O/I_X를 구하라.

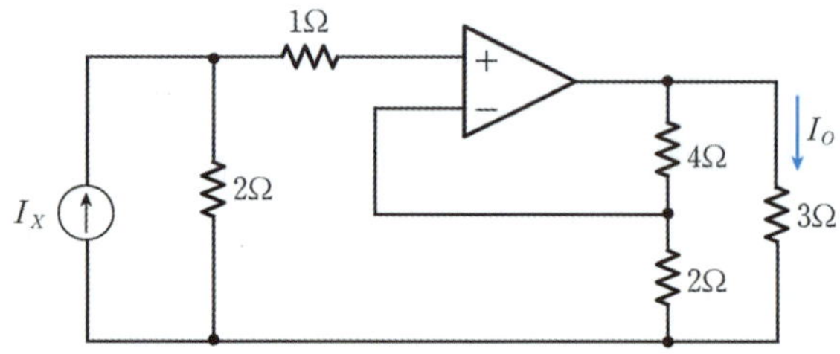

그림 11-44

11.6 [그림 11-45]의 회로에서 V_O를 구하라.

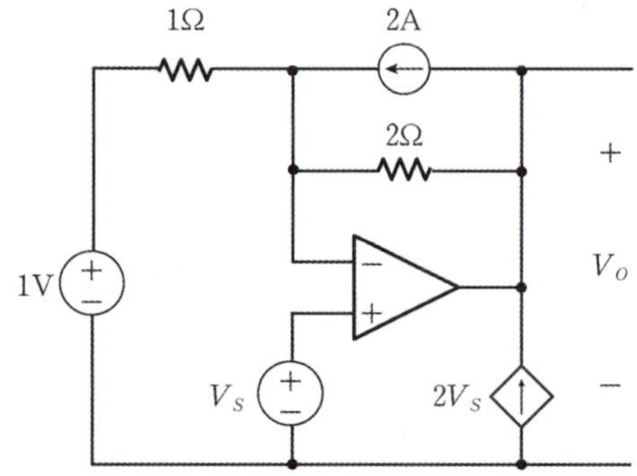

그림 11-45

11.7 [그림 11-46]의 회로에서 전압이득 V_{out}/V_{in}을 구하라.

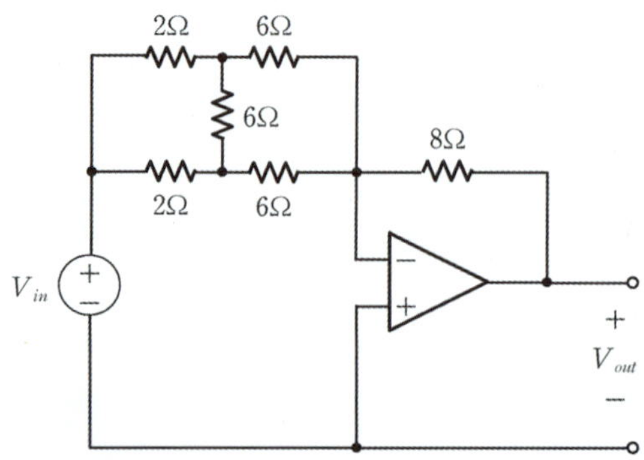

그림 11-46

11.8 [그림 11−47]의 회로에서 연산증폭기가 공급하는 전류 I_O와 회로의 출력전압 V_{OUT}을 구하라.

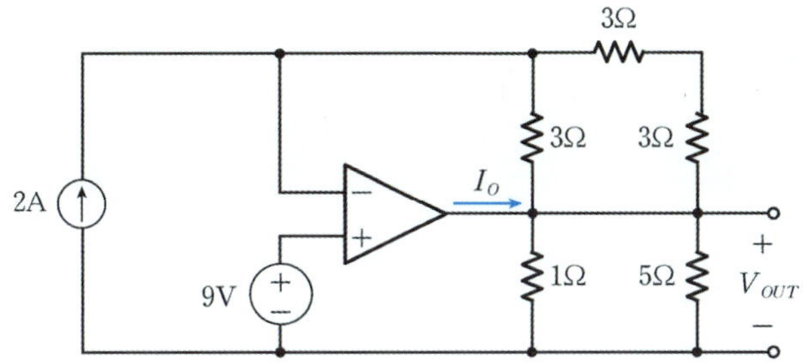

그림 11-47

11.9 [그림 11−48]의 연산증폭기 회로에서 A−B 사이의 출력전압이 부하 R_L에 전달된다. 다음의 물음에 답하라.

(a) 출력 개방전압 V_{OC}를 구하라.

(b) 출력 단락전류 I_{SC}를 구하라.

(c) 테브난 출력저항 R_{TH}를 구하라.

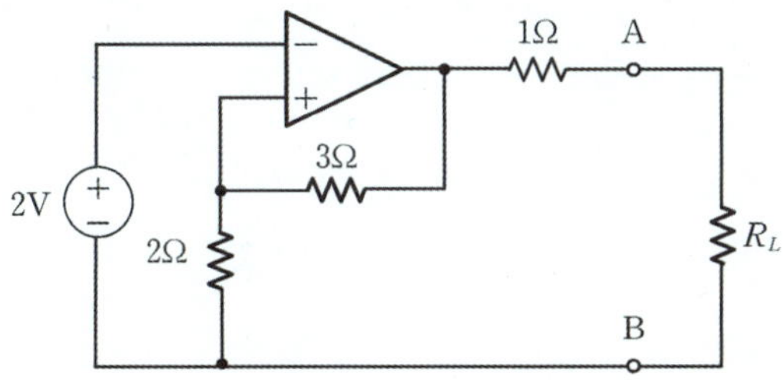

그림 11-48

11.10 [그림 11−49]의 연산증폭기를 사용한 회로에서 $R=10[\text{k}\Omega]$이다. 이 회로의 전압이득 V_o/V_i를 구하라. 단, MOSFET의 트랜스컨덕턴스는 $g_m=1[\text{mS}]$, $\lambda=0$, $\gamma=0$이며, 포화 영역을 가정한다.

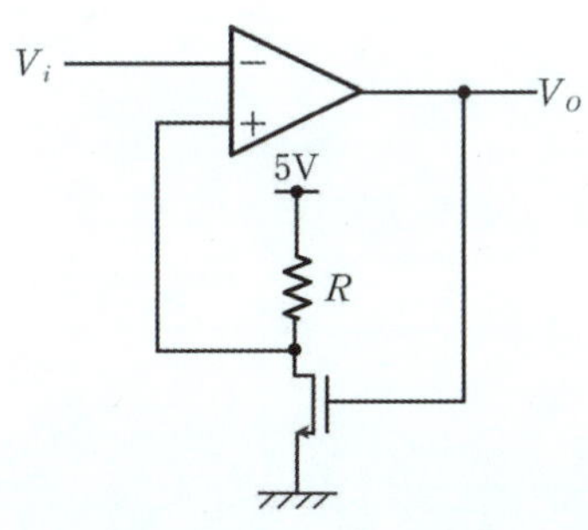

그림 11-49

CHAPTER

12

디지털 기초

CONTENTS

학습 목표

- 디지털 회로의 장점을 이해한다.
- 디지털 신호를 2진수로 표현하는 이유를 이해한다.
- 논리함수의 의미와 표현 방법을 이해하고 간략화할 수 있다.
- 논리함수를 논리도로 변환하는 방법을 안다.
- 조합논리회로의 빌딩블록들을 이해한다.
- 래치 및 플립플롭의 동작을 이해한다.

들어가기 전에

아날로그가 자연의 연속적인 값을 그대로 가져오는 신호라면, 디지털은 0과 1이라는 2개의 값만 취하는 개념적인 신호이다. 디지털digital이란 사전적으로 '손가락'이란 뜻으로, 라틴어 디지트digit에서 따온 말이다. 우리가 손가락으로 1, 2, 3을 세듯이 디지털 신호는 불연속적인 정수 값을 가지는 코드로 인간의 감각으로 인지하기 어렵다. 이러한 디지털을 인간의 논리로 인지할 수 있게 수학적 모델로 표현하는 방법으로 가장 잘 알려진 것은 **부울식**Boolean expression이다. 부울식을 이용해 신호를 분류하고 기호화하여 수학적으로 표현함으로써 회로를 더 쉽고 간편하게 설계할 수 있다.

12.1 디지털 논리의 기초

디지털 회로

왜 디지털인가?

[그림 12-1]과 같이 2개의 칩(IC) 사이에 데이터를 전송하는 경우를 살펴보자. 칩 #1에서 출력되는 디지털 데이터가 전송선을 거쳐 칩 #2에서 수신된다. 칩 #1의 출력신호가 연속적인 값을 갖는 아날로그 신호인 경우 전송 과정에서 잡음이 들어오면 칩 #2의 입력신호에 그대로 잡음이 전달된다.

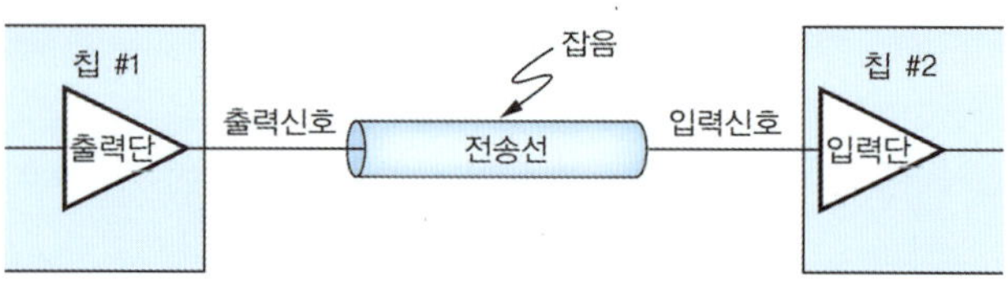

그림 12-1 데이터 전송 모형

이번에는 칩 #1의 출력신호가 불연속적인 값을 갖는 디지털 신호인 경우로서 출력전압은 0[V], 5[V]로 각각 논리값 0과 1로 할당된다. 수신 칩에서 입력단 회로가 논리값 1로 인식할 수 있는 가장 낮은 전압을 3[V]라 하고, 논리값 0으로 인식할 수 있는 가장 높은 전압을 2[V]라고 하자. 전송선을 통과하여 신호가 수신 칩에 전달될 때 신호의 전압이 3[V]보다 높으면 수신 칩은 논리값 1의 입력이 들어왔다고 인식하고, 2[V]보다 낮으면 논리값 0의 입력이 들어왔다고 인식한다. 이때 일반적으로 데이터 전송 과정에서 신호 전송선에 전기적인 잡음이 끼어든다.

[그림 12-1]을 살펴보면, 2진수 시스템에서 논리값 1의 경우에는 5[V] 출력에 잡음이 끼어들어 3[V]까지 떨어져도 수신단에서는 이를 논리값 1로 인식하여 다시 5[V]로 재생시킬 수 있다.

즉 5[V] − 3[V] = 2[V]의 **잡음여유**noise margin가 존재한다. 논리값 0의 경우에는 0[V]의 출력에 잡음이 끼어들어 2[V]까지 올라가도 수신단에서 이를 논리값 0으로 인식하여 다시 0[V]로 쉽게 재생시킬 수 있기 때문에 2[V] − 0[V] = 2[V]의 잡음여유가 존재한다. 즉 **전송 과정에서 잡음이 들어오더라도 입력단에서 다시 원래의 신호로 복원할 수 있으므로 잡음여유 범위 내의 잡음은 제거되어 신호가 재생된다. 이러한 자체 잡음 제거 기능은 디지털 신호가** 갖는 근본적인 특성이며, 아날로그 신호와 비교했을 때 큰 장점이다.

왜 2진수인가?

모든 디지털 회로는 2진수를 사용하는데, 그렇다면 왜 굳이 2진수인가? 그 이유는 시스템 전압의 범위가 제한되어 있는 경우, **전송하는 데이터의 가짓수가 많을수록 잡음에 취약해지기 때문이다.** 예를 들어 [그림 12-2]와 같은 시스템에 10진수로 데이터를 보낸다면 0~5[V]를 10개의 구간으로 나눠야 하므로 각 데이터에 대한 잡음여유가 작아져 잡음에 더 민감해진다. 따라서 가장 간단한 기수법인 2진수를 사용할 때 잡음여유가 가장 많이 보장된다.

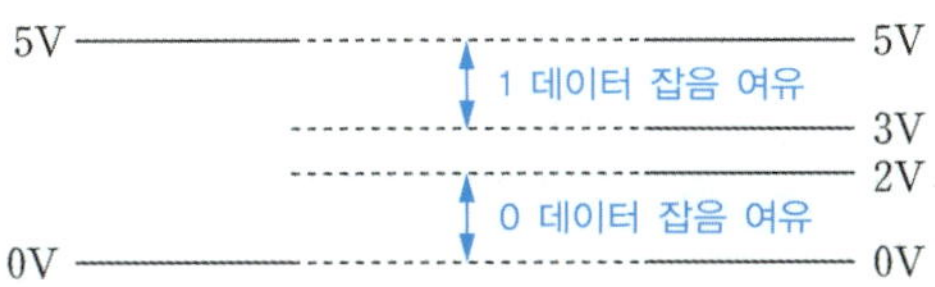

그림 12-2 잡음여유 모델

2진수

앞서 잡음의 관점에서 디지털 회로가 2진수 체계로 구현됨을 알았다. 일반적으로 기수가 r인 r진법에서의 수$(A_nA_{n-1}A_{n-2}\cdots A_2A_1A_0)_r$의 값은 식 (12.1)과 같이 계산된다.

$$A_n \cdot r^n + A_{n-1} \cdot r^{n-1} + A_{n-2} \cdot r^{n-2} + \cdots + A_2 \cdot r^2 + A_1 \cdot r^1 + A_0 \cdot r^0 \quad (12.1)$$

A_n을 최상위 디지트(MSD) Most Significant Digit, **A_0를 최하위 디지트(LSD)**Least Significant Digit**라고 한다.** 최상위 디지트의 비중이 가장 크고, 최하위 디지트로 내려갈수록 자릿수의 비중이 작아진다. **특별히 $r = 2$인 2진법에서는 디지트를 '2진수 디지트'라는 의미의 비트**bit[1]**라고 부른다.**

디지털 신호의 처리는 가감승제 연산과 밀접한 관련이 있으며, 회로로 구현하는 것을 염두에 두어 대부분의 연산이 덧셈과 뺄셈에 초점이 맞추어져 있다. 뺄셈을 위해 음수 2진수를 표현하기 위해서는 2의 보수 혹은 1의 보수를 이용한다.

1 bit는 binary digit의 준말이다.

2의 보수

어떤 두 2진수에서, 각 비트 간의 합이 그 전 자릿수에서 올라오는 캐리(올림수)carry까지 합해서 모두 2가 되면, 두 수는 2의 보수2's complement 관계에 있다고 한다. 예를 들어 101과 011의 LSB의 합은 $1+1=2$, (LSB+1)의 합은 $0+1+1$(캐리)$=2$, MSB의 합은 $1+0+1$(캐리)$=2$이므로 두 수는 2의 보수 관계에 있다. 다른 2의 보수를 구하는 방법은 다음과 같은 2가지 알고리즘이 있다.

2의 보수를 구하는 알고리즘 (1)

1. 최하위 1을 찾아서 그대로 둔다.
2. 최하위 1 이하의 0들은 그대로 둔다.
3. 최하위 1보다 상위의 비트는 모두 반대 데이터로 바꾼다.
   즉 1은 0으로, 0은 1로 바꾼다.

2의 보수를 구하는 알고리즘 (2)

1. 각 비트를 0은 1로, 1은 0으로 바꾼다.
2. 바뀐 값에 1을 더해준다.

예제 12-1

$(1101100)_2$의 2의 보수를 구하라.

풀이

2의 보수를 구하는 알고리즘 (1)을 이용해 2의 보수를 구한다.

1. 최하위 1과 그 이하의 0을 그대로 둔다(100 → 100).
2. 최하위 1보다 상위의 비트는 모두 뒤집는다(1101 → 0010).

결합하면 2의 보수는 $(0010100)_2$이다.

알고리즘 (2)를 이용하면 다음과 같다.

1. 각 비트를 반전한다(1101100 → 0010011).
2. 바뀐 값에 1을 더해준다(0010011+1 → 0010100).

2의 보수 관계에 있는 두 수 $(1101100)_2$과 $(0010100)_2$을 합하면 $(10000000)_2$이 된다. 즉 캐리 1을 제외하고는 모두 0이 됨을 확인할 수 있다.

1의 보수

어떤 두 2진수에서 각 비트 간의 합이 모두 1이 되면, 두 수는 1의 보수1's complement **관계에 있다고 한다.** 예를 들어 101과 010의 LSB의 합은 1+0=1, (LSB+1)의 합은 0+1=1, MSB의 합은 1+0=1이므로, 두 수는 1의 보수 관계에 있다. 따라서 어떤 수가 주어질 때, 모든 비트의 합이 1이 되도록 수를 구성하면 1의 보수가 된다. 결과적으로, 1의 보수는 각 비트를 반전(0은 1로, 1은 0으로)시켜서 구할 수 있다. 이러한 보수를 이용하면 뺄셈 연산을 수행하는 논리회로를 효율적으로 설계할 수 있다. 특히 2의 보수가 회로적으로 더 간단한 결과를 도출하므로 일반적으로 1의 보수보다 더 자주 쓰인다.

예제 12-2

$(10010)_2$의 1의 보수를 구하라.

풀이

모든 디지트를 뒤집으면 $(01101)_2$이 된다. 1의 보수 관계에 있는 두 수 $(10010)_2$과 $(01101)_2$을 합하면 $(11111)_2$이 된다. 즉 모든 자릿수가 1이 됨을 확인할 수 있다.

부울대수

진리표truth table**는 논리연산에 대한 연산표로서 입력에서 가능한 논리 조합에 대해 논리함수의 출력값을 기술한 표이다.** [표 12-1]은 00, 01, 10, 11의 가능한 입력 조합에 대한 어떤 출력 값의 예를 표로 정리한 것으로, 이 논리회로의 모든 가능한 입·출력 동작을 설명한다.

표 12-1 논리회로의 동작 표현

입력		출력
A	B	F
0	0	1
0	1	1
1	0	0
1	1	1

부울식(논리식)은 복잡한 진리표를 변수 사이의 간단한 대수 형식으로 표현한 것이다. 부울식은 진리표뿐 아니라 논리회로의 입·출력 관계도 표현하므로, 부울식으로부터 논리회로를 유도하거나 반대로 논리회로로부터 부울식을 뽑아낼 수도 있다. 그러므로 진리표로부터 직관적으로 부울식을 유도한 후, 체계적인 절차를 거쳐 최소화된 형태로 간략화하면 회로를 간단히 할 수 있다.

기본 연산

논리변수는 A, B, C 등의 문자로 나타내며 2진수(0 또는 1) 값을 가진다. 이들 논리변수 간에는 연산이 가능하다. 가장 기본적인 2진수 논리연산에는 곱product의 연산, 합sum의 연산, 부정negation 연산이 있다. 이 3가지 기본 연산은 [그림 12-3]의 논리 집합에서 각각 교집합(∩), 합집합(∪), 여집합(^{C})으로 대응할 수 있다.

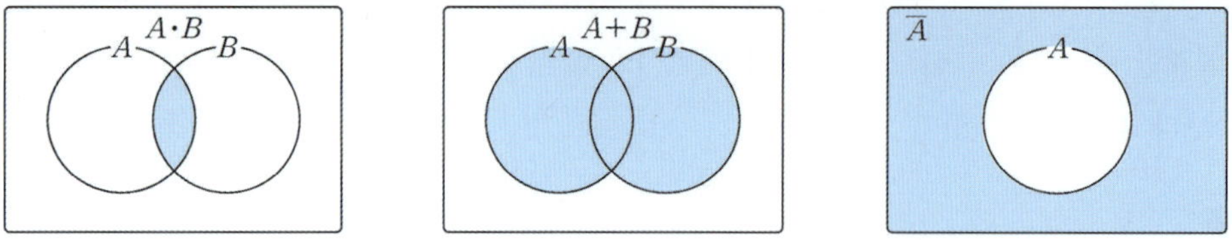

(a) AND 연산 (b) OR 연산 (c) NOT 연산

그림 12-3 논리 집합의 개념을 적용한 논리연산

- **곱의 연산** : AND 연산이라고 하며, 논리 집합에서 [그림 12-3(a)]의 교집합에 해당한다. (2진수) 변수 사이에 ·(dot)을 넣거나 생략할 수도 있다(예 $A \cdot B$, AB, $a \cdot b$, ab).
- **합의 연산** : OR 연산이라고 하며, 논리 집합에서 [그림 12-3(b)]의 합집합에 해당한다. (2진수) 변수 사이에 + 연산 기호를 넣는다(예 $A+B$, $a+b$).
- **부정 연산** : NOT 연산 혹은 반전inversion이라고 하며, 논리 집합에서 [그림 12-3(c)]의 여집합에 해당한다. (2진수) 변수 위에 ¯(bar)를 붙인다. 반전된 신호 $\overline{A}$는 A의 상보신호complement signal라고 한다(예 $\overline{A}$, $\overline{a}$).

[표 12-2]는 디지털 회로에서 사용하는 7가지 기본 게이트들의 논리동작과 기호를 정리한 것이다.

표 12-2 기본 게이트들의 논리식과 기호, 진리표(계속)

게이트 명칭	논리식	회로 심볼	진리표	$F=1$인 경우
NOT	$F=\overline{A}$	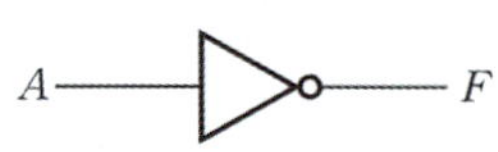	A | F 0 | 1 1 | 0	입력이 0일 때
AND	$F=AB$	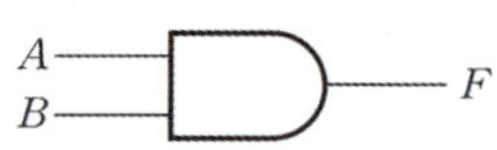	A B | F 0 0 | 0 0 1 | 0 1 0 | 0 1 1 | 1	입력이 모두 1일 때

표 12-2 기본 게이트들의 논리식과 기호, 진리표

게이트 명칭	논리식	회로 심볼	진리표	$F=1$인 경우
OR	$F=A+B$	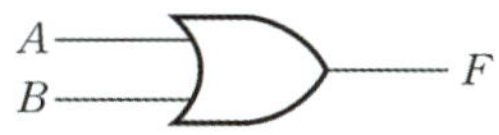	A B | F 0 0 | 0 0 1 | 1 1 0 | 1 1 1 | 1	입력에 하나라도 1이 있을 때
NAND	$F=\overline{AB}$	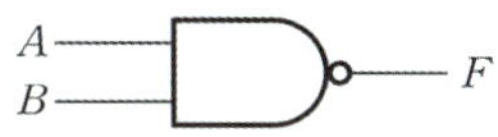	A B | F 0 0 | 1 0 1 | 1 1 0 | 1 1 1 | 0	입력에 하나라도 0이 있을 때
NOR	$F=\overline{A+B}$	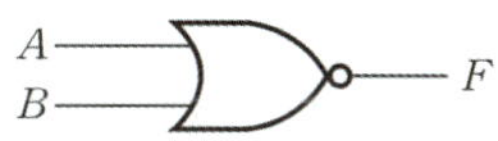	A B | F 0 0 | 1 0 1 | 0 1 0 | 0 1 1 | 0	입력이 모두 0일 때
XOR (비등가 게이트)	$F=A\oplus B$ $=\overline{A}B+A\overline{B}$	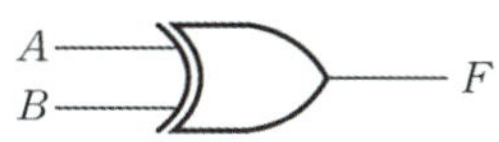	A B | F 0 0 | 0 0 1 | 1 1 0 | 1 1 1 | 0	두 입력이 다를 때
XNOR (등가 게이트)	$F=A\odot B$ $=AB+\overline{A}\,\overline{B}$	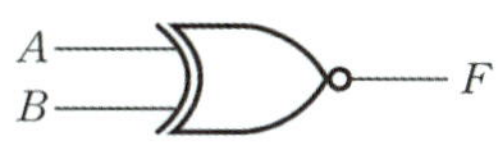	A B | F 0 0 | 1 0 1 | 0 1 0 | 0 1 1 | 1	두 입력이 같을 때

논리연산의 공리

공리axiom, postulate란 증명할 수는 없지만 당연한 사실로 받아들여야 하는 수학적 가정을 말한다. '두 지점 사이에서 가장 가까운 거리는 두 점을 잇는 직선의 길이이다'를 공리의 한 예로 들 수 있다. 부울대수를 전개하기 위해서는 다음의 7가지 공리를 받아들여야 한다.

부울대수의 공리

❶ 어떤 논리변수 X는 2진수 0 또는 1의 논리값을 가진다.

❷ $0\cdot 0=0$

❸ $0\cdot 1=1\cdot 0=0$

❹ $1\cdot 1=1$

❺ $0+0=0$

❻ $0+1=1+0=1$

❼ $1+1=1$

논리연산의 정리

정리theorem란 공리를 바탕으로 증명할 수 있는 기본 법칙을 말한다. [표 12-3]의 10가지 정리는 벤 다이어그램을 이용하여 쉽게 증명할 수 있다.

표 12-3 논리연산의 정리

정리	내용	예시
교환법칙	두 인수의 순서를 바꾸어도 곱셈, 덧셈 결과가 같다.	$A \cdot B = B \cdot A$ $A + B = B + A$
결합법칙	3개 이상의 인수를 연달아 곱셈 혹은 덧셈할 때, 괄호를 어느 곳에 먼저 두어도 계산 결과가 같다.	$(A \cdot B) \cdot C = A \cdot (B \cdot C)$ $(A + B) + C = A + (B + C)$
분배법칙	AND 연산의 분배법칙은 전개로 볼 수 있고, OR 연산의 분배법칙은 두 인수의 곱으로 표현되므로 일종의 인수분해로 볼 수 있다.	$A \cdot (B + C) = A \cdot B + A \cdot C$ $A + (B \cdot C) = (A + B) \cdot (A + C)$
동일률 법칙	자기 변수와의 AND 혹은 OR 연산은 자기 자신이 된다.	$A \cdot A = A$ $A + A = A$
반전법칙	정(positive)의 논리를 반전하면 부(negative)의 논리가 된다. 2번의 반전은 정의 논리로 되돌아온다.	$\overline{(A)} = \overline{A}$ $\overline{(\overline{A})} = \overline{\overline{A}} = A$
흡수법칙	어떤 변수보다 더 큰 영역의 논리 명제와의 AND는 그 변수 자신이고, 더 작은 영역의 논리 명제와의 OR도 그 변수 자신이다.	$A \cdot (A + B) = A$ $A + (A \cdot B) = A$
드모르간의 법칙	논리식을 전체 반전시키면 변수의 반전뿐 아니라 연산자의 교환도 함께 일어난다. 연산자 교환이란 AND가 OR로, OR가 AND로 바뀌는 것을 말한다.	$\overline{A \cdot B} = \overline{A} + \overline{B}$ $\overline{A + B} = \overline{A} \cdot \overline{B}$
항등법칙	논리 0과의 곱은 0이고, 논리 1과의 곱은 변수 자신이다. 논리 1과의 합은 1이고, 논리 0과의 합은 변수 자신이다.	$0 \cdot A = 0$ $0 + A = A$ $1 \cdot A = A$ $1 + A = 1$
보간법칙	어떤 변수와 그 반전 값과의 AND는 0이고, OR는 1이다.	$A \cdot \overline{A} = 0$ $A + \overline{A} = 1$

논리식의 증명

같은 논리 동작을 표현하는 논리식(부울식, 부울대수식)은 여러 가지 형태가 될 수 있으므로 이들의 등가 여부를 증명할 필요가 있다. 논리식은 다음과 같은 3가지 방법으로 증명할 수 있다.

■ 진리표를 이용한 증명

논리식의 등가 여부를 증명하는 가장 기본적인 방법은 각 논리식에 대한 진리표를 작성하여 논리값의 일치 여부를 살피는 것이다. 만약 진리표상에서 모든 논리값이 일치한다면 같은 논리식임이 증명된다.

예를 들어, 드모르간의 법칙 $\overline{A \cdot B} = \overline{A} + \overline{B}$를 진리표상에서 공리를 이용하여 증명해보자. 입력변수의 모든 경우의 수가 포함되도록 기계적으로 $00 \rightarrow 01 \rightarrow 10 \rightarrow 11$의 2진수 순서를 지켜서 서술하고, 공리를 적용하여 단계적으로 $\overline{A \cdot B}$와 $\overline{A} + \overline{B}$의 논리값을 [표 12-4]와 같이 채우면 진리표상에서 $\overline{A \cdot B}$와 $\overline{A} + \overline{B}$의 값이 완벽하게 일치하므로 $\overline{A \cdot B} = \overline{A} + \overline{B}$임이 증명된다.

표 12-4 논리회로의 동작 표현

A	B	$\overline{A \cdot B}$	적용 공리	$\overline{A} + \overline{B}$	적용 공리
0	0	1	공리 ❷, ❶	1	공리 ❶, ❼
0	1	1	공리 ❸, ❶	1	공리 ❶, ❼
1	0	1	공리 ❸, ❶	1	공리 ❶, ❼
1	1	0	공리 ❹, ❶	0	공리 ❶, ❷

■ 벤 다이어그램을 이용한 증명

A와 $A \cdot B$의 각 논리 집합의 벤 다이어그램을 그려서 합집합을 취하면 [그림 12-4]와 같이 $A + (A \cdot B) = A$를 증명할 수 있다.

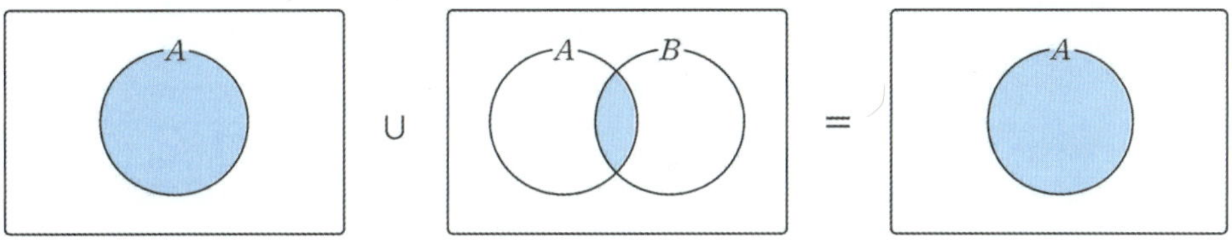

그림 12-4 벤 다이어그램을 이용한 증명

■ 부울대수를 이용한 증명

부울대수를 이용해 논리식을 증명할 때는 공리나 논리연산의 정리를 적절히 활용하여 논리식을 변형하거나 간략화한다. 부울대수를 이용하여 식 (12.2)의 관계를 증명해보자.

$$\begin{aligned} A \cdot (\overline{A} + B) &= A \cdot B \\ A + (\overline{A} \cdot B) &= A + B \end{aligned} \qquad (12.2)$$

먼저 식 (12.2)를 논리연산의 분배법칙을 적용하여 전개한다. 그리고 보간법칙을 이용해 식을 간략화하면 식 (12.3)과 같이 증명할 수 있다.

$$\begin{aligned} A \cdot (\overline{A} + B) &= \underbrace{A \cdot \overline{A} + A \cdot B}_{\text{분배법칙}} = \underbrace{0 + A \cdot B}_{\text{보간법칙}} = A \cdot B \\ A + (\overline{A} \cdot B) &= \underbrace{(A + \overline{A}) \cdot (A + B)}_{\text{분배법칙}} = \underbrace{1 \cdot (A + B)}_{\text{보간법칙}} = A + B \end{aligned} \qquad (12.3)$$

예제 12-3

드모르간의 법칙 $\overline{A+B}=\overline{A}\cdot\overline{B}$를 논리 집합에서 벤 다이어그램을 이용하여 증명하라.

풀이

$\overline{A}$와 $\overline{B}$의 각 논리 집합의 벤 다이어그램을 그려서 교집합을 취하면 [그림 12-5]와 같이 $\overline{A+B}=\overline{A}\cdot\overline{B}$를 증명할 수 있다.

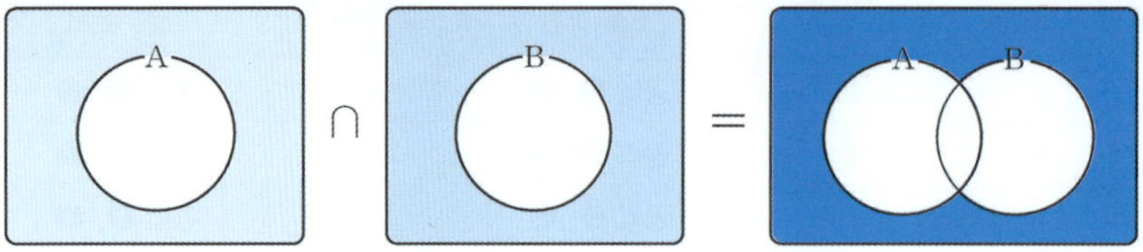

그림 12-5 벤 다이어그램을 이용한 증명

부울함수의 논리식 표현

출력변수를 입력변수의 논리연산의 조합으로 표현한 논리식을 부울함수 혹은 논리함수라고 한다. 임의의 논리함수는 입력변수들의 곱으로 구성되는 최소항minterm들의 합이나 입력변수들의 합으로 구성되는 최대항maxterm들의 곱으로 표현할 수 있다.

■ 최소항

2진 논리변수 A는 0 또는 1의 값을 갖는다. 두 논리변수 A, B에 대해 A, $\overline{A}$, B, $\overline{B}$의 신호가 가능하므로 곱의 항은 $\overline{A}\,\overline{B}$, $\overline{A}B$, $A\overline{B}$, AB의 조합이 가능하다. 이를 논리 집합의 벤 다이어그램으로 [그림 12-6]과 같이 표현하면 이 4개 항으로 전체 집합을 구성할 수 있다. [그림 12-6]에 보인 각각의 항들을 **최소항 혹은 표준곱**standard product이라고 한다.

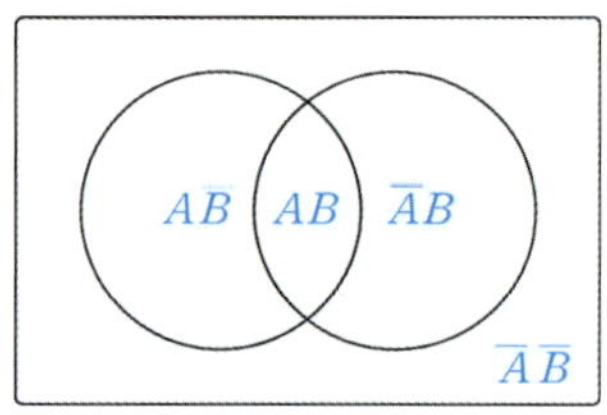

그림 12-6 논리 집합에서 A, B에 대한 최소항의 표현

최소항은 논리변수 혹은 이들의 상보신호complement signal들과의 곱으로 이루어지며 반드시 모든 입력변수를 포함한다. 2진수의 조합을 생각하면 일반적으로 n개의 논리변수에 대해서 2^n개의 최소항이 가능하다. 일반적으로 최소항의 조합은 기계적인 순서에 따라 표의 형태로 체계적으로 나타내는 경우가 많다.

3변수 A, B, C의 최소항을 [표 12-5]와 같이 나타내보자. 세 자리 2진수 ABC를 10진수로 환산하면 $(A\cdot 2^2)+(B\cdot 2^1)+(C\cdot 2^0)$으로 계산된다. 최소항 표의 조합 순서는 10진수로 환산한 값을 기준으로 0, 1, 2, 3, 4, 5, 6, 7의 순서로 기재한다.

즉 000에서 시작하여 2진수로 1씩 증가시켜 111로 끝난다.

표 12-5 최소항의 정의

A	B	C	최소항
0	0	0	$\overline{A}\,\overline{B}\,\overline{C}$
0	0	1	$\overline{A}\,\overline{B}C$
0	1	0	$\overline{A}B\overline{C}$
0	1	1	$\overline{A}BC$
1	0	0	$A\overline{B}\,\overline{C}$
1	0	1	$A\overline{B}C$
1	1	0	$AB\overline{C}$
1	1	1	ABC

■ 최대항

최소항에 대비되는 최대항도 생각해보자. 두 논리변수 A, B에 대해 A, $\overline{A}$, B, $\overline{B}$의 신호가 가능하므로 합의 항 $A+B$는 $\overline{A}+\overline{B}$, $\overline{A}+B$, $A+\overline{B}$, $A+B$의 조합이 가능하다. 이러한 4개의 조합을 **최대항 혹은 표준합**standard sum이라고 한다. 최대항은 입력변수와 이들의 상보신호들과의 합으로 이루어지며, 반드시 모든 변수를 포함한다. 2진수의 조합을 생각하면 일반적으로 n개의 논리변수에 대해서 2^n개의 최대항이 가능하며, 최소항의 조합과 마찬가지로 최대항의 조합도 체계적인 표의 형태로 나타내는 경우가 많다.

3변수 A, B, C의 최대항을 최소항과 같은 순서로 나타내면 [표 12-6]과 같다. 최대항의 논리식은 최소항과는 반대로 각 자릿수의 값이 0이면 정논리 변수로 표시하고, 1이면 bar를 붙인 부논리 변수로 표현한다.

표 12-6 최대항의 정의

A	B	C	최대항
0	0	0	$A+B+C$
0	0	1	$A+B+\overline{C}$
0	1	0	$A+\overline{B}+C$
0	1	1	$A+\overline{B}+\overline{C}$
1	0	0	$\overline{A}+B+C$
1	0	1	$\overline{A}+B+\overline{C}$
1	1	0	$\overline{A}+\overline{B}+C$
1	1	1	$\overline{A}+\overline{B}+\overline{C}$

[표 12-5]와 [표 12-6]을 비교하면 같은 행의 **최소항과 최대항은 서로 보수 관계**[2]임을 알 수 있다.

부울함수의 표준형 표현

부울함수는 해당 최소항과 최대항을 진리표로부터 유도하여 다음의 2가지 방법으로 구할 수 있다.

❶ 임의의 부울함수를 최소항의 합으로 표현한다.

❷ 임의의 부울함수를 최대항의 곱으로 표현한다.

[표 12-7]에 나타낸 진리표의 출력 F를 부울함수로 표현해보자.

표 12-7 3변수 진리표의 예

입력			출력	입력			출력
A	B	C	F	A	B	C	F
0	0	0	0	1	0	0	1
0	0	1	1	1	0	1	0
0	1	0	1	1	1	0	0
0	1	1	0	1	1	1	1

먼저 출력이 1이 되는 최소항들을 찾아서 이들의 논리합을 구해보자. [표 12-7]에서 출력이 1이 되는 최소항은 $\overline{A}\,\overline{B}C$, $\overline{A}B\overline{C}$, $A\overline{B}\,\overline{C}$, ABC의 4개 항이다. 출력을 최소항의 합으로 표현하면 식 (12.4)와 같다.

$$F = \overline{A}\,\overline{B}C + \overline{A}B\overline{C} + A\overline{B}\,\overline{C} + ABC \tag{12.4}$$

각 최소항은 3-입력 AND 게이트로 구현하고, 4개의 최소항의 논리합을 출력하기 위한 1개의 4-입력 OR 게이트를 사용하면 [그림 12-7(a)]와 같은 논리도를 얻을 수 있다. 이 식은 다른 모든 입력의 조합에 대해서도 진리표를 완벽하게 표현한다. 즉 부울함수를 최소항의 합으로 표현하는 방식은 진리표를 완전하게 구현할 수 있는 표준적인 방법이 된다.

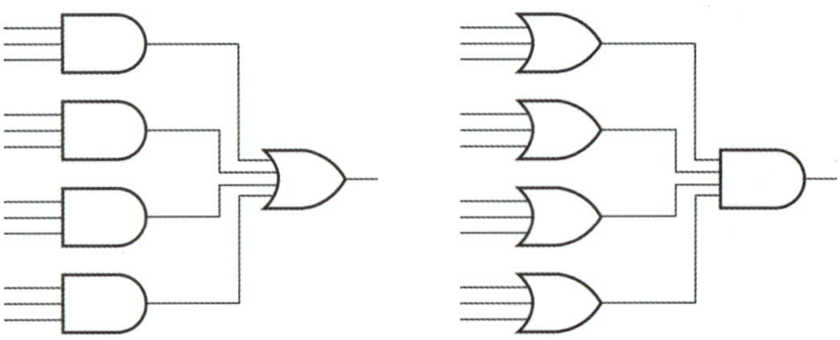

(a) 최소항의 합　　(b) 최대항의 곱

그림 12-7 [표 12-7] 진리표의 논리도 표현

2 보수 관계에서 두 항은 서로 배타적이며 둘을 합치면 전체가 된다.

이번에는 출력이 0이 되는 최대항들을 찾아 이들의 논리곱을 구해보자. $A+B+C$, $A+\overline{B}+\overline{C}$, $\overline{A}+B+\overline{C}$, $\overline{A}+\overline{B}+C$의 4개 항이 이에 해당한다. 출력을 최대항의 곱으로 표현하면 식 (12.5)와 같다.

$$F=(A+B+C)(A+\overline{B}+\overline{C})(\overline{A}+B+\overline{C})(\overline{A}+\overline{B}+C) \tag{12.5}$$

각 최대항은 3-입력 OR 게이트로 구현하고, 최대항 4개의 논리곱을 출력하기 위한 1개의 4-입력 AND 게이트를 사용하면, [그림 12-7(b)]와 같은 논리도가 된다. 이 식은 다른 모든 입력의 조합에 대해서도 진리표를 완벽하게 표현한다. 즉 부울함수를 최대항의 곱으로 표현하는 것은 진리표를 완벽하게 표현할 수 있는 또 다른 표준적인 방법이 된다.

논리함수의 간략화

좀 더 알아보기 쉽고 체계적인 간략화 방법에 대해 알아보자. 미국의 물리학자 모리스 카르노Maurice Karnaugh가 1954년 벨 연구소에서 개발한 **카르노 맵(K 맵, 카르노도)**Karnaugh map은 사용하기 편리하고 최소 축약 여부를 비교적 쉽게 판단할 수 있어, 오늘날 디지털 설계 과정에서 널리 쓰인다. 카르노 맵은 진리표의 내용을 시각적으로 도식화한 것이다.

부울함수는 최소항의 합이나 최대항의 곱으로 표현될 수 있지만, 일반적으로 하드웨어 구현이 쉬운 최소항의 합(곱의 합)을 많이 사용하므로 이를 기준으로 학습한다.

카르노 맵의 기초 원리

카르노 맵은 보간법칙으로 변수를 간략화하는 과정을 사각형 틀에 그대로 옮긴 것으로, 인근 셀에 배치된 변수들을 묶어 시각적으로 간략화한 것이다. **카르노 맵은 최소항을 나타내는 사각형 셀**cell**들의 매트릭스**matrix **구조로 구성된다.** 카르노 맵의 셀 구성 원칙은 다음과 같다.

❶ 구성 요소인 정사각형 셀은 하나의 최소항을 표현한다.
❷ 한 비트만 다른 최소항을 인접하게 배치한다.
❸ 변수가 증가하면 셀을 가로 혹은 세로로 늘려간다.

2변수 카르노 맵

A, B의 2변수 입력에 대한 카르노 맵의 구성 원리를 학습해보자. 먼저 [표 12-8]과 같이 AB의 4가지 조합에 대한 논리값과 최소항 번호를 정의한다.

표 12-8 2변수 최소항의 조합

최소항	논리값	최소항	논리값
$\overline{A}\,\overline{B}$	00	$A\overline{B}$	10
$\overline{A}B$	01	AB	11

입력변수의 수는 $n=2$이므로, 카르노 맵을 그리기 위해 [그림 12-8]과 같이 $2^2=4$개의 셀을 그린다. [그림 12-8]은 2변수 카르노 맵을 4가지 방법으로 나타낸 것이다. 맵의 왼쪽 상단의 변수 분리 대각선 양쪽에 해당 변수를 쓰고, 각 행과 열에 변수의 정·부 조합을 할당한다.

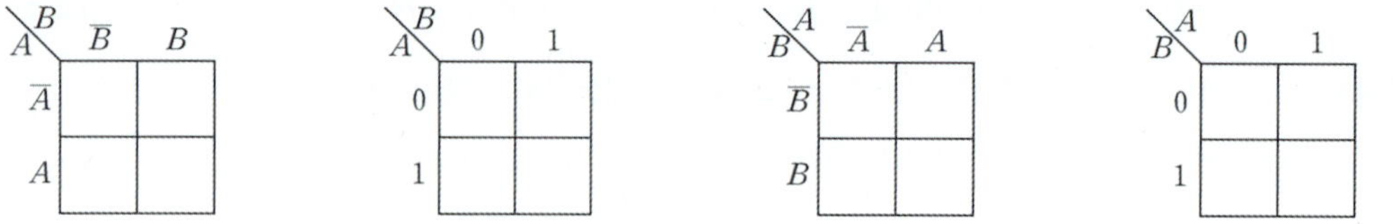

(a) 변수 표현 (b) 변수값 표현 (c) 변수 위치 교환 (d) 변수값 위치 교환

그림 12-8 2변수 카르노 맵의 표현

[그림 12-8(a)]에서 1행에는 $\overline{A}$를, 2행에는 A를 할당했다. 이는 1행의 모든 셀에는 $\overline{A}$가 할당되며, 2행의 모든 셀에는 A가 할당됨을 의미한다. 따라서 1행의 두 셀의 논리값은 $A=0$이며, 2행의 두 셀은 $A=1$이다. 그리고 1열에는 $\overline{B}$를, 2열에는 B를 할당했다. 이는 1열의 모든 셀에는 $\overline{B}$가 할당되며, 2열의 모든 셀에는 B가 할당됨을 의미한다. 따라서 1열의 두 셀의 논리값은 $B=0$이며, 2열의 두 셀은 $B=1$이다.

[그림 12-8(b)]는 행과 열을 나타내는 변수 $\overline{A}$, A, $\overline{B}$, B 대신 0 또는 1의 값으로 표현한 것이다. 즉 0은 부[bar]논리 변수를, 1은 정[true]논리 변수를 의미한다. 변수 할당 시 [그림 12-8(c)], [그림 12-8(d)]처럼 A 및 B의 위치를 서로 바꾸어도 상관없지만, 이 경우 최소항의 위치도 바뀐다는 점에 유의한다.

[그림 12-9]는 2변수 카르노 맵 셀의 의미를 2가지 방법으로 표현한 것이다. 각 셀은 두 변수의 최소항을 나타내며, 각각 변수의 조합, 논리값을 의미한다. 예를 들어, 가장 간단한 형태의 [그림 12-9(a)]에서 셀 0은 $\overline{A}\,\overline{B}(A=0$이고 $B=0)$, 셀 1은 $\overline{A}B(A=0$이고 $B=1)$, 셀 2는 $A\overline{B}$ $(A=1$이고 $B=0)$, 셀 3은 $AB(A=1$이고 $B=1)$를 나타낸다.

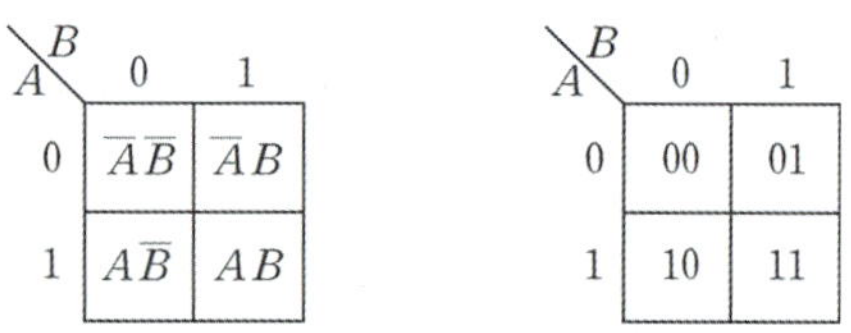

(a) 변수 조합 (b) 논리값

그림 12-9 2변수 카르노 맵 셀의 의미

카르노 맵의 셀에는 해당 최소항의 논리값을 입력한다. [그림 12-10]은 부울함수 $F=\overline{A}B+A\overline{B}$의 예를 보인 것이다. 카르노 맵의 셀에 $F=1$이 되는 최소항인 $A\overline{B}$와 $\overline{A}B$의 위치에 1을 입력한다. [그림 12-10(a)]에서는 셀에 1만 입력하고 나머지는 비워두었다. 이때 빈 부분은 0을 의미한다. [그림 12-10(b)]는 [그림 12-10(a)]의 빈 부분에 0을 입력한 것이다.

일반적으로는 [그림 12-10(a)]처럼 0을 비워두는 것을 더 선호한다. 때로는 출력변수를 표현하기 위해 [그림 12-10(c)]와 같이 출력변수 F를 대각선 위에 표현하기도 한다.

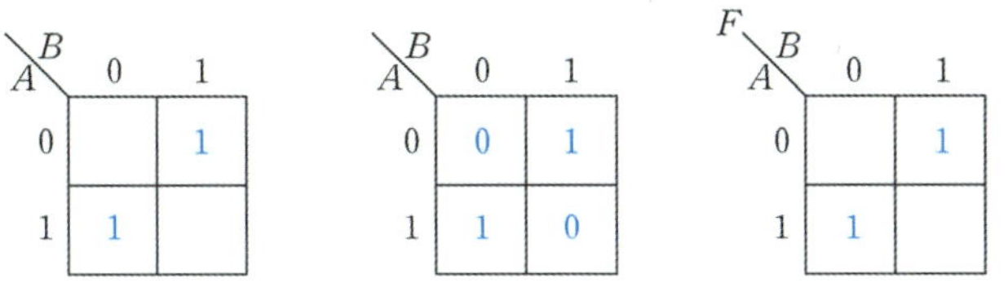

(a) 1만 입력　　(b) 1과 0 입력　　(c) 출력변수 표현

그림 12-10 2변수 카르노 맵에서의 셀 값 입력

■ **논리식 간략화**

카르노 맵상에서 인접 셀끼리 묶어 공통인수를 표현함으로써 논리식을 간략화할 수 있다. 이 과정은 다음과 같은 원칙을 따른다.

❶ 1이 찍힌 셀은 셀의 조합에서 반드시 1번 이상 사용되어야 한다. 때로는 2번 이상 중복 사용될 수도 있다.

❷ 2^0, 2^1, 2^2, 2^3, 2^4 등 2^n의 단위로 그룹을 지어 묶는다.

❸ 정사각형 혹은 직사각형의 형태로 묶는다.

❹ 바로 이웃한 항끼리 묶는다. 2개가 묶이면 1개의 변수가 사라지고, 4개가 묶이면 2개의 변수가 사라지며, 8개가 묶이면 3개의 변수가 사라진다. 또한 16개가 묶이면 4개의 변수가 사라진다. 따라서 가능한 한 큰 사각형으로 묶는다.

❺ 각각의 묶음들은 독립적인 항이 되므로 묶음의 수가 최소가 되도록 한다.

3변수 카르노 맵

■ **셀의 변수 할당**

입력이 A, B, C인 3변수 카르노 맵을 구성해보자. 먼저 [표 12-9]와 같이 ABC의 8가지 조합에 대한 논리값과 최소항 번호를 정의한다.

표 12-9 3변수 최소항의 조합

최소항	논리값	최소항 번호	최소항	논리값	최소항 번호
$\overline{A}\overline{B}\overline{C}$	000	0	$A\overline{B}\overline{C}$	100	4
$\overline{A}\overline{B}C$	001	1	$A\overline{B}C$	101	5
$\overline{A}B\overline{C}$	010	2	$AB\overline{C}$	110	6
$\overline{A}BC$	011	3	ABC	111	7

입력변수의 수는 $n=3$이므로 $2^3=8$개의 셀이 그려진다. [그림 12-11]은 앞서 학습한 셀 배치 원칙을 적용하여 3가지 방법으로 나타낸 것이다. 먼저 각 행과 열에 변수를 할당한다. [그림 12-11(a)]는 행에 변수 A를, 열에 2변수 곱 BC를 배치하는 방법으로 1변수를 행에 할당하고 2변수를 열에 할당한 것이다. 또한 우선 변수인 A를 행부터 할당하고 그 다음 B, C의 순서로 열에 할당하는 행 우선 배치이다. [그림 12-11(b)]는 행에 C를, 열에 AB를 배치했다. 따라서 이는 2변수 열 할당, 열 우선 배치이다. [그림 12-11(c)]는 행에 AB를, 열에 C를 배치하므로 2변수 열 할당, 행 우선 배치이다.

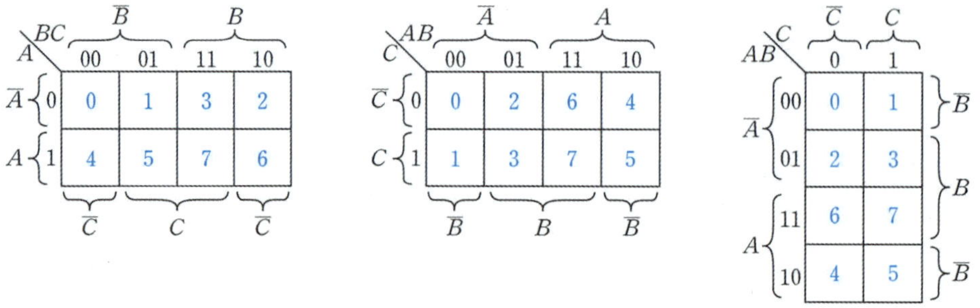

(a) 2변수 열 할당, 행 우선 (b) 2변수 열 할당, 열 우선 (c) 2변수 열 할당, 행 우선

그림 12-11 3변수 카르노 맵의 최소항 배치

이제 각 행과 열에 변수의 논리값을 할당하는 방법을 살펴보자. [그림 12-11(a)]는 첫 번째 행에 0을, 두 번째 행에 1을 할당한다. 열에서는 4가지 논리값이 가능한데, 작은 값부터 배치한다면 00, 01, 10, 11의 순으로 배치해야 하나, 01과 10은 두 비트가 달라 인접항이 아니므로 인접항 배치 원칙에 위배된다. 따라서 00, 01, 11, 10의 순으로 배치하면 모든 항이 인접항끼리 배치됨을 알 수 있다. 특히 왼쪽 끝의 00과 오른쪽 끝의 10마저도 인접항이 된다. 따라서 카르노 맵에서 두 변수에 대한 논리값의 할당은 언제나 00, 01, 11, 10의 순서가 된다. 즉 BC의 경우 $\overline{B}\,\overline{C}$, $\overline{B}C$, BC, $B\overline{C}$의 순이다. 이러한 원리를 같은 방법으로 적용하면 [그림 12-11]과 같이 만들 수 있다.

■ **논리식 간략화**

이제 논리식 간략화 원칙을 적용하여 인접한 셀끼리 묶는 방법을 알아보기 위해 2개의 셀을 묶는 방법을 살펴보자. [그림 12-12]에서 보듯이 가로, 세로 혹은 바깥쪽 셀끼리 인접항을 묶을 수 있다. [그림 12-12(a)]에서 2개의 셀은 $\overline{A}\,\overline{B}\,\overline{C}$와 $\overline{A}\,\overline{B}C$이므로 두 셀의 공통인수인 $\overline{A}\,\overline{B}$로 간략화된다. [그림 12-12(b)]는 두 셀의 공통인수 BC로 간략화되며, [그림 12-12(c)]는 두 셀의 공통인수인 $A\overline{C}$로 간략화된다.

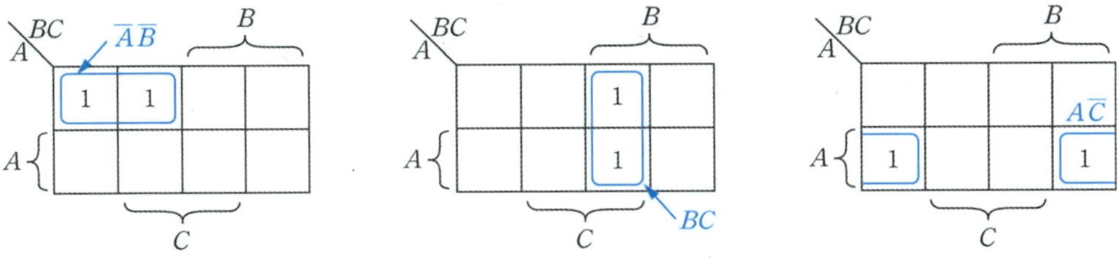

(a) 가로 묶기 (b) 세로 묶기 (c) 양끝 묶기

그림 12-12 2셀 묶음

실제 응용에서는 [그림 12-12]의 3가지 묶는 방법을 혼용하여 논리값 1인 모든 셀을 포함시키는데, [그림 12-13]은 이러한 몇 가지 예를 보여준다.

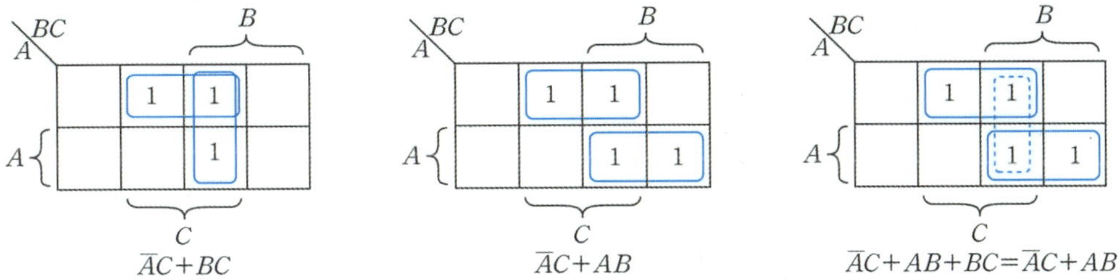

(a) 셀 중복 (b) 비중복 (c) 불필요한 묶음 중복

그림 12-13 2셀을 묶는 여러 가지 경우

[그림 12-13(a)]는 가로 묶기와 세로 묶기를 적용하는 과정에서 $\overline{A}BC$ 셀이 중복 선택되었으며, [그림 12-13(b)]는 2번의 가로 묶기를 적용했다. [그림 12-13(c)]는 점선과 같이 추가로 묶을 수 있으나, 이미 모든 1이 가로 묶음에 포함되었으므로 굳이 논리식을 겹쳐서 항 BC를 추가할 필요는 없다.

이번에는 [그림 12-14]와 같이 4개의 셀을 묶는 경우를 살펴보자. [그림 12-14(a)]는 가로와 세로에 걸쳐 4개의 셀을 정사각형으로 묶은 것으로, 각 셀의 공통인수 C로 간략화된다. [그림 12-14(b)]는 양 끝으로 분리된 정사각형 셀들을 묶은 것으로, 공통인수 $\overline{C}$로 간략화된다. [그림 12-14(c)]는 한 행 전체를 직사각형으로 묶은 것으로, 공통인수 $\overline{A}$로 간략화된다.

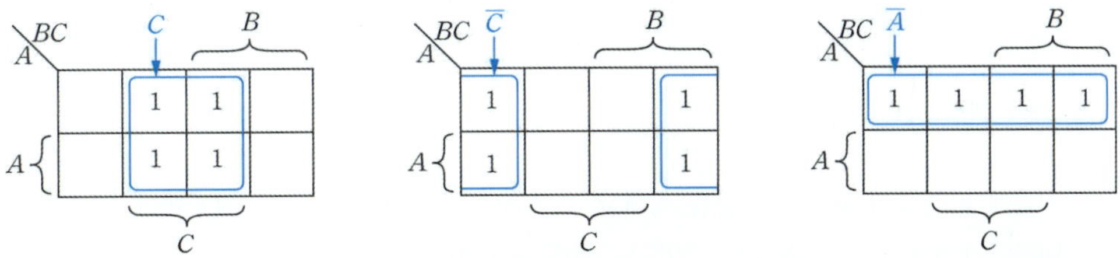

(a) 정사각형 묶기 (b) 양끝 정사각형 묶기 (c) 직사각형 묶기

그림 12-14 4셀 묶음

앞의 예에서 분명하게 드러나듯이 **가능하면 큰 블록으로 묶어야 가장 간단한 논리식을 얻을 수 있다.** 카르노 맵에서 **최소 축약 원칙**은 다음과 같다.

최소 축약 원칙

- 1을 모두 다 커버한 후의 불필요한 중복 묶기는 피한다.
- 2^n 단위의 가장 큰 사각형으로 묶는다.

예제 12-4

[표 12-10]의 진리표에서 출력 F를 카르노 맵을 이용하여 간략화하라.

표 12-10 3변수 진리표

입력			출력	
A	B	C	X	Y
0	0	0	1	0
0	0	1	0	0
0	1	0	1	0
0	1	1	0	1
1	0	0	0	0
1	0	1	1	1
1	1	0	0	1
1	1	1	1	1

풀이

출력 X에 대하여 1에 해당하는 최소항을 카르노 맵에 표시한다.

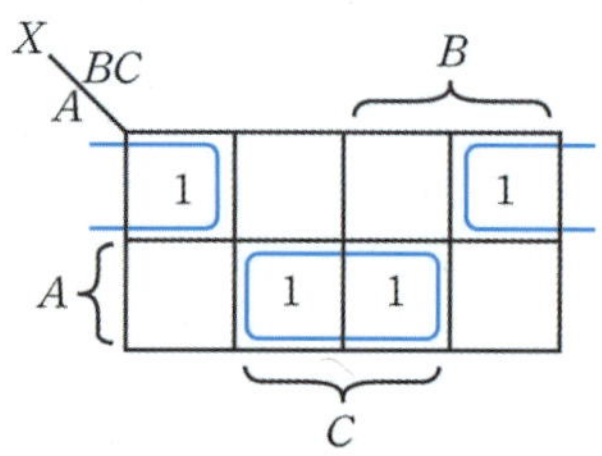

그림 12-15 3변수 카르노 맵

최소 축약 원칙에 따라 1이 표기된 셀들을 최대한 크게 모두 묶으면 $X = AC + \overline{A}\,\overline{C}$이다.
출력 Y에 대하여 1에 해당하는 최소항을 카르노 맵에 표시한다.

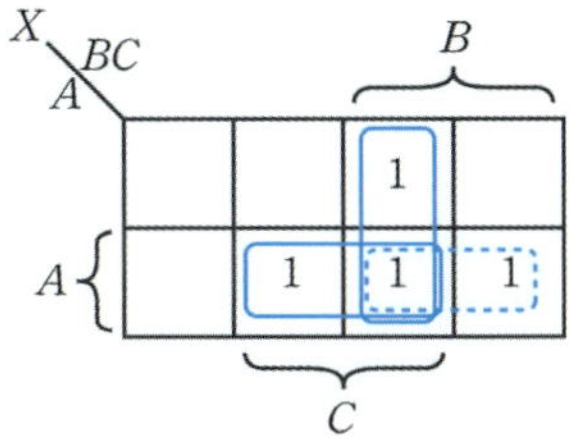

그림 12-16 3변수 카르노 맵

최소 축약 원칙에 따라 1이 표기된 셀들을 최대한 크게 모두 묶으면 $Y = AB + BC + AC$이다.

따라서 부울대수를 이용하는 것보다 카르노 맵을 이용하는 시각적인 방법이 더 정확하고 체계적임을 알 수 있다.

Quick Review

- 디지털이 아날로그보다 우월한 점은 ( ) 때문이다.
- 논리함수는 디지털 회로의 입·출력 관계를 명확하게 표현하며 ( )를 이용하여 간략화한다.
- 논리함수는 ( ) 방식을 이용하면 시각적으로 편리하게 간략화할 수 있다.

ANS 잡음여유, 부울대수, 카르노 맵

12.2 조합논리회로

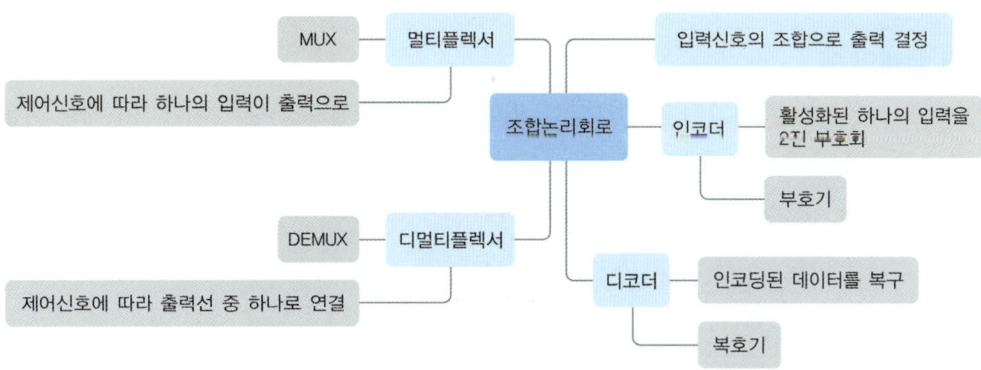

조합논리회로는 어떤 시점에서 출력이 입력들만의 조합에 의해 결정되는 회로로 12.1절에서 학습한 다양한 게이트로 구성된다.

인코더

인코더encoder는 말 그대로 코드를 만드는 회로로, **어떤 정보를 포함하고 있는 여러 개의 입력신호 중 단 하나의 활성화된(혹은 선택된) 입력을 표현하기 위해 암호화(부호화)하여 출력하는 장치**를 말한다. 만약 활성화되는 입력신호가 바뀌면 암호화되는 출력도 바뀐다. 즉 인코더는 10진수 등의 정보를 2진수와 같은 코드로 변환하는 **'부호기'**라고 할 수 있다. 인코더와 짝을 이루는 디코더decoder는 반대로 암호화된 코드를 해독하는 회로로, 인코딩된 입력이 담고 있는 하나의 활성화된 신호를 다시 풀어서 출력하는 장치를 말한다. 따라서 디코더는 암호를 푸는 '복호기'라고 할 수 있다. 디코더에 입력되는 암호화된 입력신호의 조합이 바뀌면 활성화되는 출력값도 바뀐다.

[그림 12-17]과 같이 인코더와 디코더를 연결하면 암호화와 복호화의 과정을 거치므로, 활성화된 인코더 입력과 같은 신호의 디코더 출력이 활성화될 것이다. 원으로 표시한 입력은 활성화된 신호를 의미한다. 디지털 인코더의 입력 m개 중에서 활성화된 1개의 데이터만이 'H(high)' 신호이고 나머지는 모두 'L(low)'이 된다. 출력단자에는 내부 논리 조합에 의해 그에 대응하는 2진수로 부호화된 n 비트 코드를 내보낸다. 디코더는 2진수로 인코딩된 n비트를 다시 복호화해서 원래 활성화된 인코더의 입력신호를 찾아낸다. 즉 $Y_k = I_k$이다.

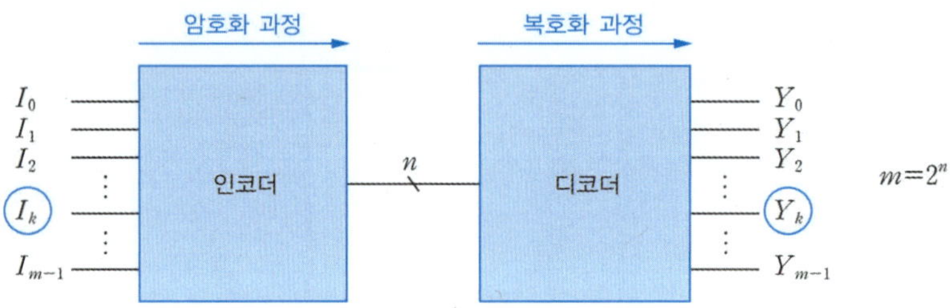

그림 12-17 m개의 입력을 갖는 인코더와 디코더의 조합

인코더 설계의 예

[그림 12-18]은 8진수 대 2진수octal-to-binary 인코더의 블록도를 나타낸 것이다. 이 예를 이용해 논리도를 작성하는 과정에 대해 살펴보자. [그림 12-18]의 8개의 입력은 각각 순서대로 8진수 0~7을 의미한다. 즉 입력신호를 8진수로 표현하면 $I_0 = (0)_8$, $I_1 = (1)_8$, $I_2 = (2)_8$, $I_3 = (3)_8$, $I_4 = (4)_8$, $I_5 = (5)_8$, $I_6 = (6)_8$, $I_7 = (7)_8$이다.

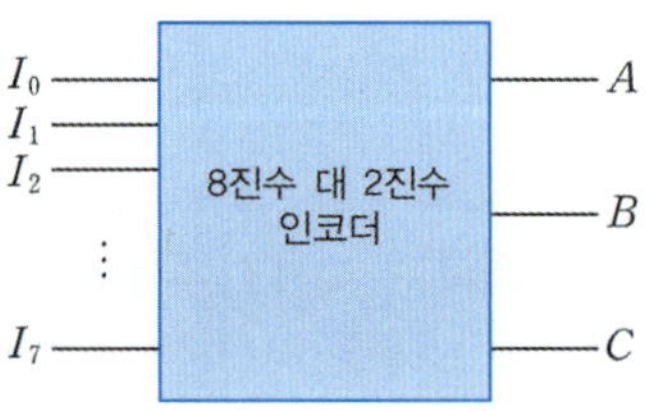

그림 12-18 8진수 대 2진수 인코더 블록도

❶ 먼저 8진수 대 2진수 변환을 위한 진리표를 [표 12-11]과 같이 작성한다. 8진수 입력은 0~7까지이며, 이러한 8가지 입력을 부호화하기 위해서는 3비트의 2진 출력 ABC가 필요하다.

표 12-11 8진수 대 2진수 변환 진리표

입력								출력		
I_0	I_1	I_2	I_3	I_4	I_5	I_6	I_7	A	B	C
1	0	0	0	0	0	0	0	0	0	0
0	1	0	0	0	0	0	0	0	0	1
0	0	1	0	0	0	0	0	0	1	0
0	0	0	1	0	0	0	0	0	1	1
0	0	0	0	1	0	0	0	1	0	0
0	0	0	0	0	1	0	0	1	0	1
0	0	0	0	0	0	1	0	1	1	0
0	0	0	0	0	0	0	1	1	1	1

❷ 일반적으로는 카르노 맵을 그려 A, B, C의 간략화된 논리식을 추출하지만, 때로는 직관적으로 손쉽게 논리식을 만들 수 있다. 출력 A는 I_4, I_5, I_6, I_7의 입력 중 어느 하나라도 1이 발생하면 출력이 1이 되므로 4-입력 OR 게이트를 사용할 수 있다. 출력 B의 4-입력 OR 게이트에는 I_2, I_3, I_6, I_7이 입력되며, 출력 C에는 I_1, I_3, I_5, I_7이 입력된다. 즉 $A = I_4 + I_5 + I_6 + I_7$, $B = I_2 + I_3 + I_6 + I_7$, $C = I_1 + I_3 + I_5 + I_7$이다. 이에 해당하는 논리도는 [그림 12-19]와 같다.

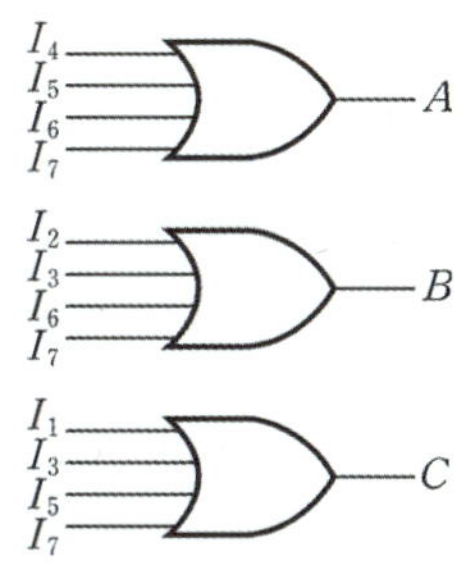

그림 12-19 분리된 논리 게이트

❸ 모든 입력신호를 표시하고 공통되는 입력신호를 묶어서 최종 논리도를 완성한다.

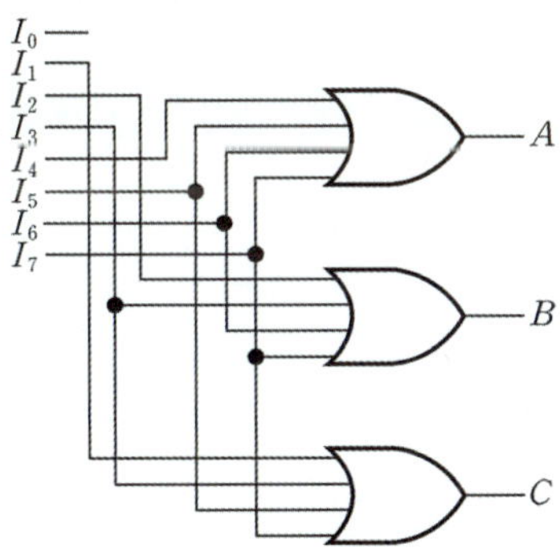

그림 12-20 연결된 논리 게이트

이와 같이 인코더의 입력은 단 하나만 1이 되므로, 곱항이 발생하지 않아 OR 게이트만으로 비교적 손쉽게 직관적으로 논리회로를 만들 수 있다.

디코더

디코더decoder**는 인코딩된 입력 디지털 데이터를 다시 복구하는 장치로서 복호기라고도 한다.** 이 장치는 앞서 살펴본 논리 조합에 의해 인코딩된 2진 디지털 데이터를 입력으로 하여, 이에 대응하는 복호화된 하나의 활성화된 신호를 출력한다. 따라서 2진 디지털 디코더의 경우 n개의 입력단자와 2^n개의 출력단자를 갖춘다.

[그림 12-21]은 3 대 8[3-to-8] 및 4 대 16[4-to-16] 디코더의 블록도를 나타낸 것으로, 각각 3×8 디코더, 4×16 디코더라고 부르기도 한다. 여기서 앞의 숫자는 입력의 개수이고 뒤의 숫자는 출력의 개수를 뜻한다. 예를 들어 [그림 12-21(a)]는 3비트 2진 코드를 $2^3=8$개의 출력 개수로 변환하는데, 3비트 2진 코드 입력(000)에 해당하는 하나의 출력(Y_0)만 활성화된다.

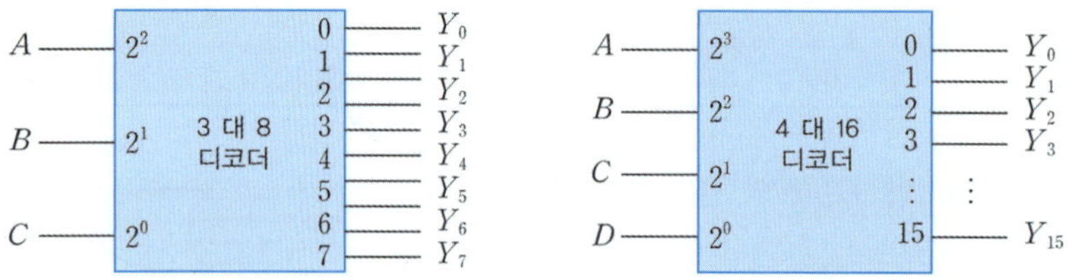

(a) 3 대 8 디코더 (b) 4 대 16 디코더

그림 12-21 디코더 블록도

3 대 8 디코더의 각 출력 $Y_0 \sim Y_7$은 ABC의 조합으로 형성되는 최소항들을 나타낸다고 할 수 있다. 따라서 디코더를 OR 게이트와 함께 사용하면 최소항의 합으로 표현되는 임의의 조합논리식을 표현할 수 있다.

표 12-12 3 대 8 디코더의 진리표

입력			출력							
A	B	C	Y_0	Y_1	Y_2	Y_3	Y_4	Y_5	Y_6	Y_7
0	0	0	1	0	0	0	0	0	0	0
0	0	1	0	1	0	0	0	0	0	0
0	1	0	0	0	1	0	0	0	0	0
0	1	1	0	0	0	1	0	0	0	0
1	0	0	0	0	0	0	1	0	0	0
1	0	1	0	0	0	0	0	1	0	0
1	1	0	0	0	0	0	0	0	1	0
1	1	1	0	0	0	0	0	0	0	1

예제 12-5

[그림 12-21(a)]의 3 대 8 디코더를 논리회로로 설계하라.

풀이

[표 12-12]의 진리표로부터 직관적으로 논리회로를 구할 수 있다. 출력 Y_0는 A, B, C가 모두 0일 때 1이므로, $Y_0 = \overline{A}\,\overline{B}\,\overline{C}$로 표현되며 3-입력 AND 게이트를 활용할 수 있다. Y_1은 $A=0$, $B=0$, $C=1$일 때 1이므로 $Y_1 = \overline{A}\,\overline{B}C$로 표현되며 역시 3-입력 AND 게이트를 활용할 수 있다. 이러한 방법을 적용하면 $Y_0 \sim Y_7$은 다음과 같다.

$$Y_0 = \overline{A}\,\overline{B}\,\overline{C} \qquad Y_3 = \overline{A}BC \qquad Y_6 = AB\overline{C}$$
$$Y_1 = \overline{A}\,\overline{B}C \qquad Y_4 = A\overline{B}\,\overline{C} \qquad Y_7 = ABC$$
$$Y_2 = \overline{A}B\overline{C} \qquad Y_5 = A\overline{B}C$$

이 부울식을 논리 게이트로 나타내면 [그림 12-22]와 같다.

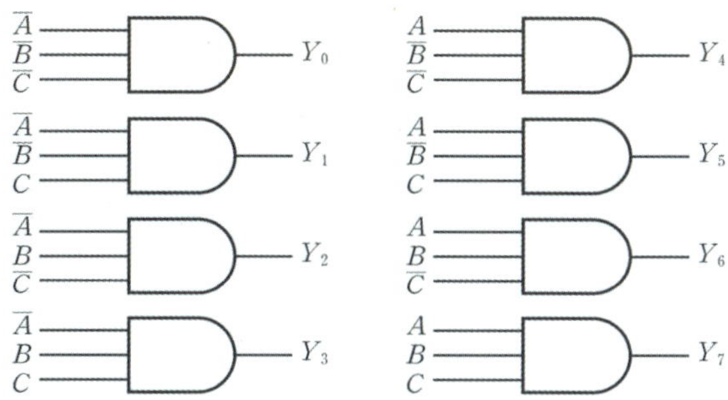

그림 12-22 3 대 8 디코더의 논리회로

멀티플렉서/디멀티플렉서

멀티플렉서multiplexer와 **디멀티플렉서**demultiplexer는 서로 반대 동작을 수행하는 쌍으로, 입력단과 출력단을 제어신호에 따라 연결하는 일종의 스위치 박스라고 할 수 있다. 멀티플렉서는 여러 입력 중 하나를 제어신호에 따라 출력단에 연결하며, 디멀티플렉서는 그 반대의 동작을 한다. 이 회로들은 (입력 수)×(출력 수)로 표기한다. [그림 12-23]은 4×1 멀티플렉서와 1×4 디멀티플렉서를 연결한 4-라인 멀티플렉서/디멀티플렉서의 블록도이다.

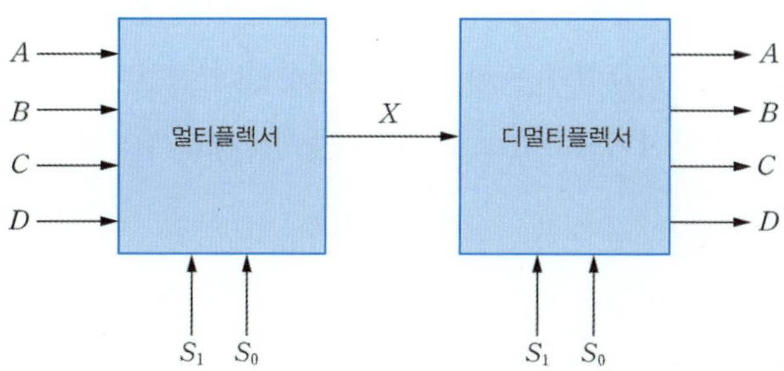

그림 12-23 멀티플렉서와 디멀티플렉서가 연결된 블록도

멀티플렉서에서는 제어변수 S_1S_0에 따라 4개의 입력 중 하나가 출력으로 연결되며, 디멀티플렉서에서는 제어변수 S_1S_0의 값에 따라 입력이 4개의 출력 중 하나로 연결된다. 즉 $S_1S_0 = 00$이면 X에는 A가 연결되고, 이 값이 A 출력단에 연결된다. 같은 방법으로 $S_1S_0 = 01$이면 X에는 B가 연결되고, 이 값이 B 출력단에 연결된다. 마찬가지로 S_1S_0가 각각 10, 11일 때 X에는 해당하는 C, D가 각각 연결되며, 출력단에는 입력과 같은 신호가 출력된다. 제어변수가 2개라면 입력 수는 $2^2 = 4$이고 출력의 수는 1이므로 $4 \times 1^{4\text{ by }1}$ 멀티플렉서라고 부른다.

멀티플렉서

멀티플렉서(MUX)는 여러 개의 입력선 중에서 하나를 선택하여 단일 출력으로 내보내는 조합논리회로이다. 멀티플렉서는 선택변수 조합에 따라 많은 입력들 중 하나를 선택하여 그대로 출력에 넘겨주기 때문에 데이터 선택기data selector라고도 한다. 2진 멀티플렉서의 경우, 제어변수가 2개라면 입력의 수는 $2^2 = 4$이고 출력의 수는 1이므로 $4 \times 1^{4\text{ by }1}$ 멀티플렉서라고 부른다.

[그림 12-23]의 4×1 멀티플렉서의 출력신호 X에 대한 진리표는 [표 12-13]과 같다. 여기서 제어신호 0은 bar로, 1은 true로 표현하여 부울식을 만들 수 있다. 예를 들어 첫 번째 행을 $S_1S_0 = 00$으로 표현하면, 첫 번째 행의 출력 X는 $X = A\overline{S_0}\,\overline{S_1}$로 표현한다. 이런 방법으로 모든 행을 포함하는 최종 부울식은 다음과 같다.

$$X = A\overline{S_1}\,\overline{S_0} + B\overline{S_1}S_0 + CS_1\overline{S_0} + DS_1S_0$$

표 12-13 4×1 멀티플렉서의 진리표

제어변수		출력
S_1	S_0	X
0	0	A
0	1	B
1	0	C
1	1	D

디멀티플렉서

디멀티플렉서(DEMUX)는 멀티플렉서와 상반되는 연산을 수행하는 조합논리회로로, 데이터 분배기 data distributor라고도 한다. 2진 디멀티플렉서는 1개의 입력선으로부터 정보를 받아 이를 2^n개의 출력선 중 하나로 내보낸다. 이때 n개의 제어변수의 조합에 따라 특정 출력선이 선택된다. 만약 $n = 2$인 경우, 입력 수는 1이고 출력 수는 $2^2 = 4$이므로 1×4 디멀티플렉서라고 부른다.

[그림 12-23]의 1×4 디멀티플렉서의 진리표를 [표 12-14]와 같이 나타낼 수 있다. 예를 들어 출력 A의 경우, $S_1S_0 = 00$일 때 입력 X가 연결되어 $A = X$이며 나머지 제어입력은 0이 된다.

표 12-14 1×4 디멀티플렉서의 진리표

제어변수		출력			
S_1	S_0	A	B	C	D
0	0	X	0	0	0
0	1	0	X	0	0
1	0	0	0	X	0
1	1	0	0	0	X

예제 12-6

[그림 12-24]와 같은 4-입력 디지털 멀티플렉서를 설계하라.

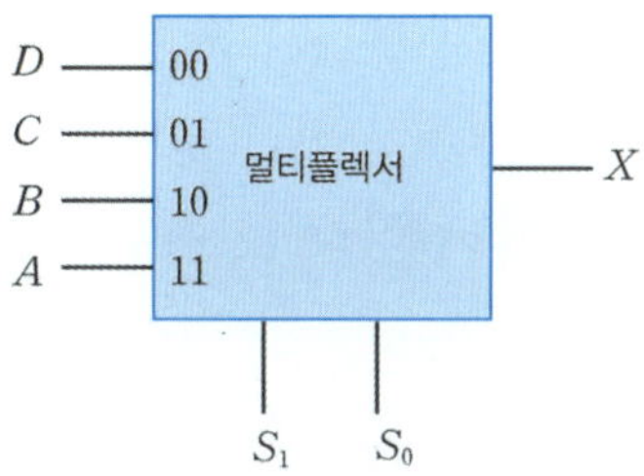

그림 12-24 4 대 1 멀티플렉서

풀이

S_1S_0의 조합에 따라 8개의 입력 중 하나만 출력 X에 연결된다. S_1S_0의 조합에 따른 출력 X 값은 [표 12-15]의 진리표와 같다.

표 12-15 4 대 1 멀티플렉서 진리표

제어변수		출력
S_1	S_0	X
0	0	D
0	1	C
1	0	B
1	1	A

위 진리표의 출력을 부울식으로 표현하면 다음과 같다.

$$X = D \cdot \overline{S_1}\,\overline{S_0} + C\overline{S_1}S_0 + BS_1\overline{S_0} + AS_1S_0$$

이제 앞의 부울식을 논리도로 표현한다. [그림 12-25]와 같이 가로 선에는 입력을 넣고 세로 선에는 제어변수를 설정한 한 후, AND의 논리에 해당하는 접점을 표시하여 회로도를 완성한다.

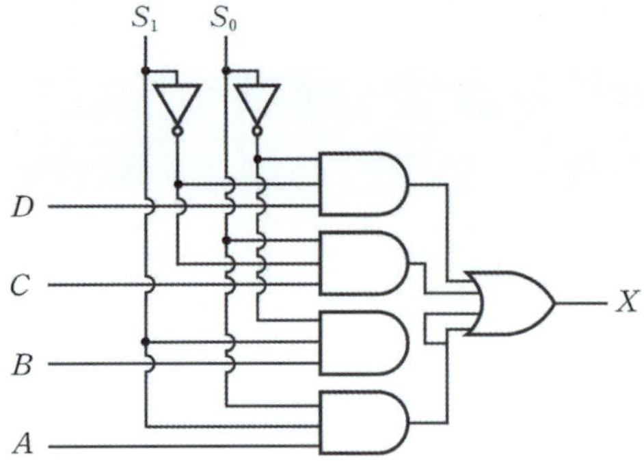

그림 12-25 8 대 1 멀티플렉서 회로

Quick Review

- 조합논리회로의 출력은 (   )의 조합에 의해서만 결정된다.
- (   )는 암호화된 2진수 입력을 해석하여 여러 출력 중 하나를 활성화한다.
- (   )는 여러 입력 중 활성화된 하나의 입력을 2진수로 암호화한다.
- (   )는 여러 개의 입력 중 하나를 출력에 연결하는 스위치 기능을 수행한다.
- (   )는 하나의 입력을 여러 개의 출력 중 하나에 연결하는 스위치 기능을 수행한다.

ANS 입력신호, 디코더, 인코더, 멀티플렉서, 디멀티플렉서

12.3 순차논리회로

앞서 학습한 조합논리회로combinational logic circuit는 그 출력값이 입력 논리값의 조합에 따라 직접 결정되었다. 따라서 만약 입력값이 계속 유지되지 않고 중간에 끊긴다면, 출력은 더 이상 유지되지 않고 어떤 값이 될지 장담할 수 없는 상황이 된다. 보다 더 다양한 회로를 구성하기 위해서는 때때로 최종 출력이나 중간 출력의 이전 데이터를 사용할 필요가 있다. 따라서 데이터를 저장(기억)할 필요가 있으며, 이때 저장되는 값을 **상태**state라고 한다. **'상태를 저장한다'**는 것은 **'입력값이 끊겨도 출력이 그 상태를 계속 유지할 수 있다'는 것을 의미한다.**

래치

래치latch는 '잠금'이라는 의미이며 이름 그대로 데이터를 저장하는 역할을 한다. 다만 외부 구동 입력에 의해서는 저장된 내용이 변할 수 있어야 한다.

인버터형 래치

[그림 12-26]에 간단한 인버터형 래치들을 표현했다.

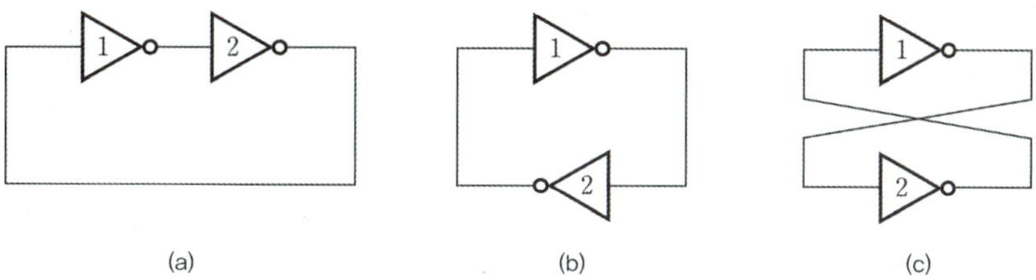

그림 12-26 인버터형 래치의 여러 가지 표현 방법

여기서 1번 인버터의 출력은 2번 인버터의 입력으로, 2번 인버터의 출력은 다시 1번 인버터의 입력으로 연결된다. 래치를 구성하고 있는 각 인버터(1번 혹은 2번)는 상대편의 출력을 입력으로 하여 동작하고, 입력된 데이터의 극성과 반대 극성의 데이터를 출력하여 안정적으로 데이터를 유지한다. 데이터가 잠겨 있는(저장되어 있는) 래치를 외부에서 어떻게 반대로 바꿀 수 있을까? 래치 데이터를 반대로 바꾸기 위해서는 래치보다 더 강력한 힘을 지닌 외부 구동 게이트가 추가로 필요하다.

인버터형 래치는 데이터를 저장하려 하고 외부에서는 데이터를 바꾸려 하는 힘이 충돌하면서 순간적으로 내부 전력 소모가 많이 발생한다. 이러한 충돌 현상을 **레이싱**racing이라고 한다. 레이싱을 방지하려면 반대의 입력이 들어올 때 래치를 잠시 끊고 반대의 데이터로 바꾼 후, 다시 래치를 이어주는 제어 단자를 추가해야 한다. 이처럼 논리 동작에 따라 데이터를 바꾸는, 좀 더 효과적인 래치를 사용할 필요가 있다.

SR 래치

이제 [그림 12–26(c)]처럼 표현된 인버터형 래치에 2개의 제어 단자를 추가하여 서로 반대 데이터 Q와 $\overline{Q}$를 출력하는 경우를 살펴보자. 이때 인버터는 2개의 입력을 포함해야 하므로 NAND 혹은 NOR가 될 것이다. [그림 12–27]은 NAND를 사용하는 **NAND형 *SR*(셋–리셋) 래치**를 나타낸다.

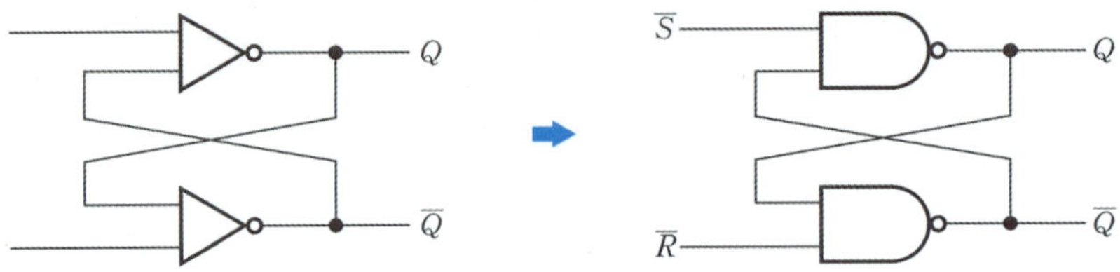

(a) 기본 인버터형 래치에서 NAND형 래치로의 변환

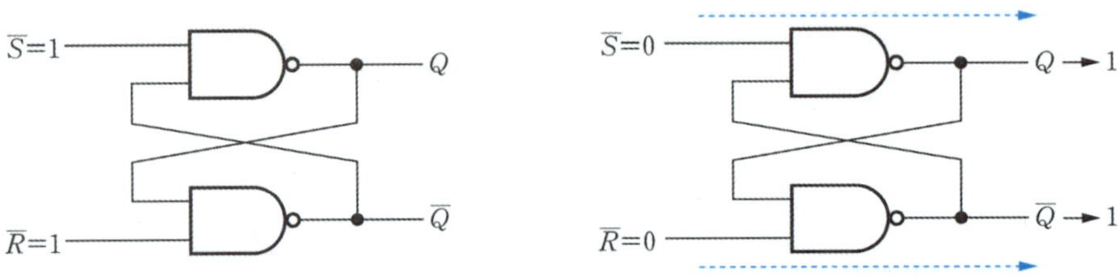

(b) 데이터 보존 (c) 데이터 소멸(금지 영역)

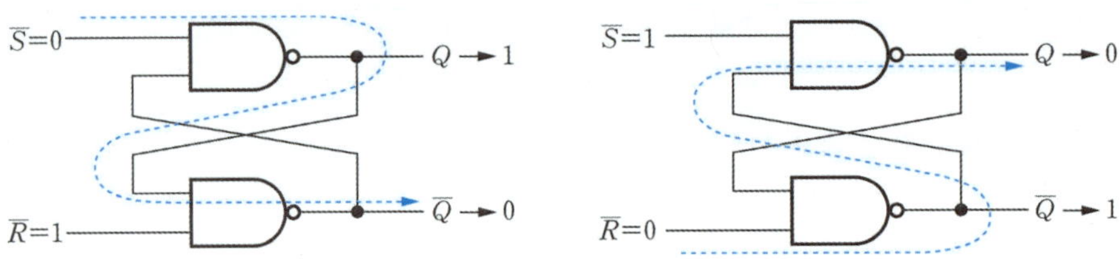

(d) 데이터 셋 (e) 데이터 리셋

그림 12-27 NAND형 래치의 동작 개념 및 신호의 흐름

- **[그림 12–27(a)]** : AND의 입력신호는 $\overline{S}$ 혹은 $\overline{R}$와 같이 'L' 활성이 된다. 여기서 $\overline{S}$는 'set bar'의 의미로, 0이 입력되면 1번의 반전을 통해 출력 Q를 셋set시킨다($Q=1$). $\overline{R}$는 'reset bar'의 의미로, 0이 입력되면 2번의 반전을 통해 출력 Q를 리셋reset시킨다($Q=0$).

- **[그림 12–27(b)]** : $\overline{S}=\overline{R}=1$인 경우, 제어입력 1이 NAND 게이트의 출력에 영향을 미치지 못하고, 신호 Q, $\overline{Q}$를 반전 통과시키는 인에이블 신호enable signal로 동작해 NAND는 NOT처럼 동작한다.

따라서 [그림 12-28]과 같이 인버터 래치가 형성되어 출력은 그 전 상태를 그대로 유지한다.

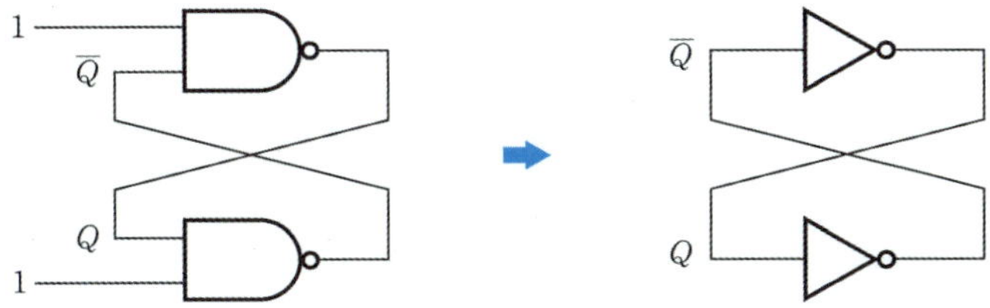

그림 12-28 $\boldsymbol{S}=\boldsymbol{R}=1$일 때의 동작 개념

- [그림 12-27(c)] : $\overline{S}=\overline{R}=0$인 경우는 NAND 게이트의 두 출력이 모두 1로 셋된다. 그러나 Q와 $\overline{Q}$는 그 문자가 의미하듯이 서로 반전되는 상보신호이므로 같은 논리가 되는 것은 근본 취지에 맞지 않는다. 따라서 이 경우는 '금지forbidden' 구간으로 정의할 수 있다.[3] 금지 구간이란 회로가 논리적 취지에 맞지 않는 경우로, 논리에 포함시키지 않는다. 즉 $\overline{S}=\overline{R}=0$이면 Q와 $\overline{Q}$가 모두 같은 값으로 논리적 모순이 발생하므로, [표 12-16]에서 보듯 4가지 경우의 수에서 금지 구간을 제외한 3가지 경우만 논리로 인정한다.

- [그림 12-27(d)] : $\overline{S}=0$, $\overline{R}=1$인 경우 $\overline{S}=0$이 NAND를 거쳐 Q 출력을 1로 셋시키고, $\overline{R}=1$에 가해져 $\overline{Q}$를 0으로 만든다. 반면 [그림 12-27(e)]의 $\overline{S}=1$, $\overline{R}=0$인 경우 $\overline{R}=0$ 신호가 NAND를 거쳐 $\overline{Q}$ 출력을 1로 만들고, $\overline{S}=1$에 가해져서 Q를 0으로 리셋시킨다.

표 12-16 NAND형 $\boldsymbol{SR}$ 래치의 진리표

$\overline{S}$	$\overline{R}$	Q	$\overline{Q}$	기능
0	0	1	1	금지
0	1	1	0	셋
1	0	0	1	리셋
1	1	Q	$\overline{Q}$	유지

예제 12-7

[그림 12-29]와 같은 NOR형 SR 래치의 동작을 설명하라.

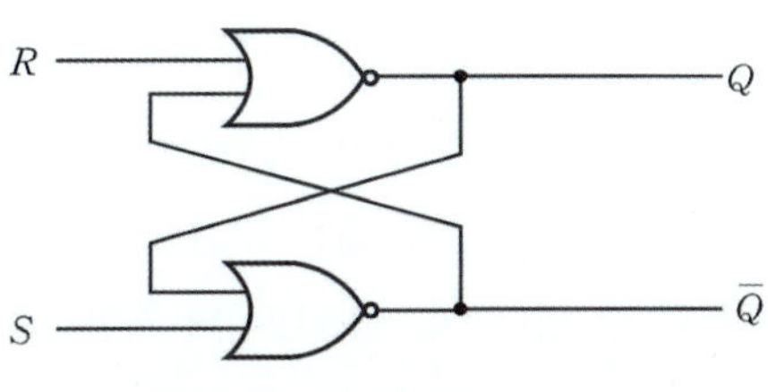

그림 12-29 NOR형 $\boldsymbol{SR}$ 래치

3 이는 상보출력이라는 의미에서 성립하는 것이며, 실제 설계에서는 허용되는 경우도 있다.

풀이

❶ **$S=0$, $R=0$일 때** : NOR 게이트의 출력에 아무런 영향을 주지 못하고 래치로 동작하여 그 전 데이터를 유지한다. (유지)

❷ **$S=0$, $R=1$일 때** : $R=1$이 1번 NOR 게이트의 출력 $Q \to 0$으로 만들고 2번 게이트에 대기하는 0과 함께 $\overline{Q} \to 1$로 만든다. (리셋)

❸ **$S=1$, $R=0$일 때** : $S=1$이 2번 NOR 게이트의 출력 $\overline{Q} \to 0$으로 만들고 1번 게이트에 대기하는 0과 함께 $Q \to 1$로 만든다. (셋)

❹ **$S=1$, $R=1$일 때** : $R=1$은 $Q \to 0$으로 만들고, $S=1$은 $\overline{Q} \to 0$으로 만든다. Q, $\overline{Q}$ 와 같은 데이터는 취지상 맞지 않는다. (금지)

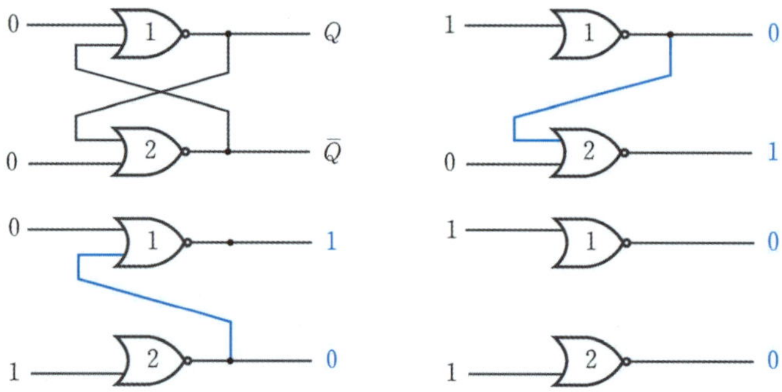

그림 12-30 NOR형 SR 래치의 동작

표 12-17 NOR형 SR 래치의 진리표

$\overline{S}$	$\overline{R}$	Q	$\overline{Q}$
0	0	유지	
0	1	0	1
1	0	1	0
1	1	금지	

플립플롭

앞에서 학습한 래치는 항상 유효한 입력이 들어와야 함을 전제로 한다. 즉 입력 데이터의 H, L가 항상 명확하지 않으면 제대로 동작하지 않는다. 그러나 신호가 전송되는 입력 데이터 구간에는 대개 잡음이 끼어 있기 마련이므로, **입력 잡음을 제거하고 성공적으로 데이터를 획득하기 위해서는 클록을 사용할 필요가 있다.** 이러한 시스템에서는 클록의 상태에 따라 매우 짧은 구간에서만 유효한 입력 데이터가 유지되어도 이를 감지하여 데이터를 획득할 수 있다. 이러한 데이터 저장회로를 **플립플롭**flip-flop이라고 정의한다.

트리거링 기법

플립플롭 상태의 변화를 일으키는 동작을 **트리거링**triggering이라고 한다. 트리거trigger 신호는 회로의 동작을 촉발하는 기동신호로, **동기식 회로에서는 펄스**pulse **혹은 클록**clock**이 트리거 신호가 된다.** 클록을 이용한 트리거링 방식의 입·출력 양상을 그려보면 [그림 12−31]과 같다. 입·출력 데이터에서 흰 부분은 유효valid 데이터('H' 혹은 'L')를 나타내고, 색칠한 부분은 불확실한uncertainty 부분 혹은 잡음을 나타낸다. **유효 데이터 구간이 좁다는 것은 신호에 잡음이 섞일 구간이 줄어들어 신호가 안정적으로 출력된다는 의미이다.**

[그림 12−31]의 플립플롭의 타이밍도에서는 클록의 상승에지에서의 입력만이 출력으로 전달되어 한 주기 동안 유지되고, 클록이 'H' 또는 'L'로 유지되는 구간이나 또한 클록의 하강에지에서는 아무런 반응이 일어나지 않는다.[4]

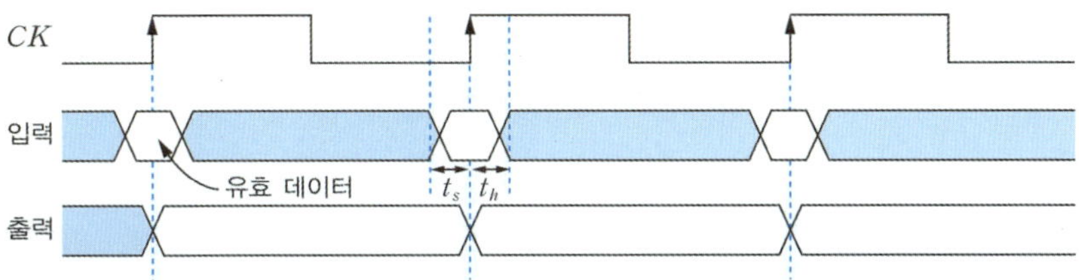

그림 12-31 동기식 시스템의 트리거링 기법

[그림 12−31]의 **상승에지 트리거링에서는 클록의 상승에지 양쪽으로 입력 데이터가 어느 정도 유효하게 유지되어야 한다.** 입력 데이터는 셋업시간setup time과 홀드시간hold time의 합인 $t_s + t_h$만큼 최소한의 유효 구간을 가져야 하며, 이것이 유효 데이터 구간이 된다. 출력은 클록의 상승에지에서의 유효 입력 데이터를 한 주기 동안 유지한다.

D 플립플롭

플립플롭은 래치보다 내부 회로가 더 복잡하다. 가장 많이 쓰이는 주종형master-slave 방식의 경우 2개의 래치가 클록에 트리거링된다. 가장 많이 사용되는 *D* 플립플롭은 CMOS 디지털 집적회로 시스템에서 주로 사용되며, 대부분 에지 트리거링 기법이 적용된다. [그림 12−32(a)]의 기호에서 꺾쇠(>)는 클록의 에지 트리거링 동작임을 의미한다.

[그림 12−32(b)]와 같이 *D* 플립플롭의 타이밍도에서는 **클록의 상승에지에서 *D* 입력만 *Q* 출력으로 전달되어 한 주기 동안 유지된다.** 여기서 명목상 n번째 클록에서의 값을 현재 상태라고 가정해보자. 그러면 다음 상태는 $(n+1)$번째 클록에서의 값이 된다. Q_{n+1}은 $(n+1)$번째 클록에서의 출력 상태(출력의 다음 상태)를 나타낸다.

4 물론 클록의 하강에지에서 동작하는 하강에지 트리거링도 가능하다.

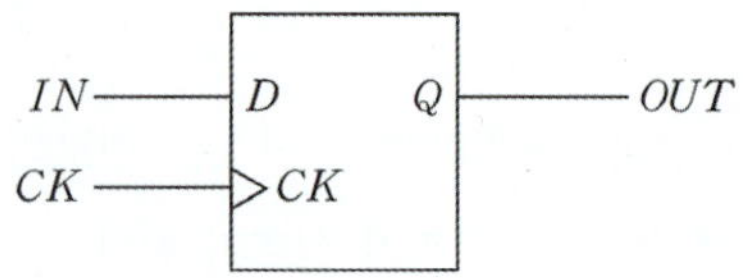

(a) 기호

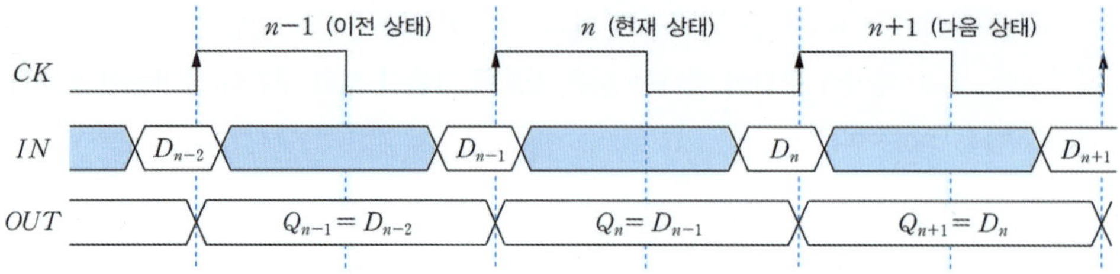

(b) 타이밍도

그림 12-32 D **플립플롭**

[표 12−18]은 D 플립플롭의 특성표characteristic table이다. 이처럼 입력신호 및 현재 상태의 값에 의한 다음 상태의 값을 표로 나타낸 것을 플립플롭의 특성표라고 한다.

표 12-18 D **플립플롭의 특성표**

D	Q_{n+1}	기능
0	0	리셋
1	1	셋

Q_{n+1}을 출력함수로 생각할 때 D 플립플롭에 대한 논리식은 다음과 같다.

$$Q_{n+1} = D \tag{12.6}$$

D 플립플롭의 특성식을 살펴보면, 출력의 다음 상태는 입력 D와 같게 됨을 알 수 있다. 특성식은 해당 순차회로의 논리 동작을 한눈에 알 수 있도록 수식으로 표현한 것으로, [표 12−18]의 특성표와 일치한다.

JK 플립플롭

JK 플립플롭은 D 플립플롭과 함께 시스템에서 가장 많이 사용되는 형태로서 J, K 입력으로 좀 더 복잡한 동작을 수행한다. **이 회로는 '금지' 동작 대신에 '토글toggle' 동작으로 대체한 SR 래치의 업그레이드형이라고 할 수 있다.**

[그림 12-33]은 *JK* 플립플롭의 기호와 타이밍도를 보여준다. **토글(혹은 토글링)은 다음 상태가 현재 상태 값의 반대 데이터임을 말한다.**

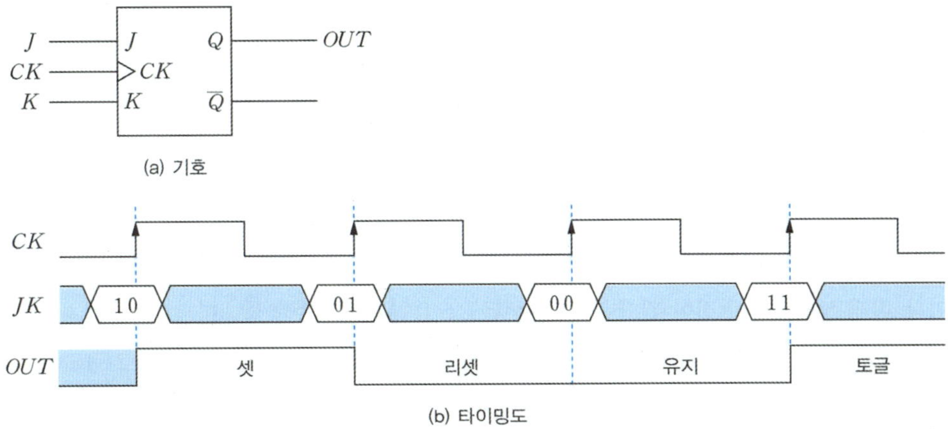

(a) 기호

(b) 타이밍도

그림 12-33 *JK* 플립플롭

[그림 12-33(b)]의 타이밍도는 두 입력 *JK*의 값에 따른 출력 OUT의 동작을 살펴본 것이다. $J=1$, $K=0$은 다음 클록에서 출력 OUT이 'H'로 셋되며, $J=0$, $K=1$은 다음 클록에서 출력 OUT이 'L'로 리셋된다. $J=K=0$일 때는 그 전 상태를 유지한다. 여기까지는 *SR* 플립플롭의 동작과 같다. $J=K=1$일 때는 금지 동작 대신 토글 동작을 수행한다. [표 12-19]는 *JK* 플립플롭 동작에 대한 특성표를 나타낸 것이다.

표 12-19 *JK* 플립플롭의 특성표

J	K	Q_{n+1}	기능
0	0	Q_n	유지
0	1	0	리셋
1	0	1	셋
1	1	$\overline{Q}_n$	토글

$J=K=0$일 때는 플립플롭의 상태 변화가 없으므로 현재 값인 Q_n으로 나타낸다. $J=K=1$이면 플립플롭은 클록이 들어올 때마다 토글링하므로 현재 값의 반전인 $\overline{Q}_n$으로 나타낸다. 때로는 첨자 n을 생략하고 간략히 Q로만 나타내기도 한다.

[표 12-19]의 특성표에서 현재 상태 Q, J, K를 입력신호로 보고, 다음 상태 Q_{n+1}을 출력으로 생각하면 [그림 12-34]와 같은 카르노 맵을 얻는다.

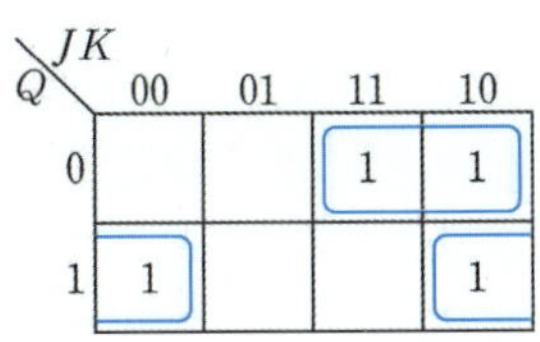

그림 12-34 다음 상태 Q_{n+1}에 대한 카르노 맵

따라서 JK 플립플롭에 대한 특성식은 다음과 같다.

$$Q_{n+1} = J\overline{Q} + \overline{K}Q \tag{12.7}$$

식 (12.7)의 JK 플립플롭 특성식을 보면, $J=1$, $K=0$이면 $Q_{n+1}=\overline{Q}+Q=1$(셋), $J=0$, $K=1$이면 $Q_{n+1}=0$(리셋), $J=K=0$이면 $Q_{n+1}=Q$(유지), $J=K=1$이면 $Q_{n+1}=\overline{Q}$(토글)임을 알 수 있다.

T 플립플롭

T 플립플롭은 '토글링Toggling'의 첫 알파벳 T로부터 유래되었으며, 말 그대로 $T=1$일 때는 트리거링될 때마다 현재 상태에서 반전이 된다. 이에 반해 $T=0$일 때는 이전 상태를 그대로 유지한다. 이러한 동작으로부터 T 플립플롭을 토글 플립플롭toggle flip-flop이라고도 한다. [그림 12-35]는 T 플립플롭의 기호와 타이밍도를 나타낸 것이다.

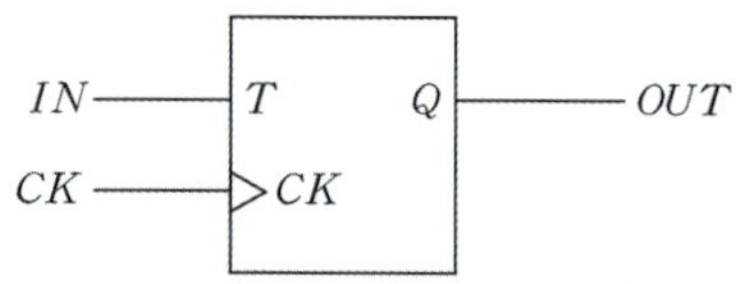

(a) 기호

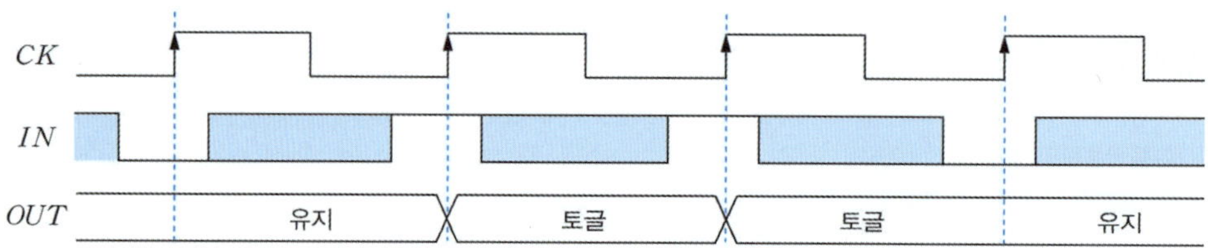

(b) 타이밍도

그림 12-35 T 플립플롭

$T=0$일 때 출력 OUT은 그 전 상태를 유지하고, $T=1$일 때 출력 OUT은 토글한다. 입력 T와 현재 출력 Q_n의 모든 경우에 대한 T 플립플롭의 특성표는 [표 12-20]과 같다.

표 12-20 T 플립플롭의 특성표

T	Q_n	Q_{n+1}	기능
0	0	0	유지
0	1	1	유지
1	0	1	토글
1	1	0	토글

특성표를 바탕으로 다음 상태 Q_{n+1}에 대한 카르노 맵을 작성해보자. 다음 상태가 1이 될 때는 $T=0$, $Q=1$ 혹은 $T=1$, $Q=0$인 경우이므로 [그림 12-36]과 같이 나타낼 수 있다.

Q \ T	0	1
0		1
1	1	

그림 12-36 T 플립플롭 출력의 카르노 맵

카르노 맵으로부터 특성식을 구하면 다음과 같다.

$$Q_{n+1} = T\overline{Q} + \overline{T}Q \tag{12.8}$$

여기서 $T=1$일 때는 $Q_{n+1}=\overline{Q}$, $T=0$일 때는 $Q_{n+1}=Q$이다.

상태머신

(유한)상태머신state machine은 유한한 개수의 상태를 가지며, 트리거링 될 때마다 정해진 순서대로 기계적으로 상태를 천이하는 순차논리회로이다. 상태는 저장되는 논리값이므로, 상태머신에는 일반적으로 기억소자인 플립플롭들이 포함되어 있다. 상태머신은 클록이 들어올 때마다 회로에 포함되어 있는 플립플롭의 상태가 정해진 순서에 의해 기계적으로 반복하여 천이되는 순차논리회로이다. 이 상태머신은 플립플롭과 같은 기억소자만으로 구성되거나, 플립플롭과 조합논리회로의 혼성으로 구성된다.

상태머신의 해석

상태머신의 논리도가 주어졌을 때, 체계적인 절차를 거쳐 회로 동작을 설명하는 상태표를 작성하는 것을 **해석**analysis이라고 한다. 상태표는 상태의 천이 동작을 시각적으로 편하게 보여주므로, 해석의 최종 단계로 볼 수 있다. 가능한 한 잡음을 많이 제거하여 동작 속도를 높이기 위해 모든 플립플롭에 동시에 클록을 가하는 동기식synchronous 회로가 많다.

모든 플립플롭들이 동시에 천이하도록 클록을 한꺼번에 인가하는 구조를 동기식 상태머신이라고 한다. 플립플롭의 상태 변화를 트리거하는 시스템 클록의 인가 시점이 다르면, 그로 인해 신호의 삐침skew과 글리치glitch 등이 발생할 수 있다. 이는 원치 않는 잡음으로 작용할 가능성이 높으므로 이러한 위험 요소를 최소화하기 위해 모든 플립플롭에 동시에 클록을 가하는 동기식 회로를 많이 활용한다. 이렇게 하면 잡음의 위험을 최소화하고 고속 동작에 유리하다.

[그림 12-37]과 같이 2개의 JK 플립플롭으로 구성된 동기식 상태머신을 해석해보자.

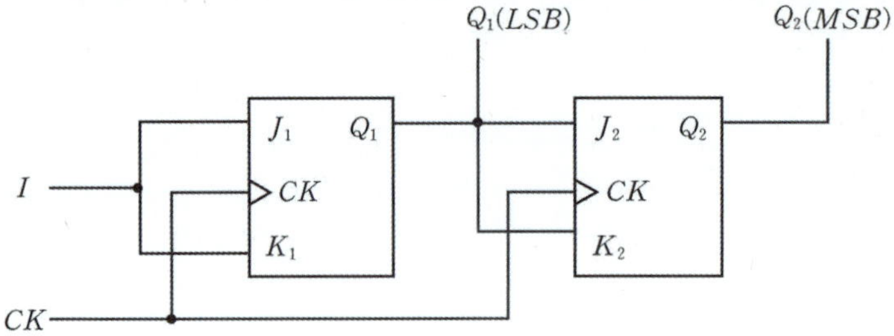

그림 12-37 동기식 상태머신의 예

상태머신은 일반적으로 다음과 같이 3단계로 나누어 해석할 수 있다.

순차논리회로 해석 단계

[1단계] (플립플롭) 입력방정식 유도

[2단계] 상태 여기표 작성

[3단계] 상태도 작성

[1단계] 입력방정식 유도

논리도로부터 직관적으로 알 수 있는 것은 플립플롭의 종류와 각 플립플롭의 입력방정식이다. [그림 12-37]의 회로는 외부 입력신호가 없는 비교적 단순한 형태로, 회로로부터 Q_1 및 Q_2 플립플롭의 입력방정식을 다음과 같이 유도할 수 있다.

$$J_1 = 1 \qquad K_1 = 1 \quad J_2 = Q_1 \tag{12.9}$$

[2단계] 상태 여기표 작성

상태 여기표는 기본적으로 '현재 상태', '플립플롭 입력', '다음 상태'의 3가지 열로 구성된다. 따라서 회로 합성 시 이 순서대로 상태 여기표를 작성한다. 현재 상태에는 기계적인 순차입력을 써넣고, 플립플롭 입력은 식 (8.1)의 입력방정식으로부터 계산한다. 다음 상태는 현재 상태와 플립플롭 입력으로부터 유추한다.

[표 12-21]에서 현재 상태를 00으로 초기화하고 $Q_2 Q_1$에 00을 기입한다. 이때 $J_2 = K_2 = Q_1 = 0$이고, 고정값 $J_1 = K_1 = 1$을 플립플롭 입력 열에 기입한다. 다음 상태 $Q_2^+ Q_1^+$는 현재 상태와 플립플롭 입력으로부터 유추한다. Q_2^+는 $J_2 = K_2 = 0$이므로 '유지' 동작에 의해 전 상태인 0을 저장한다. $J_1 = K_1 = 1$로 고정되므로 Q_1^+는 클록이 들어올 때마다 토글링한다. 따라서 $Q_2^+ Q_1^+ = 01$이 된다.

표 12-21 상태 여기표 1행

현재 상태		플립플롭 입력				다음 상태	
Q_2	Q_1	J_2	K_2	J_1	K_1	Q_2^+	Q_1^+
0	0	0	0	1	1	0	1

이번에는 기계적으로 현재 상태를 +1만큼 증가시켜 $Q_2^+ Q_1^+ = 01$에서 위의 동작을 반복하여 [표 12-22]를 작성한다.

표 12-22 상태 여기표 1, 2행

현재 상태		플립플롭 입력				다음 상태	
Q_2	Q_1	J_2	K_2	J_1	K_1	Q_2^+	Q_1^+
0	0	0	0	1	1	0	1
0	1	1	1	1	1	1	0

입력방정식으로부터 $J_2 = K_2 = 1$이므로, 다음 상태 Q_2^+는 토글링 동작에 의해 1로 변환된다. $J_1 = K_1 = 1$로 고정되어 있으므로, Q_1^+는 클록이 들어올 때마다 토글링한다. 따라서 $Q_1^+ = 0$이 된다. 이처럼 기계적으로 현재 상태의 나머지 순서인 10, 11에 대한 값을 채우면, [표 12-23]과 같이 상태 여기표가 완성된다.

표 12-23 완성된 상태 여기표

현재 상태		플립플롭 입력				다음 상태	
Q_2	Q_1	J_2	K_2	J_1	K_1	Q_2^+	Q_1^+
0	0	0	0	1	1	0	1
0	1	1	1	1	1	1	0
1	0	0	0	1	1	1	1
1	1	1	1	1	1	0	0

[3단계] 상태도 작성

Q_2Q_1의 상태를 원 내부의 값으로 표현하고 트리거링 클록이 들어올 때마다 상태가 천이되는 것을 화살표로 나타내면, [그림 12-38]과 같은 상태도를 쉽게 만들 수 있다. 이러한 상태도에는 상태머신의 타이밍 특성에 대한 정보는 전혀 없지만, 클록의 입력에 따른 논리적인 동작은 모두 설명되어 있다.

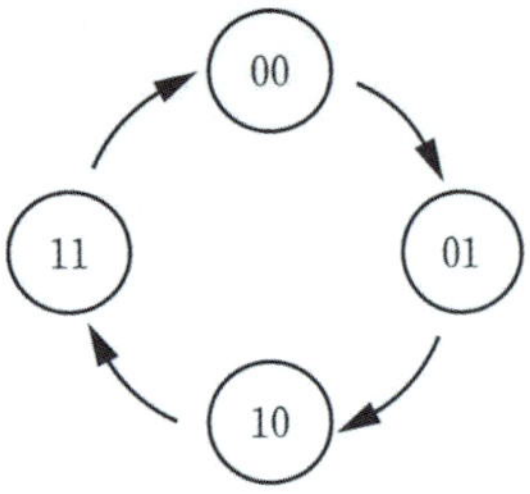

그림 12-38 [그림 12-37]의 순차논리회로의 상태도

이 회로는 4개의 상태가 정해진 순서대로 증가하는 2비트 동기식 2진 카운터임을 알 수 있다

Quick Review

- 디지털 데이터 저장장치에는 (　　　　　)와 (　　　　　)이 있다.
- 인버터형 래치는 데이터를 뒤집을 때 (　　　　)이 발생한다.
- JK 플립플롭은 (　　　　), (　　　　), (　　　　), 토글 동작을 수행한다.

ANS 래치/플립플롭, 레이싱, 셋/리셋/유지

심화 내용
상태머신의 합성

CHAPTER 12

기본문제

12.1 다음 중 $F=A+BC$와 같은 논리식은?

① $F=AB+BC$
② $F=(A+B)C$
③ $F=(A+B)(A+C)$
④ $F=ABC+BC$

12.2 다음 중 최대항의 곱으로 나타낸 논리함수 $F=(A+\overline{B})(\overline{A}+\overline{B})$에 대한 설명으로 옳은 것은?

① 최소항의 합으로 표현하면 $F=\overline{A}\overline{B}+A\overline{B}$이다.
② 2개의 인수 중 하나라도 0이면 $F=1$이 된다.
③ 2개의 인수가 모두 0이어야 $F=1$이 된다.
④ 2개의 인수 중 하나라도 1이면 $F=1$이 된다.

12.3 다음 중 [그림 12-39]와 같은 논리회로의 동작에 대한 설명으로 옳지 않은 것은?

① $B=1$이면 $D=A$이다.
② $C=0$이면 $F=D$이다.
③ $D=A\cdot B$이다.
④ $B=1$, $C=0$이면 $F=\overline{A}$이다.

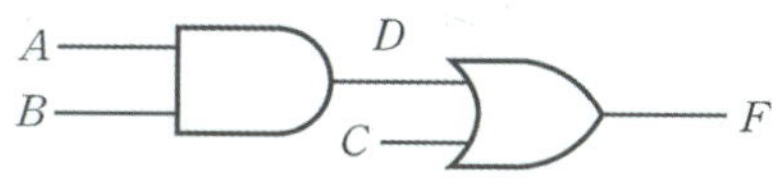

그림 12-39

12.4 다음 중 [그림 12-40]과 같은 XOR 게이트에 대한 설명으로 옳은 것은?

① $C=\overline{A}B+A\overline{B}$이다.
② $C=A\odot B$이다.
③ AND 게이트와 OR 게이트만으로 같은 논리 동작이 가능하다.
④ A의 논리값과 B의 논리값이 같을 때 $C=1$이 된다.

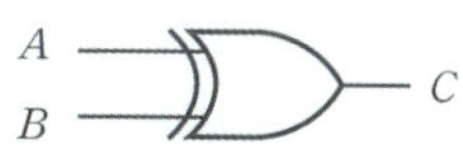

그림 12-40

12.5 다음 중 [그림 12-41]과 같은 카르노 맵에 대한 설명으로 옳지 않은 것은?

① $A=0$이고 $B=1$인 경우에는 F의 논리값이 반드시 1이 된다.
② 최소 축약식은 $F=\overline{A}B$이다.
③ $A=1$이고 $B=0$인 경우는 F의 논리값에 영향을 주지 않는다.
④ $A=1$이고 $B=1$인 경우는 $F=0$이 된다.

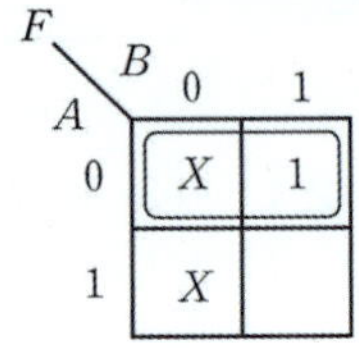

그림 12-41

12.6 [그림 12-42]는 어떤 논리함수 F를 카르노 맵으로 나타낸 것이다. 다음 중 최소 축약식으로 옳은 것은?

① $F=\overline{A}B+A\overline{B}$
② $F=\overline{A}B\overline{C}+A\overline{B}\overline{C}+\overline{A}BC\overline{D}$
③ $F=\overline{A}B+A\overline{B}\overline{C}$
④ $F=A\overline{B}$

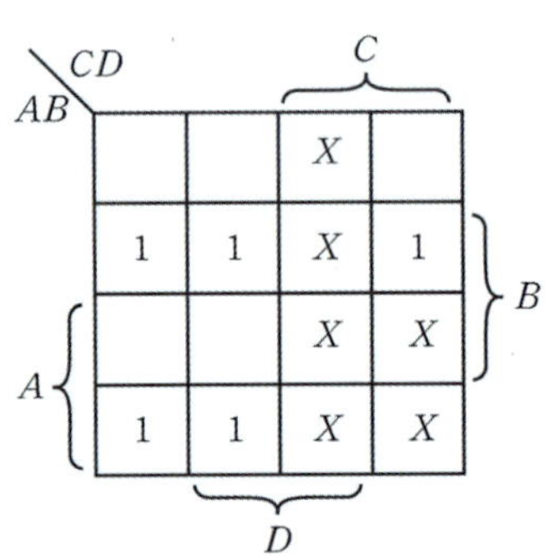

그림 12-42

12.7 다음 중 [그림 12-43]과 같은 SR 래치의 동작에 대한 설명으로 옳지 않은 것은?

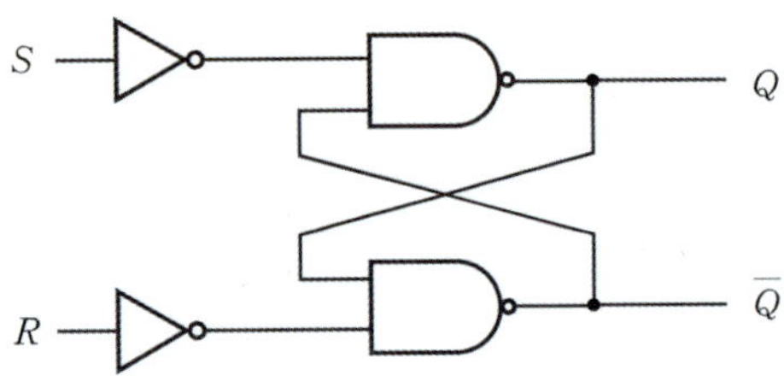

그림 12-43

① $S=1$에 의해 $Q=1$로 셋되는 시간이 $R=1$에 의해 $Q=0$으로 리셋되는 시간보다 더 짧다.
② $S=0$, $R=0$일 때는 Q, $\overline{Q}$는 그 전 상태를 유지한다.
③ $S=1$, $R=1$일 때는 Q, $\overline{Q}$ 모두 1이 된다.
④ $S=1$, $R=1$일 때는 게이트 출력 간의 레이싱 현상이 생겨 데이터가 불안정해진다.

12.8 게이트 1은 3상[tri-state] 게이트로, 하이 임피던스(Hi−Z) 신호가 1일 때는 게이트의 출력은 하이 임피던스가 된다. 다음 중 [그림 12−44]와 같은 래치의 동작에 대한 설명으로 옳은 것은?

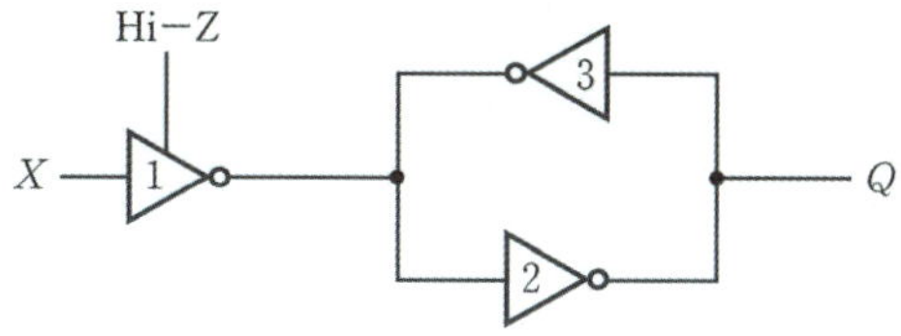

그림 12-44

① 게이트 1의 구동 능력은 게이트 3보다 더 작아야 한다.
② Hi−Z=0일 때 $Q=\overline{X}$가 된다.
③ Hi−Z=1일 때 Q는 그 전 상태를 그대로 유지한다.
④ Hi−Z=1일 때 게이트 1이 꺼지면 게이트 2는 주변 잡음에 의해 영향을 받아 Q의 상태가 불안정해진다.

12.9 다음 중 [그림 12−45]와 같은 상태도의 동작에 대한 설명으로 옳은 것은?

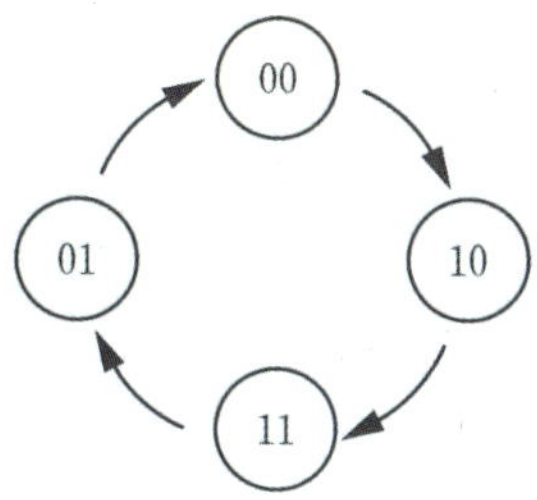

그림 12-45

① 1개의 플립플롭으로 구현 가능하다.
② 반드시 T 플립플롭을 사용해야 한다.
③ 11 상태에서 클럭이 들어오면 10으로 갈 수 있다.
④ 4번의 클럭 이후에 다시 원 상태로 돌아온다.

12.10 다음 중 상승 에지 트리거링 D 플립플롭을 사용한 [그림 12−46]과 같은 회로의 동작에 대한 설명으로 옳지 않은 것은?

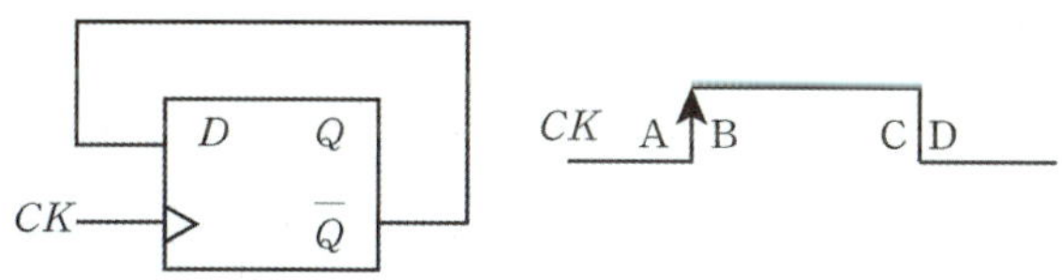

그림 12-46

① 시점 A에는 $\overline{Q}$의 데이터가 D 입력에 인가되어 대기하고 있다.
② 시점 B에서는 Q의 출력 데이터가 이전 상태에서 반전된다.
③ 시점 C에서의 Q의 값은 시점 B에서의 Q의 값과 같다.
④ 시점 D에서의 Q의 값은 시점 B에서의 Q의 값에서 반전될 수 있다.

CHAPTER 12

연습문제

12.1 $(1101100.1011)_2$의 1의 보수와 2의 보수를 구하라.

12.2 다음과 같은 '합의(合意)의 정리'를 카르노 맵으로 증명하라.

$$AB+\overline{A}C+BC=AB+\overline{A}C$$

12.3 카르노 맵을 이용하여 $F=\overline{A}\overline{B}\overline{C}\overline{D}+\overline{A}CD+\overline{A}\overline{C}+C\overline{D}$의 논리식을 간략화하라.

12.4 어떤 논리함수에서 $F=A\cdot B+\overline{A}\cdot\overline{B}\overline{A}\cdot B$의 조건은 발생하지 않는다. 따라서 이를 '무관조건 don't care'으로 처리하여 카르노 맵을 이용해 논리함수 F를 최소 형태로 축약하라.

12.5 다음과 같은 최소항의 합으로 표현된 논리함수 F에 대해 다음 물음에 답하라.

$$F=\overline{X}\overline{Y}\overline{Z}=\overline{X}YZ+X\overline{Y}Z+XY\overline{Z}=m_0+m_3+m_5+m_6=\Sigma(0,3,5,6)$$

(a) $\overline{F}$를 최대항의 곱으로 나타내라.

(b) F를 최대항의 곱으로 나타내라.

12.6 [그림 12-47]과 같이 3 대 8 디코더와 게이트로 구현된 전가산기의 논리식을 카르노 맵으로 축약하여 축약된 논리회로로 구현하라.

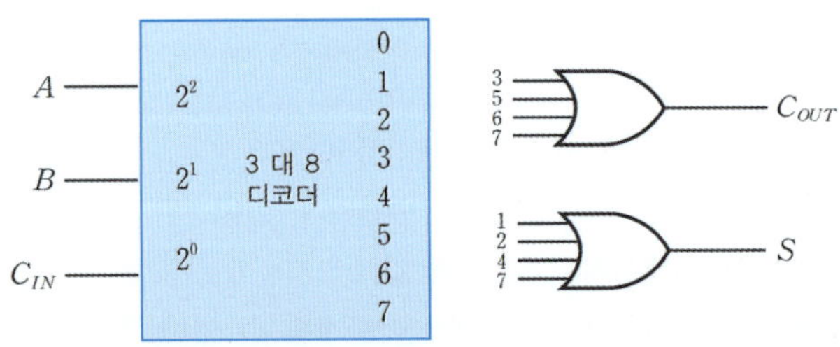

그림 12-47

12.7 [그림 12-48]의 회로를 축약된 조합논리회로로 변환하라.

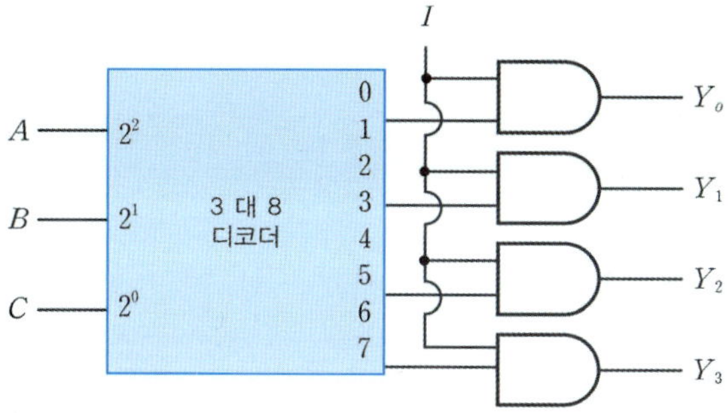

그림 12-48

12.8 [그림 12-49]의 회로 동작에 해당하는 [표 12-24]의 진리표를 작성하라. 단, Q^+는 다음 상태를 의미한다.

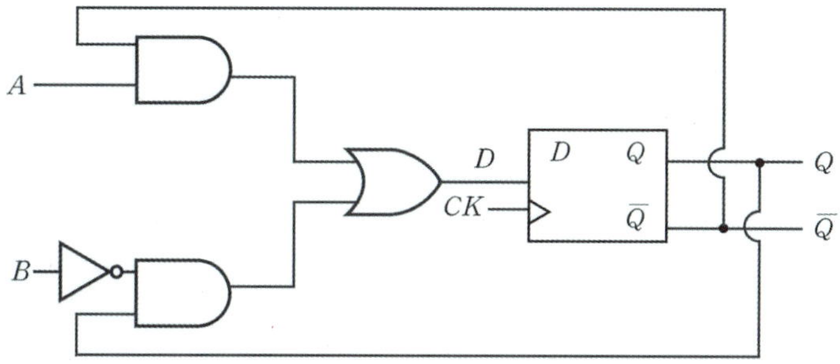

그림 12-49

표 12-24 완성된 상태 여기표

A	B	D	Q^+	동작
0	0			
0	1			
1	0			
1	1			

12.9 입력 단자 X에는 논리 1, 논리 0이 입력된다. [그림 12-50]의 회로의 동작을 설명하라.

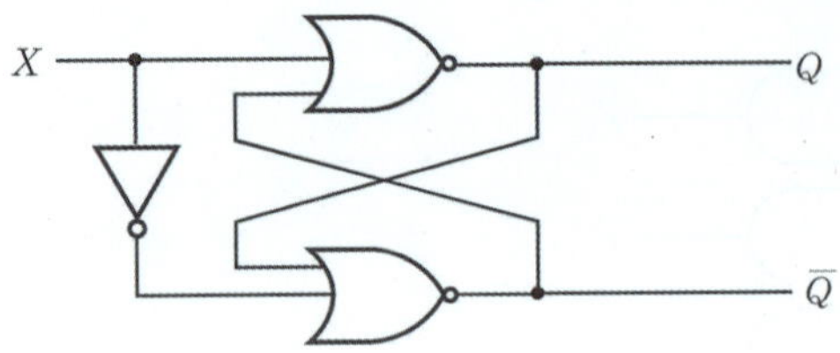

그림 12-50

12.10 [그림 12-51]은 두 비트 시스템의 상태도이다. 이 상태도를 구현하기 위해 2개의 D 플립플롭과 적절한 논리 게이트를 사용하여 회로를 설계하라.

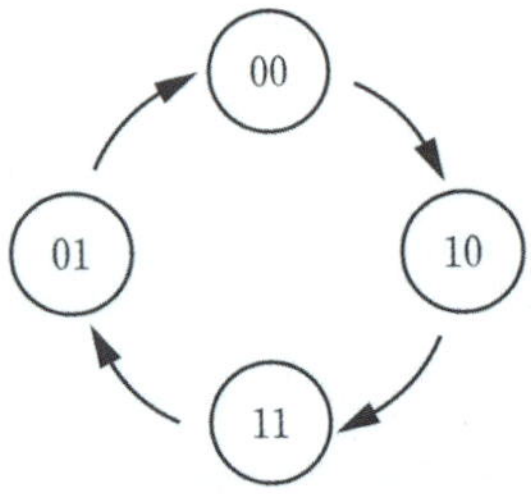

그림 12-51

PART

05

시스템과 응용

CONTENTS

CHAPTER

13

전기기기

CONTENTS

학습 목표

- 직류기에 대하여 이해하고 직류발전기와 직류전동기에 대하여 학습한다.
- 교류기에 대하여 이해하고 교류발전기와 교류전동기에 대하여 학습한다.
- 발전기와 전동기가 사용되는 전기 자동차에 대하여 학습한다.

들어가기 전에

전기기기electrical machines는 에너지를 변환하는 장치를 의미한다. **기계적 에너지를 전기적 에너지로 변환하는 장치를 발전기**generator라 하고, 이와 반대로 **전기적 에너지를 기계적 에너지로 변환하는 장치를 전동기(모터)**라 한다. 발전기와 전동기를 제대로 다루려면 교류와 직류를 상호 변환하거나 전압 크기를 조절하는 변환기(컨버터)에 대해 이해해야 한다. 변환기와 관련된 분야도 모두 전기기기에 포함된다.

마이클 패러데이는 1831년 **전자기 유도 법칙**Faraday's law of electromagnetic induction을 발견했다. **전자기 유도 법칙이란 자속의 변화가 기전력을 발생시킨다는 것**으로, 1983년 하인리히 렌츠가 만든 **렌츠의 법칙**과 함께 발전기의 기본 원리가 된다. 존 앰브로즈 플레밍John Ambrose Fleming은 1885년 자계 내에서 도체가 움직일 때 운동 방향, 자속, 기전력에 대한 법칙인 **플레밍의 오른손 법칙**Fleming's right hand rule과 자기장 내 도체에 전류가 흐를 때 도체에 발생하는 힘에 대한 법칙인 **플레밍의 왼손 법칙**Fleming's left hand rule을 발표했다. 플레밍의 오른손 법칙은 전자기 유도현상과 함께 발전기의 원리가 되고, 플레밍의 왼손 법칙은 전동기의 원리가 된다.

마이클 패러데이
(1791~1861)

이처럼 여러 가지 물리학적 법칙이 발전기와 전동기의 원리로 응용된다. 발전기와 전동기의 발명은 과학 역사상 큰 획을 그었다. 또한 오늘날 우리가 전기를 편리하고 다양하게 변환해 사용하는 데 매우 크게 기여하고 있다. 특히 직류 시스템을 주장한 토머스 에디슨과 교류 시스템을 주장한 니콜라 테슬라의 경쟁을 비롯해 전력 시스템이 교류 시스템으로 채택되는 과정은 과학 역사상 매우 흥미로운 사건이 되는데, 이는 발전기와 전동기의 발명과 무관하지 않으므로 참고하도록 하자.

존 앰브로즈 플레밍
(1849~1945)

발전기와 전동기는 **직류기**DC machine와 **교류기**AC machine로 나뉜다. 직류기는 직류전력을 생산하는 **직류발전기**DC generator와 직류전원을 이용하여 회전하는 **직류전동기**DC motor로 나뉘고, 교류기는 교류전력을 생산하는 **교류발전기**AC generator(예 동기발전기synchronous generator, 유도발전기induction generator)와 교류전원을 이용하여 회전하는 **교류전동기**AC motor로 나뉜다. 이 장에서는 발전기와 전동기의 동작 원리와 구조를 살펴보고, 이를 응용한 대표적인 시스템인 하이브리드 자동차에 대해서 알아보자.

13.1 전자기 변환

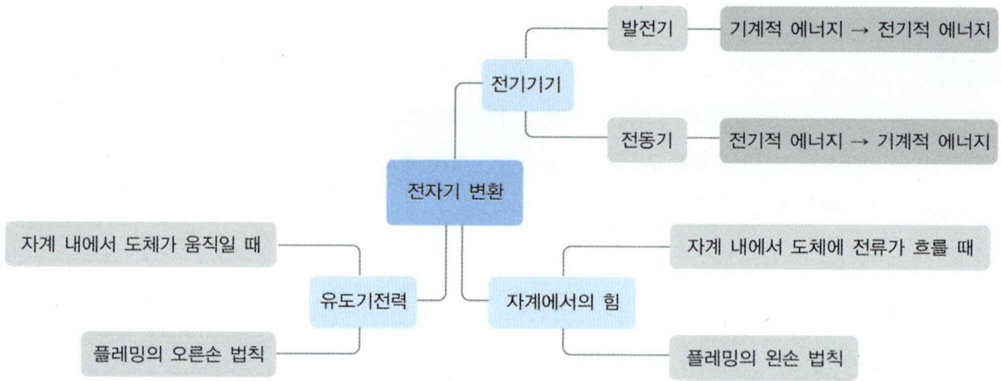

전기에너지의 변환

전기를 사용하는 가장 큰 이유는 다른 에너지로 변환하기 쉽기 때문이다. 전기적 에너지를 기계적 에너지로 변환하는 장치 혹은 그 반대로 변환하는 장치를 전기기기라고 한다. 그리고 이와 같은 과정을 **전기기기 에너지 변환**electromechanical energy conversion이라 한다. 에너지 변환 과정은 전기를 생산하는 발전소에서부터 시작된다. 발전기는 기계적 에너지를 전기적 에너지로 변환하는 역할을 한다. 이렇게 생산된 전기는 전송 선로를 통해 가정으로 전송되고, 가정에서는 목적에 따라 다양한 에너지로 변환시켜 사용한다. 특히 기계적 에너지가 필요한 가정용 기기에서는 전기적 에너지가 기계적 에너지로 변환되어 사용된다. 대표적인 예가 세탁기이다. 세탁기는 세탁통을 회전시켜 빨래 기능을 수행하는 기기로서 내부에는 전기에너지를 이용하여 회전운동, 즉 기계적인 에너지로 변환해주는 전동기가 내장되어 있다.

이와 같이 전기적 에너지와 기계적 에너지를 상호 변환할 때 발전기와 전동기가 그 역할을 수행한다. 즉 발전기는 기계적 에너지를 전기적 에너지로, 전동기는 전기적 에너지를 기계적 에너지로 변환하는 역할을 한다. 이를 통칭하여 **전기기기**electric machines라고 한다.

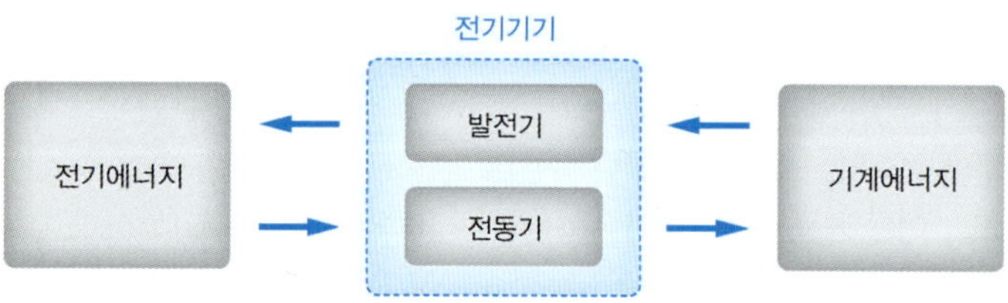

그림 13-1 전기기기를 이용한 에너지의 변환

발전기의 기본 원리는 자계[1]에서 도체의 움직임은 전압을 발생시킨다는 **전자기 유도 법칙**이다. 또한 전동기의 기본 원리는 **자계 내의 도선에 전류가 흐를 때 도선에 힘이 발생한다는 플레밍의 왼손 법칙**이다. 실제로 이 두 현상은 발전기가 동작하거나 전동기가 동작할 때 각각 발생하는 것이 아니라 동시에 이루어진다.

유도기전력

자계 내에서 도체가 움직일 때 도체에 전압이 발생한다. 즉 자기력이 전기력으로 변환되는 것이다. 이를 **유도전압**induced voltage 혹은 **유도기전력**induced electromotive force[2]이라고 한다. [그림 13-2(a)]와 같이 자계 안에서 도체가 화살표 방향으로 움직일 때, 도체는 자기장의 변화에 영향을 받아 그 결과 전압이 발생한다.

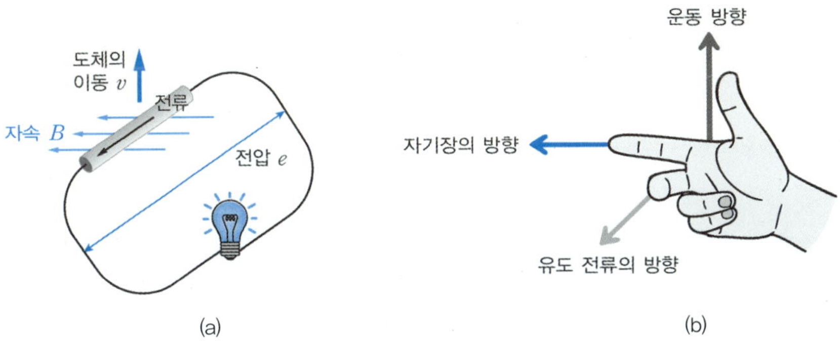

그림 13-2 (a) 자계에서 도체의 움직임과 전압, (b) 플레밍의 오른손 법칙

이때 자속magnetic flux[3]의 방향(자기장의 방향)과 도체의 이동 방향, 전류의 방향 사이에는 **플레밍의 오른손 법칙**이 적용된다. 플레밍의 오른손 법칙은 이 세 방향을 정의한 것이다. 도체의 움직임이 자속과 수직이 될 때 발생하는 전류는 자속의 방향(자기장의 방향)과 수직 방향으로 흐른다. [그림 13-2(b)]는 플레밍의 오른손 법칙을 나타낸 것이다. 플레밍의 오른손 법칙은 방향도 나타내지만, 이 관계를 통해 자계, 유도전압, 도체의 움직임이 중요한 요소임을 의미한다.

[그림 13-3]에서 **자속밀도**magnetic flux density[4]와 도체의 길이, 도체의 이동속도 간에는 어떠한 관계가 있는지 살펴보자. [그림 13-3]은 유도전압 e와 이들의 관계를 나타낸 그림이다. [그림 13-3(a)]와 같이 자속밀도가 증가할수록, [그림 13-3(b)]와 같이 도체의 길이가 길어질수록, [그림 13-3(c)]와 같이 도체의 이동속도가 빨라질수록 유도전압 e는 증가한다.

---

1 자계란 자석 부근에 자력의 영향이 미치는 공간을 말한다.
2 유도기전력은 전자기 유도작용에 의해서 발생하는 기전력을 말한다. 유기기전력이라고도 한다.
3 자속은 자기력선속을 말하며, 어떤 면을 통과하는 자력선의 수를 나타낸다.
4 자속밀도는 단위면적당 자속의 수이다.

이를 수식으로 나타내면 식 (13.1)과 같다.

$$e = B\ l\ v \tag{13.1}$$

e : 유도기전력 [V], B : 자속밀도 [T],
l : 도체의 길이 [m], v : 도체의 이동속도 [m/s][5]

이러한 유도전압의 발생은 발전기의 원리가 된다. [그림 13-3]에서는 도체가 일정 방향으로 이동하였을 경우만 생각했지만, 실제 발전기에서는 도체를 회전시켜 연속적인 움직임을 통해 전기를 지속적으로 생산하게 된다.

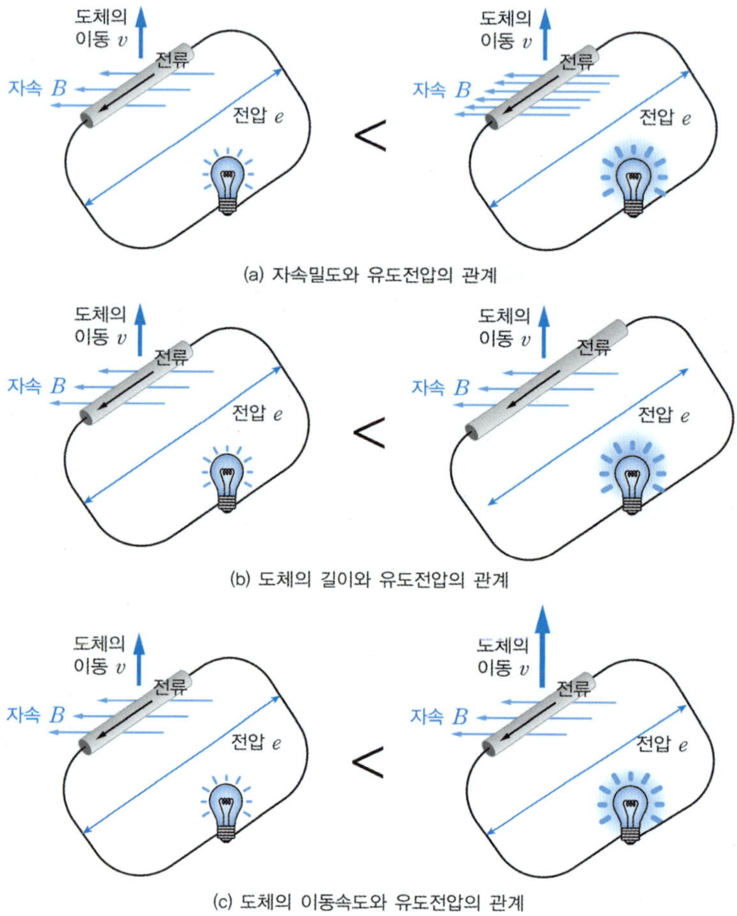

그림 13-3 자속밀도, 도체의 길이, 도체의 이동속도와 유도전압의 관계

5 자속밀도 B의 단위는 [T]로 표시하고 '테슬라'라고 읽는다. 1[T]는 1[Wb/m^2]이다.

예제 13-1

[그림 13-4]에서 1.0[m] 길이의 도체가 10[m/s]의 속도로 이동하고 있다. 유도된 전압이 1.6[V]일 때 자속밀도를 구하라.

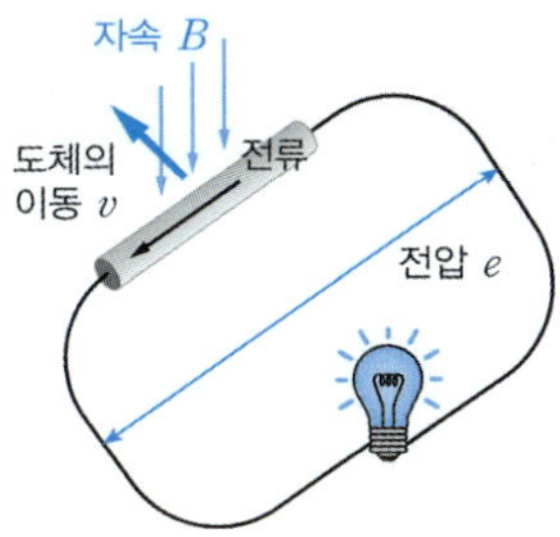

그림 13-4 자속 내에서 이동하는 도체와 유도전압

풀이

식 (13.1)에 의해 유도전압은 다음과 같이 계산할 수 있다.

$$B = \frac{e}{lv} = \frac{1.6}{1 \cdot 10} = 0.16 \qquad \therefore B = 0.16[\mathrm{T}]$$

자계에서의 힘

자계, 유도전압, 도체의 움직임, 이 세 요소를 기준으로 할 때 앞서 자계에서의 유도전압은 자계와 도체의 움직임으로 발생됨을 설명했다. 만일 세 요소 중 두 요소만 존재한다면, 즉 자계 내의 도체에 전압이 인가될 때는 어떤 현상이 발생할까? 이때는 도체를 움직이려는 힘이 발생한다. 이 힘을 **로렌츠 힘**Lorentz force [6]이라고 한다. 로렌츠 힘을 이용하면 전기에너지를 기계에너지로 변환할 수 있는데, 이 에너지를 회전운동 형태로 변화시킨 것이 전동기이다.

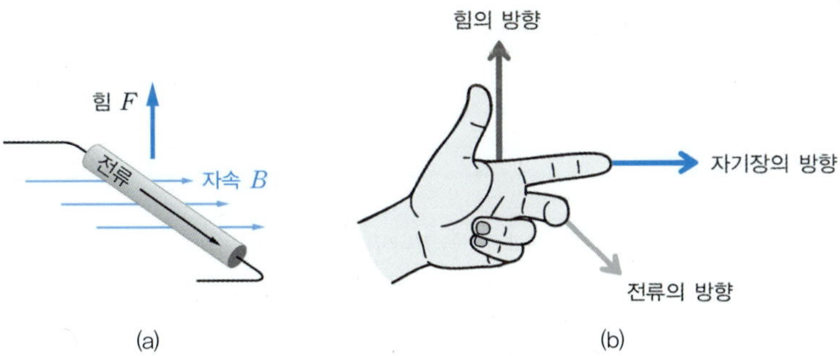

그림 13-5 자계에서 전류가 흐르는 도체와 플레밍의 왼손 법칙

6 하전입자가 자기장 속에서 받는 힘을 말한다.

[그림 13-5]는 자계에 전류가 흐르는 도체가 있을 때 도체에 발생하는 힘을 보여준다. 자계에 존재하는 도체에 전류가 흐를 때 도체에는 일정 방향으로 힘이 발생하는데, 이 방향을 이해하기 쉽게 나타낸 것이 플레밍의 왼손 법칙이다. 이제 자속과 전류와 힘의 관계를 알아보자.

[그림 13-6]은 도체에 발생하는 힘의 크기를 비교한 것이다. 도체에 발생하는 힘은 자속밀도가 클수록, 도체에 흐르는 전류가 클수록, 도체의 길이가 길수록 큰 값을 갖는다. 이를 수식으로 정리하면 다음과 같다.

$$F = Bil \tag{13.2}$$

F : 힘 [N], B : 자속밀도 [T], i : 전류 [A], l : 도체의 길이 [m]

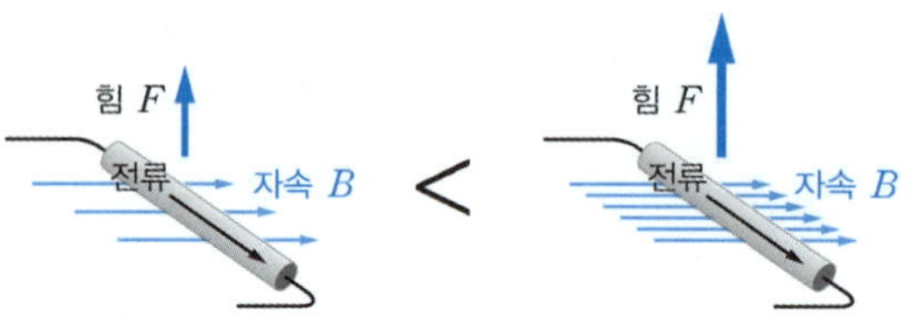

(a) 힘과 자속밀도의 관계

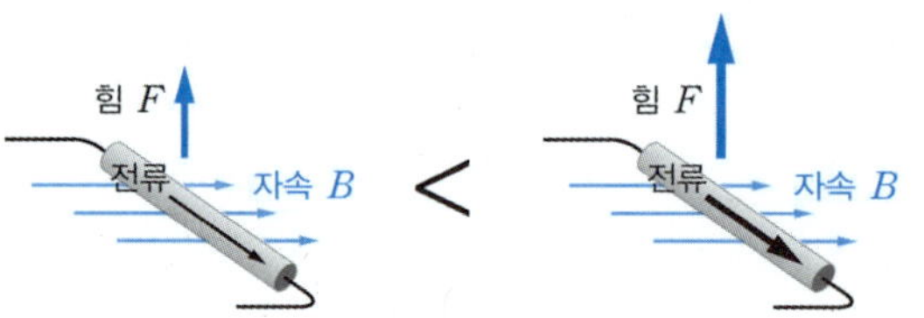

(b) 힘과 전류의 관계

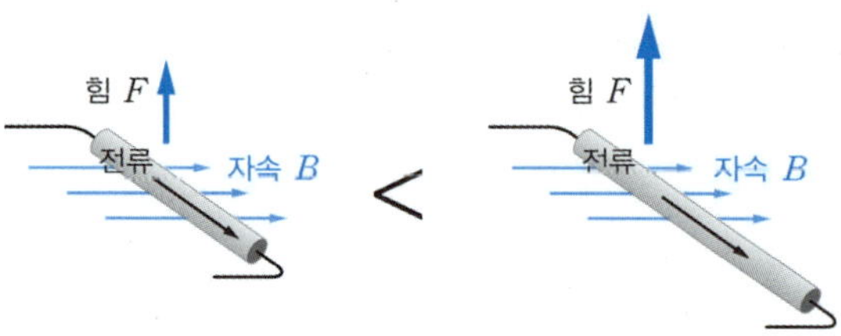

(c) 힘과 도체 길이의 관계

그림 13-6 자속밀도, 전류, 도체 길이와 힘의 관계

예제 13-2

[그림 13-5]에서 전류를 2배 올리고 도체의 길이를 3배로 늘였다면 힘은 얼마나 증가되는가?

풀이

기존 힘을 F_1, 전류와 도체의 길이가 변경된 후의 힘을 F_2라 하면, 변경 전의 힘 $F_1 = Bil$이고, 변경된 후의 힘 $F_2 = B \cdot 2i \cdot 3l = 6Bil = 6F_1$이다. 따라서 변경 후에는 힘이 6배 증가한다.

전동기를 설계할 때, 식 (13.2)를 참고하면 자속밀도, 전류, 도체 길이를 증가시켜 큰 힘을 낼 수 있다. 하지만 자속밀도는 구성된 자석이 갖는 고윳값이고 전류는 전원의 한계로 인해 증가시키는 데도 한계가 있다. 그러므로 물리적으로 증가시킬 수 있는 것은 바로 도체의 길이이다. 도체의 길이를 늘일 때는 반드시 전류와 자속의 방향이 **플레밍의 왼손 법칙**에 맞도록 늘여야 하는데, 자속의 영향 범위와 전류의 방향을 생각할 때 [그림 13-7]과 같은 코일 형태로 구성하게 된다.

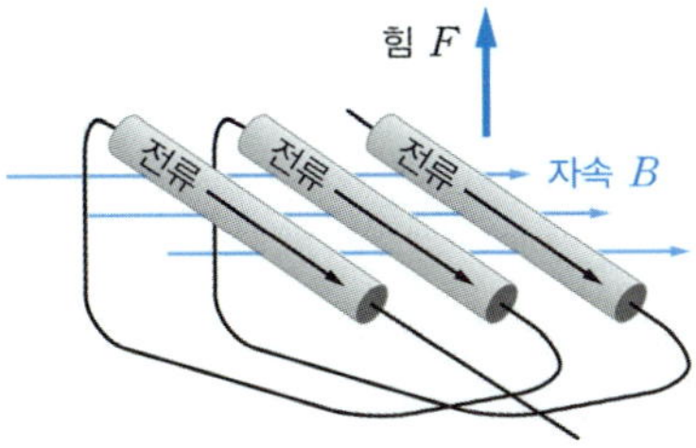

그림 13-7 도체의 길이를 늘이기 위한 방법

Quick Review

- 전기적 에너지를 기계적 에너지로 변환하는 장치를 (　　　)라고 한다.
- 자계에 도체가 움직이면 도체에 (　　)이 발생한다.
- 자계에 전류가 흐르는 도체가 존재하면 도체를 움직이는 (　　)이 발생한다.
- 전기기기에는 (　　　), (　　　), (　　　)가 있다.

ANS 전기기기, 전압, 힘, 직류기/유도기/동기기

13.2 직류기

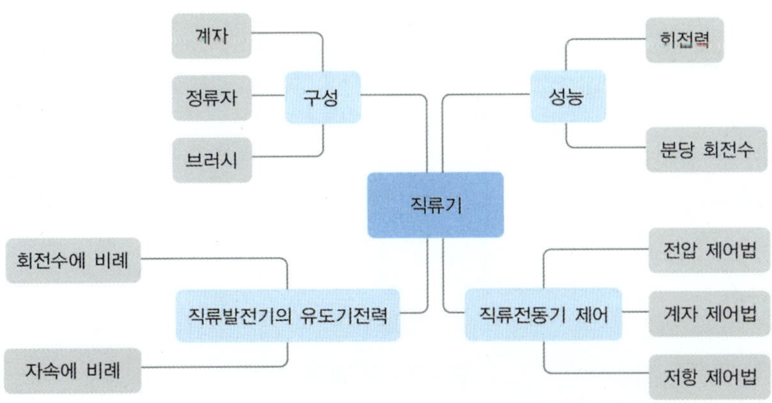

직류발전기의 동작 원리

직류발전기를 살펴보기 전에 우선 교류발전기를 알아보자. [그림 13-8]은 교류발전기의 구조와 이때 발생하는 유도기전력의 파형이다.

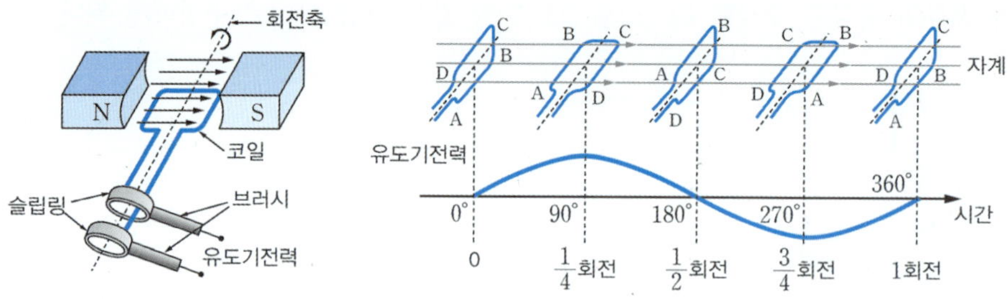

(a) 교류발전기의 구조

(b) 코일의 회전과 유도기전력

그림 13-8 교류발전기의 구조와 유도기전력

[그림 13-8(a)]에서 **슬립링**slip ring은 **코일**coil의 양단과 연결되어 있고, 이는 **브러시**brush를 통해 부하에 연결된다. 이때 유도기전력은 코일의 회전 각도에 따라 그 크기가 바뀐다. [그림 13-8(b)]에서 코일이 자기장에 대해 세로로 위치하면 자계의 영향을 가장 적게 받기 때문에 유도기전력은 0이 된다. 하지만 회전하여 1/4 위치에 있는 경우에는 자계의 영향을 가장 많이 받기 때문에 유도기전력이 최숫값을 갖게 된다. 이후 회전을 계속하여 1/2 회전 위치에서는 다시 0의 값을 가진 후 3/4 회전 위치에서는 코일의 방향이 1/4 회전일 때와 반대이므로 유도기전력의 방향도 반대로 나타나게 된다. 즉 발생하는 전압의 극성이 바뀌게 된다. 이와 같이 코일의 회전 각도에 따라 교류전력을 발생시키는 교류발전기에서 슬립링 대신 **정류자** commutator를 사용하여 회전에 따라 코일의 방향을 일정하게 유지할 수 있는데 이것이 직류발전기이다.

[그림 13-9]는 **직류발전기**의 구조와 직류발전기로 발생되는 **유도기전력**이다.

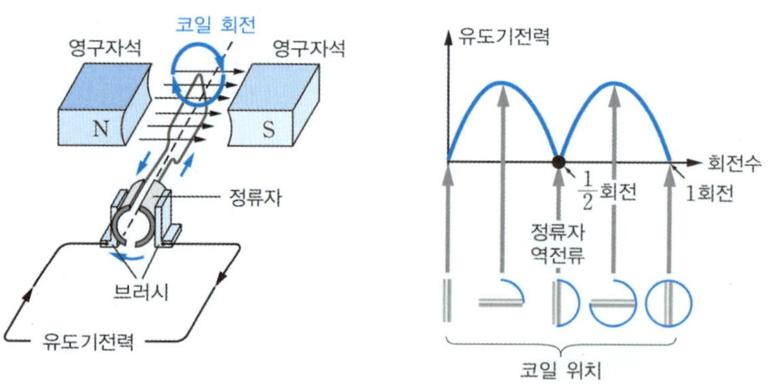

(a) 직류발전기의 구조

(b) 코일의 회전과 유도기전력

그림 13-9 직류발전기의 구조와 유도기전력

교류발전기와 유사한 구조이지만 **정류자**로 인해 유도기전력의 흐름이 항상 한 방향으로 유지된다. 코일의 위치가 자계의 영향을 가장 적게 받는 위치, 다시 말해 세로로 놓여 있을 경우 유도기전력이 0이 된다. 1/2 회전, 즉 반 바퀴를 회전한 후 코일의 양단이 연결된 정류자가 유도기전력의 방향이 변화하지 않도록 하여 유도기전력은 항상 한 방향으로만 발생하게 된다.

직류발전기의 구성

직류발전기는 **전기자**armature, **계자**field, **정류자**commutator, **브러시**brush로 구성된다. [그림 13-10]은 기본적인 형태의 직류발전기의 단면을 나타낸다. 전기자는 유도기전력을 발생시키는 부분으로 **전기자 철심**armature core과 **권선**armature winding으로 구성되어 권선이 철심에 감겨 있는 형태이다. 전기자 철심으로는 주로 **규소강판**[7]으로 된 **성층철심**[8]이 사용되는데, 여기서 규소강판은 자속이 잘 통과하는 성질이 있어 사용되고 성층철심은 와류손을 줄이기 위해 사용된다.

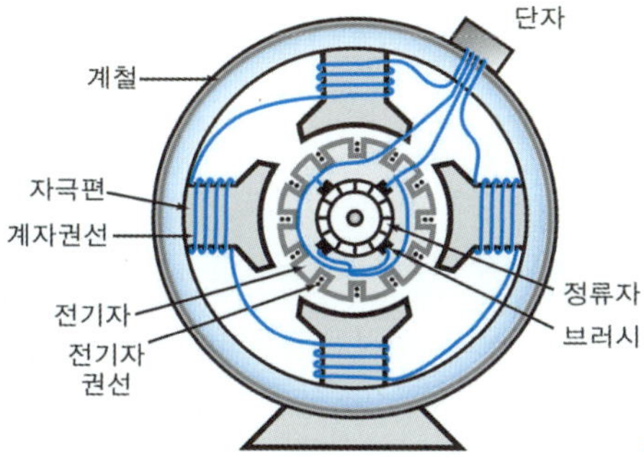

그림 13-10 기본적인 형태의 직류발전기

계자는 자속을 만들어주는 부분이다. 소형 모터나 발전기에는 [그림 13-9]처럼 영구자석을 사용하고 그 외에는 [그림 13-10]처럼 **자극편**pole shoe에 연결된 **계자철심**field core에 **계자권선**field winding을 감아 사용한다. 정류자는 유도기전력을 직류로 유지하며, 브러시는 정류자에 직접 접촉하여 회전하는 정류자와 외부 단자에 연결해주는 역할을 한다. 브러시는 회전하는 정류자에 접촉하는 만큼 기계적 강도나 접촉저항[9], 전기저항 등이 적어야 하다. 고속기에는 흑연이, 저속기에는 탄소 재질로 된 브러시가 주로 사용된다.

직류발전기의 유도기전력

직류발전기의 유도기전력을 계산하려면 우선 식 (13.1)을 원통형 코일에 대해 변경해야 한다. 이를 위해서는 식 (13.1)의 자속밀도를 코일이 원통형이라고 가정한 뒤 자속과 원통의 외부면적의 비로 나타내야 한다.

---

7 규소강판(硅素鋼板, silicon steel sheet)은 철에 실리콘(규소)를 첨가하여 자기에 대한 영향을 적게 받도록 만든 강판이다.

8 성층철심(laminated iron core)은 얇은 철한을 겹쳐 쌓은 철심을 말한다.

9 접촉저항은 두 도체가 접하고 있을 때 접촉면에 생기는 저항을 말한다.

그 결과 식 (13.3)과 같이 변경할 수 있다.

$$B = \frac{\phi}{A} = \frac{\phi}{2\pi rl}[\mathrm{Wb/m^2}] \tag{13.3}$$

도체의 이동속도는 식 (13.4)와 같이 나타낼 수 있다.

$$v = 2\pi r\frac{N}{60}[\mathrm{m/s}] \tag{13.4}$$

식 (13.4)에서 N은 분당 회전수[rpm][10]이며, 이를 초속과 단위를 맞추기 위해 60으로 나누는 과정이 추가되었다. 식 (13.3)과 식 (13.4)를 식 (13.1)에 적용하여 정리하면 식 (13.5)와 같다.

$$e = Blv = \frac{\phi}{2\pi rl}\cdot l\cdot\frac{2\pi rN}{60} = \frac{1}{60}\cdot\phi\cdot N[\mathrm{V}] \tag{13.5}$$

전체 유도기전력을 구하려면 도체 하나의 유도기전력을 전동기의 구조에 맞춰 계산해야 한다. 따라서 자속 B에는 자극편의 극수 p를 곱해야 하며, 브러시 사이의 전기자 도체수 Z를 전기자의 병렬회로 수 a로 나눈 $\frac{Z}{a}$를 곱하여 구해야 한다. 이를 정리하면 식 (13.6)과 같다.

$$E = e\cdot p\cdot\frac{Z}{a} = \frac{p}{a}\phi Z\frac{N}{60} = K\phi N[\mathrm{V}]\quad \left(K = \frac{p}{a}Z\frac{1}{60}\right) \tag{13.6}$$

발전기에서 $\frac{p}{a}Z\frac{1}{60}$은 고정된 값이므로 결국 자속과 회전수에 따라 유도기전력이 결정된다. 여기서 $\frac{p}{a}Z\frac{1}{60}$ 값을 기계상수 K로 하여 나타내기도 한다.

식 (13.6)은 무부하 시 유도기전력이며, 부하가 걸려 있을 때 유도기전력은 바뀐다. [그림 13-11]은 무부하 유도기전력과 부하 유도기전력을 나타낸 그림이다.

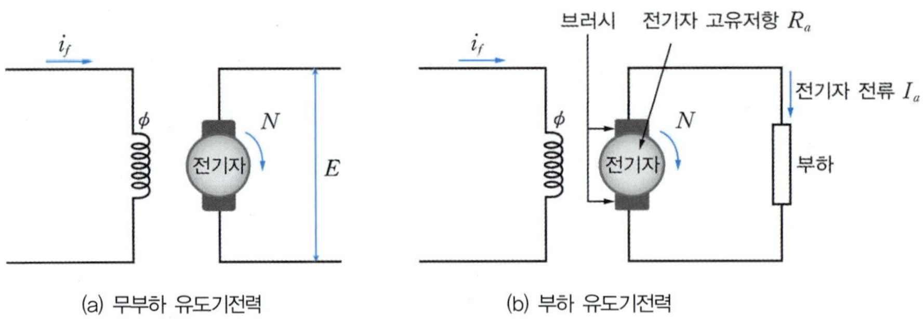

그림 13-11 무부하 유도기전력과 부하 유도기전력

부하가 존재하면 전기자 고유저항으로 인해 전기자 전류 I_a가 발생하고, 그에 따라 전압 강하가 발생하는데, 이를 전기자 전압 강하라고 한다. 그리고 브러시의 전압 강하 v_b도 발생하는데, [그림 13-11]의 예에서는 2개의 브러시를 사용하므로 브러시 전압 강하도 2배가 된다.

10 분당 회전수(revolution per minute)는 회전 장치가 1분에 회전하는 수를 말한다.

이를 고려하면 [그림 13-11]은 [그림 13-12]와 같이 나타낼 수 있다.

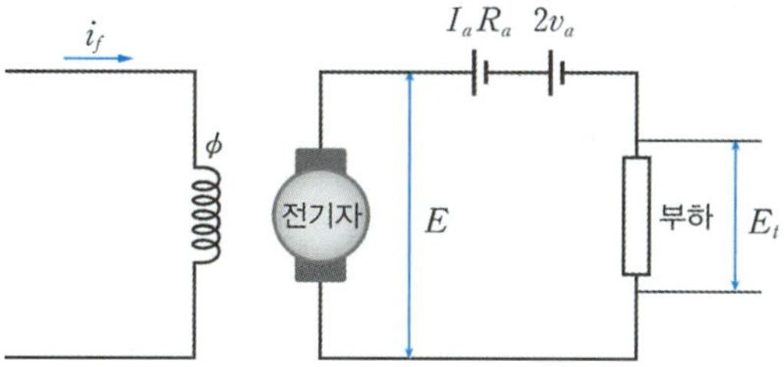

그림 13-12 전기자 전압 강하와 브러시 전압 강하

[그림 13-12]는 전기자 전압 강하와 브러시 전압 강하를 회로에 전원으로 추가한 것이다. 이를 정리하면 직류발전기의 단자전압은 식 (13.7)과 같이 나타낼 수 있다.

$$E_t = E - I_a R_a - 2v_b \tag{13.7}$$

발전기의 출력은 단자전압과 전기자 전류를 곱하여 구할 수 있다.

$$P = E_t I_a = EI_a - I_a^2 R_a - 2v_b I_a^2 \tag{13.8}$$

식 (13.8)에서 $I_a^2 R_a$를 동손, $2v_b I_a^2$을 브러시손이라 한다.

예제 13-3

자극수가 4, 전기자 도체수가 400, 자극당 유효자속이 0.04[Wb]일 때, 600[rpm]으로 회전하는 파권 발전기의 유도기전력을 계산하라. 단, 파권 발전기의 전기자에서 병렬회로 수는 2개이다.

풀이

유도기전력은 식 (13.6)으로 구할 수 있다.

$$E = e \cdot p \cdot \frac{Z}{a} = \frac{p}{a}\phi Z \frac{N}{60} = \frac{4}{2} \cdot 0.04 \cdot 400 \cdot \frac{600}{60} = 320$$

$$\therefore E = 320[\text{V}]$$

직류전동기

직류발전기와 **직류전동기**는 동일한 구조이며, 직류발전기의 양 단자에 전원을 연결하면 직류전동기로 사용할 수 있다. 직류전동기로 사용하는 동안에도 도체는 자계의 영향을 받으므로 유도기전력이 발생한다. 이때 **플레밍의 오른손 법칙**에 의해 단자전압 V와 반대 방향으로 발생하게 되는데 이를 **역기전력**counter electromotive force이라고 한다.

역기전력은 식 (13.6)을 이용하여 식 (13.9)와 같이 나타낼 수 있다.

$$E = e \cdot p \cdot \frac{Z}{a} = \frac{p}{a}\phi Z \frac{N}{60} = V - I_a R_a = K\phi N \,[\mathrm{V}] \tag{13.9}$$

식 (13.9)에서 기계상수 K는 식 (13.6)의 $\frac{p}{a} Z \frac{1}{60}$을 의미한다.

전동기의 성능은 회전력[torque]과 회전수로 정의된다. 회전력은 기계적 동력 P_m을 각속도 $\omega = \frac{2\pi N}{60}$으로 나누어 구할 수 있다.

$$\begin{aligned} T &= \frac{1}{\omega} P_m = \frac{1}{\omega} E I_a \\ &= \frac{60}{2\pi N} \cdot \frac{p}{a}\phi Z \frac{N}{60} \cdot I_a \\ &= \frac{pZ}{2\pi a}\phi I_a \,[\mathrm{N \cdot m}] \end{aligned} \tag{13.10}$$

식 (13.10)은 다시 단위를 바꿔 식 (13.11)과 같이 나타낼 수 있다.

$$T = \frac{1}{9.8} \cdot \frac{P_m}{\omega} = 0.975\frac{P_m}{N} = 0.975\frac{EI_a}{N}\,[\mathrm{kg \cdot m}] \tag{13.11}$$

식 (13.11)에서 토크는 회전수에 반비례하고 기계적 동력에 비례함을 알 수 있다.

이번에는 회전수에 대한 식을 알아보자. 식 (13.9)를 분당 회전수 N에 대해 정리하면 식 (13.12)와 같이 나타낼 수 있다.

$$N = K\frac{V - I_a R_a}{\phi} = \frac{E_t - I_a R_a - 2v_b}{\frac{P}{a}\phi Z \frac{1}{60}}\,[\mathrm{rpm}] \tag{13.12}$$

I_a : 전기자 전류, R_a : 전기자 저항, v_b : 브러시 전압 강하,
P : 자극 수, a : 병렬회로 수, ϕ : 자속, Z : 도체 수

직류전동기의 제어

전동기를 사용할 때는 원하는 회전력 T와 분당 회전수 N에 맞춰 동작시켜야 한다. 전동기가 정해졌다면 물리적으로 전동기가 출력할 수 있는 **회전력**과 **분당 회전수**의 범위는 정해진 것이므로 이 범위 내에서 전동기를 제어하여 사용해야 한다. 식 (13.11)과 같이 회전력은 분당 회전수와 기계적 동력으로 나타낼 수 있고, 이는 다시 전기자 전류의 관계로 나타낼 수 있다. 그렇다면 이미 주어진 직류전동기의 속도(분당 회전수)는 어떻게 제어할까? 분당 회전수에 대한 식 (13.12)를 살펴보면 사용자가 조절할 수 있는 부분은 **전기자 전류** I_a, **전기자 저항** R_a, **자속** $\boldsymbol{\phi}$이다.

[그림 13-13]은 속도를 조절하기 위한 3가지 방법을 보여준다.

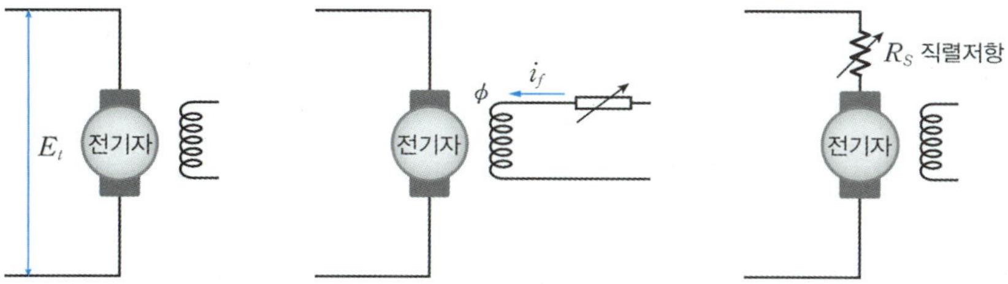

(a) 전압 제어법 (b) 계자 제어법 (c) 저항 제어법

그림 13-13 직류전동기의 속도를 제어하기 위한 방법

전압 제어법은 단자에 공급되는 전압을 조절하여 속도를 제어하는 방식이며 가장 많이 사용된다. 계자 제어법은 자속을 조절하는 방법으로, 계자저항을 조절하여 자속을 조절하는 방식이다. 저항 제어법은 전기자회로에 직렬로 저항을 연결하여 전기자에 공급되는 전류를 조절해 속도를 조절하는 방법으로, 저항으로 인한 손실이 발생하여 실제 사용하지는 않는다.

Quick Review

- 직류기는 ( ), ( ), ( )로 구성된다.
- 직류발전기의 ( )은 자속과 회전수에 비례한다.
- 직류발전기는 ( )로 사용할 수 있다.
- 전동기의 성능은 회전력과 분당 ( )로 나타낸다.
- 직류전동기를 제어하는 방법으로는 전압 제어법, ( ) 제어법, 저항 제어법이 있다.

ANS 계자/정류자/브러시, 유도기전력, 직류전동기, 회전수, 계자

13.3 유도기

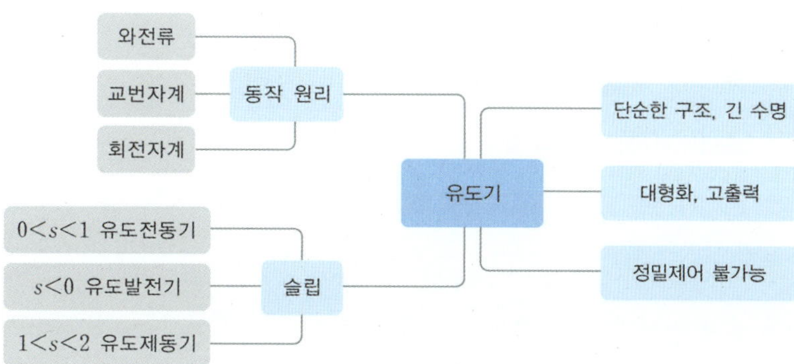

1883년 니콜라 테슬라Nikola Tesla는 세계 최초로 **유도전동기**를 개발했다. 유도전동기는 선풍기, 헤어드라이어, 세탁기 등 회전이 필요한 대부분의 가전기기에 주로 사용된다. 산업용으로는 공작 기계, 컨베이어 벨트, 엘리베이터, 철도 차량 등에 사용된다. 유도전동기가 사용되는 가장 큰 이유는 직류전동기보다 구조가 단순하고 직류기기에 사용되는 정류자와 브러시와 같이 회전 시 물리적으로 접촉하는 부분이 없어 수명이 길기 때문이다. 또한 대형화 및 고출력을 내는 데 용이하다는 장점도 있다. 반면 유도전동기는 정밀한 속도제어나 저속 운전이 불가능하다는 단점이 있다. 따라서 정밀한 제어가 불필요하고 일정 속도와 긴 수명을 필요로 하는 곳에 주로 사용된다.

유도전동기의 원리

덴마크의 과학자 외르스테드Hans Christian Ørsted는 전기가 자기를 발생시키는 현상을 발견했다. 이를 이용해 1820년 프랑스의 물리학자 아라고François Arago는 전자석을 발명했다. 아라고는 전기가 자기를 발생시킨다면 그 반대 현상도 가능할 것이라는 생각으로 1824년 회전이 가능한 구리판과 말굽자석을 이용한 장치로 실험을 했다. 이를 **아라고의 원판**Arago's disk이라고 한다.

프랑수아 아라고
(1786~1853)

[그림 13-14]와 같이 아라고의 원판에서 자석을 화살표 방향으로 돌리면 동판도 따라서 움직인다. 이는 원판이 자석의 자속을 끊어 플레밍의 오른손 법칙에 의해 원판에 기전력을 발생시키고, 이 기전력에 의해 원판 표면에는 **와전류** eddy current[11]가 발생하며, 이 전류는 다시 **플레밍의 왼손 법칙**에 의해 힘을 발생시켜 원판을 회전시키는 원리이다.

실제 유도전동기에서 아라고의 원판에서처럼 자석을 회전시킬 수는 없다. 그렇기 때문에 전기를 흘리면 자계가 회전하는 **회전자계**rotating magnetic field를 만들어야 한다.

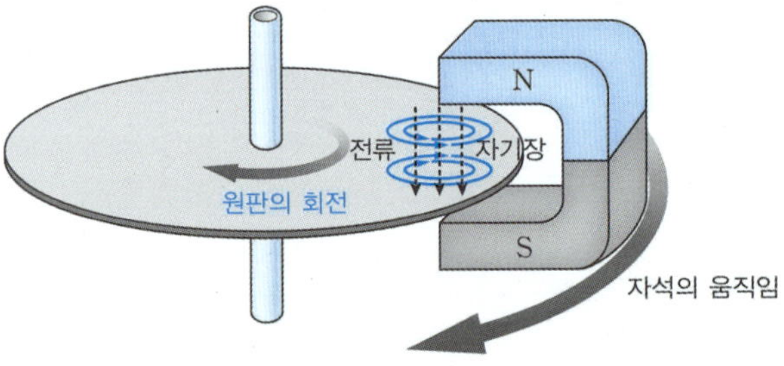

그림 13-14 아라고 원판에서 자기장과 전류와 힘

11 와전류는 전자기 유도에서 도체 안에 흐르는 맴돌이 전류를 말한다. 발견자인 푸코(J.B.L Foucault, 1819~1868)의 이름을 따서 푸코 전류(Foucault current)라고도 한다.

교번자계와 회전자계

일반 가정용 전원은 단상 교류single-phase AC[12]이며 단상 교류로 형성하는 자계를 **교번자계**alternating magnetic field[13]라고 한다. 교번자계를 이용하여 단상 유도전동기를 회전시킬 경우 정지 상태에서는 회전을 시작할 수 없기 때문에 **기동권선(시동권선)**을 필요로 한다. 이때 기동권선은 회전력의 75%까지 회전할 때까지 그 역할을 하고, 이후에는 교번자계만으로 회전하게 된다. 시동권선을 이용하는 방법 외에 위상차를 이용한 분상시동식, 콘덴서 시동식, 셰이딩 코일식, 모노사이클식 등이 있다.

회전자계란 **3상 교류**three-phase AC[14]를 3상 권선에 흘렸을 때 전류에 의해 발생한 회전 자기장으로 마치 자석을 회전시킨 것과 같은 자계를 만들어낸다. 3상 권선으로 구성된 3상 유도전동기는 회전자계의 변화에 의해 **와전류**가 발생하고 이로 인해 회전력을 얻게 된다. [그림 13-15]는 교번자계를 일으키는 단상 교류의 파형과 회전자계를 일으키는 3상 교류의 파형이다.

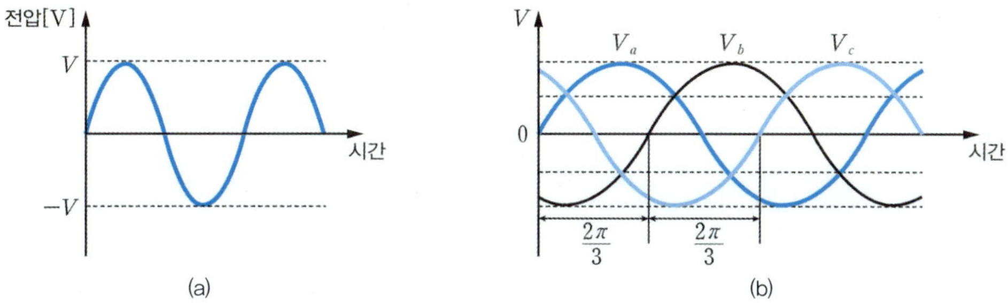

그림 13-15 (a) 단상 교류 파형, (b) 3상 교류 파형

단상 유도전동기는 전동기 자체를 돌리기 위한 시동장치가 필요하다. 3상 유도전동기는 전동기를 돌리는 데 별도의 시동장치가 필요하지 않으나 시동전류가 크므로 전압 강하로 인해 주변의 다른 기기에 영향을 줄 수 있다. 그러므로 1차 저항 시동, KUSA 시동, Y−Δ 시동, 시동 보상기 시동, 2차 저항 시동 등의 방법을 사용하여 시동한다.

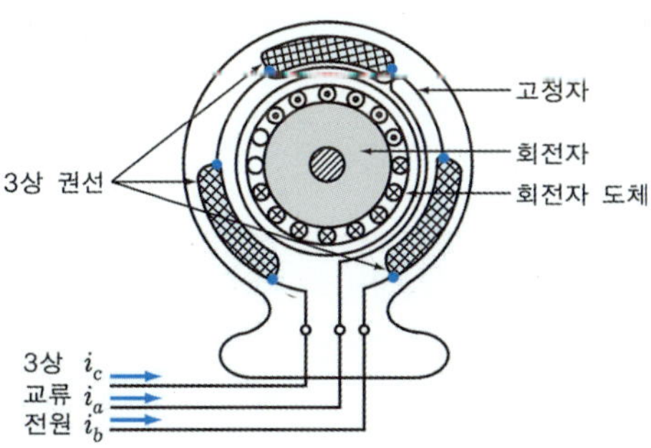

그림 13-16 3상 유도전동기의 구조

12 일정 주기에 따라 그 크기와 방향이 변화하는 전류이다.
13 자계의 세기가 시간에 따라 양, 음으로 변화하는 자계이다.
14 전압의 크기가 같고 주파수와 진폭이 동일하나 120° 위상차를 갖는 3개의 교류전압에 의해 발생하는 전류이다.

유도전동기의 회전과 슬립

유도전동기에서 고정자의 속도는 식 (13.13)과 같이 나타낼 수 있다.

$$N_s = \frac{120f}{p} \text{ [rpm]} \tag{13.13}$$

회전자의 속도를 N이라고 했을 때 고정자의 속도는 항상 회전자의 속도보다 빨라야 한다. 즉 유도전동기의 회전자는 고정자를 만드는 회전자계에 끌려 회전하고 있으므로 만일 고정자의 속도와 회전자의 속도가 동일하다면 **와전류**가 발생하지 않아 모터가 회전하지 않게 된다. 그러므로 유도전동기에서는 항상 '$N_s > N$'이 되어야 한다. 회전자가 회전자계보다 낮은 속도로 회전해야 하는 정도를 나타낸 것이 슬립이다. 슬립은 식 (13.14)와 같이 나타낼 수 있다.

$$s = \frac{N_s - N}{N_s} \tag{13.14}$$

슬립의 범위에 따라 [표 13-1]과 같이 **유도전동기, 유도발전기, 유도제동기**로 분류할 수 있다.

표 13-1 슬립에 따른 유도기의 분류

유도기	슬립의 범위	N_s와 N의 관계
유도전동기	$0 < s < 1$	회전자 속도가 고정자의 속도보다 느리다($N_s > N$).
유도발전기	$s < 0$	회전자 속도가 고정자의 속도보다 빠르다($N_s < N$).
유도제동기	$1 < s < 2$	회전자 속도는 고정자의 속도보다 느리다$(\lvert N\rvert < N_s)$. 회전 방향이 반대이므로 슬립 $s = \frac{N_s - (-N)}{N_s} = \frac{N_s + N}{N_s}$의 값을 가진다.

예제 13-4

60[Hz], 4극인 3상 유도전동기가 1700[rpm]으로 회전했다. 고정자의 속도와 슬립 s를 구하라.

풀이

고정자의 속도는 식 (13.13)을 이용하고, 슬립은 식 (13.14)를 이용하여 계산한다.

$$N_s = \frac{120f}{p} = \frac{120 \cdot 60}{4} = 1800$$

$$s = \frac{N_s - N}{N_s} = \frac{1800 - 1700}{1800} = 0.056$$

$$\therefore \ N_s = 1800\text{[rpm]}, \ \ s = 0.056$$

Quick Review

- 유도전동기는 구조가 단순하고 수명이 (   ).
- 유도전동기는 (   )와 (   )를 이용하여 회전한다.
- 고정자와 회전자의 속도에 따라 (   ), (   ), (   )로 분류된다.

ANS 길다, 교번자계/회전자계, 유도전동기/유도발전기/유도제동기

13.4 동기기

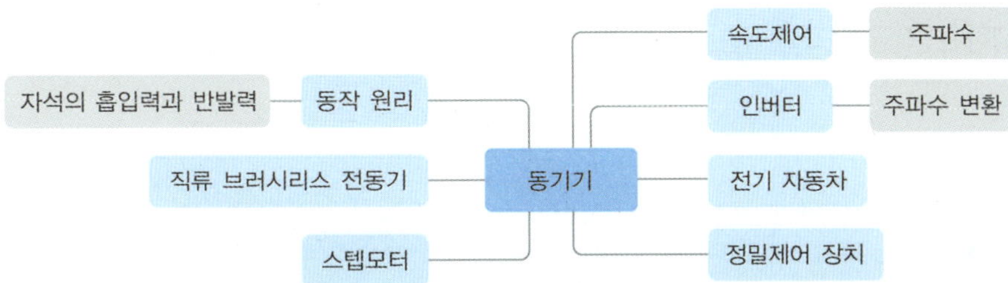

유도전동기가 일정한 회전을 필요로 하는 곳에 사용된다면, **동기전동기**는 속도를 제어해야 하는 곳에 사용된다. 동기기에는 **동기발전기**synchronous generator와 **동기전동기**synchronous motor가 있으며 구조는 동일하다. 동기발전기는 오늘날 대부분의 발전소에 사용된다. 동기전동기는 전자레인지의 회전판처럼 큰 힘을 필요로 하지 않는 장치에 사용되기도 하며 주파수에 따라 속도를 제어할 수 있으므로 전기 자동차에 사용되기도 한다. 이 절에서는 **동기발전기**와 **동기전동기**의 구동 원리를 살펴보고 그 특성에 대하여 학습할 것이다.

동기발전기

교류발전기에는 **동기발전기, 유도발전기, 유도자형 발전기** 등이 있다. 이 중 동기발전기는 가장 일반적이고 널리 사용되는 발전기이다. 13.1절에서 학습한 바와 같이 **유도기전력**은 도체가 자속을 가로질러 움직일 때 발생한다.

[그림 13-17(a)]는 **3상 동기발전기**의 구조이다. 3상 동기발전기에는 3상 권선을 120° 간격으로 배치하며, 자속을 만들려면 직류전원이 필요하다. 자속이 발생하는 회전자가 회전하여 3상 권선과 교차하여 유도기전력을 만들어내는 원리이다.

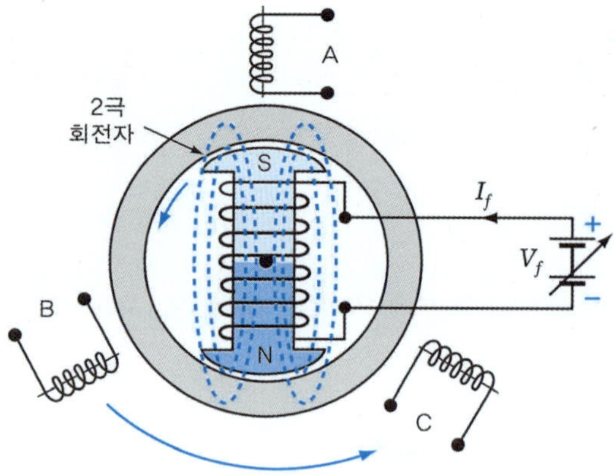

(a) 3상 동기발전기의 구조

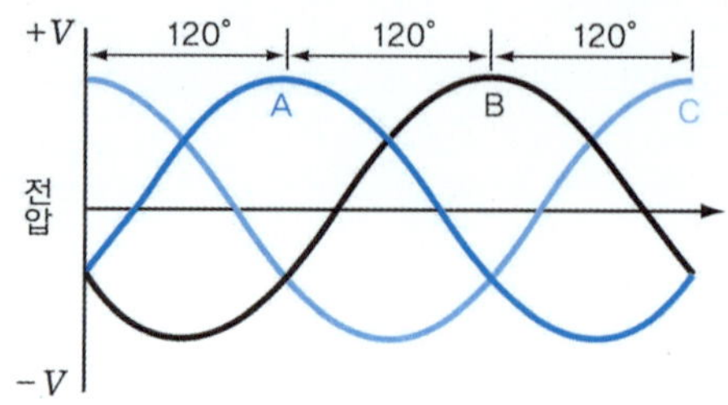

(b) 3상 전압

그림 13-17 3상 동기발전기(회전계자형)의 구조와 3상 전압

이때 발생하는 전압의 주파수는 식 (13.15)와 같이 나타낼 수 있다.

$$f = \frac{pNs}{120}\ [\mathrm{Hz}] \tag{13.15}$$

식 (13.15)는 유도전동기의 고정자속도인 식 (13.13)과 동일한 식임을 알 수 있다.

동기전동기

동기전동기는 **동기발전기**와 구조가 동일하다. 동기전동기의 회전 원리는 자계의 반발력과 흡입력이다. [그림 13-18(a)]와 같이 회전이 가능하도록 축에 고정한 막대자석에 반대 극의 자석을 갖다 대면 흡입력이 발생하여 자석이 멈추게 된다. 만약 같은 극을 갖다 대면 반발력이 발생하여 고정되어 있는 자석을 밀어낸다. 동기전동기는 이와 같은 현상을 이용하여 회전운동을 만들어낸다.

(a) 자석의 반발력과 흡입력

(b) 반발력과 흡입력의 연쇄 작용에 따른 회전

그림 13-18 3상 동기전동기의 동작 원리

[그림 13-18(b)]는 **3상 동기전동기**의 회전 원리를 나타낸 것이다. 첫 번째 그림에서는 **고정자**(바깥쪽) 아래쪽 2개의 권선에서 **회전자**와 반대 극성이 생기면서 흡입력이 발생한다. 그 다음 단계에서는 위쪽과 오른쪽의 권선에서 반대 극성이 생기므로 회전자를 끌어당기게 된다. 세 번째 단계에서는 위쪽과 왼쪽에서, 네 번째 단계에서는 아래쪽 2개에서, 다섯 번째 단계에서는 다시 위쪽과 오른쪽에서, 여섯 번째 단계에서는 왼쪽과 위쪽에서 흡입력이 발생한다. 이러한 연속 동작을 통해 동기전동기는 회전하며 고정자의 변환 주파수가 빠를수록 회전속도는 빨라진다. 이와 같이 고정자 회전 자계의 속도와 회전자의 속도가 동일하므로 **동기전동기**라 불린다.

동기전동기의 회전수는 유도전동기의 회전수를 구하는 식인 식 (13.3)과 동일하다. 일반적인 교류 전원에서 주파수 f는 바꿀 수 없으므로 동기전동기의 속도는 주파수에 대해 항상 일정함을 알 수 있다. 구조적으로 속도를 조절할 수 있는 방법은 극수를 조절하는 방법이다. 하지만 구조적인 변화라서 속도를 바꿔 사용할 수 없으므로 **인버터**inverter[15]를 이용해 주파수를 변화시키는 방법이 사용된다. 이러한 동기전동기는 산업용으로는 대형 송풍기, 압연기, 압축기, 전기 자동차 등에 사용되며, 가정용으로는 전자레인지 바닥의 회전판 등에 사용된다.

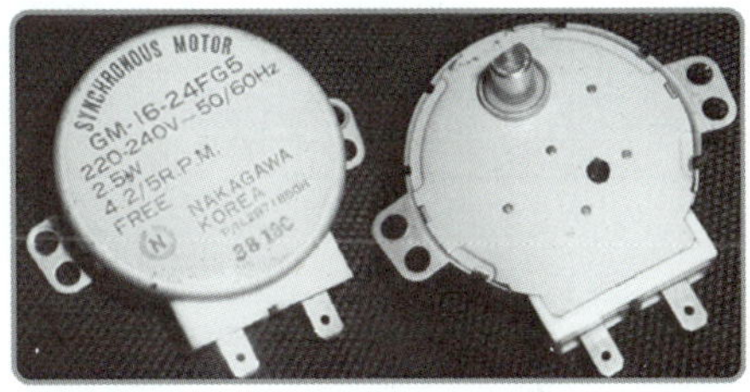

그림 13-19 가정용 전자레인지에 사용되는 소형 동기전동기

직류 브러시리스 전동기

일반적인 **직류전동기에 사용되는 브러시는 슬립링과 접촉하면서 마모되어 직류전동기의 수명을 감소시키는 가장 큰 원인**이 된다. 또한 브러시의 물리적인 접촉으로 인해 고속 회전에 적합하지 않다. **직류 브러시리스 전동기**DC brushless motor는 말 그대로 브러시를 사용하지 않는 직류전동기이다. 긴 수명과 고속회전이 필요한 방열팬과 드론의 프로펠러뿐만 아니라 전동공구, 산업용으로 광범위하게 사용된다. 이러한 직류 브러시리스 전동기는 기본적으로 동기전동기와 구조가 동일하다. 다만 고정자에 흐를 전류를 교류를 이용하여 줄 것이냐, 직류를 스위칭하여 줄 것이냐의 차이가 있다.

(a) 방열팬의 직류 브러시리스 전동기 (b) 드론에 사용되는 직류 브러시리스 전동기 (c) 산업용 직류 브러시리스 전동기

그림 13-20 다양한 직류 브러시리스 전동기

15 인버터는 직류를 교류로 바꿔주는 장치로, 주파수를 조절하여 모터 등 부하의 동작을 제어한다.

[그림 13-21]처럼 3상 교류 동기전동기를 회전시키려면 3상 교류전류를 입력해야 한다. 3상 교류전류를 만들려면 직접 3상 교류전류를 전동기에 입력하는 방법도 있지만, 별도의 회로를 이용하여 각 권선에 입력되는 전류를 순차적으로 제어하는 방법도 있다. 직류 브러시리스 전동기에는 전류를 제어하는 회로가 내장되어 있어 교류 동기전동기와 같은 구조의 전동기를 직류전원만으로 회전시키게 된다.

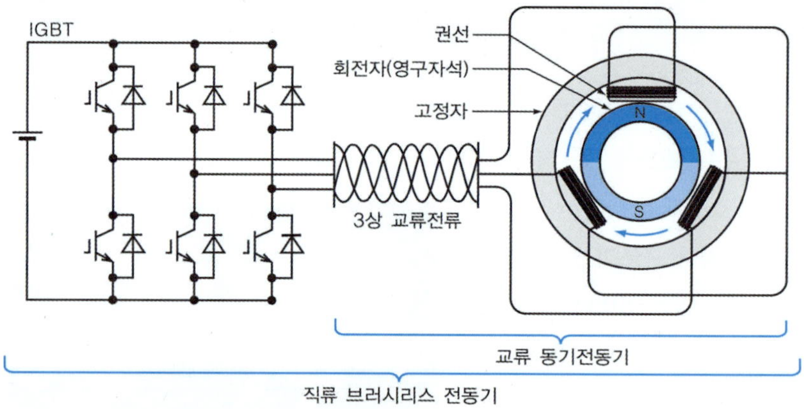

그림 13-21 교류 동기전동기와 직류 브러시리스 전동기

이와 유사한 원리로 회전하는 전동기 중에 **스텝모터**라는 모터가 있다. 이 전동기도 기본 구조와 회전 방법은 동기전동기와 동일하다. 스텝모터는 디지털 신호를 주어 회전 방향과 속도를 조절할 수 있어 가정용 전자 제품이나 산업용으로 많이 사용된다. 이처럼 큰 범주로 볼 때 **동기전동기**에는 **교류 동기전동기**뿐 아니라 **직류 브러시리스 전동기**나 **스텝모터**도 포함된다.

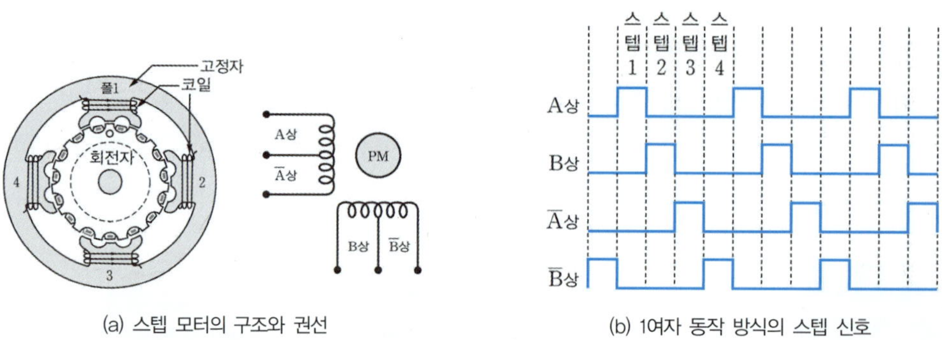

그림 13-22 (a) 스텝 모터의 구조, (b) 회전을 위한 디지털 신호

Quick Review

- 동기전동기는 자석의 (   )과 (   )을 이용하여 회전한다.
- 동기전동기는 (   )가 필요한 곳에 사용한다.
- 고정자에 인가되는 전압의 (   )에 따라 회전속도가 결정된다.
- 주파수를 제어할 수 있는 (   )가 필요하다.

ANS 흡입력/반발력, 속도제어, 주파수, 인버터

13.5 하이브리드 자동차와 전기 자동차

▌내연기관 자동차(ICEV)

오늘날 대부분의 자동차는 아직 **내연기관**internal combustion engine **자동차**이다. 전기·전자 기술이 발달함에 따라 내연기관 자동차에 사용되는 전기·전자 장치의 수도 점점 늘어나고 있다. 자동차의 엔진, 변속기 등을 조절하는 ECUElectronic Control Unit부터 전동기로 동작하는 와이퍼, 주기에 맞춰 깜박이는 시그널 램프, LCD로 표시되는 계기판 등 그 수를 모두 헤아릴 수 없을 정도이다. 이러한 전기·전자장치를 움직이기 위해 자동차 내의 발전기에서 전기를 생성하고 축전지에 이를 저장하여 사용한다. **내연기관**은 투입되는 연료에 비해 손실되는 에너지가 매우 크다. 대표적인 손실 에너지는 열에너지이다. 빠르게 움직이는 기계장치에서 발생하는 마찰열과 연료를 태워서 그 폭발력으로 기계적 에너지를 얻기 때문이다. 연료를 태우는 과정에서 나오는 오염 물질도 큰 문제가 되고 있다.

하이브리드 자동차(HEV)

환경에 대한 관심과 고연비 자동차에 대한 요구가 커지면서 주행 시 내연기관과 전동기를 함께 사용하는 하이브리드 자동차(HEV)Hybrid Electric Vehicle가 등장하게 되었다. 저속에서는 전동기만으로 주행하고 고속에서는 내연기관 단독 혹은 내연기관과 전동기를 함께 사용하여 주행하는 방식이다.

하이브리드 자동차의 기술도 많이 발전했으나 가장 큰 단점도 갖고 있다. 바로 복잡한 구조를 갖는다는 것이다. 또한 환경규제가 강화되면서 하이브리드 자동차만으로는 환경규제를 충족시키기에는 한계에 온 상태이다. 이러한 흐름에 맞춰 전동기로만 주행하는 전기 자동차(EV)Electric Vehicle의 시대로 급격하게 변화하고 있다. 전동기를 주행 장치로 사용하면 기계장치가 매우 간단해지고 전체 부품 수가 크게 감소한다. 특히 내연기관에 비해 에너지 손실이 매우 적기 때문에 적은 에너지로 긴 항속거리를 갖는다. 또한 내연기관차 대비 높은 주행성능과 각종 첨단주행보조시스템 등을 탑재하고 있어 미래 자동차의 모습을 갖춰가고 있다. 하지만 배터리 용량의 한계로 인한 내연기관 대비 부족한 항속거리, 충전소 보급 등과 같은 문제들이 앞으로의 숙제로 남아 있다.

이와 같이 하이브리드 자동차와 전기 자동차는 각각 장단점을 갖고 있다. 이를 상호 보완하기 위해서 기존의 하이브리드 자동차에서 배터리의 용량을 늘리고 외부에서 충전이 가능한 플러그인 하이브리드 자동차(PHEV)Plug-in Hybrid Electric Vehicle도 개발되어 판매되고 있다.

하이브리드 자동차의 연비를 높이기에는 내연기관의 특성상 한계가 있는데 내연기관의 한계와 전동기의 고효율을 이용한 형태인 주행거리 연장 전기차(EREV)Extended Range EV가 등장했다. 주행은 전동기로만 하고 내장된 소형의 내연기관은 배터리를 충전하는 발전기 역할만 하는 것이다. 전동기로만 주행하기 때문에 전기 자동차와 유사한 장점을 가지면서 전기 자동차의 단점이었던 항속거리, 충전소 등의 문제를 해결할 수 있는 구조이기도 하지만 전기 자동차의 급격한 발전과 더불어 좀 더 지켜봐야 할 분야이다.

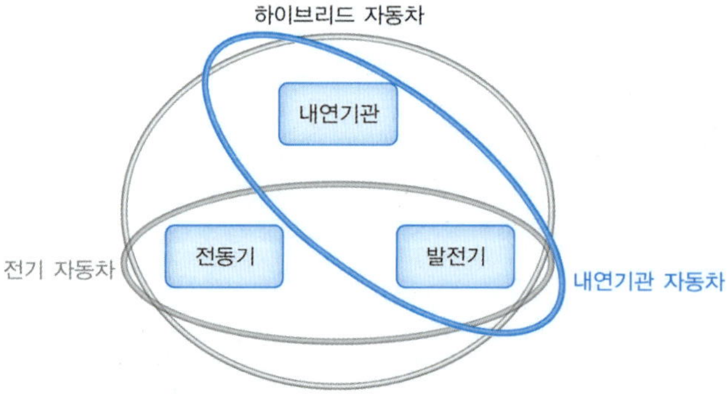

그림 13-23 내연기관 자동차, 하이브리드 자동차, 전기 자동차의 구성

하이브리드 자동차나 전기 자동차 기술의 핵심은 배터리, 전동기, 발전기이다. 이 중 전동기는 내연기관 자동차의 엔진을 대치하며, 발전기는 내연기관과 맞물려 전기를 발생시키고 감속하기 위해 브레이크를 밟을 때 자동차의 운동에너지를 전기에너지로 바꿔주는 역할을 한다. 이 절에서는 하이브리드 자동차와 전기 자동차에 사용되는 전동기와 발전기에 대하여 알아볼 것이다.

전기 자동차(EV)

대부분의 전기 자동차는 **동기전동기**를 사용한다. 동기전동기는 교류신호의 주파수를 이용하여 속도를 조절할 수 있기 때문이다. 기본적인 전기 자동차의 전동기는 [그림 13-24]와 같이 동기전동기와 형태가 동일하다.

회전자와 고정자는 모두 자계의 영향을 잘 받는 **규소강판**으로 구성되어 있다. 회전자 영구자석을 내장하고 고정자의 홈에는 코일을 감아 자계를 발생시킨다. 각 코일은 인버터 회로에 의해서 순차적으로 전류를 공급받고, 영구자석이 내장된 회전자는 이에 맞춰 회전한다. 전기 자동차에는 고정자와 회전자의 구성에 따라 다양한 형태의 전동기가 사용된다. [그림 13-24]와 같이 회전자는 영구자석, 고정자는 전자석을 이용하기도 하지만, 회전 시 발생하는 효율 감소로 인해 고정자와 회전자 모두 전자석을 사용하기도 한다. 또한 고정자를 내측에, 회전자를 외측으로 구성하기도 한다.

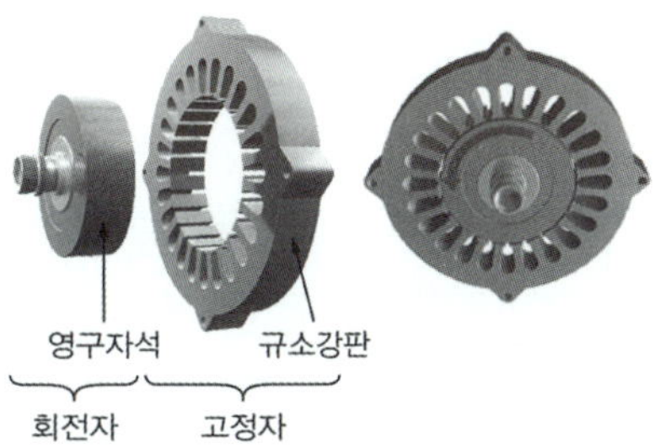

그림 13-24 전기 자동차용 전동기 구조

하나의 전동기를 사용할 때는 내연기관 주변이나 내연기관의 동력축이 아닌 곳에 전동기를 연결한다. 이와 다르게 바퀴마다 전동기를 구성하는 **전동기 내장형 바퀴**in-wheel motor를 사용하기도 한다. 전동기 내장형 바퀴를 사용할 경우 자동차의 부품 수가 크게 감소하고 구조가 간단해진다는 장점이 있으나, 저속부터 고속까지 안정적으로 구동하는 전동기를 만드는 것은 기술적으로 매우 어렵다. 근래에는 **바퀴 내장형 전동기** 내에 변속기를 장착한 구동 시스템도 연구되고 있다. [그림 13-25]는 내연기관 자동차와 테슬라 모델 4의 구조, 전동기 내장형 바퀴를 사용한 자동차의 구조이다. **내연기관 자동차**는 1,500개 이상의 부품이 사용되는 데 비해 전동기 내장형 바퀴를 사용한 자동차는 200개 이하의 부품으로도 구성이 가능하다.

(a) 내연기관 자동차

(b) 테슬라 모델 4(www.plugincars.com)

(c) 바퀴 내장형 전동기 자동차

그림 13-25 내연기관 자동차와 전기 자동차의 구조

자동차의 구성 요소

인버터

동기전동기에는 교류전류의 주파수를 이용하여 회전수를 제어한다. **전기 자동차** 내의 축전지는 직류전류로 충전하고 방전하게 되어 있다. 그러므로 이를 교류로 변환하기 위한 인버터를 반드시 사용해야 한다. 물론 인버터는 전기 자동차뿐 아니라 동기전동기를 사용하려면 반드시 함께 구성되어야 하는 부분이다.

식 (13.4)에서 볼 수 있듯이 **동기전동기**의 회전수는 공급되는 교류전류의 주파수와 직접적으로 관련이 있다. 그러므로 전동기의 속도를 조절하려면 원하는 주파수의 교류전류를 만들어낼 수 있어야 한다. 하지만 실제로 교류전류를 만들어낼 때는 [그림 13-26]과 같이 정현파 모양으로 만들어낼 수 없기 때문에 **IGBT**[Insulated Gate Bipolar Transistor]를 이용하여 **PWM**[Pulse Width Modulation] 방법으로 교류신호를 만들어낸다.

그림 13-26 직류의 교류 변환

IGBT는 고속 스위칭이 가능한 트랜지스터이고 이를 **H 브리지**[H-bridge] **회로**를 이용하여 양극과 음극으로 변환시킨다. 또한 정현파와 같이 변환하기 위해서 고속의 마이크로컴퓨터를 이용하여 스위칭하게 된다. 이러한 구성은 **동기전동기**를 회전시키기 위한 중요한 부분으로 전기 자동차나 하이브리드 자동차에 필수적으로 구성되어야 한다.

[그림 13-27]은 **H 브리지 회로**와 **PWM**으로 출력되는 교류전압을 나타낸다. H 브리지 회로는 $s1$과 $s4$쌍과 $s3$와 $s2$쌍을 각각 스위칭하게 된다. 스위칭하는 IGBT에 따라 H 브리지 내의 전동기에 입력되는 전류의 방향이 [그림 13-27(b)]와 같이 바뀌게 된다. 이때 PWM의 주기를 변화시켜 마치 정현파와 같이 전동기에 전류를 공급하게 된다.

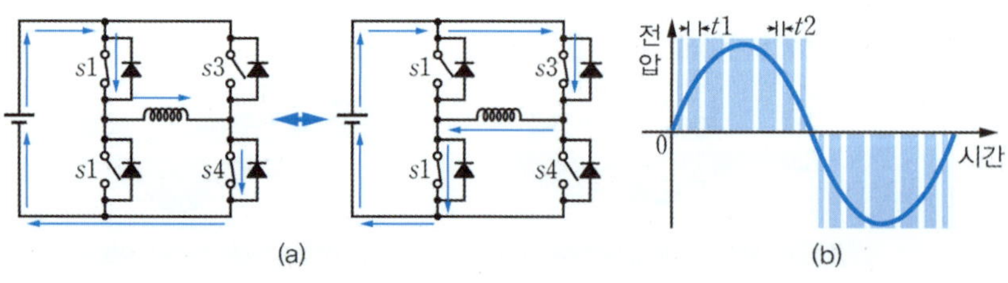

그림 13-27 (a) H 브리지 회로, (b) PWM을 이용한 교류 출력

전동기, 발전기

최근 전기만 사용하는 전기 자동차가 속속 등장하고 있지만, 본격적으로 보급되기까지는 전동기, 축전지, 충전소 등 기술적인 문제들이 모두 해결되어야 한다. 현재 전동기를 사용하는 자동차는 대부분 하이브리드 자동차이다. 하이브리드 자동차는 내연기관과 전동기를 함께 사용하는 자동차를 의미한다. 전동기를 사용하려면 기존의 내연기관 자동차에서 사용하던 소형 발전기보다 더 큰 발전기가 필요하고, 전기를 저장할 축전지도 필요하다.

하이브리드 자동차는 **내연기관, 전동기, 발전기, 축전지, 변속기**의 구성에 따라 [그림 13-28]과 같이 구분할 수 있다.

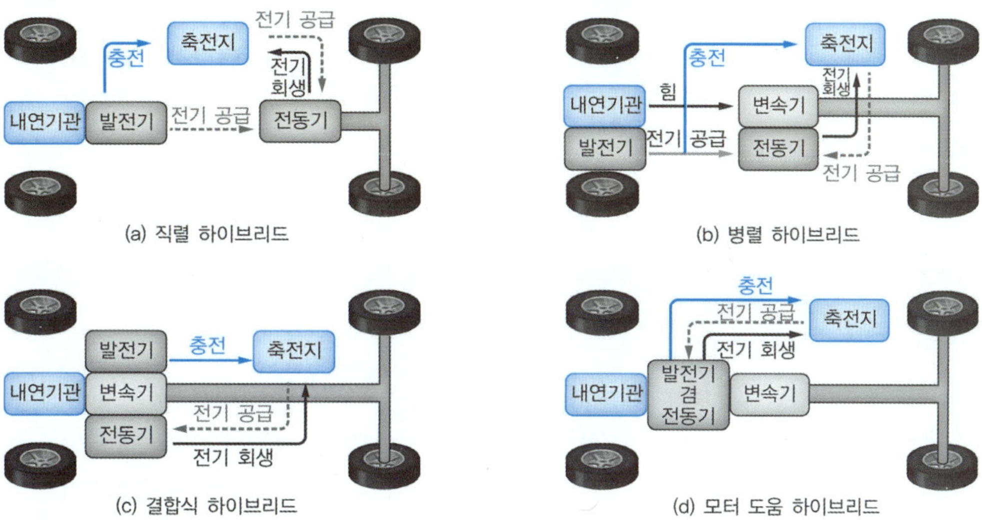

그림 13-28 하이브리드 자동차의 구조별 종류

[그림 13-28(a)]는 **직렬 하이브리드**serial hybrid 방식으로 내연기관과 발전기가 직렬로 연결되어 있어서 내연기관의 동력으로 발전기를 직접 회전시켜 전기를 얻은 후 전동기를 회전시키는 방식이다. 이는 변속기가 없는 형태로 내연기관이 직접 바퀴에 동력을 전달하지 않고 전동기만으로 바퀴를 회전시킨다. 변속기가 없어 가속에 불리하며, 이는 초기에 시도되었던 방식이다. 감속 시 전기 회생이 불가능하다는 단점이 있다. [그림 13-28(b)]는 **병렬 하이브리드**parallel hybrid 방식으로 내연기관에 발전기가 병렬로 구성되어 있고 내연기관 단독, 전동기 단독 혹은 동시에 차량을 구동시킬 수 있다. 전동기가 변속기와 동력 전달 축 모두에 연결되어 있어 감속 시 전동기로부터 전기를 회생시킬 수 있다. [그림 13-28(c)]는 **결합식 하이브리드**combined hybrid 방식으로 발전기와 전동기가 모두 변속기와 내연기간에 결합되어 있는 구조이다. [그림 13-28(d)]는 **모터 도움**motor assist 방식으로 전동기와 발전기가 결합된 장치가 내연기관과 변속기에 연결된 형태이다. 이와 같이 하이브리드 자동차는 좀 더 효율적인 구조로 가기 위해서 다양한 구조로 발전하고 있다.

앞서 언급한 바와 같이 내연기관자동차에서 HEV, PHEV, EV, EREV로 발전하고 있다. 각각의 방식이 장단점이 있어 상호 보완하기 위한 기술이 활발하게 개발되고 있다. [그림 13-29]는 이들의 구조를 정리한 것이다.

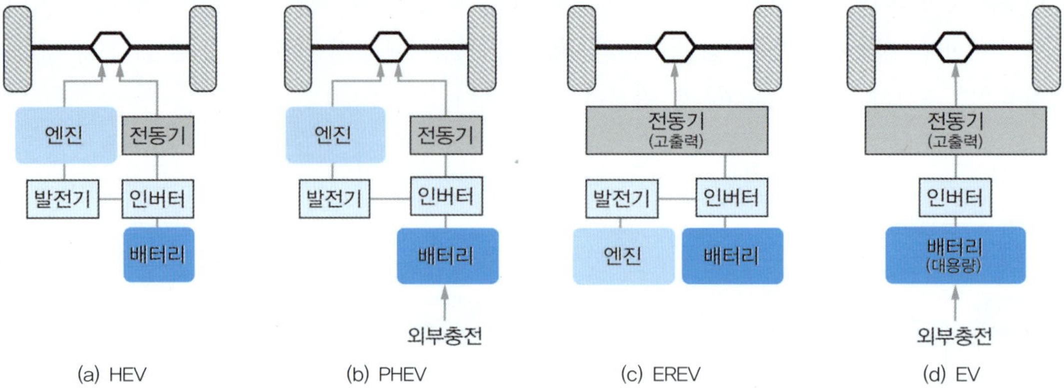

그림 13-29 HEV, PHEV, EREV, EV의 구조

모든 형태의 자동차 시스템에서 전동기, 발전기, 인버터는 필수로 탑재되어야 하는 것을 볼 수 있다. 이와 같이 전기적 에너지를 기계적 에너지로, 혹은 그 반대로 변환하는 전기기기는 자동차 분야에서 매우 중요한 부분이 아닐 수 없다.

내연기관 자동차는 점차 제한되는 추세이며 이 자리를 HEV가 대체하고 있다. 하지만 HEV나 PHEV는 내연기관에 전기적인 부품이 추가되면서 복잡성이 증가하고, 내연기관이 주 구동부인 관계로 에너지효율을 높이는 데 한계가 분명하다. 결국 복잡성이 낮은 EV나 EREV로의 발전이 가속될 것으로 보인다.

Quick Review

- (   ) 자동차는 내연기관과 전동기를 함께 사용하고, (   ) 자동차는 전동기만 사용한다.
- 하이브리드 자동차와 전기 자동차에는 (   )가 사용된다.
- 하이브리드 자동차의 주요 구성품은 (   ), (   ), (   ), (   ), (   )이다.

ANS 하이브리드/전기, 동기전동기, 내연기관/전동기/발전기/축전지/변속기

CHAPTER 13

기본문제

13.1 다음 중 전기기기가 아닌 것은?

① 발전기　　② 전동기
③ 변환기　　④ 전압계

13.2 다음 중 전기기기에 응용되는 물리법칙이 아닌 것은?

① 전자기 유도 법칙　　② 플레밍의 오른손 법칙
③ 에디슨의 법칙　　④ 렌츠의 법칙

13.3 다음 중 직류전동기에서 회전 시 물리적인 접촉이 발생하는 곳을 모두 골라라.

① 자극편　　② 정류자
③ 계자권선　　④ 브러시

13.4 동기전동기에서 극수가 고정되어 있을 경우 [rpm]을 변경시키려면 무엇을 조정해야 하는가?

① 전압　　② 주파수
③ 회전축의 크기　　④ 전류

13.5 다음 중 전동기가 구동장치로 사용되는 자동차가 아닌 것은?

① 하이브리드 자동차　　② 전기 자동차
③ 내연기관 자동차　　④ 플러그인 하이브리드 자동차

CHAPTER 13

연습문제

13.1 다음 ( ) 안에 알맞은 말을 써넣어라.

> 기계적 에너지를 전기적 에너지로 변환하는 장치를 (   )(이)라고 하며, 전기적 에너지를 기계적 에너지로 변환하는 장치를 (   )(이)라고 한다.

13.2 플레밍의 오른손 법칙과 왼손 법칙에 대하여 설명하라.

13.3 [그림 13-30]은 자계에서 도체의 움직임과 유도전압을 나타낸 그림이다. 도체의 이동 방향이 반대 방향으로 바뀐다면 어떠한 변화가 일어나겠는가?

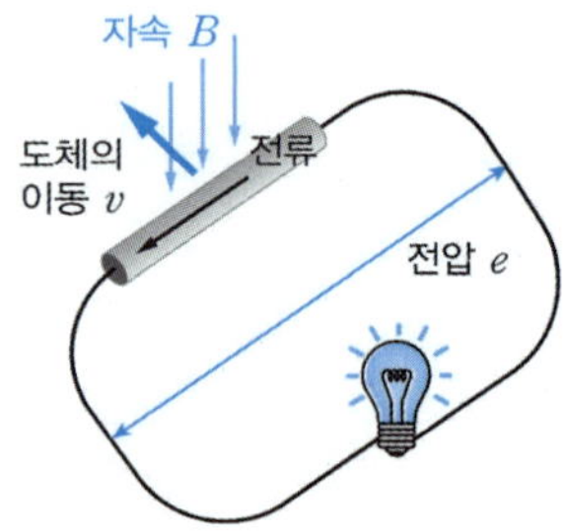

그림 13-30

13.4 전류가 흐르는 도체가 자계 내에 존재할 때 전류의 방향과 자속의 방향은 플레밍의 왼손 법칙과 같다. 도체의 길이가 2배로 늘어나고 전류의 크기가 반으로 감소했을 때, 도체가 움직이는 힘의 변화에 대해 설명하라.

13.5 다음 ( ) 안에 알맞은 말을 써넣어라.

> 직류발전기는 (   ), (   ), (   )(으)로 구성된다.

13.6 다음 ( ) 안에 알맞은 말을 써넣어라.

> 직류전동기의 성능은 (   ), (   )(으)로 나타낸다.

13.7 자극수가 6, 전기자 도체수가 300, 자극당 유효자속이 0.04[Wb]일 때, 300[rpm]으로 회전하는 파권 발전기의 유도기전력을 계산하라.

13.8 유도전동기의 장점과 단점에 대하여 설명하라.

13.9 유도전동기의 회전자계에 대해 설명하라.

13.10 유도기는 슬립에 따라서 구분된다. 60[Hz]에서, 4극 3상인 유도전동기가 2000[rpm]으로 회전했다. 고정자의 속도와 슬립을 구하라.

13.11 유도전동기와 동기전동기는 그 용도가 서로 다르다. 주로 사용되는 분야를 설명하고, 그렇게 사용되는 이유를 설명하라.

13.12 다음 ( ) 안에 알맞은 말을 써넣어라.

> 동기전동기는 자석의 (   )과(와) (   )을(를) 이용하며, (   )에 따라 회전수가 결정된다.

13.13 하이브리드 자동차의 주요 구성품에 대해 설명하라.

13.14 HEV, PHEV, EV, EREV의 차이점을 설명하여라.

13.15 기존의 전기 자동차는 전동기 하나로 여러 개의 바퀴를 회전시켰다. 이에 반해 전동기 내장형 바퀴를 사용하면 각각의 바퀴가 전동기 역할을 하게 된다. 전동기 내장형 바퀴를 사용했을 때 장단점을 설명하라.

13.16 하이브리드 자동차에는 감속 페달을 밟을 때 에너지가 회생되는 시스템이 내장되어 있다. 에너지 회생 시스템에 대하여 설명하라.

CHAPTER

14

전기 · 전자 계측

CONTENTS

학습 목표

- 물리량의 단위와 미터 접두어에 대하여 학습한다.
- 전압, 전류계의 사용법과 동작 원리를 이해한다.
- 저항, 커패시터, 인덕터 측정기의 원리를 이해한다.
- 오실로스코프의 개념과 사용법을 이해한다.

들어가기 전에

계측 measurement(혹은 측정)이란 어떠한 물리량을 수치로 나타내는 것을 의미한다. 계측 방법에는 직접 계측과 간접 계측이 있다. **직접 계측**이란 자를 이용하여 길이를 재는 것과 같이 직접 그 물리량을 측정하는 방법이며, **간접 계측**이란 거리와 이동시간을 측정하여 속도를 측정하는 것과 같이 다른 물리량을 이용하여 원하는 물리량을 계산해 측정하는 방법을 말한다.

이 장에서는 전기·전자 시스템에서 사용되는 대표적인 물리량인 전압·전류·전력의 측정 계측기의 원리와 저항, 커패시터·인덕터와 같은 소자의 값을 측정하는 방법에 대해 학습할 것이다. 이와 함께 시간에 대한 전압의 변화를 확인할 수 있는 오실로스코프의 사용법에 대해서도 학습할 것이다.

14.1 물리량의 단위

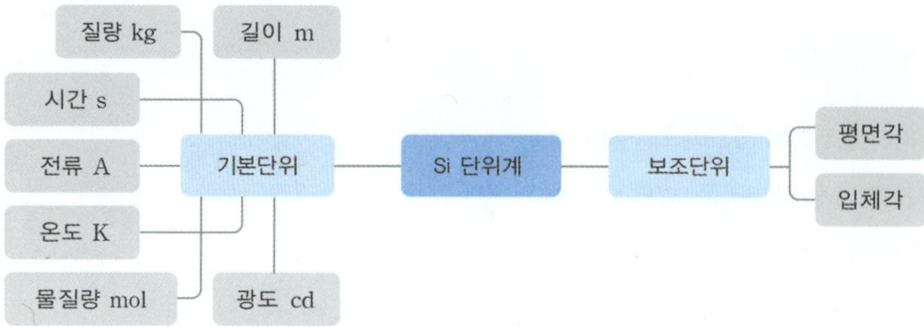

물리량을 수치로 나타낼 때는 단위가 무엇보다 중요하다. 우리나라는 **SI 단위계**International Systems of Units를 사용하도록 법으로 정하고 있다. SI 단위계는 [표 14-1]과 같이 7개의 기본단위(길이, 질량, 시간, 전류, 열역학 온도, 물질량, 광도)와 2개의 보조 단위(평면각, 입체각)로 이루어진다.

표 14-1 SI 기본단위

물리량	단위	단위 기호	차원
길이(length)	meter	m	L
질량(mass)	kilogram	kg	M
시간(time)	second	s	T
전류(electric current)	ampere	A	I
열역학 온도(thermodynamic temperature)	kelvin	K	Θ
물질량(amount of substance)	mole	mol	N
광도(luminous intensity)	candela	cd	J

이는 전기·전자 분야뿐 아니라 과학, 일상생활에도 사용되는 단위이므로 반드시 참고하도록 하자.

[표 14-2]는 앞서 나타낸 SI 기본단위를 조합한 SI 유도단위를 나타낸 것이다.

표 14-2 SI 유도단위

명칭	기호	물리량	단위 표시	
			다른 단위	SI 단위
헤르츠	Hz	주파수	1/s	s
라디안	rad	평면각	m/m	dimensionless
스테라디안	sr	입체각	m	dimensionless
뉴턴	N	힘, 무게	kg · m/s	kg · m · s
파스칼	Pa	압력, 응력	N/m	kg · m
줄	J	에너지, 일, 열량	N · m, C · V, W · s	kg · m
와트	W	전력, 방사속	J/s, V · A	kg · m
쿨롱	C	전하량	s · A, F · V	s · A
볼트	V	전위, 전위차, 기전력	W/A, J/C	kg · m
패럿	F	전기용량	C/V, s/Ω	kg
옴	Ω	전기저항, 임피던스, 리액턴스	1/S, V/A	kg · m
지멘스	S	전기전도도	1/Ω, A/V	kg
웨버	Wb	자기력선속	J/A, T · m	kg · m
테슬라	T	자장 강도, 자기력선 밀도	V · s/m, Wb/m, N/(A · m)	kg · s
헨리	H	인덕턴스	V · s/A, Ω · s, Wb/A	kg · m
섭씨온도	°C	섭씨 온도	K	K
루멘	lm	광선속	cd · sr	cd
럭스	lx	광조도	lm/m	m
베크렐	Bq	시간당 방사능 감쇠양	1/s	s
그레이	Gy	전리 방사선 흡수선양	J/kg	m
시버트	Sv	전리 방사선 피폭양	J/kg	m
카탈	kat	촉매활성도	mol/s	s

SI 단위계와 더불어 **미터 접두어**metric prefix를 알아야 한다. 미터 접두어는 단위가 커지거나 작아질 때 숫자를 편리하게 나타내기 위해 사용한다. 예를 들어 킬로 접두어(k)는 단위에 1000을 곱한다는 의미이고 밀리 접두어(m)는 단위를 1000으로 나눈다는 의미이다. [표 14-3]에 표시한 접두어 T, G, M, k, m, μ, n, p는 전기·전자공학에서 사용 빈도가 높으므로 반드시 숙지하자.

표 14-3 미터 접두어

접두어	약자	10의 승수
yotta	Y	$10^{24} = 1\,000\,000\,000\,000\,000\,000\,000\,000$
zetta	Z	$10^{21} = 1\,000\,000\,000\,000\,000\,000\,000$
exa	E	$10^{18} = 1\,000\,000\,000\,000\,000\,000$
peta	P	$10^{15} = 1\,000\,000\,000\,000\,000$
tera	T	$10^{12} = 1\,000\,000\,000\,000$
giga	G	$10^{9} = 1\,000\,000\,000$
mega	M	$10^{6} = 1\,000\,000$
kilo	k	$10^{3} = 1\,000$
hecto	h	$10^{2} = 100$
decade	da	$10^{1} = 10$
deci	d	$10^{-1} = 0.1$
centi	c	$10^{-2} = 0.01$
milli	m	$10^{-3} = 0.001$
micro	μ	$10^{-6} = 0.000\,001$
nano	n	$10^{-9} = 0.000\,000\,001$
pico	p	$10^{-12} = 0.000\,000\,000\,001$
femto	f	$10^{-15} = 0.000\,000\,000\,000\,001$
atto	a	$10^{-18} = 0.000\,000\,000\,000\,000\,001$
zepto	z	$10^{-21} = 0.000\,000\,000\,000\,000\,000\,001$
yocto	y	$10^{-24} = 0.000\,000\,000\,000\,000\,000\,000\,001$

14.2 전압, 전류, 저항, 전력

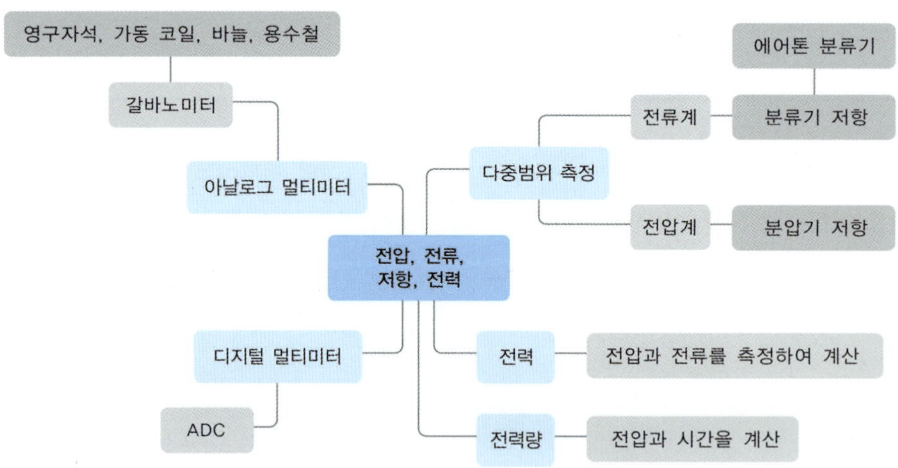

전기·전자 시스템에서 전압, 전류, 저항, 전력은 가장 흔하게 측정하는 물리량이다. 전압과 전류, 저항은 각각의 전용 계측기가 있지만 오늘날에는 전압, 전류, 저항 등을 모두 측정할 수 있는 **디지털 멀티미터**digital multimeter를 주로 사용한다. 전력을 측정할 때에는 전용 계측기를 사용하는데, 이때 전력을 직접 측정하는 게 아니라 전압과 전류를 측정하여 계산한다. 대부분의 전력계는 전력량도 측정할 수 있는데, 이는 측정한 전력과 측정 시간을 계산하여 측정하는 것이다.

전압계, 전류계, 저항계의 원리

전압계voltmeter는 전압을 측정하는 계측기로, 표시 방법과 동작 원리에 따라 **아날로그 전압계**analog voltmeter와 **디지털 전압계**digital voltmeter로 나뉜다. 아날로그 전압계의 시초는 전류에 따라 바늘의 위치가 변하는 **갈바노미터**galvanometer이다.

갈바노미터는 [그림 14-2]와 같이 영구자석, 가동 코일, 바늘, 용수철 등으로 이루어져 있다. 전류가 흐르지 않을 때는 용수철에 의해 한쪽 끝인 0[V] 부분에 닿아 있다. 전류가 흐르면 가동 코일에 전류가 흘러 전계가 형성되고, 영구자석에서 발생하는 자계로 인해 바늘이 회전하려는 힘이 증가한다.

그림 14-1 갈바노미터

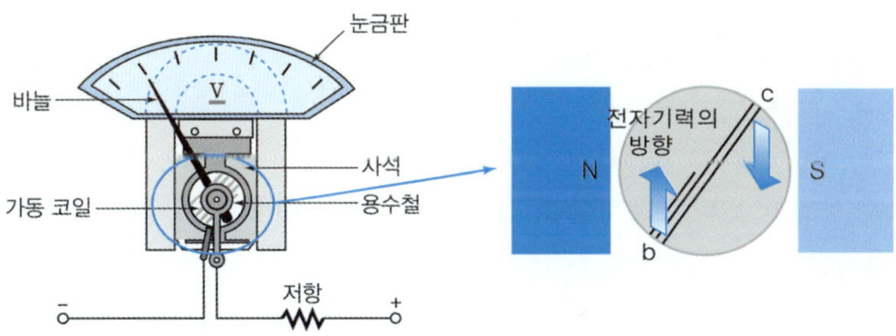

그림 14-2 갈바노미터의 작동 원리(전압계)

전압계와 전류계는 구조가 동일하나, 주변 저항과 피측정부의 연결에 따라 역할이 달라진다. 전압계는 피측정부와 병렬로 연결하며, 전류계는 직렬로 연결한다. 전압계를 병렬로 연결하는 이유는 전압의 특성상 병렬회로에서 모든 지로의 전압이 동일하기 때문이다. 이때 내부저항은 매우 커야 하는데, 이는 전류가 전압계로 흐르는 것을 최소화하기 위함이다. 만일 전압계를 부착함으로써 전류의 흐름이 피측정부가 아닌 전압계로 유입되면 원 시스템이 전압계로 인해 변화되기 때문이다.

전류계는 피측정부와 직렬로 연결한다. 지로에서 전류는 모두 동일하기 때문에 직렬로 측정을 해야 하는데, 이때 전류계의 내부저항은 0에 가까워야 한다. 만일 전류계의 내부저항이 큰 값을 갖게 된다면, 전압 강하가 발생하여 전류를 정확히 측정할 수 없게 된다.

저항계ohmmeter의 기본 동작 원리도 갈바노미터와 동일하다. 피측정저항에 전류를 흘려 바늘의 움직임을 통해 저항값을 측정하는데, 여기에는 전압계를 기준으로 하는 전압계식, 전류계를 기본으로 하는 전압계식이 있다. 이외에도 **휘트스톤 브리지**를 이용한 방법이나 **켈빈 브리지**Kelvin bridge를 이용한 방법이 있다.

다중범위 측정

멀티미터multimeter란 전압, 전류, 저항 등 여러 가지 전기적 물리량을 측정하는 계측기이다. 과거에는 [그림 14-3(a)]와 같은 아날로그 멀티미터가 주로 사용되었으나 근래에는 [그림 14-3(b)]와 같은 디지털 멀티미터를 주로 사용한다. 디지털 멀티미터는 아날로그 멀티미터에서 바늘을 움직이는 전류를 ADCAnalog to Digital Convertor로 변환하여 표시하는 기기로, 측정 범위를 자동으로 바꿔주는 기능을 갖춘 경우도 있다.

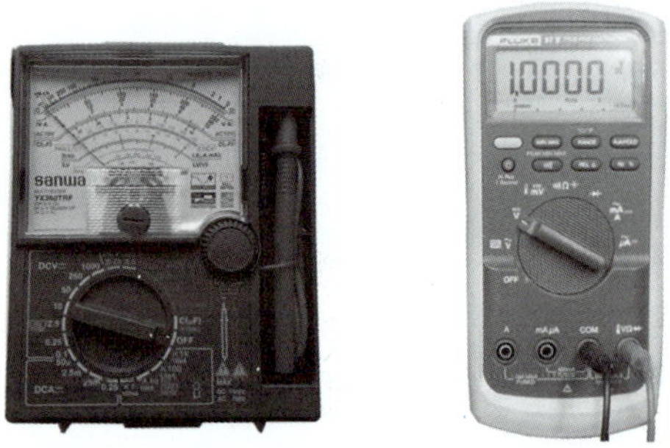

(a) 아날로그 멀티미터 (b) 디지털 멀티미터

그림 14-3 아날로그 멀티미터와 디지털 멀티미터

전압계, 전류계, 저항계는 모두 동일한 원리로 동작한다. 멀티미터를 사용하여 전압, 전류, 저항을 측정할 때 측정 범위에 따라 다이얼을 회전시켜 적절한 측정 범위에서 측정한다. 그 이유는 적절한 범위에서 측정해야만 정확한 측정값을 얻을 수 있기 때문이다. 디지털 멀티미터의 경우 자동으로 측정 범위를 변경해주기도 하지만, 내부 회로는 수동 다이얼을 돌릴 때와 마찬가지로 회로의 변화를 통해 측정 범위를 선택하게 된다. 앞서 설명한 구동 원리를 생각해볼 때 계측기로 입력되는 전류는 어느 범위를 초과하면 측정하지 못할 뿐 아니라 계측기가 파손될 수도 있다. 즉 전류가 과도하게 유입되면 강한 힘이 발생해 바늘을 최대로 회전시키기 때문에 계측할 수 없게 된다.

다중범위 전류계

[그림 14-4]는 전류계의 내부 구조이다. 미터 저항은 [그림 14-2]에 나타낸 가동 코일의 저항으로, 미터기의 내부저항에 해당한다. 미터 저항은 고정되어 있으며 최대로 입력받을 수 있는 전류도 제한되어 있다. 한편 분류기 저항은 코일로 들어가는 전류를 제한하기 위한 저항이다. 병렬회로에서는 전류가 저항값에 따라 각 지로로 분류된다. 미터기 저항은 고정되어 있으며 최대로 입력받을 수 있는 전류도 제한되게 된다. 분류기는 미터기에 병렬로 연결되어 미터기에 입력되는 전류를 제한하게 된다. [그림 14-4]에서 전류계로 입력되는 전류 I는 병렬로 연결된 코일 저항 R_m과 분류기 저항 R_s를 만나 각각 I_m과 I_s로 나뉜다. 이때 미터기로 최대 측정할 수 있는 전류를 I_{FSD}[1]라고 할 때, I_s를 통해 I_m과의 저항 비를 조절하여 미터기에 인입되는 전류를 I_{FSD} 이하로 제한하는 것이다. R_s를 조절하는 과정이 바로 멀티미터의 다이얼을 돌리는 과정이 된다. [예제 14-1]은 분류기 저항값을 선택하는 예제이다.

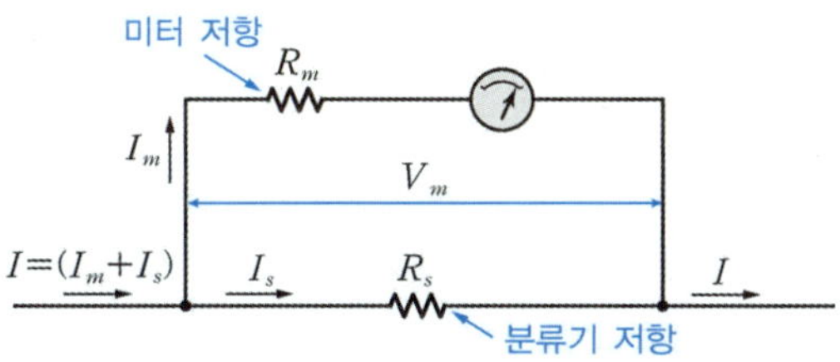

그림 14-4 분류기 저항을 사용한 전류계 회로

[그림 14-5]의 회로로 구성된 전류계를 사용한다면 다이얼을 돌릴 때 회로가 단선되는 현상이 발생한다. 즉 측정 범위를 변경하기 위해 회로를 변경할 때 피측정회로가 단선되어 시스템에 문제가 생기는 것이다.

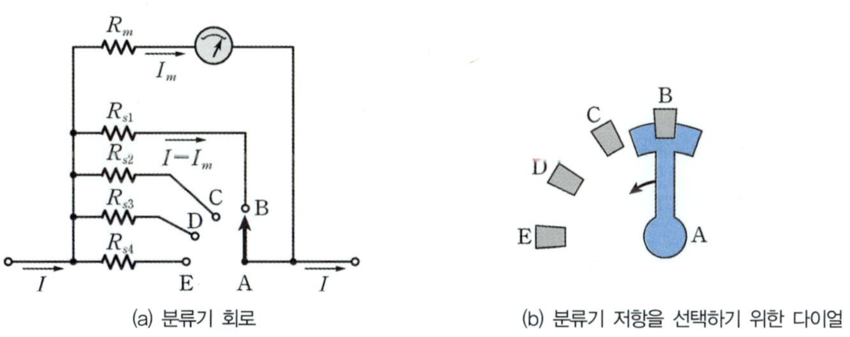

그림 14-5 다이얼을 이용한 분류기 저항 선택

---

1 FSD(Full Scale Deflection)는 '최대 눈금 편향'을 의미한다.

그러므로 실제로는 [그림 14-6]과 같은 방식의 분류기를 사용한다. 이 경우 스위치를 돌리더라도 회로가 단선되지 않는다. 이러한 분류기를 **에어틴 분류기**Ayrton shunt라고 한다.

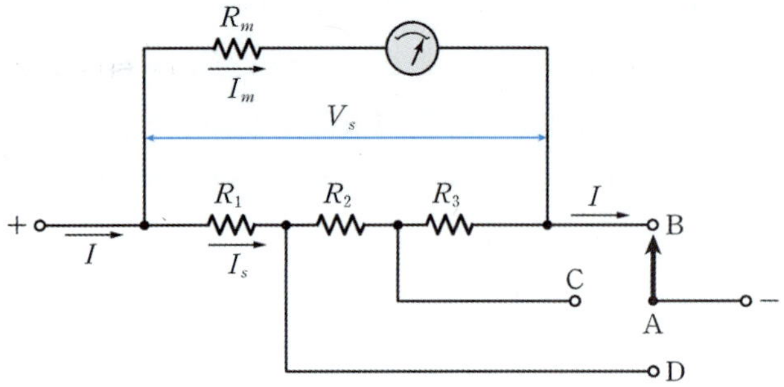

그림 14-6 에어턴 분류기를 이용한 다중범위 전류계 회로

다중범위 전압계

다중범위 전류계가 미터기로 인입되는 전류를 제한하기 위해 병렬로 연결된 분류기를 사용했다면, 다중범위 전압계는 미터기에 인가되는 전압을 제한하기 위해 직렬로 연결된 분압기를 사용한다.

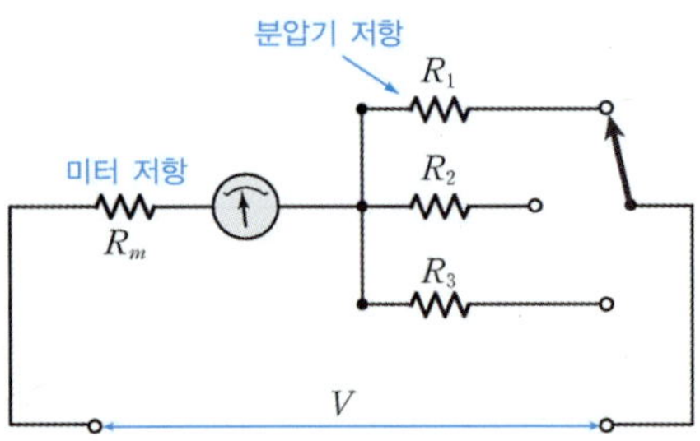

그림 14-7 분압기를 이용한 다중범위 전압계

전압계의 경우 회로와 병렬로 연결하여 측정한다. 그러므로 다이얼을 돌려 분압 저항을 선택할 때 계측기 내 회로가 단선되어도 전류계와 달리 피측정회로에는 영향을 주지 않는다.

분압기 저항값도 분류기 저항값과 마찬가지로 옴의 법칙을 이용하여 간단히 구할 수 있다. [예제 14-2]를 통해 분압기의 저항값을 구해보자.

다중범위 저항계

다중범위 저항계도 미터기와 분류, 분압 저항을 선택하여 측정 범위를 선택할 수 있다. [그림 14-8]은 다중범위 저항계의 내부 회로이다.

다중범위 저항계는 전류계나 전압계와 마찬가지로 분류, 분압을 위한 저항과 이를 선택할 수 있는 스위치로 구성되어 있다. 저항계에는 영점조정 저항이 있는데 이는 미터기 저항과 직렬로 연결되어 미터기의 영점을 미세 조정할 수 있는 저항이다.

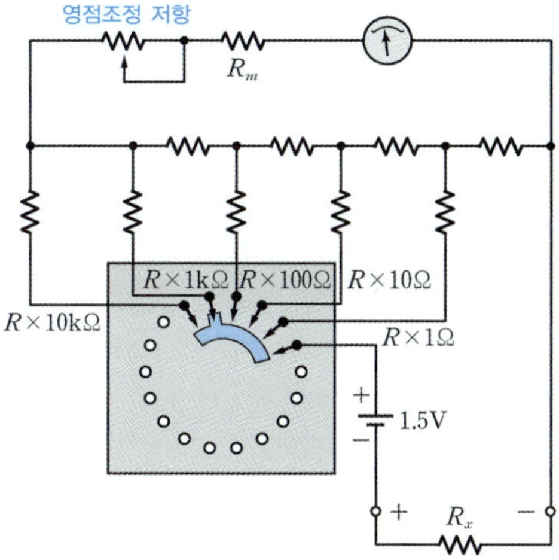

그림 14-8 다중범위 저항계 회로

다이얼을 돌려 측정 범위에 따른 분압, 분류 저항을 선택하는 과정은 아날로그 멀티미터를 사용할 때 필요한 과정이다. 오늘날 흔히 사용되는 디지털 멀티미터의 내부에는 이러한 회로를 선택하는 과정을 마이크로컨트롤러가 자동으로 해주기 때문에 대부분 다중범위에 대해 선택할 필요가 없다. 다만 전류계, 전압계, 저항계 중 어떤 기능을 사용할지만 선택하게 되어 있다. 하지만 멀티미터 자체가 하나의 회로 시스템이므로 그 동작 원리를 이해하고 사용하는 것이 중요하다.

예제 14-1

[그림 14-4]와 같은 회로를 갖는 다중범위 전류계에서 미터기의 I_{FSD}는 100[μA]이고, 코일 저항 R_m은 1000[Ω]이다. 이를 이용하여 최대 측정 범위가 (a) 100[mA], (b) 2000[mA]인 전류계로 변환하고자 한다. 이때 R_s를 구하라.

풀이

I_{FSD}를 변경한다는 것은 계측기로 입력되는 전류 I의 최댓값이 100μ[mA]로 변환되지만 I_m의 최댓값은 100μ[mA]로 제한된다는 의미이다. 옴의 법칙을 이용하여 R_s를 계산할 수 있다.

(a) $I = 100[\text{mA}]$

$$I = I_m + I_s$$

$$I_m : I_s = R_s : R_m$$

$$I_m : (I - I_m) = R_s : R_m \; (\because I_s = I - I_m)$$

$$0.1\text{mA} : (100\text{mA} - 0.1\text{mA}) = R_s : 1000$$

$$R_s = \frac{0.1\text{mA} \cdot 1000}{100\text{mA} - 0.1\text{mA}} \fallingdotseq 1.001[\Omega]$$

(b) $I = 2000[\text{mA}]$

$I = I_m + I_s$

$I_m : I_s = R_s : R_m$

$I_m : (I - I_m) = R_s : R_m \ (\because I_s = I - I_m)$

$0.1\text{mA} : (2000\text{mA} - 0.1\text{mA}) = R_s : 1000$

$$R_s = \frac{0.1\text{mA} \cdot 1000}{2000\text{mA} - 0.1\text{mA}} \fallingdotseq 0.05[\Omega]$$

예제 14-2

[그림 14-7]과 같은 다중범위 전압계가 있다. I_{FSD}가 $100[\mu\text{A}]$이고 미터 저항이 $1000[\Omega]$일 때, 측정 범위가 (a) 10[V], (b) 50[V], (c) 100[V]인 전압계로 변경하고자 한다. 분압기 저항 R_1, R_2, R_3의 값을 구하라. 단, 다이얼의 위치가 R_1일 때 10[V], R_2일 때 50[V], R_3일 때 100[V]이다.

풀이

미터기와 분압기에 흐르는 전류는 $100[\mu\text{A}]$임을 알 수 있다. 전압 측정 범위는 전압계에 인가되는 전압이므로 전압계 전체 저항을 전류와 전압을 이용하여 구할 수 있다. 미터 저항은 알고 있으므로 분압기 저항은 전체 저항에서 분압기 저항을 빼서 구할 수 있다.

(a) $V = 10[\text{V}]$

$$R_m + R_1 = \frac{V}{I_m},\ R_1 = \frac{V}{I_m} - R_m = \frac{10}{100\mu} - 1000 = 99000 = 99[\text{k}\Omega]$$

(b) $V = 50[\text{V}]$

$$R_m + R_1 = \frac{V}{I_m},\ R_1 = \frac{V}{I_m} - R_m = \frac{50}{100\mu} - 1000 = 499000 = 499[\text{k}\Omega]$$

(c) $V = 100[\text{V}]$

$$R_m + R_1 = \frac{V}{I_m},\ R_1 = \frac{V}{I_m} - R_m = \frac{100}{100\mu} - 1000 = 999000 = 999[\text{k}\Omega]$$

전력과 전력량

전력은 직접 측정할 수 없기 때문에 간접 측정 방식을 사용한다. 전력은 전압과 전류의 곱으로 구할 수 있는데, **전력계**wattmeter는 전압과 전류를 각각 구한 뒤 이를 계산하여 전력을 측정한다.

즉 전력계 내에는 전압계와 전류계가 모두 내장되어 있고 실제 피측정 부위에도 전압과 전류를 함께 측정할 수 있도록 직렬과 병렬로 연결된다. 전력을 계산하는 과정에서 전압과 전류라는 물리량을 수치적으로 곱하는 마이크로프로세서를 사용하기도 하고 하드웨어적인 회로를 이용하여 전력을 계산하는 제품도 있다. 교류의 경우 **역률**power factor[2]도 측정하여 함께 계산한다.

전력의 측정은 측정하고자 하는 전력에 따라 다양한 방법이 있다. 가정에서 사용하는 단상 전력을 측정하거나 공장에서 사용하는 3상 전력을 측정하는 경우가 대부분이다. 단상 전력의 경우 전압과 전류의 곱으로 전력을 구하는 일반적인 전력계를 사용하지만, 3상 전력의 경우에는 여러 개의 단상 전력계를 사용하거나 전용 전력계를 사용한다.

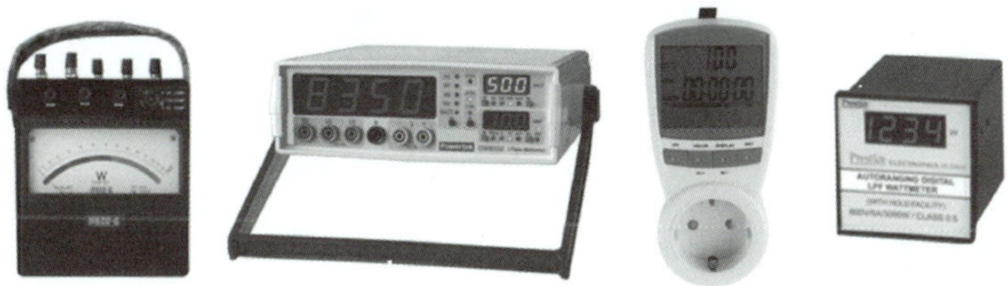

그림 14-9 다양한 형태의 전력계

전력량은 전기를 얼마만큼 사용했는지를 나타내는 물리량이다. 전력량은 전력과 시간의 곱으로 나타내며, 단위는 와트시watthour이다. 전력량을 측정하는 계측기는 **전력량계**watt-hour meter 혹은 **적산 전력계**라고 부른다.

가장 흔하게 볼 수 있는 전력량계는 각 가정마다 설치되어 있는 전력량계이다. 가정용 전력량계는 가정에서 사용하는 전기의 양을 측정하여 추후 전기요금을 책정하는 기준으로 삼는다. 과거에는 회전 원판을 이용한 이동 자계식 적산전력계를 사용했으나, 오늘날에는 대부분 디지털화된 전력량계를 사용하며 자동으로 사용 전력량을 전송한다.

Quick Review

- 전압계, 전류계, 저항계는 모두 (   )의 크기에 따라 발생하는 힘을 이용한다.
- 저항 측정에는 (   ) 브리지나 (   ) 브리지를 이용하기도 한다.
- 다중범위를 측정하려면 (   )을 이용하여 미터기로 들어가는 전류를 제한한다.
- (   )은 전압과 전류의 연산으로, (   )은 전력과 시간의 연산으로 측정한다.

ANS 전류, 휘트스톤/켈빈, 분류기 저항, 전력/전력량

2 직류회로에서 전압과 전류의 곱으로 전력을 구할 수 있는 것과는 달리 교류회로에서는 전압과 전류의 위상이 항상 일치하지 않기 때문에 이를 고려한 역률을 곱해 전력을 구한다.

14.3 커패시터, 인덕터

▌커패시터와 인덕터의 등가회로

커패시턴스capacitance와 **인덕턴스**inductance는 주로 **교류 브리지 회로**AC bridge circuit를 이용하여 측정한다. 교류 브리지 회로란 [그림 14-10]과 같이 **휘트스톤 브리지**에서 저항 대신 임피던스 개념을 사용하며 전원에 직류가 아닌 교류를 인가하여 평형 상태를 통해 임피던스를 측정하는 방법이다.

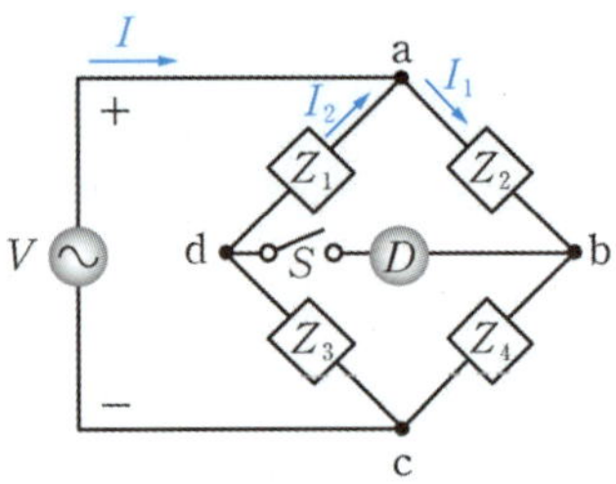

그림 14-10 교류 브리지 회로

교류회로에서는 커패시터와 인덕터가 마치 저항 성분과 같은 **임피던스**impedance 성분으로 나타난다.[3] 직류회로의 휘트스톤 브리지와 마찬가지로 서로 마주보는 임피던스의 양 곱이 일치하여 평형 상태가 될 때 검출기detector가 0이 된다.

$$\frac{Z_1}{Z_3} = \frac{Z_2}{Z_4} \quad (\text{또는 } Z_1Z_4 = Z_2Z_3) \tag{14.1}$$

실제 커패시터나 인덕터는 순수한 커패시터나 인덕터로만 나타낼 수 없다. 커패시터의 경우 유전체의 저항이 존재하고, 인덕터의 경우 코일의 저항이 존재하기 때문이다. 그러므로 측정하고자 하는 커패시터나 인덕터는 저항 성분이 포함된 등가회로로 표현되어야 한다.

---

3 5장을 참고한다.

커패시터 등가회로

우선 커패시터의 경우를 살펴보면 [그림 14-11]과 같이 나타낼 수 있다.

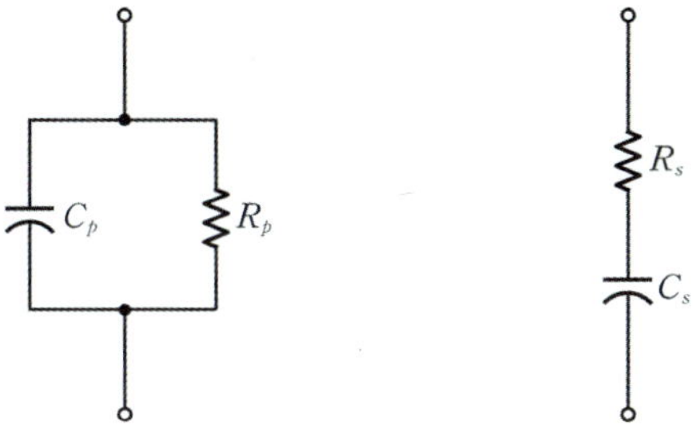

(a) 병렬 등가회로 (b) 직렬 등가회로

그림 14-11 커패시터 등가회로

[그림 14-11(a)]에서 병렬 어드미턴스는 식 (14.2)와 같다.

$$Y_p = \frac{1}{R_p} + j\frac{1}{X_p} = G_p + jB_p \tag{14.2}$$

[그림 14-11(b)]에서 직렬 임피던스는 식 (14.3)과 같다.

$$Z_s = R_s - jX_s = R_s - j\frac{1}{wC} \tag{14.3}$$

인덕터 등가회로

인덕터의 등가회로는 [그림 14-12]와 같이 나타낼 수 있다.

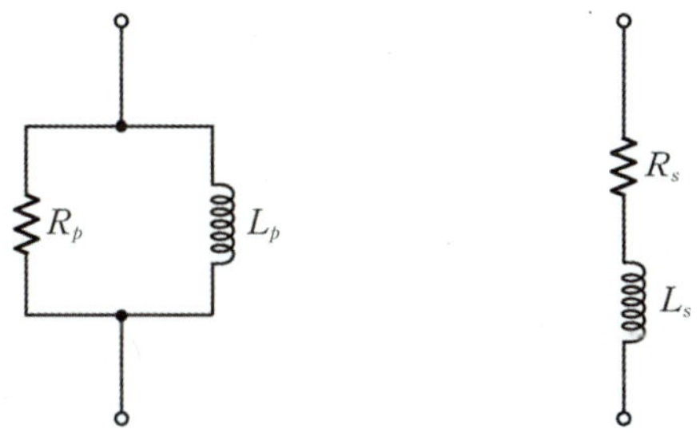

(a) 병렬 등가회로 (b) 직렬 등가회로

그림 14-12 인덕터 등가회로

[그림 14-12(a)]에서 인덕터의 병렬 어드미턴스는 식 (14.4)와 같다.

$$Y_p = \frac{1}{R_p} - j\frac{1}{X_p} = G_p - jB_p \tag{14.4}$$

[그림 14-12(b)]에서 인덕터의 직렬 임피던스는 식 (14.5)와 같다.

$$Z_s = R_s + jX_s = R_s + jwL \tag{14.5}$$

커패시턴스의 측정

앞서 구한 등가회로를 [그림 14-10]의 교류 브리지 회로에 적용하여 커패시터를 측정해보자. [그림 14-10]에서 Z_1을 표준 커패시터 C_1으로 하고, 미지의 커패시터 C_x를 Z_2에 놓는다. 그리고 Z_3과 Z_4에 표준 가변저항 R_3와 R_4를 위치시킨다.

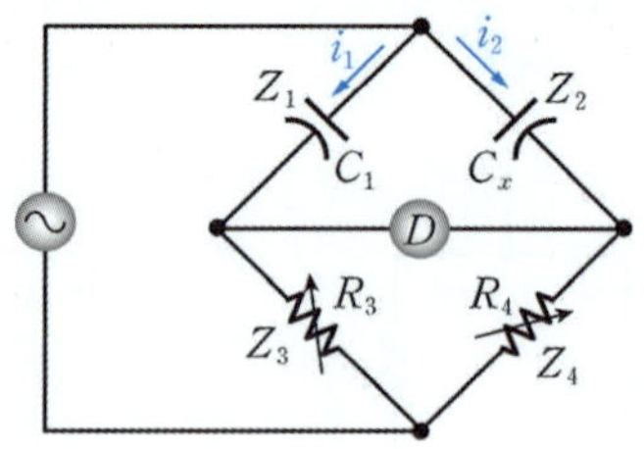

그림 14-13 커패시턴스 측정을 위한 브리지 회로

평형 상태일 때는 식 (14.1)과 같이 $\frac{Z_1}{Z_3}=\frac{Z_2}{Z_4}$이므로 이를 정리하면 식 (14.6)과 같다.

$$-j\frac{1}{wR_3C_1} = -j\frac{1}{wR_4C_x}$$
$$\frac{1}{R_3C_1} = \frac{1}{R_4C_x} \quad (14.6)$$
$$\therefore\ C_x = \frac{R_3}{R_4}C_1$$

이와 같은 방법을 이용하여 커패시턴스를 측정할 때는 가변저항 R_3와 R_4를 조절하여 평형 상태를 만들고, 이때의 가변저항 값으로 미지의 커패시턴스를 측정할 수 있다.

이러한 방법 외에 **직렬저항 커패시턴스 브리지, 병렬저항 커패시턴스 브리지, 셰링**Schering **브리지** 등의 회로가 커패시턴스를 측정하는 데 사용된다. 직렬저항 커패시턴스 브리지는 유전체 저항이 큰 경우에 사용한다. 병렬저항 커패시턴스 브리지는 작은 유전체 저항을 갖는 커패시터를 측정할 때, 셰링 브리지는 작은 용량의 커패시터를 측정할 때 사용된다.

인덕턴스의 측정

인덕터 등가회로를 [그림 14-10]의 브리지 회로에 적용하여 인덕턴스를 측정해보자. [그림 14-14]는 미지의 인덕터 L_x와 미지의 저항 R_x를 Z_2에 놓고, 표준 인턱터 L_1, 가변저항 R_1, R_3, R_4를 배치한 **인덕턴스 비교 브리지 회로**이다.

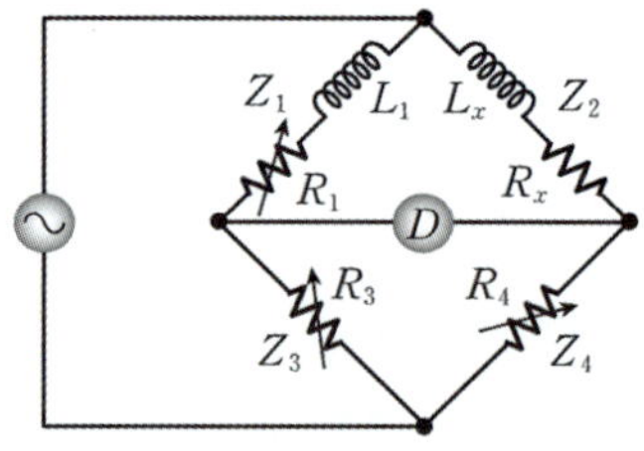

그림 14-14 인덕턴스 비교 브리지

각 단의 임피던스는 식 (14.7)과 같이 나타낼 수 있다.

$$Z_1 = R_1 + jwL_1$$
$$Z_2 = R_x + jwL_x$$
$$Z_3 = R_3 \quad (14.7)$$
$$Z_4 = R_4$$

브리지가 평형 상태면 식 (14.1)에 의해 $\frac{Z_1}{Z_3} = \frac{Z_2}{Z_4}$이므로 식 (14.7)은 식 (14.8)로 나타낼 수 있다.

$$
\begin{aligned}
\frac{R_1 + jwL_1}{R_3} &= \frac{R_x + jwL_x}{R_4} \\
\frac{R_1}{R_3} + \frac{jwL_1}{R_3} &= \frac{R_x}{R_4} + \frac{jwL_x}{R_4} \\
\therefore R_x = \frac{R_1 R_4}{R_3}&, \quad L_x = \frac{L_1 R_4}{R_3}
\end{aligned}
\tag{14.8}
$$

결국 미지의 저항 R_x는 평형 상태일 때 나머지 가변저항의 값을 이용하여 구할 수 있으며, 미지의 인덕턴스 L_x는 표준 인덕턴스 L_1과 가변저항 값으로 계산할 수 있다. 이렇게 **인덕턴스 비교 브리지**를 사용하는 방법 외에 **맥스웰 인덕턴스 브리지**Maxwell inductance bridge, **헤이 인덕턴스 브리지**Hay inductance bridge 등을 이용하는 방법도 있다.

LCR 미터

교류 브리지 회로를 이용하여 커패시턴스나 인덕턴스를 측정하기도 하지만 디지털 방식의 측정기기에서는 디지털 회로를 이용하여 측정한다. 이러한 측정기기를 **LCR 미터**라고 한다.

그림 14-15 LCR 미터(GW Instek 제공)

디지털 방식에서 **LCR 미터의 기본 원리는 AC 신호를 피측정 소자에 인가하여 임피던스를 측정하는 것**이다. 커패시턴스를 측정한다고 가정할 때 LCR 미터는 커패시터에 AC 신호를 인가한다. AC 신호가 인가되었기 때문에 커패시터는 용량성 임피던스 X_c가 되고, X_c에 인가되는 전압을 측정하여 커패시턴스를 계산한다. 같은 방법으로 유도성 임피던스의 경우에도 X_L에 인가되는 전압을 측정하여 인덕턴스를 구한다.

이러한 LCR 미터를 이용하여 미지 소자의 커패시턴스나 인덕턴스를 측정할 때, 앞서 등가회로로 변환할 때 보았던 C_s, C_p, L_s, L_p 등도 함께 계산된다. 또한 측정 시 사용할 주파수도 변환할 수 있는 것이 일반적이다. 이외에 커패시터 자신의 전력소모량을 나타내는 ***D*-계수**^dissipation factor^나 인덕터 자신의 전력소모량을 나타내는 ***Q*-계수**^quality factor^를 측정하기도 한다.

Quick Review

- 커패시턴스와 인덕턴스는 임피던스 등가회로로 변환한 뒤 (   ) 브리지 회로를 이용하여 측정한다.
- (   )의 등가 임피던스 회로는 직렬저항 R_s, 직렬 커패시턴스 C_s, 병렬저항 R_p, 병렬 커패시턴스 C_p로 나타낸다.
- (   )의 등가 임피던스 회로는 직렬저항 R_s, 직렬 인덕턴스 L_s, 병렬저항 R_p, 병렬 커패시턴스 L_p로 나타낸다.
- (   )를 이용하면 등가회로의 임피던스와 그 성분을 모두 측정할 수 있다.

ANS 교류(AC), 커패시터, 인덕터, *LCR* 미터

14.4 오실로스코프

오실로스코프는 전기·전자 분야에서 **디지털 멀티미터**와 함께 없어서는 안 될 중요한 측정기기이다. **디지털 멀티미터가 측정 당시의 값을 나타낸다면 오실로스코프는 현재와 과거의 전압 변화를 모두 한 화면에 나타낸다.** 이는 시간에 따른 전압의 변화를 시각적으로 보여주어 입력신호를 파악하는 데 매우 중요하다.

전기·전자 기술이 발전하면서 근래에는 디지털 방식의 오실로스코프가 주를 이루고 있으며, 다양한 기능이 있어 매우 편리하게 사용된다. 이 절에서는 오실로스코프의 기본 원리와 사용법, 선택 방법 등에 대해 학습할 것이다.

오실로스코프의 정의

K. F. 브라운
(1850~1918)

오실로스코프oscilloscope란 시간에 대한 입력전압을 표시해주는 기기로 1897년 독일의 카를 페르디난트 브라운Karl Ferdinand Braun이 개발했다. 초기의 오실로스코프는 음극선관에 전자빔을 연속적으로 쏘아 파형을 나타내는 아날로그 방식이었으나, 지금은 대부분 디지털 방식을 사용한다. 디지털 오실로스코프는 입력신호를 디지털화하여 화면에 표시해주는데, **펄스폭**pulse width, **주파수**frequency, **듀티 사이클**duty cycle, **주기**period 등을 자동으로 계산해주는 기능도 있다. 또한 여러 개의 신호를 하나의 화면에 나타내거나 저장하기도 한다.

아날로그 오실로스코프나 디지털 오실로스코프 모두 기본적인 사용법은 동일하나, 아날로그 오실로스코프는 시간, 전압, 휘도를 조합하여 파형을 직접적으로 브라운관에 나타내는 반면, 디지털 오실로스코프는 입력신호를 ADCAnalog to Digital Convertor를 이용해 디지털 신호로 변환하고, 이를 내부의 프로세서로 처리하여 화면에 표시한다.

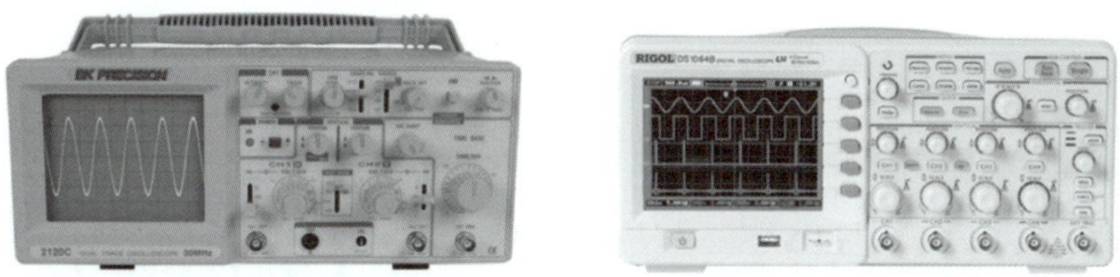

(a) 아날로그 오실로스코프 (b) 디지털 오실로스코프

그림 14-16 오실로스코프

오실로스코프 사용법

[그림 14-17]은 오실로스코프에 사인파 신호를 입력한 화면이다. 격자무늬의 화면에 입력신호가 표시되는데, 이때 **가로축은 시간**seconds, **세로축은 신호의 전압**volts이다. 격자 한 칸의 크기는 오실로스코프에 있는 **수직 노브**vertical knob와 **수평 노브**horizontal knob를 돌려서 조절할 수 있다. 이때 **수직 노브는 세로 한 칸의 전압 크기를, 수평 노브는 가로 한 칸의 시간 크기를** 나타낸다.

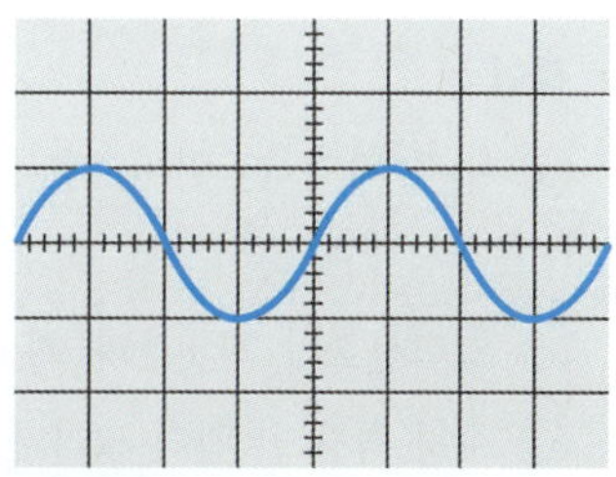

그림 14-17 오실로스코프에 사인파를 입력한 화면

[그림 14-17]의 수평 격자 하나의 크기를 1[ms], 수직 격자 하나의 크기를 5[V]라고 한다면 최대 전압(V_{max}), 최소 전압(V_{min}), 신호의 피크 투 피크peak to peak (V_{p-p}), 주기, 주파수 등의 정보를 파악할 수 있다. 일반적으로 중심 수평선을 0[V], 즉 접지로 설정하고 해석한다. 예를 들어, 수직 격자 한 칸의 크기가 5[V]이므로 이 입력신호의 최대 전압은 5[V]가 된다. 최소 전압은 −5[V]가 되며 신호의 피크 투 피크값은 −5[V]~5[V]가 된다. 수평축 네 칸마다 파형이 반복되므로 주기는 4[ms]가 되고, 주파수는 250[Hz]가 된다.

만일 이 상태에서 수직 노브를 2[V]로 조절하면 [그림 14-18(a)]와 같은 모양이 된다. 또한 수평 노브를 조작하여 2[ms]로 조절한다면 [그림 14-18(b)]와 같이 바뀐다. 즉 [그림 14-17], [그림 14-18] 모두 같은 입력신호에 대한 출력이지만, 수직, 수평 단위만 다른 경우이다. 파형의 크기, 주파수에 따라 적절하게 조절하여 신호를 파악해야 한다.

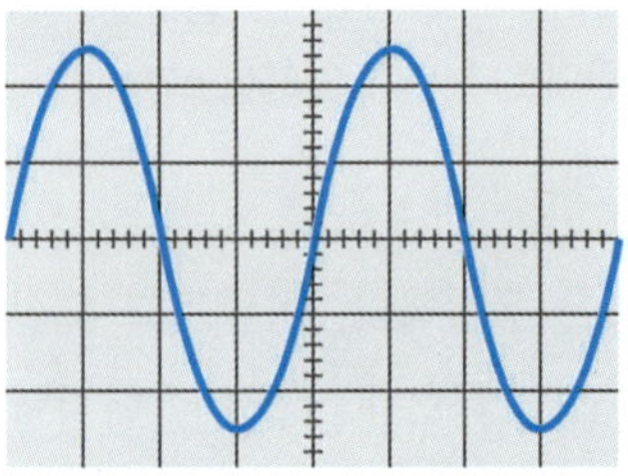

(a) 2[V/div]　1[ms/div]

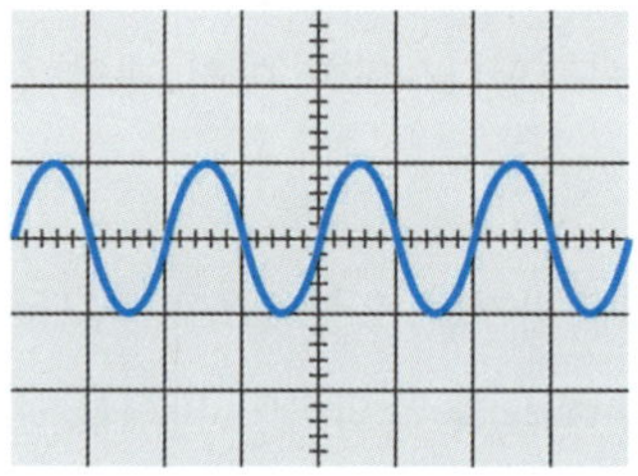

(b) 5[V/div]　2[ms/div]

그림 14-18 [그림 14-17]에서 수직, 수평 노브를 조작하여 격자 단위를 조절한 모습

예제 14-3

[그림 14-19]는 오실로스코프를 이용하여 임의의 신호를 표시한 화면이다. 세로 격자와 가로 격자 한 칸의 크기가 각각 5[V/div], 1[ms/div]일 때 이 신호의 다음 사항들을 파악하라. 단, 화면의 중심 가로축은 0[V]라고 한다.

(a) V_{max}　　(b) V_{min}

(c) V_{p-p}　　(d) 주기

(e) 주파수

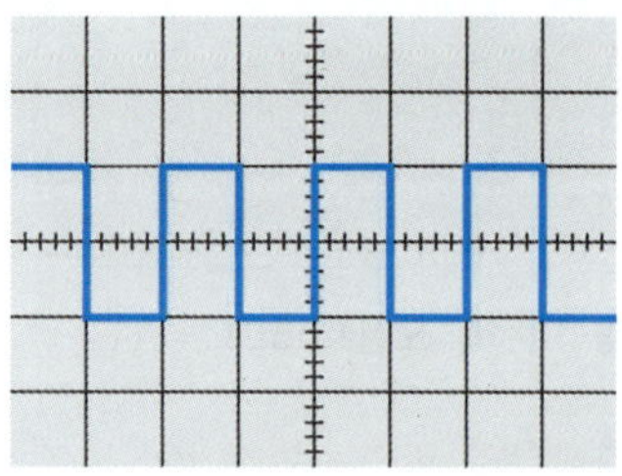

그림 14-19 오실로스코프의 신호

풀이

(a) 수직 격자 한 칸이 5[V]이므로 $V_{max} = 5$[V]이다.

(b) 중심 가로축이 0[V]이므로 $V_{min} = -5$[V]이다.

(c) 입력신호의 최댓값과 최솟값이 격자의 두 칸 크기이므로 $V_{p-p} = 10$[V]이다.

(d) 수평 격자 한 칸의 크기가 1[ms]이며 파형의 한 사이클이 두 칸에 걸쳐 있으므로 $t = 2$[ms]이다.

(e) 주파수는 주기의 역수이므로 $f = 500$[Hz]이다.

오실로스코프의 선택

시중에는 다양한 사양의 오실로스코프가 출시되어 있다. 성능에 따라 가격 폭이 매우 크므로 사용자는 사용 목적에 따라 적합한 제품을 선택해야 한다. 갖고 다녀야 하거나 피측정 신호와 **절연**isolation이 필요한 경우라면 휴대용 제품을 선택해야 하며, 이밖에 전원을 직접 입력해야 하는 제품도 있다. 오실로스코프 선택 시 고려해야 할 사항은 다음과 같다.

채널 수

신호를 입력받을 수 있는 채널의 수를 의미한다. 채널 여러 개를 동시에 입력받을 경우 여러 신호를 비교해가며 사용할 수 있다. 저가의 오실로스코프나 휴대용 제품일 경우 신호 하나만 입력받는 1채널 사양도 있지만, 대부분 2채널 이상을 지원한다. 일반적인 사양은 2채널이고 필요에 따라서 4채널 이상의 사양을 선택하면 된다.

대역 폭

측정하고자 하는 신호의 주파수 범위를 의미한다. 예를 들어 70[MHz] ~ 100[MHz]의 대역폭인 오실로스코프는 해당 주파수의 신호만 나타낼 수 있다. 하지만 안정적으로 신호를 해석하려면 측정하고자 하는 주파수의 약 3배는 되어야 최대 주파수를 측정할 수 있다.

샘플링 속도

디지털 오실로스코프에서는 실제 신호를 연속으로 보여주는 것이 아니라 샘플링 타임에 맞춰 측정하여 선으로 연결해 표시하는 방식을 사용한다. 즉 샘플링 속도가 초당 100회라면 디지털 오실로스코프는 1초에 100번 신호 값을 파악하여 화면에 표시해준다. 그러므로 샘플링 속도가 빠를수록 보다 정밀하고 정확한 파형을 측정할 수 있다.

파형 저장

디지털 오실로스코프에는 입력신호를 저장하는 기능을 갖춘 제품들이 있다. 전기·전자 제품의 오동작을 검출하거나 전압의 안정성, 통신 선로의 신호 파형 등을 측정할 때 이를 저장하여 분석할 수 있다. 내부 메모리를 사용하기도 하지만 외부 USB와 인터넷을 이용하여 저장할 수도 있다.

트리거

트리거trigger는 방아쇠라는 의미로 원하는 신호를 잡아내는 기능을 말한다. 예를 들어 임의의 신호선에 특정 신호가 발생할 때 이를 저장하고 싶다면 트리거 기능을 이용하여 잡아낼 수 있다.

분석

신호 파형을 분석하는 기능으로서 최대 전압, 최소 전압, 주파수 등과 같은 주요 파라미터를 자동으로 계산해주는 기능이다. 대부분의 디지털 오실로스코프에서 지원하고 있다.

Quick Review

- 시간에 대한 전압의 변화를 측정하는 계측기를 (　　　　　　　　)라고 한다.
- 수평축은 (　　　　), 수직축은 (　　　　)을 나타낸다.
- 디지털 오실로스코프는 입력신호를 (　　　　　)를 이용해 디지털 신호로 변환하고, 이를 내부의 프로세서로 처리하여 화면에 표시한다.
- 측정 파형을 해석하기 용이한 상태로 화면에 표시하기 위해서 수평, 수직 (　　　　　　　　)를 조절한다.

ANS 오실로스코프, 시간/전압, ADC, 격자의 단위

CHAPTER 14

기본문제

14.1 다음 중 직접 계측한 물리량이 아닌 것은?

① 시간 ② 열량
③ 길이 ④ 전류

14.2 다음 중 멀티미터로 측정할 수 없는 것은?

① 저항 ② 전류
③ 시간 ④ 전압

14.3 다음 중 LCR 미터로 측정할 수 없는 것은?

① 전압 ② 저항
③ 인덕턴스 ④ 캐패시턴스

14.4 오실로스코프는 시간에 대한 (　　　)의 변화를 측정하는 계측기이다. 이 문장의 빈칸에 알맞은 말은?

① 전압 ② 저항
③ 인덕턴스 ④ 캐패시턴스

CHAPTER 14

연습문제

14.1 [표 14-1]을 보면 SI 기본단위에는 전압, 전류, 저항 중 전류만 포함되어 있음을 볼 수 있다. 그 이유를 설명하라.

14.2 다음 값을 주어진 단위로 변경하라.

(a) 10[V]=	[mV]	(b) 55[mA]=	[μA]
(c) 34[kΩ]=	[MΩ]	(d) 22[pF]=	[nF]
(e) 33[mH]=	[μH]	(f) 89.1[MHz]=	[kHz]
(g) 0.002[A/V]=	[kΩ]	(h) 36[Wb/A]=	[mH]
(i) 55[W/A]=	[kV]	(j) 10[nF]=	[C/V]

14.3 다음 ( ) 안에 알맞은 말을 써넣어라.

> 멀티미터를 이용하여 전압을 측정할 때는 측정 부위와 ( )(으)로 연결해야 하며, 전류를 측정할 때는 측정 부위와 ( )(으)로 연결하여 측정해야 한다.

14.4 전류계에서 에어턴 분류기를 사용하는 이유에 대해 설명하라.

14.5 전력계는 직접 전력을 측정하지 않고 전압과 전류를 각각 측정하여 계산한다. 전력량은 어떠한 방식으로 측정되는가?

14.6 실제 커패시터는 순수한 커패시턴스 성분만 존재하지 않는다. 그 이유를 설명하고, 등가회로와 임피던스로 나타내라.

14.7 실제 인덕터는 순수한 인덕턴스 성분만 존재하지 않는다. 그 이유를 설명하고 등가회로와 임피던스로 나타내라.

14.8 커패시턴스를 측정하기 위해서는 AC 브리지 회로를 사용한다. AC 브리지 회로를 이용하여 커패시턴스를 측정하는 과정을 설명하라.

14.9 인덕턴스를 측정하기 위해 인덕턴스 비교 브리지 회로를 사용할 때, 측정하고자 하는 인덕터가 이상적인 인덕터인 경우 식 (14.8)은 어떻게 변화하는가?

14.10 커패시턴스를 측정하는 방법으로는 직렬저항 커패시턴스 브리지, 병렬저항 커패시턴스 브리지, 셰링 브리지 등이 있다. 이들에 대해 설명하고 장단점을 비교하라.

14.11 인덕턴스를 측정할 때 사용하는 맥스웰 인덕턴스 브리지와 헤이 인덕턴스 브리지에 대해 설명하고 장단점을 비교하라.

14.12 커패시터의 $L-$계수와 인덕터의 $Q-$계수에 대해 설명하라.

14.13 다음 ( ) 안에 알맞은 말을 써넣어라.

> 오실로스코프의 수평축은 (   ) 을(를) 나타내며, 수직축은 (   ) 을(를) 나타낸다.

14.14 [그림 14-20]은 1[ms/div], 5[V/div]의 파형을 나타낸 것이다. 이 신호의 다음 사항들을 구하라.

(a) V_{max} (b) V_{min}

(c) V_{p-p} (d) 주기

(e) 주파수 (f) 듀티 사이클

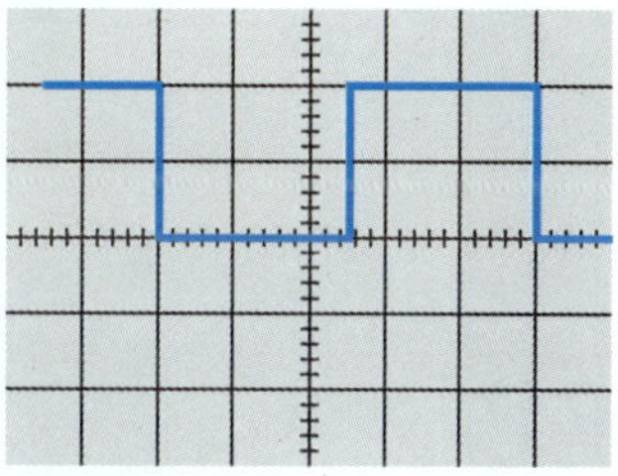

그림 14-20

14.15 오실로스코프의 트리거 기능에 대해 설명하라.

CHAPTER

15

센서

CONTENTS

학습 목표

- 센서의 개념과 역할을 이해한다.
- 센서의 종류별 원리를 학습한다.
- GPS를 이용한 위치 시스템을 이해한다.
- 자동차에 사용되는 센서와 이를 응용한 시스템에 대해 학습한다.

들어가기 전에

센서sensor란 빛, 온도, 소리, 냄새, 압력 등 자연현상을 인간이나 기계가 이해할 수 있도록 전기적 신호나 측정된 정보로 나타내는 것이다. 일반적으로 센서라는 표현을 많이 쓰지만 변환기transducer라고도 한다. 오늘날 수많은 센서가 우리가 의식하지 못하는 사이에 주변을 에워싸고 있다. 스마트폰의 경우 온도, 빛, 거리, 지문, 접촉(화면) 등의 센서가 내장되어 있다. 스마트폰에 내장된 카메라 역시 이미지 센서이기 때문에 센서 영역에 포함하기도 한다. 센서는 측정 대상에 따라 물리적·화학적·생물학적 센서로 구분된다. 또한 제조 방법에 따른 MEMS, 위치를 감지하는 GPS 등도 큰 범위에서 센서 공학의 영역에 속한다.

이 장에서는 다양한 센서의 종류와 원리에 대하여 학습한다. 또한 스마트폰에 많이 사용되는 MEMS 센서, 위치 정보에 사용되는 GPS에 대해서도 학습할 것이다.

15.1 센서 시스템과 선형성

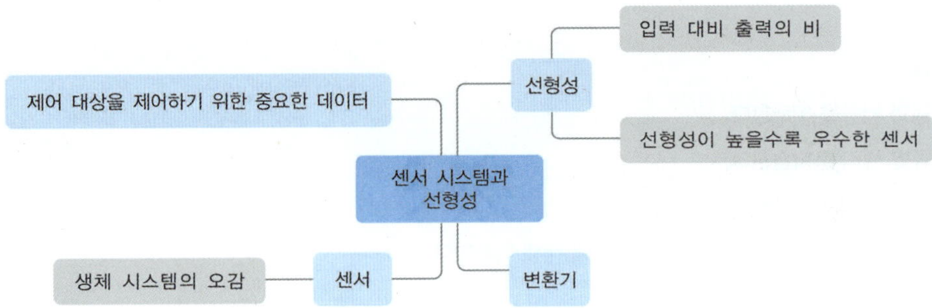

센서 시스템

센서sensor는 단순히 측정 기능을 수행하기도 하지만, 어떤 대상을 제어할 때 중요한 기초 정보를 제공하는 역할도 한다. 센서가 측정한 값을 그대로 사용할 수도 있지만 잡음 등 원하지 않는 측정값도 있기 때문에 대부분 측정된 값을 가공해야 한다. 이러한 과정을 신호처리라고 한다. 신호처리는 또 하나의 학문 분야로 연구되고 있는 영역이기도 하다. 신호처리를 통해 가공된 신호는 구동장치가 사용할 수 있는 전기적 신호로 변환되어 구동장치로 입력되고, 이를 이용해 구동장치가 동작하게 되는데, 이 과정을 **제어**control라고 한다. 그리고 이러한 일련의 과정 전체를 **센서 시스템** 또는 **제어 시스템**이라고 한다. 지금은 잘 사용하지 않는 용어이지만 전기·전자 연구 분야 중 제어계측공학이 있다. 이는 측정하는 센서와 센서 관련 신호처리, 제어공학 등을 모두 통칭한 분야이다.

[그림 15-1]은 센서를 이용한 시스템의 블록도이다. 원하는 온도를 유지하는 전기 매트를 생각해 보자. 온도 센서를 이용해 전기 매트의 온도를 전기적 신호로 바꾸면 프로세서를 통해 신호처리 과정을 거치게 된다. 이렇게 처리된 신호는 히터를 구동시킨다.

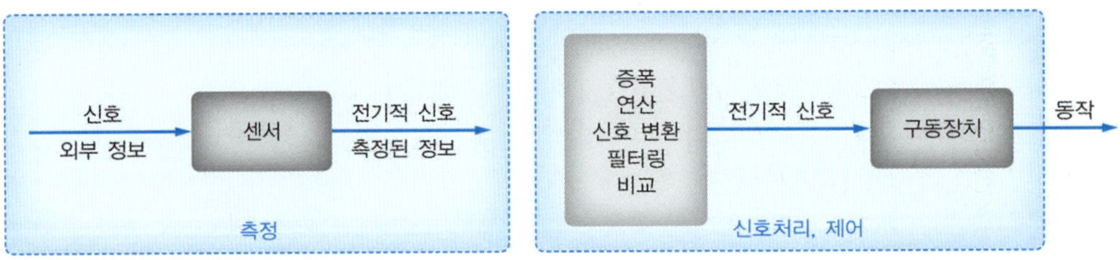

그림 15-1 센서를 이용한 시스템

인간과 센서 시스템을 비교해보자. [그림 15-2]는 생체 시스템인 인간과 센서 시스템을 비교한 블록도이다. 인간은 오감을 통해 외부 자극을 인식하고, 뇌에서 이를 종합적으로 처리하여 몸의 각 부분이 움직이게 한다. 센서 시스템에서는 센서와 변환기를 통해 외부 정보를 인식한 뒤 컴퓨터와 같은 연산 제어장치에서 구동기로 전송할 신호를 만들어 구동기를 움직인다.

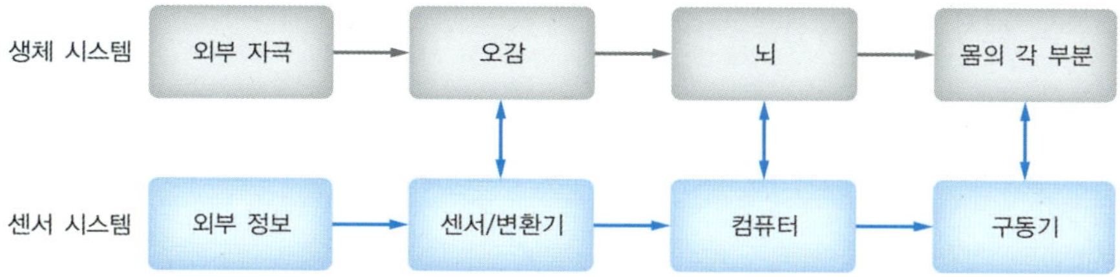

그림 15-2 생체 시스템과 센서 시스템

이와 같이 센서 시스템은 인간과 같은 생체 시스템과 매우 유사하게 구성되어 있다. 세상에는 수많은 종류의 센서가 있다. 단순히 센서 하나만 놓고 보면 물리적·화학적·생물학적 정보를 수집하는 것이 되겠지만, 전체 시스템에서 센서는 더욱 중요한 의미를 지닌다. 즉 센서가 시스템에서 어떠한 역할을 하며 어떤 과정을 거쳐 동작까지 연계되는지 생각해볼 필요가 있다.

센서의 선형성

외부 정보의 변위에 따라서 출력되는 값이 함께 변하는 센서의 경우 **선형성**linearity을 매우 중요하게 생각한다. 선형성이란 **특성곡선**[1]이 이상적인 직선 관계에서 벗어나는 정도를 나타낸 것이다. 이상적인 센서의 경우 입력에 대비하여 출력이 직선으로 변화한다. 이는 센서로부터 입력된 값이 어떠한 물리적·화학적 결과를 갖고 있는지를 판단하는 중요한 기준이 된다.

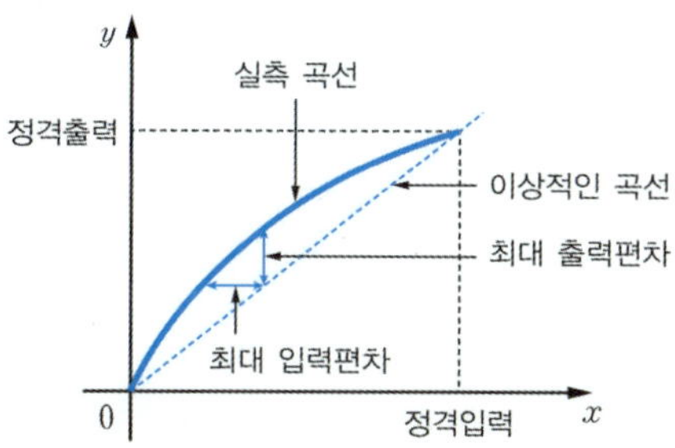

그림 15-3 이상적인 센서 곡선과 실측 곡선

[그림 15-4(a)]는 선형성이 좋은 센서, [그림 15-4(b)]는 선형성이 좋지 않은 센서이다. [그림 15-4(a)]의 센서를 사용할 때 센서의 저항값이 100[Ω]이라면 현재 온도는 10[℃]이고, 300[Ω]이라면 현재 온도는 30[℃]임을 알 수 있다. 이는 온도 변화에 따라 센서 변화도 일정하다는 가정하에 성립한다. 하지만 [그림 15-4(b)]와 같이 온도 변화에 따라 저항값이 일정하게 변화하지 않을 경우에는 각 저항값에 따른 온도를 유추하기가 힘들다. 그러므로 선형성이 좋을수록 좋은 센서이다. 하지만 실제 센서는 대부분 [그림 15-4(b)]와 같은 특징이 있다. 이를 보완하기 위해 센서가 감지할 수 있는 영역 전체를 사용하는 것이 아니라 선형성이 좋은 일부 구간만 측정 범위로 사용한다. 즉 0~500[℃]의 범위에서 저항값이 변하는 온도 센서가 있다고 할 때, 30~100[℃] 구간이 선형성이 좋다면 이 구간을 측정 범위로 사용한다.

1 특성곡선(characteristic curve)은 입력에 대한 출력의 변화 곡선을 말한다.

[그림 15-4]는 두 온도 센서의 특성곡선을 보여준다.

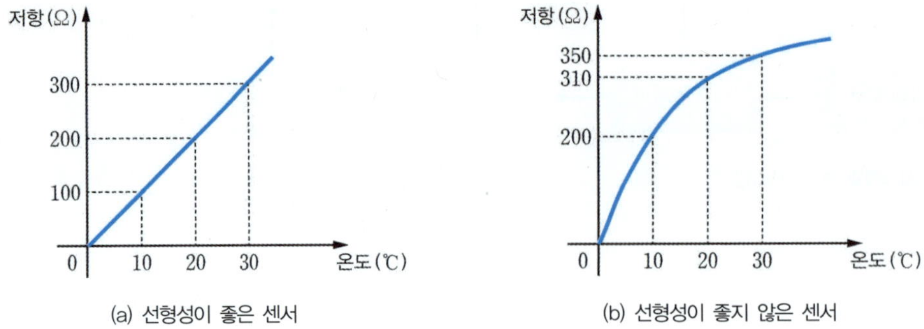

그림 15-4 **선형성이 좋은 센서와 선형성이 좋지 않은 센서의 특성곡선**

Quick Review

- 센서는 제어 대상을 제어하기 위한 중요한 (   )를 제공한다.
- 센서의 선형성은 (   ) 센서일수록 높다.
- 측정된 센서 값 중 (   )이 높은 구간을 선택하여 사용한다.

ANS 데이터, 이상적인, 선형성

15.2 센서의 종류와 특징

힘 센서

힘은 대표적인 물리량으로, **힘을 감지하려면 탄성이 있는 물체에 힘을 가해 이 탄성체가 휘어진 정도를 전기적 신호로 바꾸어야 한다.** 이때 직접적으로 변화되는 탄성체를 1차 변환기라 하고, 이를 감지하여 전기적 신호로 출력하는 부분을 2차 변환기라고 한다.

힘의 측정이나 물체의 변형에 가장 많이 사용되는 센서는 **스트레인 게이지**strain gage이다. 스트레인 게이지는 형태가 변하면 저항값이 변하는 물질로 구성되어 있다. [그림 15-5]와 같이 물질의 고유저항은 길이에 비례하고 단면적에 반비례한다. 이를 식으로 나타내면 다음과 같다.

$$R = \rho \frac{L}{A} \quad (\rho \text{ : 물질의 비저항}) \tag{15.1}$$

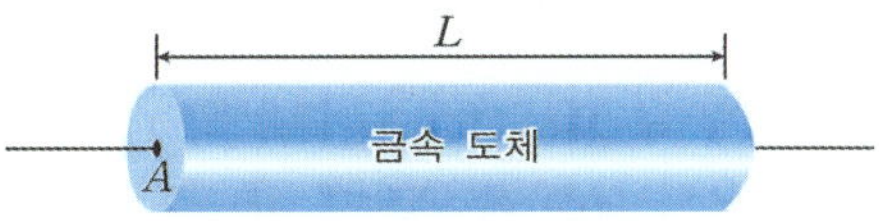

그림 15-5 금속 저항선의 길이와 단면적

[그림 15-5]의 도체에 [그림 15-6]과 같이 힘이 가해질 때 도체의 단면적과 길이는 바뀐다. 스트레인 게이지는 이러한 성질을 이용하여 외형 변화와 저항값의 변화와의 관계를 통해 어느 정도의 힘이 가해졌는지를 감지한다.

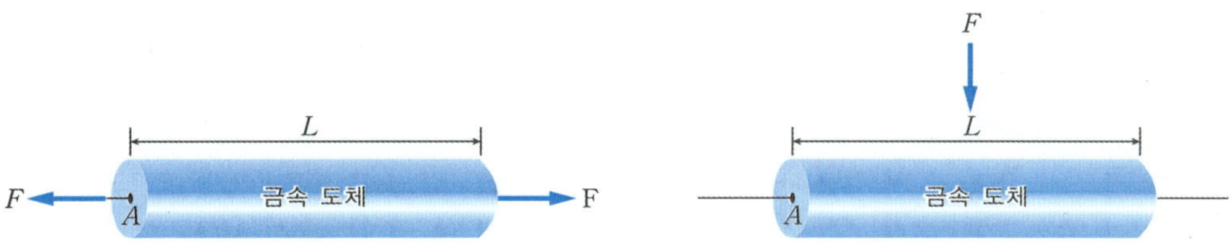

(a) 양 끝으로 힘이 가해질 때　　(b) 도체 중간에 힘이 가해질 때

그림 15-6 금속 도체에 힘이 가해지는 경우

이러한 도체를 베이스[2]에 부착하여 베이스에 가해지는 힘에 의해 휘어지는 정도를 저항의 변화로 감지할 수 있다. 이 베이스는 앞서 말한 1차 변환기가 되고, 부착된 도체는 2차 변환기가 된다. 도체는 형태에 따라 **선**wire, **박**foil, **박막**thin film으로 이루어진다. [그림 15-7]은 에폭시 위에 박 형태로 이루어진 스트레인 게이지이다. 스트레인 게이지 중간의 주름진 부분은 휘어지는 정도에 따라 저항의 변화폭을 크게 하기 위한 부분이다.

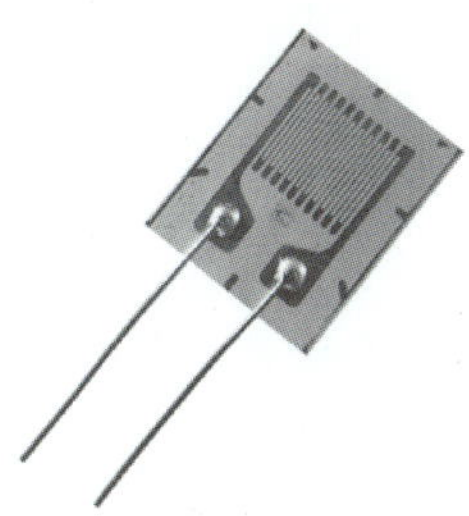

그림 15-7 박 형태의 스트레인 게이지

---

2 베이스로는 에폭시(epoxy), 베크라이트(bakelite) 등이 주로 사용된다.

이러한 힘 센서는 디지털 체중계부터 교량의 변화 감지 등 여러 분야에 널리 사용되고 있다. 스트레인 게이지를 사용할 때는 휘트스톤 브리지를 이용하는데, 휘트스톤 브리지에 대해서는 4.4절을 참고하기 바란다.

온도 센서

온도란 물체의 차갑고 따뜻한 정도를 나타내는 물리량이다. 온도를 측정하는 센서로는 직접 물체에 접촉해야 하는 접촉식 센서와 직접 접촉하지 않고 측정하는 비접촉식 센서가 있다. 물의 온도를 측정한다고 가정하면 접촉식 센서는 물에 직접 센서를 담가 측정해야 하며, 비접촉식 센서의 경우 물에 담그지 않고 외부로 발산되는 열을 측정하게 된다.

대표적인 접촉식 온도 센서로는 **서미스터**thermistor[3]가 있다. 이는 온도에 따라 저항값이 변화하는 물질을 이용한 것으로서 NTC Negative Temperature Coefficient, PTC Positive Temperature Coefficient, CTR Critival Temperature Resistor 등이 있다. **NTC는 온도가 높아지면 저항값이 감소되는 반면, PTC는 온도가 높아지면 저항값도 증가**한다. **CTR은 일정 온도에서 저항값이 급격히 변하**는 특성이 있다. NTC나 PTC는 온도 측정이나 온도 스위치 등에 주로 사용되며, CTR은 일정 온도에서 알람을 발생하는 기기에 주로 사용된다.

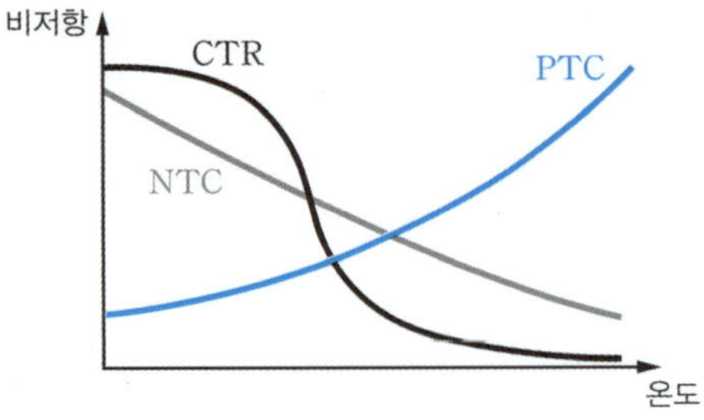

그림 15-8 NTC, PTC, CTR의 온도별 비저항 특성

비접촉식 온도 센서를 **파이로미터**pyrometer라고 한다. 파이로미터는 피측정 물체의 표면에서 방사되는 에너지로 온도를 측정하는 기기이다. 이전에는 고온 측정에 주로 사용되었으나 근래에는 영하의 온도까지도 측정할 수 있게 되어 통상적으로 비접촉식 온도 센서를 파이로미터라고 부른다.

비접촉식 온도 센서의 장점은 무엇보다도 신속성에 있다. 접촉식 온도 센서의 경우 피측정 물체의 열이 센서로 전달되는 과정이 필요하다. 반면에 비접촉식 온도 센서의 경우 매우 짧은 시간(수 [ms])에 측정이 가능하다. 또한 피측정 물체에 손상을 주지 않고 측정할 수 있으며 고온 측정도 가능하기 때문에 접촉하여 온도를 측정할 수 없는 고온의 물체나 전기가 흐르는 부분, 오염된 부분에 대한 측정도 가능하다.

---

3 서멀 레지스터(thermal resistor)라고도 한다.

이러한 장점 때문에 산업용뿐 아니라 상업용, 의료용으로 매우 많이 사용되고 있다.

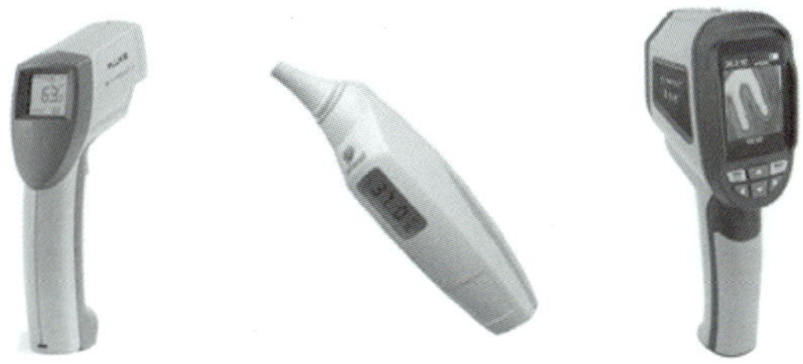

그림 15-9 다양한 형태의 비접촉식 온도 측정기

거리 센서

자동차를 주차하다 보면 후방에 있는 장애물에 따라 주기가 변화하는 버저음을 들을 수 있다. 이는 **초음파 센서**sonar sensor를 이용해 후방의 장애물을 감지하여 운전자가 인식할 수 있게 해주는 장치이다.

초음파 센서는 비교적 저렴한 가격으로 구입할 수 있으며 센서 외부가 오염되어 있어도 측정이 가능하기 때문에 자동차에 널리 사용된다. 초음파 센서는 초음파를 출력하는 부분과 출력된 초음파가 물체에 반사되어 나오는 시간차를 이용하여 거리를 측정한다.

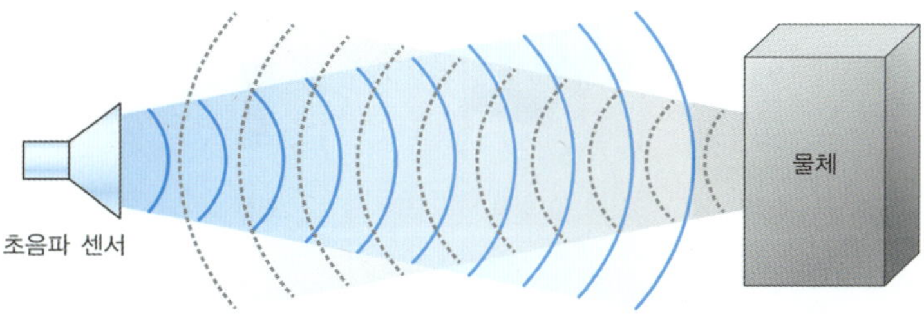

그림 15-10 초음파 센서의 측정 원리

적외선을 이용한 **PSD** Position Sensitive Device **센서**는 적외선 발광부와 적외선 수광부로 이루어져 있다. 이는 물체의 유무만 판단하는 단순한 형태의 적외선 센서와 구분된다. 적외선 센서는 남자 화장실 소변기의 감지기나 복사기의 종이 검출 등 유무 확인만 필요한 곳에 사용된다. 이에 반해 PSD 센서는 수광부의 어느 부위에 수신되느냐를 판단하여 거리를 측정한다. [그림 15-11]을 살펴보자. PSD 센서의 발신부에서 출력된 적외선은, 장애물 1에 반사되어 PSD 수신부로 수신될 때와 장애물 2에 반사되어 수신될 때의 위치가 서로 달라지는데, 이 차이를 이용해 물체와 떨어진 거리를 측정할 수 있다. 적외선 대신 레이저를 이용할 경우, 보다 정밀하게 먼 거리까지 측정할 수 있다.

(a) PSD 센서의 원리 (b) 적외선 PSD 센서(SHARP 사) (c) 레이저 PSD 센서(BOSCH 사)

그림 15-11 PSD 센서의 원리와 레이저 및 적외선을 이용한 거리 센서

가속도 센서

가속도 acceleration**란 물체의 속도가 단위시간 동안 얼마만큼 변화했는지를 나타내는 물리량**이다. 수학적으로는 위치를 미분하면 속도가 되고, 속도를 미분하면 가속도를 나타낸다. 이러한 가속도를 측정하는 센서를 **가속도 센서**라 한다. 가속도 센서는 가속도뿐 아니라 진동, 충격, 회전 등 물체의 동작을 파악하는 데도 사용된다. 우리가 사용하는 스마트폰에도 이러한 가속도 센서가 내장되어 있어서 여러 가지 애플리케이션을 통해 이용된다. 또 자동차, 항공기 등 운송기기에도 필수적으로 탑재되어 주행 시 움직임을 파악하는 데 사용된다.

가속도 센서로 감지하는 운동의 종류는 [그림 15-12]와 같이 **가속** acceleration, **진동** vibration, **충격** shock, **경사** tilt, **회전** rotation 등 5가지로 분류한다.

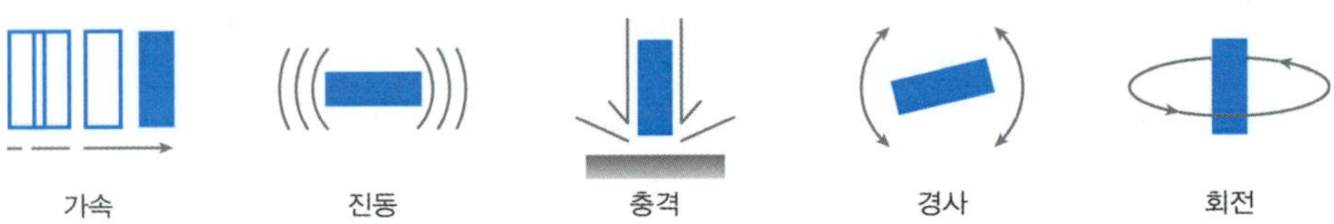

그림 15-12 가속도 센서가 감지하는 5가지 동작

가속도의 측정에는 **질량-스프링-댐퍼 시스템** mass-spring-damper system이 사용된다. 질량-스프링-댐퍼 시스템이란 [그림 15-13]과 같이 측정하고자 하는 대상에 연결된 스프링과 댐퍼에 질량을 갖는 물질을 연결한 것이다. 외부로부터 가속도 변화가 발생하면 질량의 변위와 대상의 변위에 차이가 발생한다. 이를 수학적으로 풀면 가속도는 결국 질량의 변위를 측정함으로써 계산할 수 있다.

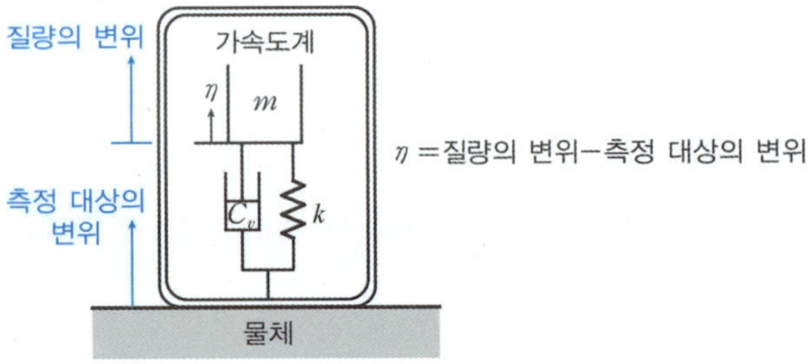

그림 15-13 질량-스프링-댐퍼 시스템을 이용한 가속도 센서

이와 같은 방법 외에도 압전소자를 이용한 **압전형 가속도 센서**, 정전용량의 변화를 이용한 **정전용량형 가속도 센서**, 가열된 기체를 이용하는 **열방식 가속도 센서** 등이 있으며, 최근에는 반도체 기술을 이용한 **마이크로가속도 센서**가 주로 사용된다.

자이로스코프

자이로스코프gyroscope[4]는 상하 대칭인 팽이를 [그림 15-14]와 같은 형태의 프레임으로 고정한 장치로서 지구의 회전과는 무관하게 일정 방향을 유지하기 때문에 물체의 방위나 각속도를 측정하는 데 사용된다. 이와 비교되는 센서가 가속도 센서이다.

가속도 센서는 외부 가속도의 합이 0인 운동, 즉 등속운동 물체에 대해서 측정할 수 없고 지표면으로부터의 기울기, 가속도 등을 측정한다. 그러므로 지표면으로부터 수직 방향의 가속도는 측정할 수 없다는 단점이 있다. 하지만 자이로스코프는 각속도를 이용하여 운동을 측정하기 때문에 이러한 제약이 없으며, [그림 15-12]의 5가지 동작도 모두 감지할 수 있다.

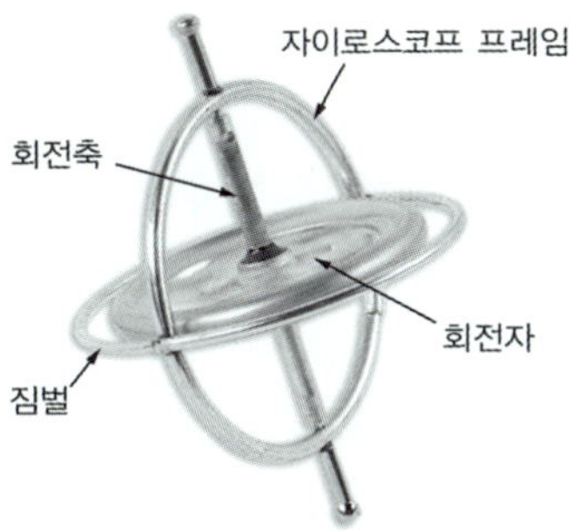

그림 15-14 자이로스코프

가속도 센서는 직선운동을 측정하는 데 용이하다. 자이로스코프는 회전운동의 각도를 측정할 수 있기 때문에 물체의 움직임을 파악하기 위해 2가지 센서를 함께 사용하는 경우가 많다. 예를 들어 2차원 운동을 하는 물체의 움직임을 측정하려면 각속도를 측정할 수 있는 자이로스코프 1개와 x축의 가속도 센서, y축의 가속도 센서 등 가속도 센서 2개가 필요하다. 3차원 운동을 하는 물체의 경우에는 자이로스코프와 가속도 센서가 각각 3개씩 필요하다.

최근에 주로 사용되는 자이로스코프는 반도체 공정으로 만들어져 매우 소형화되어 있다. 이러한 자이로스코프는 진동식이 대부분인데 내부 형태에 따라 회전진동식, 진동링 방식 등이 있다.

자이로스코프가 가장 많이 사용되는 곳은 스마트폰과 자동차이다. 스마트폰의 경우 스마트폰의 움직임을 파악하여 다양한 애플리케이션에 응용된다. 자동차의 경우 주행 보조장치인 **ESP**Electric Stability Program나 **VDC**Vehicle Dynamics Control 등에 사용되거나 내비게이션navigation에 사용되기도 한다.

4 자이로(gyro)라고 부르기도 한다.

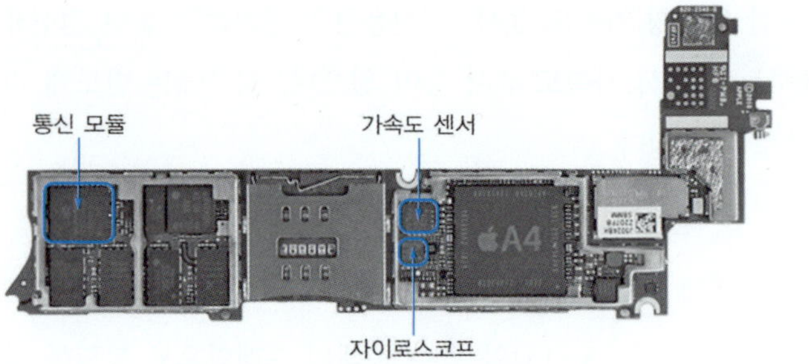

그림 15-15 아이폰 내부의 가속도 센서와 자이로스코프

광센서

빛은 모든 사물을 볼 수 있게 하는 에너지로, 파동적 성질과 입자적 성질을 모두 갖고 있다. 빛을 전기에너지로 변환할 수도 있고, 전기에너지로 빛을 생성할 수도 있다. 빛은 파장에 따라 색이 다르게 보이는데 무지개색을 생각하면 이해하기 쉽다. 우리가 볼 수 있는 영역은 가시광선으로 약 390~780[nm] 파장 대역이다. 낮은 파장일수록 보라색, 높은 파장일수록 빨간색에 가까워지며 이 영역을 벗어나면 자외선ultraviolet [5]과 적외선infrared [6]이라고 한다.

광센서는 **양자형**photon detector 또는 quantum detection과 **열형**thermal detector이 있다. 양자형은 전자파의 양자를 흡수하여 감지하는 방식으로 **광도전효과**photoconductive effect[7]를 이용한 것이다. **광도전셀**, **포토다이오드**photo-diode, **포토트랜지스터**photo-transistor 등이 이에 속한다. 열형은 특수한 소자가 적외선을 받았을 때 전기적 특성이 변화하는 것을 이용한 것으로 **서미스터**thermistor, **서모파일**thermopile 등이 있다.

양자형 광센서는 주로 빛의 유무 혹은 밝기를 감지하는 데 사용한다. 반도체 물질마다 차단 파장이 달라 적외선 혹은 가시광선을 감지하게 되는데, 가시광선을 감지하는 센서로는 **CdS 셀**이 가장 많이 사용된다.

(a) CdS 셀

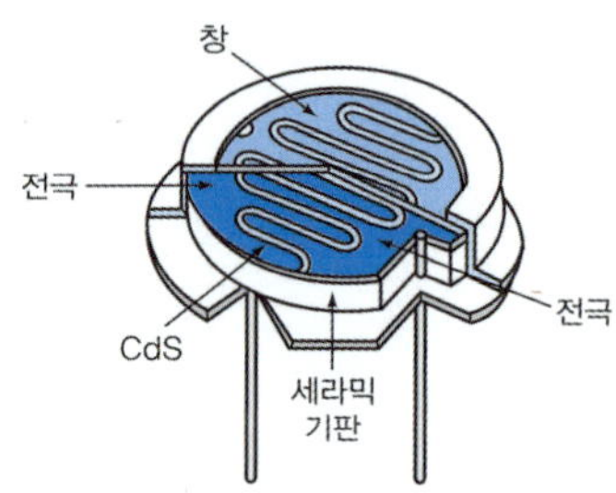

(b) CdS 셀의 구조

그림 15-16 CdS 셀과 구조

5 자외선(紫外線)은 보라색을 벗어난 영역이라는 의미이다.

6 적외선(赤外線)은 빨간색을 벗어난 영역이라는 의미이다.

7 광도전효과(光導電效果, photoconductive effect)는 반도체에 빛을 가했을 때 전기전도도(electrical conductivity)가 증가하는 현상을 말한다.

CdS 셀과 함께 양자형 광센서로 많이 사용되는 것이 **포토트랜지스터**이다. 포토트랜지스터를 사용한 부품으로는 **포토커플러**photo-coupler와 **포토인터럽터**photo-interrupter가 있다.

포토커플러는 LED와 조합하여 절연 상태로 전기적 신호를 보내는 데 사용되며, 스마트폰 충전기, 가전제품, 컴퓨터 등의 전원장치 대부분에 들어간다. 특히 산업용으로 무접점 릴레이(SSR)Solid State Relay에 필수적으로 사용된다.

(a) 포토커플러(PC817)

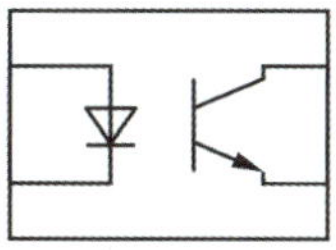

(b) 포토커플러의 내부 구조

그림 15-17 포토커플러

포토인터럽터는 발광부와 수광부 사이의 물체를 감지하거나 근접한 물체와 반사된 적외선을 감지하는 부품이다. 복사기, 화장실 소변기의 감지기 등에 사용된다.

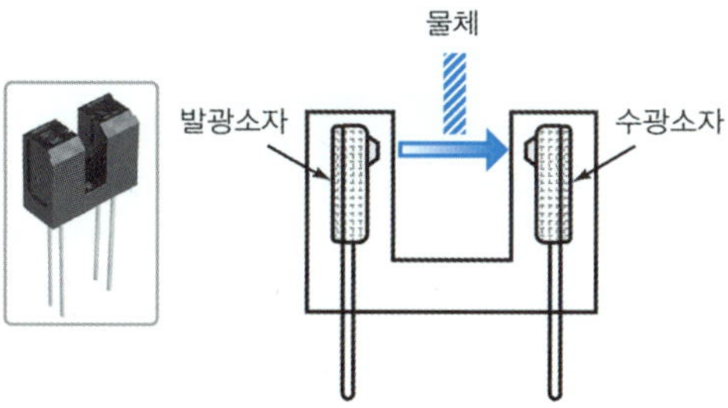

(a) 투과형 포토인터럽터

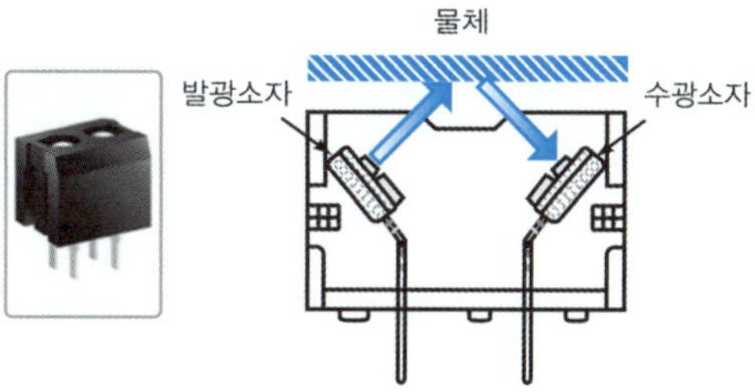

(b) 반사형 포토인터럽터

그림 15-18 투과형 포토인터럽터와 반사형 포토인터럽터

Quick Review

- 힘 센서는 외력에 의해 변화된 물체의 (　　　　)를 감지한다.
- 온도 센서는 온도에 따른 저항값의 변화를 이용한 (　　　　)과 방사에너지를 측정하는 (　　　　)이 있다.
- 초음파를 이용한 거리 센서는 초음파가 물체에 반사되어 오는 (　　　　)을 계산하여 측정한다.
- (　　　　) 센서는 물체에 반사된 적외선이나 레이저의 각도로 거리를 계산한다.
- 가속도 센서의 기본 원리는 (　　　　)이다.
- 자이로스코프는 (　　　　)를 측정할 수 있다.
- 물체의 운동을 파악하기 위해서는 가속도 센서와 (　　　　)가 함께 사용되어야 한다.
- 양자형 광센서는 (　　　　)를 이용하여 빛을 감지한다.

ANS 저항값 변화, 접촉식/비접촉식, 시간, PSD, 질량–스프링–댐퍼, 각속도, 자이로스코프, 광도전효과

15.3 위치 시스템

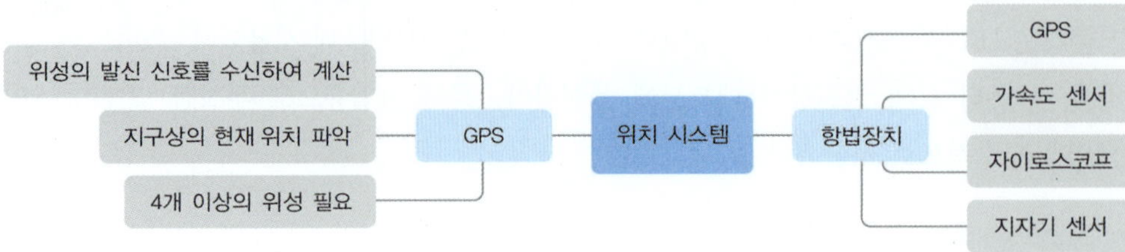

GPS

비행기에 주로 사용된 항법장치navigation에 반드시 필요한 것이 위치 시스템으로, 대표적인 위치 시스템이 **GPS**Global Positioning System이다. GPS는 위성에서 보내는 신호를 계산하여 지구상의 현재 위치를 파악하는 시스템으로서, GPS 안테나로 GPS 신호를 수신하여 GPS 위성과 GPS 수신기 간의 거리를 파악한다. GPS로 파악되는 위치는 3차원 공간상에 나타나게 된다. 3차원 공간상에 있는 위치를 계산하려면 3개의 위성까지 떨어진 거리로 구할 수 있지만, GPS 위성과 GPS 수신기 간 거리 계산에서 전파 도달시간으로 계산하기 때문에 시간의 정확성을 위해 실제로는 **최소 4개 이상의 GPS 위성**의 신호를 수신해야 한다.

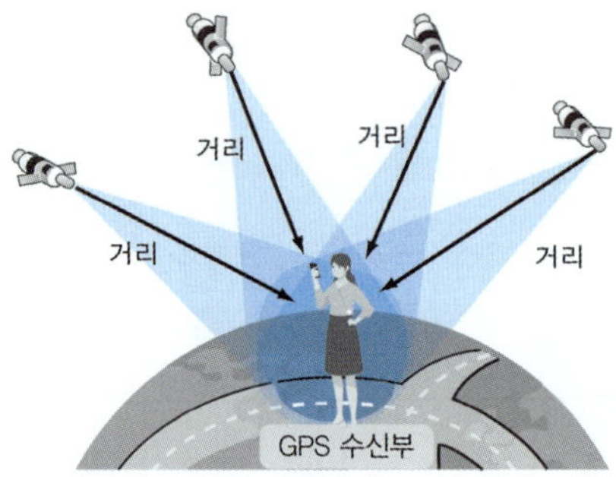

그림 15-19 GPS 시스템

항법장치

GPS가 가장 많이 사용되는 분야는 바로 항법장치이다. 항법장치는 비행기, 자동차뿐 아니라 이제는 스마트폰으로도 구동이 가능하여 걸어 다니면서도 사용할 수 있게 되었다. 위치 정보를 알려면 원래 4개의 위성만 필요하지만, 정밀도를 높이기 위해 20개의 GPS 위성 신호를 사용하기도 한다. 하지만 항법장치는 단순히 GPS로만 구동할 수 있는 것은 아니다. 앞서 설명한 가속도 센서, 자이로스코프와 함께 나침반 역할을 하는 **지자기 센서**geomagnetic sensor[8]가 추가되어야 한다. 즉 위치에 대한 정보뿐 아니라 이동체의 움직임에 대한 정보까지 추가되어야만 정확한 동작을 할 수 있다.

Quick Review

- GPS는 4개의 GPS 위성 신호를 수신하여 GPS 수신자의 위치를 (   )으로 나타낸다.
- 항법장치는 GPS와 (   ), (   ), (   )로 구성된다.

ANS 3차원, 가속도 센서/자이로스코프/지자기 센서

8 지자기를 검출하는 센서로서 나침반 역할을 한다.

15.4 MEMS

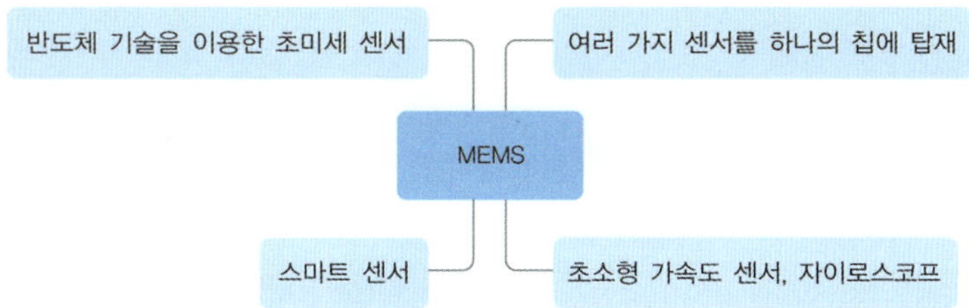

MEMS Micro Electro Mechanical Systems 란 반도체 기술을 이용하여 마이크로나 나노 단위의 초미세 기계 구조물을 만드는 기술이다. MEMS를 이용하면 아주 작은 칩 chip 형태의 가속도 센서나 자이로스코프뿐 아니라 압력, 온도 등을 측정하는 마이크로 센서를 만들 수 있다.

MEMS는 반도체 기술을 이용하기 때문에 칩 안에 다양한 미세회로를 추가할 수 있다. 즉 단순한 센서 역할뿐 아니라 노이즈 방지 회로나 보호회로 등을 더한 **스마트 센서** smart sensor 로 제작할 수 있다. 또한 칩 하나에 여러 가지 센서를 함께 탑재한 **MCM** Multi Chip Module 형태로도 제작할 수 있다. 이러한 MEMS 덕분에 초소형화된 가속도 센서, 자이로스코프, 압력 센서 등을 사용할 수 있게 되었다.

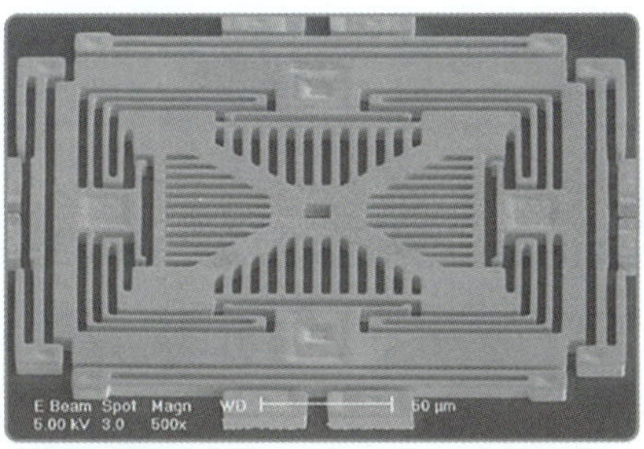

그림 15-20 MEMS 가속도 센서의 내부

Quick Review

- (   )는 반도체 기술을 이용한 초미세 센서를 의미한다.
- 위 기술을 이용하면 아주 작은 칩 형태의 가속도 센서나 자이로스코프뿐 아니라 압력, 온도 등을 측정하는 (   ) 센서를 만들 수 있다.

ANS MEMS, 마이크로

15.5 자동차와 센서

자동차 센서

자동차는 우리 주변에서 가장 쉽게 접할 수 있는 다수의 센서가 많이 사용되는 제품이다. [그림 15-21]은 내연기관 자동차에 탑재된 센서와 이와 관련된 시스템들을 나타낸다.

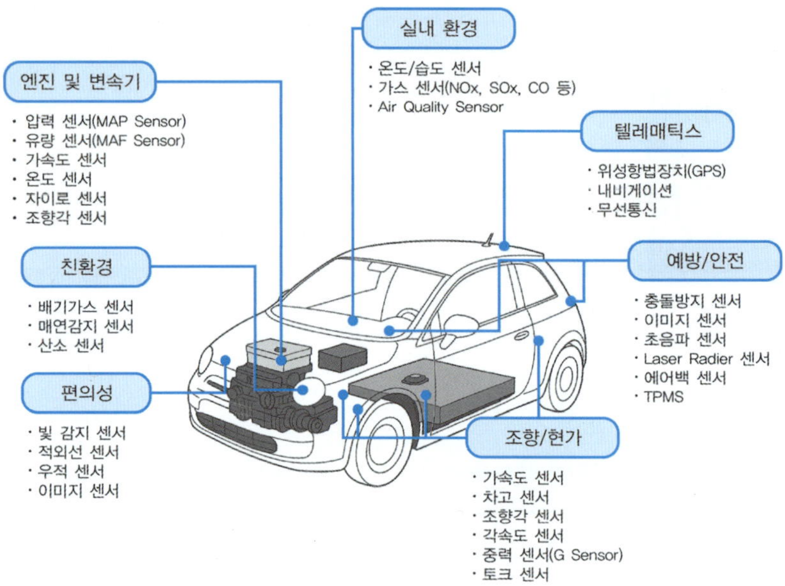

그림 15-21 자동차와 센서

엔진과 변속기에는 온도 및 각종 오일류를 확인하는 센서들이 사용되고 있으며, 조향 및 차체의 움직임을 확인하는 센서들이 차체 곳곳에 탑재되어 있다. 실내에는 온도, 습도, 좌석의 각도 등을 확인하는 센서들이 사용된다.

안전을 위한 센서로는 충격을 감지하는 센서, 타이어의 압력을 감시하는 TPMS Tire Pressure Monitoring System 등이 사용된다. 초기의 에어백은 충돌의 세기와 관계없이 반응하는 방식이었지만 현재에는 충돌의 세기를 감지하여 에어백이 펼쳐지는 힘이 조절되는 스마트에어백이 사용되고 있다.

자율주행 기술

자율주행 기술의 발전에 따라 주변의 공간과 사물을 인식하는 기술이 필요해졌다. 기존에는 초음파 센서를 이용하여 주차 시 장애물을 감지하는 것이 일반적이었다면 이제는 주행할 때도 주변 공간을 빠르고 정확하게 인식하는 기술이 필요한 것이다. 공간과 사물을 인식하기 위해서는 전자파를 이용하여 인식하는 센서인 레이더(RADAR)RAdio Detection And Ranging와 레이저를 이용한 라이다(LiDAR)Light Detection And Ranging의 사용이 일반적이었다.

레이더의 경우 전파를 송신하고 물체에 반사된 전파를 수신하여 물체를 감지하고 속도를 측정할 수 있다. 환경적 요인에 영향이 적고 장거리의 물체도 감지할 수 있는 장점이 있다. 라이다는 고출력의 레이저를 송신하고 반사된 신호를 분석하여 물체와 속도를 감지하는 방식이다. 정확하고 정밀한 측정이 가능하여 물체와의 거리뿐만 아니라 형태도 추측할 수 있어서 자율주행 자동차에 주변 환경을 인식하는 데 많이 사용되고 있다.

레이더와 라이더는 물리적인 방법으로 물체를 감지하고 속도를 측정하는 센서이다. 하지만 비전 센서(카메라)를 이용한 방법은 물리적인 방법이 아닌 카메라로 촬영된 이미지를 분석하여 물체를 감지하고 속도를 측정하는 방법이다. 이러한 이미지를 처리하기 위해서는 고성능의 컴퓨터가 사용되고 있고 인공지능을 이용하여 여러 개의 카메라로 입력받은 이미지를 분석하여 레이더와 라이더 없이도 높은 수준의 자율주행성능을 구현하기도 한다.

그림 15-22 자동차의 레이더와 라이더

이와 같이 자동차에는 다양한 센서가 사용되고 있다. 다양한 센서로부터의 데이터를 통합하고 처리하여 원하는 결과를 얻기 위한 과정을 센서퓨전sensor fusion이라고 한다.

과거의 자동차가 기계적인 부분이 주가 되었다면 미래의 자동차는 소프트웨어가 주가 되는 자동차(SDV)Software Defined Vehicle로 발전하고 있다. 센서퓨전을 통한 주변 인식, 인공지능을 이용한 이미지 처리 및 자율주행을 위해 고성능의 컴퓨터를 사용하게 되었고 소프트웨어가 자동차의 핵심 부분이 되었다. 고성능컴퓨터와 소프트웨어로 만들어진 자율주행기술은 사용자가 더 이상 운전을 안 하게 될 뿐만 아니라 상업적으로도 무인택시, 무인물류 시스템으로도 발전해가고 있다.

Quick Review

- 자동차에는 다양한 (　　　)가 탑재되어 있다.
- 자율주행 기술이 발달하면서 주변의 물체 인식을 위해 (　　　), (　　　), (　　　) 등이 사용된다.
- 다양한 센서로부터의 데이터를 통합하고 처리하여 원하는 결과를 얻기 위한 과정을 (　　　)이라고 한다.

ANS 센서, 레이더/라이다/비전 센서, 센서퓨전

CHAPTER 15

기본문제

15.1 다음 중 센서가 감지하는 것이 아닌 것은?

① 빛　② 냄새　③ 시간　④ 온도

15.2 다음 중 센서의 선형성에 대한 설명으로 옳은 것은?

① 선형성은 센서의 성능과 무관하다.
② 선형성이 좋은 일부 구간만 사용하기도 한다.
③ 최대 출력편차는 최대 입력편차와 비례한다.
④ 최대 입력편차와 최대 출력편차가 0인 센서가 존재한다.

15.3 온도를 감지하는 센서인 서미스터는 온도의 변화를 어떤 물리량의 변화로 나타내는가?

① 전압　② 전류　③ 정전용량　④ 저항

15.4 광센서를 이용한 소자로서 절연상태로 전기적 신호를 보내는 소자는?

① 다이오드　② 포토커플러　③ 트랜지스터　④ LED

15.5 반도체 기술을 이용하여 제작하는 센서로 칩 안에 다양한 미세회로를 추가하며 여러 가지 센서를 하나의 칩에 넣을 수 있는 기술을 무엇이라고 하는가?

① 사이리스터　② 포토인터럽트　③ MEMS　④ 하이브리드

15.6 자동차에는 다양한 센서가 사용된다. 각 센서의 정보를 취합하여 처리하는 방법을 무엇이라고 하는가?

① 멀티센서　② 센서퓨전　③ 센서변환　④ 하이브리드센서

15.7 자동차의 주요 부분은 기계공학을 응용한 기술이었다. 미래의 자동차는 소프트웨어가 핵심이 되는 기술로 발전하고 있다. 이러한 자동차를 (　　)라고 한다. 다음 중 빈칸에 알맞은 말은?

① SDV　② EV　③ HEV　④ PHEV

CHAPTER 15

연습문제

15.1 생체 시스템의 오감과 센서 시스템의 센서는 서로 대응되는 관계이다. 시각, 청각, 후각, 미각, 촉각은 각각 어떤 센서와 대응할 수 있는가?

15.2 대부분의 센서는 이상적인 선형 특성을 갖고 있지 않다. 이를 보완하는 방법에 대해 설명하라.

15.3 [그림 15-7]의 스트레인 게이지를 보면, 패턴이 지그재그로 되어 있는 것을 알 수 있다. 그 이유에 대해 설명하라.

15.4 비접촉식 온도 센서는 응답 속도가 빠르고 위험부의 온도를 측정할 수 있다는 장점 때문에 매우 많이 사용되고 있다. 비접촉식 센서가 주변에서 사용되는 예를 찾아보라.

15.5 냉장고와 에어컨에 들어가는 센서를 조사하여 각 역할을 설명하라.

15.6 자동차 주차 시 사용되는 후방감지 센서는 초음파를 이용한 거리 센서이다. 적외선이나 레이저를 이용한 PSD 센서를 사용하지 않고 초음파 센서를 사용하는 이유에 대해 설명하라.

15.7 가속도 센서와 자이로스코프는 서로 부족한 점을 채워주는 역할을 한다. 그 이유를 설명하라.

15.8 CdS 셀을 이용하여 어두울 때 자동으로 켜지는 램프를 만들려고 한다. 실제 CdS 셀이 빛을 감지하여 저항값으로 빛의 밝기를 나타낼 때 그 값은 계속 변화한다. 그러므로 하나의 기준값으로 켜고 끄는 동작을 하면 온/오프가 반복되는 현상이 발생할 수 있다. 그렇다면 어떠한 방식으로 제어해야 하는가?

15.9 GPS를 사용할 수 없는 실내에서는 비콘beacon이라는 위성 역할을 하는 초음파나 블루투스를 이용한 장치를 사용한다. 이에 대해 조사하라.

15.10 MEMS 기술로 제작된 센서를 조사하고 기능에 대해 설명하라.

15.11 자율주행 자동차에는 여러 가지 센서가 사용된다. 어떠한 센서가 필요한지 조사하라.

15.12 전기 자동차는 내연기관 자동차보다 부품 수가 적다. 전기 자동차에 들어가는 센서는 내연기관 자동차와 비교할 때 어떤 차이가 있는지 설명하라.

15.13 비전 센서만 이용하였을 때 물체와의 거리를 측정하는 방법을 조사하라.

15.14 자율주행자동차는 레이더, 라이더, 비전 센서를 통해 주변을 인식한다. 이러한 센서를 모두 사용하는 자동차도 있고 비전 센서만 사용하는 자동차도 있다. 이에 대한 장단점을 조사하라.

CHAPTER

16

전원장치

CONTENTS

학습 목표

- 전원장치의 의미와 원리, 종류에 대해 학습한다.
- 배터리의 원리와 구조에 대해 학습한다.
- 배터리의 발전과 현재 주로 사용되는 리튬이온폴리머 배터리에 대해 학습한다.
- 변압기의 구조와 전압, 전류, 권선의 관계를 이해한다.
- 정류회로의 종류와 장단점에 대해 학습한다.
- 선형전원장치의 구성과 장단점을 이해한다.
- SMPS에 대해 알아보고, 선형전원장치와 비교하여 살펴본다.
- 전원 안전장치인 접지, 서지 보호, 퓨즈, 누전 차단기에 대해 학습한다.

들어가기 전에

전기·전자기기를 동작시키려면 우선 전원이 공급되어야 한다. 가정에 공급되는 전원은 교류 220[V]로 디지털 기기가 대부분인 현대사회에서는 이를 직류로 변환하고 다양한 전압으로 변환하여 사용해야 한다. 이 장에서는 주변에서 사용되는 전기·전자기기 내 전원장치에 대하여 알아보고, 휴대용 기기에 사용되는 전원장치인 배터리와 전원 안전장치에 대해 알아본다.

16.1 배터리

알레산드로 볼타
(1745~1827)

배터리battery**란 화학적 에너지를 전기적 에너지로 변환하는 장치**로, 이탈리아의 물리학자인 알레산드로 볼타Alessandro Volta가 처음 발명했다. 최초의 배터리는 두 금속판 사이에 전해질이 들어 있는 가죽을 대고 양 끝에 전선을 연결한 형태였다. 그 당시에는 화학적 현상을 알지 못했지만 추후 패러데이에 의해서 화학적 현상으로 인해 전위차가 발생한다는 사실이 밝혀졌다. 전압의 단위인 **볼트**Volt는 볼타의 이름에서 따온 것이다.

배터리는 전선을 연결하지 않고 전기를 사용하는 모든 기기에 필수적으로 사용된다. 과거에는 **한 번 사용하고 버리는 1차 배터리**가 대부분이었으나 이제는 **여러 번 충전할 수 있는 2차 배터리**가 여러 산업에 사용된다. 2차 배터리 기술은 휴대장치용 배터리의 경우 소형화, 고효율화 방향으로 발전하고 있으며, 하이브리드 자동차나 전기 자동차의 경우 고속 충전과 고출력 배터리로 발전하고 있다.

배터리의 원리

배터리의 원리를 이해하려면 우선 **이온**ion과 **전해질**electrolyte에 대해 알아야 한다. 원자는 **양성자(+)**와 **전자(−)**로 이루어져 있으며, 전자에 따라 원자의 성질이 바뀐다. 만일 전자가 빠져나오면 양성자의 성질이 커지면서 양이온이 되고, 반대로 전자를 얻으면 음이온이 된다. 전해질이란 이러한 이온이 들어 있는 액체이다.

[그림 16-1]은 리튬이온 배터리의 충전 중 전자의 흐름을 나타낸 것이다. 전류가 흐르면 전해질 내 양이온은 **음극**anode에, 음이온은 **양극**cathode에 달라붙게 된다. 이 상태에서 양극에 전선을 연결하면 전자가 이동하며 전류가 흐르게 되는 원리이다.

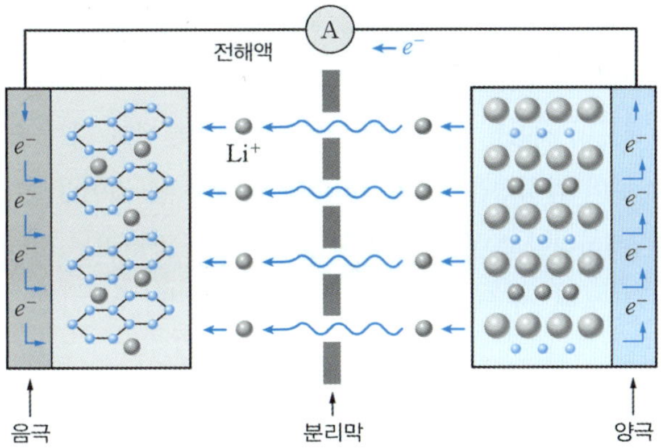

그림 16-1 리튬이온 배터리의 구성 및 충전 중 전자의 흐름

음극에는 흑연, 리튬티타늄 산화물, 실리콘 등의 물질이 사용되는데 이 중 흑연이 가장 많이 사용된다. 양극에는 리튬코발트 산화물, 인산철리튬 등이 사용된다. 양극과 음극이 접촉하면 열이 발생하며 발화할 수 있으므로, 이들을 물리적으로 분리하기 위한 **분리막**seperator이 필요하다. 분리막은 양극과 음극은 분리하되 이온은 통과시켜야 한다. 분리막으로는 **다공성 폴리에틸렌**polyethylene이나 **폴리프로필렌**polypropylene 필름이 사용된다. 화재나 폭발 사고의 대부분이 이 분리막에 문제가 생겨 음극과 양극이 직접 접촉하여 발생하게 된다. 따라서 분리막은 배터리의 안전성 측면에서 매우 중요하다. **음극, 양극, 전해액, 분리막**은 배터리의 **4대 구성 요소**로 불린다.

배터리의 발전

배터리는 전지(電池)라고도 불리며, 크게 1차 배터리와 2차 배터리로 구분된다.

1차 배터리

1차 배터리는 1회 사용 후 폐기하는 배터리로 시중에서 쉽게 구입할 수 있다. 주로 음극에는 아연을, 양극에는 망간을 사용하여 망간 배터리라고도 한다. TV 리모컨과 같이 작은 소비전류를 갖는 장치나 비교적 저렴한 장치에 사용된다. 카메라처럼 소비전류가 큰 장치들이 생기면서 리튬 배터리가 발명되었다. 리튬 배터리는 음극에는 리튬을 사용하고 양극에는 이산화망간을 사용한 배터리로, 일반 망간배터리보다 출력이 높아 널리 사용되었다.

2차 배터리

2차 배터리는 충전을 통해 재사용이 가능한 배터리를 의미한다. 최초의 2차 배터리는 납축배터리로 가격 대비 성능이 좋아 지금도 널리 사용되고 있다. 이외에도 **니켈-카드뮴 배터리**[1], **니켈-철 배터리** 등이 발명되어 사용되었으며, 1960년대 일본에서 소형 니카드 배터리를 발명하면서 휴대기기에 본격적으로 사용되었다.

1 줄여서 니카드 배터리라고도 한다.

2차 배터리의 발전은 주로 일본에서 이루어졌는데, 1990년에 **니켈수소 배터리**가 상용화되고 기존 배터리보다 전압이 높고 수명이 긴 **리튬이온 배터리**가 발명되었다. 리튬은 원래 캐나다에서 2차 배터리의 재료로 사용했으나 추후 불안정성 때문에 사용하지 않았다. 그러다가 일본에서 리튬 금속을 흑연으로 교체하고 리튬을 이온 상태로 두어 안정성을 높인 배터리를 만들게 된 것이다. 이 때 리튬을 이온 상태로 둔다고 하여 리튬이온 배터리라고 부르게 되었다. 리튬이온 배터리는 지금까지 나온 배터리 중에서 가장 효율성이 높고 오래 사용할 수 있는 2차 배터리이다.

리튬이온 배터리와 리튬폴리머 배터리

리튬이온 배터리는 전해액을 유기용매로 사용하기 때문에 발화나 폭발의 위험이 있다. 이는 물리적인 이유도 있지만 과충전, 과방전, 과전류 등에 의한 것도 있다. 그래서 리튬이온 배터리에는 **항상 보호회로**를 함께 구성하여 **과충전, 과방전, 과전류 등에서 배터리**를 보호한다.

기본적으로 리튬이온 배터리와 구조가 동일하지만 리튬이온 배터리가 갖고 있는 불안정성을 해결한 것이 **리튬이온폴리머 배터리**[2]이다. 리튬이온 배터리의 분리막은 액체로 되어 있는데 이를 **폴리머**polymer로 대체한 것이 **리튬이온폴리머 배터리**이다. **폴리머는 젤이나 고체 형태로서, 좀 더 소형화할 수 있고 안전하며 다양한 형태로 제조할 수 있다.** 이러한 이유로 현재 거의 모든 휴대기기에는 리튬이온폴리머 배터리가 사용된다.

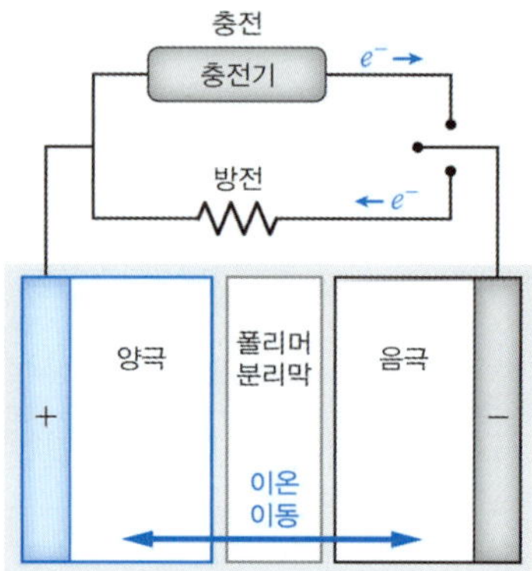

그림 16-2 리튬폴리머 배터리의 구조와 충·방전 시 전자의 흐름

리튬이온 배터리, 리튬폴리머 배터리와 같은 2차 배터리에는 용량 표시와 방전율 표시가 있다. 예를 들어 용량이 2000[mAh]로 표시된 리튬이온폴리머 배터리는 2000[mAh]의 전류를 1시간 동안 출력할 수 있다는 의미이다. 고출력을 요하는 부하에 사용되는 리튬이온폴리머 배터리의 경우, 방전율을 함께 표시해야 한다. 만약 방전율이 10[C]이라고 하면 1시간에 2000[mA]의 10배인 20[A]를 출력할 수 있다는 뜻이다. 물론 이 경우 출력할 수 있는 시간이 줄어든다.

2 줄여서 리포(Li-Po) 배터리라고도 한다.

즉 20[A]를 계속 출력한다면 시간은 60분/10[C]으로서 6분으로 줄어들게 된다. 방전율에 따라 배터리의 가격은 크게 차이 나기도 한다. 리튬이온폴리머 배터리 1셀의 전압은 3.7[V]이다. 이 셀을 직렬로 연결하여 전압을 높이게 되는데 2셀의 경우 7.4[V], 3셀의 경우 11.1[V]가 된다. 리튬이온폴리머 배터리의 특징은 배터리의 출력이 다 될 때까지 1셀의 출력이 3.7[V]로 유지된다는 것이다. 하지만 출력이 다하면 급격히 전압이 떨어지는데 이 점이 장점이자 단점이다. 즉 전압의 변동이 적은 것은 좋은 특성이지만, 마지막에 갑자기 전압이 떨어져버리면 제품에 문제를 일으킬 수 있다. 그러므로 고출력 부하에 사용할 경우 주의해야 한다.

Quick Review

- 배터리는 (　　　　)적 에너지를 (　　　　)적 에너지로 변환하는 장치이다.
- 배터리의 4대 구성 요소는 (　　　　), (　　　　), (　　　　), (　　　　)이다.
- 현재는 리튬이온폴리머 배터리가 주로 사용되며, 반드시 (　　　　)가 함께 구성되어야 한다.

ANS 화학/전기, 음극/양극/전해액/분리막, 보호회로

16.2 전력변환기

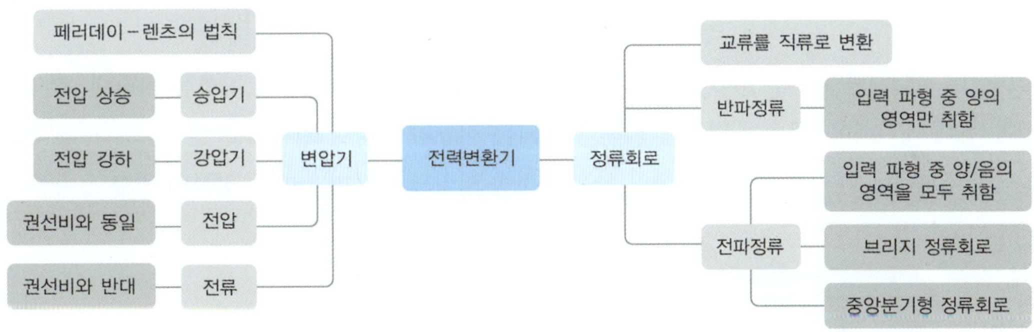

전기를 원하는 사양으로 만들려면 사용하는 목적에 따라 전압을 변경하거나 직류 혹은 교류로 변환하는 과정을 거쳐야 한다. 이러한 역할을 하는 것이 전력변환기이다. 이 절에서는 **변압기**transformer의 구조와 원리, **정류회로**rectifier circuit의 종류와 장단점에 대해 학습할 것이다.

변압기

변압기에는 전압을 높이는 승압기step-up transformer와 전압을 낮추는 강압기step-down transformer가 있다. **입력전압을 1차 전압**이라 하고, **출력전압을 2차 전압**이라고 하는데, **상호유도작용**mutual inductance active[3]에 의해서 1차 측 전압과 2차 측 전압이 변화된다. **1차 전압보다 2차 전압이 클 경우 승압기**라 하며, **1차 전압보다 2차 전압이 작을 경우 강압기**라 한다.

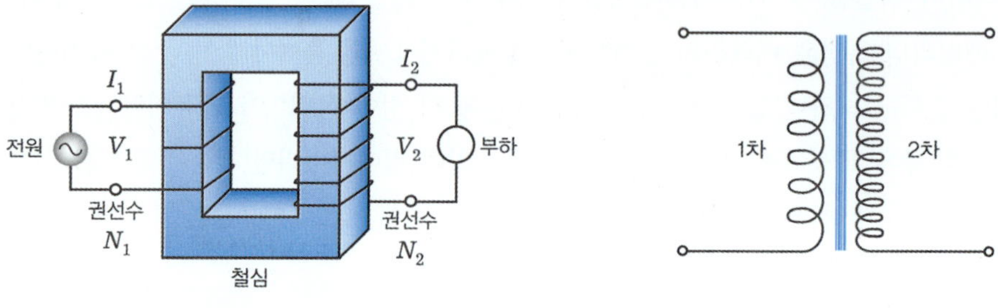

(a) 변압기의 구조 (b) 변압기의 기호

그림 16-3 변압기의 구조와 기호

변압기의 원리는 **패러데이-렌츠의 법칙**Faraday-Lenz' law에 기반한다. 이 법칙에 따르면 유도기전력은 권선수(코일의 감은 수)에 비례하며 자속의 반대 방향으로 발생한다. 이를 수식으로 나타내면 식 (16.1)과 같다.

$$e = -N\frac{d\Phi}{dt} \tag{16.1}$$

패러데이의 법칙은 '변화하는 자기장에 대해 코일에 유도기전력이 발생한다'는 법칙이고, **렌츠의 법칙은 '유도기전력은 변화를 방해하는 방향으로 발생한다'는 법칙**이다. 이 두 법칙은 결과적으로 동일한 이야기를 하고 있으나, 유도전류의 방향이 반대라는 것을 나타내고 있다.

[그림 16-4]는 변압기에 전자기 유도현상이 발생했을 때 자속과 전류의 방향을 나타낸 것이다. 이를 통해 패러데이-렌츠의 법칙에 의해 유도되는 전류의 방향이 반대임을 알 수 있다. 교류를 입력하기 때문에 1차 측 전류의 방향이 바뀌면 자속 방향도 바뀌며 2차 측 전류의 방향도 바뀐다.

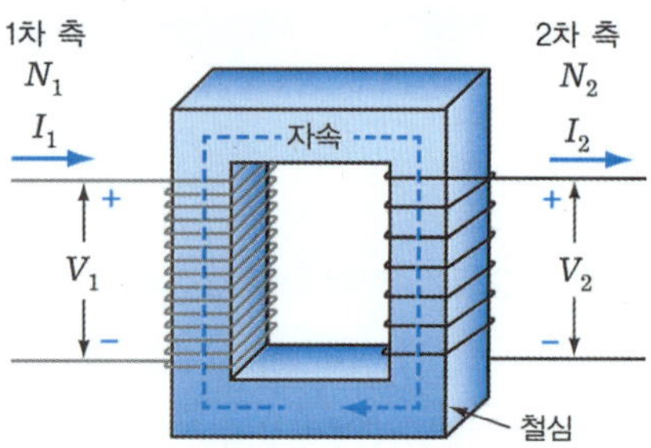

그림 16-4 변압기에 전자기 유도현상이 발생했을 때 자속과 전류의 방향

3 서로 떨어져 있는 두 코일 중 하나에서 전류가 흐를 때 인접한 다른 코일에 기전력이 발생하는 현상을 말한다.

1차 전압과 2차 전압은 권선수와 관련이 있다. 식 (16.2)는 1차 측과 2차 측의 권선수에 따른 전압과 전류에 관한 식이다. 전압은 권선수에 비례하여 유도되지만, 전류는 그 반대이다.

$$\frac{V_1}{V_2} = \frac{I_2}{I_1} = \frac{N_1}{N_2} \tag{16.2}$$

예제 16-1

[그림 16-5]와 같은 변압기가 있다. 2차 측 전류 I_2와 전압 V_2를 구하라.

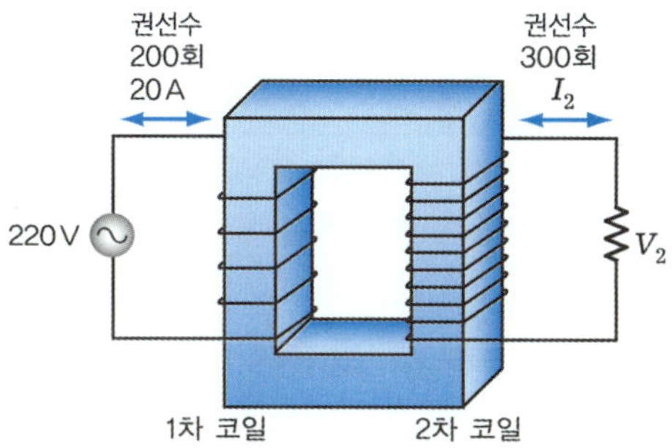

그림 16-5 변압기 예시

풀이

식 (16.1)에 의하면 2차 측 전류 I_2는 다음과 같다.

$$\frac{I_2}{I_1} = \frac{N_1}{N_2},\ \frac{I_2}{20} = \frac{200}{300},\ I_2 = 13.33 \quad \therefore\ I_2 = 13.33\,[\text{A}]$$

식 (16.2)를 이용해 2차 측 전압 V_2를 구하면 다음과 같다.

$$\frac{V_1}{V_2} = \frac{N_1}{N_2},\ \frac{220}{V_2} = \frac{200}{300},\ V_2 = 330 \quad \therefore\ V_2 = 330\,[\text{V}]$$

정류회로

전기의 발전과 송배전 과정은 교류를 이용해 이루어진다. 하지만 많은 전기·전자기기에서 교류가 아닌 직류를 사용하고 있다. 특히 현대의 디지털 시스템으로 이루어진 대부분의 기기는 반드시 직류를 사용해야 한다. **교류를 직류로 변환시키는 것을 정류**rectifier라고 하며, 이는 다이오드와 같은 부품을 이용하여 이루어진다. 다이오드는 반도체로 이루어진 부품으로, 전류를 한 방향으로만 흐르게 한다. 교류는 사인 파형으로 시간에 따라 극성이 바뀌는데, 이 신호의 양의 부분만 취하는 **반파정류회로**single-phase rectifier circuit와 양의 부분을 취하고 음의 부분을 양의 부분으로 바꾸는 **전파정류회로**full-wave rectifier circuit가 있다.

반파정류회로

[그림 16-6]은 하나의 다이오드를 이용한 반파정류회로half-wave rectifier이다. 전류는 다이오드를 만나면서 다이오드의 순방향[4]으로는 흐르지만 역방향으로는 흐르지 못한다. 결국 출력전압은 음의 부분이 잘려버린 형태가 된다. 이때 입력전압의 최댓값 V_{peak}와 출력전압의 rms[5] 값은 식 (16.3)과 같은 관계를 갖는다.

$$V_{\text{rms}} = \frac{V_{peak}}{2} \tag{16.3}$$

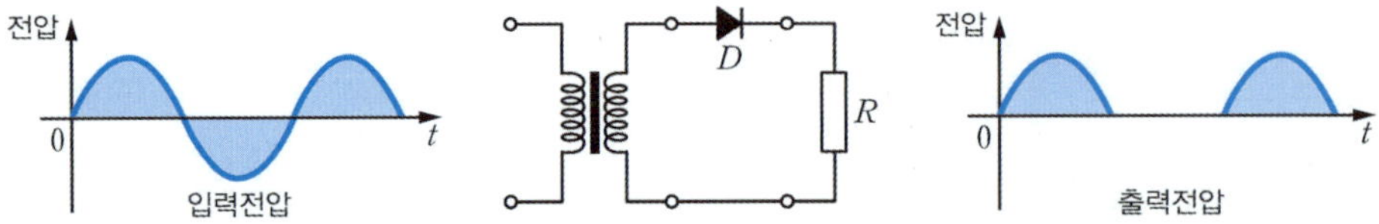

그림 16-6 하나의 다이오드를 이용한 반파정류회로

변환된 직류의 평균전압인 V_{dc}는 식 (16.4)와 같다. 반파정류회로는 일반적으로 전류를 많이 필요로 하지 않는 기기에서, 비용절감을 목표로 사용되는 경우가 많다.

$$V_{dc} = \frac{V_{peak}}{\pi} \tag{16.4}$$

전파정류회로

전파정류회로는 양의 부분을 통과시키고 음의 부분을 양의 부분으로 통과시키는 회로이다. 전파정류회로에는 4개의 다이오드를 브리지 형태로 연결한 **브리지 정류회로**full-wave bridge circuit와 2개의 다이오드를 이용한 **중앙 분기형 정류회로**full-wave center-tap circuit가 있다.

[그림 16-7]은 브리지 정류회로와 이를 이용해 정류된 파형을 나타낸다. 브리지 정류회로는 입력단의 양의 파형이나 음의 파형을 모두 출력단의 (+) 단으로 보내는 회로이다.

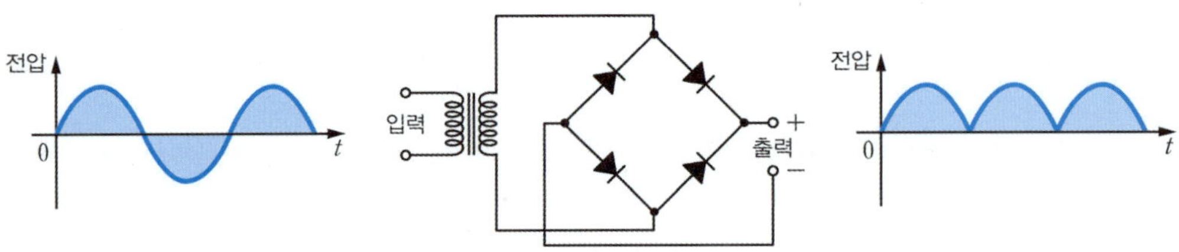

그림 16-7 브리지 정류회로를 이용한 전파정류회로

4 다이오드 기호의 세모 모양이 전류가 흐르는 방향이다. 이를 순방향이라 한다.

5 rms(root−mean−square), 즉 실효값은 교류와 직류를 비교하기 위한 값이다.

[그림 16-8(a)]와 같이 양의 파형일 때 D_2는 출력의 (+) 단으로 전류를 흐르게 하지만, D_1과 D_4로 인해 다른 쪽으로는 전류가 흐르지 않는다. [그림 16-8(b)]와 같이 음의 파형이 입력될 경우 D_4는 (+) 단으로 전류를 보내지만, D_2와 D_3에 의해 다른 쪽으로는 전류가 흐르지 않는다.

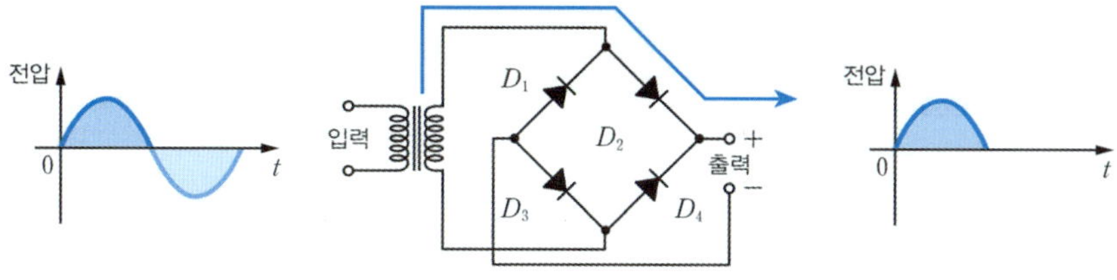

(a) 양의 파형이 입력될 때 전류의 흐름

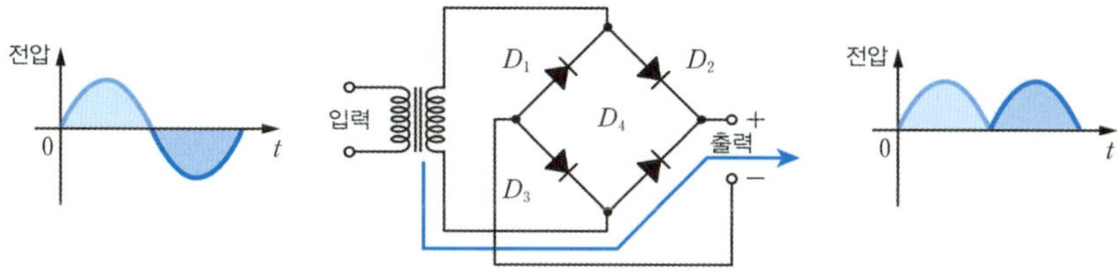

(b) 음의 파형이 입력될 때 전류의 흐름

그림 16-8 브리지 정류회로의 전류 흐름

또 다른 전파정류회로인 중앙 분기형 정류회로는 [그림 16-9]와 같은 형태이다. 변압기 중앙에 탭이라는 분기점을 넣어 출력단의 접지로 사용하는 방식으로 2개의 다이오드가 각각 반파정류 작용을 하여 결과적으로는 전파정류 파형을 출력하게 된다. 변압기의 구조가 복잡해지므로 그에 따라 가격 또한 올라간다는 단점이 있다.

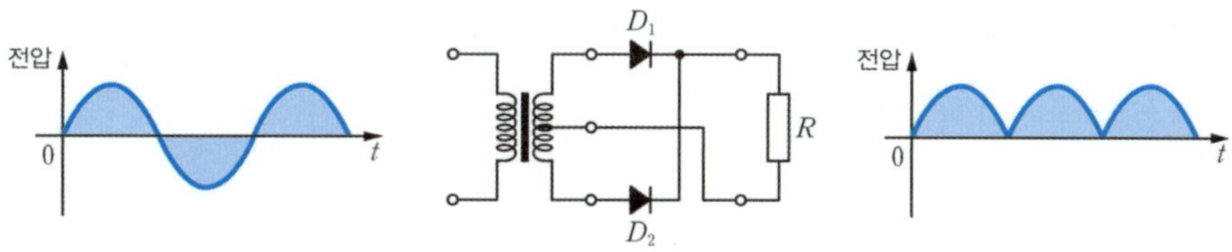

그림 16-9 중앙 분기형 정류회로

실제로는 안정적인 정류를 위해 브리지 정류회로를 사용하는 것이 가장 유리하다. 따라서 특별한 이유가 없다면 보편적으로 브리지 정류회로를 사용하고 있다.

전파정류회로의 경우 rms 값은 식 (16.5)와 같이 구할 수 있다.

$$V_{\text{rms}} = \frac{V_{peak}}{\sqrt{2}} \quad (16.5)$$

변환된 직류의 평균전압인 V_{dc}는 식 (16.6)과 같다.

$$V_{dc} = \frac{2V_{peak}}{\pi} \quad (16.6)$$

예제 16-2

[그림 16-10]의 파형을 정류회로에 입력했다. 다음 물음에 답하라.

(a) 반파정류회로에 입력했을 때 V_{rms} 값과 V_{dc} 값을 구하라.

(b) 전파정류회로에 입력했을 때 V_{rms} 값과 V_{dc} 값을 구하라.

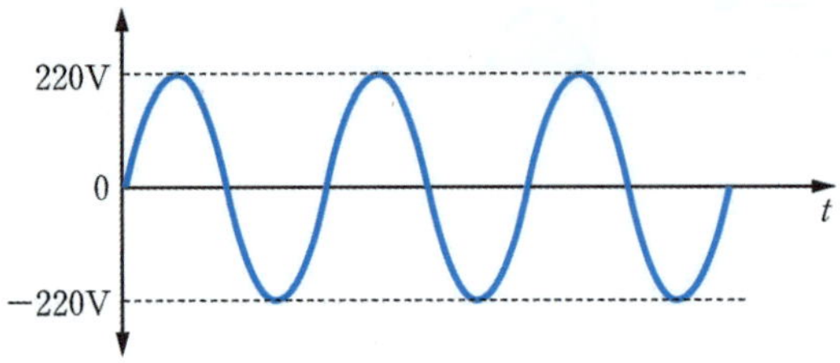

그림 16-10 교류신호

풀이

(a) 반파정류인 경우

$$V_{\text{rms}} = \frac{V_{peak}}{2} = \frac{220}{2} = 110\,[\text{V}]$$

$$V_{dc} = \frac{V_{peak}}{\pi} = \frac{220}{3.14} \fallingdotseq 70.06\,[\text{V}]$$

$$\therefore\ V_{\text{rms}} = 110\,[\text{V}],\ \ V_{dc} \fallingdotseq 70.06\,[\text{V}]$$

(b) 전파정류인 경우

$$V_{\text{rms}} = \frac{V_{peak}}{\sqrt{2}} = \frac{220}{1.414} \fallingdotseq 155.59\,[\text{V}]$$

$$V_{dc} = \frac{2\,V_{peak}}{\pi} = \frac{2 \cdot 220}{3.14} \fallingdotseq 140.13\,[\text{V}]$$

$$\therefore\ V_{\text{s}} \fallingdotseq 155.59\,[\text{V}],\ \ V_{dc} \fallingdotseq 140.13\,[\text{V}]$$

Quick Review

- 변압기에는 (　　　　　)와 (　　　　　)가 있다.
- 변압기는 패러데이-렌츠의 법칙에 의한 (　　　　　　　) 현상을 이용한 것이다.
- 권선수와 전압은 (　　　　　)하고 전류는 (　　　　　)한다.
- 정류회로는 (　　　　　)를 (　　　　　)로 변환한다.
- 정류회로에는 (　　　　　)정류회로와 (　　　　　)정류회로가 있다.

ANS 승압기/강압기, 전자기 유도, 비례/반비례, 교류/직류, 반파/전파

16.3 선형전원장치

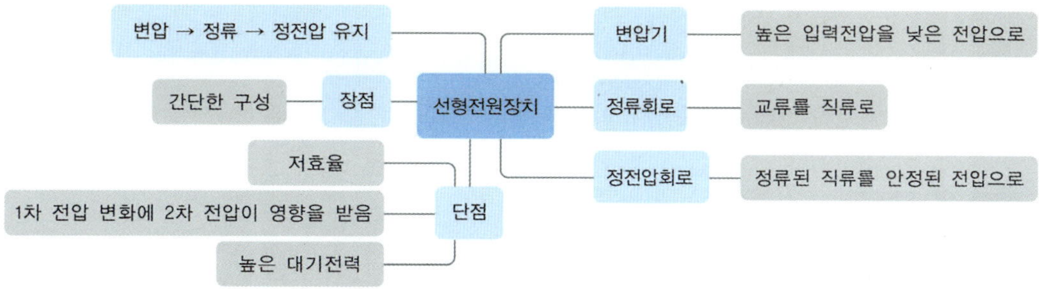

선형전원장치linear supply는 변압기와 정류기로 이루어진 전원장치로, 입력된 교류전원을 변압기를 이용해 변환한 뒤 정류 과정을 거쳐 직류로 변환한다. [그림 16-11]은 선형전원장치의 구성과 단계별 전압 파형을 나타낸 것이다. 각 단계별로 파형의 흐름을 살펴보면, V_1 지점에서는 입력전원의 교류 파형이 그대로 측정된다. 권선비가 10:1인 변압기를 거치면 V_2에서는 전압이 1/10로 감소한다. 정류회로와 평활회로를 거쳐 V_3 지점에서는 고르지 못한 직류 파형으로 출력이 되다가 **정전압회로**[6]를 거쳐 안정적인 직류전원이 출력된다.

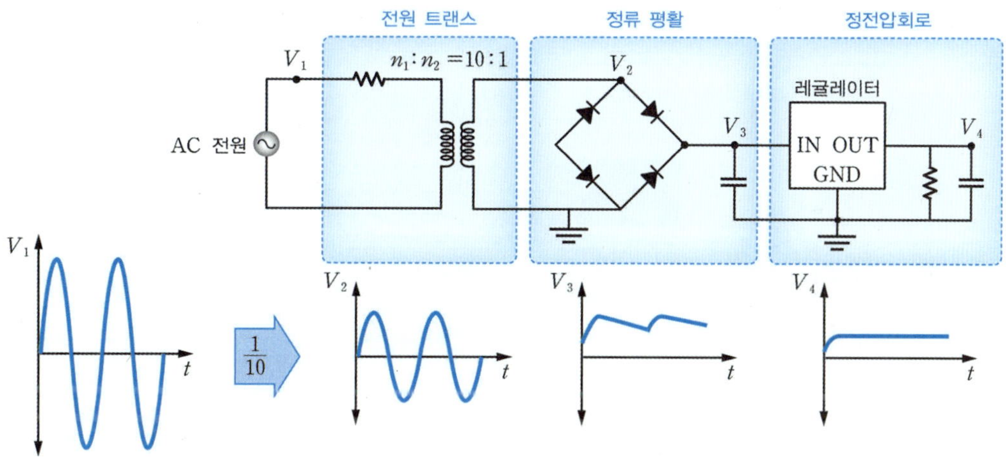

그림 16-11 선형전원장치의 구성과 단계별 전압 파형

선형전원장치는 변압기를 사용하기 때문에 입력전압에 민감할 수밖에 없다. 예를 들어 100[V]의 입력전압을 기준으로 권선비가 10:1인 변압기는 V_2 지점에서 10[V]를 출력하도록 되어 있다. 이 변압기에 정상적으로 100[V]가 입력되면 설계된 대로 10[V]가 출력되겠지만, 만일 입력전압이 200[V]로 변경되면 V_2에서 전압은 20[V]로 상승하게 된다. 이렇게 입력전압이 큰 차이를 갖는 경우 회로 자체에 무리를 줄 수 있고 사실상 선형전원장치로는 변화하는 전원에 대응할 수 없다.

6 정전압회로(regulated circuit)는 제너 다이오드 등을 이용하여 입력된 전압을 일정 전압으로 유지하는 회로이다.

일상적으로 변화하는 범위에 대하여 대응하려면 반드시 정전압회로가 추가되어야 한다. 정전압회로는 일정 범위의 입력전압에 대해 항상 일정한 전압을 유지해주는 회로로 선형전원장치에 반드시 함께 구성해야 한다.

최근에는 선형전원장치보다 여러 면에서 우수한 전원장치인 **SMPS**Switching Mode Power Supply가 개발되었기 때문에 특별한 용도 외에는 더 이상 사용되지 않는다.

Quick Review

- 선형전원장치는 (   )와 (   )만으로 이루어진 전원장치이다.
- 선형전원장치는 변압기의 권선비에 따라 전압을 바꾸고 이를 (   )로 변환하는 회로이다.
- 일정 범위의 입력전압에 대해 항상 일정한 전압을 유지해주는 회로를 (   )라고 한다.

ANS 변압기/정류회로, 직류, 정전압회로

16.4 SMPS

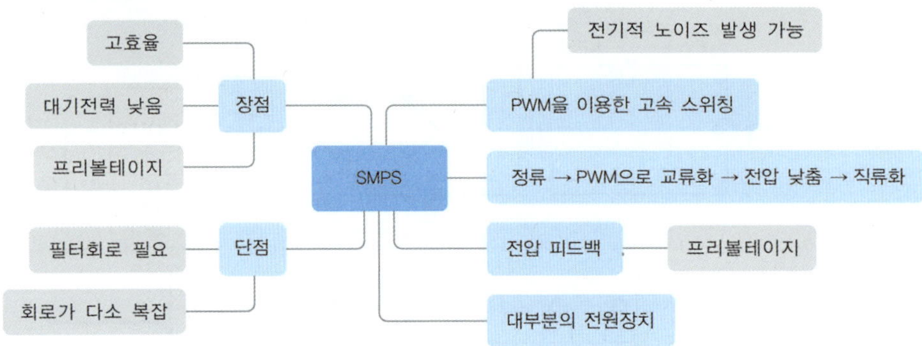

SMPSSwitching Mode Power Supply는 **교류 입력전원을 직류로 변환한 후 전력용 MOSFET을 사용해 고속으로 스위칭하여 구형파 형태로 변환한 뒤, 이를 다시 직류로 변환하는 장치**이다. SMPS는 근래 대부분의 전기기기에 사용되고 있다.

과거에 사용하던 선형전원장치는 16.2절에서 설명한 변압기를 이용한 것으로, 주변 회로가 간단하다는 장점이 있다. 그러나 열 손실이 많고 효율이 낮으며 부피가 크다는 단점이 있으며, 특히 전원장치를 구성하는 구리 가격이 상승한 데다,[7] 대기전력이 높아 에너지 효율 면에서도 불리하기 때문에 현재는 거의 사용하지 않고 있다.

7 SMPS에도 변압기가 사용되지만 선형전원장치에 사용되는 변압기에 비해 매우 작다.

SMPS의 특징

SMPS는 열 손실이 적고 고효율이며 부피가 작다. 단점으로는 주변 회로가 복잡하고 전원 안정화 회로가 필요하다는 점이 있다. 이러한 면을 모두 고려하더라도 SMPS를 사용하는 가장 큰 이유는 **대기전력**standby power이 낮고 **프리볼테이지**free-voltage가 가능하기 때문이다. 대기전력은 전기기기에 전기가 입력된 상태이나 실제로 사용하지 않을 때 소비되는 전력을 말한다. 전력을 실제로 사용하지 않지만 전력 소비가 발생하기 때문에 이를 최소화해야 전기 낭비를 막을 수 있다. 프리볼테이지란 입력전압이나 주파수에 상관없이 일정한 전압을 출력하는 기능으로, 현대 대부분의 기기가 100~240[V]의 교류 입력전압에 사용될 수 있고, 50[Hz] 혹은 60[Hz]의 교류전원에도 사용할 수 있다. 선형전원장치의 경우 입력전압과 출력전압이 연동되기 때문에 입력전압이 변화되면 출력전압도 함께 변화하므로 프리볼테이지 기능을 사용할 수 없다.

SMPS의 구성

[그림 16-12]는 교류 220[V]를 입력받아 직류 5[V], 12[V], 120[V]로 변환하는 SMPS 회로도이다. 대부분의 SMPS는 이와 같은 구성을 갖고 있다.

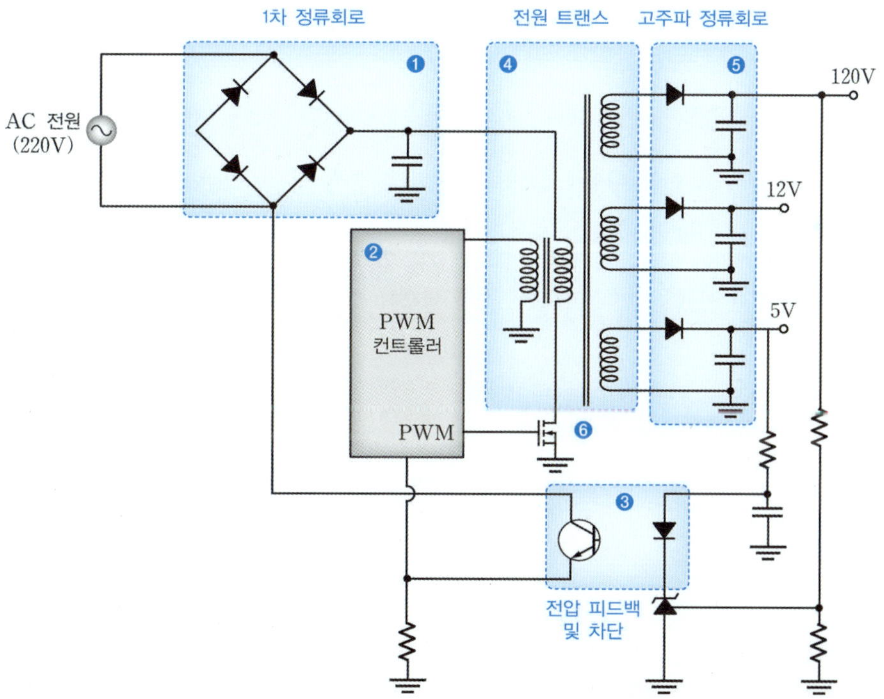

그림 16-12 SMPS의 구성

1차 정류회로에서는 교류전원을 직류전원으로 바꾼다. PWM 컨트롤러에서는 ❶에서 1차 정류된 신호를 ❷에서 PWM 파형의 교류로 재변환한다. 이때 PWM 파형을 만들기 위해 ❻ 전력용 MOSFET[8]을 사용하여 스위칭하게 된다. PWM 파형을 만들 때 참고하는 값이 바로 ❸에서 입력받는 전압 피드백 값이다. SMPS는 출력전압을 참고하여 PWM 파형을 조절하는데, 이때 참고가 되는 값이 ❸의 전압 피드백 값이다. 이 부분에 주로 사용되는 것이 포토커플러로, 이는 전기적인 연결 없이 신호를 전송하는 역할을 한다. 포토커플러에 대해서는 15장(센서)을 참고하기 바란다. PWM 파형은 ❹의 트랜스를 거쳐 낮은 전압의 교류로 변환되는데, ❺에서 정류회로를 만나면서 최종적으로 낮은 전압의 직류전압으로 변환된다. 일반적으로 PWM 파형을 만들어내는 ❷와 전력용 MOSFET ❻은 하나의 IC 형태로 되어 있다.

SMPS는 출력전압을 참고하여 트랜스로 입력되는 파형을 조절하기 때문에 만일 입력 교류전원이 220[V]가 안 되거나 넘더라도 문제없이 동일한 출력을 낼 수 있다. 즉 **프리볼테이지** 기능으로 넓은 입력전압 범위에 사용할 수 있다. 근래 직류를 사용하는 대부분의 기기들이 100~240[V]의 전압에서 구분 없이 사용되는 이유가 바로 SMPS 방식의 전원장치를 사용하기 때문이다.

SMPS는 고속 스위칭으로 PWM 파형을 만들기 때문에 고주파 노이즈가 발생할 수 있다. 이 때문에 회로 앞단과 뒷단에 주파수 대역에 맞는 **필터**filter를 추가해야 한다. 과거에는 SMPS 회로 설계가 어려웠으나 근래에는 설계 프로그램을 이용하여 간편하게 설계할 수 있다.[9]

Quick Review

- SMPS는 교류를 직류로 바꾸고 이를 다시 (　　　　　　)을 통해 교류로 만든 뒤 직류로 변환하는 과정을 거친다.
- 입력전압이나 주파수에 상관없이 일정한 전압을 출력하는 기능을 (　　　　　　)라고 한다.
- SMPS는 고속 스위칭으로 인한 (　　　　　　)가 발생할 수 있기 때문에 설계 시 유의해야 한다.

ANS 고속 스위칭, 프리볼테이지, 고주파 노이즈

8 MOSFET은 트랜지스터의 일종으로 전계효과 트랜지스터(혹은 IGFET)라고 불린다.

9 파워인테그레이션스(Power Integrations) 사의 홈페이지를 방문하면 SMPS 설계 프로그램을 사용할 수 있다.

16.5 전원 안전장치

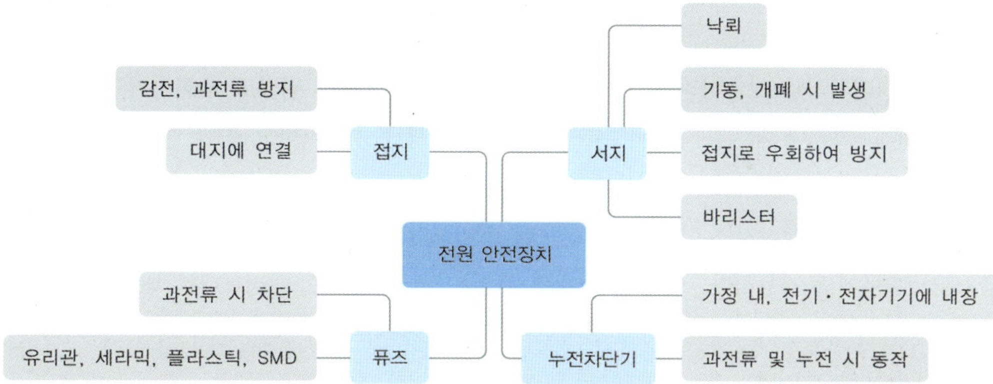

전원장치를 안전하게 사용하려면 몇 가지 안전장치가 필요하다. 우리가 흔히 알고 있는 것은 퓨즈 정도이나, 실제로는 **접지**earth, **서지**surge **방지장치** 등 여러 가지 안전장치가 전기기기 내부에 구성되어 있다. 이 절에서는 여러 가지 전원 안전장치를 살펴보고, 그 역할에 대해 학습할 것이다.

접지

접지는 감전이나 과전류 등의 사고를 예방하기 위해 전기기기와 대지를 전기적으로 연결하는 것으로서 어스earth**라고도 한다.** 접지를 하면 전기기기의 일부가 지구와 연결되어 전위가 0으로 유지된다. 전류는 전위차가 있을 때만 흐르기 때문에, 전기기기가 인체에 닿는다 해도 감전되지 않는다. 이러한 이유로 특히 물과 전기를 함께 사용하는 세탁기, 전자식 비데 등의 제품은 반드시 접지가 연결되어야 한다.

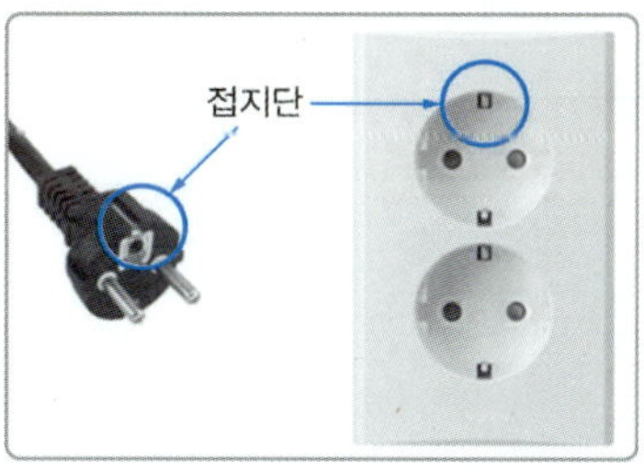

그림 16-13 플러그와 콘센트에 있는 접지단

과거에는 접지봉을 건물 외부에 따로 연결하는 경우도 있었지만, 근래 대부분의 건물에는 접지 공사가 잘되어 있어 별도의 시설을 할 필요가 없다. 특히 국내에서 사용하는 콘센트의 경우 접지가 연결되어 있으므로 앞서 말한 세탁기, 전자식 비데와 같은 전기기기를 사용할 때도 별도의 접지를 연결할 필요가 없다.

서지

서지surge**란 전원선, 통신선 등에 유입되는 과도하게 높은 이상 전류를 의미한다.** 일반적으로 서지라 하면 낙뢰[10]를 생각하는데, 이뿐 아니라 전기기기의 개폐나 기동 시 발생하는 경우가 더 많다.[11]

서지로부터 전기기기를 보호하려면 서지를 흡수 또는 소멸하거나 접지로 우회하기 등의 방법을 사용해야 한다. 그러나 서지를 흡수하는 방법은 현재로서 불가능하다고 봐야 한다. 특히 낙뢰로 인한 서지는 매우 큰 에너지를 갖고 있어 이를 흡수하기란 사실상 불가능하다. 서지를 소멸하려면 서지 때문에 발생한 에너지를 다른 곳으로 보내 소비해야 하는데 이 또한 서지가 갖는 에너지가 매우 크기 때문에 불가능하다. 이러한 이유로 서지는 결국 접지로 흘려보내는 방법을 사용해야 한다. 즉 전원선 등으로 들어온 서지를 접지로 우회하여 흘려보낸다. 대부분의 서지보호기가 이러한 방법을 사용하고 있다.

서지보호기에는 다이오드나 커패시터 등의 소자가 사용되기도 하고 자동 스위칭 회로가 사용되기도 하다. 일반 가전제품에는 서지로부터 제품을 보호하기 위해서 **바리스터**varistor[12]를 사용한다. [그림 16-14]는 바리스터를 이용한 서지 보호회로이다.

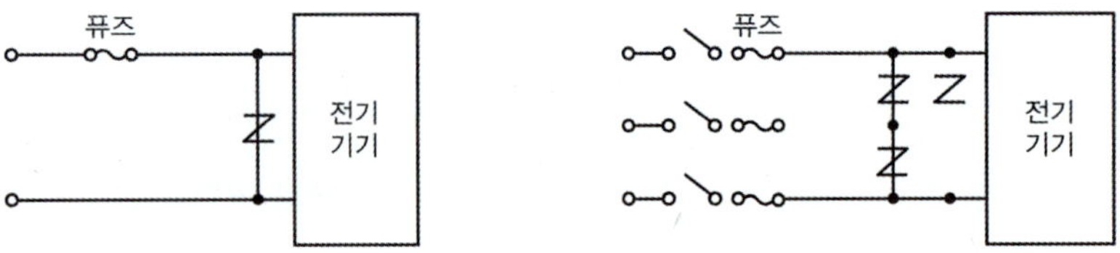

(a) 단상 교류/직류회로　　(b) 3상 교류회로

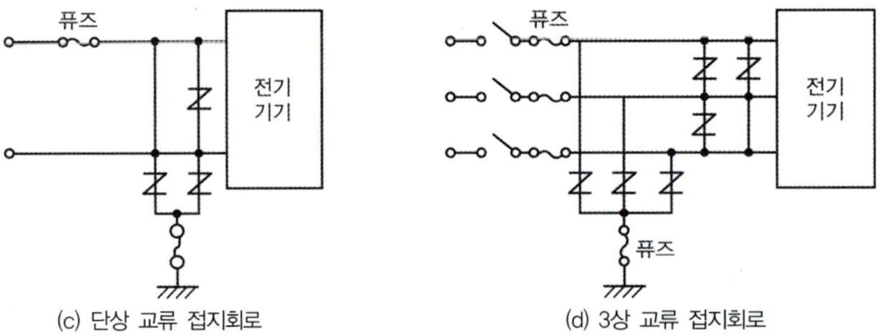

(c) 단상 교류 접지회로　　(d) 3상 교류 접지회로

그림 16-14 전원별 바리스터를 이용한 서지 보호회로

---

10 직격뢰, 간접뢰, 유도뢰 등이 있다.

11 인버터나 모터 기동 시 발생하기도 한다.

12 바리스터(varistor)는 variable resistor의 약자로, 전압에 의해서 저항값이 변화하는 소자이다. 전기 접점의 불꽃이나 서지로부터 전기기기를 보호하기 위해 사용된다.

퓨즈

퓨즈는 정해진 전류보다 높은 전류가 흐를 때 이를 차단해주는 안전 부품으로, 과전류 혹은 이상 상태 시 전류를 차단하여 안전을 확보하기 위한 목적으로 사용된다. 일반적으로 1차 측에는 반드시 들어가야 하며, 1차 측과 2차 측 모두 삽입되기도 한다.

[그림 16-15]는 전원 회로에 퓨즈를 삽입한 회로이다. 1차 퓨즈의 경우 입력전원이 과도할 경우에 차단되도록 설계하고 2차 퓨즈는 부하단에서 문제가 생겼을 경우 차단되도록 설계한다.

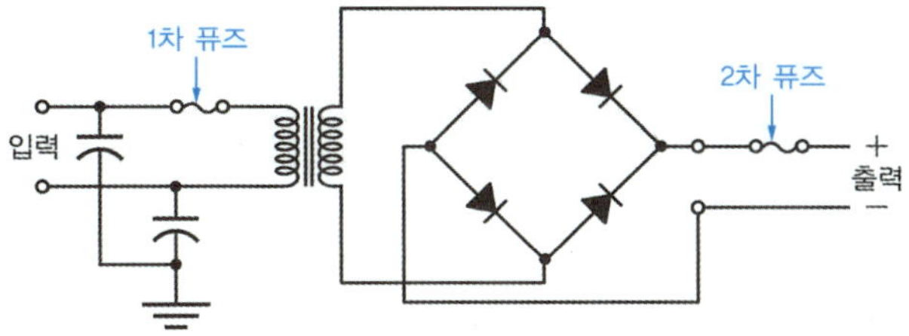

그림 16-15 선형전원장치에 퓨즈를 삽입한 회로

우리가 흔히 보던 퓨즈는 원통형 퓨즈이다. 일반적으로 외부가 유리 재질로 제작되지만 고압이나 고전류용 퓨즈의 경우 세라믹 재질을 이용하기도 한다. 내부에는 납, 주석과 같은 물질로 가느다랗게 연결되어 있는데 과전류가 흐를 경우 이 부분이 끊기게 된다.

전기기기가 발전하면서 퓨즈 형태도 진화해왔으며, 플라스틱으로 감싼 형태의 퓨즈나 SMD 퓨즈가 그 예이다. [그림 16-16]은 다양한 형태의 퓨즈를 보여준다.

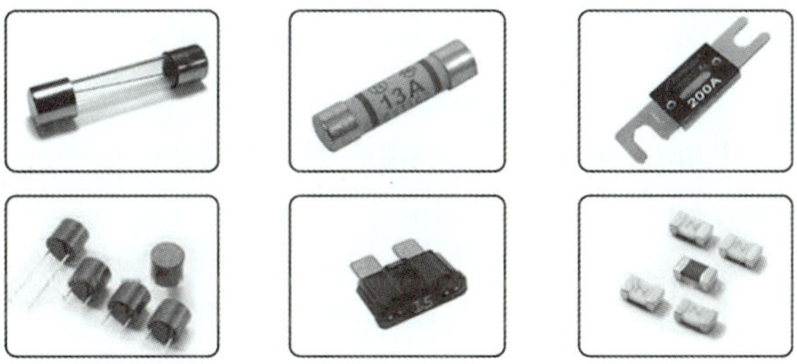

그림 16-16 다양한 형태의 퓨즈

퓨즈는 모든 전기기기에 삽입되며, 사용하는 회로에 맞는 적절한 값을 선택해서 사용해야 한다. 또한 종류에 따라 접점이 끊기는 시간이 다른 경우가 있으니 반드시 용도에 맞는 퓨즈를 사용해야 한다.

누전차단기

누전차단기(ELCB) Earth Leakage Circuit Breaker**는 전기기기에 누전이 발생했을 때 자동으로 전원을 차단해주는 장치**이다. 기기에 과전류가 흐르면 이를 차단하는 장치로, 퓨즈와 동일한 역할을 한다.

누전차단기는 각 가정에 의무적으로 설치되어 있다. 보통 가정 내로 들어오는 용량이 큰 누전차단기가 있고 그 아랫단에 벽 콘센트, 조명, 에어컨 등으로 구분하여 누전차단기가 설치된다. 각각 용량이 표시되어 있으며 이 용량을 초과할 경우 이상으로 감지하여 전원을 차단한다.

그림 16-17 용량별 누전차단기

누전차단기는 전기 안전에 매우 중요한 안전장치이다. 특히 물을 사용하는 환경이나 철판, 철골과 같이 도전성 물질이 많은 장소에서는 반드시 설치해야 한다. 국내에서는 대부분 의무적으로 설치되어 있고 전자식 비데와 같이 안전에 민감한 제품들은 내부에 또 하나의 누전차단기가 내장되어 있기도 하다.

Quick Review

- 감전이나 과전류로 인한 사고를 방지하기 위해 전기·전자기기는 (　　　　)를 해야 한다.
- 전원선, 통신선 등에 유입되는 과도하게 높은 이상 전류를 (　　　)라고 한다.
- 과전류에 의해 차단되는 소자를 (　　　　)라고 하며, 이는 다양한 형태로 회로에 내장된다.
- 과전류 시 스위치를 이용해 차단하는 안전장치를 (　　　　)라고 한다.

ANS 접지, 서지, 퓨즈, 누전차단기

CHAPTER 16

기본문제

16.1 다음 중 화학 작용을 이용하여 전기를 생산하는 것은?

① 발전기 ② 배터리
③ 전동기 ④ 변압기

16.2 다음 중 변압기의 원리와 관련된 것은?

① 옴의 법칙 ② 플레밍의 법칙
③ 키르히호프의 법칙 ④ 패러데이의 법칙

16.3 다음 중 정류회로에 사용되는 반도체 소자는?

① 다이오드 ② LED
③ 트랜지스터 ④ CPU

16.4 전기기기와 대지를 전기적으로 연결하는 것을 무엇이라고 하는가?

① 발전 ② 통전
③ 접지 ④ 단락

16.5 다음 중 서지보호회로에 사용되는 전기소자는?

① 트랜지스터 ② 다이오드
③ 인덕터 ④ 바리스터

16.6 퓨즈는 (   )로부터 전기기기를 보호해주는 부품이다.

① 과열 ② 과전류
③ 과전압 ④ 저항

16.7 다음 중 ELCB가 동작하는 상황은?

① 누전 ② 낙뢰
③ 화재 ④ 대기전력

CHAPTER 16

연습문제

16.1 1차 배터리와 2차 배터리의 차이점을 설명하라.

16.2 납축배터리는 현재도 널리 사용된다. 그 이유를 설명하고, 어느 분야에 주로 사용되는지 조사하라.

16.3 간혹 배터리 이상으로 화재 사고가 발생하곤 한다. 어떠한 상황에서 발화하며 그 방지책은 무엇인지 조사하라.

16.4 변압기의 1차와 2차 권선비가 1:10이다. 100[V]의 교류전압을 1차 측에 입력하고 2차 측에서 측정했을 때의 전압과 2차 측에 입력하고 1차 측에서 측정한 결과는 어떤 차이를 보이는가?

16.5 SMPS의 2차 측에는 반파정류회로가 사용된다. 그 이유를 설명하라.

16.6 전파정류회로에는 4개의 다이오드가 사용되는 브리지 다이오드 회로가 주로 사용된다. 4개의 다이오드가 내장된 하나의 부품으로 되어 있는 제품이 시중에 많이 있다. 몇 가지 제품의 사양서를 확인하여 입력전원과 출력전원의 범위를 조사하라.

16.7 선형전원장치는 더 이상 사용되지 않는다. 그 이유를 설명하라.

16.8 정전압회로에 사용되는 IC 중 78XX IC 시리즈가 있다. 78XX IC에 대해 조사하라.

16.9 선형전원장치는 대기전력이 크다. 그 이유를 설명하라.

16.10 SMPS에는 IC 형태의 컨트롤러가 주로 사용된다. PI 사에서 나온 TOP268이란 IC에 대해 조사하라.

16.11 SMPS에서 전압 피드백을 받기 위해 포토커플러가 사용된다. 포토커플러에 대해 조사하고, SMPS에 사용되는 이유를 설명하라.

16.12 접지는 전기 안전을 위해 매우 중요한 장치다. 반드시 접지가 필요한 전기기기가 있는 반면 굳이 필요하지 않은 전기기기도 있다. 접지가 필요한 경우와 생략할 수 있는 경우에 대해 각각 설명하라.

16.13 전기용품안전인증에서는 전기·전자기기가 어느 정도의 서지에 견딜 수 있는지에 대해 규정하고 있다. 이를 조사하라.

16.14 누전차단기에는 ZCT라는 부품이 탑재된다. 누전차단기의 구조에 대해 조사하고, ZCT가 하는 역할을 설명하라.

찾아보기

ㅊ

ㅋ

ㅌ